“十二五”普通高等教育本科国家级规划教材

高等学校“十四五”农林规划新形态教材

General Plant Pathology

普通植物病理学

（第5版）

主编　许志刚　胡白石

高等教育出版社·北京

内容简介

本版教材系统介绍了植物病理学的基本原理和基础理论，包括植物病害的基本概念、发病原因和各种病原生物的基本特征，病害的侵染过程与流行学原理，病害诊断与鉴定的基础知识以及如何进行控制的原理和方法。

本教材介绍了有关病原生物的最新分类系统以及分类地位；较为详尽地论述了植物与病原生物互作的有关理论；更新了百余幅精彩的彩色照片，可明显提高教学效果。

本书第 4 版自 2009 年作为“普通高等教育‘十一五’国家级规划教材”出版以来，已经被许多高校选用，第 5 版在广泛吸收了国内各主要高校主讲教师的意见后加以修订，采用“纸质教材 + 数字课程”的新形态教材出版模式，数字资源涵盖大量病害症状彩图。本书可作为高等农林院校植物保护专业的专业基础教材，也可作为普通高校生物学科教学的参考用书，更是广大植物保护和植物检疫工作者提高和更新专业知识的优秀教材。

图书在版编目（CIP）数据

普通植物病理学 / 许志刚，胡白石主编. --5 版. -- 北京：高等教育出版社，2021.11（2023.12 重印）

ISBN 978-7-04-055767-1

Ⅰ. ①普… Ⅱ. ①许… ②胡… Ⅲ. ①植物病理学 - 高等学校 - 教材 Ⅳ. ① S432.1

中国版本图书馆 CIP 数据核字（2021）第 037239 号

Putong Zhiwu Binglixue

策划编辑 孟 丽　　责任编辑 赵晓玉　　封面设计 王 鹏　　责任印制 田 甜

出版发行 高等教育出版社
社 址 北京市西城区德外大街4号
邮政编码 100120
印 刷 山东新华印务有限公司
开 本 787mm × 1092mm 1/16
印 张 24.5
字 数 650 千字
购书热线 010-58581118
咨询电话 400-810-0598

网 址 http://www.hep.edu.cn
http://www.hep.com.cn
网上订购 http://www.hepmall.com.cn
http://www.hepmall.com
http://www.hepmall.cn
版 次 1978 年 12 月第 1 版
2021 年 11 月第 5 版
印 次 2023 年 12 月第 4 次印刷
定 价 49.00元

物 料 号 55767-00

数字课程（基础版）

普通植物病理学

（第 5 版）

主编　许志刚　胡白石

登录方法：

1. 电脑访问 http://abook.hep.com.cn/55767，或手机扫描下方二维码、下载并安装 Abook 应用。
2. 注册并登录，进入“我的课程”。
3. 输入封底数字课程账号（20 位密码，刮开涂层可见），或通过 Abook 应用扫描封底数字课程账号二维码，完成课程绑定。
4. 点击“进入学习”，开始本数字课程的学习。

课程绑定后一年为数字课程使用有效期。如有使用问题，请点击页面右下角的“自动答疑”按钮。

普通植物病理学（第 5 版）

“普通植物病理学（第5版）”数字课程与纸质教材一体化设计，紧密配合。数字课程资源包括病害症状彩图、章末自测题、名词术语、100个重要的植物病原生物属名和主要参考文献等，丰富了知识的呈现形式，为学生提供了自主学习的空间，进而提升教学效果。

用户名：　密码：　验证码：　5360　忘记密码？　登录　注册

http://abook.hep.com.cn/55767

扫描二维码，下载Abook应用

编 审 人 员

主　编　许志刚　胡白石

副主编　王源超　周而勋　徐秉良　范在丰
段玉玺　郑经武　高智谋　潘洪玉

编　委（以校名拼音排序）

安徽农业大学：高智谋　张华建　潘月敏
甘肃农业大学：徐秉良
华南农业大学：周而勋　孔广辉　舒灿伟
华中农业大学：李国庆
吉林大学：潘洪玉　刘金亮
南京农业大学：许志刚　胡白石　王源超　张正光　宋从凤　田艳丽
山东农业大学：王群青
上海交通大学：陈功友
沈阳农业大学：段玉玺　陈立杰
浙江大学：郑经武
中国农业大学：范在丰

审　稿　周雪平（浙江大学）
王源超（南京农业大学）

第 5 版前言

“普通植物病理学”是高等农林院校植物保护类专业的专业基础课程，也是普通高校生物类专业教学的基础教材。一本好的教科书，要让学生对内容感兴趣，教材内容要深入浅出，能看得懂，并有趣味，让学生像看小说一样爱不释手；教师一定要充分掌握本教材的全部内容，融会贯通，讲得生动才能引人入胜，给人以启迪。既要引导青年学生对植物发生各种病害的原因感兴趣，为进一步学好专业课打好基础，又要把该学科与人们的生态环境相联系，指导他们去认识自然、探索自然的奥秘。

本教材第 4 版入选“十二五”普通高等教育本科国家级规划教材，十余年的教学实践证明，其有关植物病理学基础理论和基本知识的介绍非常清晰，线条图绘制精良，新增的病害症状彩图也明显提升了教学效果。这次修订成为新形态教材，特邀集了 11 所高校同行来做进一步的修改补充，以反映近年来关于病原物分类体系的新变化、植物与病原物的互作关系和分子生物学方面的新进展；为适应农林类专业的需要以及普通高校生物学教学的要求，除了适当压缩篇幅和删改部分文字外，在基本知识和举例选材方面也适当放宽视野，尤其是更换和增加了插图与彩图，作为数字资源，可明显增强学生的学习兴趣，提高教学效果。

本教材是在第 4 版的基础上增补修订而成。根据学时安排对有关章节内容做适当调整，把病害的侵染过程与病害循环两章合并为病害的侵染与循环一章，把植物病害的诊断与防治也合并为一章。华南农业大学的周而勋、舒灿伟、孔广辉，安徽农业大学的高智谋、张华建和潘月敏负责第二章植物病原菌物的修订；南京农业大学的王源超、张正光和上海交通大学陈功友负责有关植物与病原物互作关系的修订；甘肃农业大学徐秉良负责把病原物的侵染过程和病害循环合并为一章的修订工作，同时对彩图的选编修订等作出许多贡献；中国农业大学范在丰和浙江大学的郑经武分别负责植物病毒和植物寄生线虫的修订；吉林大学潘洪玉、刘金亮负责植物病害的诊断与防治的修订；沈阳农业大学段玉玺、陈立杰负责寄生植物和植物线虫病的修订；华中农业大学李国庆负责非侵染性病害的修订；南京农业大学胡白石、田艳丽负责植物病原原核生物的修订；南京农业大学宋从凤负责名词术语和全书学名的修订与校对；南京农业大学许志刚和胡白石负责绪论、植物病害的流行与预测的修订以及全书的统稿与编审工作。

徐秉良、潘洪玉、王源超等几位编者交叉审核，正是由于全体编者的群策群力，才使本书能顺利完成。

书稿完成后，我们特邀浙江大学周雪平教授和南京农业大学王源超教授进行全书审

稿，承蒙他们的把关与斧正，确保了本教材的质量，特此致谢！

虽尽我们之全力祈求完美！然能力有限，恐错漏难免，敬请读者指正。

许志刚　胡白石

2020 年 10 月

第 4 版前言

第 3 版前言

第 2 版前言

第 1 版前言

目 录

第一章

绪 论

植物是人类赖以生存的物质基础。植物健康的生长与正常的发育，才能满足人类所必需的更多更好的粮油食品、果蔬产品和其他各种农副产品。然而，植物的生长发育需要一定的环境条件才能保证其按遗传因子所决定的程序正常进行。如在适宜的土壤营养和水分条件，以及合适的环境温度、湿度、光照等条件下，植物细胞才能正常分裂，生理活动得以顺利进行，最终获得高产与优质。不适宜的环境条件或病原生物侵染，都将导致植物生长发育不正常，出现病理变化，甚至使植物局部或整株死亡。

在农业生态系统中，植物的生长与发育总会遇到一些生物因子和非生物因子胁迫与挑战，从而影响其产量与品质，更影响其利用价值。当植物因受到不良环境条件的影响或病原生物的侵袭超过其忍耐限度而不能保持平衡时，植物局部或整体的生理活动和生长发育就出现异常状态，甚至引起死亡，产量和品质受到严重影响，这种表现异常的植物称之为“有病的植物”或植物发生了“病害”。引起植物病害发生的这些因素，统称为“病因”。植物发生病害的因素十分复杂，各种病害发生发展的过程也各不相同，病害造成的损失以及控制病害的措施和策略差异也很大。研究植物发生病害的原因、病害的发生发展规律、植物与病原生物间的互作机制与病害防控理论和技术等的学科，称为植物病理学。植物病理学是在医学微生物学的基础上发展起来的，它与真菌学、细菌学、病毒学、线虫学、植物学、动物学、昆虫学、植物生理学、生物化学、遗传学、气象学和分子生物学及其他许多分支学科都有着密切的联系，这些学科的发展与新成果都促进了植物病理学的发展。

植物病理学在我国高等农业院校分为“普通植物病理学”和“农（林）业植物病理学”两门课程，前者重点介绍植物病害基础知识和病理学的一般原理，后者侧重于主要作物上发生重要病害的症状、特点、传播及流行规律和防治方法。“普通植物病理学”是农林院校植物保护类各专业的学位课程之一，也是普通高校生物类学生的专业基础课。

第一节 植物病害

一、植物病害的概念

植物在各自进化的历程中，都逐渐适应了不断变化着的环境，产生了很强的适应能力，按“适者生存”的原则，能生存至今的物种必然是适应性较强的物种。如果植物所处的生态环境中，某种物理因素、化学因素或生物因子发生恶化，不断地影响植物，其强度又超过了植物的忍耐限度，植物无法保持正常的生理活动，植物就发生病变，影响稍轻微一点的，只出现局部或轻度症状；如影响很大，症状就重，发生面亦广。例如，早春的寒流来得越迟，持续时间越长，冻害就越重，受害的植物就越多，冻害轻的只是叶缘稍卷或生长受到暂时抑制，严重的全叶或全株灰白色、青枯或枯萎死亡。水稻稻瘟病是水稻最主要的病害之一，当少量稻瘟病菌分生孢子侵染，在新叶上产生几个小病斑，对水稻的生长发育和产量等影响不大；如果遇到有大量孢子侵染，全株上下都产生许多病斑，或病斑很快扩展到全叶或穗颈部，引起枯死，不仅是光合作用受抑制，严重时可能导致全田枯死，甚至绝收。

植物在生长发育过程中由于受到病原生物的侵染或不良环境条件的影响，其影响或干扰程度超过了植物能够忍耐的限度，植物正常的生理代谢功能受到严重影响，产生一系列病理学变化，在生理和形态上偏离了正常发育的植物状态，有的植株甚至死亡，造成显著的经济损失，这种现象就是植物病害。植物病害对植物生理功能的影响最初表现在水分和矿物质的吸收与输导、光合作用、养分的转移与运输、生长与发育速度，最终的影响是产物的积累与贮存（即产量）和品质等方面。

可见，植物病害发生的条件是由于病原生物的侵染或不良环境条件的影响，发病植物的细胞、组织或整株由里及表地产生了一系列病理学变化，最后出现稳定症状。

二、病因

引起植物偏离正常生长发育状态而表现病变的因素谓之“病因”。在不同的病例中，病因可以是不同的。病因大体上可分为三种：①病原生物的侵染；②植物自身的生理或遗传因子异常；③恶劣的环境条件。一般而言，植物病害的病因可分为生物和非生物两类，所引起的病害分别称之为侵染性病害（infectious disease）和非侵染性病害（noninfectious disease）。如果在有病的植物上没有发现或未检测到有病原生物存在，就可能是植物自身的原因或不良环境因素的影响所致，属于非侵染性病害。如果在有病植物上发现有病原生物存在，相互间还能够传染，就属于侵染性病害或传染性病害。

（一）植物自身的生理异常

植物是病害发生的基础。有的植物种子由于先天发育不全或带有某种异常的遗传因子，播种后显示出遗传性病变或生理性病变，例如白化苗、先天不孕等，它与外界环境因素无关，也没有外来生物的参与，这类病害是生理性或遗传性疾病。发生这类病害的个体之间不会相互传染，所以又称为非传染性病害。

（二）环境条件

植物的生长发育过程都离不开所处的环境条件。在自然状态下，植物会自行生长发育、开花结果，但如果遇到暂时的极端的气候变化，如冻害、干旱，或遇到有毒气体或化学物品的污染毒害，都会造成植物的伤害而发生病变，这类病害的个体之间也不会相互传染，统称为非侵染性病害或非传染性病害。

（三）病原生物

植物是多种生物的食物源，各种动物取食植物都可造成损害，由昆虫和多种小动物取食植物造成的损害特称为虫害；由各种病原微生物侵害植物引起的损害统称为病害。

侵染植物的病原生物种类很多，常见的有原生生物界的根肿菌、藻物界的卵菌、真菌界的各类真菌、原核生物界的细菌和放线菌、病毒界的病毒和类病毒、动物界的线虫和原生动物以及植物界的寄生藻和寄生性种子植物等。这些有害生物都以植物为寄主，营寄生生活、危害植物，通称为病原生物（pathogen）。此外，还有比较特殊的一类病原生物是螨类，由于这类生物的个体微小、危害植物后引起的危害状与病害症状很相似，所以也泛称为病害，严格地说应该是螨害，例如葡萄毛毡病、小麦糜疯病等。

（四）侵染性病害的病害三角

植物发生的病害绝大多数都是由病原生物侵染引起的侵染性病害，是植物病理学研究的重点。植物发生侵染性病害的基本要素有三个：植物、病原物和环境。三者间的相互影响决定了病害的发生和流行的程度。

植物对病原生物的侵染危害有适应性和抵抗性，病原生物对寄主植物有寄生性和致病性。环境条件也有一定的变异性和突发性，在植物与病原物互作过程中，环境因素都会直接或间接影响植物病害发生发展趋势。凡是有利于植物生长发育而不利于病原生物发生的环境因素，使病害发生轻或不发生。相反，有利于病原生物发生而不利于植物生长发育的环境因素，使病害发生重，所造成的产量损失就大。

通常情况下，只要有一种病原生物侵害了植物，植物就会发生病害。但也有两种或多种病原生物共同侵染植物而引起植物生病的。有时仅有病原生物和植物两个方面，植物还不一定发生病害，因为病原生物可能无法接触到植物，或不能侵染植物，也就不能影响和干扰植物的生长发育，因此还需要有合适的媒介和一定的环境条件来满足病原生物的侵染，才能对植物构成威胁。英国人林克（Link）在 1933 年发表了著名的有关发病三要素而构建的“病害三角”，这种需要病原生物、寄主植物和一定的环境条件三者相互配合才能引起病害的观点，就称为“病害三角”（disease triangle）或“病害三要素”的关系（图 1–1）。病害三角关系反映了植物病害发生与流行的一般规律，在植物病理学中占有重要的位置，在了解病因、侵染过程、植物抗（感）性和病害流行以及制定植物病害防治对策时，都离不开对病害三角的分析。例如，环境不适合病害发生时，病害三角形会很矮，发病面积小，病害轻；如果病原生物基数小，或种植的抗病品种面积大，病害三角形很瘦小，发病程度也就很轻。

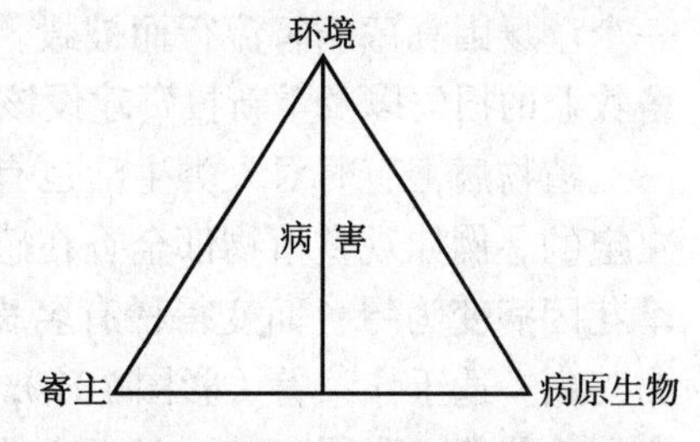

图 1–1 病害与三要素的三角关系图

三、植物病害的危害

农业是国民经济的基础，“民以食为天”，手中有粮，心里不慌！植物病害直接影响植物正常生长发育，造成农作物产量损失和农产品的品质下降，严重威胁农业生产、国民经济建设与粮食安全。古今中外都不乏因植物病害而出现饥荒的教训。最有名的是 1845—

1846 年的爱尔兰大饥馑（Irish famine），爱尔兰岛上原有 600 万居民的主要粮食是马铃薯，但是由于连续两年都发生了严重的马铃薯晚疫病而导致马铃薯绝产，英国政府未采取救济措施，结果几十万人被饿死，150 万人被迫逃荒而移居到欧洲大陆和北美洲，整个西北欧人心惶惶（图 1–2A）。此外，1942—1943 年印度的孟加拉饥荒（Bengal famine）亦非常严重，在 1942 年因为大面积的水稻遭受干旱和胡麻斑病的侵害而失收，到 1943 年有 200 多万人被饿死（图 1–2B）。

A　　B

图 1–2　植物病害

A. 马铃薯晚疫病；B. 水稻胡麻斑病

植物病害给国民经济带来严重影响是多方面的。1880 年法国波尔多地区葡萄种植业因遭受霜霉病的危害而使酿酒业濒临破产；美国佛罗里达州的柑橘园在 1910 年因溃疡病流行而被迫大面积销毁病树，其间 25 万株成树和 300 万株树苗被销毁，损失 1 700 万美元；此病在 1984 年再度发生，美国政府再次大面积烧毁病区的所有柑橘树。植物病害还严重影响了国家或地区的贸易往来，我国政府禁止美国、加拿大等国发生印度腥黑穗病地区的小麦入境，禁止美国等玉米细菌性枯萎病、梨火疫病流行区的玉米和苹果进境；澳大利亚和俄罗斯则禁止我国有稻白叶枯病和条斑病流行区的稻谷入境。

植物病害对农业、林业和牧业的影响都很大。据联合国粮农组织（FAO）的估计，农作物产量每年因病虫害的损失平均为 30% 左右，而病害的损失占 10% ~ 15%。此外，由于投入防治等费用增加了生产成本，还导致了环境污染等生态安全问题。例如英国西北部的一个草场因真菌病害流行而被毁，它的损失不仅是草场上的牧草，还有因不能放牧而引起畜牧业的损失以及重新投资建设该草场所需要的成本投入等。

植物病害有时对人类生活也有可利用的方面，这是由于人们对某种植物产品的需求所决定的。例如观赏植物郁金香在感染碎锦病毒以后，花冠色彩斑斓，增添了观赏价值，月季花因病变为绿色而变得稀有名贵（彩图 14）；茭草受黑粉菌侵染后嫩茎膨大而鲜嫩，称为茭白，适于作菜肴（彩图 101）；韭菜、大蒜在遮光培养以后形成韭黄与蒜黄，也提高了食用价值等（彩图 102）。这些对人们的生活和经济带来的好处是人们认识自然和改造自然的一部分，尽管对植物本身确实是一种病态，但因为人们需要这种病态，通常就不称为病害或不作为病害来对待。

四、植物病害的类型

植物病害的种类很多，病因也各不相同，造成的病害也形式多样，每一种植物可以发生多种病害，一种病原生物又能侵染几十种至几百种植物，引起不同症状的病害；同一种植物又可因品种的抗病性不同，出现多种不同的症状，因此，植物病害可以有多种分类方法，按照植物或作物类型可分为粮食作物病害、经济作物病害、果树病害、蔬菜病害、牧草病害和森林病害等；按照寄主受害部位可分为根部病害、叶部病害和果实病害等；按照病害症状表现可分为腐烂型病害、斑点或坏死型病害、花叶或变色型病害等；按病原生物类型又分为真菌病害、细菌病害、病毒病害等。如按传播方式和介体来分，有种传病害、土传病害、气传病害和介体传播病害等。但最客观也最实用的还是按照病因类型来区分，它的优点是既可知道发病的原因，又可知道病害发生特点和防治的对策等。根据这一原则，植物病害分为两大类，第一类是由病原生物因素侵染造成的病害，称为侵染性病害，因为病原生物能够在植株间传染，因而又称传染性病害；另一类是没有病原生物参与，只是由于植物自身的原因或由于外界环境条件的恶化所引起的病害，这类病害在植株间不会传染，因此称为非侵染性病害或非传染性病害

（一）侵染性病害（传染性病害）

按病原生物种类不同，侵染性病害还可进一步分为：

1. 由菌物侵染引起的菌物类病害，如稻瘟病（第二章彩图 17、134）

2. 由细菌侵染引起的细菌病害，如白菜软腐病（彩图 49）、柑橘黄龙病（彩图 13）、菜豆晕疫病（彩图 100）

3. 由病毒侵染引起的病毒病害，如烟草花叶病（彩图 1）

4. 由寄生植物侵染引起的寄生植物病害，如菟丝子（第六章彩图 221）

5. 由线虫侵染引起的线虫病害，如根结线虫和孢囊线虫病（彩图 41–42、71–73）

6. 由原生生物侵染引起的原生生物病害，如白菜根肿病（彩图 63）、椰子心腐病（彩图 204）

7. 由叶螨或瘿螨侵染引起的植物螨害，如小麦糜疯病和荔枝毛毡病（彩图 97）等

（二）非侵染性病害（非传染性病害）

按病因不同，非侵染性病害还可分为：

1. 植物自身遗传因子或先天性缺陷引起的遗传性病害或生理病害，如玉米白化病（彩图 10–11）

2. 物理因素恶化所致病害

（1）局部大气温度的过高或过低引起的灼伤与冻害（彩图 226、241）。

（2）大气物理现象造成的伤害，如风、雨、雷电、雹害等。

（3）大气与土壤水分和温度的过多与过少，如旱、涝、渍害等。

（4）农事操作或栽培措施不当所致病害，如密度过大、播种过早或过迟、杂草过多等造成苗瘦发黄和矮化以及不实等各种病态。

3. 化学因素恶化所致病害（彩图 38、39）

（1）肥料元素供应的过多或不足，如缺素症或营养失调症（彩图 228–234）。

（2）大气与土壤中有毒物质的污染与毒害。

（3）农药及化学制品使用不当造成的药害（彩图 235–240）。

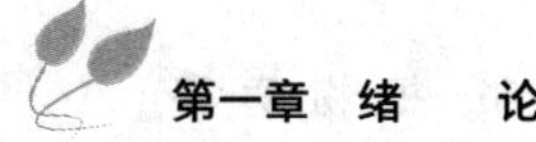

第二节 植物病害的症状

症状（symptom）是植物受病原生物或不良环境因素的侵扰后，植物内部的生理活动和外观的生长发育所显示的某种异常状态。首先是细胞水平的变化，包括各种代谢活动和酶活性，然后是组织水平和器官水平的变化。无论是侵染性病害，还是非侵染性病害，受害部位都首先发生一系列的生理活动的变化，以力求适应这种变化了的环境，通常包括提高呼吸强度、改变代谢途径、产生抗性物质以及局部细胞的自杀反应或过敏反应以限制病原物的入侵等。这些细胞的生理改变，快的如酶促反应只要十几分钟，需要专门的仪器来检测，当病变表现在组织或器官水平上时，肉眼才能识别。症状是植物与病因互相作用的结果，是一种表现型（phenotype），是人们识别病害、描述病害和诊断病害的主要依据。

一、症状

植物病害的症状表现十分复杂，按照症状在植物体显示部位的不同，可分为内部症状与外部症状两类；在外部症状中，按照有无病原生物出现可分为病征（sign）与病状（symptom）两种。

内部症状是指患病植物体内细胞形态或组织结构发生的变化，可以在显微镜下观察与识别，少数要在经过专门处理后，在电子显微镜下才能识别。如病毒病的包含体（inclusion body），萎蔫病组织中的侵填体（tylosis）和胼胝质（callose）等。根茎部的维管束系统受真菌或细菌的侵害后，在外部显示萎蔫症状以前，内部已坏死变褐，通过剖茎检查，可以看到明显的病变。

外部症状是指患病植物外表所显示的种种病变的统称，肉眼即可识别。发病部位呈现的植物自身的异常状态称为病状，病部产生特征性的病原生物子实体称为病征。非特指情况下通常都称为症状（图 1-3）。

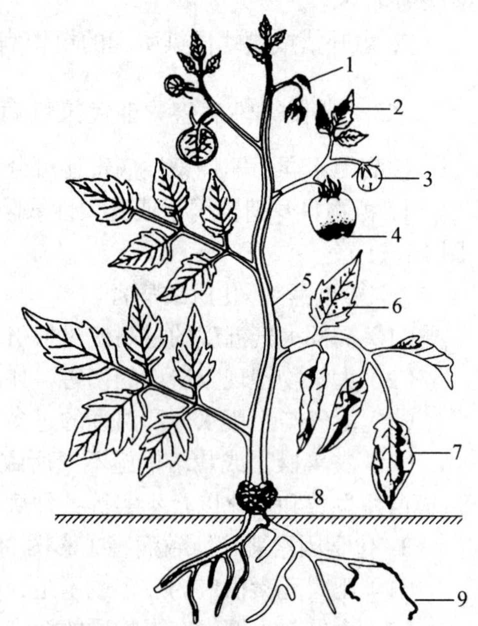

图 1-3 植物病害症状（仿 Agrios）
1. 梢枯；2. 叶枯；3. 果斑；4. 果腐；5. 溃疡；6. 斑点；7. 卷叶及萎蔫；8. 瘿瘤；9. 根腐

（一）病状类型

植物病害病状变化很多，但归纳起来有 5 种类型，即变色、坏死、萎蔫、腐烂和畸形。

1. 变色（discoloration）

病植物的色泽发生改变。大多出现在病害症状的初期，尤其在病毒病中最为常见。

变色症状有两种形式。一种是整株植株、整个叶片或叶片的一部分均匀地变色，主要表现为退绿和黄化（yellowing）。退绿是由于叶绿素的减少而使叶片表现为浅绿色。当叶绿素的量减少到一定程度就表现为黄化。除去整株或整个叶片的退绿和黄化外，有的局限于叶片的一定部位，如单子叶植物的叶尖和双子叶植物的叶缘，有的局限于叶脉。这种类型的变色还有整个或部分叶片变为紫色或红色。另一种形式是叶片变色不均匀，是由形状不规则的深绿、浅绿、黄绿或黄色部分相间而形成不规则的杂色，不同变色部分的轮廓清楚的称为花叶（mosaic），变色部分的轮廓不很清楚的称为斑驳（mottle）。斑驳症状在果实上也是常见的。变色也可以出现在花瓣上，使色彩更加绚丽多彩，如碎锦（color breaking）。单子叶植物的花叶症状是在平行叶脉间出现变色的条纹、条斑或条点。典型的花叶症状，叶上杂色的分布是不规则的，但有的可以局限在一定部位，如主脉间褪色的称为脉间花叶；沿着叶脉变色的称作脉带或沿脉变色；主脉和支脉为半透明状的称为脉明（vein cleaning）。脉明常常是花叶病的早期症状，也可以长期保持而成为一种病毒病的主要症状。植物的病毒病和有些非侵染性病害（尤其是缺素症）常常表现这两种形式的变色症状；有些植原体引起的病害往往表现丛枝、黄化症状（图1-4，彩图1-14）。

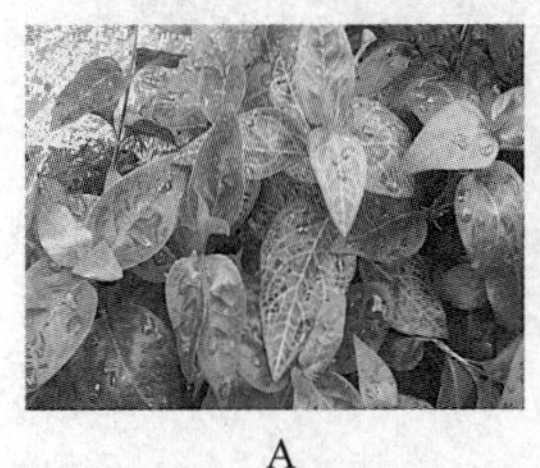
A

B

C

D

图1-4　植物病害变色的几种类型

A. 脉明；B. 花叶；C. 斑驳；D. 碎锦

2. 坏死（necrosis）

坏死是染病植物局部或大片细胞和组织的死亡，因受害部位不同而表现各种变化。坏死在叶片上常表现为叶斑（spot）和叶枯（blight）（图1-5）。叶斑的形状、大小和颜色不同，但轮廓都比较清楚（彩图15、16、18、34、35、36、43、45、54）。有的叶斑组织先是退绿或变色，但后来一般都变为坏死。叶斑的坏死组织有时可以脱落而形成穿孔症状（图1-6）。有的叶斑上有轮纹，这种叶斑称为轮斑或环斑（ringspot）（图1-7，彩图8-9）。环斑是几层同心圆组成的，各层颜色可以不同。环斑组织有的并不坏死，只是表皮细胞坏死而表现蚀刻状；有的则组织明显坏死而表现为坏死环斑。类似环斑的症状，是叶片上形成单线或双线的环纹或线纹，形成的线纹如橡树叶的轮廓就称为橡叶纹。如在表皮组织出现坏死纹的则称为蚀纹（图1-8）。许多植物病毒病表现环斑、坏死环斑、环纹或蚀

图1-5　叶斑

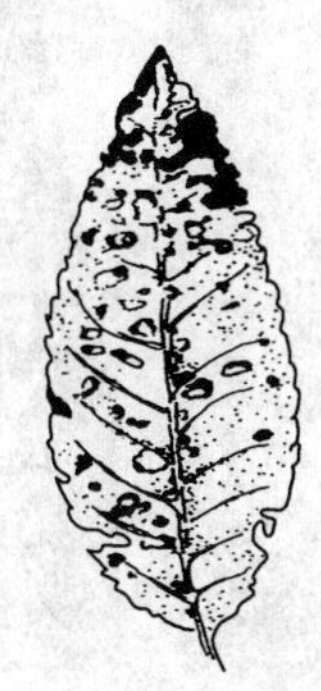
图1-6　穿孔

图1-7　环斑

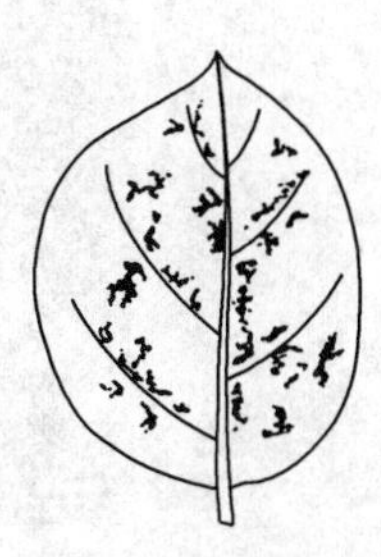
图1-8　蚀纹

纹症状。叶枯是指叶片上较大面积的枯死，枯死的轮廓有的不像叶斑那样明显（彩图 17、27、29、40）。叶斑与叶枯有时较难划分。至于叶尖和叶缘的枯死，则一般称为叶烧（leaf scad）（彩图 37）。植物叶片、果实和枝条上还有一种称为疮痂的症状，病部较浅而且是很局限的，斑点的表面粗糙，有的不形成木栓化组织而稍微突起。如果在黑褐色病斑上还有散生赤色小点（是子实体），称为炭疽病（anthracnose）（彩图 24、30）。植物根茎可以发生各种形状的坏死斑。幼苗近土面茎组织的坏死，若引起突然倒伏的称为猝倒（damping off）（彩图 19），若仅仅有坏死但不倒伏的称为立枯（图 1-9，彩图 20）。草本植物茎的顶部坏死，引起顶尖坏死症状。

图 1-9 立枯和猝倒

A. 立枯；B. 猝倒

木本植物顶梢的坏死称为梢枯（dieback）（彩图 33），枝条从顶端向下枯死，可一直扩展到侧枝或主干，如梨火疫病（彩图 98）。果树和树木的枝干上有大片的皮层组织坏死称为溃疡（canker）（彩图 21），坏死的主要是皮层，病部稍微凹陷，周围的寄主细胞有时木栓化，限制病斑进一步的扩展（图 1-10，彩图 21、23、31、35、36）。

3. 萎蔫（wilt）

萎蔫是指植物的整株或局部因脱水而枝叶萎垂的现象。植物的萎蔫有各种原因。有因茎基部的坏死和腐烂、根的腐烂或根的生理活性受到破坏，使根部水分不能及时输送到顶

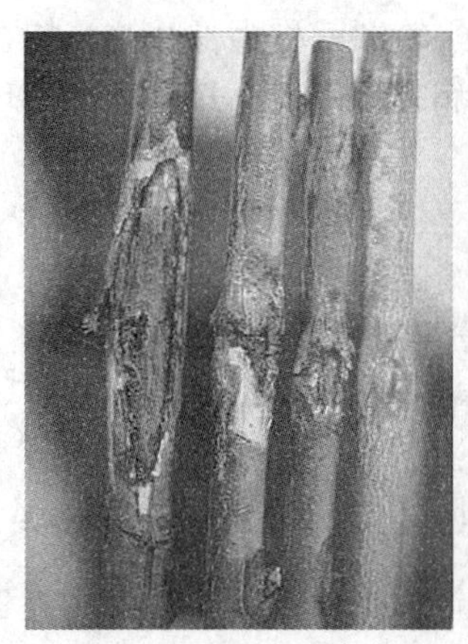  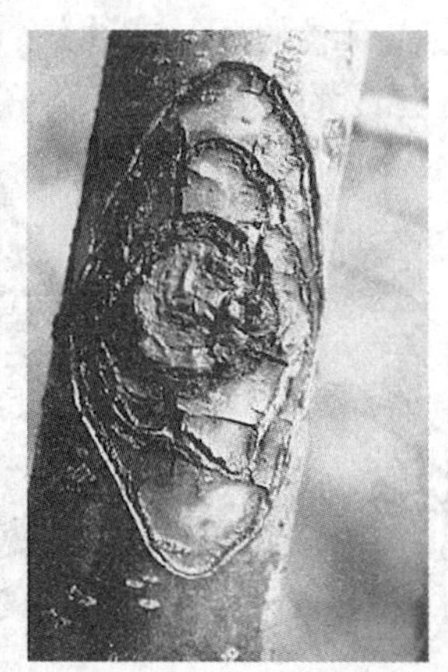

图 1-10 溃疡

梢，细胞失去膨压，致使地上部枝叶萎垂。典型的萎蔫症状是指植物根茎的维管束组织受到破坏而发生的凋萎现象，而根茎的皮层组织可能是完好的。凋萎如果只在高温强光照条件下发生，早晚仍能恢复的称为暂时性萎蔫，出现后不能恢复的称为永久性萎蔫。萎蔫的程度和类型亦有区别，如青枯、枯萎、黄萎等不同。根据受害部位的不同，有局部性的萎蔫，如一个枝条或一个叶片的凋萎，但更常见的是全株性凋萎，如番茄青枯病。植物的维管束组织受到病原物的侵染，不一定都能引起凋萎，因此可以将维管束组织受到侵染的病害统称为维管束系统病害，萎蔫只是其中的一种表现（彩图 46–48）。

4. 腐烂（rot）

腐烂是植物组织较大面积的分解和破坏。根、茎、叶、花、果都可发生腐烂，幼嫩或多肉的组织则更容易发生。腐烂与坏死有时是很难区别的。一般来说，腐烂多是含水较多的组织受到破坏和消解，而坏死则多少还保持原有组织的轮廓。腐烂可以分干腐、湿腐和软腐。组织腐烂时，随着细胞的消解而流出水分和其他物质。如果组织的解体较慢，腐烂组织中的水分很快蒸发而消失，病部表皮干缩或干瘪则形成干腐。相反，如病组织的解体很快，组织迅速腐烂则形成湿腐。软腐主要先是中胶层受到破坏，腐烂组织的细胞离析，以后再发生细胞的消解，如大白菜软腐病。有的病部表皮并不破裂，用手触摸有柔软感或有弹性。根据腐烂的部位，可分为根腐、基腐、茎腐、果腐、花腐等。流胶的性质与腐烂相似，是从受害部位流出的病菌和病组织分解的产物，如桃流胶病。

5. 畸形（malformation）

畸形是指植物受害部位的细胞分裂和生长发生促进性或抑制性的病变，植物整体或局部的形态异常。畸形可分为增大、增生、减生和变态四种（彩图 59–72、79）。

（1）增大（hypertrophy） 增大是病组织内局部细胞体积增大，但细胞数量并不增多；如根结线虫在根部取食时，在线虫头部周围的细胞因受线虫分泌毒素的影响，刺激增大而形成巨型细胞，外表略呈瘤状凸起。稻苗受恶苗病菌侵染后，叶部细胞延长而瘦小但细胞数并无增加，成为黄叶高脚苗。

（2）增生（hyperplasia） 增生是病组织的薄壁细胞分裂加快，数量迅速增多，使局部组织出现肿瘤或癌肿（图 1–11），如马铃薯的癌肿、桃根癌病等。植物的根、茎、叶上均可形成瘤肿；细小的不定芽或不定根的大量萌发生成为丛枝或发根（图 1–12）也是组织增生的结果，如枣疯病。

（3）减生（hypoplasia） 减生是细胞或组织的减生，病部细胞分裂受阻，生长发育亦减慢，造成植株的矮缩、矮化、小叶、小果等症状。矮缩（dwarf）是由于茎秆或叶柄的发

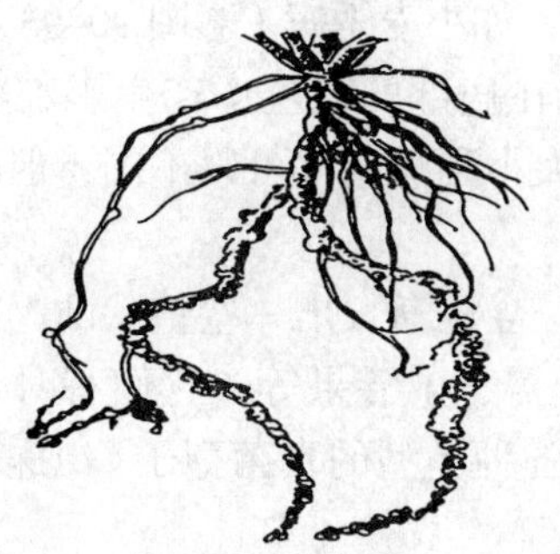

图 1–11 肿瘤（左）与马铃薯癌肿病（右）

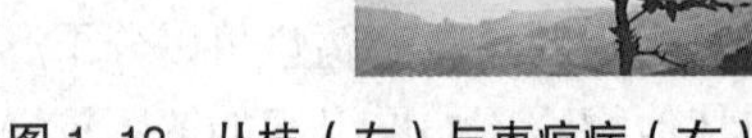

图 1–12　丛枝（左）与枣疯病（右）

图 1–13　叶片卷缩

育受阻，叶片卷缩（图 1–13），如水稻矮缩病；矮化（stunt）是枝叶等器官的生长发育均受阻，各器官受害程度和减少比例相仿，故出现矮化，如玉米矮化病等。

（4）变态或变形　病株的花器变态成叶片状，如月季的绿瓣病是花变叶（phyllody）、扁枝和蕨叶（fern leaf）等。

（二）病征

病征（sign）和病状都是病害症状的一部分，病征只有在侵染性病害中才有出现，所有的非侵染性病害都没有病征出现。一般来说，在侵染性病害中，除了植物病毒病害和植原体病害在外表不显示任何特殊的病征之外，其他的侵染性病害在外表有时可见到多种类型的病征，其中菌物类病害和寄生植物所致病害的病征最为明显。在条件适宜时，在大多数菌物侵染引起的病部表面，先后可产生一些病原物的子实体等。病征通常有下列几种不同的类型（图 1–14，彩图 74–79）。

（1）霉状物或丝状物　在许多真菌病害的病部，可产生肉眼可见的霉状物，这大多是真菌的气生菌丝或孢子梗和孢子等，根据霉层的质地与特征，可称为毛霉、霜霉、绵霉、腐霉、青霉、灰霉等，许多病害名称就是由此而命名的，如葡萄霜霉病（彩图 84–89、107–110）。

（2）粉状物或锈状物　一些真菌病害如黑粉病、白粉病和锈病等在病灶上产生许多粉状物，有的是白色，有的是黑色，还有锈褐色和红色等，如小麦锈病（彩图 90–93、127–128）。

（3）颗粒状物　一些真菌病害发展到后期，常在病部的菌丝中产生颗粒状的休眠机构，如白粉菌的闭囊壳，还有菌核。菌核的形状、大小和颜色都可以不同，但都起着休眠的作用，如向日葵菌核病（彩图 94–96）。

（4）垫状物或点状物　在一些真菌病害的病部，会逐渐长出一些垫状凸起或许多大小不一的黑色点状物。这多是真菌的休眠体，如孢子器、子囊果等，它们有时半埋在植物表皮下，有时着生在植物表面，休眠体内常能产生各种类型的真菌孢子等（彩图 15、18、24–26、30、75–78）。

（5）索状物　一些高等真菌的菌组织纠结在一起形成的绳索状结构，形似高等植物的

A B C D E F G H I J K L M N O P

图 1-14　植物病害病征的主要类型

A. 粉状物（小麦黑粉病）；B. 霉状物（柑橘青霉病）；C. 霉状物（黄瓜灰霉病）；D. 霜状物（霜霉病）；E. 颗粒状物（稻曲）；F. 颗粒状物（笋瓜菌核病）；G. 角状物［麦角（彩图78）］；H. 球状物（孢囊线虫）；I. 脓状物（菌脓）；J. 索状物（紫纹羽）；K. 点状物（炭疽病）；L. 点状物（轮纹病）；M. 锈粉状物（锈病）；N. 蕈状物（木腐病）；O. 柱状物（锈孢子器）；P. 粒状物（性孢子器）

根，所以也称作根状菌索（彩图 74），既可以吸收营养，也可抵抗不良的环境，如甘薯紫纹羽病。

（6）菌脓或流胶 大多数的细菌病害和一部分真菌病害，在病部组织表面分泌出黏性的脓状液滴，乳白色、橘黄色至褐色都有（彩图 99）；在菌脓中，除了病原细菌之外，还有一些寄主组织的分解物和伤流液，也有不少腐生细菌混杂其间，空气干燥时，细菌的菌脓很快干涸而成鱼子状颗粒，如水稻细菌性条斑病。真菌病害的流胶则变成大块半透明的干胶或树脂状物。

病征与症状一样，是人们认识病害和诊断病害时要掌握的一个特征，但是并非每种病害都有病征，这种特征也可以随着寄主与环境的变化而有某些改变，有时显著，有时不显著。

二、症状的变化

植物病害的症状的复杂性还表现在它有不同的变化。多数情况下，一种植物在发生一种病害以后就只出现一种症状，如斑点、腐烂、萎蔫或瘤肿等。有不少病害的症状并非固定不变或只有一种症状。在植物受到侵染的不同生育期、不同抗性的品种上或在不同的环境条件下可以出现不同类型的症状。对于某种病害常见的一种症状，称为该病害的典型症状。例如烟草花叶病毒侵染多种植物后都表现为花叶症状，但它在心叶烟或苋色藜上却表现为枯斑。有的病害在一种植物上可以同时或先后表现两种不同类型的症状，称为综合征（syndrome）。例如粟白发病在叶背上座生灰色霉层，称为灰背，穗部表现刺猬头状和白发（彩图 79）；稻瘟病发生在芽苗期引起烂芽，在成株期叶片上出现梭形病斑或圆形枯斑，侵害穗颈部导致穗颈枯死引起穗颈瘟和白穗。

当两种或多种病害同时在一株植物上发生时，可以出现多种不同类型的症状称为并发症（complex disease）。它与综合征是不同的。当两种病害在同一株植物上发生时，可以出现两种各自的症状而互不影响（彩图 108）；有时这两种症状在同一部位或同一器官上出现，有可能彼此干扰发生拮抗现象（antagonism），即只出现一种症状或很轻的症状；也有可能出现互相促进从而加重症状的协生现象（synergism），甚至出现了完全不同于原有两种各自症状的第三种类型的症状。拮抗现象和协生现象都是指两种病害在同一株植物上发生时出现症状变化的现象。

隐症现象（masking of symptom）也是症状变化的一种类型。一种病害的症状出现后，由于环境条件的改变，或使用药物治疗以后，原有症状逐渐减退直至消失。隐症的植物体内仍有病原物存在，是带菌植物，一旦环境条件恢复或药物作用消失后，植物上的症状又可能重新出现。

三、症状在植物病害诊断中的作用

症状是植物发生某种病害以后在内部和外部显示的表现型，每一种病害都有它特有的症状表现。人们认识病害首先是从病害症状的描述开始，描述症状的发生和发展过程，选择最典型的症状来命名这种病害，如烟草花叶病、大白菜软腐病、枣疯病等。从这些病害名称就可以知道它的症状类型。当熟悉并掌握了大量的病害症状表现，尤其是综合征和并发症的变

化以后，就比较容易对某些病害样本作出初步的诊断，如同医生为患者看病诊断并开处方一样，很快就能确定它属哪一类病害，它的主要特征在哪里以及病因是什么等。

由非侵染性病害因子引起的病害症状，有时与侵染性病害的症状很相似，两者不易区分，但是也有一些规律可参考，详见第七章。

第三节　植物病原生物的类群

地球上的生物种类繁多，形态和结构多种多样，千差万别，约有 2 000 万种，人类已经描述的或已有纪录的，还不超过 200 万种（Groombridge，1992），不到 10%。在被记录的 200 万种生物中动物的数量最多，约 150 万种，植物 27 万种，藻物 3 万种，真菌 7 万种，原生生物 4 万种，原核生物 5 000 种，病毒约 4 000 种。近年来不断有报道，在南极洲的海底和西伯利亚冻土层中发现了许多新的生物类群，显然，还有更多的生物种群尚待人们去认识与记录。

一、地球生物的基本特征和定义

生物，就是有生命的物体。它与矿物最本质的差别就是生物是有生命活动，而矿物没有。有关生物生命活动的定义或生物的特征，有时很难给一个完整或确切的描述。长期以来，由于研究手段和科学技术的限制，人们很难描述有关细菌、尤其是病毒的性状，对病毒的记载十分有限，不能与细胞生物相比较。许多生物分类学者由于对细胞生物的性状了解较多，对生物进行分类描述时，都回避了对病毒的论述，更有人至今仍片面地认为病毒不是生物，因而长期以来有关生物分类系统的描述都没有病毒部分，所以都是不完整的。

随着科学技术的进步，人们对病毒的认识在近半个世纪内有了质的飞跃，无论是对病毒的形态、结构、组分和功能基因组，以及它的复制增殖和寄生致病过程都有了比较全面的认识，尤其是在中国发生了两次冠状病毒侵染引起人的肺炎病害以后，生物学家终于广泛承认了病毒是一种生物的概念，尽管病毒没有细胞生物那种生长发育和逐渐长大和新陈代谢的过程，但是，病毒同其他所有生物一样，是一类具有生物活性、功能基因组、自主复制、可发生变异和进化，并占有一定生态位的生物实体，是结构简单、性质特殊的生命形式。所以，过去有关生物的定义显然是不全面的。今天，对于病毒是微生物大家庭的一个成员已没有怀疑，所有的生物学书刊、杂志都承认病毒是微生物的一种。国际微生物学会联合会（IUMS）的成员就包括病毒学分部、细菌和应用微生物学分部、真菌学分部和原生生物学分部等协会。联合国粮农组织（FAO，2001）给生物的定义是："任何可以复制或繁殖的有生命物体，包括所有的动物、植物和微生物。"这里的微生物当然也包括病毒这个成员。

有关生物的特征有二：首先，有生命活动是生物的主要特征之一。但是，这个生命活动又离不开特定的环境条件，都应在该物种能够适应和忍耐的范围之内，该物种才有生长发育、繁殖或增殖等生命活动，如果所处的环境条件超过了一定的限度，该物种无法适应，其生命活动也就停止。其次，所有的生物类群都具有遗传的特性与变异的特性，这在所有生物种群的进化过程中都有体现，病毒亦不例外。关于生长发育和新陈代谢活动，主要是在细胞生物中出现的一种表型特征和生长模式。因此，生物的定义应该是："一种有生命物体，包括所有的动物、植物和微生物，能在特定的环境或寄主中生存发展，通过复制增殖或繁殖以增加其种群，并使该物种得以蔓延。"

二、地球上生物的分类和命名

（一）名称和命名

地球上生物种类很多，人们为了描述它们，需要给每种生物以一个名称，既不能重复，又要把它们按一定的顺序分开归类，这就是对于生物的分类与命名。

生物最基本的分类单元是种（species）。若干相近的种归在一起组成属（genus）。种是生物学分类意义上的最基本的单元，物种的建立主要以形态特征为基础，种与种之间在主要形态上应该有显著而稳定的差别；其次是有生殖隔离现象，即种内生物可以有性交配并生育后代，不同种之间不能交配生育后代。生物的名称有两种，一种是各国各地的人群用本地语言对任何物种用当地的俗名来称呼，如新疆维吾尔族群众把洋葱称为"皮牙子"，英国人把葱、韭都称为"onion"……这都是区域性俗名，区域性俗名便于在区域内交流识别，但不可能被异地或异国人所接受，例如，最早的植物学家林奈给洋葱命名为 *Allium cepa* Linn.，这就是各国都熟悉的洋葱的"学名"（scientific name）。因此各国科学家建议要求用大家都能接受的方式来命名，即给一种生物以唯一的学名，便于在国际间交流。各国科学家共同制定了一系列国际生物命名法规，以确保所有生物名称的科学性和统一性。目前，生物的学名是国际上统一使用的名称，所有动物和原生动物，所有植物和真菌、藻类，所有细菌和原核生物等统一按国际"生物命名国际委员会（ICB）"命名法规取名；只有病毒和亚病毒是统一按国际病毒分类委员会制定的 41 条规则来命名（暂不用双名法命名）。ICB 已经提议拟定关于适用所有生物命名的原则，今后将颁布新的国际生物命名法规，今后，包括病毒在内的所有生物，都采用统一的双名法命名。

生物的双名法则规定，学名由属名和种名加词来组成，后面是定名人的姓氏。属名是名词性质，首字母要大写，种名加词（又称种小名）是形容词性质，一律小写，属名和种名是拉丁化的，所以要用斜体书写，以示与英文有区别；最后是定名人，用正体书写。如果在两个定名人中间加"ex"则表示前一个是原命名人，后一个是著文公开发表这个种的人。如普通小麦的学名是 *Triticum aestivum* Linn.，而小麦秆锈病菌是由禾谷柄锈菌加小麦专化型组成：

Puccinia　　*graminis*　　f. sp.　　*tritici*　　Erikss. *et* Henning
［属名］　［种名加词］　［专化型］　［小麦］　［两个定名人的姓］

有些昆虫的拉丁名称在属名与种名加词之间还加有一个亚属名。关于病毒的普通名称，暂时采用寄主（多用英文俗名）加典型症状，再加 virus 三个词组成，有时在其后面再加一个属名，如烟草花叶病毒为：*Tobacco mosaic virus*，*Tobamovirus*。属名是拉丁化的正式学名。即 tobacco mosaic virus，简称 TMV。经国际病毒分类委员会确认种的正式名称（学名）是 Tobacco mosaic tobamovirus，不能简写或缩写为 TMV。

一般公认，"种"是生物分类的基本单位，种以下的分类单元名称有亚种（subspecies，subsp.）、变种（variety，var.）、专化型或型（forma specialis，f.sp. 或 f.）。若干相似的种

归属于同一个属（Genus），属的上面依次为科（Family）、目（Order）、纲（Class）、门（Phylum）和界（Kingdom）。在界与种之间，有时为了进一步区分需要，还可设立亚界、亚门甚至次界、次门等级别，但较少采用。在界的上面，近年来提出用总界、超界（Superkingdom，Impire）、域（Domain）等名称，如胡先骕（1965）提出在“胞生总界”之外再设立“始生总界”以容纳病毒，莫尔（Moore 1971）则提议把病毒放在“病毒总界”里；而陈世骧（1979）建议把病毒放在“非细胞总界”里，原核生物和真核生物则归在细胞总界里。沃斯（Woese，1977）提出设立域（Domain），把生物分为古菌、真细菌和真核生物三个域。所以有“域 - 界 - 门 - 纲 - 目 - 科 - 属 - 种”这样八个等级称谓。

（二）地球上生物的主要类群

自从林奈最早把地球上的生物区分为动物和植物两界以来，有关地球生物种类的描述和相应的分类系统就不断地有所报道。在列文虎克发明显微镜并开创了微生物世界以来，人们把明显不是植物、也不是动物的许多微小的、结构简单的、低等生物统称为微生物，微生物并不是一个分类组群，只是所有微小生物的总称。原生生物界（Protoctista）首先由霍格（Hogg，1860）提议使用，后由赫克尔（Haeckle，1866）改成 Protista；魏泰克（Whittaker）先在 1959 年提出分四界，后在 1969 年正式发表了他的五界分类体系，建立了原核细菌界（Monera）和真菌界（Fungi），被学术界公认是比较合理的分类体系。显然，这五界体系也是只限于细胞生物，明显不足的是没有考虑非细胞状态的病毒生物。胡先骕在 1965 年提出生物中应该包括病毒，生物应分为始生总界（病毒）和胞生总界两大群；莫尔（Moore）和杰弗里（Jeffrey）在 1971 年也认为生物应包括病毒，提出分为三个总界，即无细胞总界（Acytota）、原核总界（Prokaryota）和真核总界（Eukaryota）；我国生物学家陈世骧在 1979 年也提出设立非细胞总界、原核总界和真核总界三个总界。今天，科学家都一致认为病毒属于生物，应该单独设立总界（Superkingdom），这是唯物的分类体系。但是命名方式暂时还与细胞生物不一致。病毒虽然没有细胞结构，但已经知道也有复杂的亚细胞形态结构，如球状、杆状、线状、冠状和蜘蛛状等（图 1–15）。植物病毒主要是球状，杆状和线状三种。

在 1977—2000 年间，欧美学术界曾出现过三域八界的分类体系，首先是沃斯（Woese，1977）提议把细胞生物分为三域（Domain），即古菌域、真细菌域和真核生物域。

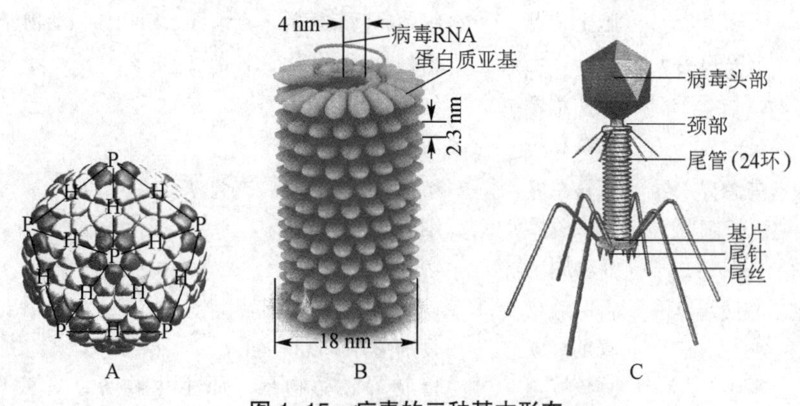

图 1–15　病毒的三种基本形态

A. 球状病毒；B. 杆状病毒；C. 蜘蛛状噬菌体

英国的卡伐里－史密斯（Cavalier-Smith）和柯力斯（Corliss）等在此基础上把细胞生物分为三域八界，即把原核生物中的古细菌提升为古细菌界，属古菌域，在真核生物中把原属于真菌的一部分鞭毛菌与一些单细胞藻类另成立藻物界（Chromista），另外还建立古始动物界（Archaezoa）。八界体系一直受到争议，也始终没有被广大的生物学界所接受。卡伐里－史密斯在 1998 年作出修正，承认古细菌与真细菌都是属于原核生物域，“古细菌域”应该取消；同时，也取消了他建立的古始动物界，但把原生生物界改名为原生动物界，即两域六界的体系。

从生物进化的角度看，地球上最早出现的应该是可组成生物体的有机质，是从非细胞状态逐渐向有细胞结构的状态演化，再从单细胞向多细胞方向进化，直到有复杂的组织器官的分化。从能量代谢方式来看，首先出现的可能是光能自养和化能自养型的生物，然后才有吸收型和捕食性的生物出现。通过真核生物线粒体的研究证实，真核生物是在原核生物（主要是古细菌）的基础上进化来的，动物是在有了藻类和植物的基础上发展起来的，一些只能在寄主体内营寄生生活的生物，如病毒、微孢子虫、滴虫等生物种类，可能都是一些很古老的生物，在进化过程中发生了突变而只能在细胞内营寄生生活。遗憾的是目前的考古工作都只能对有细胞结构的化石作出考证，还无法对病毒这类非细胞结构的化石进行鉴定。

综上所述，我们认为应该在莫尔－陈世骧关于三个总界的基础上，结合卡伐里关于细胞生物分为两域六界的观点，在包含病毒这个生物群以后，可以把地球上的生物概分为三域七界，即在原核生物域和真核生物域之外，再设立一个无胞生物域（Domain Acytota），下设一个病毒界（Kingdom Virae）（表 1-1）。

表 1-1 有关生物分类系统的简介

代表人物	界数	域（总界）名	界名
林奈，1758	两界		植物界（Plantae），动物界（Animalia）
赫克尔，1866	三界		植物界，动物界，原生生物界（Protista）
魏泰克，1969	五界		植物界，动物界，原生生物界，真菌界（Fungi），原核界（Monera）
胡先骕，1965	两总界	始生总界	病毒界
		胞生总界	细菌界，黏菌界，真菌界，植物界，动物界
莫尔，1971	三总界六界	真核总界	植物界，动物界，真菌界
		原核总界	细菌界
		病毒总界	病毒（Virus）
陈世骧，1979	三总界六界	真核总界	植物界，动物界，真菌界
		原核总界	细菌界，蓝藻界
		非细胞总界	病毒界
卡伐里－史密斯，1981	三域八界	古菌域	古菌界（Archaebacteria）
		真细菌域	真细菌界（Eubacteria）
		真核域	植物界，动物界，原生生物界，真菌界，藻物界（Chromista），古始动物界（Archaezoa）

续表

代表人物	界数	域（总界）名	界名
卡伐里－史密斯，1998	两域六界	原核生物域	细菌界
		真核生物域	植物界，动物界，原生动物界，藻物界，真菌界
本教材，2008	三域七界	无胞生物域	病毒界（Virae）
		原核生物域	真细菌界（Bacteria），古细菌界（Archaebacteria）
		真核生物域	原生生物界，藻物界，真菌界，植物界，动物界

有关这三域七界生物的简要特征如下：

1. 无胞生物域（Acytota）

本域生物体的基本单位是亚细胞结构的粒体，粒体是由核酸和（或）蛋白质组成的核蛋白分子。下设一个病毒界。

病毒界（Kingdom Virae）　病毒粒体的基本结构是核酸芯子与蛋白质亚基组成的核蛋白。核酸是核糖核酸（RNA）或脱氧核糖核酸（DNA），有寄生性和致病性。

2. 原核生物域（Prokaryota）

本域生物体的基本单位是原核状态的单细胞，遗传物质（核酸等）没有膜结构包围，分散在原生质中；没有细胞器的分化，二分裂繁殖。完整核糖体的沉降系数为 70 S。下设一个细菌界和一个古细菌界（Archaebacteria）。

细菌界（Kingdom Bacteria）　营养体为单细胞，少数为丝状体，二分裂繁殖，少数为孢子繁殖；完整核糖体的沉降系数为 70 S，大亚基 RNA 为 23 S，小亚基 RNA 为 16 S。真细菌的核糖体由 55 种蛋白质构成，而古细菌有 66 种以上的蛋白质构成。

3. 真核生物域（Eukaryota）

本域生物体的基本单位是单细胞或多细胞的个体，遗传物质（核酸等）有核膜结构包围，固定在核仁中；有细胞器的分化；孢子繁殖和有性生殖。完整核糖体的沉降系数为 80 S，大亚基 RNA 为 28 S，小亚基 RNA 为 18 S。下设原生生物界、藻物界、植物界、真菌界和动物界五个界。

（1）原生生物界（Kingdom Protista）　营养体大多单细胞，单倍体；多无壁，有细胞膜，细胞分化少，运动器官有纤毛、鞭毛或伪足；大多无线粒体，如有，大多为管状；异养或自养；多为无性繁殖和营养繁殖。在原生生物界中包括原生动物和原生藻类等。

（2）藻物界（Kingdom Chromista）　营养体单细胞或多细胞，二倍体；细胞壁含纤维素和纤维质，少数有几丁质，细胞分化，配子的运动器官有纤毛和鞭毛（茸鞭）；含叶绿素，有线粒体，线粒体嵴多为片层状；异养或自养；多无性繁殖和营养繁殖，有有性生殖。

（3）植物界（Kingdom Plantae）　营养体单细胞或多细胞，二倍体；细胞壁含纤维素和纤维质，有细胞和组织分化，配子无鞭毛；含叶绿素，有线粒体，线粒体嵴多为片层状；多自养；多无性繁殖和营养繁殖，有性生殖产生种子。

（4）真菌界（Kingdom Fungi）　营养体单细胞或多细胞，单倍体；细胞壁含几丁质，少数有纤维质，有细胞和组织分化，配子有鞭毛（尾鞭）；不含叶绿素，有线粒体，线粒体嵴多为片层状；异养；多无性繁殖（孢子繁殖），有性生殖产生有性孢子。

（5）动物界（Kingdom Animalia）　营养体单细胞和多细胞，单倍体；无细胞壁；有细胞和组织分化；不含叶绿素，有线粒体，线粒体嵴多为片层状；异养；有性生殖产生胚。

三、植物病原生物的主要类群

广义地说，植物、动物，还有一部分微生物，都与人们的生活密不可分，人类为了生存的需要，要有足够的多种食物供应，从而学会了种植和养殖，从这一观点来看，任何对人类有目的地种植和养殖的生物种群造成侵害或损害的生物都被视为有害生物。狭义地说，所有侵染、损害植物及植物产品的生物都称为植物病原生物。由于有害的昆虫、螨类已特称为害虫，因此，病原生物就特指那些寄生或危害植物的线虫、寄生植物，真菌、藻物、细菌和病毒等。按照新的生物分类体系，植物病原生物也分散在这三个域的七个界中。对照过去传统的分类体系，变动最大的是关于病原真菌的分类系统，因为原来的鞭毛菌亚门的成员根肿菌和多黏菌被移到原生生物界的原生动物门中，而卵菌则与硅藻等合并成立了新的藻物界，更有人建议把原生生物界中的微孢子虫等放到真菌界中来，这种改变是否合理，还有待更多的科学研究来证实。

有关植物病原菌物的分类体系，在第二章中还要详细叙述，这里简要地举出新的分类体系，列举一些重要的植物病原生物及其在新的分类体系中的位置（表 1–2）。

表 1–2 植物病原生物归属的类群举例

域	界	门	举例
无胞生物域	病毒界	病毒门	烟草花叶病毒（TMV）
原核生物域	细菌界	真细菌门	白菜软腐病菌、枣疯病植原体
真核生物域	原生生物界	原生动物门	甘蓝根肿病菌、禾谷多黏菌
	藻物界	卵菌门	葡萄霜霉病菌
	真菌界	担子菌门	玉米黑粉病菌
	植物界	种子植物门	大豆菟丝子
		绿藻门	荔枝藻斑病菌
	动物界	线虫门	水稻干尖线虫
		节肢动物门	葡萄毛毡病原（螨类）

第四节 植物病原生物的侵染原理

植物侵染性病害是由于植物病原生物“侵染”了寄主植物，在特定的环境条件下发生的。对于植物来说，是植物“感染”了一种病害。植物发生侵染性病害不是简单的机械相加的过程，而是一个十分复杂的病理变化过程，称为病原物的“侵染过程”，是指从病原物与寄主接触、侵入寄主到寄主发病的过程。一般可以从病害三角来深入分析，首先是分析病原生物本身的种种特性，其次是分析寄主植物对病原物的抗病性，然后是分析病原生物与寄主植物在一定的环境条件下的互作关系，以及植物病害的发生和发展过程。高又曼（Gäumann，1946）把植物侵染性病害的发生发展过程比作一部机器的工作过程，是由许多

零部件像链条一样组装而成，称为侵染链，这些因子就是一个个侵染环。

一、侵染过程和病害循环

（一）病原物的侵染过程

病原物的侵染过程，简称病程，是指从病原物与寄主接触、侵入到寄主发病的过程。典型的植物侵染性病害的侵染过程可分为接触期、侵入期、潜育期和发病期四个时期。着眼点是病原物的个体与寄主植物个体间的互作关系。

1. 接触期（contact period）

接触期指病原物接种体从休眠状态转变为活跃的侵染状态，或从休眠场所向寄主生长的场所移动以准备侵染寄主。对寄主植物来说，就是进入敏感状态，如种子萌芽长出幼苗等。当环境条件满足寄主的生长，又适合病原物的侵染时，只要病原物能接触和识别寄主，病原物就能侵入。

2. 侵入期（penetration period）

侵入期指病原物与寄主接触到建立寄生关系的一个阶段。病原物有各种不同的侵入途径，主要是从角质层或表皮的直接穿透侵入，可以从气孔水孔等自然孔口的侵入，或从自然和人为造成的伤口侵入。病原物侵入以后，必须与寄主建立寄生关系，才有可能进一步发展引起病害。外界环境条件、寄主植物的抗（感）病性，以及病原物侵入量的多少和致病性的强弱等因素，都可能影响病原物的侵入和寄生关系的建立。

3. 潜育期（incubation period）

潜育期指从病原物与寄主建立起寄生关系到出现明显症状的一个阶段。在潜育期内，病原真菌和线虫要从寄主获得更多的营养物质供其生长发育，病原细菌和病毒则必须繁殖或复制出更多的群体，病原物在寄生繁殖的同时也逐渐发挥其致病作用，使寄主的生理代谢功能发生改变。对寄主来说，要尽量限制病原物的寄生与掠夺，尽量抵抗或破坏病原物的毒害作用，实际上潜育期内充满了病原物的扩展、掠夺和破坏作用，以及寄主植物的种种抑制与反抗作用，充满了病原物与寄主的斗争过程。潜育期的长短取决于病原物与寄主相互斗争的结果：寄主抗性强，病原物致病力弱的，潜育期长；寄主抗性弱，病原物致病力强的潜育期就短。一种病害的潜育期大致有一固定的幅度，它受寄主抗性强弱、环境条件的适合度大小以及病菌致病力强弱的影响，影响潜育期长短的环境因素主要是温度。

4. 发病期（symptom appearance period）

寄主出现症状就表示潜育期的结束。症状出现以后，病害还在不断地发展，如病斑不断扩大、侵染点数不断增加、病部产生更多的子实体等。发病期是指出现症状直到寄主生长期结束甚至植株死亡的整个阶段。大多数真菌病害在发病期内还包括有产孢繁殖的传播等行为。发病期内病害的轻重以及造成的损失大小，不仅与寄主抗性、病原物的致病力和环境条件适合程度有关，还与人们采取的防治措施有关。

（二）病害循环

病害循环（disease cycle）是指一种病害从寄主的前一生长季节开始发病，到后一生长季节再度发病的过程。包括病原物的越冬（或越夏）、病原物的繁殖与传播、病原物的初侵染与再侵染等，侵染过程只是其中的一环。病害循环是研究大田植物的群体和病原物群体的相互关系，时间跨度为植物的一个生长季度。植物在新的生长季节中受到从越冬（越夏）场所来的病原物的侵染称为初侵染（primary infection）。在田间已发病的植株上产生的病原物传播扩散后侵染同一生长季内的寄主植物，称为再侵染（reinfection）。有些病害只有初侵染而没有再侵染，因为它们的潜育期很长，初侵染的条件又很严格。有的病害则既有初侵染，又有再侵染，因此病害发展快，很易在田间流行。了解病害循环的各个环节的特点，对于控制病害、制定防治策略是十分重要的。以后还将作专门的讨论和深入的分析。

关于病原物的侵染原理，在第八章还要进一步说明。

二、病原生物的寄生性和致病性

病原生物一般具有两个基本属性，一是有寄生性，二是有致病性。

（一）寄生性

寄生性（parasitism）是寄生物能够从寄主体内获取养分和水分等生活物质以维持生存和繁殖的特性。一种生物以其他活的生物为基质，以获得其赖以生存的主要营养物质，这种生物称为寄生物（parasite）。供给寄生物以必要生活条件的生物就是它的寄主（host）或宿主（parasitifer）。寄生是两种生物间的一种生活方式，这两种生物之间的密切关系是寄生关系。植物病害的病原物都是寄生物，但是寄生的程度不同。有的只能从活的植物细胞和组织中获得所需要的营养物质的称为专性寄生物，其营养方式为活体营养型（biotroph）。有的能在死的植物组织上生活，或以死的有机质作为生活所必需的营养物质的非专性寄生物，这种以死亡的有机体作为营养来源的称为死体营养型（necrotroph）。只能从死的有机体上获得营养的生物称腐生物（saprogen）。许多病原生物具有兼性的营养方式，是典型的兼性寄生物（facultative parasite），既能在活的寄主上营寄生方式，即活体营养型，在没有活的寄主时，也可以营腐生生活，即死体营养型。绝大多数的植物病原真菌和植物病原细菌都是非专性寄生的，它们寄生能力的强弱有所不同。寄生能力很弱的接近于腐生物，寄生能力很强的则接近于专性寄生物。弱寄生物的寄生方式大都是先分泌一些酶或其他能破坏或杀死寄主细胞和组织的物质，然后从死亡的细胞和组织中获得所需的养分。因此，弱寄生物一般也称为低级寄生物。专性寄生物的寄生方式是对寄主细胞和组织的直接破坏作用较小，主要是从活的细胞和组织中获得所需的养分。因此，寄生能力强的寄生物一般也称为活体寄生物或高级寄生物，对于既能营活体营养又能营死体营养型的寄生物，称为兼性寄生物或称兼性腐生物。

植物病原物中，如菌物中的锈菌、白粉菌、霜霉菌等，以及植物病毒和寄生植物，都是专性寄生的活体营养型。近年来，有些历来认为是典型专性寄生物的锈菌，已经可以在人工培养基上培养，但在自然条件下还是只能在活的植物上生活和发育。因此，从这一点来说，锈菌还是专性寄生菌。病毒与寄主的关系较为特殊，它只能在活的寄主细胞内复制增殖，是借助于寄主细胞的核糖体和其他物质复制新的病毒，不像其他寄生物那样从寄主细胞吸收营养物质，所以是专性寄生物。在热带植物上发现的植生滴虫也是专性寄生物。

一般认为，寄生物是从腐生物逐步演化来的，腐生物经过兼性寄生物发展到专性寄生物；但也有人认为这种演化对寄生物并不利，会限制其生存空间。将寄生物分为低级寄生物和高级寄生物就是反映了这种进化观点。分析一种病原物是弱寄生还是强寄生是必要的。这里只着重指出一些与防治有关的问题。例如，培育抗病品种是很有效的防治措施，但大都是针对寄生性较强的病原物所引起的病害。对于许多弱寄生物引起的病害，一般很难选到较理想的抗病品种。对于这类病害的防治，应着重于提高植物抵抗侵染的能力。

寄生植物从寄主体内摄取生活物质的成分并不完全相同，菟丝子从寄主体内吸取所有的生活物质，包括各种有机养分、无机盐和水，属于全寄生类型；桑寄生科植物体内大都有叶绿素，可自己合成部分有机物质，但仍然需要寄主供给水分和无机矿物盐成分，这种寄生性称为半寄生或水寄生类型。

（二）致病性

致病性（pathogenicity）也称为病原性，是病原物所具有的影响或破坏寄主并引起某种特定病害的特性。致病性是病原生物的另一个重要属性。一种病原物的致病性要通过它的致病能力来体现，致病能力亦称为毒力（virulence）或侵袭力，是病原物在侵染过程中对寄主发挥侵入、定植和损害能力的总称，一种病原物的不同株系的毒力强弱有差异，如专化性和毒性有差异。病原物的致病作用是多方面的，如病原物的毒性产物可以对植物造成不同程度的破坏作用。一般来说，病原物都有寄生性和致病性，但不是所有的寄生物都是病原物。在许多植物体内都发现有内寄生菌存在，有真菌、细菌、原生生物和病毒等，它们对寄主的致病力很弱，外观无明显症状，称为无毒性的寄生菌或共生菌。许多荧光假单胞菌和草生欧文氏菌可以在植物表面附生或在植物体内寄生，但对植物生理活性的影响很小，一般不表现症状。石竹和蚕豆的体内被潜隐病毒寄生后，也不表现明显的病变，这类寄生物具有寄生性，但没有或只有极微弱的致病性。相反，一些芽孢杆菌的侵染能力不强，但它们分泌的外毒素毒性很大或毒力很强，对寄主常常造成很大的损害，专性寄生的锈菌的毒力并不比兼性寄生的强。所以，寄生性不是致病性，寄生物和病原物也不是同义词。

病原物的致病性是病原物的一种属性，相对来说是较为固定的性状，如有的病原物引起叶斑，有的病原物则引起组织腐烂。属于同一种病原物的不同小种、菌系、株系或群体，其毒性的强弱还可能有所不同。有人主张将针对特定寄主种类或品种的毒性专化性差异称为生理小种的差异，毒力的差异有时也用毒性的强弱来表示，有所谓强毒系或弱毒系，特别是在病毒方面使用较多。毒性（toxity）原是医学微生物学上常用的名词。许多引起腐烂病的病原物毒性的强弱与寄主品种无关，只是不同株系有毒力程度的差异。

关于病原物的寄生性和致病性问题，在第九章还要进一步说明。

三、植物的抗病性

植物在长期进化过程中，对变化着的环境产生了很强的适应性，对一些不良条件产生了忍耐性和抵抗性，这种适应、忍耐和抵抗性有时统称为抗逆性。无论是对非侵染性病害或侵染性病害，植物都具有一定程度的抵抗能力，可称为广义的抗病性。有人把植物对非侵染性病害的抵抗性称为忍耐性或抗逆性，如对低温、霜冻、药害的抗性；把植物对侵染性病害的抵抗性称为狭义的抗病性，如水稻对稻瘟病的抗瘟性等。

在病害的发生发展过程中，植物的抗性贯穿始终，大体分为抗接触、抗侵入、抗扩展、抗损害等几种类型。从病原生物接触寄主开始，植物就会发生一系列的抵抗反应，在不同的阶段以不同的方式体现出来。

植物一般是从两个方面抵抗病原生物的侵染，一是机械的障碍作用，利用组织和结构的特点阻止病原物的接触、侵入和在体内的扩展，这就是结构抗性；二是植物的细胞或组织中发生一系列的生理生化反应，产生对病原物有毒害作用的物质，来抑制或拮抗病原生物的侵染，称为生化抗性。

先天的生化抗性包括植物向体外分泌抑菌物质，如葱蒜类、松柏类植物向外分泌大量挥发性物质，都具有杀菌或抑菌活性，许多微生物接种体都被这些外泌的生化物质（多为酚、萜、萘类）所钝化或灭活。有些植物之所以成为某种病菌的非寄主，可能是由于体内缺乏病菌识别反应所需的物质，从而不可能建立进一步的寄生关系。

在病原生物与寄主接触或侵入发生后，寄主植物仍然可能发生很强烈的生理生化反应，设法抵制或反抗病原生物的侵染，最强烈的如细胞自杀而形成过敏性的坏死反应，使侵入点附近的细胞内沉积了大量抑菌性物质，或在侵染点周围的细胞中产生大量的植物保卫素（phytoalexin，简称为植保素，PA），如菜豆素、豌豆素和日齐素等，这是抗病品种生化抗性的一个重要组成部分。

诱导的生化抗性的另一个重要内容是在寄主细胞内的生理代谢途径发生改变，如磷酸戊糖支路的活化等，从而产生许多抗菌或抑菌物质，一些对病原生物有抑制或破坏作用的酶系活化，或新产生一些酶类，它们在防御病原物的侵染中发挥十分重要的作用。

抗病性的类型　在自然界的生物，虽然有的可以成为某些寄生物的寄主，但寄生物在侵染它们的过程中还是会遇到不同程度、不同层次的抵抗。这种抵抗是寄主植物的抗病性，它是一种复合性状。

植物对病原物的忍耐、抵抗和适应性是在共同进化过程中逐渐产生和形成的性状。不同的学者从不同的侧面来分析植物的抗性时，可能给予不同的名称。首先是从寄主和非寄主的角度来看，某种微生物不能侵染的植物种，都属于非寄主，非寄主对某种微生物（病原生物）的抗性称非寄主抗性。在寄主范围内的植物种，对某种病原生物的抗性就属于寄主抗病性。

在寄主抗病性中，根据病原物与寄主植物的相互关系和寄主抗性程度的差异通常可分为避病性、抗病性和耐病性三类。

（1）避病性（avoidance）　一些寄主植物可能是其生育期与病原物的侵染期不相遇，或缺乏足够数量的病原物接种体，在田间生长时不受病原物侵染，从而避开了病害。这些寄主植物在人为接种时可能是感病的。有人称避病性是植物的抗接触特性。

（2）抗病性（resistance）　寄主植物对病原生物具有组织结构和生化抗性的性能，以阻止病原生物的侵染。不同的品种可能有不同的抗性机制，抗性水平也可能不同。根据一个品种能抵抗病原物的个别小种或多个小种的差异，植物抗性又可分为小种专化抗性和非小种专化抗性（在流行学上，则称为垂直抗性与水平抗性）。

（3）耐病性（tolerance）　是指植物对病害的忍耐程度。一些寄主植物在受到病原物侵染以后，有的并不显示明显的病变，有的虽然表现明显的病害症状，甚至相当严重，但仍然可以获得较高的产量。有人称此为抗损害性或耐害性。

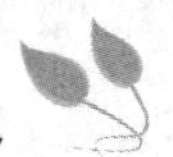

第五节　植物病理学简史

一、早期的记载

人类自从有目的地栽种植物以来，植物发生病虫害就成为种植业最关心的问题，最早以文字记录植物有疾病的是在公元前239年的《吕氏春秋》中，把小麦黑粉病称为“鬼麦”，外国人则把锈病看作是“锈神作祟所致”。国内外都曾把病害看作是鬼神作祟，这是认为植物会自然发生的“自生论”。长期以来，植物病理学研究只局限在对有关植物病害的认识和观察记载方面。中国是个文明古国，在长期的农业活动中也逐渐积累了许多有关病害发生和防治方面的知识。例如公元539年贾思勰在《齐民要术》的“种麻篇”中指出“大麻连作，有点叶夭斩之患”，可能是指生叶斑病与立枯病。元代韩彦直（1179年）在《橘录》中指出，“木之病有二，藓与蠹是也”；“采藏之日，先净扫一室，密糊之，勿使风入，布稻稿其间，堆橘于地上，屏远酒气，旬日一翻拣之，遇微伤之点柑，即拣出，否则侵损附近者，屡汰去之”。明确指出烂橘会传染，定期翻拣一可通风，二去病果，是非常科学的，这比国外德巴利的病原学说（1861年）要早700年。《沈氏农书》（1624年）中对桑萎缩病即有剪刀切口传染的精辟论述，“设有瘪桑，即番去之，不可爱惜，使其缠染，皆缘剪时刀上传过”。1637年宋应星《天工开物》在“稻灾”中，对稻瘟病的种子传染也早有认识，“祟在种内，反怨鬼神”，提出“用雨水在夏日浸之以清热”，有破除迷信的思想。清代方观承的《棉花图》（1765年）中说：“种选青黑核，冬月收而曝之，清明后淘取坚实者，沃以沸汤，俟其冷，和以柴灰种之。”这种综合处理棉籽的方法，有催芽防病之功效。

综观古籍记载，中国农业的贡献是很早就发现并认识了病害，描述了病害与气候和栽培技术的关系，提出了以种子处理为主的一些防治措施。当然，由于科学文化水平的限制，当时也没有显微镜等设备，因此没有关于病原物的描述与记载。国外的情况与中国相似，如古代希腊和印度也都有些关于病害情况的记述，但多认为与鬼神作祟有关。

二、近代植物病理学的历史

有关植物病理学的近代史，大致是从1801年开始的，至今仅220年，20世纪以来发展很快，有许多重大的进步。大体上以病因学、病害流行学、病理生理学和病害防治学等几个分支学科领域的发展较为突出。

在有关病原生物的分类鉴定与诊断过程中，在病原和寄主互作关系的研究中，逐渐应用一些分子生物学的手段用来协助诊断，促进了传统的诊断方法或鉴别手段。把现代生物学方法引进到植物病理学中，无疑大大促进了植物病理学的发展。

1. 病原学

病原学亦称“病因学”（etiology）。这是病理学的核心部分，最先受到重视。因为任何病害只有首先了解其真正的病因，通过诊断分析与鉴定之后，才能确定进一步的防治措施，这就是辨证施治，对症下药。一般公认，德巴利（de Bary A）是病原学的创始人，巴斯德

A

B

C

图 1–16 国际著名的植物病理学家和微生物学家
A. deBary A；B. Pasteur L；C. Koch R

（Pasteur L）是病原微生物学的奠基人，而柯赫（Koch R）则是诊断学的奠基人（图 1–16）。

（1）病原菌物学 由真菌和菌物侵染植物引起的病害是人们最早关注的病害。从 1807 年普洛弗特（Provest M）证实小麦黑粉病是真菌侵染所致，到 1971 年迪内（Diener T O）发现类病毒是引起马铃薯纺锤块茎病的病原物，经历了许多艰苦卓绝的努力才逐步发展起来。

最早认识到小麦上的黑粉病可以通过黑粉混在健康种子上传播的是梯列特（Tillet，1755），他观察的是小麦腥黑粉病，尽管梯列特（1755）早已证实用黑粉病粒拌种后播种可以传染，但直到 1807 年，普洛弗特才通过试验证实其病原物是一种真菌，是由黑粉菌孢子传染而引起的。由于当时受病害是自然发生的"自生论"影响，他的试验也未被大家重视。德巴利是病原学说的创始人，他最早描述并确定了黑粉病和锈病是由真菌引起的病害（1853），而不是植物生病以后才有真菌滋生。在爱尔兰发生举世闻名的由马铃薯因发生疫病绝产引发的爱尔兰饥馑以后，他又花了 10 年时间研究，到 1861 最终确认马铃薯晚疫病是由于一种疫病菌侵染所致，是造成爱尔兰饥馑的真正原因。后来，他又发现了小麦秆锈菌要先后分别在小麦和小檗两种寄主植物上寄生才能完成其生活史。从而确定了锈菌有"转主寄生"的现象，在其生活史中产生多种类型孢子的"多型现象"，他为植物病理学的发展作出了巨大的贡献。

（2）病原细菌学 美国学者伯利尔（Burrill T）在 1878 年首先报道了梨火疫病是一种由细菌引起的植物病害，尽管伯利尔首先描述了梨火疫病，但鉴定命名梨火疫病细菌的人是美国的史密斯（Erwin F. Smith）。史密斯也对葫芦科、茄科和十字花科蔬菜的细菌病害做了大量研究，他与德国的费休（Fischer A）就细菌是否引起病害的争论持续了 10 年，费休认为植物上的细菌都是腐生的、后生的。史密斯在 1904—1914 年十年的论战期间，以大量事实和实验结果证实了病原细菌的侵染性与致病性。这场论战最后以史密斯的胜利而告终。他写的三本巨著《细菌和植物病害的关系》等奠定了植物病原细菌学，被美国人尊称为"细菌学之父"，他写的《植物病原细菌导论》是这一领域最早的教科书（图 1–17）。

图 1–17 美国细菌学家史密斯

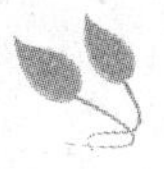

长久以来，桑萎缩病一直被认为是病毒病，但也始终没有获得确切的证据，1976 年，日本的土居养二在对病样作连续切片时终于发现在病组织中有大量菌原体状的异常物质存在，经过会诊，确认就是病原体，称为“类菌原体”（mycoplasma-like organism，MLO），现在这类病原被称为植原体“*Phytoplasma*”；Davis 等（1972）又发现了玉米矮化病是由螺原体（*Spiroplasma*）引起，植原体和螺原体都是一类没有细胞壁的原核生物，与细菌一样，其共同的特征是它们的遗传物质（DNA）都分散在原生质中，没有核膜包围，故属于原核生物。

（3）病原病毒学　病毒是仅次于菌物类的重要病原物，烟草花叶病早已是全世界普遍存在的病害，但谁也看不见它的病原物，迈耶（Mayer）（图 1–18）和伊万诺夫斯基（Ivanowski）（图 1–18）分别于 1886 年和 1892 年证实病株的汁液经细菌滤器过滤后接种仍具有传染性；贝叶林克（Beijerinck）（图 1–18）在 1898 年用乙醇沉淀病汁液后也不丧失其传染活性，故称之为传染性活液（contagium vivum fluidum），后来改名为病毒（Virus）。Stanley 在 1935 年用化学方法从花叶病汁液中提取到纯的病毒结晶，在冰箱中储存一段时期后再接种，仍能使烟草发病，从而证实其有传染活性。斯坦利（Stanley）在 1945 年获得诺贝尔化学奖，英国学者鲍登（Bawden，1936）和他的同事研究发现，在烟草花叶病毒的结晶中，蛋白质占 95%，核酸（RNA）占 5%，认为核酸才是有侵染力的物质。有关病毒形态的详细描述是在发明电子显微镜以后，考斯奇（Kausche）于 1939 年第一次在电子显微镜下看到烟草花叶病毒（TMV）的粒体。

迪内于 1971 年通过多种化学方法提纯了引起马铃薯纺锤块茎病的病原物，是一种小分子的核酸（RNA），但没有发现蛋白质外壳，他称之为“类病毒”（Viroid）。类病毒没有蛋白质衣壳，只有核酸分子。在动物病害中，引起羊痒病和疯牛病的病原都被证实是一种侵染性蛋白因子——朊病毒（Prion），但没有核酸成分。现在，国际病毒分类委员会决定把类病毒、朊病毒和病毒卫星都归属于“亚病毒（Subvirus）”一类，属于病毒学范畴。

（4）病原线虫学　线虫属于动物界的线虫门，由于侵害植物的线虫形体都很微小，凭肉眼难以看清，更由于植物线虫大多属于根部寄生或植物体内寄生，其危害状又多在植物地上部，线虫危害状与病害症状十分相似，因而线虫危害状就逐渐变成了植物的线虫病，线虫也就变成了植物的病原生物之一。

A

B

C

图 1–18　国际著名植物病毒学家

A. Ivanowski；B. Beijerinck；C. Mayer

Needham 在 1743 年最早认识到小麦发生线虫病，他从病粒中看到了许多线虫。第一本关于植物线虫专著是由 Bostian 在 1865 年出版的，de Man 在 1880 年出版了土壤、植物和淡水线虫的专著，并创立了测量与描述线虫形态的 de Man 氏公式，库柏（Cobb NA）则是第一个对线虫病害和病原线虫的形态、分类作出卓越贡献的线虫学家。他是植物线虫学的奠基人。古德伊（Goodey）和戚特沃特（Chitwood）等对线虫形态学、分类学和生物学描述作出了重要贡献。

除了线虫之外，另有一类低等的动物，即原生动物也可侵害植物而成为病原生物，Lafont 在 1909 年于大戟科有病植物的乳汁管中发现有鞭毛虫存在，后来斯坦尔（Stahel G）在 1931 年也发现一种有鞭毛的原生动物侵害咖啡韧皮部，可导致萎蔫死亡。在咖啡、椰子等热带植物上发现有这些寄生物存在，它们是属于原生动物中的鞭毛虫，现在称为植生滴虫（*Phytomonas*）。

在非侵染性病害和病因方面，虽然在植物栽培学和植物生理学等方面都有所涉及，较早而系统地描述环境条件与病害关系的要推美国的麦克迈特里（McMurtrey JE Jr.）1953 写的《环境的，非侵染性损害》一书。

2. 植物病理学

植物病原学说的建立，为植物病害的研究和防治奠定了基础。库恩在 1858 年编写出版了一本《植物病害的原因和控制》，是他根据病害的传染性和控制实践而写成，是历史上第一部关于植物病理学的教科书，可作为植物病理学诞生的起点。在此基础上，植物病理生理学、植物抗病性、植病流行学、植病防治学等相关分支学科也逐渐建立发展起来。但是，真正描述植物发生病害相互关系的，应该是英国人 Link，他在 1933 年发表的有关发病三要素而构建的“病害三角”无疑是人们认识植物发生病害以及环境如何影响病害的经典名著。

图 1–19 Agrios GN

Agrios G N（图 1–19）编写的植物病理学 *Plant Pathology* 自 1969 年出版以来已经修订了四次，2005 年（第 5 版）是各国高校普遍采用的教学参考书。

3. 诊断学

植物发生的病害种类很多，引起病害的病原也各不相同，为了正确地认识和诊断一种病害的病因或病原物，需要有多方面的知识积累和合理的推断分析，有时还需要做些试验来排除可疑的病因，才能确认。要明确一种病害的病原，首先要有一个科学合理的诊断过程，诊断学（diagnostics）是与病原学同步发展起来的一门学科，德国微生物学家、医生柯赫（Koch R）是诊断学的奠基人。柯赫在 1884 首先提出医学诊断的法则，又称为证病律，后来被推广和延伸到整个从事医学的领域，包括人体医学、兽医和植物医学三个分支学科中，“柯赫氏法则”包括 4 个步骤，只有完成或实现了这 4 步，才能确认该种微生物就是这种病害的病原生物。这 4 个步骤是：

① 一种病害总是与某种特定的微生物相联系，而在健康寄主上则不存在。

② 从病组织中可以分离到这种特定的微生物，并可获得纯培养。

③ 把这种纯培养接种到健康的寄主上，可诱发产生同样的病害。

④ 从接种发病的寄主组织中，可以再分离到与原先接种时相同的微生物。

4. 病理生理学

普洛弗特和德巴利的研究证明，真菌是病害的原因而不是病害的结果，从此，德巴利就开始研究核盘菌如何引起蔬菜软腐的机制，结论是病菌产生的酶和毒素杀死了植物细胞，然后菌丝吸收死细胞中的营养物质。田中（1933）第一次用尾孢属真菌的培养滤液使梨果上产生黑斑，与病菌侵染的结果一样，肯定了真菌毒素的致病能力。薮田真次郎（Yabuta）在 1939 年证实了赤霉素是引起稻苗徒长的一种生长调节剂。契尔通（Chilton M D）等在 1977 年证实了根癌土壤杆菌能将细菌体内质粒的部分遗传物质（T-DNA）导入寄主细胞，插入植物的染色体中以后，寄主细胞就能不断分裂而形成癌肿。

病理生理学又称生理植物病理学，研究内容主要是有病植物的生理生化变化、植物抗性机制和病原物的致病机制三方面，这实际上是植物病理学的基础内容，近年来有关诱导抗性的研究又拓宽了病理生理学的内涵。

5. 植物与病原物的互作

早在 20 世纪初就开始分析关于植物抗性的机制和遗传。比芬（Biffen R H，1905）首先报道了小麦品种对锈病抗性按孟德尔遗传规律遗传。埃立克逊（Eriksson J）在 1894 年指出，锈菌种内的菌株存在有寄生专化型（f. sp.）的不同；斯塔克曼（Stakman E C）在 1914 年更进一步指出，在同一专化型内的菌株，尽管在形态上没有差异，但其致病性状和反应也有不同，从而提出用生理小种（physiological race）的术语来描述病菌的分化，与此相对应的是小麦品种的抗性，现在区分为小种专化性抗性和非小种专化性抗性。弗洛尔（Flor H H，1946）在研究亚麻品种对锈菌的抗性时发现，寄主中每存在的一个抗性基因，在病原菌中就会有一个非毒性基因存在，即在寄主和病原物中均存在着相对应的抗性基因和致病基因。这就是“基因对基因的关系”，弗洛尔的这个基因对基因的假说，进一步揭示了品种抗性的专化性和抗性变化的规律。范德·普朗克（Vander Plank J E）在 1963 年提出了植物有两种抗性的理论，他认为一种是针对小种专化的、抗性很强的、受少数几个主基因控制的垂直抗性（vertical resistance）；另一种是对病原菌所有（或大多数）小种都有作用的、受多个微效基因控制的水平抗性（horizontal resistance）。尽管在描述的概念上有些矛盾，但植物存在这两种抗性的论点很快被不少的育种学家和植病学家所接受。高又曼（Gaümann E）1946 年提出在寄主植物与病原物互作中还存在着过敏性抗性的观点也被许多研究者所证实，植物为了抑制和抵抗病原菌的侵染，将受侵染点附近的细胞杀死以阻止其蔓延。

6. 分子植物病理学

分子植物病理学又称现代植物病理学，是利用一些现代生物的实验技术和方法来研究阐明传统的植物病理学范畴内的许多现象和疑点，例如有关寄主植物与病原物的互作关系、基因互作的分子机制，也可利用分子生物学技术对病原生物的诊断与鉴定等。现代生物技术主要是指下列技术的应用：①核酸技术，包括脱氧核糖核酸（DNA）的重组和把核酸直接注入细胞或细胞器；蛋白质技术与细胞学研究相结合；②超出生物分类学科的细胞融合。此类技术可克服自然生理繁殖或重新组合障碍，且并非传统育种和选种中所使用的技术。

7. 病害流行学

研究病害群体发生发展的学科。国内外均发生植物病害大流行的记录，如 1845 年的马铃薯晚疫病在爱尔兰流行；1942 年在孟加拉流行的水稻胡麻叶斑病；1882 年斯里兰卡发生咖啡锈病的大流行；1970 年美国南部玉米小斑病的大流行都造成了极大的损失。格里高里（Gregory C T）于 1961 年发表的大气微生物学是关于气传真菌病害流行学的经典著作。范德·普朗克（Vander Plank，1963）的《植物病害：流行和控制》是近代植病流行学的好教材。

图 1–20 发明波尔多液的米拉德

8. 植物病害控制

1755 年梯列特提出用种子处理的方法可控制小麦黑粉病。1765 年中国的方观承在棉花种子用开水烫种和草木灰拌种方面的论述都是非常经典的。1885 年米拉德（Millardet PMA）正式提出用波尔多液可有效地防治葡萄霜霉病（图 1–20）。事实表明，古老的波尔多液可有效防治数百种植物病害，是迄今仍广泛使用的无机杀菌剂。雷姆（Riehm）1913 年介绍用有机汞剂处理种子以防治种传病害，一直延续到 20 世纪 60 年代才因毒性太大被有机硫系列的农药所替代。在生物防治方面，我国在井冈霉素的生产和应用方面居世界之冠，迄今仍是防治水稻纹枯病的主要药种；New 和 Kerr 在 1972 年最早研制出用 K84 菌株防治癌肿土壤杆菌的生物防治新技术，现已在全球推广使用。在梨、苹果产区铲除梨锈菌的转主寄主桧柏也在一定范围内实施，可取得较好的效果。

三、中国植物病理学的简史

在中国农业教育的历史中，最早在大学设立或讲授植物病理学的是 1910 年在京师大学堂农科，先是聘请日本学者 Miyake 来讲学。后来，在金陵大学（1916 年）和东南大学（1918 年）相继由邹秉文和戴芳澜讲授了植物病理学，邹秉文先生是中国植物病理学教育的先驱，中国讲授植物病理学的第一位教授。1915 年获美国康奈尔大学农学士学位，1916 年回国，在国内首次发表了《植物病理学概要》一书。1920 年 11 月，时任南京高等师范学校校长的邹秉文，和蔡元培、张謇一道，提出在南京建立国立东南大学，初设工、商、农三科，首任农科主任是邹秉文。他与工科主任茅以升、商科主任杨杏佛，均同期在美国康奈尔大学留学，发起组织中国科学社；1917 年创建成立中国农学会，当时被誉为“东南三杰”。1929 年北伐成功后，国民政府工商部在上海、天津、青岛、汉口和广州设立农产物检查所，邹秉文出任中国第一个商品检验局——上海商品检验局的首任局长；1929 年，中国植物病理学会在南京召开成立大会，选举邹秉文为第一任会长。他先后任金陵大学植物病理学、植物学教授，南京高等师范学校、国立东南大学农科主任。1945 年 10 月，联合国粮农组织筹备委员会在加拿大魁北克举行会议，正式成立联合国粮农组织，邹秉文代表民国政府在宪章上签字，邹秉文任中国驻联合国粮农组织首任首席代表。章祖纯在 1916 年发表了中国第一篇病害调查报告《北京附近发生最盛之植物病害调查表》，《植物病理学报》在 1955 年创刊，戴芳澜为首任主编。到 1931 年以后，国内多所大学的农科也先后开设了植物病理学课程，并开展了有关植物病害的研究工作。金陵大学农学院在 1942 年首次招收植物病理学硕士学位研究生。1981 年实施《中华人民共和国学位条例》，先后在 15 所农业大学中有植物病理学博士学位授予权。

图 1–21　邹秉文先生和俞大绂先生

戴芳澜先生、邓叔群先生和魏景超先生长期从事植物真菌病害和病原真菌的研究，《中国真菌总汇》《中国的真菌》和《真菌鉴定手册》是他们的代表作品；俞大绂先生和方中达先生在研究植物病害，尤其是细菌病害方面最有建树（图 1–21）。方中达先生编写的《植病研究方法》是国内最受欢迎的植病研究技术的专著。方中达编写的《普通植物病理学》在 20 世纪中期的本科教学中发挥了重要作用，也为今天的《普通植物病理学》教学教学奠定了坚实的基础。裘维蕃院士在植物病毒学方面的造诣很深，《植物病毒学》是裘维蕃先生的力作，也是中国学者自己编写的第一本植物病毒学教科书。方中达和林传光分别在南京农学院和北京农业大学讲授“普通植物病理学”。朱凤美先生在植物线虫病的研究中颇有创意，手摇种瘿汰除机的创制和三缸连环灶的温汤浸种法为防治小麦和水稻种传线虫病立下大功。吴友三先生和王焕如先生在小麦锈病小种分化和小麦抗性方面研究最多。欧世璜先生毕生从事水稻病害的研究，他的著作 *Rice Diseases* 是植物病理学界的经典之作（图 1–22）。

A

B

C

D

E

图 1–22　中国近代的几位植物病理学教授
A. 戴芳澜；B. 裘维蕃；C. 方中达；D. 林传光；E. 吴友三

回顾历史，展望未来，植物病理学还是很年轻的学科，还有许许多多的问题待阐明。应该看到，在前进道路上的每个脚印，都经历了艰难曲折的奋斗，每一个新生事物都是在充满挑战和怀疑中诞生，每一位植病学家都可以为植物病理学的发展作出贡献。

小结

植物病理学是研究植物发生病害的原因、病害的危害、发生流行规律以及如何控制病害的生物学科。植物病害是植物受到病原生物或不良环境的连续侵扰，生理活性受到干扰而表现的异常状态。病因是植物发生病害的原因。根据有无病原生物侵染以及能否传染的特点，植物病害分为侵染性病害和非侵染性病害两类。侵染性病害的病因由寄主、病原物

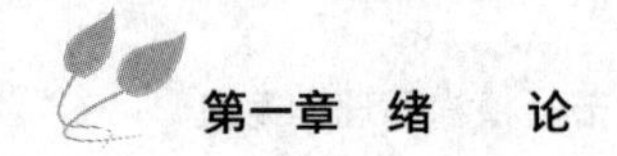

和环境三要素组成，通常称为病害三角。

侵染性病害约占植物病害总数的2/3，能够侵染植物而成为病原生物的种类有原生生物、藻物、真菌、细菌、病毒、线虫和寄生植物等7种，他们分布在3个域（无胞生物域、原核生物域和真核生物域）的7个界中。寄生性和致病性是病原生物的两个基本属性。非侵染性病害约占植物病害总数的1/3，主要是植物的遗传因子缺陷、大气和土壤的物理因素和化学因素的恶化所致。侵染过程是病原物个体在单株植物上侵入、潜育和发病的过程。病害循环是从群体的概念上研究病害的发生发展和流行的规律，涉及侵染来源、传播途径和越冬（越夏）的三个方面。

在植物病理学文献中，经常可以看到有关症状的多种描述，归纳起来有下列名称：

（1）内部症状　①细胞内：包含体。②组织内：乳突，侵填体，胼胝质，巨细胞，合胞体。

（2）外部症状　病征：霜状物，霉状物，粉状物，菌脓或胶状物，垫状物或颗粒状物等。

病状：①变色，如褪色、明脉、斑驳、花叶、线纹、饰纹、黄化、红化或白化；②坏死，如斑点、条斑、环斑、轮斑、叶灼、叶枯、梢枯、立枯、猝倒、疮痂、溃疡和炭疽等；③萎蔫：青枯、枯萎、黄萎、凋萎；④腐烂，如干腐、湿腐、软腐；⑤畸形，如癌肿、丛生、发根、恶苗、根结、瘤肿、矮缩、矮化、小叶、小果、花变叶、扁茎、蕨叶等。

思考题

1. 植物病害、病害症状、病因与病原物的定义。
2. 地球上的生物分几类？分类的依据是什么？
3. 植物病害的类型有几种？各有什么特点？
4. 爱尔兰饥馑、孟加拉饥荒的原因及后果如何？
5. 植物病原生物有哪几类，分类地位如何？
6. Tillet、de Bary、Diener、Milladet、Link、Koch、Bawden、Mayer、邹秉文等人对植物病理学的主要贡献是什么？

数字课程学习

病害症状彩图　　自测题

第二章

植物病原菌物

菌物（Fungi）是一类具有真正细胞核的异养生物，典型的营养体为丝状具有分枝的菌丝体，细胞壁主要成分为几丁质或纤维素，不含光合色素，主要以吸收的方式获取养分，通过产生孢子的方式进行繁殖。菌物是生物中一个庞大的类群，包括黏菌、真菌、假菌、地衣和根肿菌，在自然界的分布极广，从热带、温带到寒带，从陆地、海洋到天空，都有菌物存在。菌物的形态、大小各异，小的菌物通常要在显微镜下才能看见，大的菌物子实体达几十厘米。菌物种类、数量繁多，据估计，全世界有菌物150万种，已被描述的约10万种。

菌物大多数是腐生的，少数可以寄生于植物、人和动物体上引起病害。许多寄生菌物是野生和栽培植物的病原菌，引起植物病害，造成农作物生产的经济损失或生态破坏。在植物病害中，由菌物引起的病害数量最多，占全部植物病害的70%～80%，几乎每种作物都有几种菌物病害，多的有几十种，有不少是严重危害的，甚至是毁灭性的。作物上常见的黑粉病、锈病、白粉病和霜霉病等，都是由菌物引起的。有些菌物可引起人和动物的疾病。除了引起病害外，许多菌物还能使食物和其他农产品腐败和变质，导致木材腐烂以及纺织品、皮革和器材霉烂。有许多菌物含有毒性物质，人和动物摄食后会引起中毒，轻则致病，重则致死。另外，一些菌物产生的毒素可污染人类的食物和动物的饲料，引起人畜中毒或致癌。

菌物也有对人类有益的一面。在地球生态系中，菌物参与动植物残体的分解，促进物质循环，维持生态平衡。有些菌物可以和植物根系共生形成菌根，促进植物的生长发育。有些菌物对其他病原菌有拮抗作用，或寄生在其他菌物、线虫、昆虫和杂草上，可用于植物病、虫、草害的生物防治。许多菌物还可用于生产抗生素、有机酸、酶制剂等，或用于食品发酵，是重要的工业和医药微生物。有些菌物是很有价值的食用菌和药用菌。例如，双孢蘑菇、香菇、木耳、银耳、猴头菇、松茸、竹荪、鸡枞菌等著名的食用菌，也都是菌物。食用菌不但味美，而且还有较高的营养价值和抗癌作用。冬虫夏草、灵芝、茯苓、马勃、雷丸等名贵中药材，都是菌物的子实体。

第一节　菌物的一般性状和分类

一、菌物的营养体

菌物的营养体是指菌物营养生长阶段所形成的结构，具有吸收、输送和储存养分的功能，并为营养生长后期进行无性繁殖和有性生殖作准备。同时，为了适应生长和繁殖的需要，菌物的营养体还可以形成各种变态结构和菌组织。

（一）菌物营养体的类型

各种菌物营养体的形状不同（图 2–1），多数菌物的营养体是丝状具有分枝的结构。菌物丝状营养体上的单根细丝称为菌丝（hypha），组成菌物菌体的全部菌丝称为菌丝体（mycelium）。菌丝呈管状，有固定的细胞壁，大多无色透明。有些菌物的细胞质中有各种色素，菌丝体表现出不同的颜色，但这些色素不能进行光合作用。不同的菌物菌丝粗细差异很大，多数直径在 5 ~ 6 μm。大多数菌物的菌丝有隔膜（septum），将菌丝隔成许多长圆筒形的小细胞，这种有隔膜的菌丝称为有隔菌丝（septate hypha）。有隔菌丝的隔膜上有孔洞，细胞内的细胞质和细胞核可以通过隔膜的孔洞进入相邻的细胞。有些菌物的菌丝无隔膜，称为无隔菌丝（aseptate hypha），整个菌丝体为一无隔多核的可分支的管状细胞。有的无隔菌丝体，在老龄时或当菌丝体受到损伤时，或形成繁殖和生殖机构时，菌丝体的局部可形成隔膜，但这种隔膜没有孔洞，是全封闭的（图 2–2）。

菌物的菌丝体以菌丝的顶端部分生长和延伸，且不断产生分枝，菌丝生长的长度是无限的。菌体的每一部分都有潜在的生长能力，在合适的基质上，单根菌丝片段可以生长发育成一个完整的菌落（colony）。菌物的菌丝体是从一点向四周呈辐射状延伸，所以菌物在培养基上通常形成圆形的菌落。在自然界也很容易观察到菌物菌丝体的这种扩展特征，许多危害植物叶片的菌物，如叶片组织内的菌丝体在各个生长方向的扩展不受限制，则多半形成圆形的病斑。

除典型的菌丝体外，有些菌物的营养体是一团多核的、没有细胞壁的原生质，称为原质团（plasmodium），如黏菌。原质团的形状多变，有时形状似变形虫，有时还能移动。具这类营养体的黏菌主要靠吞食其他微生物或有机质获得所需要的营养物质。有些菌物的营养体为具细胞壁的非丝状单细胞，通常椭圆形至近球形，如酵母和壶菌；有些壶菌的单细胞营养体具有假根（rhizoid）或根状菌丝。有些酵母芽殖产生的芽孢相互连接成链状，与菌丝相似，称为假菌丝体（pseudomycelium）。

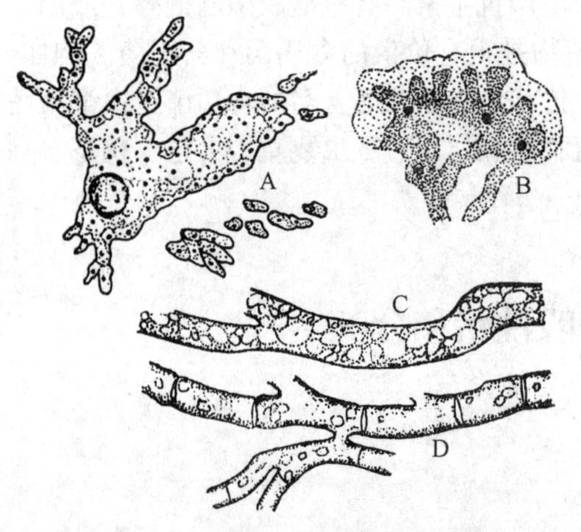

图 2–1　菌物营养体的主要类型

A，B. 不同形状的原质团；C. 无隔菌丝；D. 有隔菌丝

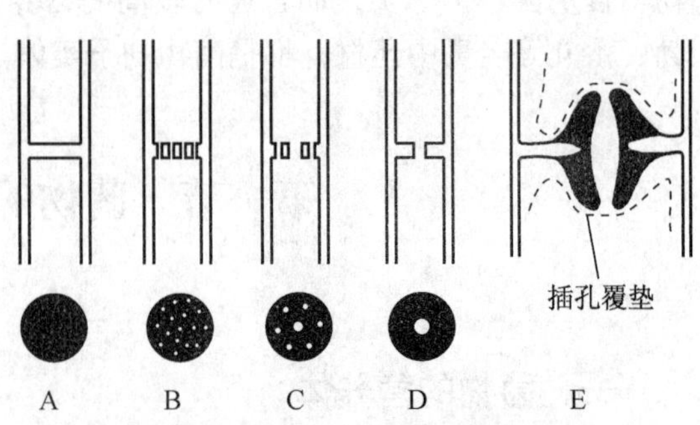

图 2–2　有隔菌丝隔膜类型

A. 封闭型；B，C. 多孔型；D. 单孔型；E. 桶孔型

（二）菌物的细胞构造

菌物的菌丝细胞由细胞壁、细胞质膜、细胞质和细胞核组成。细胞质中包含有各种细胞器，如线粒体、膜边体、液泡、泡囊、内质网、核糖体、沃鲁宁体等（图 2–3）。但高尔基体不常出现，仅在少数低等菌物中见到过。另外，菌物细胞中还含有其他一些内含物，如微管、脂肪体、结晶体及色素等。

细胞壁是菌丝细胞的最外层结构，大多数菌物细胞壁的主要成分是几丁质，少数是纤维素。此外，细胞壁上还含有蛋白质、类脂及无机盐。菌物细胞质膜是由蛋白质和脂类组成的单位膜，与植物细胞的细胞膜结构相似。菌物的细胞核直径多为 2 ~ 3 μm，比其他真核生物的细胞核小。不同菌物细胞所含有的细胞核数目变化很大，有隔菌丝的单个细胞通常含有 1 个细胞核，有的含有 2 个或多个细胞核。菌物的细胞核具有核膜、核仁、核质和染色质。核膜上有孔。菌物的细胞核也像高等植物那样进行有丝分裂，不同的是菌物的核膜在细胞核分裂过程中不消失，纺锤体在细胞核内形成。菌物的染色体很小，由组蛋白和 DNA 组成，两者的比例大致相等，采用细胞遗传学的常规染色方法不易染色和观察。大多数菌物的营养体细胞是单倍体，少数菌物如卵菌为二倍体。菌物的线粒体具有两层膜，内膜向内延伸形成嵴，嵴的形态有板片状（如子囊菌、担子菌等）和管状的（如卵菌），它的功能与动植物的相似；一些低等的菌物还没有线粒体的分化。菌物线粒体含有 DNA，线粒体 DNA 是环状的，周长为 16 ~ 26 μm。有些菌物的菌丝细胞中还有膜边体（lomasome, side body），它由单层膜包被，位于细胞膜和细胞壁之间，这在其他生物细胞中尚未见到。膜边体的功能尚不清楚，有人认为可能与细胞壁的形成有关。沃鲁宁体（Woronin body）呈卵形或球形，由单层膜包围，一般分布在隔膜周围，在子囊菌中，沃鲁宁体常与菌丝隔膜结合形成孔塞。

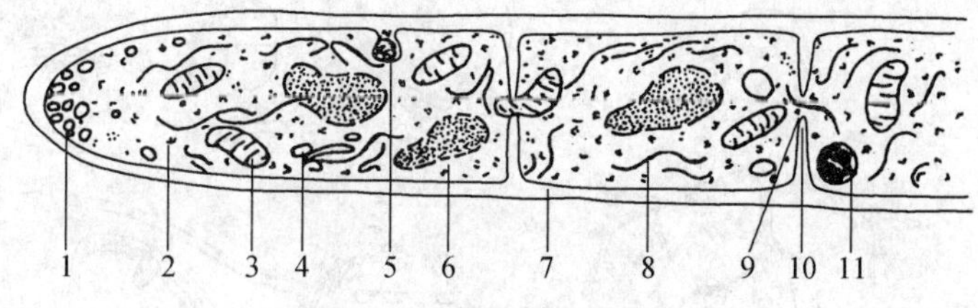

图 2–3 菌物细胞的结构

1. 泡囊；2. 核糖体；3. 线粒体；4. 泡囊产生系统；5. 膜边体；6. 细胞核；7. 细胞壁；8. 内质网；9. 隔膜孔；10. 隔膜；11. 沃鲁宁体

（三）菌丝的变态

菌物的营养菌丝可以形成吸器、附着胞、附着枝、假根、菌环和菌网等多种特殊的变态结构，并具有相应功能以适应生长发育的需要。

1. 吸器（haustorium）

吸器是菌物菌丝产生的一种短小分枝，在功能上特化为专门从寄主细胞内吸取养分的菌丝变态结构。专性寄生菌物和寄生性较强的兼性寄生菌物，从生长在寄主细胞间隙的菌丝体上形成短小的分枝，穿过寄主细胞壁，在寄主细胞内发育成吸器，从寄主细胞内吸取营养。寄生在植物表面的菌物（如白粉菌），通常在寄主表皮细胞内形成吸器。各种菌物吸器形状不同，有丝状、球状、指状及掌状等（图 2-4）。吸器内有细胞核或无。吸器的主要功能是增加菌物吸收营养的面积，并提高从寄主细胞内吸取养分的效率。

2. 附着胞（appressorium）

附着胞是植物病原菌物孢子萌发形成的芽管或菌丝顶端的膨大部分，可以牢固地附着在寄主体表，其下方产生侵入钉穿透寄主角质层和表层细胞壁。

3. 附着枝（hyphopodium 或 hyphopode）

附着枝是一些菌物（如小煤炱目）菌丝两旁生出的具有 1～2 个细胞的耳状分枝，起着附着或吸收养分的功能。

4. 假根（rhizoid）

有些菌物（如黑根霉和一些壶菌）菌体的某个部位长出多根有分枝的根状菌丝，可以伸入基质内吸取养分并固着菌体，这种根状菌丝称为假根（图 2-5）。连接两组假根之间的匍匐状菌丝称为匍匐枝（stolon）。菌环（constricting ring）和菌网（network loops）是捕食性菌物的一些菌丝分枝特化形成的环状或网状结构，用以套住或粘住小动物（如线虫），获取养分（图 2-6）。

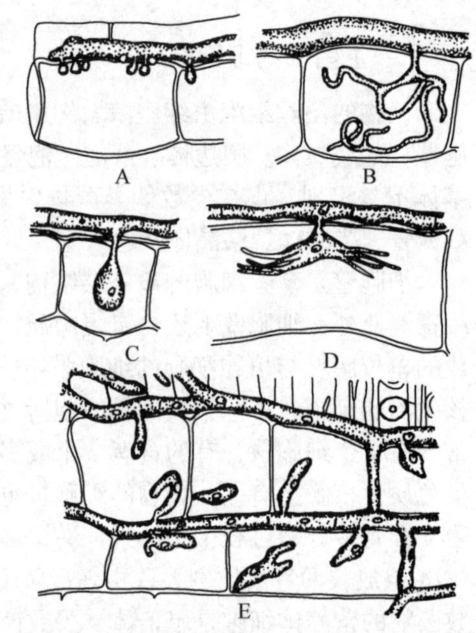

图 2-4　菌物的吸器类型

A. 白锈菌；B. 霜霉菌；C—D. 白粉菌；E. 锈菌

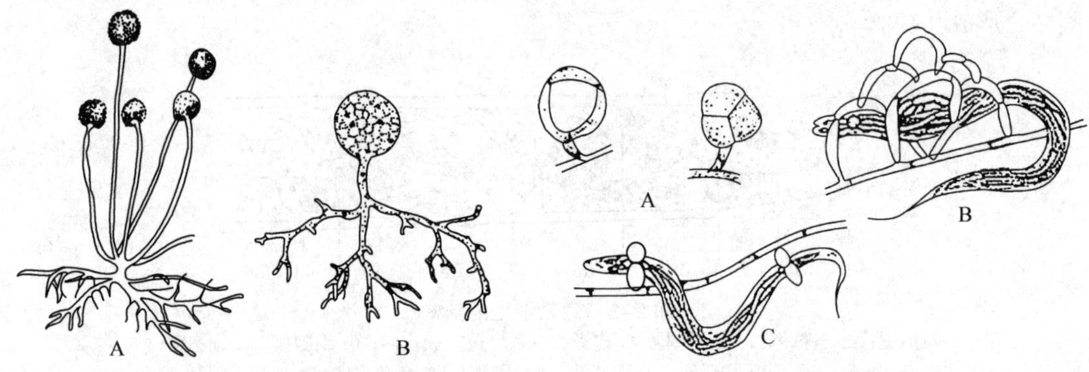

图 2-5　菌物的假根

A. 根霉菌的假根；B. 一种壶菌的假根

图 2-6　菌物的菌环

A. 菌环；B,C. 菌网及捕获的线虫

（四）菌丝组织体

菌物的菌丝体一般是分散的，但有时可以疏松或密集地纠结在一起形成菌组织。低等菌物一般不形成菌组织，高等菌物可以形成菌组织。菌物的菌组织有两种类型（图 2-7）。

1. 疏丝组织（prosenchyma）

菌物的菌丝体纠结比较疏松，还可以看出菌丝的长型细胞，菌丝细胞大致平行排列，这种菌组织称为疏丝组织。疏丝组织中的菌丝细胞，一般可以用机械的方法使它们分开。

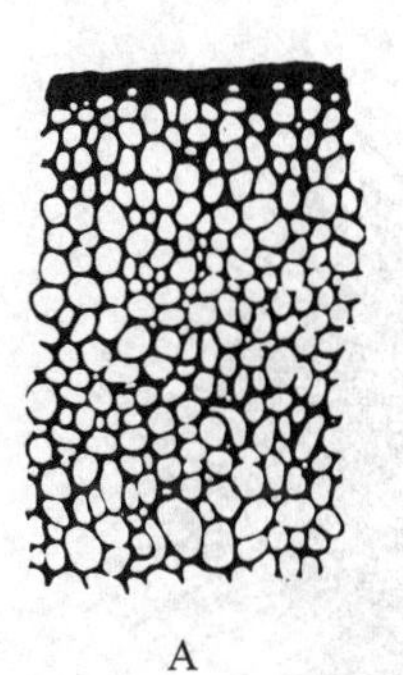
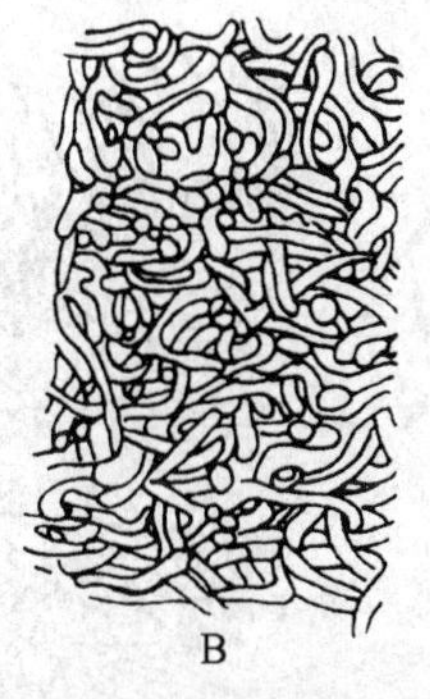
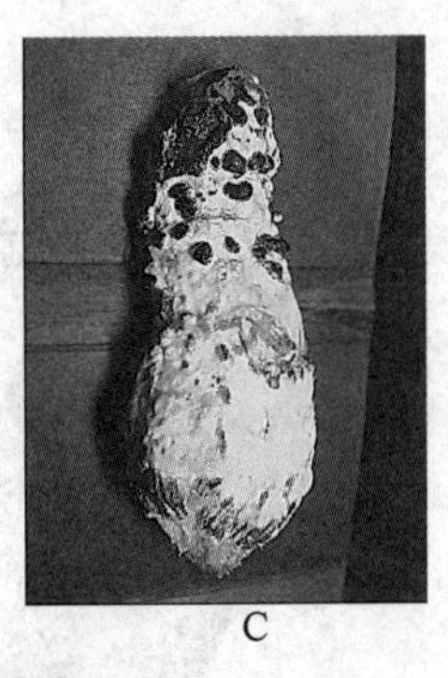

A B C

图 2-7 真菌菌核内的菌组织

A. 拟薄壁组织；B. 疏丝组织；C. 笋瓜菌核病

2. 拟薄壁组织（pseudoparenchyma）

菌物的菌丝体聚集十分紧密，菌组织中的菌丝细胞接近圆形、椭圆形或多角形，与高等植物的薄壁细胞相似，称拟薄壁组织。

疏丝组织和拟薄壁组织可进一步构成各种不同类型的菌丝组织体，如菌核、子座和菌索等。

3. 菌核（sclerotium）

菌核是由拟薄壁组织和疏丝组织交织而成的一种休眠体，其形状、大小、颜色和菌丝纠集的紧密程度在各种菌物中是不同的。典型菌核的内部是疏丝组织，外层是拟薄壁组织，特别是表层细胞的细胞壁很厚，颜色很深，所以一般很坚硬，往往呈黑褐色或黑色。有的菌核是由菌组织和寄主组织结合在一起形成的，称为假菌核（pseudosclerotium）。菌核储存较多的养分，对高温、低温和干燥的抵抗能力都很强。菌核是菌物越冬、越夏的休眠机构，往往是所致病害的初侵染来源；当条件适宜时，菌核可萌发产生菌丝体或从上面形成产生孢子的机构（如子座等），一般不直接产生孢子。

4. 子座（stroma）

子座是由拟薄壁组织和疏丝组织形成的产生子实体的结构，呈垫状、柱状、头状、棍棒状等。有的子座是菌组织和寄主植物组织结合而形成的，称为假子座（pseudostroma）。子座成熟后在其内部或上部发育形成子实体。子座也是具有渡过不良环境功能的休眠结构，但更重要的功能是形成产生孢子的机构。

5. 菌索（rhizomorph）

菌索是由菌组织形成的绳索状结构，外形与高等植物的根有些相似，所以也称为根状菌索（图 2-8）。菌索有的很粗、很长。高度发达的菌索分化为颜色较深的拟薄壁组织皮层、疏丝组织心层和顶端的生长点。菌索可抵抗不良的环境，而且有助于菌物在寄主组织表面蔓延，还可作为侵入机构。菌索在引起林木病害和木材腐烂的高等担子菌中最常见。

二、菌物的无性繁殖

菌物的无性繁殖（asexual reproduction）是指菌物不经过核配和减数分裂，营养体直接以断裂、裂殖、芽殖和原生质割裂的方式产生后代新个体的繁殖方式。菌物无性繁殖的基本特征是营养繁殖，繁殖过程中没有两个性细胞或性器官的结合。无性繁殖后代通常可

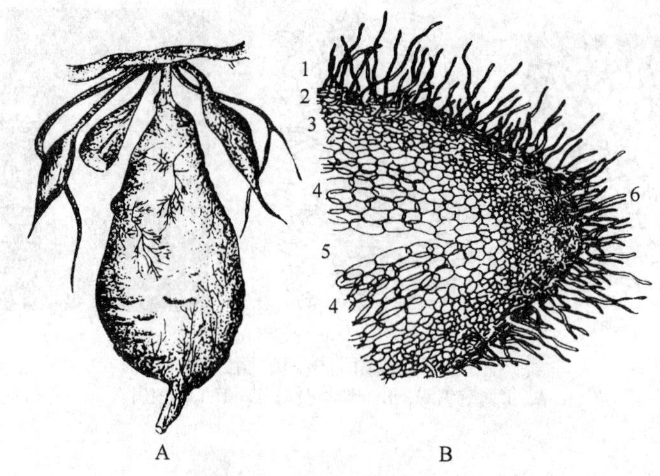

图 2-8 真菌的菌索和结构

A. 甘薯块上缠绕的菌索；B. 菌索的结构

1. 疏丝菌丝；2. 胶质的疏丝菌丝层；3. 皮层；4. 心层；5. 中腔；6. 尖端的分生组织

以保持亲本的原有性状。无性繁殖产生的各种孢子称无性孢子。大多数菌物的无性繁殖能力很强，完成一个无性繁殖世代所需的时间短（通常只需几天），产生的无性孢子数量大，这一点与高等动、植物均不相同。植物病原菌物的无性繁殖在作物的一个生长季节中往往可以连续重复多次，产生大量的无性孢子，在病害传播、蔓延和流行中起重要作用。

（一）菌物的无性繁殖方式

菌物的无性繁殖方式主要有断裂、裂殖、芽殖和原生质割裂等 4 种。

1. 断裂（fragmentation）

断裂指菌物的菌丝断裂成短段或菌丝细胞相互脱离产生孢子的繁殖方式。断裂的形式有多种。有些菌物的菌丝生长到一定时期，菌丝的细胞与细胞之间互相脱离，形成许多长形、单细胞的小段（图 2-9）；另一种形式是菌丝体上形成更多的隔膜，将原来长形的菌丝细胞分隔成较短的近方形细胞，这些细胞排列成串或相互脱离，细胞形成后也可以稍微膨大为椭圆形。由上述两种方式产生的孢子通常称为节孢子（arthrospore）。断裂的另一种形式是菌丝体中个别细胞膨大形成具厚壁的厚垣孢子（图 2-9）。厚垣孢子（chlamydospore）产生在菌丝的顶端或菌丝中间。在形成厚垣孢子的菌丝细胞膨大时，细胞内壁次生增厚，

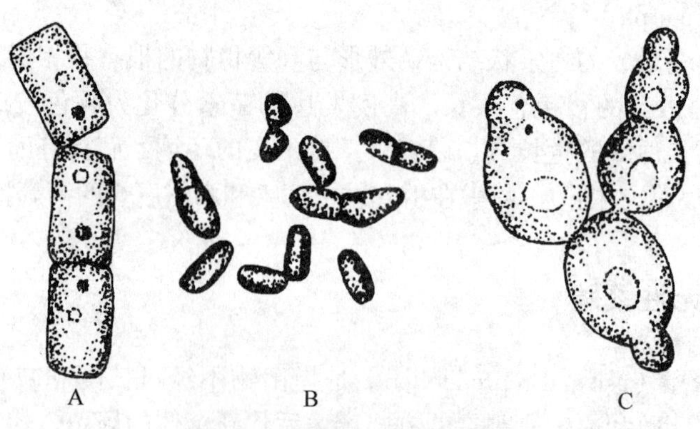

图 2-9 菌物的无性繁殖方式

A. 断裂；B. 裂殖；C. 芽殖

邻近细胞的细胞质也集中到厚垣孢子中，所以相邻细胞看起来似乎是空的。厚垣孢子形成后可以脱离菌丝体或继续连接在菌丝体上。此外，菌丝的断裂也可以因外力的作用，菌丝体的一部分被撕裂成菌丝片段，这种菌丝片段在适合的条件下可以生长发育成一个新的菌体。在实验室繁殖菌物时，常用菌丝体片段作为繁殖材料，就是一种人工使菌丝断裂的无性繁殖方法。

2. 裂殖（fission）

裂殖是菌物的营养体细胞一分为二分裂成两个菌体的繁殖方式。裂殖主要发生在单细胞菌物中，如黏菌和一些酵母。裂殖酵母（*Schizosaccharomyces*）的裂殖是很典型的，它的单细胞营养体生长到一定时期就横裂成两个，类似于细菌的分裂。

3. 芽殖（budding）

芽殖指单细胞营养体、孢子或丝状菌物的产孢细胞以芽生的方式产生无性孢子的繁殖方式，如酵母营养体或黑粉菌担孢子产生的芽生孢子（blastospore），丝状菌物产生的芽生式分生孢子等。例如酵母进行芽殖时，母细胞的某一个点向外突起并逐渐膨大形成芽生孢子，芽生孢子脱落后发育成与母细胞形状、大小相似的新个体（图 2–9）；芽生孢子也可以不脱离母细胞而继续芽殖，形成成串的芽生孢子；芽生孢子的细胞可以稍微伸长，形成与有隔菌丝形状相似的假菌丝。营养体为菌丝体的菌物，其分生孢子梗顶端具有产生孢子的细胞（产孢细胞），也常以芽殖的方式产生单生或串生的芽生式分生孢子。

4. 原生质割裂（cleavage of protoplasm）

原生质割裂是指成熟的孢子囊内的原生质分割成若干小块，每小块原生质转变成 1 个孢子。如卵菌产生的游动孢子和接合菌产生的孢囊孢子。卵菌的游动孢子囊成熟时，孢子囊内出现细长的液泡，以割裂的方式将原生质分割成单核小块，这些小块通常在孢子囊内发育成游动孢子后释放。

（二）菌物的无性孢子

菌物无性繁殖产生的无性孢子有游动孢子、孢囊孢子、分生孢子和厚垣孢子（图 2–10）。菌物的孢子产生在具一定分化的产孢机构上，菌物产生孢子的机构，无论是无性繁殖的还是有性繁殖的、结构简单的还是结构复杂的，都通称为子实体（fruit body）。

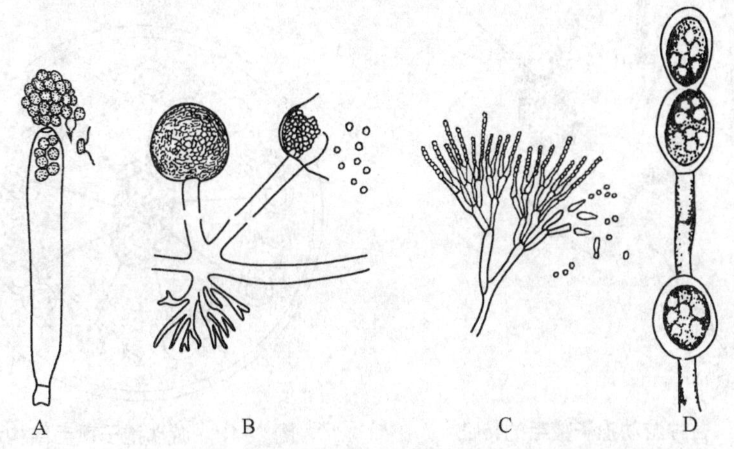

图 2–10　菌物的无性孢子

A. 游动孢子囊和游动孢子；B. 孢子囊和孢囊孢子；C. 分生孢子梗和分生孢子；D. 厚垣孢子

游动孢子和孢囊孢子产生在孢子囊内，菌物产生内生无性孢子的器官统称为孢子囊(sporangium)。菌物的孢子囊有多种形状，主要呈圆筒形、椭圆形、柠檬形或球形。营养体是无隔菌丝体或原质团的菌物，主要以产生游动孢子或孢囊孢子进行无性繁殖。

1. 游动孢子(zoospore)

游动孢子是根肿菌、卵菌和壶菌的无性孢子，无细胞壁，呈球形、梨形或肾形，具鞭毛1根或2根，可以在水中游动，故称为游动孢子。根肿菌、卵菌和壶菌的孢子囊成熟时，以原生质割裂的方式将原生质分割成原生质小块，每小块原生质外有细胞膜包裹，这些小块发育成熟后被释放出来。产生游动孢子的孢子囊称为游动孢子囊(zoosporangium)。游动孢子在水中经一定时期游动后休止，鞭毛收缩，产生细胞壁，转变为休止孢(cystospore)。休止孢萌发时长出芽管侵入植物。高等卵菌的孢子囊也可以直接萌发产生芽管，因而萌发时不形成游动孢子。游动孢子的鞭毛有尾鞭(tinsel)和茸鞭(flimmer, whiplash)两种类型(图2-11)。尾鞭型鞭毛只有一根粗的、表面光滑的鞭杆，而茸鞭型鞭毛在鞭杆四周还有许多细小的茸毛。菌物的鞭毛结构是"9+2"型鞭毛，即每根鞭毛的内部由11根纤丝组成，中心是2根较细的纤丝，周围是9根较粗的纤丝(图2-12)。

2. 孢囊孢子(sporangiospore)

孢囊孢子是接合菌的无性孢子，也是以原生质割裂方式产生在孢子囊内，有细胞壁，但不具鞭毛，不能游动，又称为静孢子。产生孢囊孢子的孢子囊按其大小可分为两类，即大型孢子囊和小型孢子囊。大型的孢子囊内可形成数量众多的孢囊孢子，小型孢子囊内只有一至几个孢子。孢子囊形状在不同种类中有所不同，一般为球形或卵圆形，有些种是圆柱形的。

3. 分生孢子(conidium)

分生孢子是子囊菌、无性态真菌及担子菌的无性孢子，主要由芽殖和断裂方式产生，是一类外生无性孢子的统称，包括芽殖产生的芽生孢子和芽生式分生孢子，以断裂方式产生的节孢子、裂殖方式产生的裂殖孢子以及其他各种类型的分生孢子。分生孢子可以直接产生在菌丝上，但更常见的是产生在由菌丝分化而成的、不分枝或有分枝的分生孢子梗的顶端或侧面，有些菌物的分生孢子产生在呈盘状的分生孢子盘上或呈球状的分生孢子器

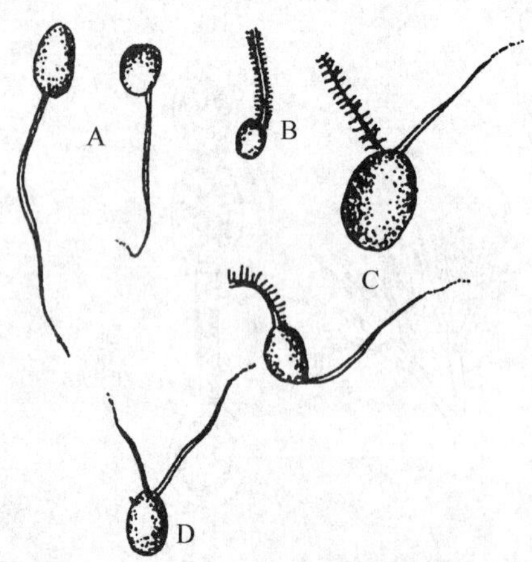

图2-11　各种游动孢子鞭毛的特征

A. 后端单尾鞭；B. 前端单茸鞭；C. 一根茸鞭和一根尾鞭；D. 前端两根不等长尾鞭

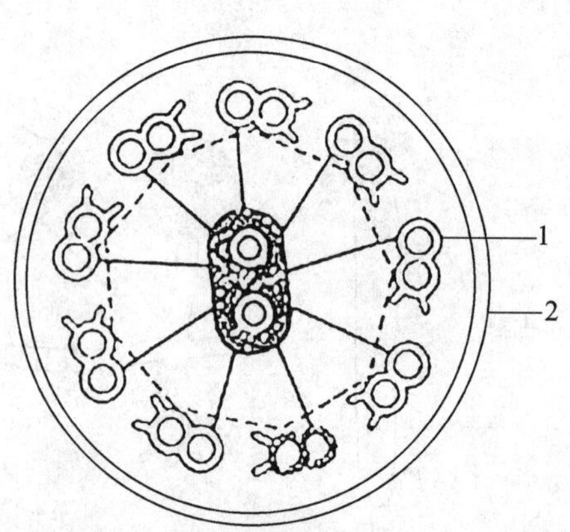

图2-12　游动孢子鞭毛结构示意图

1. 较粗的纤丝；2. 鞭毛鞘

内。近年来，对分生孢子形成的个体发育研究，确认了分生孢子发育有两种基本类型，即体生式和芽生式，每一类型又可根据分生孢子细胞壁的形成与产孢细胞之间的关系进一步区分为内壁型和全壁型（见无性态真菌）。分生孢子的个体发育特征已成为无性态真菌分类的重要依据。

4. 厚垣孢子（chlamydospore）

厚垣孢子是由菌丝或孢子的个别细胞膨大，细胞壁加厚，原生质浓缩，由断裂方式产生的可抵抗不良环境的一种休眠孢子。各类菌物均可形成厚垣孢子。厚垣孢子通常呈球形或近球形，单生或多个连接在一起，主要特征是细胞壁明显增厚，细胞质浓缩，内部储藏有较多的脂类物质。厚垣孢子具有抵抗高温、低温、干燥和营养缺乏等不良环境的能力，寿命很长，通常可以存活数年，是许多植物菌物病害的初侵染来源。厚垣孢子在植物病原菌物中较常见，许多土壤传播的植物病原菌物以它们的厚垣孢子度过作物休闲期或不良环境。当条件适宜时，厚垣孢子可以萌发产生菌丝侵入植物。

三、菌物的有性生殖

菌物的有性生殖（sexual reproduction）是指菌物通过细胞核结合和减数分裂产生后代的生殖方式。多数菌物都具有性生殖阶段。菌物进行有性生殖时，营养体上分化出性器官或性细胞，有性生殖就是通过它们之间的结合完成的。菌物的性器官又称配子囊（gametangium），性细胞称为配子（gamete）。菌物有性生殖产生的孢子称有性孢子（sexual spore）。菌物的有性孢子大多在侵染植物后期或经过休眠期后产生。菌物有性生殖产生的结构和有性孢子具有度过不良环境的作用，是许多植物病害的主要初侵染来源。同时，有性生殖的杂交过程产生了遗传物质重组的后代，有利于增强菌物物种的生活力和适应性。

（一）菌物的有性生殖过程

绝大多数菌物的营养体为单倍体，因此它们的有性生殖与高等植物不同。菌物的有性生殖一般包括质配、核配和减数分裂 3 个阶段。

1. 质配（plasmogamy）

质配是指两个可亲和性细胞或性器官的细胞质连同细胞核结合在一个细胞中的过程。菌物质配的方式较复杂，可归纳为 5 种类型：

（1）游动配子配合　游动配子配合指两个具鞭毛的游动配子间的配合（图 2-13），或游动孢子（精子）与不动的雌配子囊结合，如根肿菌和壶菌。

（2）配子囊接触交配　交配的配子囊形状和大小大多有明显差异（异型配子囊），大的称雌器（雌配子囊），小的称雄器（雄配子囊）。雌、雄配子囊交配时，一方的细胞核通过受精丝（管）输入对方体内，如霜霉目菌物。

（3）配子囊配合　两个配子囊相接触的壁消解，融合成一个新细胞，并在其中进行质配、核配和减数分裂，如接合菌。

（4）受精作用　指单核精子（性孢子）与受精丝或营养菌丝的配合。有些菌物在精子器（性孢子器）或性孢子梗上产生大量、小型的单核孢子，借助昆虫、风和水等媒介传带到受精丝上或营养菌

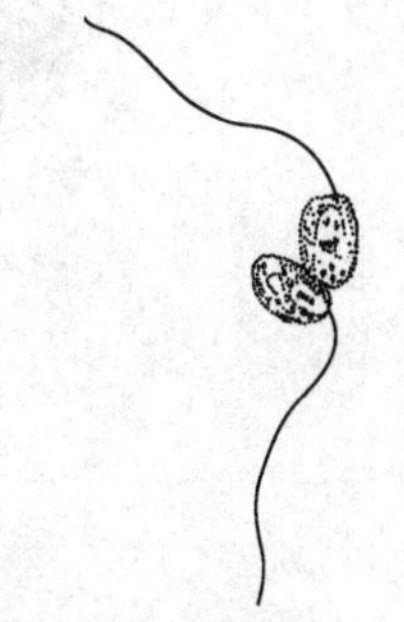

图 2-13　菌物游动配子的配合

丝上，在接触点处形成小孔将孢子的原生质和细胞核等输入对方，完成质配过程。如一些不产生雄器的子囊菌、禾柄锈菌及一些高等担子菌。

（5）体细胞结合　指直接通过营养体细胞相互融合完成质配。酵母的单细胞营养体可以成对地融合成一个单细胞的接合子；某些子囊菌的性亲和菌丝间可以发生菌丝融合，细胞核通过融合形成的桥状结构进入对方并通过隔膜孔到达产囊体；许多担子菌通过性亲和的初生菌丝的融合完成质配；而某些壶菌，可以通过根状菌丝相互融合完成质配过程。

2. 核配（karyogamy）

核配是指经质配进入同一细胞内的两个细胞核进行配合、形成二倍体细胞核的过程。质配形成的包括双亲细胞核的双核细胞内，两个细胞核或随即发生核配形成二倍体核，或独立分开并通过双核并裂产生新的双核体细胞，经一定时期后才进行核配。多数低等菌物质配后立即进行核配，高等菌物质配后往往经过一定时期才进行核配，出现双核阶段。双核阶段的长短因菌物不同有较大差异：如子囊菌的双核阶段较短，典型的双核阶段只出现在它的产囊丝中；而一些担子菌如锈菌、黑粉菌的双核阶段相当长，双核细胞通过分裂可以形成发达的双核菌丝体，质配后要经过很长时间才进行核配。有些菌物质配和核配发生的场所不同，如禾柄锈菌的质配和核配分别在受精丝和冬孢子中进行。

3. 减数分裂（meiosis）

核配后的二倍体细胞发生减数分裂，细胞核内染色体数目减半，恢复为原来的单倍体状态。单倍体细胞核连同周围的原生质共同发育成有性孢子，有性孢子萌发产生单倍体的营养体。

应当指出的是，卵菌的营养体为二倍体，因此它的有性生殖过程与高等植物相似，而与单倍体菌物在顺序上明显不同，依次为减数分裂、质配和核配。进行有性生殖时，部分营养菌丝的顶端或中间细胞膨大分化出雌配子囊（藏卵器）和雄配子囊（雄器），二倍体细胞核在配子囊中发生减数分裂，雄器中的单倍体核以配子囊接触交配的方式进入藏卵器并与其中的核结合，发育成二倍体的卵孢子。

（二）菌物的有性孢子

菌物有性生殖产生的有性孢子可归纳为 5 种类型：休眠孢子囊、卵孢子、接合孢子、子囊孢子、担孢子（图 2-14）。

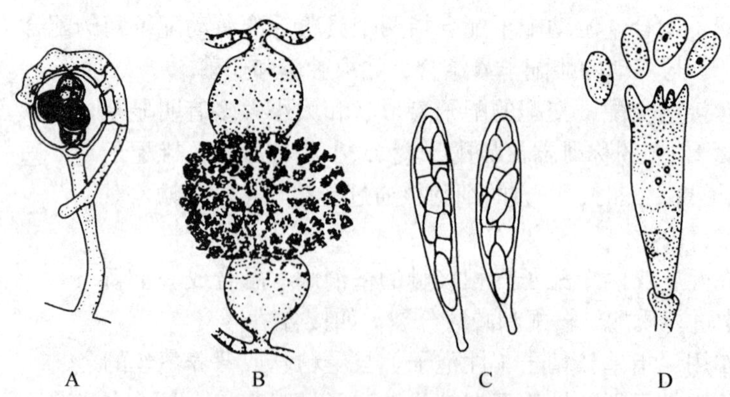

图 2-14　菌物有性生殖产生的孢子

A. 卵孢子；B. 接合孢子；C. 子囊孢子；D. 担孢子

1. 休眠孢子囊（resting sporangium）

休眠孢子囊通常由两个游动配子配合所形成的合子发育而成，具厚壁，萌发时发生减数分裂释放出单倍体的游动孢子，如壶菌、根肿菌。根肿菌产生的休眠孢子囊萌发时通常只释放出 1 个游动孢子，故它的休眠孢子囊有时也称为休眠孢子（resting spore）。

2. 卵孢子（oospore）

卵孢子是卵菌的有性孢子，由雄器（antheridium）和藏卵器（oogonium）接触交配形成。卵孢子为二倍体，大多球形，具厚壁，包裹在藏卵器内，通常经过一定时期休眠才能萌发。卵孢子萌发产生的芽管直接形成菌丝，或在芽管顶端形成游动孢子囊释放游动孢子。每个藏卵器内含一至多个卵孢子，藏卵器内卵孢子数目因菌物种类而不同。

3. 接合孢子（zygospore）

接合孢子是接合菌的有性孢子，由配子囊配合方式产生。接合孢子外有厚壁的接合孢子囊包被，接合孢子囊内包含 1 个接合孢子。接合孢子形成后通常需要较长时间的休眠才萌发。萌发时细胞核经核配和减数分裂，接合孢子长出芽管，通常在顶端产生 1 个孢子囊，释放出孢囊孢子，也可以直接伸长形成菌丝。

4. 子囊孢子（ascospore）

子囊孢子是子囊菌的有性孢子，通过配子囊接触交配、受精作用或体细胞结合等方式形成。子囊孢子单核，单倍体，产生在袋状的子囊（ascus）内，每个子囊通常含有 8 个子囊孢子。

5. 担孢子（basidiospore）

担孢子是担子菌的有性孢子，通过体细胞配合或受精作用方式形成。担孢子单核，单倍体，着生在一种称为担子（basidium）的结构上，每个担子上通常着生 4 个担孢子。

（三）菌物的性分化现象

研究菌物的有性生殖时，发现菌物存在性分化现象。大多数菌物是雌雄同株的（hermaphroditic），即同一个菌体上可以分化出雌、雄配子体；少数为雌雄异株的（dioecious），即一些菌株只产生雌配子体，而另一些菌株只产生雄配子体。然而并不是所有雌雄同株的菌物都可以单株进行有性生殖。雌、雄配子体可以交配完成有性生殖的称为性亲和（sexual compatible），不能交配的称为性不亲和（sexual incompatible）。有些菌物单个菌株就可以完成有性生殖称为同宗配合（homothallism），而多数菌物为异宗配合（heterothallism）的，即单个菌株不能完成有性生殖，需要两个性亲和菌株共同生长在一起才能完成有性生殖。多数菌物如卵菌、接合菌、子囊菌及少数担子菌的异宗配合特性一般由一对等位基因（通常用 A，a 表示）控制，因此可以分为两种交配型，即“+”菌株和“-”菌株。“+”菌株必须与“-”菌株交配才能完成有性生殖，若分别单独培养则不能进行有性生殖。许多高等担子菌的性的亲和性分化更为复杂，由多个等位基因控制，可以分为 4 种交配型。

同宗配合或异宗配合是菌物的一种生理特征，在分类上意义不太大，很相近的菌物，例如同一个属的不同种或同一个种的不同菌株，可以是同宗配合也可以是异宗配合。对大多数雌雄同株的异宗配合菌物，同一种内的不同交配型菌株之间，除交配型的生理特征外，在形态上没有明显区别。一般来说，同宗配合和异宗配合现象在卵菌、接合菌和子囊菌中常见，而担子菌则异宗配合的居多。异宗配合菌物的有性生殖需要不同菌株间的

杂交，因此，有性后代比同宗配合菌物具有更大的变异性，这对增强异宗配合菌物的适应性与生活能力是有益的。异宗配合的植物病原菌物，如引起马铃薯晚疫病的致病疫霉（*Phytophthora infestans*）和引起麦类锈病的禾柄锈菌（*Puccinia graminis*），不同致病类型菌株间的杂交，可以使有性后代发生致病力变异，产生新的致病类型。

四、菌物的准性生殖

菌物的准性生殖是20世纪50年代初Roper在研究构巢曲霉（*Aspergillus nidulans*）时发现的。准性生殖（parasexuality）是指异核体菌物菌丝细胞中两个遗传物质不同的细胞核可以结合成杂合二倍体的细胞核，这种二倍体细胞核在有丝分裂过程中可以发生染色体交换和单倍体化，最后形成遗传物质重组的单倍体的过程。准性生殖和有性生殖的主要区别在于，有性生殖是通过减数分裂进行遗传物质重组和产生单倍体，而准性生殖是通过二倍体细胞核的有丝分裂交换进行遗传物质的重新组合，并通过产生非整倍体后不断丢失染色体来实现单倍体化的。在一些无性态真菌、子囊菌及少数担子菌等丝状菌物中，已发现有准性生殖。某些菌物如构巢曲霉，既可以进行准性生殖，也可以进行有性生殖。无性态真菌是一类未发现有性生殖的菌物，其中有些可能就是以准性生殖的形式起着类似有性生殖的作用。

菌物的准性生殖过程如下：

1. 形成异核体

通常一个菌物营养体内不同细胞核的遗传物质是相同的，这种营养体称为同核体（homokaryon）。如果同一个营养体中出现两种或两种以上遗传物质不同的细胞核，则称为异核体（heterokaryon）。这种现象称为异核现象（heterokaryosis）。异核现象产生的原因，一种可能是由于营养体内的某些细胞核发生突变，更常见的是由于菌丝融合（anastomosis），即有些菌物的两根菌丝相互靠近时可以从侧面分别产生突起或分枝，当两个突起或分枝接触后，接触点上的细胞壁消解而将两个菌丝细胞连接起来，因此不同菌丝细胞间的细胞质和细胞核就可以相互交流（图2-15）。如果发生菌丝融合的两个菌丝细胞的细胞核遗传物质不同，就会形成异核体。菌物营养菌丝之间是否可以发生菌丝融合，以及融合后形成的融合细胞是否可以继续生活并分裂，取决于融合菌丝之间的营养体亲和性。菌物的营养体亲和性（vegetative compatibility）是指菌物不同菌株间菌丝融合并生存的能力，它反映同一个菌物的种内不同菌株间的亲缘关系。营养体不亲和的菌株，菌丝之间不发生融合或融合后融合细胞迅速死亡，反之，营养体亲和的可以发生菌丝融合并在融合后生存下去。因此，在菌物的种下面，根据菌株间营养体的亲和性，可以进一步划分为不同的营养体亲和群（vegetative compatibility group，缩写为VCG）或菌丝融合群（anastomosis group，缩写为AG），营养体亲和的菌株为同一个群。

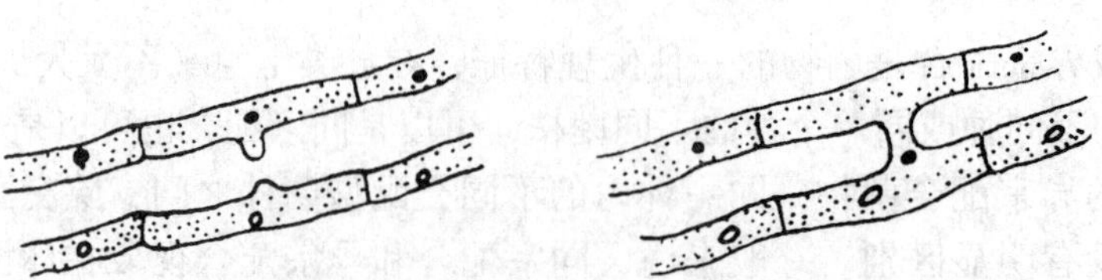

图2-15 菌物菌丝融合示意图

2. 形成杂合二倍体

异核细胞内的两个细胞核可以通过双核并裂形成异核菌丝体，但某些异核细胞中的两个核也可以发生融合，这就形成了含有两个不同来源染色体组的杂合二倍体细胞核。

3. 有丝分裂交换与单倍体化

准性生殖过程中，细胞核遗传物质重组是由于细胞核有丝分裂过程中同源染色体的局部节段发生交换。这种二倍体细胞核在一系列的分裂过程中，有时发生非整倍体分裂，产生 $2n+1$ 和 $2n-1$ 的细胞核。$2n-1$ 的非整倍体细胞核经过一系列的分裂，继续丢失染色体，最后恢复为单倍体。这种单倍体核分别具有最初异核体的两个单倍体细胞核的部分遗传特征，它经过一系列的分裂，可以形成遗传性状发生了重组的菌体。

准性生殖可提高菌物的遗传变异性，对于那些不发生、很少发生或难于发生有性生殖的菌物，特别是无性态真菌极为重要。

五、菌物的生活史

菌物的生活史（life cycle）是指菌物孢子经过萌发、生长和发育，最后又产生同一种孢子的整个生活过程。典型的生活史包括无性阶段和有性阶段。菌物经过一定时期的营养生长就进行无性繁殖产生无性孢子，这是它的无性阶段（imperfect stage），又称无性态（anamorph）。在适宜的条件下，菌物无性繁殖阶段在它的生活史中往往可以独立地多次重复循环，而且完成一次无性循环所需的时间较短，产生的无性孢子数量大，对植物病害的传播、蔓延作用很大。例如，马铃薯晚疫病菌在温度偏低（15～18℃）、高湿条件下，游动孢子侵入感病的马铃薯叶片后 3～4 d，就可以在病斑表面产生大量的游动孢子囊并释放游动孢子，完成这样一个无性循环只需 3～4 d 的时间。新产生的游动孢子经传播可以继续侵染马铃薯，并产生新的游动孢子。在马铃薯的一个生长季节，这种无性循环可以重复进行多次，使病害迅速传播。在营养生长后期、寄主植物休闲期或缺乏养分、温度不适宜的情况下，菌物转入有性生殖产生有性孢子，这就是它的有性阶段（perfect stage），又称有性态（teleomorph），在整个生活史中往往只出现一次。植物病原菌物的有性孢子多半是在侵染后期或经过休眠后才产生的，有助于病菌度过不良环境成为翌年病害的初侵染来源。

应当指出，并不是所有菌物的生活史都具有无性和有性两个阶段。例如，无性态真菌的生活史中只有无性阶段而缺乏有性阶段；而一些高等担子菌经一定时期的营养生长后就进行有性生殖，只有有性阶段而缺乏无性阶段。此外，菌物的有性阶段也不都是在营养生长后期才出现，有些同宗配合的菌物，它们的无性阶段和有性阶段可以在整个生活过程中并存，在营养生长的同时产生无性孢子和有性孢子，如某些水霉目和霜霉目菌物。

许多菌物在整个生活史中可以产生2种或2种以上的孢子，称为多型现象（polymorphism），如禾柄锈菌（*Puccinia graminis*）可以产生性孢子、锈孢子、夏孢子、冬孢子和担孢子共 5 种孢子。多数植物病原菌物在一种寄主植物上就可以完成生活史，称为单主寄生（autoecism）；而有的菌物，不同的寄生阶段必须在两种不同的寄主植物上生活才能完成生活史，称为转主寄生（heteroecism），如梨胶锈菌（*Gymnosporangium haraeanum*）的冬孢子和担孢子产生在桧柏上，性孢子和锈孢子则产生在梨树上。这两种植物就都称为该锈菌的转主寄主。

从菌物生活史过程中细胞核的变化来看，一个完整的菌物生活史由单倍体和二倍体两个阶段组成。二倍体阶段始于核配，终于减数分裂。大多数菌物的营养体为单倍体，它们的二倍体阶段仅占整个生活史很短的时期；而卵菌的营养体为二倍体，它的二倍体阶段在生活史中占有很长的时期；有的菌物在质配后不立即进行核配，形成双核单倍体细胞，这种双核细胞有的可以通过分裂形成双核菌丝体并单独生活，在生活史中出现相当长的双核阶段，如许多锈菌、黑粉菌。因此在菌物的生活史中可以出现单核或多核单倍体、双核单倍体以及二倍体的 3 种不同阶段。在不同类群菌物的生活史中，上述 3 个不同阶段的有无以及所占的时期长短不一样，就构成了生活史的多样性，可以大致概括为以下 5 种主要类型（图 2-16）。

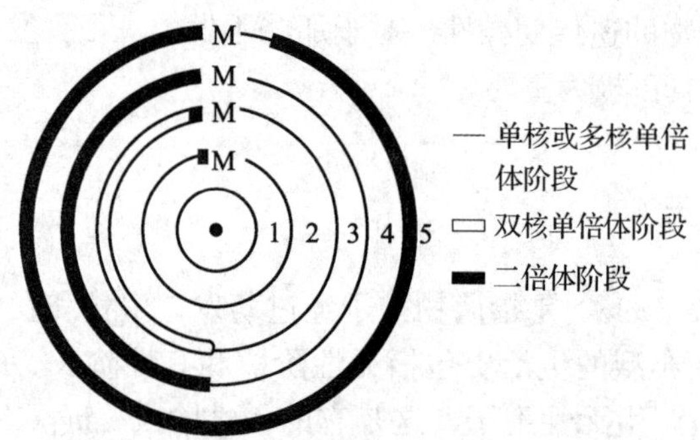

图 2-16　菌物 5 种主要生活史类型示意图

1. 无性型；2. 单倍体型；3. 单倍体－双核体型；4. 单倍体－二倍体型；5. 二倍体型
图中每一圆代表一种生活史，M表示减数分裂

1. 无性型（asexual type）

这类生活史中只有无性阶段，明显缺乏有性阶段。如无性态真菌的生活史。

2. 单倍体型（haploid type）

营养体和无性繁殖体均为单倍体。在有性生殖过程中，经过质配后立即进行核配和减数分裂，二倍体阶段很短。如许多卵菌、接合菌和一些低等子囊菌。

3. 单倍体－双核体型（haploid-dikaryon type）

生活史中出现单核单倍体和双核单倍体菌丝。如高等子囊菌和多数担子菌。一些子囊菌有性生殖过程中形成的产囊丝是一种单倍双核体结构，但这种双核体结构存在的时期较短，且不能脱离单核菌丝体单独生活，一旦子囊开始形成就进行核配。而许多担子菌则不同，由性孢子与受精丝或初生菌丝之间进行质配形成的双核细胞可以发育成发达的单倍双核菌丝体，并可以独立生活，双核体阶段占据了整个生活史的相当长时期，如锈菌，直至冬孢子萌发才进行核配和减数分裂。

4. 单倍体－二倍体型（haploid-diploid type）

生活史中出现单倍体和二倍体营养体，有明显的单倍体和二倍体世代交替现象。仅见于少数低等卵菌，如异水霉属（*Allomyces*）。

5. 二倍体型（diploid type）

营养体为二倍体，二倍体阶段占据生活史的大部分时期，只是在部分菌丝细胞分化为藏卵器和雄器时，细胞核在藏卵器和雄器内发生减数分裂形成单倍体，随后藏卵器和雄器很快进行交配又恢复为二倍体，如卵菌。

六、菌物的分类

（一）菌物在生物界的地位

早期的生物分类，主要是基于生物形态的相似性而不是依靠亲缘关系，所以在一定程度上带有人为性而未能全面反映生物的系统发育。自林奈（Linnaeus，1753）起到20世纪50年代的近两百年间，一直沿用将生物分为动物界和植物界的两界系统。由于菌物不像植物那样可以进行光合作用，也不像动物那样会移动，并以吞食的形式获得营养物质，菌物是从外界吸收营养物质，菌物与植物还有许多其他差异。因此，早在100多年前，就有人提出生物仅分为动物界和植物界是不够的。但生物究竟应该分为几个界，众说纷纭，意见不一。菌物或真菌的地位如何，颇受关注。现简介如下：

在林奈两界系统中，将生物分为动物界（Animalia）和植物界（Plantae），菌物因其固着生活，并且具有细胞壁而被归入植物界中。植物界则进一步分为菌藻植物、苔藓植物、蕨类植物和种子植物4个门。菌藻植物门（Thallophyta）是许多营养体没有根、茎、叶分化的低等植物，它们是以裂殖、芽殖或产生孢子等形式繁殖，其中包括藻类、菌物、黏菌、放线菌和细菌等。由于菌藻植物门中包括许多性状很不相近的低等植物，有人主张将这些低等植物分为裂殖菌门（Schizomycophyta）、黏菌门（Myxomycophyta）和真菌门（Eumycophyta）。

赫克尔（Haekel，1866）在两界系统的基础上提出三界系统，增加了原生生物界（Protista），菌物仍属于植物界；科纳德（Conard，1939）增加了菌界（Mycetalia），菌物属于菌界。

魏泰克（Whittaker，1959）提出四界系统，将生物划分为动物界、植物界、原生生物界和真菌界（Myceteae），菌物属于真菌界。

胡先骕（1965）、魏泰克（1969）、陈世骧（1979）等先后提出五界系统，菌物都是独立成界，但内容各异。其中最有代表性、影响最深远的是魏泰克（1969）提出的生物五界分类系统。该系统将菌物独立成菌物界（Fungi）。因此，自1969年以来，魏泰克生物五界分类系统在世界各国被广泛采纳和应用；《菌物辞典》（第7版）（1983）对该系统作了详细介绍。

卡伐里－史密斯（Cavalier-Smith）在1981年提出八界系统，将细胞生物分为3个域8个界：真细菌界、古细菌界、原始动物界、原生动物界、植物界、动物界、真菌界和藻物界。1995年出版的《菌物辞典》（第8版）接受了生物八界分类系统，卵菌和丝壶菌被归入藻物界（Chromista）中，并提升为门；而黏菌、根肿菌被放在原生动物界（Protozoa）中，也提升为门；其他菌物则归为真菌界（Fungi），分为壶菌门、接合菌门、子囊菌门和担子菌门，而原来的半知菌亚门则不成立为门，而是将已发现有性态的半知菌归入相应的子囊菌门和担子菌门中，对尚未发现有性态的半知菌则归入有丝分裂孢子真菌（Mitosporic fungi）中。但是，许多人不同意这种观点。

（二）菌物的分类单元

菌物的主要分类单元是界（kingdom）、门（-mycota）、纲（-mycetes）、目（-ales）、

科（-aceae）、属、种，必要时在两个分类单元之间还可增加一级，如亚纲、亚目、亚科、亚属、亚种等。科以上各个分类单元学名的字尾是固定不变的，属和种的学名则没有统一的字尾。菌物的种的命名也采用林奈的“拉丁双名法”，第一个词是属名，第二个词是种小名（或种加词），最后加上命名人的姓氏或姓氏缩写（亦可省略）。属名的首字母要大写，种小名则一律小写，属名和种小名都要用拉丁词，斜体。如禾柄锈菌的学名为：*Puccinia graminis* Pers.。

菌物的最基本分类单元是种（species）。若干相近的种归在一起组成属（genus）。菌物的种仍然是生物学意义上的种，菌物种的建立主要以形态特征为基础，种与种之间在主要形态上应该有显著而稳定的差别，其次是有生殖隔离现象，即不同种生物交配不能生育出正常的后代。但是在菌物学上划分某些寄生性菌物的种时，即使形态相似，有时也根据寄主范围的不同而分为不同的种。例如，许多锈菌和黑粉菌的种，如果不知道它们的寄主植物是很难鉴定的。有些菌物（如酵母等）种的建立，除形态学的依据外，还必须辅助以生物化学或其他非形态学性状。种的下面可以根据一定的形态差别分为亚种或变种。变种或亚种以上的各级分类单元是命名法规正式承认的。

菌物在种以下的分类单元常用“变种”、“专化型”和“小种”等名称。同一个菌物的种的形态相似，但种内不同个体（菌株）之间的生理性状有时会有明显的差异，对植物病原菌物，特别表现在对不同种或品种的寄主植物的寄生专化性或致病能力有差异。因此，有些植物病原菌物的种，可以根据对不同属的寄主植物的寄生专化性，在种的下面分为若干个专化型（forma specialis，缩写为 f. sp.）。例如，禾柄锈菌危害多种禾谷类作物，至少可分为 6 个专化型，危害小麦的是其中一个专化型（*P. graminis* f. sp. *tritici*）；专化型以下有的可以根据对不同品种（一般是一套鉴别寄主品种）的致病力的差异，分为不同的小种（race）。小种一般用编号表示。如禾柄锈菌危害小麦的专化型，已鉴定的小种数目有 300 个以上。有些病原菌物的种下并无明显的专化型分化，但是可以分为许多小种。许多危害麦类的黑粉菌，大都是在种以下直接分小种。有些植物病原菌物还可以根据营养体亲和性，在种的下面或专化型下面划分出营养体亲和群（VCG）或菌丝融合群（AG）。

（三）菌物分类系统

菌物分类系统是菌物学家根据相关类群菌物在形态、生理、生化、遗传、生态、超微结构及分子生物学等多方面的共同和不同的特征进行归类而建立起来的。随着菌物学家对菌物在上述诸方面的研究进展，菌物分类系统也会出现相应的变化，不会始终保持不变。从菌物学诞生（1729 年）至今的 200 多年间，各种菌物分类系统层出不穷，先后出现了较有代表性的分类系统 10 余个。其中以“三纲一类”的分类系统、安斯沃司（Ainsworth GC）5 个亚门的分类系统和《菌物辞典》（第 8 版）分类系统影响最大。

1. “三纲一类”的分类系统

该系统是将菌物分为藻状菌纲（Phycomycetes）、接合菌纲（Zygomycetes）、子囊菌纲（Ascomycetes）、担子菌纲（Basidiomycetes）和半知菌类（Fungi Imperfecti）。自 19 世纪末到 20 世纪 60 年代中期，“三纲一类”的分类系统被世界各国菌物学家广泛接受和采用，该系统的代表人物是马丁（G. W. Martin），他在《菌物大纲》（1950）和《菌物辞典》（第 5 版）（1961）中对该系统均作了介绍。这一分类系统的主要问题是藻状菌纲太杂乱，成了一个多源的大杂烩，所以在 20 世纪 60 年代中期以后，菌物分类系统的变动主要集中在

这一纲。

2. Ainsworth 5 个亚门的分类系统

该系统由 Ainsworth G C（1971，1973）创立，最突出的特点是采用了魏泰克的生物五界系统，将菌物独立为界（菌物界），包括黏菌门和真菌门两个门，将真菌门分为 5 个亚门：取消了“三纲一类”分类系统中的藻状菌纲，改名为鞭毛菌亚门（Mastigomycotina）和接合菌亚门（Zygomycotina），并将其他三个纲（类）提升为亚门，即子囊菌亚门（Ascomycotina）、担子菌亚门（Basidiomycotina）和半知菌亚门（Deuteromycotina）。

黏菌门（Myxomycota）的菌物一般称作黏菌（slime moulds），它们的营养体是变形体状的原质团（plasmodium）。营养体生长到一定阶段，从上面形成一定结构的有柄或没有柄的子实体（孢子囊），其中产生有细胞壁的孢子。孢子萌发时释放出变形体或双鞭毛的游动细胞。黏菌的营养方式主要是吞食其他微生物和有机质。黏菌营养体的结构和营养方式与低等动物相似，但是它们可以形成一定结构的子实体和产生有细胞壁的孢子，与其他菌物又有些相似。因此，黏菌的分类地位经常发生变动。黏菌都是腐生的，大都生在腐木、树皮、落叶和烂草堆上，少数生长在草本植物茎叶上，有时也影响植物的生长。如我国发现的黏菌中的扁绒泡菌和草生发网菌，在高温高湿的条件下为害甘薯幼苗，繁密的子实体覆盖幼苗的茎叶，因而影响生长，严重时引起蔫萎。有些黏菌可以吞食菌物的孢子和菌组织，还可以在其他菌物的孢子果上产生子实体，对蘑菇和银耳的栽培有一定影响。总的来说，黏菌中没有真正为害高等植物的病原菌。

真菌门（Eumycota）菌物的营养体为菌丝体，少数为呈近球形或椭圆形的单细胞，具细胞壁；少数单细胞低等鞭毛菌如某些壶菌的营养体在早期没有细胞壁。真菌门以下分为鞭毛菌亚门、接合菌亚门、子囊菌亚门、担子菌亚门和半知菌亚门 5 个亚门，它们的主要特征如下：

① 鞭毛菌亚门　营养体是单细胞、原质团或没有隔膜的菌丝体，无性繁殖产生游动孢子，有性生殖产生卵孢子或休眠孢子囊。

② 接合菌亚门　营养体是菌丝体，典型的没有隔膜，无性繁殖产生孢囊孢子，有性生殖形成接合孢子。

③ 子囊菌亚门　营养体是有隔膜的菌丝体，极少数是单细胞，有性生殖形成子囊孢子。

④ 担子菌亚门　营养体是有隔膜的菌丝体，有性生殖形成担孢子。

⑤ 半知菌亚门　营养体是有隔膜的菌丝体或单细胞，没有有性阶段，但有可能进行准性生殖。

自 20 世纪 70 年代以来，Ainsworth 分类系统被世界各国菌物学家广泛接受和采用，在我国教科书或专著上也广为采用，并一直沿用至今。

3.《菌物辞典》的分类系统

1995 年出版的《菌物辞典》（第 8 版）（*Ainsworth & Bisby's Dictionary of the Fungi*, 8th ed）接受了八界生物分类系统，卵菌和丝壶菌被归入新设立的藻物界（Chromista）；而黏菌、根肿菌被放在原生动物界（Protozoa）中；其他菌物则归为真菌界（Fungi）。《菌物辞典》（第 9 版）（2001）的分类体系基本与第 8 版相似，主要变动之处是：①将藻物界卵菌门的 4 个目增加到 12 个目；②将子囊菌分为 8 个纲，56 个目；③担子菌门下取消了冬孢菌纲，设立锈菌纲；④取消了“有丝分裂孢子真菌”的名称，改用“无性态真菌”（Anamorphic fungi）的名称。《菌物辞典》（第 10 版）（2008）的分类系统是把菌物分为四大类群：原生动物界中的菌物，茸鞭生物界中的菌物，真菌界中的菌物，无性态菌物。共计 7 个门 36 纲 146 目 8283 属 97861 个种。无性态菌物下分丝孢菌纲和腔孢菌纲。

微孢子虫（microsporidia）是一类真核寄生物，长期被归类为原生生物，最新研究表明可能源自或属于专性寄生生活的真菌。

（四）本教材采用的分类体系

考虑到国际菌物分类系统的发展趋势，本书参考了《菌物辞典》（第 9 版）（2001），把菌物的成员暂分散在原生生物界、藻物界和真菌界三个界内。有关真菌界内的分类体系，考虑到教师教学方便，本书基本仍按 Ainsworth（1973）的分类系统介绍，但半知菌改用“无性态真菌”的名称（表 2–1）。

表 2–1　几个菌物分类系统的比较

Ainsworth，1973	《菌物辞典》（第 8 版），1995	《菌物辞典》（第 9 版），2001	本教材采用，2021
真菌界			
黏菌门	原生动物界	原生动物界	原生生（动）物界
集胞黏菌纲	集胞黏菌门	集胞黏菌门	集胞黏菌门
黏菌纲	黏菌门	黏菌门	黏菌门
根肿菌纲	根肿菌门	根肿菌门	根肿菌门
	网柱菌门		
真菌门			
鞭毛菌亚门	藻物界	藻物界	藻物界
丝壶菌纲	丝壶菌门	丝壶菌门	丝壶菌门
	网黏菌门	网黏菌门	网黏菌门
卵菌纲	卵菌门	卵菌门	卵菌门
	真菌界	真菌界	真菌界
壶菌纲	壶菌门	壶菌门	壶菌门
接合菌亚门	接合菌门	接合菌门	接合菌门
接合菌纲	接合菌纲	接合菌纲	接合菌纲
毛菌纲	毛菌纲	毛菌纲	毛菌纲
子囊菌亚门	子囊菌门	子囊菌门	子囊菌门
半子囊菌纲	不分纲	外囊菌纲	半子囊菌纲
不整囊菌纲	直接分为 46 个目	酵母菌纲	不整囊菌纲
核菌纲		子囊菌纲	核菌纲
虫囊菌纲		茶渍菌纲	虫囊菌纲
盘囊菌纲		肺炎菌纲	盘菌纲
腔囊菌纲		粪壳菌纲	腔菌纲

续表

Ainsworth，1973	《菌物辞典》（第 8 版），1995	《菌物辞典》（第 9 版），2001	本教材采用，2021
担子菌亚门	担子菌门	担子菌门	担子菌门
腹菌纲	担子菌纲	担子菌纲	腹菌纲
层菌纲	黑粉菌纲	黑粉菌纲	层菌纲
冬孢菌纲	冬孢菌纲	锈菌纲	冬孢菌纲
半知菌亚门	有丝分裂孢子真菌	无性态真菌	无性态真菌
芽孢纲			芽孢纲
丝孢纲			丝孢纲
腔孢纲			腔孢纲

本教材采用的分类系统如下：

原生生物界（Protista）

集孢黏菌门（Acrasiomycota）

黏菌门（Myxomycota）

根肿菌门（Plasmodiophoromycota）

根肿菌纲（Plasmodiophoromycetes）

藻物界（Chromista）

丝壶菌门（Hyphochytridiomycota）

网黏菌门（Labyrinthulomycota）

卵菌门（Oomycota）

卵菌纲（Oomycetes）

真菌界（Fungi）

壶菌门（Chytridiomycota）

壶菌纲（Chytridiomycetes）

接合菌门（Zygomycota）

接合菌纲（Zygomycetes）

毛菌纲（Trichomycetes）

子囊菌门（Ascomycota）

半子囊菌纲（Hemiascomycetes）

不整囊菌纲（Plectomycetes）

核菌纲（Pyrenomycetes）

腔菌纲（Loculoascomycetes）

盘菌纲（Discomycetes）

虫囊菌纲（Laboulbeniomycetes）

担子菌门（Basidiomycota）

冬孢菌纲（Teliomycetes）

层菌纲（Hymenomycetes）

腹菌纲（Gasteromycetes）

无性态真菌（Anamorphic Fungi）

芽孢纲（Blastomycetes）

丝孢纲（Hyphomycetes）

腔孢纲（Coelomycetes）

小结

菌物是真核异养生物，典型的营养体为菌丝体，不含叶绿素或其他可以进行光合作用的色素，典型的繁殖方式是产生各种类型的孢子。菌物的营养方式有腐生、寄生和共生三种，许多寄生性菌物是植物病原菌，可以寄生植物引起植物病害。

菌物的营养体很简单，大多为菌丝体，可区分为无隔菌丝和有隔菌丝两种类型，少数是不具细胞壁的原质团或具细胞壁的单细胞。菌物的营养体具有吸收、输送、储存养分的功能，还可以分化出子实体，但是没有根、茎、叶的分化。菌物的营养体大多为单倍体，少数为二倍体。菌物菌丝细胞由细胞壁、细胞质膜、细胞质和细胞核组成，细胞质中还含有线粒体、膜边体、液泡、泡囊、内质网、核糖体、沃鲁宁体等细胞器。菌物的细胞壁主要成分为几丁质，少数为纤维素。菌物的细胞核也像其他高等植物一样进行有丝分裂，但有丝分裂是在细胞核内进行的，分裂过程中核膜不消失，与其他高等生物不同。菌物的菌丝可以形成吸器、附着胞、附着枝、假根、菌环和菌网等多种结构，也可以纠集形成疏丝组织和拟薄壁组织，并由这两种菌组织形成菌核、子座和菌索等菌丝组织体。

菌物经过一定时期的营养生长后就进行无性繁殖。无性繁殖方式有断裂、裂殖、芽殖和原生质割裂 4 种主要类型。无性繁殖产生的孢子为无性孢子，常见的有游动孢子、孢囊孢子、分生孢子和厚垣孢子。许多菌物的无性繁殖能力很强，可以在很短的时间内产生大量的无性孢子，无性繁殖在植物病害的传播、蔓延中起重要作用。

大多数菌物也可以进行有性生殖。有性生殖通常是在菌物的营养生长后期或养分缺乏、温度不适宜时进行的。对植物病原菌，有性生殖一般是在作物生长后期进行，有助于病菌度过不良环境，并为翌年病害的发生提供初侵染来源。菌物的有性生殖过程包括质配、核配和减数分裂三个阶段。有性生殖产生的孢子为有性孢子，常见的有卵孢子、接合孢子、子囊孢子和担孢子。菌物存在性分化现象，大多数菌物是异宗配合的，有些是同宗配合的。有些菌物，主要是一些无性态真菌，还可以进行准性生殖。准性生殖是一种细胞核不经过减数分裂而达到遗传物质重组的过程，与有性生殖有质的区别。准性生殖的过程包括形成异核体、杂合二倍体以及杂合二倍体细胞核通过染色体有丝分裂交换、随机分配和单倍体化，最后形成遗传物质重组的单倍体。

菌物的典型生活史包括无性阶段和有性阶段。无性态真菌只有无性阶段而缺乏有性阶段，一些高等担子菌缺乏无性阶段，营养生长后期直接转入有性生殖；许多植物病原菌物的无性阶段在生活史中往往可以独立地多次循环，对植物病害的传播、蔓延与流行起很大的作用。根据菌物生活史中细胞核的变化，可以出现单核或多核单倍体、双核单倍体和二倍体的 3 种不同阶段，不同菌物类群的生活史中，上述 3 个阶段所占的时期长短不同，构成了生活史的多样性，依此可大致归为无性型、单倍体型、单倍体 – 双核体型、单倍体 – 二倍体型、二倍体型等 5 种主要生活史类型。

菌物的主要分类单元是界、门、纲、目、科、属、种。菌物种的命名也采用林奈的“拉丁双名法”。菌物的最基本分类单元是种（species）。菌物在种以下的分类单元有变种、专化型和小种等。

第二节 根肿菌门菌物

根肿菌门（Plasmodiophoromycota）又称原质菌门，其营养体是无壁、多核的原质团，生活在寄主细胞内，为专性寄生菌。以整体产果的方式繁殖，营养体以原生质割裂的方式形成大量散生或堆积在一起的孢子囊。根肿菌门菌物形成的孢子囊有两种，一种是由无性繁殖产生的薄壁的游动孢子囊（zoosporangium）；另一种是有性生殖产生的厚壁的休眠孢子囊（resting sporangium）。形成游动孢子囊和休眠孢子囊的原质团性质不同，前者是单倍体，由游动孢子发育而成，后者是二倍体的，一般认为由两个游动孢子配合形成的合子发育而成。实际上，目前对多数根肿菌门菌物的有性生殖过程仍不清楚。休眠孢子囊萌发时通常释放出 1 个游动孢子，因此根肿菌门菌物的休眠孢子囊习惯上称为休眠孢子（resting spore）。休眠孢子分散或聚集成堆以及休眠孢子堆的形态是根肿菌分类的重要依据。

根肿菌门菌物除其营养体不具细胞壁外，根肿菌的细胞核分裂也与原生动物的“十字型”分裂现象十分相似，即细胞分裂期间，染色体在纺锤体上排列成环绕着长形的核仁的环，从侧面看像一个“十”字形，但非所有的根肿菌都具备此特征。

根肿菌门菌物数量不多，只含有 1 纲 1 目 1 科，即：根肿菌纲、根肿菌目、根肿菌科，已知的有 16 属，46 种。根肿菌门菌物是寄主细胞内专性寄生菌，寄生于高等植物的根或茎细胞内，有的寄生于藻类和其他水生菌物上。寄生于高等植物的往往引起细胞膨大和组织增生，受害根部肿大，故称为根肿菌。其中最主要的植物病原菌是芸薹根肿菌（*Plasmodiophora brassicae* Woronin）。还值得提出的是马铃薯粉痂菌（*Spongospora subterranean*）和禾谷多黏菌（*Polymyxa graminis*），后者寄生于禾本科植物根部，无明显症状，但其游动孢子是传播小麦土传花叶病毒和小麦梭条花叶病毒的介体。草坪草上常见绒泡多黏霉（*Physarum*）为害地上部（彩图 104）。

1. 根肿菌属（*Plasmodiophora*）

根肿菌属的特征是休眠孢子游离分散在寄主细胞内，不联合形成休眠孢子堆（图 2–17）。该属菌物都是细胞内专性寄生物，寄主范围较广，寄生在陆生或水生植物的维管束，引起植物根部薄壁组织手指状或块状膨大，称为根肿病（图 2–18）。根肿菌属菌物的生活史还不十分清楚，现以芸薹根肿菌（*P. brassicae*）为例做一简要介绍。芸薹根肿菌以休眠孢子囊在土壤中越冬，休眠孢子萌发时释放出 1 个游动孢子，游动孢子与寄主的根毛或根表皮细胞接触后，鞭毛收缩并休止形成休止孢。休止孢萌发时形成一管状结构穿透寄主细胞壁，将原生质注入寄主细胞内，发育成原质团。这种原质团成熟后分割形成薄壁的游动孢子囊，每个孢子囊可释放 4 ~ 8 个游动孢子。这种游动孢子具有配子的功能，质配是由两个游动孢子配合形成合子。合子侵入寄主细胞内发育成休眠孢子的原质团，原质团内的细胞核发生核配，紧接着进行减数分裂，随后原质团分割成许多单核休眠孢子。休眠孢子充满寄主细胞，似鱼的卵块，成熟时彼此分散在寄主细胞内。芸薹根肿菌是根肿菌属中最常见的种，引起十字花科芸薹属多种蔬菜的根肿病（彩图 103）。休眠孢子抵抗不良

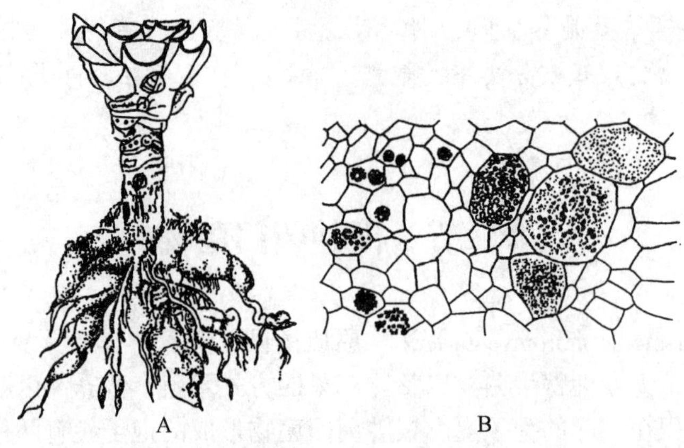

图 2–17　根肿病菌

A. 为害状；B. 病组织内的原质团和休眠孢子

环境的能力很强，可以在酸性土壤中存活 10 ~ 15 年。

2. 粉痂菌属（*Spongospora*）

休眠孢子聚集成多孔的海绵状圆球形休眠孢子堆（图 2–19）[马铃薯粉痂菌（*S. subterranea*）为害马铃薯块茎的皮层，形成疮痂状小瘤，后期病部表皮破裂，散出深褐色粉末状休眠孢子]。

3. 多黏霉属（*Polymyxa*）

休眠孢子堆不规则形，产生在草本植物根表皮细胞内；寄生在植物上，但很少引起寄主组织肿大（图 2–20）[禾谷多黏菌（*P. graminis*）寄生禾本科植物根部，不引起明显症

图 2–18　芸薹根肿病为害状

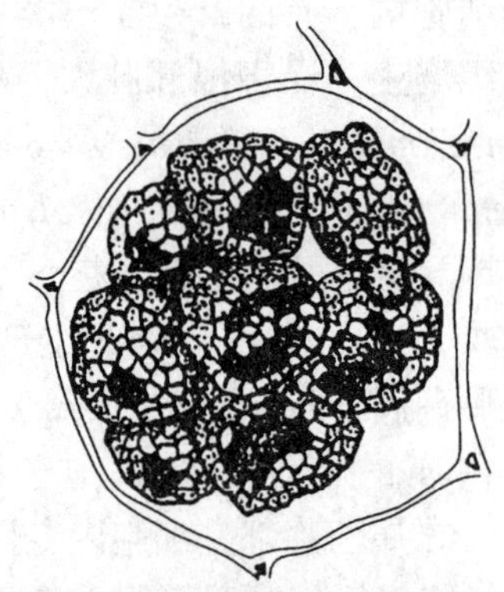

图 2–19　粉痂菌休眠孢子堆

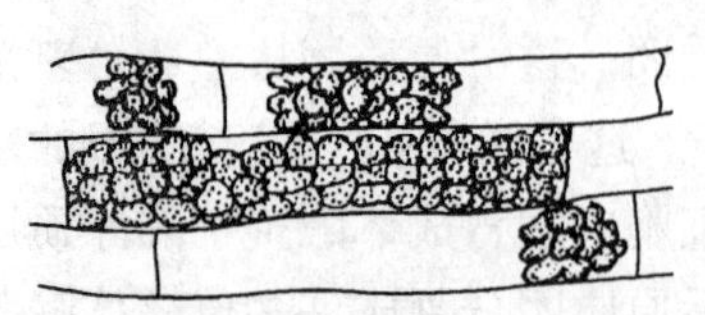

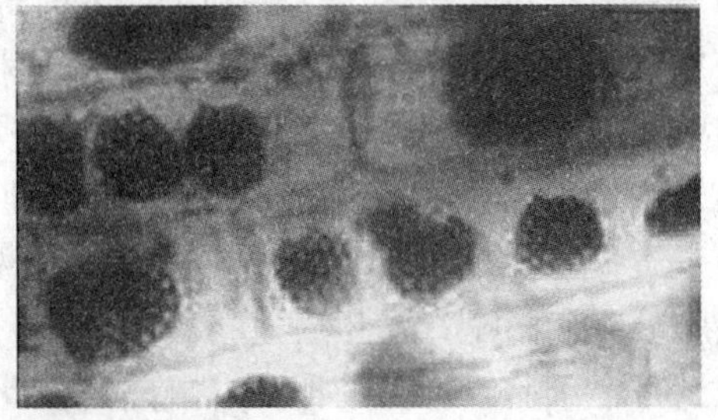

图 2–20　多黏菌休眠孢子堆

状。绒泡多黏霉（*Physarum*）为害草坪草（彩图 104）。

小结

根肿菌门菌物一般也称为根肿病菌，其营养体为无细胞壁的原质团。无性繁殖时产生游动孢子囊，成熟时释放游动孢子。有性生殖产生厚壁的休眠孢子囊。根肿菌门菌物均为细胞内专性寄生菌，寄生于高等植物的根或茎细胞内，有的寄生于藻类和其他水生菌物上。寄生于高等植物的往往引起细胞膨大和组织增生，受害根部肿大。

第三节　卵菌门菌物

卵菌门（Oomycota）菌物的共同特征是有性生殖产生卵孢子，因此这类菌物通常称为卵菌。卵菌的营养体很发达、菌丝没有隔膜，少数低等的是多核的有细胞壁的单细胞。它的营养体是二倍体的，细胞壁主要成分为纤维素，与真菌有明显不同。无性繁殖形成游动孢子囊，其中产生多个双鞭毛的游动孢子，所以卵菌在 Ainsworth 的分类系统中属于鞭毛菌亚门。有性生殖产生卵孢子，进行有性生殖时，部分菌丝细胞分化为雄器（antheridium）和藏卵器（oogonium）两种配子囊，在藏卵器内可形成 1 个或多个卵球。二倍体细胞核在发育的雄器和藏卵器中发生减数分裂，产生单倍体细胞核；雄器和藏卵器先是以配子囊接触交配的方式进行质配，两个单倍体细胞核在藏卵器中进行核配，恢复为二倍体。藏卵器内可形成 1 个或多个卵孢子，卵孢子萌发产生二倍体的营养体。因此，卵菌具有独特的生活史类型，即二倍体型生活史（图 2–21）。

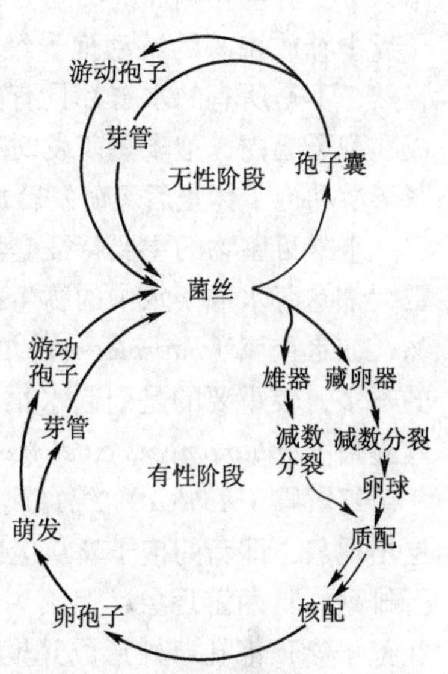

图 2–21　卵菌生活史类型示意图

卵菌大多为水生，少数是两栖和陆生。卵菌的进化，一般认为是从水生演变到陆生的，由腐生到专性寄生的。低等的卵菌大都是水生的腐生菌，或寄生于水生植物、水生动物和水生真菌上；中间类型是两栖的，可以生活在较潮湿的土壤中。多为腐生或兼性寄生物；较高等的具有接近陆生的习性，其中有许多是高等植物的专性寄生菌。

卵菌与褐藻和硅藻的亲缘关系较近，而与真菌相距较远。卵菌的营养体为二倍体，真菌的营养体为单倍体；卵菌的细胞壁含有纤维素，真菌大多为几丁质；卵菌的有性生殖为雄器与藏卵器进行交配的卵配生殖，这种生殖方式在真菌中是很少见的；卵菌的赖氨酸合成途径为二氨基庚二酸途径，真菌为氨基己二酸途径；卵菌的 25 S rRNA 分子量为 1.42×10^6，真菌为（1.30 ~ 1.36）$\times 10^6$；此外，卵菌的线粒体、高尔基体、细胞核膜、细胞壁的超微结构与真菌也有明显差异，而与藻类更为相似。因此，在 1995 年出版的《菌物辞典》（第 8 版）中，卵菌归属于藻物界（Chromista）的卵菌门（Oomycota）。

卵菌门仅有 1 个卵菌纲（Oomycetes），分为 9 个目，其中引致植物病害的有 4 个目：水霉目（Saprolegniales）、腐霉目（Pythiales）、指梗霉目（Sclerosporales）和霜霉目

（Peronosporales）。其中寄生高等植物并引起严重病害的是霜霉目菌物，如腐霉菌、疫霉菌、霜霉菌和白锈菌等。少数水霉目菌物也可以寄生高等植物，但寄生能力较弱，有的可以危害鱼类，引起鱼的水霉病。已记载的卵菌纲菌物有 95 属，694 种。

（一）水霉目（Saprolegniales）

水霉目菌物一般称为水霉，营养体大多为发达的菌丝体，少数营养体简单，是与壶菌相似的单细胞。无性繁殖产生的游动孢子囊呈丝状、圆筒状或梨形。孢子囊有层出现象（proliferation），新孢子囊从释放过游动孢子的空孢子囊里面长出来（内层出）或从成熟孢子囊基部的孢囊梗（或菌丝）侧面长出（外层出）。游动孢子具有两游现象（diplanetism）。从孢子囊释放出的梨形游动孢子，经一定时期的游动，孢体变圆，鞭毛收缩进入静止状态而形成具有细胞壁的休止孢（cystospore）。休止孢经休止后萌发释放出一个肾形的游动孢子，鞭毛着生在侧面的凹陷处，可以继续游动一段时期，然后休止，萌发长出芽管。从孢子囊中释放出来的游动孢子经休止、再萌发释放游动孢子继续游动的现象称为两游现象。当然，不是所有的水霉都具有典型的两游现象，有的水霉第一次游动时期消失，休止孢形成在孢子囊内，孢子囊萌发时直接释放出肾形的游动孢子。有些水霉还具有多游现象，即肾形游动孢子休止后又萌发释放肾形游动孢子，可以如此重复多次。

水霉目菌物的主要特征是游动孢子具有两游现象，藏卵器内含有 1 至多个卵孢子。水霉大都是海水或淡水中的腐生菌，有些生活在土壤中，少数寄生藻类、鱼类和其他水生生物，如水霉属（*Saprolegnia*）的某些种寄生鱼和鱼卵，影响渔业生产。其中引起植物病害的不多，较重要的是引起水稻烂秧的稻绵霉（*Achlya oryzae*）和为害豆科植物根部的根腐丝囊菌（*Aphanomyces euteiches*）。已记载的有 32 属，约 170 种。

绵霉属（*Achlya*）　绵霉属的特征是游动孢子囊棍棒形，产生在菌丝的顶端；孢子囊具层出现象，即新的孢子囊从老的孢子囊基部的孢囊梗侧面长出；游动孢子在孢子囊内呈多行排列，具两游现象，但第一次游动时期很短，休止孢在孢子囊顶部孔口外形成并聚集成团；藏卵器内产生多个卵孢子，雄器侧生。绵霉属菌物大多是腐生的，少数是弱寄生的，广泛存在于池塘、水田和土壤中。

稻绵霉（*A. oryzae*）　稻绵霉的营养体是发达、粗壮的无隔菌丝体，聚集在一起时呈棉絮状。无性繁殖时，在菌丝顶端形成棍棒形的游动孢子囊，成熟后从孢子囊顶端的孔口放出大量的游动孢子。游动孢子的第一个活动时期很短，释放的梨形游动孢子聚集在孢子囊孔口附近，很快就形成休止孢。20～30 min 后，每个休止孢又萌发释放出 1 个肾形的游动孢子，分散在水中游动，肾形游动孢子休止后萌发长出芽管。稻绵霉的孢子囊具层出现象，从旧的孢子囊基部侧面又可连续形成新的孢子囊。当菌丝体生长到一定时期或生长条件不适宜时，从菌丝体的顶端或中间产生球形的藏卵器和长形的雄器。藏卵器内有 1 个或几个卵球（图 2-22）。成熟的卵孢子为球形，黄褐色，壁很厚，萌发时产生芽管。稻绵霉侵

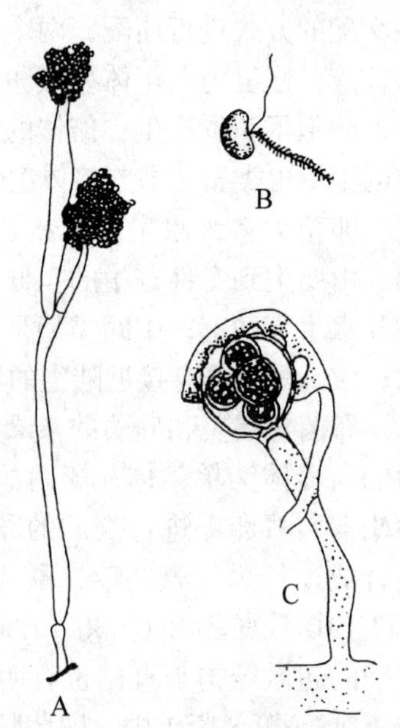

图 2-22　稻绵霉
A. 游动孢子在孢子囊孔口处聚集形成休止孢；B. 游动孢子；C. 雄器和藏卵器

害水稻秧苗引起绵腐病，受害秧苗四周长出大量放射状菌丝体，秧苗衰黄腐烂。秧苗管理不善，灌水过深或受到冻害可诱发稻苗绵腐病。

（二）腐霉目（Pythiales）

腐霉目菌物的营养体大多为发达的无隔菌丝体，少数为单细胞。游动孢子囊大多丝状、圆筒形、梨形或柠檬形，孢囊梗（sporangiophore）具有无限生长习性，即孢子囊成熟以后孢囊梗可以继续生长不断产生孢子囊。游动孢子没有两游现象。藏卵器内含有 1 个卵球。本目只有 1 个腐霉科（Pythiaceae），内含 11 个属，184 个种，其中严重为害植物的有腐霉属（*Pythium*）和疫霉属（*Phytophthora*），主要为害植物根和近地面的茎，有些可以为害植物地上部分。此外，霜疫霉属（*Peronophthora*）为害荔枝花序和果实，引起霜霉病，造成花腐和果腐。

1. 腐霉属（*Pythium*）

腐霉属的特征是无特殊分化的孢囊梗，丝状、裂瓣状、球状或卵形的孢子囊着生在菌丝上，孢子囊顶生或间生。腐霉属菌物以腐生的方式在土壤中长期存活。有些种类可以寄生于高等植物，为害根部和茎基部，引起腐烂。幼苗受害后主要表现猝倒、根腐和茎腐，种子和幼苗在出土前就可霉烂和死亡。此外，还能引起果蔬的软腐。

瓜果腐霉（*P. aphanidermatum*） 瓜果腐霉是腐霉属最常见的种，它的寄主范围很广。瓜果腐霉（图 2–23）的营养体为发达、无色、无隔的菌丝体，在高湿的条件下，病组织表面和附近的土面可形成一层白色絮状菌丝。挑取白色絮状物镜检，可以观察到病菌的菌丝体和游动孢子囊，有时还可以观察到卵孢子。游动孢子囊比菌丝体稍粗，有的长筒形，有的有裂瓣状分枝，着生在菌丝体的顶端或中间，没有明显分化的孢囊梗，但孢子囊与菌丝之间有隔膜分开。萌发时，先从孢子囊上产生 1 个排孢管，排孢管逐渐伸长，顶端膨大成近球形的泡囊。孢子囊中的原生质通过排孢管流入泡囊内，在其中分化形成许多游动孢

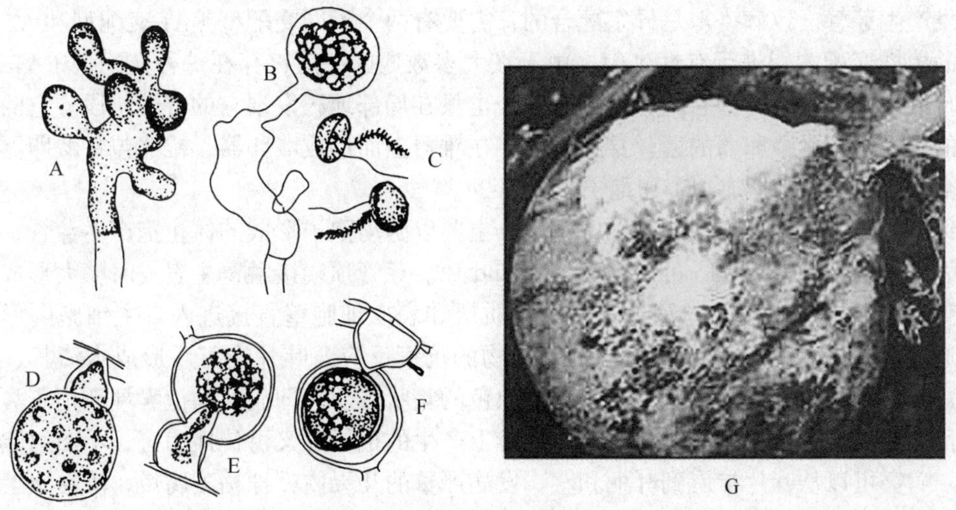

图 2–23　瓜果腐霉

A. 孢子囊；B. 孢子囊萌发形成泡囊；C. 游动孢子；D. 发育中的雄器和藏卵器；E. 雄器和藏卵器交配；F. 雄器、藏卵器和卵孢子；G. 为害状

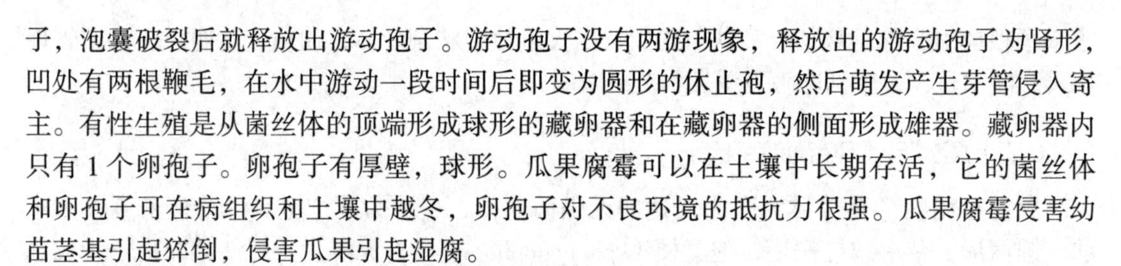

子，泡囊破裂后就释放出游动孢子。游动孢子没有两游现象，释放出的游动孢子为肾形，凹处有两根鞭毛，在水中游动一段时间后即变为圆形的休止孢，然后萌发产生芽管侵入寄主。有性生殖是从菌丝体的顶端形成球形的藏卵器和在藏卵器的侧面形成雄器。藏卵器内只有 1 个卵孢子。卵孢子有厚壁，球形。瓜果腐霉可以在土壤中长期存活，它的菌丝体和卵孢子可在病组织和土壤中越冬，卵孢子对不良环境的抵抗力很强。瓜果腐霉侵害幼苗茎基引起猝倒，侵害瓜果引起湿腐。

2. 疫霉属（*Phytophthora*）

疫霉属菌物通常称为疫霉菌，是重要的植物病原菌。大多为两栖类型，少数为水生的；较高等种类具有部分陆生的习性，可以侵害植物的地上部，孢子囊成熟时可以脱落，在湿度较低的条件下孢子囊可以直接萌发产生芽管。疫霉菌几乎都是植物病原菌，大多是兼性寄生的，寄生性从较弱到接近专性寄生。多数疫霉菌的寄主范围很广，可以侵染植物地上和地下部分。疫霉菌以厚垣孢子或卵孢子在土壤中存活，在土壤中的腐生能力不强。为害植物在病斑表面形成白色棉絮状物或霜状霉层。所引起的病害常具有流行性和毁灭性，故通常称为疫病。疫霉属的特征是产生的孢子囊呈近球形、卵形或梨形。游动孢子在孢子囊内形成，不形成泡囊；孢囊梗与菌丝有一定差异，比菌丝细，少数形成有特殊分化的孢囊梗，如致病疫霉；许多种类的孢子囊有层出现象。藏卵器内有 1 个卵孢子，卵孢子壁光滑，雄器包裹在藏卵器的柄上或着生在藏卵器的侧面。

致病疫霉（*P. infestans*）致病疫霉为害马铃薯、番茄等作物，引起晚疫病。营养体是发达、无色的无隔菌丝体。菌丝体主要在寄主细胞间隙扩展，形成吸器进入寄主细胞内。吸器多呈指状，比菌丝细一些，吸器内没有细胞核。无性繁殖是从菌丝体上形成孢囊梗，2～3 根成丛，从寄主茎、叶的气孔或块茎的皮目伸出。孢囊梗细长，单轴分枝，分枝顶端产生游动孢子囊后，孢囊梗可以继续伸长形成新的孢子囊，因此分枝略成节状。孢子囊柠檬形，顶部有 1 个乳头状突起（乳突），成熟后孢子囊脱落随气流传播。游动孢子在孢子囊内分化形成，孢子囊成熟后在乳突的位置形成排孢孔释放出多个（几个至几十个）游动孢子。游动孢子经一定时期游动后就形成圆形的休止孢。在湿度较低时，孢子囊也可以直接萌发产生芽管。致病疫霉是异宗配合的，需要有两个不同交配型（A1 交配型和 A2 交配型）的菌株交配才能进行有性生殖。由于在大多数地区一般仅存在一种交配型（A1），所以在自然条件下很难看到它的卵孢子，至今也只在局部地区发现它的有性阶段。它的有性生殖的过程是产生藏卵器的菌丝穿过雄器，在雄器上面形成藏卵器，雄器包在藏卵器的柄上，交配后藏卵器中形成 1 个卵孢子（图 2–24）。

致病疫霉是寄生性很强的兼性寄生菌，主要以游动孢子形成的休止孢产生芽管，自气孔或表皮直接侵入马铃薯，可以为害薯块和叶片。芽管顶端接触寄主表皮时膨大形成附着胞，附着胞下方产生侵入丝穿过寄主的角质层和表皮细胞壁直接进入寄主细胞内形成吸器，通过吸器分泌大量的效应蛋白抑制植物的抗病反应。叶片受害后形成水渍状、墨绿色、边缘不明显的大斑，病斑上产生一层白色的霜状霉层，即病菌的孢囊梗和孢子囊。病菌从侵入到发病，潜育期不过 3～4 d，病叶上产生的孢子囊又可传播为害，不断引起再次侵染。病害可以从叶片扩展到叶柄和茎，发病严重的几天内整株枯萎腐烂。落在土壤中的病菌从伤口、皮孔或芽眼侵入薯块，部分受病菌侵染重的薯块在贮藏中就腐烂，轻的则是下一年初次侵染的病菌来源。马铃薯晚疫病在温度偏低（15～18℃），阴雨高湿的条件下发病严重。爱尔兰在 1845—1846 年就因该病严重为害，引起了历史上有名的爱尔兰饥馑，

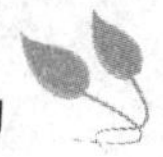

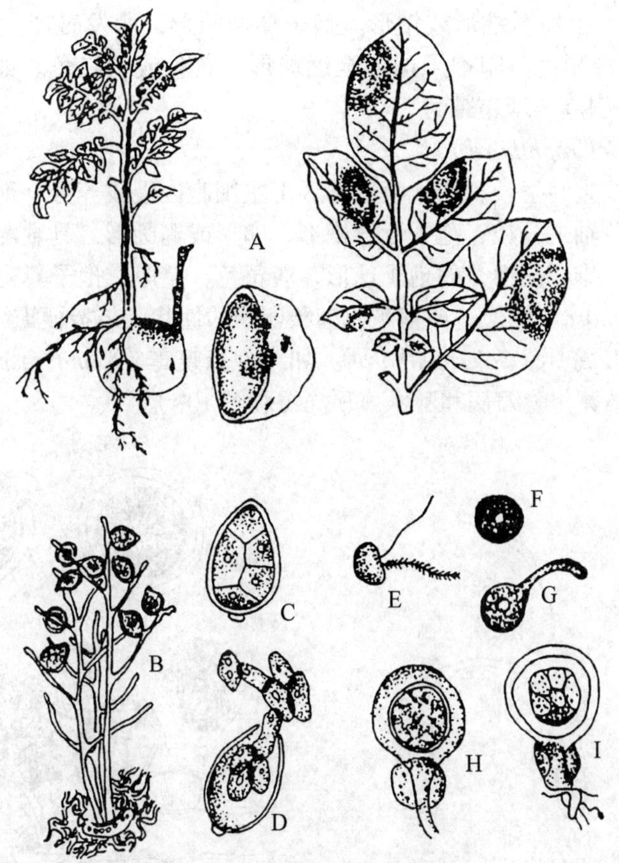

图 2–24　致病疫霉形态及症状

A. 症状；B. 孢囊梗和孢子囊；C. 孢子囊；D. 孢子囊萌发；E. 游动孢子；F. 休止孢；G. 休止孢萌发；H. 穿过雄器的藏卵器；I. 藏卵器中形成的卵孢子

目前该病仍然是全球马铃薯和番茄生产上的主要病害。

（三）指梗霉目（Sclerosporales）

指梗霉目菌物在 Ainsworth（1973）分类系统中属于霜霉目。本目区别于霜霉目的特征是：孢囊梗主轴粗壮或分化程度较低；专性寄生于禾本科植物上。含指梗霉科、瘤霉科 2 个科，5 个属，25 种。其中指梗霉属（*Sclerospora*）、霜指霉属（*Peronosclerospora*）和指疫霉属（*Sclerophthora*）的菌物都寄生在禾本科作物上，引致重要或危险性病害。

1. 指梗霉属（*Sclerospora*）

菌丝体寄主细胞间生，产生球形吸器伸入细胞内。孢囊梗单根或 2 ~ 3 根从气孔伸出，主轴粗壮，顶端不规则二叉状分枝，分枝粗短紧密。孢子囊椭圆形，有乳突，萌发时产生游动孢子。藏卵器球形，椭圆形或不规则形，深褐色，器壁纹饰显著。雄器丝状，通常 1 个。卵孢子圆形，黄色或黄红色。如禾生指梗霉（*S. graminicola*）（图 2–34）引起谷子白发病。

2. 霜指霉属（*Peronosclerospora*）

菌丝体细胞间生吸器小球状。孢囊梗自气孔伸出，常 2 ~ 4 枝丛生，二叉状分枝 2 ~ 5

次，上部分枝粗短，小梗圆锥形或钻形。孢子囊椭圆形，萌发时产生芽管。藏卵器近球形至不规则形。雄器侧生。卵孢子球形至近球形，黄色或黄红色。如玉蜀黍霜指霉（*P. maydis*）（图 2–25）引起玉米霜霉病。

3. 指疫霉属（*Sclerophthora*）

菌丝体在寄主细胞间生长，产生吸器伸入寄主细胞内吸收养分。孢囊梗菌丝状，短而粗，常不分枝或假单轴式分枝；孢子囊柠檬形、卵形或椭圆形，具乳突，萌发时产生游动孢子。藏卵器球形，雄器侧生，卵孢子球形，淡黄色，壁厚。孢子囊先后相继形成的方式与疫霉属（*Phytophthora*）相似；卵孢子充满藏卵器的性状又与指梗霉属（*Sclerospora*）相似，因此命名为指疫霉属（*Sclerophthora*）。如大孢指疫霉（*S. macrospora*）（图 2–26）引起小麦霜霉病、水稻黄化萎缩病和玉米疯顶病（彩图 109）。

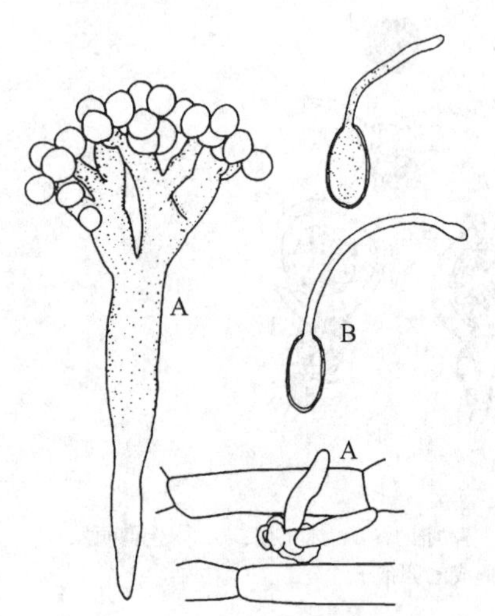

图 2–25　玉蜀黍霜指霉

（引自余永年）

A. 孢囊梗和孢子囊；B. 孢子囊萌发

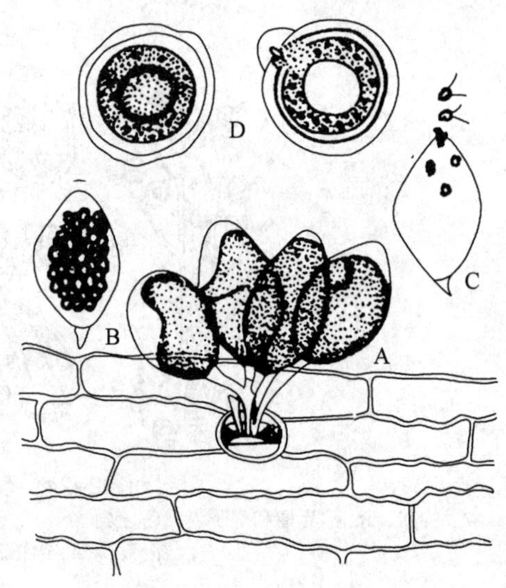

图 2–26　大孢指疫霉

（引自陆家云）

A. 孢子囊成丛从气孔伸出；B. 孢子囊；C. 孢子萌发产生游动孢子；D. 卵孢子

（四）霜霉目（Peronosporales）

霜霉目菌物的营养体为发达的无隔菌丝体，专性寄生的和寄生性较强的霜霉目菌物，菌丝体多在寄主植物细胞间隙扩展，并产生吸器进入寄主细胞内吸取养分。游动孢子囊大多呈球形、卵形、梨形或柠檬形，大多产生在形态上有特殊分化的孢囊梗（sporangiophore）上。游动孢子囊成熟时释放出多个肾形的游动孢子，游动孢子没有两游现象。藏卵器多呈球形，里面有 1 个卵球。卵孢子壁厚，表面平滑或有突起和皱纹。

霜霉目菌物是植物地上部的专性寄生菌。孢子囊容易从孢囊梗上脱落，因而可以通过气流传播，在病害远距离传播中有重要作用。在有自由水的高湿条件下，霜霉目菌物的孢子囊可通过释放游动孢子萌发，在湿度较低条件下孢子囊往往直接萌发产生芽管，此时孢子囊的功能与分生孢子相似，表现出与陆生菌物相似的习性。

霜霉目菌物主要根据孢囊梗的特征进行分类，分为 2 个科：霜霉科（Peronosporaceae）和白锈科（Albuginaceae）。

1. 霜霉科（Peronosporaceae）

孢子囊长在有特殊分化的孢囊梗上，孢囊梗有限生长（孢囊梗分枝顶端的产孢点只能形成一个孢子囊，不具有无限的层出能力）。含 7 个属，均为高等植物专性寄生菌。其中霜霉属（*Peronospora*）、假霜霉属（*Pseudoperonospora*）、单轴霉属（*Plasmopara*）、盘梗霉属（*Bremia*）等都是重要的植物病原菌。该科菌物均为专性寄生菌，仅为害植物地上部分。侵染植物在病斑表面形成典型的霜状霉层，所引起的病害通常称霜霉病，因而这些菌物也被称作霜霉菌。

霜霉属（*Peronospora*）　霜霉属的特征是孢囊梗主轴较粗壮，顶部有多次左右对称的二叉状分枝，末端分枝的顶端尖锐。霜霉属是专性寄生菌，菌丝体为发达、无色的无隔菌丝体，在寄主组织的细胞间隙扩展，产生丝状、囊状或裂瓣状吸器进入寄主细胞内吸收养分。无性繁殖时，菌丝体分化出孢囊梗。孢囊梗有明显、粗壮的主轴，上部进行数次左右对称的分叉。孢子囊近卵形，成熟时容易脱落，萌发时直接产生芽管，偶尔释放游动孢子。卵孢子产生在寄主体内，卵孢子壁平滑或具有网纹和瘤状突起。引起许多经济植物的霜霉病。其中寄生霜霉（*P. parasitica*）是最常见的种（图 2–27），可以为害许多十字花科植物。

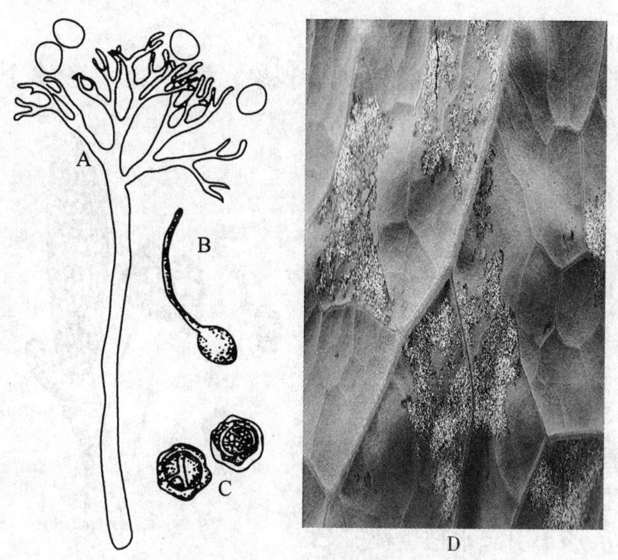

图 2–27　寄生霜霉

A. 孢囊梗和孢子囊；B. 孢子囊直接萌发；C. 卵孢子；D. 为害状

寄生霜霉是以孢子囊萌发的芽管从气孔或直接穿过表皮侵入叶片。由于病原菌在叶片内的扩展受到叶脉的限制，叶片上的病斑大多呈多角形，初期淡黄色，边缘不明显，到后期才变为褐色枯斑。叶斑背面有明显的白色霜状霉层，即从气孔伸出的成丛的孢囊梗和孢子囊（彩图 107）。成熟的孢子囊随风传播，引起再侵染。低温高湿有利于病害的发生和流行。除为害叶片外，抽出的茎薹和花序都能发病，这是由病叶上产生的孢子囊的侵染或是由菌丝体在植株内部扩展引起的。除形成不定形的褐色病斑外，整个花序可以肿大和弯曲呈畸形，俗称“龙头”，受害部位表面出现白色霜霉层，肿大的组织中容易发现卵孢子。

2. 白锈科（Albuginaceae）

孢囊梗短棍棒形，顶生一串孢子囊，无限生长。仅含白锈属（*Albugo*）1个属。为害植物的地上部，产生白色疤状的孢子囊堆，因此通称为白锈病。

白锈属（*Albugo*）白锈菌属菌物约30种，全部是高等植物的专性寄生菌，无法在培养基上进行培养。在寄主上产生白色粉状孢子堆，很像锈菌的孢子堆，不过颜色是白色的，所以称为白锈病（彩图107）。

白锈菌［*Albugo candida*（Pers.）Kuntze］危害十字花科植物，引起十字花科白锈病。菌丝生长在寄主细胞间，但在寄主细胞内生有小圆形的吸器。孢囊梗粗短，棍棒形，不分枝，成排地生长在寄主的表皮下，孢子囊圆形或椭圆形，顶生，串株状，自上而下连续形成（上部的孢子囊最老）。孢囊梗无限伸长，可以产生很多孢子囊，两个孢子囊之间有“间细胞”，这是由于孢子囊壁的外膜胶化连接起来的，孢子囊成熟时，胶化的膜溶解，孢子囊释放而随风传播。孢子囊萌发产生游动孢子。

有性繁殖产生卵孢子，厚壁，壁上有网状突起或有瘤刺等纹饰，这是鉴定种的主要依据。卵孢子在第二年春季萌发形成游动孢子。白锈菌的专化性很强，有许多生理小种。

（五）与植物病害有关的主要属

1. 水霉目（Saprolegniales）

营养体是发达的菌丝体，游动孢子有两游现象，藏卵器含一至多个卵孢子。

（1）绵霉属（*Achlya*） 孢子囊合轴分枝，新的孢子囊从老孢子囊的基部侧面长出；游动孢子第一个活动时期很短，休止孢在孢子囊顶部孔口处聚集成团（图2-28）。稻绵霉（*A. oryzae*）、层出绵霉（稻苗绵霉病菌 *A. prolifera*）及鞭绵霉（*A. flagellata*）都能引起水稻烂秧。

（2）水霉属（*Saprolegnia*） 孢子囊有内层出现象，新的孢子囊从空孢子囊内长出，大多腐生，少数寄生植物和鱼类（图2-29），串囊水霉（*S. monilifera*）引起水稻烂秧。

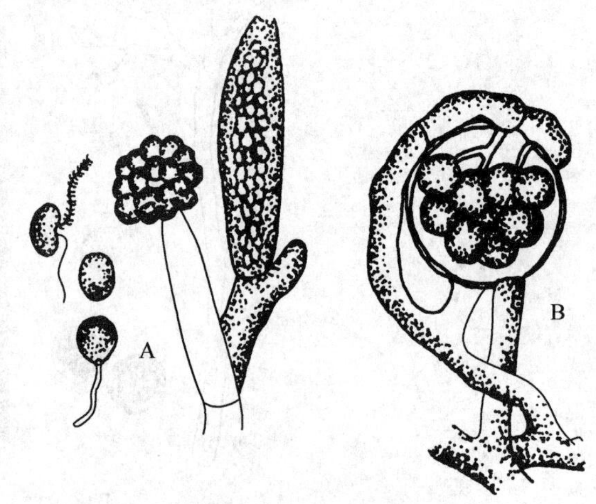

图2-28 绵霉属

A. 孢子囊和游动孢子释放；B. 雄器、藏卵器和卵孢子

（3）丝囊霉属（*Aphanomyces*） 游动孢子在孢子囊内单行排列，释放时聚集在孢子囊孔口处形成休止孢；藏卵器内只形成1个卵孢子，寄生藻类及植物根部（图2-30）。*A. raphani* 引起萝卜根腐病。

2. 腐霉目（Pythiales）

营养体大多为发达的无隔菌丝体，游动孢子囊大多丝状、圆筒形、梨形或柠檬形，孢囊梗具有无限生长习性。游动孢子没有两游现象。藏卵器内含有1个卵球。

（1）腐霉属（*Pythium*） 孢囊梗与菌丝无明显区别；孢子囊成熟后一般不脱落，萌发时形成泡囊，游动孢子在孢囊内形成，雄器侧生（图2-31）。瓜果腐霉（*P. aphanidermatum*）引起多种植物猝倒病和瓜果腐烂病（彩图105、106）。

（2）疫霉属（*Phytophthora*） 孢囊梗与菌丝有一定差别；游动孢子在孢子囊内形成，

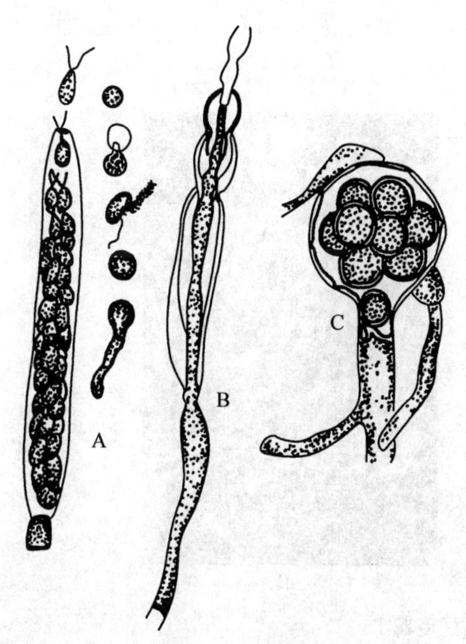

图 2-29　水霉属

A. 孢子囊释放游动孢子（两游现象）；B. 孢子囊形成方式（内层出现象）；C. 雄器、藏卵器和卵孢子

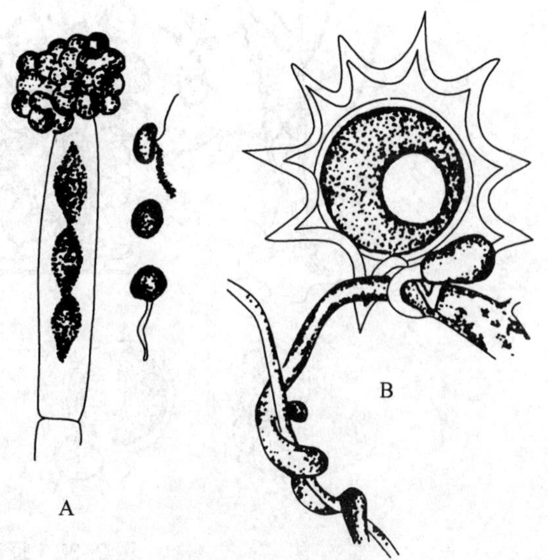

图 2-30　丝囊霉属

A. 孢子囊和游动孢子；B. 雄器、藏卵器和卵孢子

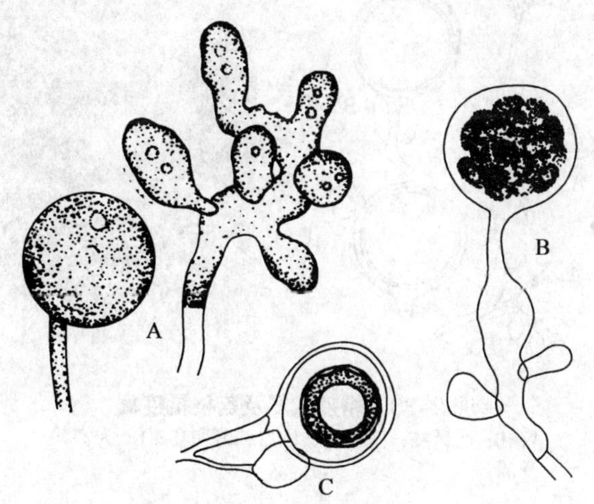

图 2-31　腐霉属

A. 孢囊梗和孢子囊；B. 孢子囊萌发形成泡囊；C. 雄器侧生、藏卵器

不形成泡囊；雄器侧生或包围在藏卵器基部（图 2-32）。致病疫霉（*P. infestans*）能引起马铃薯、番茄的晚疫病（彩图 108）。

（3）霜疫霉属（*Peronophthora*）　孢囊梗主干明显，上部双叉状分枝 1 至数次，孢囊梗多级有限生长，即某些分枝上可以长出新的孢囊梗，可如此重复多次。兼性寄生（图 2-33）。荔枝霜疫霉（*P. litchii*）可引起荔枝霜霉病。

3. 指梗霉目（Sclerosporales）

孢囊梗主轴粗壮或分化程度较低；专性寄生于禾本科植物上。

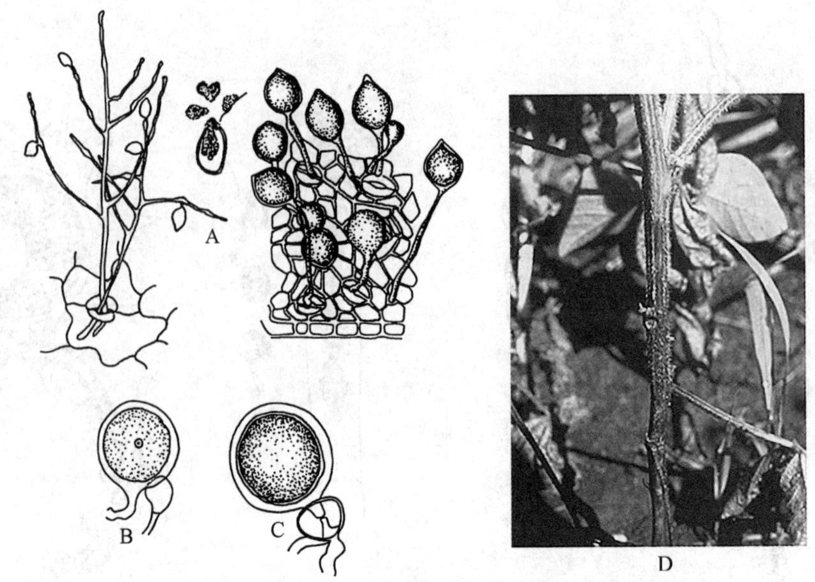

图 2-32　疫霉属（大豆疫霉）

A. 孢囊梗、孢子囊和游动孢子；B. 雄器侧生；C. 雄器包围在藏卵器基部；D. 为害状

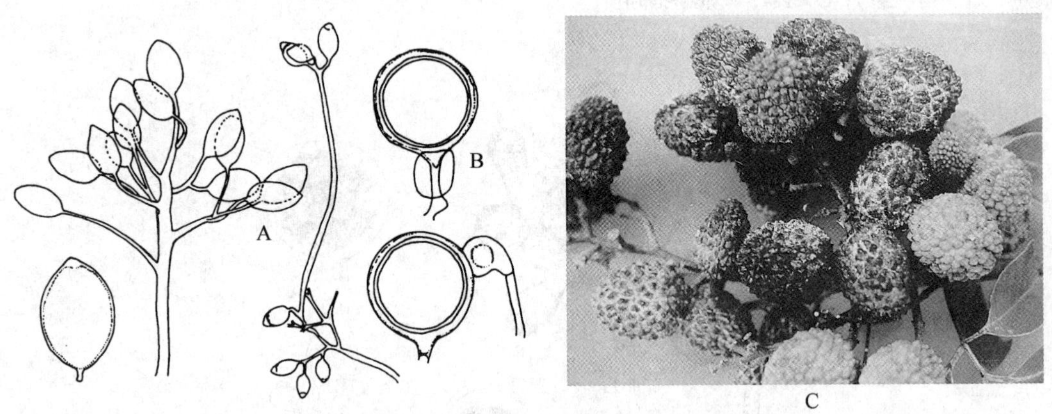

图 2-33　霜疫霉属及荔枝霜疫霉

A，B. 孢囊梗、孢子囊、雄器和藏卵器；C. 为害状

指梗霉属（*Sclerospora*）　孢囊梗主轴粗短，顶端不规则二叉状分枝；藏卵器壁与卵孢子壁愈合（图 2-34）。禾生指梗霉（谷子白发病菌 *S. graminicola*）引起谷子、狗尾草等白发病（彩图 111、112）。

4. 霜霉目（Peronosporales）

菌丝体发达，有特殊分化的孢囊梗；游动孢子没有两游现象；藏卵器内形成 1 个卵孢子。

（1）单轴霉属（*Plasmopara*）　孢囊梗单轴直角分枝，末端平钝（图 2-35）。葡萄生单轴霉，也称葡萄霜霉病菌（*P. viticola*）可引起葡萄霜霉病（彩图 113）。

（2）霜霉属（*Peronospora*）　孢囊梗二叉状锐角分枝，末端尖锐（图 2-36，彩图 110）。寄生霜霉（*P. parasitica*）寄生多种植物，以十字花科植物受害最重；东北霜霉

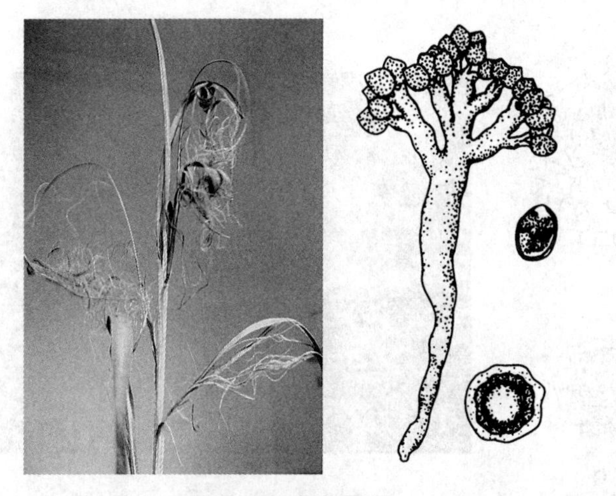

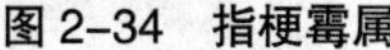

图 2-34　指梗霉属

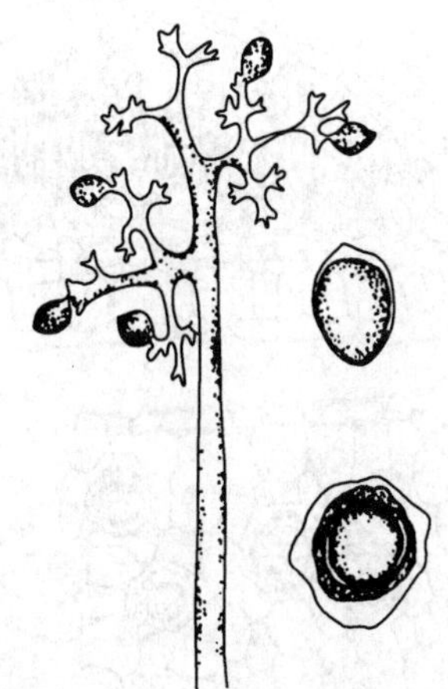

图 2-35　单轴霉属

（*P. manschurica*）引起大豆霜霉病。

（3）假霜霉属（*Pseudoperonospora*）　孢囊梗主干单轴分枝，然后作 2～3 回不完全对称的二叉状锐角分枝，末端尖细（图 2-37）。古巴假霜霉（瓜类霜霉病菌 *P. cubensis*）引起黄瓜等瓜类霜霉病。

（4）盘梗霉属（*Bremia*）　孢囊梗二叉状锐角分枝，末端膨大呈盘状（图 2-38）。莴苣盘梗霉（*B. lactucae*）引起莴苣及菊科植物霜霉病（彩图 115）。

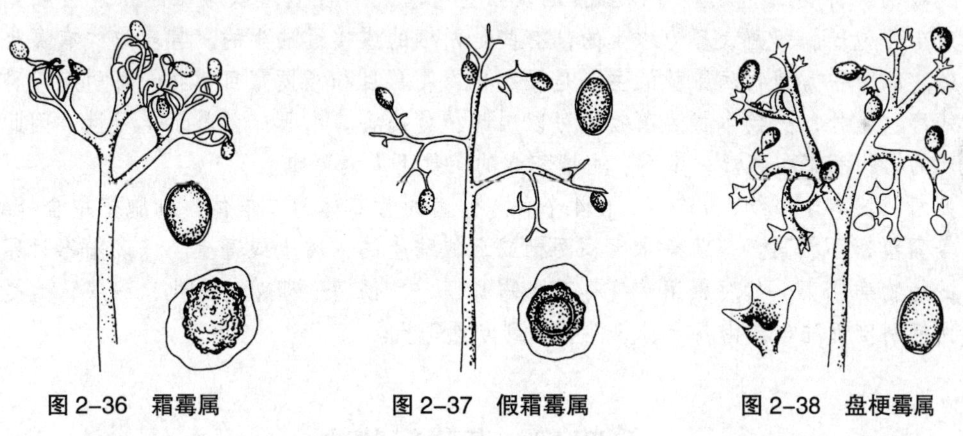

图 2-36　霜霉属　　图 2-37　假霜霉属　　图 2-38　盘梗霉属

（5）白锈属（*Albugo*）　孢囊梗平行排列在寄主表皮下，短棍棒形；孢子囊串生；卵孢子壁有纹饰（图 2-39）。白锈菌（*A. candida*）引起十字花科植物的白锈病；蕹菜白锈菌（*A. ipomoeae-aquaticae*）引起蕹菜（空心菜）白锈病（彩图 116）。

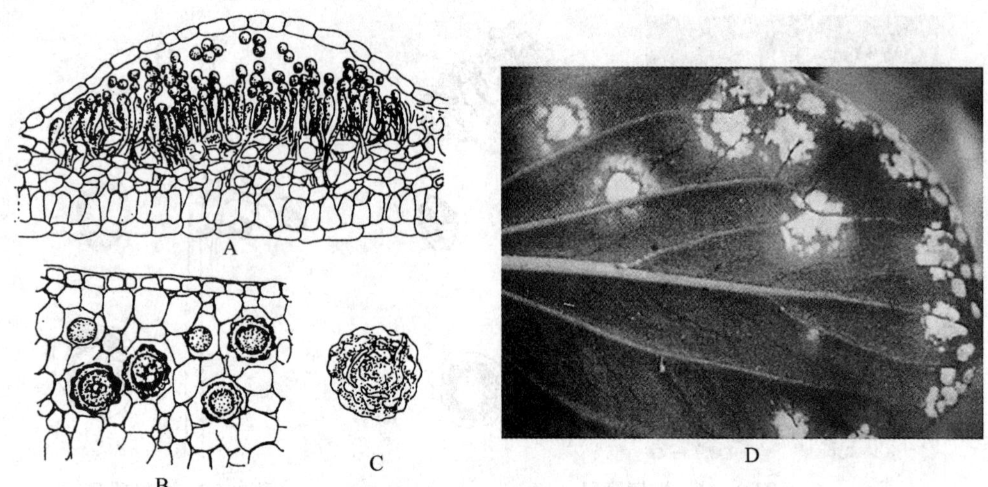

图 2–39　白锈属

A. 在表皮细胞下的孢囊梗和孢子囊；B. 病组织内的卵孢子；C. 卵孢子；D. 为害状

小结

卵菌门菌物通常称作卵菌，共同特征是有性生殖产生卵孢子。卵菌的营养体是发达的、没有隔膜的菌丝体，少数低等的是多核的有细胞壁的单细胞。无性繁殖产生丝状、圆筒状、球形、卵形、梨形或柠檬形的游动孢子囊，主要以释放出多个游动孢子的方式萌发，少数高等卵菌的孢子囊可以直接萌发产生芽管。有性生殖以雌雄配子囊接触完成交配，产生卵孢子。卵菌大多为水生的，有些是两栖的或接近陆生的。营养方式有腐生的和寄生的。卵菌中为植物病原菌的主要是腐霉目、霜霉目和指梗霉目菌物，可引起多种重要植物病害，此外，少数水霉目菌物也可以引起植物病害。由于卵菌具水生习性，因此由卵菌引起的植物病害在高湿、多雨、土壤积水的条件下发病严重。

卵菌门仅有 1 个纲，9 个目，694 个种。卵菌的营养体为二倍体，细胞壁中含纤维素，与高等真菌都不相同。卵菌有水生、两栖或近似陆生的，腐生或寄生。许多霜霉目卵菌是重要的植物病原菌，如腐霉菌、疫霉菌、霜霉菌、白锈菌。卵菌的进化，一般认为是从水生、两栖到接近陆生，由腐生、兼性寄生到专性寄生。

第四节　壶菌门菌物

壶菌门（Chytridiomycota）菌物一般称为壶菌，其营养体形态变化很大，从呈球形或近球形的单细胞至较发达的无隔、多核菌丝体。较低等的壶菌是多核的单细胞，具细胞壁，大多呈球形或近球形，寄生在寄主细胞内，其营养体在发育的早期无细胞壁，有的单细胞营养体的基部还可以形成无核的假根；较高等的壶菌可以形成发达或不发达的无隔、多核菌丝体。无性繁殖时产生游动孢子囊，游动孢子囊有的有囊盖，成熟时囊盖打开释放游动孢子；有的无囊盖，通过孢子囊的孔或形成出管释放游动孢子。每个游动孢子囊可释放多个游动孢子。有性生殖大多产生休眠孢子囊，萌发时释放 1 至多个游动孢子。壶菌有性生殖方式有大多是通过两个游动孢子配合形成的接合子经发育形成休眠孢子囊，或两个配子囊的接触交配产生休眠孢子囊；少数通过不动的雌配子囊（藏卵器）与游动配子（精子）的结合形成卵孢子。

壶菌门菌物大多数为水生，腐生在水中的动、植物残体上或寄生于水生植物、动物和其他菌物上，少数可以寄生于高等植物。壶菌门属于真菌界，只有一个壶菌纲，分为5个目，112属，已记载的有793个种，其中只有壶菌目（Chytridiales）的少数种类是高等植物上的寄生菌，如引起玉米褐斑病的玉蜀黍节壶菌（*Physoderma maydis*），引起马铃薯癌肿病的内生集壶菌（*Synchytricum endobioticum*）和引起三叶草冠瘿病的三叶草尾囊壶菌（*Urophylactis trifolii*）。此外，芸薹油壶菌（*Olpidium brassicae*）是许多高等植物根部的专性寄生菌，引起十字花科幼苗猝倒病及番茄、烟草、亚麻等根部病害，其游动孢子也是传播一些土壤中病毒的介体（图2–40，彩图117）。

图2–40 马铃薯癌肿病
（张忠民摄）

壶菌目（Chytridiales）菌物的营养体为单细胞，球形或近球形，有的有假根，或在膨大细胞间有细丝相连接，但不形成典型的无隔菌丝体。多数壶菌目菌物在基质内或寄主细胞内生活，有些为外生的。内寄生的壶菌目菌物营养体发育早期不具细胞壁，为裸露的原质团，后期形成几丁质的细胞壁。在我国，经济上有较重要影响的是节壶菌属。

节壶菌属（*Physoderma*） 节壶菌属的特征是休眠孢子囊扁球形，黄褐色，有囊盖，萌发时释放出多个游动孢子。它们都是高等植物的专性寄生菌，侵染寄主常引起稍隆起的病斑，但不引起寄主组织过度生长。

此属最常见的种是玉蜀黍节壶菌（*P. maydis*），侵害玉米叶片、叶鞘和茎，引起玉米褐斑病。病部呈褐色隆起的斑点，内有大量黄褐色粉状物，是病菌的休眠孢子囊。休眠孢子囊扁球形，萌发时囊盖打开，释放出游动孢子（图2–41）。游动孢子在寄主表皮上游动一个时期后休止，产生细胞壁，随之萌发侵入寄主。侵入时产生假根进入寄主细胞吸取养分，寄主外部的菌体发育成薄壁的孢子囊。孢子囊成熟时释放出游动孢子，这种游动孢子的个体较休眠孢子囊所产生的小，可以直接侵入寄主，也可以作为配子。两个游动配子配合形成的合子侵入寄主，在寄主组织内形成膨大的、具细胞壁的营养体，膨大的细胞之间有丝状体相连。随后膨大细胞的壁加厚，转变为休眠孢子囊，膨大细胞间的丝状体随之消失。休眠孢子囊在干燥的土壤和寄主组织中可以存活3年。休眠孢子囊萌发的最适温度较高（20～30℃），所以玉米褐斑病在我国的南方发生较重。

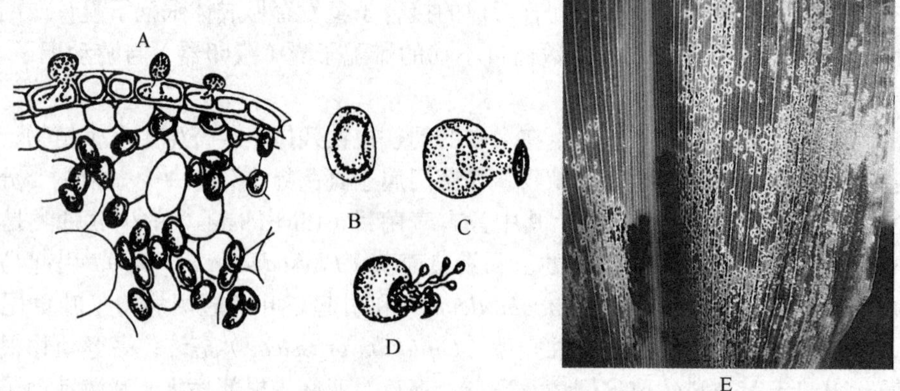

图 2-41　玉蜀黍节壶菌

A. 寄主体表的游动孢子和寄主体内的休眠孢子囊；B. 休眠孢子囊放大；C，D. 休眠孢子囊萌发；E. 危害状

小结

壶菌门菌物一般称为壶菌，其营养体形态变化很大，从呈球形或近球形的单细胞至较发达的无隔菌丝体。无性繁殖时产生游动孢子囊，成熟时释放游动孢子。有性生殖大多产生休眠孢子囊。壶菌门菌物大多数为水生，腐生在水中的动、植物残体上或寄生于水生植物、动物和其他菌物上，少数可以寄生于高等植物。如玉蜀黍节壶菌引起玉米褐斑病，内生集壶菌引起马铃薯癌肿病。此外，芸薹油壶菌（*Olpidium brassicae*）是传播一些土壤中病毒的介体。

第五节　接合菌门菌物

接合菌门（Zygomycota）菌物的共同特征是有性生殖产生接合孢子，因此这类菌物通常称为接合菌。接合菌的营养体为单倍体，大多是发达的无隔、多核菌丝体，少数的菌丝体不发达，较高等接合菌的菌丝体有隔膜。有的接合菌的菌丝体可以分化形成吸器、吸盘、假根和匍匐菌丝。细胞壁的主要成分为几丁质，还含有壳聚糖和聚葡糖醛酸等。接合菌是陆生的，无性繁殖不产生游动孢子，而是在孢子囊中产生孢囊孢子（sporangiospore）。较低等的接合菌产生大型孢子囊，内生大量的孢囊孢子；较高等的接合菌产生小型孢子囊，内生 1 个或几个孢囊孢子。有性生殖是以同型或异型配子囊配合的方式进行质配。两个原配子囊接触后，原配子囊内分别形成一个隔膜，将原配子囊划分为两个细胞。顶端的细胞称为配子囊（gametangium），与菌丝相连的细胞称配子囊柄（suspensor）。质配时，两个配子囊相接触部分的细胞壁消解，融合成一个细胞，由此细胞发育形成接合孢子。

接合菌在自然界中分布较广，大多数为腐生菌，腐生于土壤、植物残体、动物粪便和多种有机质上；少数为寄生菌，寄生于藻类、蕨类、种子植物、原生动物、无脊椎动物和昆虫等；有的是昆虫和高等植物的共生菌；而有的接合菌可以用于食品发酵和生产酶与有机酸。

接合菌在 Ainsworth（1973）分类系统中属于接合菌亚门，分为接合菌纲（Zygomycetes）

和毛菌纲（Trichomycetes）2纲，共11目，173属，1 056种。其中与植物病害有关的是接合菌纲中的毛霉目（Mucorales）。除毛霉目外，接合菌纲还有两个目：虫霉目（Entomophthorales）和捕虫菌目（Zoopagales）；虫霉目菌物大都是昆虫的寄生菌；而捕虫菌目的菌物大都寄生或摄食小的原生动物、线虫和其他小动物。这两个目的菌物都是形成内含1个孢子的小型孢子囊。毛菌纲（Trichomycetes）菌物是节肢动物的寄生菌或共生菌，菌丝体以固着器或特殊的吸盘附着在昆虫消化管或角质层上，并不侵入寄主组织内。

毛霉目（Mucorales） 毛霉目菌物是接合菌中在经济上比较重要的类群，分为14科，已知的有55属，400多种，典型的腐生菌，其中绝大多数在土壤及其他腐败的有机物上腐生。少数寄生性的毛霉菌能寄生在人、动物、植物及其他菌物上，还有一些是动物和植物的共生菌或工业菌物。毛霉菌目菌物寄生于植物上的极少，最重要的是使薯类、水果等发生软腐的匍枝根霉（*Rhizopus stolonifer*）。此外，笄霉属（*Choanephora*）的某些种引起瓜类花瓣的腐烂；毛霉属（*Mucor*）和犁头霉属（*Absidia*）的某些种，常引起储藏谷物的腐败。

1. 根霉属（*Rhizopus*）

根霉属菌物的特征是菌丝无隔，分化出匍匐菌丝（stolon）和假根（rhizoid）；孢囊梗单生或丛生，与假根对生，顶端着生球状的孢子囊，孢子囊成熟后壁消解或破裂，散出许多孢囊孢子。根霉属菌物大多为腐生菌，分布很广，有些种对植物有一定的弱寄生性，如引起甘薯软腐病的匍枝根霉（*R. stolonifer*），可引起储藏甘薯的腐烂，而有的种可用于制曲酿酒。

匍枝根霉（图2-42）异名为黑根霉（*R. nigricans*），菌丝无色无隔，发达繁茂，产生无色的、伸入基质内的营养菌丝和在基质表面的匍匐菌丝。匍匐菌丝与基质接触处形成褐色的假根，将匍匐菌丝固定在基质上。菌丝从固定点连续不断产生匍匐菌丝和假根，所以蔓延很快。无性繁殖时在与假根相对的菌丝上长出2至数根直立的、灰褐色的孢囊梗，顶端形成孢子囊。孢子囊基部有一个近球形的囊轴（co1umella）。孢子囊球形或近球形，成熟后呈黑色。孢子囊壁破裂后，散出大量的孢囊孢子。孢囊孢子萌发产生芽管。匍枝根霉是异宗配合的，当两个不同交配型的菌株（“+”菌株和“-”菌株）相遇，从菌丝上分别产生称作原配子囊的分枝，以配子囊配合的方式进行质配，最后发育成黑色、厚壁、带有

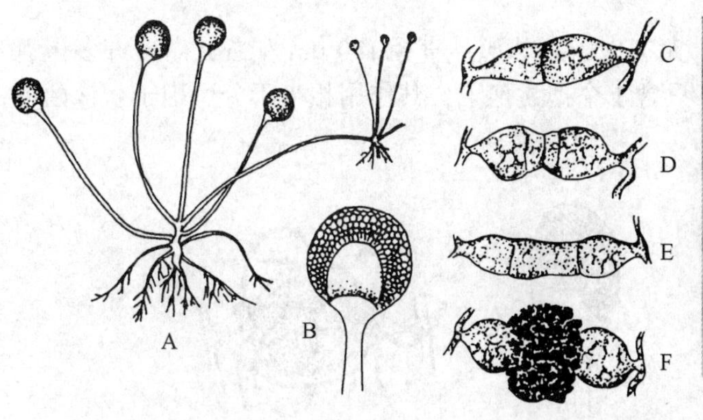

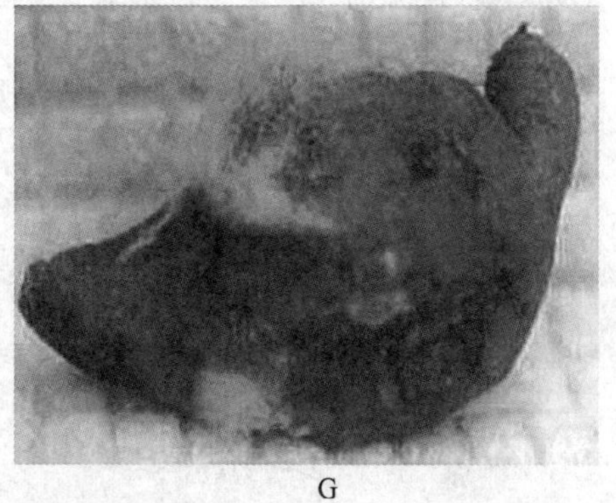

图2-42　匍枝根霉及其为害状（甘薯软腐病）

A. 孢囊梗、孢子囊，假根和匍匐菌丝；B. 放大的孢子囊；C. 原配子囊；D. 原配子囊分化为配子囊和配子囊柄；E. 配子囊交配；F. 交配后形成的接合孢子；G. 为害状

瘤状突起的接合孢子。接合孢子萌发时，一般是形成芽管，芽管顶端形成孢子囊，孢子囊中产生有“+”、“–”分化的孢囊孢子。匍枝根霉的寄生能力不强，只能从伤口侵入经储藏后生活力下降的甘薯薯块，分泌果胶酶，破坏中胶层，使细胞离析，引起组织变软腐烂。发病薯块上可长出浓密的灰黑色霉层，是病菌的菌丝体和孢囊梗与孢子囊。薯块受伤、受冻，储藏场所（窖）湿度偏高，均有利于甘薯软腐病的发生和危害。

除引致甘薯软腐病外，匍枝根霉还可危害马铃薯、百合、棉铃、桃、梨、苹果、柑橘等多种植物的块（鳞）茎、果实等，引致腐烂（彩图 118）。

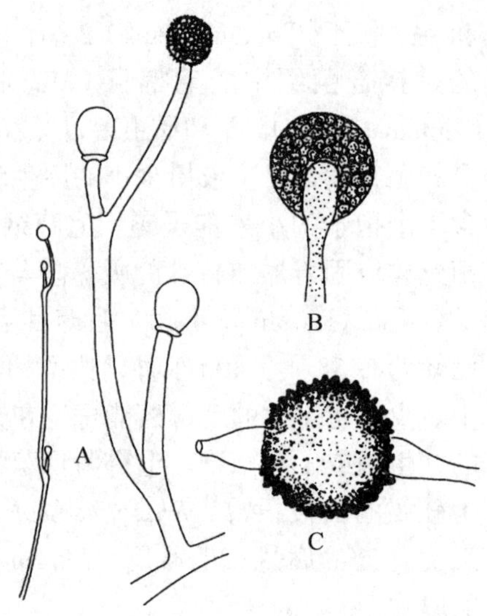

图 2–43　毛霉属
A. 孢囊梗；B. 孢子囊；C. 接合孢子

2. 毛霉属（*Mucor*）

菌丝体无隔，发达，分化出直立、不分枝或有分枝的孢囊梗，不形成匍匐菌丝与假根；腐生于土壤、粪便和其他有机物上，引起果实及贮藏器官的腐烂（图 2–43）。多种毛霉能产生蛋白酶，具有分解大豆的能力，可用于做豆腐乳。

3. 犁头霉属（*Absidia*）

菌丝体分化出匍匐菌丝及假根，孢囊梗着生在假根间的弓形匍匐菌丝上，与假根不对生；接合孢子着生在匍匐菌丝上，配子囊柄对生，由配子囊柄上长出附属丝包围接合孢子；腐生（图 2–44）；异宗配合或同宗配合。

4. 笄霉属（*Choanephora*）

笄霉属的特征是可产生大型孢子囊和小型孢子囊。大型孢子囊球形，生于不分枝、顶端弯曲的孢囊梗顶端，具囊轴，内含多个褐色、纺锤形、表面有条纹、两端有毛状附属丝的孢囊孢子；小型孢子囊椭圆形或纺锤形，表有纹饰，成簇地着生在孢囊梗顶端膨大的泡囊的小梗上，呈笄状，内含 1 ~ 5 个暗褐色、卵形或纺锤形、表面有条纹的孢子。接合孢子表面有条纹，配囊柄钳状，下部相互扭结，无附属物。异宗配合。多数腐生，少数引起植物花腐，如引起瓜类、棉花、茄子等花腐的瓜笄霉［*C. cucurbitarum*（Berk. Et Rav）Thaxer］（图 2–45）。

瓜笄霉产生大、小两种孢子囊。大型孢子囊球形，直径 170 μm 左右，内含许多孢囊孢子；小型孢子囊椭圆形或纺锤形，只含 1 个孢囊孢子，其作用相当于分生孢子。该菌可

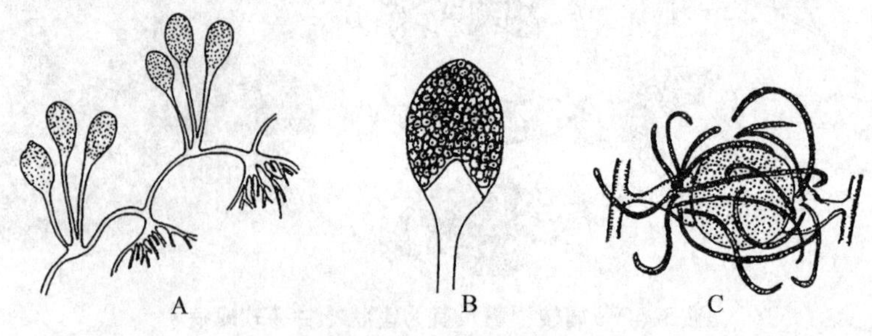

图 2–44　犁头霉属
A. 孢囊梗、孢子囊，假根和匍匐菌丝；B. 孢子囊与囊轴；C. 接合孢子

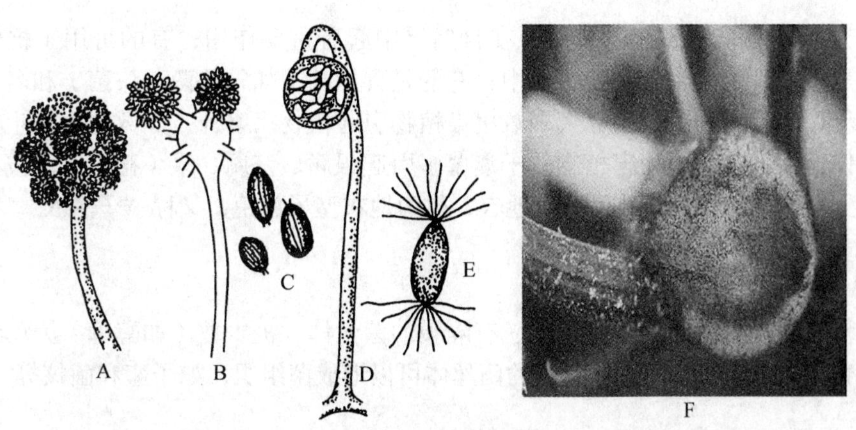

图 2-45　笄霉属

A. 小型孢子囊聚生在孢囊梗顶端；B. 孢囊梗顶端的球状体及小梗；C. 小型孢子囊；
D. 大型孢子囊；E. 孢囊孢子放大；F. 为害状

危害瓜类、棉花、洋麻、秋葵、茄子等植物的花器及果实，引起花腐病。多雨季节此病易于发生。

小结

接合菌门菌物通常称作接合菌，共同特性是有性生殖产生接合孢子。营养体为单倍体，大多是发达的无隔菌丝体。较高等的接合菌菌丝体有隔膜，菌丝体可产生假根、匍匐菌丝等变态结构。细胞壁为几丁质。接合菌为陆生的，无性繁殖不产生游动孢子，而是产生具细胞壁的孢囊孢子。有性生殖是以配子囊配合的方式产生接合孢子。接合菌大都是腐生的，有些种类是工业用菌物，有些是虫生菌物，为昆虫的寄生菌或共生菌；有的与高等植物根系共生形成菌根；还有少数可以寄生人和动物。寄生植物的接合菌很少。

个别毛霉目菌物如笄霉属、根霉属的某些种类可以寄生于植物上，但寄生性弱；有些毛霉目菌物如根霉属、毛霉属和犁头霉属等，常引起储藏的谷物等农产品的腐败。

第六节　子囊菌门菌物

一、概述

（一）生活习性及重要性

子囊菌门（Ascomycota）菌物一般称为子囊菌，是菌物中最大的类群，它与担子菌一起被称为高等真菌。子囊菌的有性生殖形成子囊和子囊孢子，故称为子囊菌。但它们在形态、生活史和生活习性上有很大的差别。大多数子囊菌是陆生的，营养方式有腐生、寄生和共生，有许多子囊菌是重要的植物病原菌。腐生的子囊菌可以引起木材、食品、布匹和皮革的霉烂以及动植物残体的分解，在自然界中起着重要作用；有的可用于抗生素、有机酸、激素、维生素的生产和酿造业中；有的是食用菌（如羊肚菌、块菌）和名贵中药材（如冬虫夏草）。寄生的子囊菌除大多数侵染植物引起植物病害外，少数也可寄生于人、禽畜和昆虫体上引起疾病。为害植物的子囊菌多引起根腐、茎腐、果（穗）腐、枝枯和叶斑等症状。少数子囊菌和藻类共生形成地衣，称为地衣型子囊菌，又称"子囊衣"。

（二）营养体

绝大多数子囊菌的营养体是发达、有隔膜的菌丝体，极少数（如酵母）为单细胞。子囊菌的营养体为单倍体。许多子囊菌的菌丝体可以形成菌组织，如子座和菌核等。

（三）无性繁殖

无性繁殖产生分生孢子。许多子囊菌的无性繁殖能力很强，在自然界经常看到的是它们的无性态（anamorph）。由于分生孢子的形成在许多子囊菌的生活史中占很重要的位置，所以它的无性态也称为分生孢子阶段。有些高等子囊菌不产生分生孢子。关于分生孢子梗和分生孢子的各种形状以及它们的发育方式，将在无性态真菌中叙述。

（四）有性生殖

真菌的有性生殖产生子囊（ascus），其内产生子囊孢子（ascospore）。

1. 子囊

子囊为囊状结构，大多呈圆筒形或棍棒形，少数为卵形或近球形，有的子囊有柄（图2-46）。一个典型的子囊内可产生8个子囊孢子，而有些种类的子囊内只产生1～3个子囊孢子，也有少数种类的子囊可产生8个以上的子囊孢子。根据子囊壁的结构，子囊可分为原壁子囊、单壁子囊和双壁子囊3个基本类型。原壁子囊壁薄，子囊孢子释放时囊壁消解，将子囊孢子释放在子囊果内并形成一胶质团，然后从子囊果孔口排出；单壁子囊只有一层壁，子囊孢子通过顶端孔口、裂缝或囊盖开裂而释放；而双壁子囊，子囊孢子释放时，内层壁吸水膨胀，伸出到外层壁的外面，外层壁顶部破裂，子囊孢子从孔口释放而出（图2-47）。有些子囊菌的子囊整齐地排列成一层，称为子实层（hymenium），有的高低不

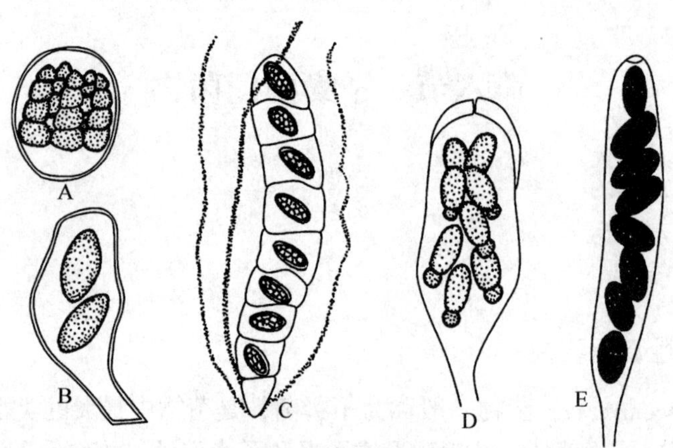

图2-46 子囊的类型

（引自邢来君和李明春）

A. 球形；B. 广卵形；C. 有分隔的子囊；D. 棍棒形；E. 圆柱形

齐，不形成子实层。

2. 子囊孢子

子囊孢子的形状多种多样，有近球形、椭圆形、腊肠形或线形等。子囊孢子单细胞、双细胞或多细胞，颜色从无色至黑色，细胞壁表面光滑或具有条纹、瘤状突起、小刺等（图 2-48）。

3. 子囊果和不孕丝状体

子囊大多产生在由菌丝形成的包被内，形成具有一定形状的子实体，称为子囊果（ascocarp）。有的子囊菌子囊外面没有包被，不形成子囊果，是裸生的，称为外囊菌。

子囊果主要有 4 种类型（图 2-49）：

（1）闭囊壳（cleistothecium）　子囊果包被是完全封闭的，没有固定孔口。

（2）子囊壳（perithecium）　子囊果的包被有固定的孔口，容器状。

（3）子囊盘（apothecium）　子囊果呈盘状、杯状，有柄或无柄，子囊在顶部平行排列成子实层。

（4）子囊座（ascostroma）　子囊产生在子座组织内，子囊周围不另外形成真正的子囊果壁，这种内生子囊的子座称为子囊座。寄生植物的子囊菌形成子囊果后，往往在病组织表面形成小黑粒或小黑点状的病征。

子囊果内所有的结构组成称为中心体（centrum），包括子囊和不孕成分。在子囊果内除了子囊外，许多子囊菌的子囊果内还包含有 1 至几种不孕丝状体，它们是重要的分类特征。这些丝状体有的在子囊形成后消解，有的仍然保存。

不孕丝状体主要有以下几种类型（图 2-50）。

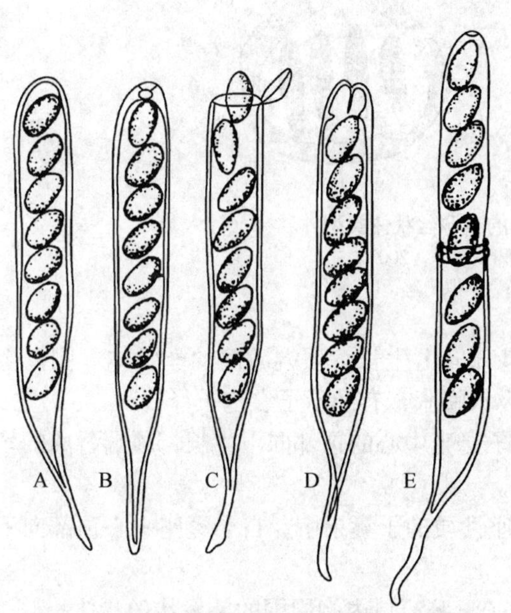

图 2-47　子囊的顶部结构及子囊孢子的释放

A. 无孔口；B. 有孔口；C. 有囊盖；D. 有不规则开裂的狭缝；E. 双层壁子囊释放孢子，内壁膨胀伸出，顶部形成孔口

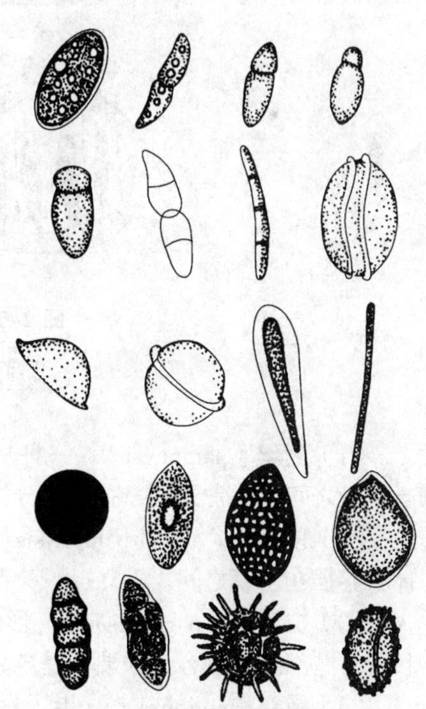

图 2-48　子囊孢子的各种类型

（引自邢来君和李明春）

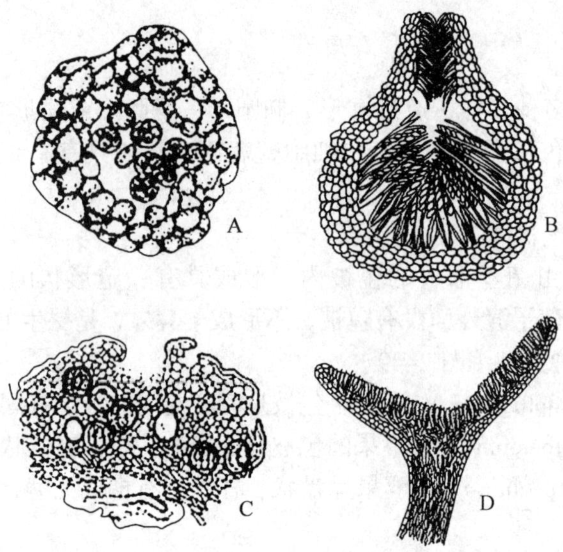

图 2-49 子囊果的类型

A. 闭囊壳；B. 子囊壳；C. 子囊座；D. 子囊盘

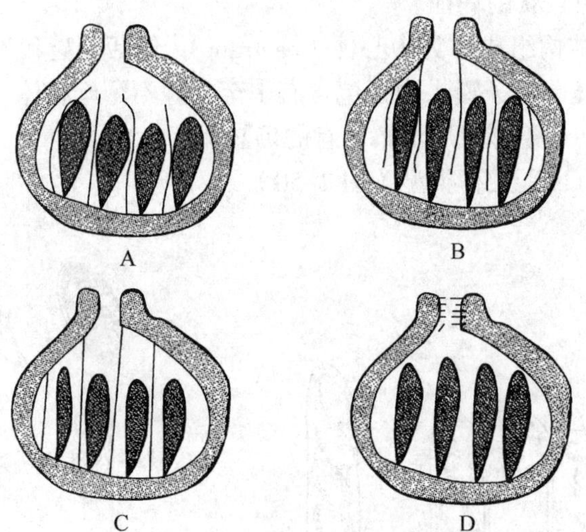

图 2-50 子囊内的不孕丝状体类型

（引自：刘大群和董金皋，2007）

A. 侧丝；B. 顶侧丝；C. 拟侧丝；D. 缘丝

（1）侧丝（paraphysis） 一种从子囊果基部向上生长，顶端游离的丝状体。侧丝生长于子囊之间，通常无隔，有时有分枝，侧丝吸水膨胀，有助于子囊孢子释放。

（2）顶侧丝（apical paraphysis） 一种从子囊壳中心的顶部向下生长，顶端游离的丝状体，穿插在子囊之间。

（3）拟侧丝（paraphysoid） 形成在子囊座性质的子囊果中，自子囊座中心顶部向下生长，与基部细胞融合，顶端不是游离的。

（4）缘丝（periphysis） 指子囊壳孔口或子囊腔溶口内侧周围的毛发状丝状体。

（5）拟缘丝（periphysoid） 沿着子囊果内壁生长的侧生缘丝，它们向上弯曲，都朝向子囊果的孔口。

4. 有性生殖方式及过程

子囊菌有性生殖包括质配（plasmogamy）、核配（karyogamy）和减数分裂（miosis）3个过程。质配方式主要包括配子囊接触交配、授精作用和体细胞结合；大多数子囊菌在质配后经过一个短期的双核阶段才进行核配。核配产生的二倍体细胞核在幼子囊内发生减数分裂，最后形成单倍体的子囊孢子。子囊孢子萌发产生芽管发育成菌丝体。不同子囊菌有性生殖质配的方式可以不同，但子囊和子囊孢子形成的过程大致相同。下面以烧土火丝菌（*Pyronema omphalodes*）为例来说明子囊菌的有性生殖过程（图2–51）。

有性生殖开始时，部分菌丝体的分枝分别形成多核、较小的雄器（antheridium）和较大的产囊体（ascogonium）。当雄器与产囊体上的受精丝（trichogyne）接触后，在接触点形成一个孔口，雄器中的许多细胞核就通过受精丝进入产囊体，与其中的细胞核配对形成成对的双核。随后从产囊体上形成若干产囊丝（ascogenous hypha），产囊丝还可以分枝。产囊丝和它的分枝顶端细胞有一对核，1个来自雄器，1个来自产囊体。产囊丝发育形成子囊。产囊丝的顶端细胞，先弯曲成钩状体，称为产囊丝钩（crozier），产囊丝钩中的双核并裂后形成两个隔膜，分隔为3个细胞，顶端和基部细胞都是单核的，中间双核的细胞称为子囊母细胞。子囊母细胞中的双核进行核配成为1个二倍体的细胞核。子囊母细胞伸长，其中二倍体的细胞核进行减数分裂形成4个单倍体细胞核，每个单倍体核又各自进行一次有丝分裂，最后形成8个单倍体的细胞核。这些细胞核和它们周围的细胞质形成8个子囊孢子（图2–52）。在子囊母细胞发育过程中，产囊丝钩顶部的单核细胞可以向下弯曲与基部的单核细胞融合形成双核细胞，并继续生长形成1个新的产囊丝钩，再次形成子囊母细胞并发育成子囊。这一过程可以重复多次，结果形成成丛的子囊。从雄器与产囊体的细胞核配对开始到双核在子囊母细胞中核配，是子囊菌的双核阶段；子囊母细胞中的双核核配到减数分裂之前，是子囊菌的二倍体阶段。子囊菌在核配后紧接着就进行减数分裂，因此

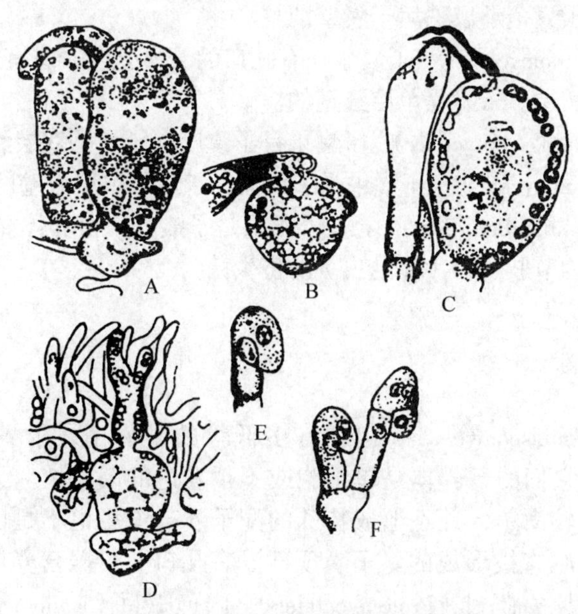

图2–51　烧土火丝菌的有性生殖过程

A. 雄器、产囊体和受精丝；B. 质配（雄性细胞从雄器经受精丝进入产囊体）；C. 产囊体中细胞核配对；D. 产囊体形成产囊丝；E. 产囊丝钩；F. 子囊母细胞（双核）

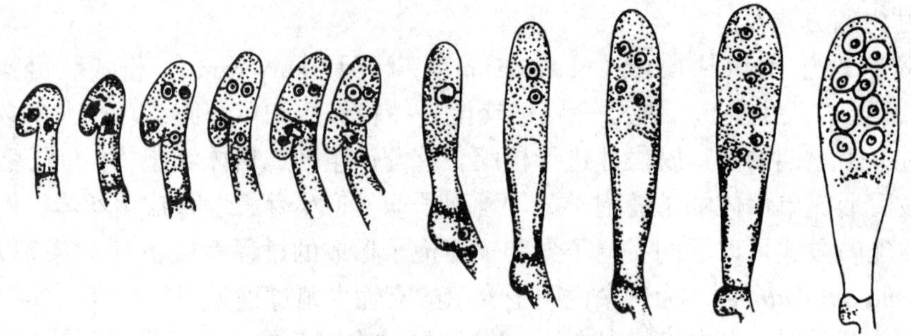

图 2-52　子囊和子囊孢子的形成过程

它的二倍体阶段很短。

子囊果的包被有 3 种主要来源，一种是产囊体的柄和产囊体周围的营养菌丝被激活，菌丝细胞迅速分裂并交织形成子囊果的包被；另一种是先形成子囊果，性器官是在幼子囊果内的菌丝上形成的；子囊果为子囊座的，子囊果的包被是形成子囊座的菌组织。

（五）分类

如上所述，子囊菌是菌物中最大的类群，由于菌物学家对各类子囊菌之间亲缘关系的了解不深，所以迄今对子囊菌的分类意见尚未统一。本教材仍采用 Ainsworth（1973）的分类系统，将子囊菌分为 6 个纲，分纲的主要依据是有性态的特征，即是否形成子囊果及子实层、子囊果的类型和子囊的特征等。除了虫囊菌纲真菌主要危害昆虫外，其余 5 个纲的真菌均与植物病害有关。各纲及其主要分类依据如下：

（1）半子囊菌纲（Hemiascomycetes）　没有子囊果，子囊裸生。

（2）不整囊菌纲（Plectomycetes）　子囊果是闭囊壳，子囊无规律地散生在闭囊壳内，子囊是原始囊壁的，子囊孢子成熟后子囊壁消解。

（3）核菌纲（Pyrenomycetes）　子囊生在有孔口的子囊壳内，或有规律地排列在无孔口的闭囊壳基部形成子实层。子囊是单层囊壁的。

（4）腔菌纲（Loculoascomycetes）　子囊果是子囊座，子囊是双层囊壁的。

（5）盘菌纲（Discomycetes）　子囊果是子囊盘，子囊是单层囊壁的。

（6）虫囊菌纲（Laboulbeniomycetes）　子囊果是子囊壳，营养体简单，大多无菌丝体，不产生无性孢子，均为节肢动物（如昆虫）的寄生菌。

二、半子囊菌纲

半子囊菌纲（Hemiascomycetes）包括许多低等的子囊菌，子囊外面没有包被，裸生，不形成子囊果。它们的营养体是单细胞或不很发达的菌丝体。无性繁殖主要是裂殖或芽殖。有性生殖比较简单，并不形成特殊的配子囊，子囊也不是由产囊丝形成的，而是由接合体或菌丝细胞直接形成的。子囊顶部没有孔口。根据营养体和子囊来源，半子囊菌纲分为 3 目，即原囊菌目（Protomycetales）、内孢霉目（Endomycetales）和外囊菌目（Taphrinales）。①原囊菌目真菌寄生于高等植物的茎、叶，形成斑点或肿瘤，但一般并不是经济上重要的病害。它们是以二倍体的菌丝体在寄主组织内寄生，菌丝体上形成厚垣孢

子，以后发育成为子囊，散生在寄主组织内。②内孢霉目真菌主要是酵母和类似酵母；子囊由两个细胞交配而形成的接合子直接发育而来。内孢霉目真菌大多数是腐生的，其中不少是重要的工业微生物，少数寄生于植物、昆虫和其他动物。寄生于植物的蚀精霉属（*Spermophthora*）、阿舒囊霉属（*Ashbya*）、针孢酵母属（*Nematospora*）可为害棉铃、番茄、菜豆和榛子等。③外囊菌目真菌只有1科1属，即外囊菌科（Taphrinaceae）、外囊菌属（*Taphrina*），与植物病害关系较大，都是蕨类或高等植物的寄生菌，引起叶片、枝梢和果实的畸形。

下面介绍引起植物病害的外囊菌目的唯一一个属——外囊菌属（*Taphrina*）。

外囊菌属（*Taphrina*）不形成子囊果，子囊外露；子囊长圆筒形，平行排列在寄主表面；子囊孢子芽殖产生芽孢子。此属真菌为害多种核果类果树，通常引起幼嫩枝叶或幼果畸形。如畸形外囊菌（*Taphrina deformans*）（图2–53）是常见的有代表性的种，分布最广，为害桃树，引起缩叶病，导致叶片畸形和落叶；此外，梅外囊菌（*T. mume*）引起梅、杏缩叶病；李外囊菌（*T. pruni*）引起李囊果病；樱外囊菌（*T. cerasi*）引起樱桃丛枝病；梨外囊菌（*T. bullata*）引起梨叶泡病。

畸形外囊菌的单核孢子萌发时，细胞核进行分裂，形成的两个核进入芽管，芽管从寄主植物的嫩枝和叶的表皮或气孔侵入。在菌丝生长过程中，细胞内的两个核发生双核并裂，形成双核菌丝体。双核菌丝体在寄主植物叶片组织内扩展，刺激叶片栅栏和海绵组织增生和增大，细胞壁变厚，细胞内的叶绿体遭到破坏，叶片表面表现出皱缩、肥肿，呈现黄褐色或红色等症状。在寄主角质层下的双核菌丝体的部分细胞转化为厚壁的产囊细胞，双核在产囊细胞发生核配后立即进行一次有丝分裂，随后产生一个隔膜将产囊细胞内的两个二倍体细胞核隔开。下部的细胞为足细胞，上部的为子囊母细胞，子囊母细胞发育形成子囊与子囊孢子的过程与其他子囊菌相似。子囊形成后突破寄主角质层，呈栅栏状排列形成子实层。此时叶片表面形成灰白色粉蜡层，即病菌的子囊层。幼枝受害也表现变粗等畸形。它的无性繁殖是子囊孢子进行芽殖产生分生孢子，因此一个子囊内有多个孢子。畸形外囊菌是以子囊孢子或分生孢子在桃枝或芽苞的鳞片内外进行越夏和越冬的，到第二年春天侵染为害。畸形外囊菌只能侵染幼嫩的枝叶，由于一年只侵染一次，很少引起再次

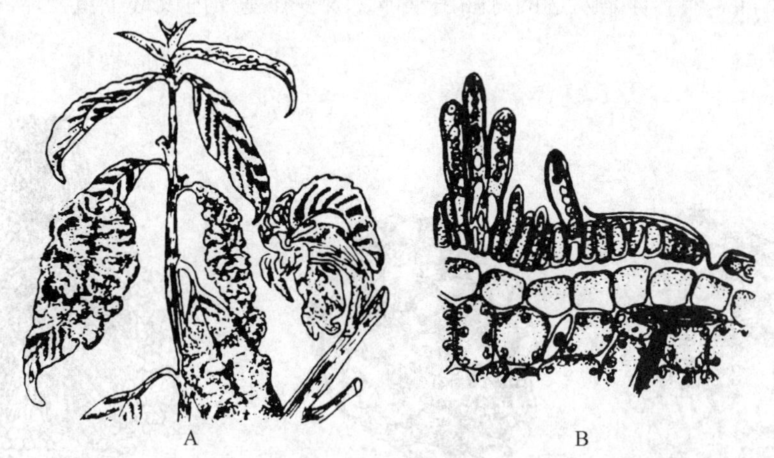

图2–53 畸形外囊菌

A. 桃缩叶病为害状；B. 角质层下形成的一层产囊细胞和子囊

侵染，所以只要在桃芽萌动前喷药，消灭桃枝和芽上的病菌，病害就很容易得到防治（彩图 70、119）。

三、不整囊菌纲

不整囊菌纲（Plectomycetes）真菌的营养体是很发达的菌丝体；子囊果是闭囊壳。闭囊壳是一种没有固定孔口的子囊果，它的包被可以是疏松的网状组织到较厚的薄壁组织。子囊是由产囊丝形成的，一般椭圆形，壁薄，易消解，通常散生在闭囊壳的中央，不形成子实层，子囊之间没有侧丝。多数子囊含有 8 个圆形的子囊孢子。由于子囊壁很早胶化和消解，所以在成熟的子囊果中往往只能看到其中分散的子囊孢子（图 2–54）。

许多不整囊菌纲真菌的无性态很发达，产生大量的分生孢子，在自然界经常看到的是它们的无性态，如常见的曲霉属（*Aspergillus*）和青霉属（*Penicillium*）真菌。

不整囊菌纲只有一个散囊菌目（Eurotiales），又称曲霉目（Aspergillales）。有些原来归在这个纲的真菌如白粉菌，它们的子囊果也是闭囊壳，但子囊是成层排列着生在闭囊壳的基部，子囊壁也不容易消解，子囊孢子成熟后可从子囊中弹出，因此，认为放在核菌纲中更为恰当。

散囊菌目真菌大都是土壤中动植物残余组织上的腐生菌，其中有些是重要的工业和医药微生物，有些引起植物种子和谷物的腐烂，造成一定的经济损失。指状青霉（*Penicillium digitatum*）和意大利青霉（*P. italicum*）是常见的引起柑橘果实腐烂的重要病原菌，将在无性态菌类中介绍。

四、核菌纲

核菌纲（Pyrenomycetes）包含的种类很多，是子囊菌中最大的一个纲，其主要特征是子囊果是具有固定孔口的子囊壳（图 2–55），孔口的内侧有一层菌丝状的缘丝。典型子囊壳的下部呈球形或近球形，上部有一个或长或短的喙。有些核菌纲真菌的子囊果是闭囊壳或近似闭囊壳，但子囊在闭囊壳基部整齐排列形成子实层，而且子囊壁不易消解，与不整囊菌纲真菌不同。营养体是发达的有隔菌丝体，大多在基质内或寄主植物体内扩展，少数

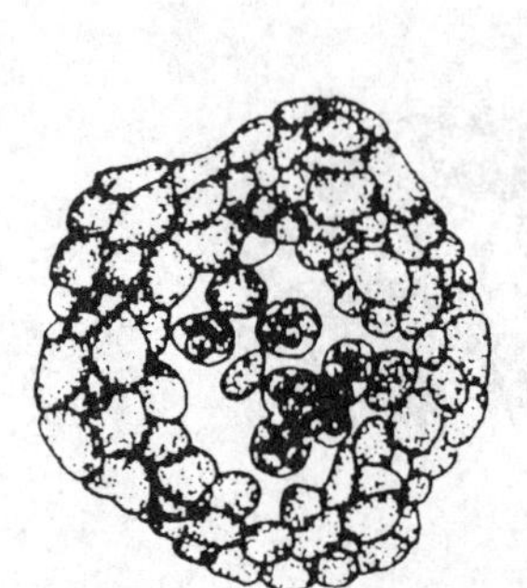
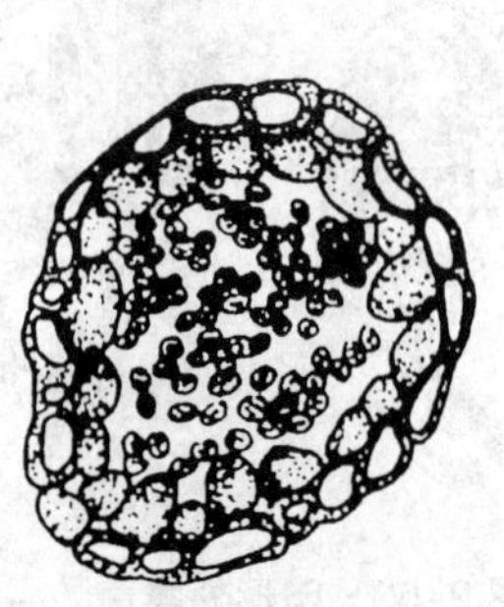

图 2–54　散囊菌属的闭囊壳

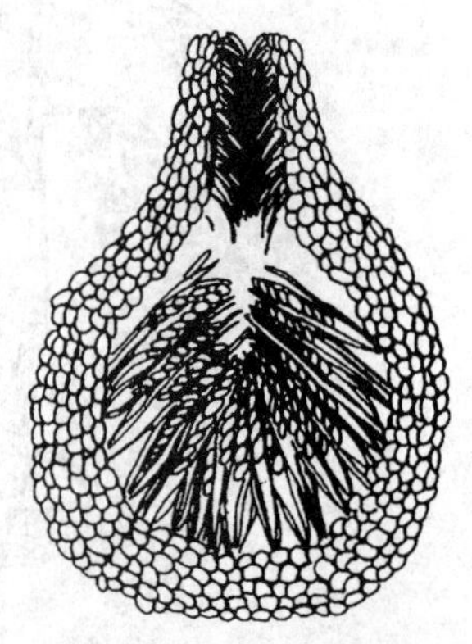

图 2–55　典型的子囊壳

是外生的，有的还纠集形成子座和菌核。无性繁殖十分旺盛，产生大量的分生孢子。有腐生、寄生和共生的，分布广泛。有许多种类寄生在植物上，引起重要的植物病害；有的寄生在昆虫上，如虫草属（*Cordyceps*）真菌；有的是腐生菌，特别是木质纤维素基物的腐生菌；有的是与植物共生的内生真菌。值得一提的是，有些植物内生真菌可提高植物的抗逆性及产生生物活性物质，是近年来的热点研究领域。

近年来，子囊果的发育类型在研究核菌纲真菌的系统发育和分类上越来越受到重视。Alexopoulos 等（1979）将核菌纲真菌子囊果的核心组织（中心体，centrum）分为 4 种类型，是分目的主要依据之一，认为具有相同子囊果中心体型的核菌纲真菌具有较相近的系统发育关系。核心组织的 4 种类型如下：

（1）球针壳型（phyllactinia type）　幼子囊果由拟薄壁组织和周围的包被组成，子囊成熟后充满子囊果的中央，拟薄壁组织消解，为子囊的发育提供空间和养分，子囊间无侧丝。这一中心体类型的核菌包括白粉菌目（Erysiphales）和小煤炱目（Meliolales）两个目。

（2）炭角菌型（xylaria type）　产囊体从菌丝体上或从子座内的营养菌丝上形成。由产囊体柄细胞或相邻的菌丝形成子囊果壁，然后从子囊果内壁基部和侧面上产生顶端游离的侧丝。由于侧丝向上和向中间生长使子囊果向四周扩展，形成一个中心腔。子囊果侧丝向上生长形成孔口。由产囊体形成的棍棒状或圆筒状子囊与侧丝相间排列，形成子实层。子囊孢子释放时侧丝消失或早期胶化，形成无侧丝的成熟子囊果。该类型的核菌包括炭角菌目（Xylariales）和麦角菌目（Clavicipitales）两个目。

（3）间座壳型（diaporthe type）　发育过程与炭角菌型相似，来自产囊体的柄细胞或附近的营养菌丝的分枝包围产囊体，形成球形组织，其外层分化为子囊壳壁，中心部分发展成拟薄壁组织的中心体。子囊进入中心体中发育，拟薄壁组织消解，形成子实层，侧丝在子囊成熟前胶化。子囊具短柄（有的短柄胶化），子囊顶端变厚并有一狭窄的中心沟，子囊孢子由此从子囊内弹射而出。该类型的核菌包括间座壳目（Diaporthalles）的 3 个科，即黑孢壳科（Melanosporaceae）、日规壳科（Gnomoniaceae）和间座壳科（Diaporthaceae）。

（4）丛赤壳型（nectria type）　产囊体在子座内形成。幼子囊果顶部的内壁细胞产生一排栅栏状排列的向中心腔生长的顶侧丝（apical paraphysis）。由于顶侧丝伸长所产生的压力使子囊果扩展而形成一个中心腔，当子囊在其间生长时，顶侧丝消解。子囊壳成熟时从子座内突出。该类型的核菌包括肉座菌目（Hypocreales）的 3 个科，即丛赤壳科（Nectriaceae）、肉座菌科（Hypocreaceae）和菌寄生科（Hypomycetaceae）。

根据 Ainsworth 等（1973）的分类系统，核菌纲一般分为4个目，即白粉菌目（Erysiphales）、小煤炱目（Meliolales）、冠囊菌目（Coronophorales）和球壳目（Sphaeriales）。其中与植物病害有关的主要是白粉菌目和球壳目的真菌。小煤炱目真菌的有些性状与白粉菌相似，都是高等植物叶片表面上的专性寄生物，所不同的是菌丝体呈暗色或黑色，以附着枝附着在寄主表面。子囊果也是黑色闭囊壳，有的上面也有刚毛或附属丝。闭囊壳中有多个子囊，子囊中有 2 ~ 8 个子囊孢子。子囊孢子黑褐色，有 3 ~ 4 个隔膜。这类真菌不像白粉菌那样有分生孢子阶段。小煤炱目真菌是植物的外寄生菌，并不引起严重的病害，但是叶面上生长霉层影响光合作用。这类真菌在热带常绿树和灌木上较常见，温带也有发生，引起许多植物的“烟霉病（sooty mould）”。冠囊菌目中没有植物病原菌，包括为数不多的树木上的腐生菌，子囊果着生在表生的子座组织上，很像闭囊壳，但是顶部有一层胶

质细胞，消解后形成一个孔口。

（一）白粉菌目（Erysiphales）

白粉菌目真菌一般称为白粉菌，都是高等植物上的专性寄生菌，引起植物的白粉病。白粉菌的菌丝体无色透明（少数褐色），大都生长在寄主植物的表面，从上面产生球状或指头状的吸器，伸入寄主表皮细胞中。少数白粉菌的菌丝体从气孔伸入并产生吸器伸入叶肉细胞。无性繁殖是从菌丝体上形成分生孢子梗，上面形成单个或成串的椭圆形或其他形状的分生孢子。菌丝体与分生孢子梗及分生孢子在寄主表面形成白粉状的病征，因此这类病害称为白粉病。有性生殖产生的子囊果是闭囊壳，成熟的闭囊壳球形或近球形，四周或顶端有各种形状的附属丝（appendage），用肉眼看呈小黑粒或小黑点状。闭囊壳中有 1 个或多个子囊。子囊有卵形、椭圆形或圆筒形，其中有 2 ~ 8 个椭圆形的子囊孢子。白粉菌主要依据有性态的特征来分类。许多白粉菌引起重要的植物病害，如瓜类上的二孢白粉菌（*Erysiphe cichoracearum*）、苹果等果树上的白叉丝单囊壳（*Podosphaera leucotricha*）、葡萄上的葡萄钩丝壳（*Uncinula necator*）等。白粉菌无性态产生大量椭圆形的分生孢子，分生孢子着生于直立的分生孢子梗上。白粉菌的无性态有 4 个属：①粉孢属（*Oidium*，异名为端孢属 *Acrosporium*），产生向基性成熟的串生分生孢子，较少单生。多数白粉菌的无性态均属于粉孢属（*Oidium*），如华南和西南地区橡胶树上白粉菌的学名是橡胶粉孢（*Oidium heveae* = *Acrosporium heveae*）。②拟小卵孢属（*Ovulariopsis*），产生单个顶生的分生孢子，少数串生。③拟粉孢属（*Oidiopsis*），它和拟小卵孢属一样，分生孢子主要单生，但因分生孢子梗常分枝而与拟小卵孢属不同。④旋梗菌属（*Streptoposium*），分生孢子单生，但分生孢子梗基部旋扭数周，它是从拟小卵孢属中分离出来的新属。

白粉菌目只含有 1 个科，即白粉菌科（Erysiphaceae）。白粉菌分属的主要依据是闭囊壳（cleistothecium）上附属丝（appendage）的形态及闭囊壳内的子囊数目。附属丝（appendage）的形态主要分为以下 4 种类型（图 2–56）：①菌丝型；②二叉状分枝型；③钩丝型；④球针型。与植物病害关系较大的重要属如下：

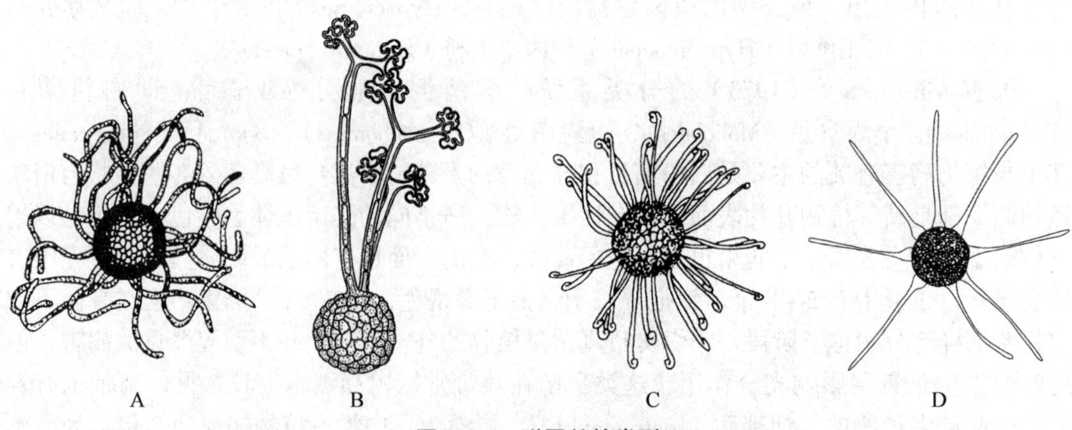

图 2–56　附属丝的类型

A. 菌丝型；B. 二叉状分枝型；C. 钩丝型；D. 球针型

布氏白粉菌属（*Blumeria*）布氏白粉菌属是从白粉菌属（*Erysiphe*）划出来的一个新属。布氏白粉菌属的主要特征是闭囊壳上的附属丝是菌丝型，附属丝稀疏、短，闭囊壳内有多个子囊，分生孢子梗基部膨大呈近球形（图 2–57），在形态上与白粉菌属（附属丝浓密、长）有明显区别。该属只有禾布氏白粉菌（*B. graminis*）一个种，异名为禾白粉菌（*Erysiphe graminis*），为害多种栽培的和野生的禾本科植物。此菌分为不同的专化型，如为害小麦的禾布氏白粉菌小麦专化型（*Blumeria graminis* f. sp. *tritici*）和为害大麦的禾布氏白粉菌大麦专化型（*B. graminis* f. sp. *hordei*）等（彩图 120）。

禾布氏白粉菌的子囊孢子或分生孢子在寄主叶片表面萌发，芽管顶端形成附着胞，然后从附着胞下方形成侵入丝直接穿过角质层，在表皮细胞中形成吸器，同时形成菌丝体在叶片表面蔓延，并不断形成吸器伸入表皮细胞内，吸器内有细胞核。由于菌丝体在寄主表面蔓延并且产生散生、直立的分生孢子梗，上面着生成串、无色的分生孢子，叶面上就出现白色粉状霉层。叶片的细胞和组织被侵染后并不迅速死亡，受害部分一般只表现退绿或变黄。侵染后期霉层颜色变为灰色或灰褐色，霉层上有黑色小点，即病菌的闭囊壳。闭囊壳往往在寄主生长后期产生，其中有 9～30 个圆形、卵形或长椭圆形的子囊，每个子囊中有 4～8 个圆形或长圆形、单细胞、无色的子囊孢子。禾布氏白粉菌以病残体上的闭囊壳或以菌丝体在带病植株上越冬，翌年分别产生子囊孢子和分生孢子传播为害。有些地区很少发现闭囊壳或成熟的子囊孢子，越冬的菌丝体是初次侵染的主要来源。初次侵染发病后，病菌不断产生分生孢子引起多次再侵染。

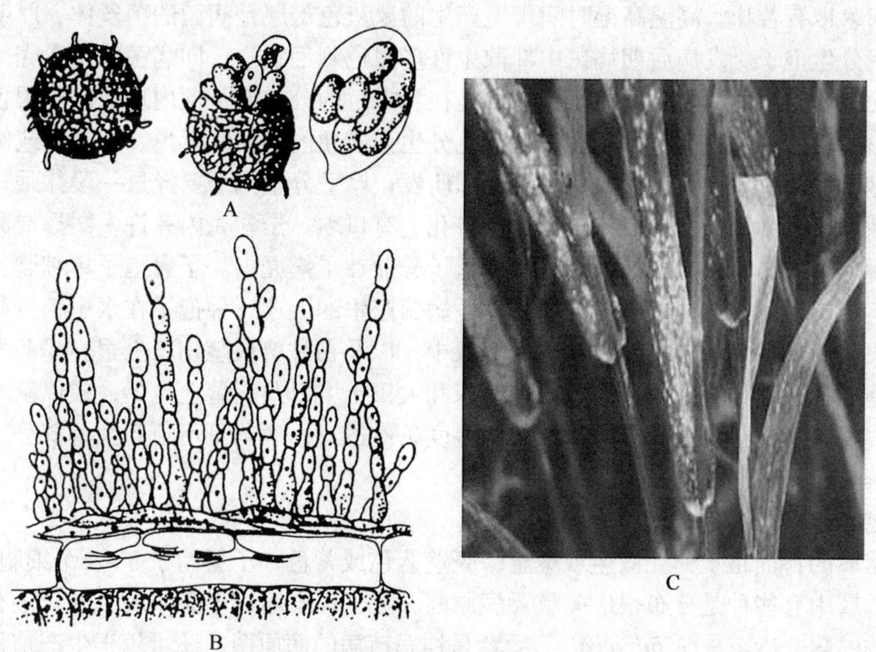

图 2–57 禾布氏白粉菌

A. 闭囊壳，子囊和子囊孢子；B. 分生孢子梗和分生孢子；C. 小麦白粉病症状

（二）球壳目（Sphaeriales）

球壳目是核菌纲中最大的目，所有子囊果是子囊壳的核菌纲真菌都归于球壳目中。球壳目真菌的形态变化很大，子囊壳有球形、半球形或瓶状的，壳壁（包被）有鲜色肉质

的、暗色膜质的或炭质的。口孔为乳头状或长圆柱状，有缘丝。子囊壳有散生和聚生的，着生在基质的表面或部分或整个埋在子座内。子囊有圆形、棍棒形、纺锤形或圆柱形。子囊在子囊壳基部有规律排列成子实层。子囊之间大都有侧丝，但也有很早就消解或没有侧丝的。子囊孢子单细胞或多细胞，无色或有色，大小差别很大。球壳目真菌一般都有很发达的分生孢子阶段。

球壳目真菌大都是腐生的，其中也有不少是寄生的，有些引起重要的植物病害，如甘薯长喙壳（*Ceratocystis fimbriata*）、围小丛壳（*Glomerella cingulata*）、玉蜀黍赤霉（*Gibberella zeae*）、禾顶囊壳（*Gaeumannomyces graminis*）、苹果黑腐皮壳（*Valsa mali*）和麦角菌（*Claviceps purpurea*）等。此外，还有寄生在昆虫上的，如我国出产的著名中药材冬虫夏草（*Cordyceps sinensis*）。

现将引起重要植物病害的一些重要属、种简介如下：

1. 长喙壳属（*Ceratocystis*）

长喙壳属的特征是子囊果是具长颈的子囊壳，子囊散生，在子囊壳内不形成子实层，子囊之间没有侧丝，子囊壁早期溶解。长喙壳属中的重要病原菌有引起甘薯黑斑病的甘薯长喙壳（*Ceratocystis fimbriata*）和引起甘蔗凤梨病的奇异长喙壳（*C. paradoxa*）等。此外，榆长喙壳（*C. ulmi*）引起著名的荷兰榆病。

甘薯长喙壳主要为害薯苗和薯块。病菌自伤口或根眼、皮孔、自然裂口侵入薯块。菌丝体在细胞内或细胞间寄生，薯块上形成黑色或黑褐色的圆形凹陷病斑。病组织内含有莨菪素，病薯带有苦味。高温高湿时病斑上产生的鼠灰色霉层是病菌的菌丝体、厚壁分生孢子和薄壁分生孢子。发病后期病斑中部散生许多黑色刺毛状物，即病菌的子囊壳。甘薯长喙壳的无性繁殖产生两种分生孢子，一种是在深褐色的分生孢子梗内形成的黑褐色、圆形或椭圆形的厚壁分生孢子；另一种是在无色分生孢子梗内形成的无色、圆筒形或圆形的薄壁分生孢子。薄壁分生孢子形成后，可随即萌发；厚壁分生孢子要经过一段休眠期才能萌发。有性态形成具长颈的烧瓶状子囊壳，口孔上有口须。子囊壳内有许多梨形或卵形的子囊，子囊孢子成熟后子囊壁即消解，子囊孢子分散在子囊壳内。子囊孢子单细胞，圆形或椭圆形盔状，无色透明，形成后就能萌发。病菌产生的上述三种孢子在水中很少萌芽，但在甘薯块茎汁、甘薯苗汁及 10 g/L 蔗糖溶液中，以及在甘薯块茎伤口上很容易萌发。病菌以子囊孢子和厚壁分生孢子在储藏窖、苗床和大田土壤以及病薯上越冬，或以菌丝体潜伏在病薯内越冬。在苗床期和储藏期，如温湿度条件适宜，病菌可不断产生薄壁分生孢子和子囊孢子引起多次再侵染（图 2-58）。

2. 赤霉属（*Gibberella*）

赤霉属的特征是子囊壳散生或聚生，壳壁蓝色或紫色，子囊孢子 3 ~ 4 个细胞，梭形，无色。此属中有些种是分布很广的重要病原菌。除玉蜀黍赤霉（*G. zeae*）外，还有可为害多种作物的藤仓赤霉（*G. fujikuroi*），后者是稻恶苗病的病原菌，还可用于生产植物生长调节剂——赤霉素。赤霉属的分生孢子阶段大都属于无性态真菌的镰孢属（*Fusarium*）。

玉蜀黍赤霉的寄主范围很广，主要寄主有小麦、大麦、燕麦、黑麦、玉米、水稻、高粱、甜菜、番茄、豌豆、苜蓿、紫云英、甘薯以及多种禾本科杂草。玉蜀黍赤霉为害麦类和玉米，引起苗枯、穗腐（彩图 122）和茎枯。其中穗腐病的危害最大，一般称为赤霉病。玉蜀黍赤霉是在麦类作物开花后侵染麦穗，最适合侵染的时期是从抽穗到扬花末期。病菌先以小穗上的花药为基物，以腐生的方式生活，再进一步侵染。病菌侵入小穗后 3 ~ 5 d 开

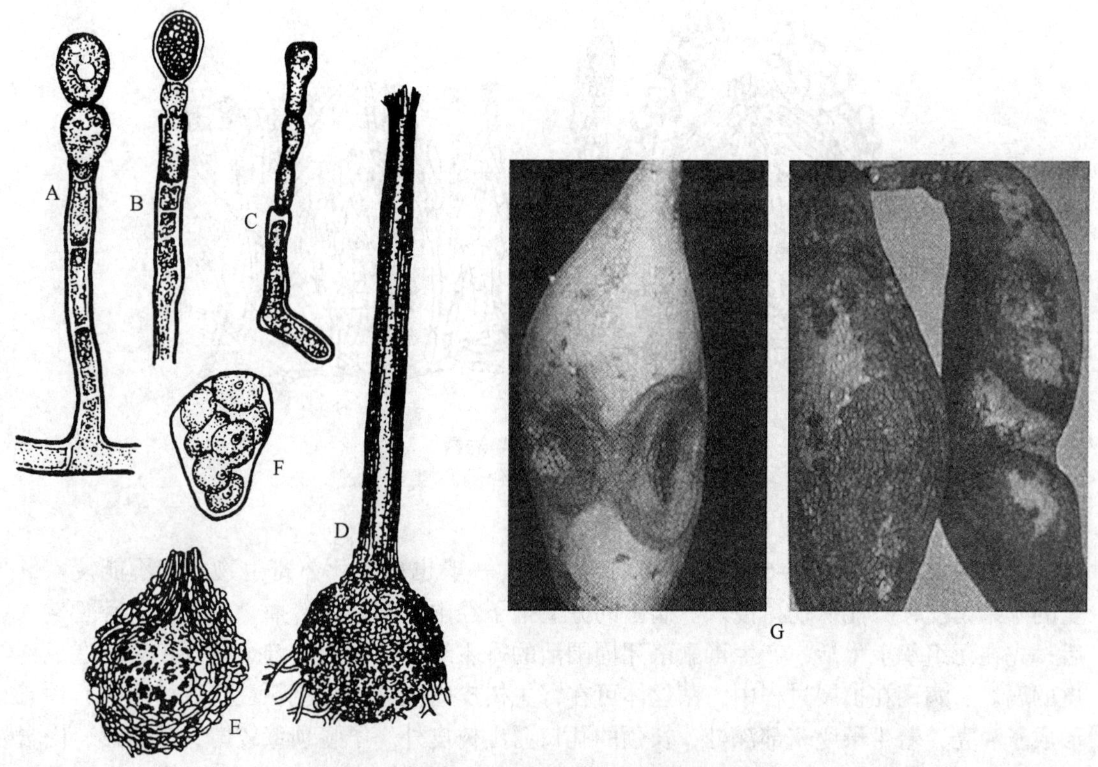

图 2–58　甘薯黑斑病及其病原菌

A. 厚壁分生孢子；B. 薄壁分生孢子；C. 薄壁分生孢子萌发；D. 子囊壳；E. 子囊壳剖面；F. 子囊和子囊孢子；G. 为害状

始发病，菌丝体沿穗轴蔓延侵染上下相邻的小穗，潮湿阴雨天气蔓延扩展较快。主轴被侵染后，影响养分和水分的输送，引起穗的局部白化和籽粒皱瘪。受害穗部可形成大量的分生孢子，呈粉红色霉层，以后还可出现黑色粒状体，即病菌的子座和子囊壳。病菌产生的分生孢子有两种，大型分生孢子镰刀形，有 3 ~ 5 个隔膜；小型分生孢子卵形或椭圆形，单细胞。分生孢子可以引起再侵染，但由于分生孢子形成后麦类往往已过了最适侵染的花期，因此再侵染对病害流行的意义不大。子囊壳球形或圆锥形，单生或群生在瘤状或垫状子座上，壳壁蓝色或紫色。子囊棍棒形，内含 8 个排列成单行或双行的子囊孢子。子囊孢子纺锤形，无色，有 2 ~ 3 个隔膜。玉蜀黍赤霉除为害麦穗外，带菌种子播种后，幼苗的根鞘及芽鞘也可受害而引起苗枯。病菌可侵害茎秆，引起茎腐和秆腐，但一般较少发生。玉蜀黍赤霉是以菌丝体在种子、土壤、多种植物的残株（如稻草、稻桩、麦秸、玉米秆、高粱秆、茭白秸秆等）上越冬，越冬后形成子囊壳释放出子囊孢子，是麦类赤霉病的主要初侵染源。子囊孢子靠风雨传播。麦类赤霉病穗腐发生的轻重决定于子囊孢子来源的多少和开花期的气候条件。开花以后如果多雨和湿度大，一般发生较重；如遇干旱，则发病较轻或甚至完全不发病（图 2–59）。

3. 黑腐皮壳属（*Valsa*）

黑腐皮壳属的特征是子囊壳埋生在子座内，有长颈伸出子座。子囊孢子单细胞，无色，香肠形。此属真菌大多是腐生或弱寄生菌。它的无性态是壳囊孢属（*Cytospora*）。苹果黑腐皮壳（*V. mali*）可作为典型代表。

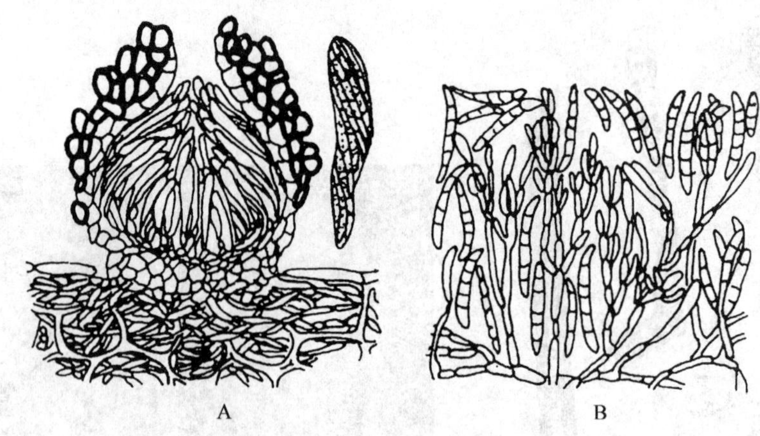

图 2–59　玉蜀黍赤霉

A. 子囊壳和子囊；B. 分生孢子和分生孢子梗

苹果黑腐皮壳（图 2–60）是一种弱寄生菌，一般也称为死体寄生物。它不能侵入健全的苹果树皮，只能从伤口侵入。病菌的分生孢子经雨水和昆虫传播，萌发形成芽管侵入后，先在死组织上生活，产生毒素杀死周围活的寄主细胞，然后向健全树皮扩展，造成树皮的腐烂。病菌在扩展过程中，菌丝体可在寄主树皮内集结成青色颗粒状的子座。有性态形成子囊壳，着生子座基部深处，长颈的孔口露出树皮外。子囊顶壁较厚，棍棒形，内含 8 个子囊孢子。苹果黑腐皮壳的有性态较少见，在病害传播与蔓延上作用不大，主要是靠无性繁殖产生大量的分生孢子进行传播，它的分生孢子产生在分生孢子器内。分生孢子器产生在子座内，形状不规则，有长颈，孔口露出子座外，可以有几个相通的腔室，一个共同的孔口。分生孢子器内壁产生许多无色分生孢子梗，顶端形成分生孢子。分生孢子也是单细胞，无色，香蕉形，但较子囊孢子小。形成的分生孢子与胶质混合在一起，有雨露或湿度很高时胶质吸水膨胀，分生孢子与胶质一同自孔口挤出，呈黄色丝状物，干燥后硬化而形成分生孢子角（conidial angle）。分生孢子借昆虫和雨水传播。一些钻蛀性昆虫的幼虫在树皮下来回钻食，既造成大量伤口，又传带了病菌。在生长季节，病菌从伤口侵入后只需 10 d 即可表现症状。从侵入到形成分生孢子器，一般要经过 1 个月左右。树皮受害后变为红褐色，呈水渍状软腐，手压后病部凹陷并流出有酒糟味的黄色汁液。病部随后干缩凹

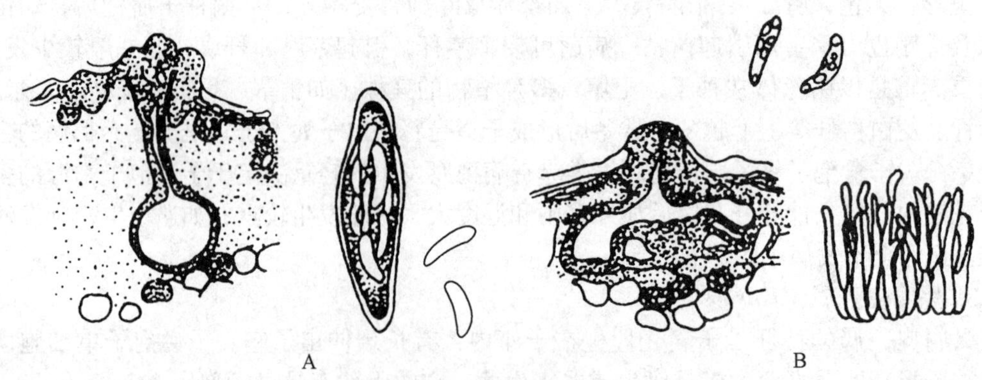

图 2–60　苹果黑腐皮壳

A. 子囊壳和子囊；B. 分生孢子器、分生孢子和分生孢子梗

陷，呈灰褐或棕褐色，表面密生大量的小黑点，即病菌的子实体。苹果黑腐皮壳主要为害苹果树的枝干，引起苹果树腐烂病。它的寄主除苹果外，还有沙果、海棠、香果及山荆子等。苹果黑腐皮壳是以菌丝体和分生孢子器在树皮内越冬，产生分生孢子传播和侵染。有的地区以子囊壳越冬，但产生的量极少，一般作用不大。

五、腔菌纲

腔菌纲（Loculoascomycetes）真菌的主要特征是子囊果为子囊座（ascostroma），呈垫状、壳状、盘状或假囊壳状，子囊座内有单个或多个子囊腔（locule），单个子囊散生在子座组织中，或多个子囊成束或成排着生在子囊腔中。子囊座形成的过程是产囊丝伸入发育中的子座组织中，随着子囊的形成，子囊周围的子座组织消解成子囊腔，子囊就着生在子囊腔内（图 2–61）。因此，子囊腔没有特殊的腔壁（包被）与子座组织的其他部分分开。子囊座成熟后，子囊腔顶部的细胞组织消解而形成圆形的孔，不像子囊壳那样很早就形成固定的孔口。同时，子囊之间没有侧丝，有时在子囊之间可看到与侧丝相似的丝状体，这是残余的子座组织。有的子囊座内只有一个子囊腔，子囊腔周围菌组织被压缩得像壳壁，表面看起来与球壳目真菌的子囊壳差不多，有人称它为假囊壳（pseudoperithecium）。

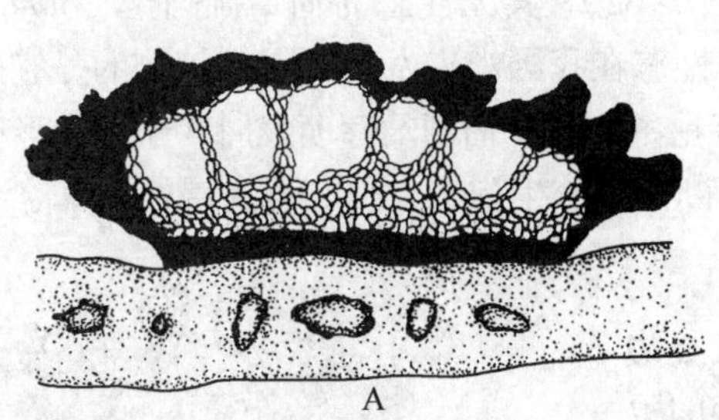

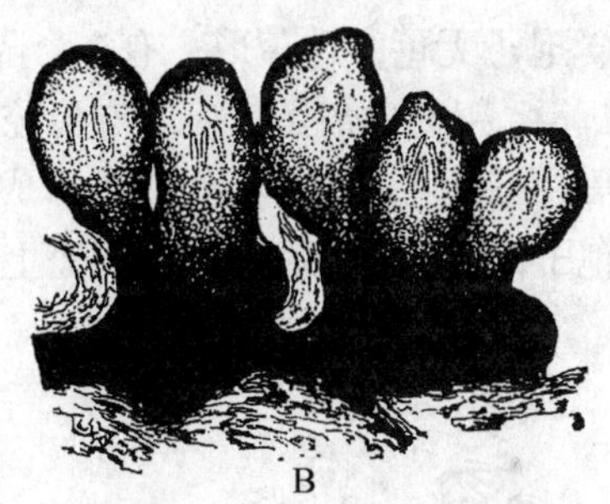

图 2–61　子囊腔

A. 典型的子囊腔；B. 葡萄座腔菌属的子座组织溶解形成的子囊腔

腔菌纲真菌另一个特征为子囊是双层囊壁的（bitunicate）（图 2–48），外层较薄而没有弹性，内层则随着子囊的发育而加厚，特别是顶部更为明显。内层是有弹性的，顶部往往有孔口或通道。子囊孢子成熟后，外层破裂，内层伸长可达子囊原长度的 2 ~ 3 倍，子囊孢子就从孔口处弹出。子囊的两层壁在子囊孢子释放时更容易观察到。大多数腔菌的子囊孢子有隔膜，双细胞或多细胞，有些多胞的子囊孢子除了横隔还有纵隔，称为砖隔胞。只有少数腔菌的子囊孢子是单胞的。

腔菌纲[①]分为 5 个目，其中与植物病害关系较大的是多腔菌目（Myriangiales）、座囊菌目（Dothideales）和格孢腔菌目（Pleosporales）。

---

① 腔菌纲中其余两个目是半球腔目（Hemisphaeriales）和裂缝菌目（Hysteriales）。半球腔目也称为小盾壳目（Microthyriales），它的特征是形成盾状的子囊座，在热带和亚热带地区较多；有腐生的和寄生的，但其中没有经济上重要的植物病原菌。裂缝菌目真菌都是腐生的或共生的，特征是形成船形的子囊座，有长的纵裂，所以有些像盘状。其中有许多与藻类共生形成地衣，这类真菌有时又称为地衣型真菌。

（一）多腔菌目（Myriangiales）

多腔菌目真菌的特征是每个子囊腔中只有 1 个子囊。每个子座中可有许多子囊腔，并且分布在不同的层次中。子囊孢子为多隔或砖隔。这类真菌大都是附生菌或寄生菌，可以寄生在其他真菌、介壳虫以及植物的茎叶上。在热带和亚热带较多，温带常见的是多腔菌属（*Myriangium*）和痂囊腔菌属（*Elsinoë*）。重要的病原菌有引起葡萄黑痘病的痂囊腔菌（*Elsinoë ampelina*），引起柑橘疮痂病的柑橘痂囊腔菌（*E. fawcettii*）等。

痂囊腔菌属（*Elsinoë*）痂囊腔菌属的特征是子囊不规则地散生在子座内，每个子囊腔内只有 1 个球形的子囊。子囊孢子大多长圆筒形，有 3 个横隔，无色。此属真菌大都侵染寄主的表皮组织，往往引起细胞增生和形成木栓化组织，使病斑表面粗糙或突起，因此由它引起的病害，一般称为疮痂病。有性态不常见，子囊单个散生在子座中。为害植物的主要是它的无性态（分生孢子阶段），为痂圆孢属（*Sphaceloma*）。

痂囊腔菌（*E. ampelina*）主要为害葡萄幼嫩的地上部分。病菌以分生孢子萌发形成的芽管侵入，菌丝体主要在寄主表皮下蔓延，以后突破表皮形成分生孢子盘，产生单胞、无色的分生孢子。当空气潮湿时，病斑上出现乳白色或灰白色的黏质，即病菌的分生孢子盘上涌出的分生孢子团。有性生殖时，菌丝体在寄主表皮下纠集形成子座，以后子座突破表皮外露。子座中有许多排列不规则的腔穴，每个腔穴内只含有 1 个子囊。子囊球形，内含 4～8 个子囊孢子。子囊孢子无色，香蕉形，有 3 个隔膜（图 2-62）。其无性态为葡萄痂圆孢（*Sphaceloma ampelinum*），引起葡萄黑痘病。痂囊腔菌的有性态在我国尚未发现，侵染植物的是它的分生孢子阶段。痂囊腔菌以在病组织内形成的子座越冬，春季葡萄幼芽萌发时，子座上产生大量的分生孢子传播为害。发病后，病斑上可以不断产生分生孢子，引起再次侵染。

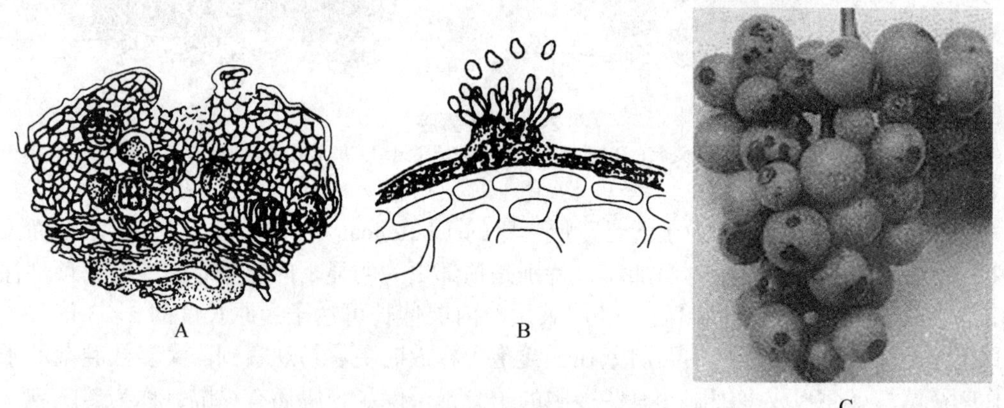

图 2-62 痂囊腔菌

A. 子囊腔和子囊；B. 分生孢子盘；C. 为害状

（二）座囊菌目（Dothideales）

座囊菌目真菌的特征是子囊成束，呈扇形排列在子囊腔内，子囊之间没有不孕的丝状体。较大型的子座内有多个子囊腔，有的子座很小，里面只有 1 个子囊腔，为假囊壳。子囊呈倒棍棒状或短圆筒状。子囊孢子一般只有 1 个隔膜。孔口是子座组织溶生的，或是裂生而有缘丝的。许多座囊菌目真菌是植物叶部的寄生菌，特别是在热带地区较多。在寄主枯死的叶片上容易发现它们的有性态，而在生长期为害的一般是无性态的分子孢子。其中重要的植物病原菌有球座菌属（*Guignardia*）、球腔菌属（*Mycosphaerella*）和亚球壳属（*Sphaerulina*）等。

1. 球座菌属（*Guignardia*）

球座菌属的特征是子囊座球形或亚球形，暗色，子囊座顶端有孔口，无喙；子囊棍棒形，束生，子囊间无侧丝；子囊孢子单细胞，椭圆形或梭形，无色。此属真菌大都寄生于植物的茎、叶和果实，引起葡萄黑腐病的葡萄球座菌（*G. bidwellii*）是其中常见的一个种。

葡萄球座菌（图 2-63）主要侵染葡萄的果实，也能侵染叶片、叶柄及新梢。果实将近成熟时最易受害，整果软腐和干缩，最后变成黑色僵果，表面有许多排列呈环状的黑色分生孢子器。无性态是葡萄黑腐茎点霉（*Phoma uvicola*）。分生孢子产生在分生孢子器内。分生孢子单细胞，无色，圆形或卵圆形。葡萄球座菌的假囊壳一般产生在病果表皮下，大多在越冬阶段形成，生长季节只形成分生孢子器。假囊壳球形或扁球形，有突出的孔口。假囊壳内形成成束的子囊，子囊棍棒形，顶壁较厚，内含 8 个椭圆形或近卵圆形的无色、单细胞的子囊孢子。葡萄球座菌以假囊壳在僵果上或地面落叶上越冬，到翌年夏季天气比较潮湿时，不断产生子囊孢子引起初次侵染。发病后产生分生孢子不断引起再侵染。

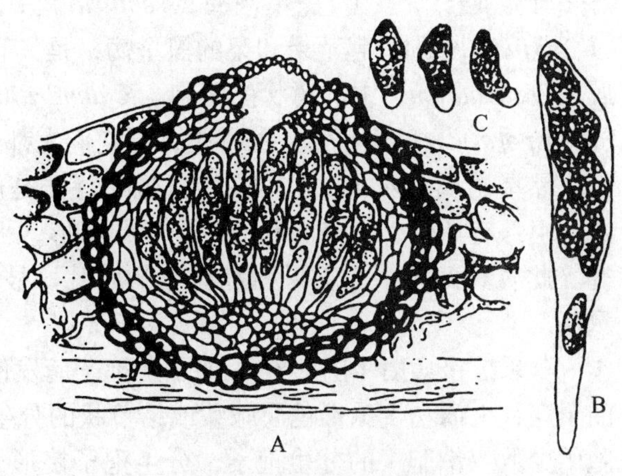

图 2-63　葡萄球座菌
A. 假囊壳；B. 子囊；C. 子囊孢子

2. 球腔菌属（*Mycosphaerella*）

子囊座球形或亚球形，散生在寄主叶片表皮下，后期常突破表皮外露。子囊圆筒形或棍棒形，初期束生，后平行排列，子囊间无侧丝；子囊孢子椭圆形，无色，双细胞，大小相等。本属包括很多植物病原菌。

瓜类球腔菌（*M. citrullina*）为害瓜类的叶片、茎蔓和果实，引起蔓枯病。茎部多发生于节部，病斑暗褐色，后软化变黑，密生小黑粒点（分生孢子器）。叶部病斑多在叶缘，产生“V”字形或半圆形黄褐色至淡褐色大病斑，病斑轮纹不明显，后期散生小黑粒点（图 2-64）。果实多在幼瓜期花器感染，果肉淡褐色，软化，呈心腐症。病菌主要以分生孢子器和子囊座在寄主组织中越冬，翌年借流水、雨水等传播，从伤口、气孔、水孔侵入，以后病斑上产生的分生孢子扩大蔓延。其无性态为黄瓜壳二孢（*Ascochyta cucumis*）。

图 2-64　黄瓜蔓枯病叶片症状（“V”字形病斑）

（三）格孢腔菌目（Pleosporales）

格孢腔菌目的性状与座囊菌目相似，所不同的是它们的假囊壳稍大，子囊之间有拟侧丝；子囊圆柱状；子囊孢子一般是多隔的或砖隔的（也有单细胞或只有一个隔膜的）。假囊壳一般是单生的，也有聚生的，有的聚生在半埋的子座内，但是很少形成多囊腔的子囊座。格孢腔菌目真菌有腐生的和寄生的。寄生的大都为害植物的叶片（有的还能为害枝条和果实），一般也是在枯死的枝叶上发现它们的有性态。生长期为害的是其无性态（分生孢子阶段）。黑星菌属（*Venturia*）中的苹果黑星菌（*V. inaequalis*）和梨黑星菌（*V. pyrina*）分别引起苹果和梨的黑星病，是具有代表性的种，它们的无性态分别为黑星孢属（*Fusicladium*）中的树状黑星孢（*F. dendriticum*）和梨黑星孢（*F. pyrina*）。格孢腔菌属（*Pleospora*）真菌也是常见的种类，但它们大都是植物上的弱寄生菌。

黑星菌属（*Venturia*）　黑星菌属的特征是假囊壳大多在病植物残余组织的表皮下形成，上部有黑色、多隔的刚毛；子囊圆筒形，平行排列；子囊孢子椭圆形，双细胞大小不等。此属真菌大多为害果树和树木的叶片、枝条、果实和茎干，引起的病害一般称为黑星病。

苹果黑星病菌（图 2-65）的子囊孢子萌发侵入寄主。菌丝体在角质层下形成许多密集的子座，上面丛生深褐色屈膝状或结节状的分生孢子梗。分生孢子梗的顶端着生一个单细胞（少数双细胞）的分生孢子。分生孢子棱形至长卵圆形，基部平截，顶端钝圆或略尖，最初无色，后变褐色。病斑上出现黑色霉层即病菌的菌丝体和分生孢子。发病后期叶斑变黑，病斑周围组织变厚，发病严重的则整个叶片变厚。果实受害出现褐色或黑色圆形小斑，表层木栓化后，果皮角质层破裂。病原菌在寄生阶段只形成分生孢子，一年可发生若干次。假囊壳大多在秋冬地面枯叶上形成，子囊孢子一般在翌年春季才成熟。子囊平行排列在假囊壳基部，子囊间早期有不孕的丝状体，子囊成熟后，丝状体消失。子囊孢子双细胞，上面的细胞较小而稍尖。苹果黑星病菌是以病枝或芽鳞内的菌丝体或病叶中的假囊壳越冬，翌年春季分别产生分生孢子或子囊孢子，随气流传播引起侵染。

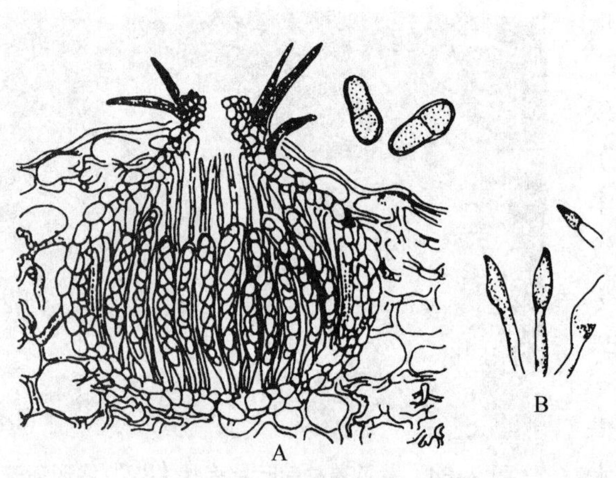

图 2-65　苹果黑星病菌

A. 子囊腔和子囊孢子；B. 分生孢子梗和分生孢子；C. 为害状

六、盘菌纲

盘菌纲（Discomycetes）真菌的子囊果是子囊盘，不同盘菌的子囊盘大小、颜色、质地、结构差别很大。典型的子囊盘呈盘状或杯状，有柄，子实层由排列整齐的子囊和侧丝组成（图2–66）。有的子囊盘无柄，结构简单。有些盘菌产生变态的子囊盘，柄顶端可孕部分向外翻卷呈脑髓状、蜂窝状、马鞍状、吊钟状或棍棒状（图2–67）；地下生的盘菌子实层向内卷形成封闭的子囊果，如块菌目。有的盘菌子囊顶部有囊盖，通过打开囊盖释放子囊孢子。有的子囊没有囊盖，子囊孢子从子囊的孔口或裂口释放。子囊顶部的结构是盘菌分目的依据之一。大多数盘菌缺乏无性繁殖阶段，少数可以产生分生孢子，但无性繁殖不如其他子囊菌发达。盘菌大多为腐生菌，只有少数是植物寄生菌。有些产生大型的肉质子囊果，可食用，如盘菌目的羊肚菌。盘菌的子囊果长在动植物残体上或萌发的菌核上，有的生长在地下。

盘菌纲[①]分为7个目，与植物病害有一定关系的是星裂菌目（Phacidiales）和柔膜菌目（Helotiales）。

（一）星裂菌目（Phacidiales）

星裂菌目真菌的子囊果开始形成时是一个黑色的子座，圆形、盘形或裂缝形，着生在基质的表面，也有部分或整个埋在寄生组织内。子实层上有一个由子座组织组成或子座组织与寄主组织结合组成的盾形的盖，子囊果成熟后，盖破裂而露出子实层。子囊果呈子囊

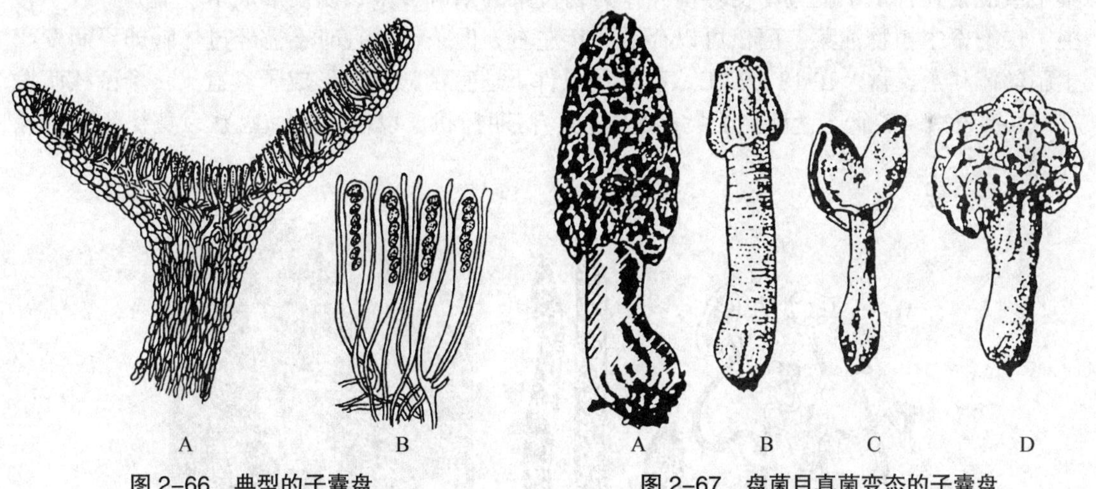

图2–66　典型的子囊盘
A. 子囊盘；B. 子囊和侧丝

图2–67　盘菌目真菌变态的子囊盘
A. 蜂窝状；B. 钟状；C. 马鞍状；D. 脑髓状

---

① 盘菌纲中其余5个目是：盘菌目（Pezizales）真菌是生在土壤、死树、粪堆或植物残余组织上的腐生菌，形成较大的肉质或革质的子囊盘，子囊有囊盖。厚顶孢目（Ostropales）真菌是很少见的腐生菌，形成典型的子囊盘，子囊无囊盖，顶壁很厚，子囊细长，子囊孢子丝状。块菌目（Tuberales）真菌大都是腐生的，它们的子囊果大都生在地下，为完全封闭的子囊果，它的传播是依靠生活在地下的啮齿动物。有的块菌与植物根系共生形成菌根。此外，棱绒盘菌目（Medeolariales）和瘿果盘菌目（Cyttariales）分别包含寄生百合科美德兰属（*Medeola*）茎内引起梭形瘤肿和寄生山毛榉科南水青冈属（*Nothofagus*）茎内引起瘿瘤的盘菌。

盘状。星裂菌目真菌有腐生和寄生的，其中重要的植物病原菌不多，主要的有引起核果类果树叶斑病的冬齿裂菌（*Coccomyces biemalis*）。在我国常见的是槭斑痣盘菌（*Rhytisma acerinum*）和松针散斑壳（*Lophodermium pinastri*）。

（二）柔膜菌目（Helotiales）

柔膜菌目真菌形成有柄或无柄的子囊盘，着生在基质的表面或半埋在基质内，有的是从菌核上产生的。子囊棍棒形或圆筒形，无囊盖，子囊间有侧丝。柔膜菌目真菌大都是植物组织上的腐生菌，很少发现在土壤或粪堆上，少数是植物的寄生菌，如引起多种作物菌核病的核盘菌（*Sclerotinia sclerotiorum*）和核果褐腐病的核果链核盘菌（*Monilinia laxa*）是其中最重要的病原菌（彩图 124、141）。有些种类能引起植物叶斑病，如常见的引起月季黑斑病的蔷薇双壳菌（*Diplocarpon rosae*）和苜蓿叶斑病的苜蓿假盘菌（*Pseudopeziza medicaginis*）等。

核盘菌属（*Sclerotinia*）　核盘菌属真菌的主要特征是菌丝体可以形成菌核，长柄的褐色子囊盘产生在菌核上；子囊圆筒状或棍棒状；子囊孢子椭圆形或纺锤形，单细胞，无色。菌核有两种，一种是全部由菌丝体形成的称真菌核；一种是菌丝体和寄生组织结合形成的称假菌核。核盘菌（*S. sclerotiorum*）是核盘菌属的重要种，寄主范围很广，可侵害 32 科、160 多种植物。除油菜外，还可侵害多种十字花科蔬菜，引起多种植物的菌核病，但不侵害禾本科植物。现以油菜菌核病为例说明核盘菌的形态特征及为害情况。

核盘菌（图 2-68）的菌核长圆形或不规形，鼠粪状，初期白色，成熟时黑色，大小为（1.5 ~ 6）mm × 8 mm，在油菜荚果内和茎秆中形成的菌核较小。核盘菌主要是以菌核在土壤中或混杂在种子中度过不良环境并作为初侵染的来源。菌核萌发形成子囊盘并释放子囊孢子侵染寄主植物油菜。菌核可以存活两年左右，但条件适宜时不需经过休眠即可萌发产生菌丝体和子囊盘。在 18 ~ 22℃、有光照条件下适宜菌核萌发形成子囊盘。一个菌核萌发一般可产生 1 ~ 9 个子囊盘。子囊盘有长柄，初期杯状，以后展开呈盘状，黄褐色，直径

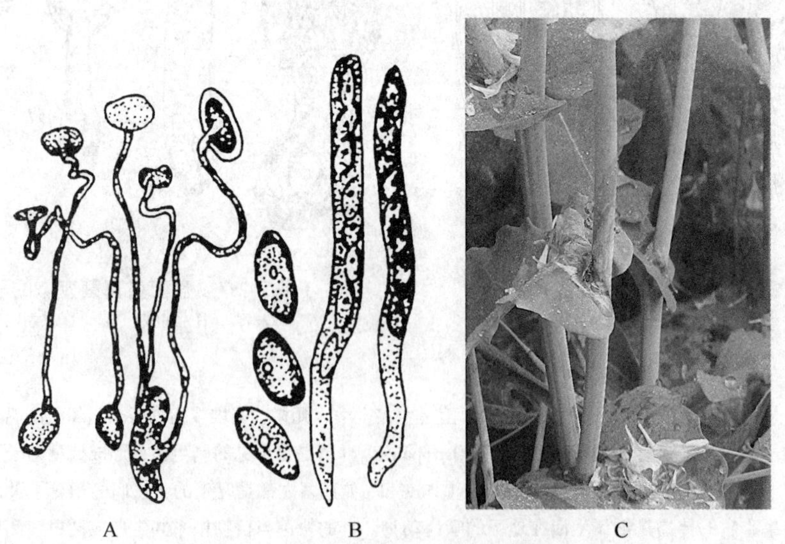

图 2-68　核盘菌的菌核及萌发的子囊盘

A. 菌核萌发形成的子囊盘；B. 子囊和子囊孢子；C. 为害状

为 2 ~ 8 mm。子囊盘表面有由子囊和侧丝构成的子实层。子囊棍棒形，内含 8 个排成一行的椭圆形、单细胞、无色的子囊孢子。核盘菌一般不产生分生孢子。核盘菌的子囊孢子很难直接侵染生长健壮的油菜植株茎叶，一般都是在衰老的叶片组织或在花瓣上萌发侵入。病叶与健叶或茎干接触，或落在茎叶上的花瓣受到侵染后，病菌就可以扩展而使健全的茎叶发病。湿度高时，病组织溃烂，表面产生一层白色的菌丝体以及黑色的菌核，病部以上的枝叶凋萎变黄，茎秆内髓部受破坏后，腐烂而中空，同样能产生白色菌丝体和黑色的菌核。病菌侵染种荚使种子干缩并被有白色菌丝体及细小菌核。

七、与植物病害有关的主要属

（一）半子囊菌纲（Hemiascomycetes）

无子囊果，子囊裸生；营养体为菌丝体或酵母状细胞。

外囊菌属（*Taphrina*） 子囊长圆筒形；子囊孢子芽殖产生芽生孢子（图 2-53）。畸形外囊菌（桃缩叶病菌 *T. deformans*）引起桃缩叶病（彩图 119）；李外囊菌（李囊果病菌 *T. pruni*）为害李树果实引起囊果病。

（二）核菌纲（Pyrenomycetes）

子囊生在子囊壳内或有规律地排列在闭囊壳基部形成子实层。

（1）白粉菌属（*Erysiphe*） 闭囊壳内有多个子囊；附属丝菌丝状（图 2–69）。二孢白粉菌（*E. cichoracearum*）引起烟草、芝麻、向日葵及瓜类等白粉病。

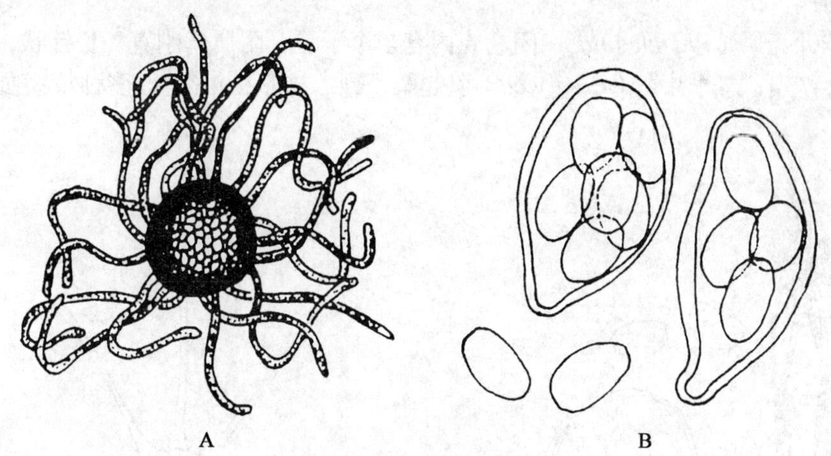

图 2–69 白粉菌属

A. 闭囊壳子囊；B. 子囊孢子

（2）单丝壳属（*Sphaerotheca*） 闭囊壳内产生 1 个子囊；附属丝菌丝状（图 2–70）。单丝壳（*S. fuliginea*）引起瓜类、豆类等多种植物白粉病（彩图 143）。

（3）布氏白粉菌属（*Blumeria*） 闭囊壳上的附属丝不发达，呈短菌丝状，闭囊壳内含多个子囊；分生孢子梗基部膨大呈近球形（图 2–71）。禾布氏白粉菌（*B. graminis*）引起禾本科植物白粉病（彩图 120）。

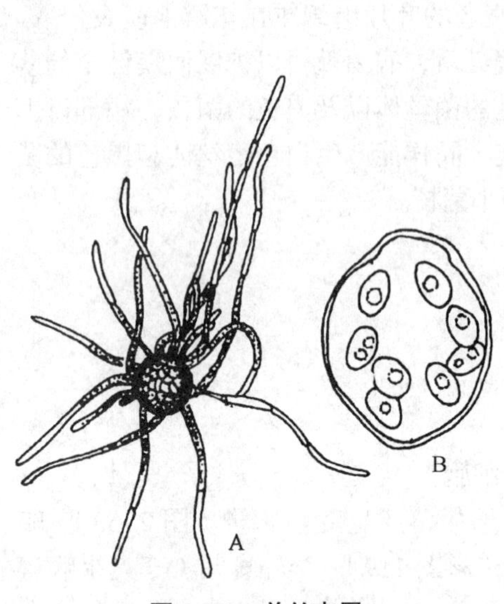

图 2-70　单丝壳属

A. 闭囊壳；B. 子囊

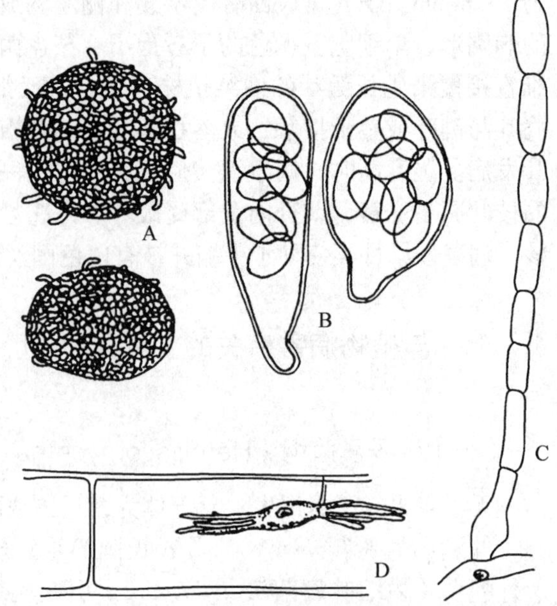

图 2-71　布氏白粉菌属

A. 闭囊壳；B. 子囊和子囊孢子；C. 分生孢子梗和分生孢子；D. 吸器

（4）叉丝单囊壳属（*Podosphaera*） 闭囊壳内产生 1 个子囊；附属丝刚直，顶端为一次或数次整齐的二叉状分枝（图 2-72）。白叉丝单囊壳（苹果白粉病菌 *P. leucotricha*）引起苹果白粉病。

（5）球针壳属（*Phyllactinia*） 闭囊壳内有多个子囊，附属丝刚直，长针状，基部球形膨大（图 2-73）。榛球针壳（*P. corylea*）引起桑、梨、柿、核桃等 80 多种植物白粉病。

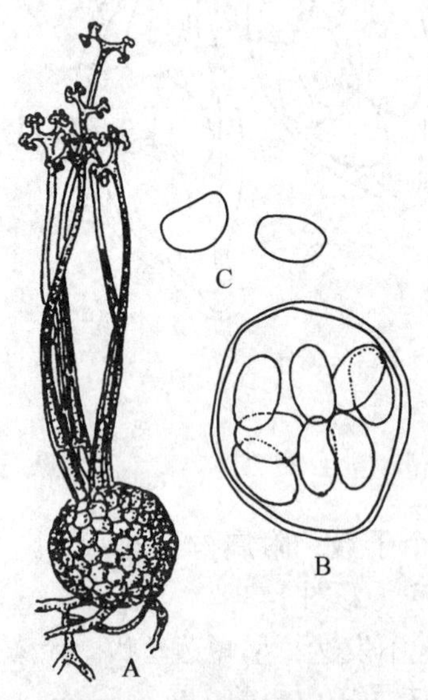

图 2-72　叉丝单囊壳属

A. 闭囊壳；B. 子囊；C. 子囊孢子

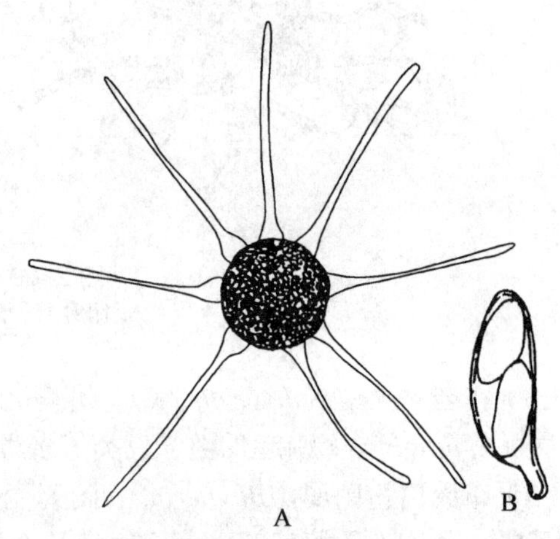

图 2-73　球针壳属

A. 闭囊壳；B. 子囊和子囊孢子

（6）钩丝壳属（*Uncinula*）　闭囊壳内有多个子囊；附属丝顶端卷曲呈钩状或螺旋状（图 2–74）。葡萄钩丝壳（*U. necator*）为害葡萄；桑钩丝壳（*U. mori*）为害桑树。

（7）叉丝壳属（*Microsphaera*）　闭囊壳内有多个子囊；附属丝顶端有数回叉状分枝（图 2–75）。山田叉丝壳（*M. yamadai*）为害核桃；桤叉丝壳（*M. alni*）为害栎树、栗树等多种树木。

（8）小煤炱属（*Meliola*）　子囊束生于黑色闭囊壳基部；子囊孢子椭圆形，暗褐色，有 2 ~ 4 个隔膜（图 2–76）。山茶生小煤炱（*M. camellicola*）寄生多种茶属和山茶属植物，影响茶叶的质量（彩图 121）。

（9）长喙壳属（*Ceratocystis*）　子囊壳有长颈，子囊壁早期溶解，没有侧丝（图 2–77）。甘薯长喙壳（*C. fimbriata*）引起甘薯黑斑病。

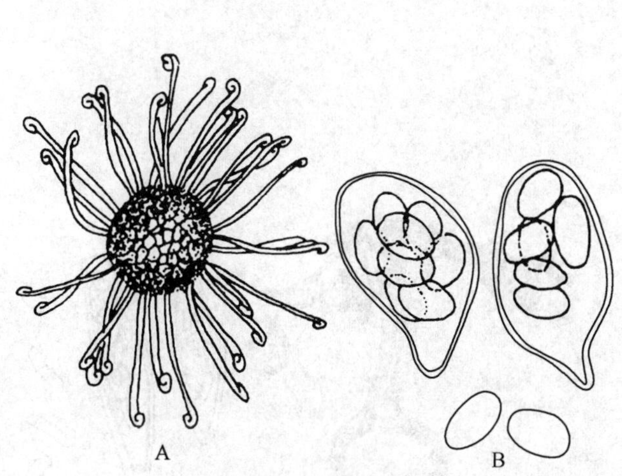

图 2–74　钩丝壳属
A. 闭囊壳；B. 子囊和子囊孢子

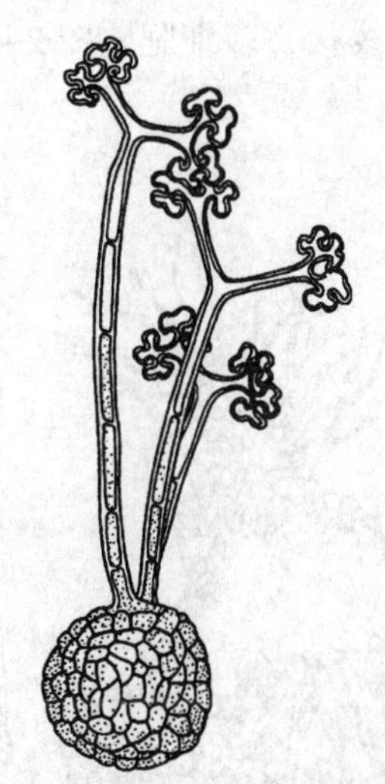

图 2–75　叉丝壳属的闭囊壳

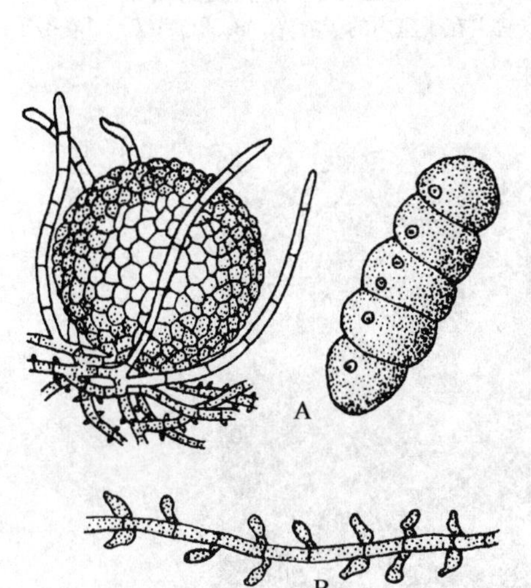

图 2–76　小煤炱属
A. 闭囊壳和子囊孢子；B. 附着枝

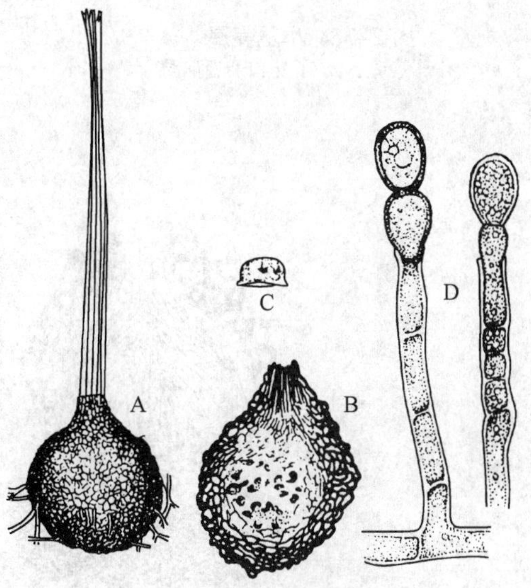

图 2–77　长喙壳属
A. 子囊壳；B. 子囊壳剖面；C. 子囊孢子；D. 分生孢子梗和分生孢子

（10）小丛壳属（*Glomerella*）　子囊壳产生在菌丝层上或半埋于子座内；没有侧丝；子囊孢子单细胞，无色（图 2–78）。围小丛壳（*G. cingulata*）引起苹果、梨、葡萄等多种果树炭疽病。

（11）黑腐皮壳属（*Valsa*）　子囊壳埋生子座基部，有长颈伸出子座；子囊孢子香肠形，单细胞（图 2–79）。苹果黑腐皮壳（*V. mali*）引起苹果树腐烂病。

（12）赤霉属（*Gibberella*）　子囊壳单生或群生于子座上，子囊壳壁蓝色或紫色；子囊孢子有 2 ~ 3 个隔膜，梭形，无色（图 2–80）。玉蜀黍赤霉（*G. zeae*）引起大麦、小麦及玉米等多种禾本科植物赤霉病（彩图 122）；藤仓赤霉（稻恶苗病菌 *G. fujikuroi*）引起水稻恶苗病。

（13）顶囊壳属（*Gaeumannomyces*）　子囊壳埋于基质内，顶端有短的喙状突起；子囊孢子细线状，多细胞（图 2–81）。禾顶囊壳（*G. graminis*）引起大麦、小麦等禾本科植物全蚀病。

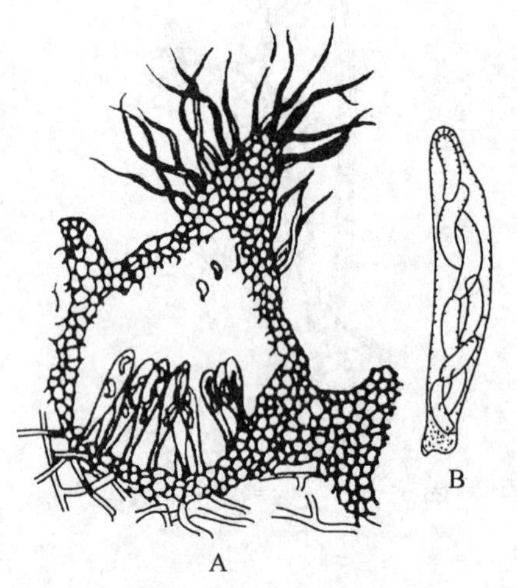

图 2–78　小丛壳属

A. 子囊壳；B. 子囊和子囊孢子

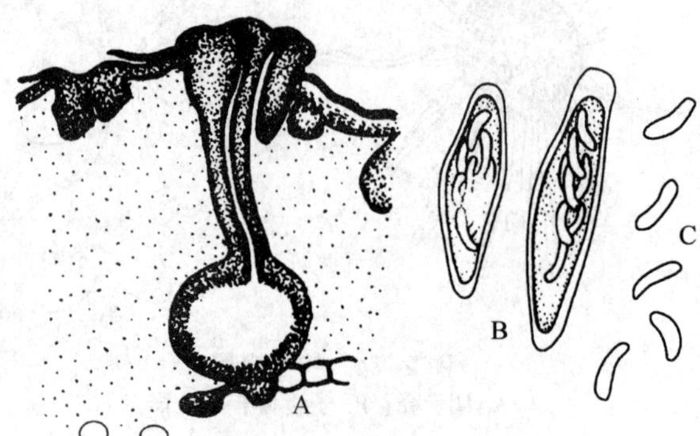

图 2–79　黑腐皮壳属

A. 着生在子座内的子囊壳；B. 子囊；C. 子囊孢子

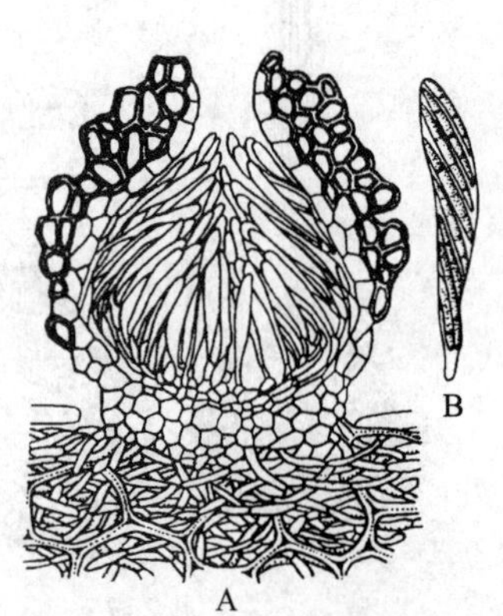

图 2–80　玉蜀黍赤霉

A. 子囊壳；B. 子囊；C. 为害状

（14）隐丛赤壳属（*Cryphonectria*）　子座橘黄色或橘红色；子囊壳有长颈穿过子座后外露；子囊孢子双细胞，无色（图 2–82）。寄生隐丛赤壳（栗疫病菌 *C. parasitica*，异名：寄生内座壳 *Endothia parasitica*）引起板栗疫病（又称枝枯病或胴枯病）。

（15）日规壳属（*Gnomonia*）　子囊壳有长颈自基质伸出；子囊顶壁厚；子囊孢子双细胞，大小不相等（图 2–83）。榆日规壳（*G. ulmea*）引起榆树叶斑病。

（16）黑痣菌属（*Phyllachora*）　靠近寄主表皮的子座组织盾状隆起，呈黑痣状；子囊壳群生子座内；子囊孢子单细胞，无色（图 2–84）。禾黑痣病菌（*P. graminis*）引起多种禾本科牧草、杂草及竹子叶片黑痣病。

（17）间座壳属（*Diaporthe*）　子座发达；子囊壳以长颈伸出子座；子囊柄早期胶化；子囊孢子双细胞，椭圆形或纺锤形（图 2–85）。柑橘间座壳（*D. citri*）引起柑橘枝干流胶病，叶片沙皮或黑点病，果实蒂腐病。

（18）麦角菌属（*Claviceps*）　为害禾本科植物小穗形成菌核，菌核萌发产生有长柄的头状子座；子囊壳着生在子座内；子囊长筒型；子囊孢子丝状（图 2–86）。麦角菌（*C. purpurea*）引起禾本科植物麦角病。菌核（麦角）既对人、畜有毒，又是提炼麦角素药物的原料（彩图 125）。

（19）腔菌纲（Loculoascomycetes）　子囊果是子囊座，子囊壁双层。

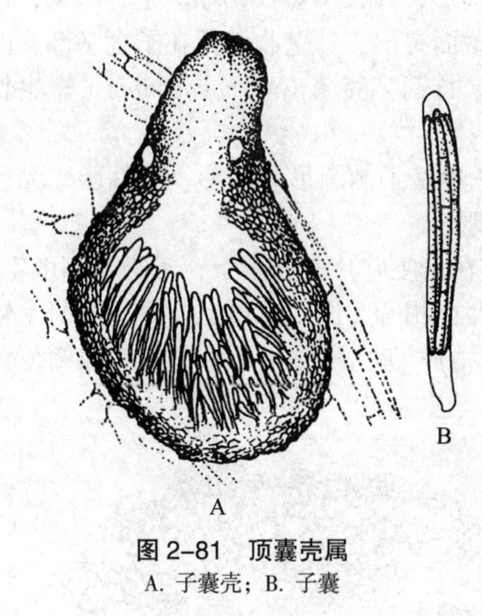

图 2–81　顶囊壳属

A. 子囊壳；B. 子囊

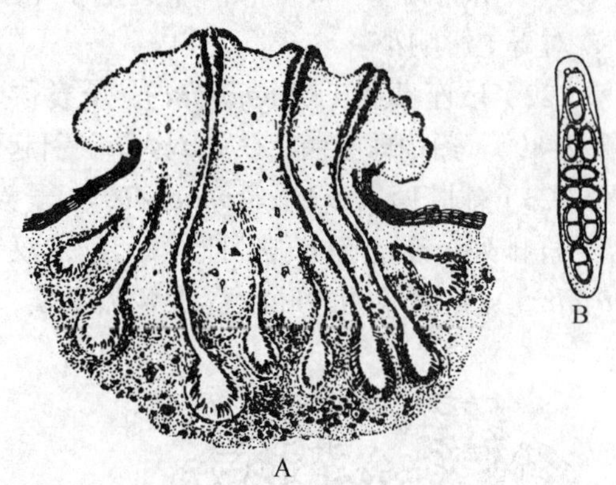

图 2–82　隐丛赤壳属

A. 子囊壳埋于子座内；B. 顶臂特厚的子囊

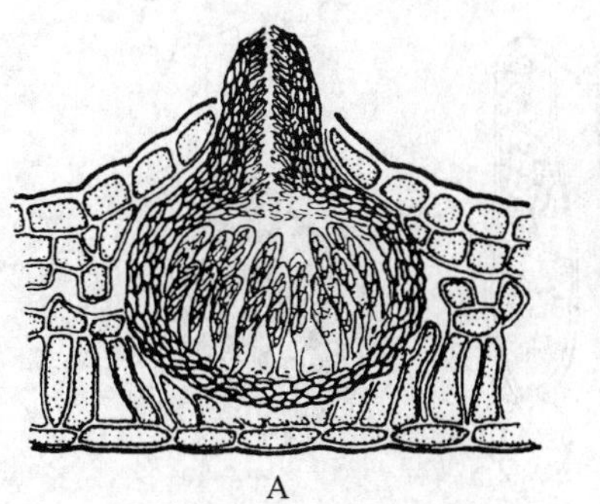

图 2–83　日规壳属

A. 子囊壳；B. 子囊

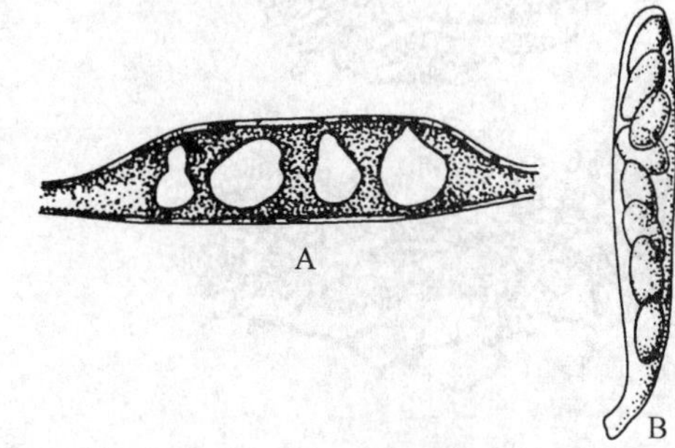

图 2–84　黑痣菌属

A. 着生在子座内的子囊壳；B. 子囊

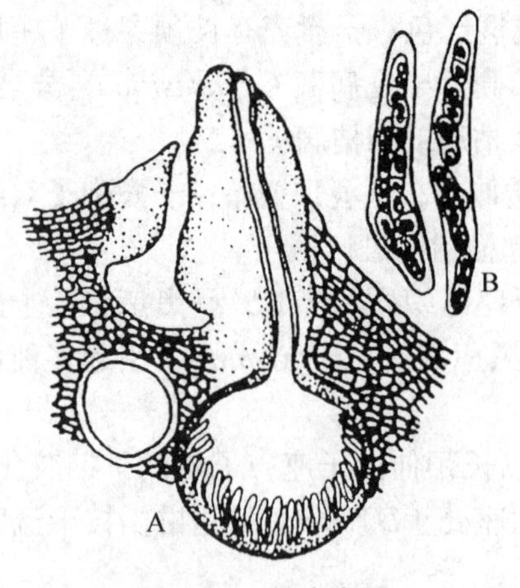

图 2–85　间座壳属
A. 生于子座内的子囊壳；B. 子囊

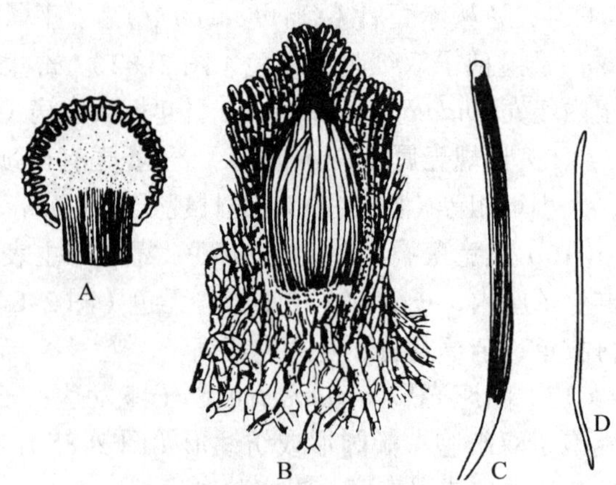

图 2–86　麦角菌属
A. 子囊壳着生于子座顶端头状体上；B. 子囊壳；C. 子囊；D. 子囊孢子

（20）痂囊腔菌属（*Elsinoë*）圆形子囊单生于子座内的子囊腔中；子囊孢子大多长圆筒形，有 3 个横隔膜（图 2–87）。痂囊腔菌（*E. ampelina*）引起葡萄黑痘病（彩图 152）。

（21）多腔菌属（*Myrangium*）子座顶端膨大呈圆形，并长出短枝；球形子囊单生，不规则地分布在子座中，子囊成熟时内壁膨胀穿过外壁而突出，外壁收缩留在子囊基部，内壁开裂放出椭圆形、砖隔状的子囊孢子（图 2–88）。竹鞘多腔菌（*M. haraeanum*）寄生竹子，对寄主影响小。

（22）球座菌属（*Guignardia*）子囊顶壁厚；子囊孢子椭圆形或梭形，单细胞，无色（图 2–89）。葡萄球座菌（*G. bidwellii*）引起葡萄黑腐病。

（23）球腔菌属（*Mycosphaerella*）子囊座着生在寄主叶片表皮层下；子囊初期束生，后平行排列；子囊孢子椭圆形，无色，双细胞，大小相等（图 2–90）。瓜类球腔菌（*M. citrullina*）为害瓜类的叶片、茎蔓和果实，引起蔓枯病（彩图 123）。落花生球腔菌（*M.*

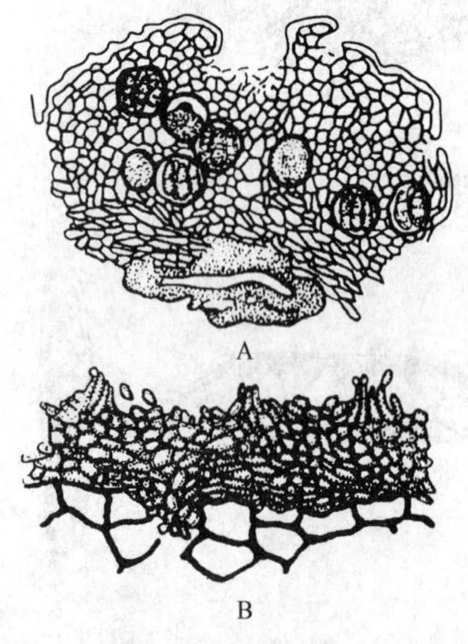

图 2–87　痂囊腔菌属
A. 子囊果剖面；B. 分生孢子盘

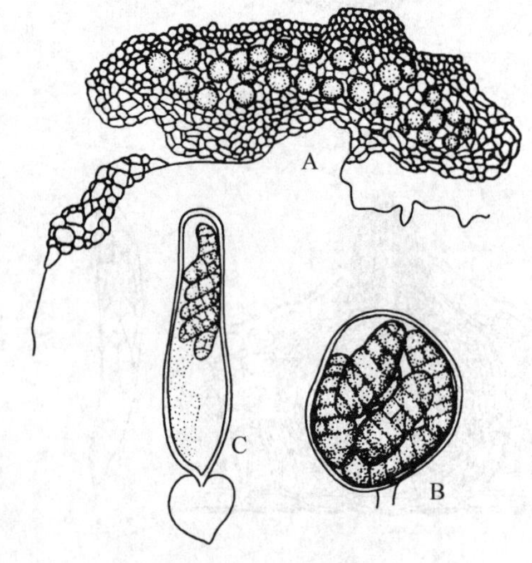

图 2–88　多腔菌属
A. 生于子座组织内的子囊；B. 子囊；C. 吸水膨胀的子囊

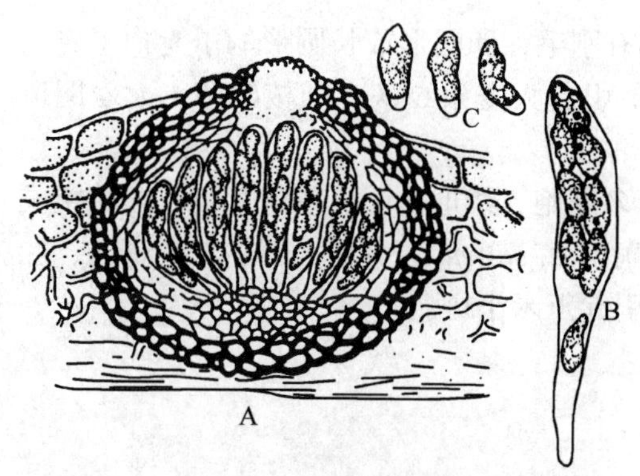

图 2–89　球座菌属
A. 假囊壳；B. 子囊；C. 子囊孢子

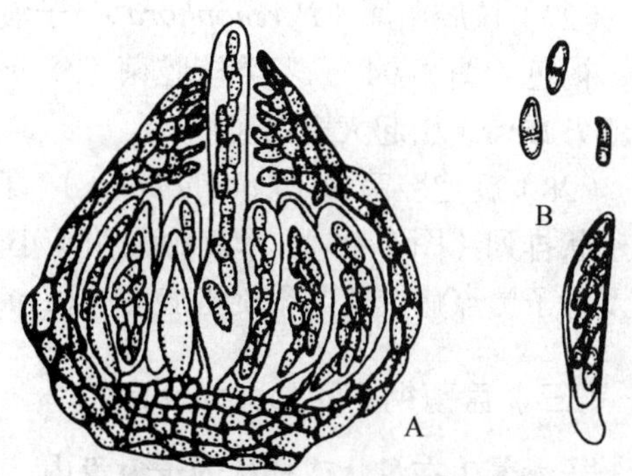

图 2–90　球腔菌属
A. 假囊壳；B. 子囊与子囊孢子

arachidicola）寄生于花生叶片，引起叶斑病。

（24）亚球壳属（*Sphaerulina*）具有单个子囊腔的子囊座埋于寄主组织内；子囊束生，宽棍棒形或圆筒形；子囊孢子长椭圆形，有3个横隔膜（图 2–91）。万年青亚球壳（*S. rhodeae*）引起万年青叶斑病。

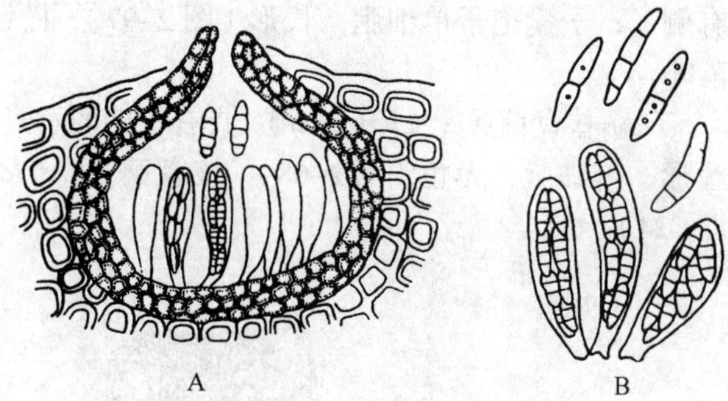

图 2–91　亚球壳属
A. 假囊壳；B. 子囊与子囊孢子

（25）黑星菌属（*Venturia*）假囊壳大多在病植物残余组织的表皮层下形成，周围有黑色、多隔的刚毛，长圆形的子囊平行排列，成熟时伸长；子囊孢子椭圆形，双细胞大小不等（图 2–92）。苹果黑星菌（*V. inaequalis*）、梨黑星菌（*V. pyrina*）分别引起苹果及梨的黑星病（彩图 126）。

（26）格孢腔菌属（*Pleospora*）子囊孢子卵圆形或长圆形，砖隔状，无色或黄褐色（图 2–93）。枯叶格孢腔菌（*P. herbarum*）腐生在生长衰弱的植株上。

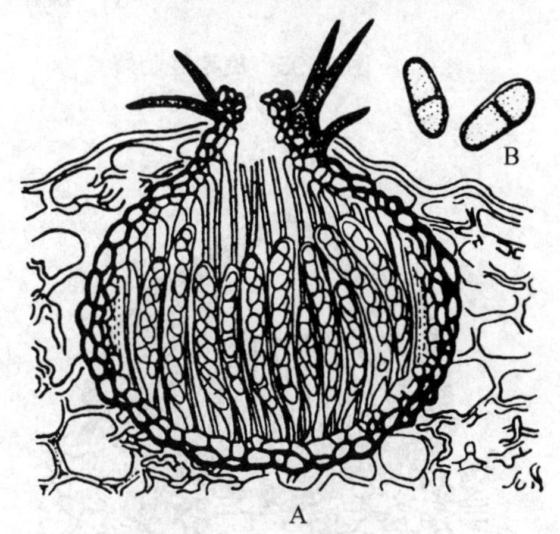

图 2–92　黑星菌属
A. 具刚毛的假囊壳；B. 子囊孢子

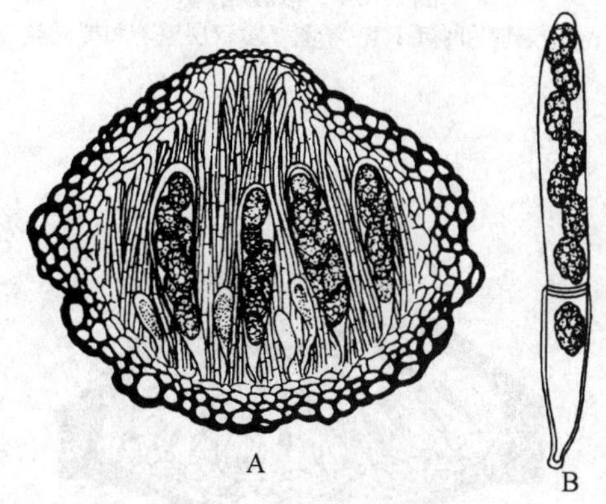

图 2–93　格孢腔菌属
A. 子囊腔；B. 子囊

（27）核腔菌属（*Pyrenophora*） 子囊座顶部有刚毛；卵圆形或长圆形的子囊孢子砖隔状，褐色（图2–94）。麦类核腔菌（*P. graminea*）引起大麦条纹病；圆核腔菌（大麦网斑病菌 *P. teres*）引起大麦网斑病。

（28）旋孢腔菌属（*Cochliobolus*） 子囊孢子多细胞，线形，无色或淡黄色，互相扭成绞丝状排列（图2–95）。禾旋孢腔菌（小麦根腐病菌 *C. sativus*）引起大、小麦根腐病、叶斑及种子黑点病；玉蜀黍旋孢腔菌（*C. maydis*）引起玉米小斑病。

（三）盘菌纲（Discomycetes）

子囊着生在盘状或杯状的子囊盘内。

（1）斑痣盘菌属（*Rhytisma*） 子座组织黑色光亮如漆斑，子座内形成多个呈弯曲或放射形排列的长形子囊盘；子囊棍棒形，有侧丝；子囊孢子线形或针形，单细胞，无色（图2–96）。槭斑痣盘菌（*R. acerinum*）引起槭树叶片漆斑病。

（2）散斑壳属（*Lophodermium*） 子囊盘埋生在长形子座中；子囊棍棒形，平行排列，有侧丝；子囊孢子单细胞，长形（图2–97）。松针散斑壳（*L. pinasfri*）引起松树针叶的落叶。

（3）核盘菌属（*Sclerotinia*） 具有长柄的子囊盘产生在菌核上；子囊孢子椭圆形或纺锤形，单细胞，无色（图2–68）。核盘菌（*S. sclerotiorum*）引起多种植物的菌核病（彩图124）。

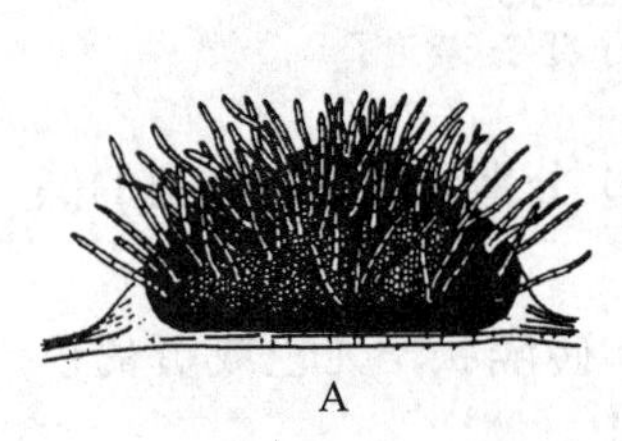

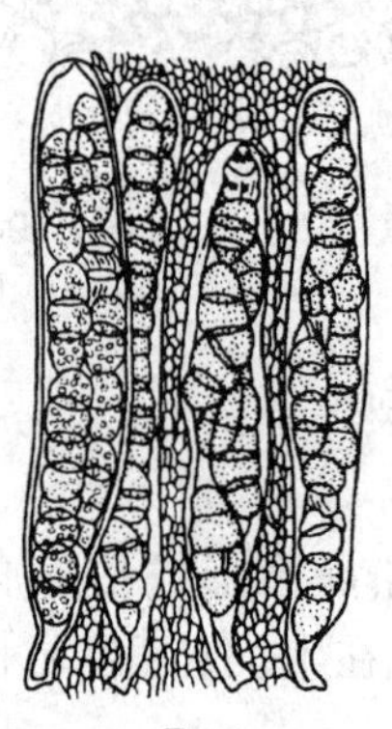

图2–94 核腔菌属
A. 子囊座和刚毛；B. 子囊（示双层壁）和拟侧丝

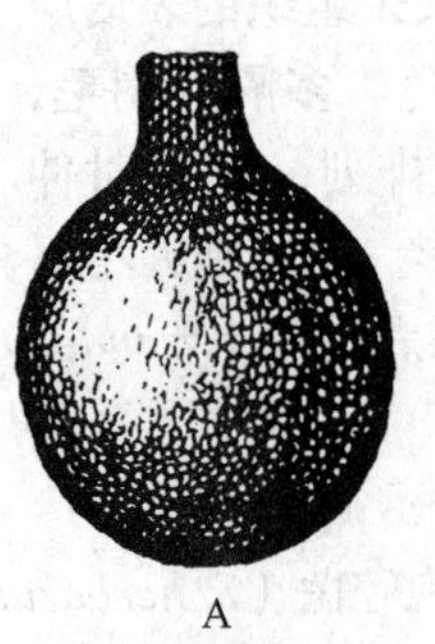

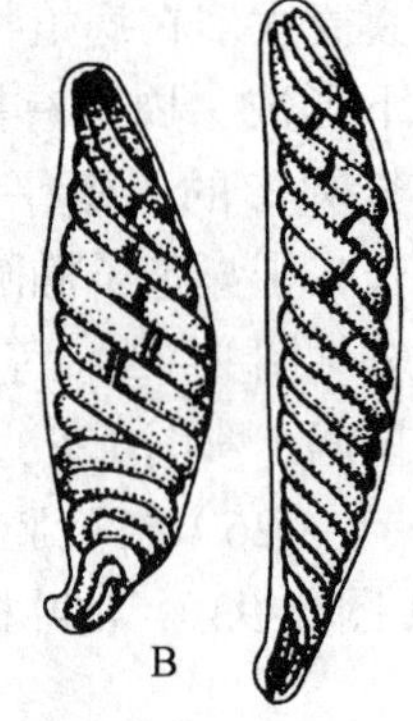

图2–95 旋孢腔菌属
A. 假囊壳；B. 子囊

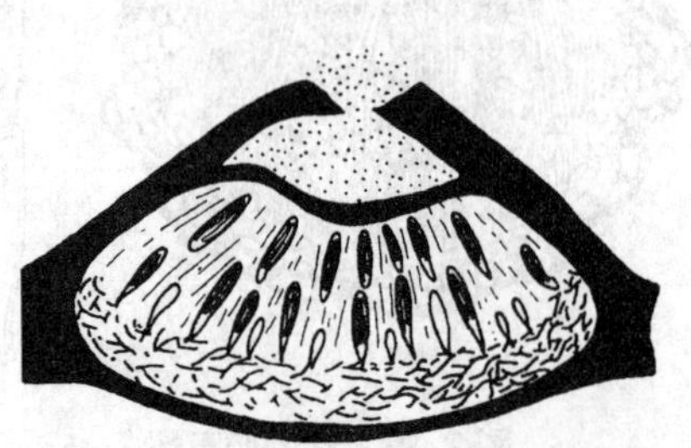

图2–96 斑痣盘菌属的子囊盘和子囊

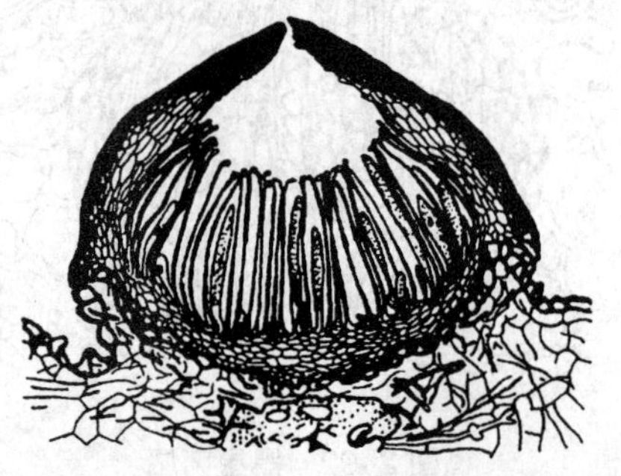

图2–97 散斑壳属的子囊盘剖面

小结

子囊菌门真菌的共同特征是有性生殖产生子囊和子囊孢子，这类真菌统称为子囊菌。子囊菌的营养体为单倍体，细胞壁为几丁质，大多数子囊菌的无性繁殖很发达，产生大量的分生孢子，在子囊菌的生活史中占有很重要的位置。有些高等子囊菌缺乏无性繁殖阶段。有性生殖大多在营养生长后期进行，产生子囊，典型的内含8个子囊孢子。子囊菌有性生殖质配的方式有多种，典型的子囊是由产囊丝上的子囊母细胞发育形成的。子囊产生在有一定包被的子囊果内，子囊果有闭囊壳、子囊壳、子囊座和子囊盘，少数子囊菌的子囊裸生，不形成子囊果。寄生植物的多引起根腐、茎腐、果（穗）腐、枝枯和叶斑等症状，子囊果形成后在病组织表面呈现小黑粒或小黑点的病征。寄生于植物的子囊菌，其子囊果大多在植物生长后期或在病组织残体上产生。

子囊菌门分为6个纲，主要依据是否形成子囊果以及子实层、子囊果的类型及子囊的特征。除虫囊菌纲外，其余5个纲的子囊菌均与植物病害有关。

半子囊菌纲真菌的子囊裸生，不形成子囊果，营养体是单细胞或不发达的菌丝体。子囊是由两个单细胞配合形成的接合子（如酵母类真菌）或由厚壁的双核细胞发育形成的，不形成产囊丝。与植物病害关系较大的是外囊菌。

不整囊菌纲真菌的营养体是真正的菌丝体，有性生殖产生闭囊壳，子囊在闭囊壳内不形成子实层，子囊壁在子囊孢子形成后胶化，子囊孢子散生在闭囊壳内。只含散囊菌目1个目，大多数种类是腐生的，有些种类是重要的工业和医药真菌，青霉属和曲霉属真菌的有性态均属于这个目，少数可以引起植物病害。

核菌纲真菌的特征是子囊果为子囊壳，子囊果核心组织有4种发育类型。核菌纲分为4个目，其中与植物病害有关的主要是白粉菌目和球壳目。白粉菌的子囊果为闭囊壳，均为植物的专性寄生菌，菌丝体大多为寄主体表生，产生吸器进入寄主表皮细胞吸取养分，为害植物，在病斑表面形成白粉状霉层，所致病害通常称为白粉病。闭囊壳上的附属丝有4种类型，附属丝形态以及闭囊壳内子囊的数目是白粉菌分类的重要依据。球壳目真菌形成子囊壳，子囊间有侧丝。无性繁殖大多十分发达，有的形成子座，菌丝体为基质或植物体内生或植物体外生。

腔菌纲的主要特征为子囊果是子囊座，子囊具双层囊壁。子囊形成时，周围的子座组织溶解形成子囊腔，子囊周围没有特殊的包被与子座组织分开。一个子座内有1至多个子囊腔，每个子囊腔内有1个或多个子囊。有些腔菌的子囊果是假囊壳，假囊壳与子囊壳的形态相似，但形成的方式不同。子囊之间无侧丝，有的有残余的子座组织。腔菌大多腐生，有的寄生于植物，少数与藻类共生形成地衣。与藻类共生形成地衣的子囊菌，一般称为地衣型子囊菌。本纲分5个目，与植物病害关系较大的是多腔菌目、座囊菌目和格孢腔目。

盘菌纲真菌的特征是形成子囊盘。典型的子囊盘有柄，盘内由子囊和侧丝整齐排列形成子实层。有些子囊盘无柄，有的子囊盘向外或向内翻卷形成各种变态的子囊盘。盘菌的子囊顶部往往加厚，有囊盖、孔口及其他结构，是盘菌分类的依据之一。大多数盘菌缺乏无性态，少数可以产生分生孢子。大多是腐生的，子囊果小型到大型，有些大型子囊果可食用。少数是植物寄生菌。盘菌分7个目，与植物病害有一定关系的是星裂菌目和柔膜菌目。

第七节　担子菌门菌物

一、概述

担子菌门（Basidiomycota）菌物一般称为担子菌，是菌物中最高等的类群。担子菌门菌物的共同特征是有性生殖产生担子（basidium）和担孢子（basidiospore）。担孢子着生在担子上，每个担子上一般形成4个担孢子。高等担子菌的担子着生在具有高度组织分化的结构上形成子实层，这种结构称为担子果（basidiocarp），常见的如木耳、银耳、蘑菇、灵芝等，都是担子菌的担子果。低等担子菌的担子裸生，无担子果。担子菌大多是腐生的，许多可以形成大型担子果，担子果常产生在腐朽木材、植物枯枝落叶上。有些担子果可食用或作药用，但有的有毒。有些担子菌寄生于植物引起严重病害。有少数担子菌与植物共生形成菌根（mycorrhiza）。

（一）营养体

绝大多数的担子菌具有发达的有隔菌丝体，为单倍体，细胞壁为几丁质，有隔膜，一般为桶孔隔膜（锈菌和黑粉菌除外）。可形成菌索。担子菌可以形成两种类型的营养体：

1. 初生菌丝体（primary mycelium）

由担孢子萌发产生的菌丝体，称为初生菌丝体。菌丝初期无隔多核，以后很快形成隔膜，每个细胞内有一个单倍体的细胞核（n）。在黑粉菌和锈菌中较为常见。大多数担子菌的初生菌丝体的生活力不强，初生菌丝体阶段较短。初生菌丝通常很快通过体细胞配合的方式质配形成双核菌丝体。

2. 次生菌丝体（secondary mycelium）

次生菌丝体是一种双核菌丝体。由两根初生菌丝间发生菌丝融合形成单倍双核细胞，质配产生的双核细胞内的细胞核不立即核配，而是不断发生双核并裂，形成双核菌丝体（$n+n$）。担子菌的双核菌丝体十分发达，一般看到的担子菌的营养菌丝就是这种双核菌丝体。因此担子菌有很长的双核单倍体阶段。许多担子菌的双核菌丝细胞在分裂时，在靠近隔膜处形成一种锁状联合（clamp connection）的结构（图2–98）。双核细胞分裂前，在两个核之间生出一个钩状分枝，其中一个核进入钩状分枝中，随后两个核同时分裂形成4个细胞核。新形成的两个子核移向细胞的一侧，有一个核保留在钩状分枝中。钩状分枝向下弯曲，顶部细胞壁溶解，随后在钩状分枝的基部和两对细胞核之间各形成一个隔膜，分隔成2个子细胞，每个细胞内具有与原来细胞相同的两个细胞核。锁状联合可能有助于双核细胞中来源不同的两个核均匀地分配到子细胞中。有些担子菌的菌丝体上没有锁状联合，细胞核通过双核并裂后形成隔膜分配到子细胞中。此外，有锁状联合的菌丝体也不是每一段都有锁状联合。双核的次生菌丝可以形成菌组织，由此构成菌核和菌索。有些担子菌的双核菌丝体可以进行无性繁殖形成双核的孢子。高等担子菌的双核菌丝体还可以特化为一种三生菌丝体（tertiary mycelium）（包括生殖菌丝、骨干菌丝和联络菌丝），三生菌丝体的作用是形成高等担子菌的担子果。

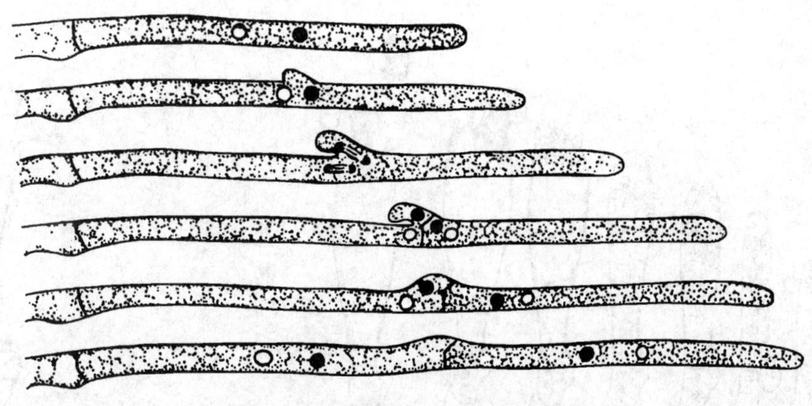

图 2-98　担子菌菌丝锁状联合的形成过程

（二）无性繁殖

担子菌无性繁殖不发达，除少数种类外，大多数担子菌在自然条件下没有或极少有无性繁殖，这与子囊菌无性繁殖非常发达的情况完全不同。

担子菌的无性繁殖是通过芽殖方式产生芽生孢子、菌丝断裂方式产生节孢子或粉孢子，或产生分生孢子进行的。例如，黑粉菌的担孢子和菌丝都能以芽殖方式产芽孢子。锈菌的夏孢子，其起源和功能都相当于分生孢子。担子菌的菌丝时常断裂成单细胞的片段，这些菌丝片段就是节孢子，它们可以是单核或双核的，取决于其来源于初生菌丝还是次生菌丝。粉孢子则是由特殊的、短的菌丝分枝顶端逐个割裂而来的。有些担子菌能产生真正的分生孢子，如异担子菌（*Heterobasidion*）的分生孢子阶段是无性态真菌的珠头霉属（*Oedocephalum*）。

（三）有性生殖

担子菌的有性生殖过程比较简单。除锈菌外，一般没有特殊分化的性器官，主要是由两个担孢子或两个初生菌丝体细胞进行质配；有的是通过孢子与菌丝或受精丝结合进行质配。担子菌质配后形成双核的次生菌丝体，一直到形成担子和担孢子时才进行核配和减数分裂，所以有较长的双核阶段。典型的担子呈棍棒状，是从双核菌丝体的顶端细胞形成的。担子（basidium）是担子菌进行核配和减数分裂的场所。当顶端细胞开始膨大时，其中的双核进行核配形成一个二倍体的细胞核，接着进行减数分裂形成 4 个单倍体的细胞核。每个细胞核形成一个单核的担孢子，着生在担子的小梗上（图 2-99）。担孢子萌发形成单倍体的初生菌丝体。由此可见，担子和担孢子形成的过程与子囊和子囊孢子的形成过程是很相似的。

担子的形态和形成的过程是不同的，以上所述是典型无隔担子的情况。有些担子有纵隔或横隔，将担子分成 2 个或 4 个细胞。冬孢菌纲真菌的核配和减数分裂不是在担子发育的同一部位进行的，一般将进行核配的部位称为原担子（又称下担子），进行减数分裂的部位称为异担子（又称上担子或先菌丝，promycelium）。例如，锈菌的双核菌丝体可以形成称为冬孢子（teliospore）的双核厚壁休眠孢子，其中的两个细胞核在萌发时进行核配，减数分裂是在萌发后形成的先菌丝中进行的。先菌丝横隔成 4 个细胞，在每个细胞的小梗上形成一个担孢子（图 2-100）。因此，锈菌的冬孢子实质上是厚壁的原担子，先菌丝是异

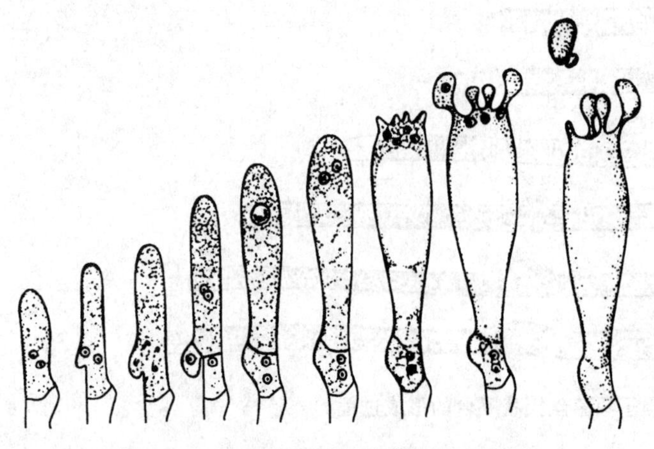

图 2-99 典型的担子和担孢子的形成过程

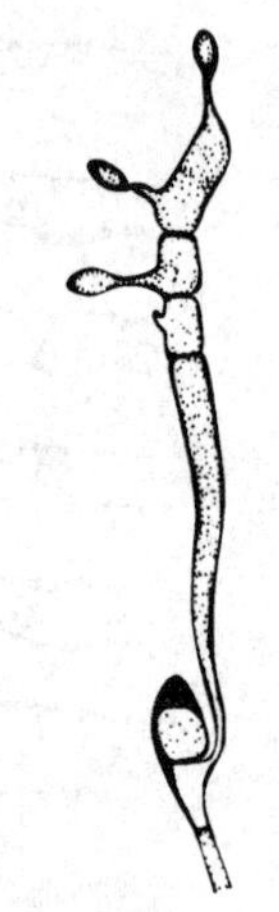

图 2-100 锈菌冬孢子的萌发

担子。黑粉菌的情况也是如此。有的担子上没有小梗，担孢子直接生于担子上。

（四）担子果

多数担子菌的担子着生在担子果上。担子果的发育类型有裸果型（gynocarpic）、半被果型（hemi-angiocarpic）和被果型（angiocarpic）3 种。子实层从一开始就暴露的为裸果型，如非褶菌目真菌；子实层最初有一定的包被，在担子成熟前开裂露出子实层的为半被果型，如伞菌目真菌；子实层包裹在子实体内，担子成熟时也不开裂，只有在担子果分解或遭受外力损伤时担孢子才释放出来，为被果型，如腹菌目真菌。有些担子菌不产生担子果，如锈菌目、黑粉菌目真菌。

（五）分类

由于不同菌物学家对担子菌的起源、演化及各种性状在分类上的意义存在分歧，致使至今在担子菌分类问题上的看法尚未统一。在 Alexopoulos 所著的《菌物学概论》（第 4 版）（1996）中，根据担子菌的形态学特征和 rDNA 序列分析，将担子菌分为层菌纲（Hymenomycetes）、黑粉菌纲（Ustomycetes）和锈菌纲（Urediniomycetes）。《菌物辞典》（第 9 版）即采用这个系统。

本教材仍采用 Ainswonh（1973）的分类系统，根据担子果的有无、担子果的发育类型，将担子菌门分为以下 3 个纲。

（1）冬孢菌纲（Teliomycetes） 无担子果，在寄主上形成分散或成堆的冬孢子。是高等植物上的寄生菌。

（2）层菌纲（Hymenomycetes） 有担子果，裸果型或半被果型。担子形成子实层，担子是有隔担子或无隔担子。大都是腐生菌，极少数是寄生菌。

（3）腹菌纲（Gasteromycetes） 有担子果，被果型。担子形成子实层，担子是无隔担子。

二、冬孢菌纲

一般认为冬孢菌纲（Teliomycetes）真菌是低等的担子菌，不形成担子果，形成分散或

成堆的冬孢子（厚壁的原担子），冬孢子萌发产生的先菌丝分化为有隔或无隔的担子，不形成子实层。菌丝体发达，有初生菌丝体，但主要是双核的次生菌丝体。有的双核菌丝体可以无性繁殖的方式产生双核孢子，有的以担孢子芽殖产生分生孢子。冬孢菌纲真菌广泛分布于世界各地，绝大多数是维管束植物的寄生菌，引起系统性或局部性病害，兼性寄生或专性寄生，是一类重要的植物病原菌。目前已知冬孢菌纲真菌有200多个属，8 000多种。冬孢菌纲分为锈菌目（Uredinales）和黑粉菌目（Ustilaginales）。

（一）锈菌目（Uredinales）

锈菌目真菌一般称为锈菌，主要为害植物茎、叶，大都引起局部侵染，在病斑表面往往形成称为锈状物的病征，所引起的病害一般称为锈病（rust），常引起农作物的严重损失。目前已知160多个属，约7 000种。锈菌目的特征是：冬孢子萌发产生的先菌丝内产生横隔特化为担子；担子有4个细胞，每个细胞上产生1个小梗，小梗上着生无色单胞的担孢子；担孢子释放时可以强力弹射。通常认为锈菌是专性寄生的，但是已有少数锈菌如小麦禾柄锈菌（*Puccinia graminis* f. sp. *tritici*）等10多种锈菌可以在人工培养基上培养。

锈菌有两种营养菌丝体，即单核的初生菌丝体和双核的次生菌丝体。有些锈菌的两种菌丝体都能侵染寄主植物并以无性繁殖的方式分别产生单核的和双核的孢子，如禾柄锈菌（*P. graminis*）。锈菌的双核菌丝体很少有锁状联合。寄生在寄主细胞间的菌丝体一般都形成吸器伸入寄主细胞内。有的锈菌是单主寄生（autoecism）的，即在一种寄主植物上生活就可以完成生活史；有的是转主寄生（heteroecism）的，生活史的不同阶段需要在两种不同的寄主上生活才能完成生活史。许多锈菌具有明显的多型现象（polymorphism），一个完整的生活史最多的可以产生5种类型的孢子，如禾柄锈菌（图2-101）。为了便于叙述，锈菌的不同孢子常用代号表示：

0. 性孢子（pycniospore） 性孢子单细胞，单核，产生在性孢子器内，其作用是与受精丝进行交配。性孢子器（pycnium）是由担孢子萌发形成的单核菌丝体侵染寄主形成的一种有孔口、近球形的结构，性孢子器中产生性孢子和受精丝。

Ⅰ. 锈孢子（aeciospore） 锈孢子双核，单细胞，产生在锈孢子器内。锈孢子器（aecium）和锈孢子是由性孢子器中的性孢子与受精丝交配后形成的双核菌丝体产生的，因此锈孢子器和锈孢子一般是与性孢子器和性孢子伴随产生。

Ⅱ. 夏孢子（urediospore） 夏孢子是双核菌丝体产生的成堆的双核孢子，夏孢子萌发形成双核菌丝可以继续侵染寄主，在生长季节中可连续产生多次，作用与分生孢子相似，但两者性质不同。许多夏孢子聚生在一起形成夏孢子堆。

Ⅲ. 冬孢子（teliospore） 冬孢子是双核菌丝体产生的厚壁双核孢子，一般是在寄主生长后期形成的休眠孢子。冬孢子是锈菌双核进行核配的场所。许多冬孢子聚生在一起形成冬孢子堆。

Ⅳ. 担孢子（basidiospore） 冬孢子萌发形成先菌丝，先菌丝转化为有隔担子，担子的小梗上产生担孢子。冬孢子是原担子，先菌丝是异担子。锈菌的担孢子一般称为小孢子，是经过减数分裂后形成的单核孢子。

各种锈菌产生孢子的种类多少是不同的，构成了锈菌生活史的多样性。禾柄锈菌形成5种孢子，它们的生活史可用0、Ⅰ、Ⅱ、Ⅲ、Ⅳ表示。梨胶锈菌（*Gymnosporangium haraeanum*）不产生夏孢子，它的生活史是0、Ⅰ、Ⅲ、Ⅳ。因此，不同的锈菌的生活史可

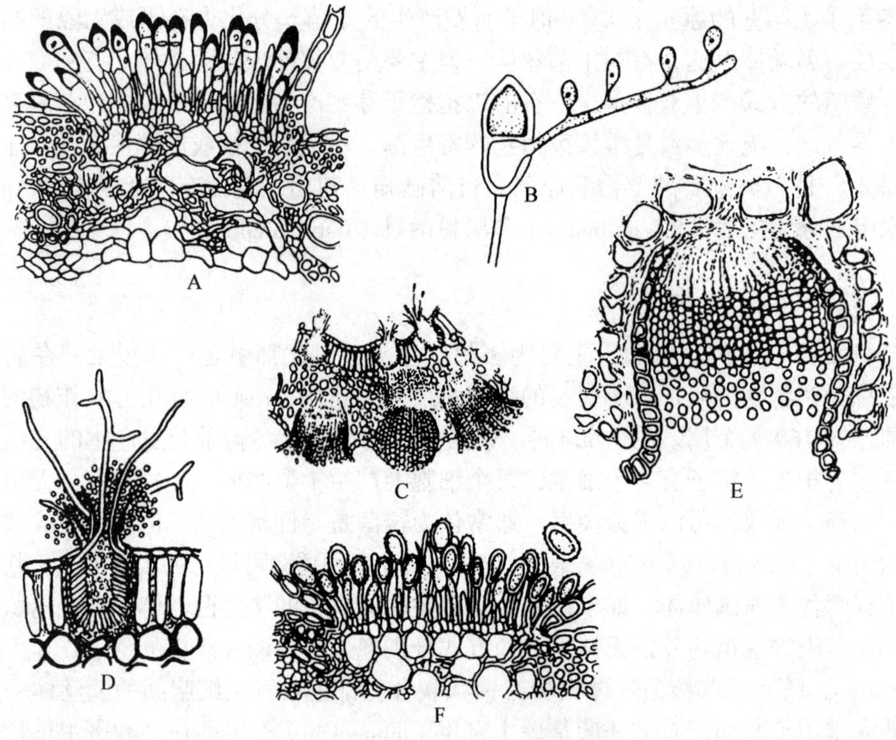

图 2-101 禾柄锈菌

A. 冬孢子和冬孢子堆；B. 冬孢子萌发产担子和担孢子；C. 性孢子器和锈孢子器；D. 放大的性孢子器；E. 放大的锈孢子器；F. 夏孢子堆和夏孢子

能不同，可以区分为不同的生活史型。但生活史型的划分方法不同，含义也就不同。通常将锈菌生活史中除双核的冬孢子外，还有一种双核孢子（锈孢子或夏孢子）的称为长生活史型（long lifecycle）；冬孢子为唯一双核孢子的为短生活史型（short lifecycle）。长生活史型的锈菌有单主寄生和转主寄生两种；短生活史型的则都是单主寄生。有的将锈菌的生活史分为全锈型（eu-form rust）即生活史中产生所有 5 种孢子；半锈型（hemi-form rust）即生活史中缺夏孢子；短锈型（short-form rust）即冬孢子为唯一的双核孢子。未发现或没有冬孢子的锈菌，一般称为“不完全锈菌”。由于冬孢子反映锈菌目的特征，并且多数锈菌都能形成冬孢子，所以冬孢子的性状是锈菌分类的主要依据。事实上，许多为害作物的锈菌很少发现有性态或有性态在病害的发生过程中并不重要，如禾本科、豆科等作物上的锈菌，它们主要是以夏孢子反复侵染为害，到后期才形成冬孢子，而且冬孢子对病害循环也不起什么作用，所以生活史实际上是很简单的。

锈菌的分类主要根据冬孢子的形态、排列和萌发的形式。由于可以区别不同种的性状不多，许多形态相似而寄主范围不同的锈菌也分为不同的种。锈菌目通常分为 2 个科。柄锈菌科（Pucciniaceae）的冬孢子有柄，冬孢子大多裸露于寄主体外。其中为害农作物最重要的是柄锈菌属（*Puccinia*）和单胞锈菌属（*Uromyces*）。栅锈菌科（Melampsoraceae）的冬孢子无柄，聚生于寄主体内。与农作物病害关系较大的有栅锈菌属（*Melampsora*）和层锈菌属（*Phakopsora*），另有许多种类寄生在松柏植物上。其他缺乏有性阶段的锈菌，即未见冬孢子的锈菌则简单地归于一类，即半知锈菌类。

1. 柄锈菌属（*Puccinia*）

柄锈菌属的特征是冬孢子有柄，双细胞，深褐色，单主或转主寄生；性孢子器球形；锈孢子器杯状或筒状；锈孢子单细胞，球形或椭圆形；夏孢子黄褐色，单细胞，近球形，壁上有小刺，单生、有柄。柄锈属包含 3 000 多个种，其中有长生活史型和短生活史型，有单主寄生和转主寄生。柄锈菌属为害许多不同科的高等植物，许多重要的禾谷类锈病是由此属锈菌引起的，如麦类秆锈病（*P. graminis*）、小麦条锈病（*P. striiformis*）和小麦叶锈病（*P. recondita* f. sp. *tritici*）等。现以引起麦类秆锈病的禾柄锈菌为例，说明锈菌的各种孢子的形态和生活史中的转主寄生现象。

禾柄锈菌属于长生活史型，可产生 5 种类型的孢子。冬孢子产生在麦类作物的秆、叶上，形成黑褐色的冬孢子堆。冬孢子双细胞，有柄，顶壁特厚，褐色。冬孢子每个细胞内有两个核，都可以萌发。萌发时产生 1 根先菌丝，先菌丝分隔为 4 个细胞，每个细胞产生 1 个小梗，上面着生 1 个担孢子。担孢子单核、单细胞。

禾柄锈菌是转主寄生的，担孢子只能侵染蔷薇科小灌木小檗，不能侵染麦类作物。担孢子随风传播到小檗上，侵入后产生初生菌丝，几天后在小檗叶片上表皮下形成性孢子器。性孢子器瓶状，有固定的器壁和孔口，器壁内表面长有许多性孢子梗，不断产生大量的性孢子。性孢子很小，单细胞，呈蜜滴状从性孢子器孔口挤出，同时性孢子器内壁产生受精丝从孔口伸出。性孢子器孔口上的蜜滴散发香味吸引昆虫前来吮吸，将性孢子传播到受精丝上，性孢子与受精丝通过受精作用进行质配，形成双核细胞。禾柄锈菌是异宗配合的，有“+”、“−”两种交配型的分化，同一种交配型的担孢子萌发产生的性孢子与受精丝之间不能进行质配，只能在“+”交配型的性孢子与“−”交配型的受精丝或“−”的性孢子与“+”的受精丝之间进行质配。

质配形成的双核细胞分裂形成双核菌丝体，扩展至小檗叶片背面表皮下纠集形成锈孢子器原基，分化形成锈孢子器，锈孢子器内产生呈链状排列的锈孢子。锈孢子球形，单细胞，双核，呈黄色，壁表面光滑。锈孢子不能侵染小檗，只能侵染麦类寄主。

锈孢子随风传播到小麦上，萌发侵入小麦后在寄主体内形成发达的双核菌丝体，随后不久在麦类叶片表皮下形成夏孢子堆，成熟后顶破表面外露。夏孢子椭圆形，单细胞，双核，壁表面有刺，橙黄色。夏孢子只能侵染麦类作物。夏孢子经传播继续为害麦类作物，在麦类作物的一个生长季节中，这样的过程可以重复多次，使病害迅速蔓延。麦类生长后期，双核菌丝顶端形成冬孢子，冬孢子聚集成冬孢子堆。冬孢子是一种抵抗不良环境的厚壁休眠孢子，越冬后萌发，经核配、减数分裂，产生担孢子。

简要地说，禾柄锈菌是转主寄生的，在麦类作物上形成夏孢子和冬孢子，冬孢子萌发形成的担孢子侵染小檗，在小檗上形成性孢子和锈孢子，锈孢子只能侵染麦类作物。应该指出，禾柄锈菌的生活史中产生的夏孢子是 5 种孢子中唯一可以侵染它的原寄主植物的。这样禾柄锈菌就可以不断产生夏孢子侵染和传播。因此，转主寄主小檗对禾柄锈菌完成它的包括有性阶段在内的整个生活史是必要的。但是事实上，禾柄锈菌只需夏孢子阶段就能不断侵染麦类寄主和繁殖。夏孢子的作用可以说与子囊菌和无性态真菌的分生孢子相似，但两者的本质不同。夏孢子是经质配形成的双核细胞发育产生的双核菌丝体形成的双核孢子，而分生孢子是由营养生长产生的菌丝体形成的。

禾柄锈菌的初次侵染来源于转主寄主小檗上产生的锈孢子或病菌在禾谷类作物上越冬或越夏后产生的夏孢子。转主寄主小檗在我国分布不广，因此在我国主要是以夏孢子为主

要的初次侵染来源。由于禾柄锈菌的夏孢子对高温和低温都很敏感，因此，一般认为禾柄锈菌是在北方春麦区越夏，秋季自北向南传到冬麦区，而在南方冬麦上越冬；第二年春天自南向北方冬麦区，再进一步传到北方春麦区，并在春麦区越夏。在生长季节，禾柄锈菌重复产生夏孢子，引起再次侵染。

2. 胶锈菌属（*Gymnosporangium*）

胶锈菌属的特征是冬孢子双细胞，浅黄色至暗褐色，具有长柄；冬孢子柄无色，遇水膨胀胶化；冬孢子堆舌状或垫状，遇水胶化膨大，近黄色至深褐色；锈孢子器长管状，锈孢子串生，近球形，黄褐色，壁表面有小的疣状突起；转主寄生，无夏孢子阶段。此属锈菌大都侵染果树和树木。其中较重要的种，如梨胶锈菌（*G. haraeanum*）和引起苹果锈病的山田胶锈菌（*G. yamadai*）等都是转主寄生的。担孢子侵染蔷薇科植物，而锈孢子则侵害桧属（*Juniperus*）植物。由于缺少夏孢子阶段，所引起病害只有初侵染而没有再侵染。胶锈菌属锈菌中常见的是梨胶锈菌（图 2–102）。

梨胶锈菌的生活史中形成 4 种不同的孢子。冬孢子产生在桧柏（*Juniperus chinensis*）上，冬孢子双细胞，淡黄色，柄细长无色，遇水容易胶化而消解。冬孢子萌发产生 4 个细胞的先菌丝，每个细胞有一短梗，梗端着生担孢子。担孢子卵形，淡黄色，单细胞，具有 1 个细胞核。担孢子随风雨传播到梨树上，侵染梨树的嫩叶、嫩枝和幼果，但不能侵染桧柏。担孢子侵入后形成的单核初生菌丝体在梨树叶片正面表皮下形成瓶状、孔口外露的性孢子器。性孢子器产生性孢子和受精丝。性孢子单细胞，成熟后随蜜汁溢出，由昆虫传播。梨胶锈菌也是异宗配合的，因此同一个性孢子器产生的性孢子与受精丝之间不能发生交配。担孢子分为“+”、“–”两种，分别形成“+”、“–”两种性孢子器和受精丝，不同交配型的性孢子和受精丝之间可以交配。质配后发育形成的双核菌丝体在叶片背面形成锈孢子器。锈孢子器有包被，长管状，从叶片背面长出，多个锈孢子器生在一起，肉眼看上去似一丛灰色的毛状物。锈孢子串生，近圆形，厚壁，淡黄色，表面有小的瘤状突起。叶片

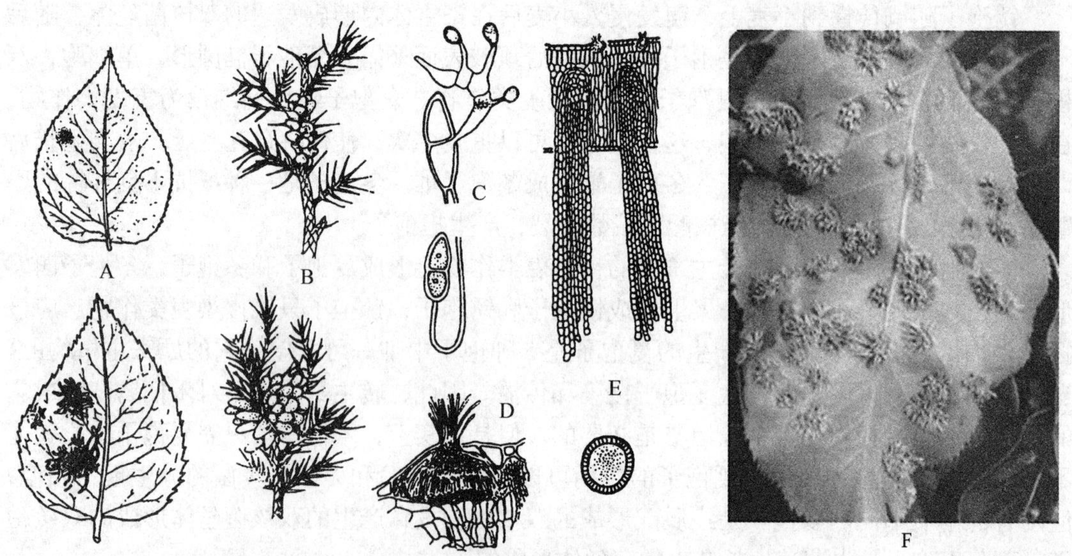

图 2–102　梨胶锈菌的生活史

A. 生于叶正面的性孢子器和叶背面的锈孢子器；B. 桧柏上的冬孢子角和吸水膨大后的冬孢子角；C. 冬孢子和冬孢子萌发；D. 性孢子器；E. 锈孢子器和锈孢子；F. 为害状

受害严重的枯萎脱落。果实受害，病斑附近的果肉硬化，果实以后呈畸形。

梨树上产生的锈孢子只能为害转主寄主桧柏的叶、嫩梢和小枝，10—12 月开始表现症状，并以菌丝体在桧柏上越冬，直到第二年 3—4 月症状才显著。枝梗上最初出现稍为隆起的黄色斑点，以后表皮开裂，有棕褐色米粒状的角状物，从内向外突出，即病原菌冬孢子聚集而成的冬孢子堆（又称冬孢子角）。着生在嫩梢或小枝上的冬孢子角形状与叶片上的相同。冬孢子角在 3—4 月成熟，如遇雨水，则吸水膨胀，呈橙黄色花朵状的胶状物，表面有黄色粉末，即冬孢子萌发形成的担孢子。担孢子随风传播侵害梨树。担孢子不耐干燥，传播距离一般只有 2.5 ~ 5 km。

梨胶锈菌必须要有两种寄主植物才能完成其生活史，缺少一种寄主就不会发病。防治梨锈病主要是铲除梨园附近的桧柏或周围 5 km 内不植桧柏。必要时，可喷药保护梨树，减轻病害的发生。

（二）黑粉菌目（Ustilaginales）

黑粉菌目真菌一般称为黑粉菌，特征是形成成堆黑色粉状的冬孢子（习惯称为厚垣孢子）。冬孢子萌发形成先菌丝和担孢子；担子无隔或有隔，但担子上无小梗，担孢子直接产生在担子上，担孢子不能弹射。黑粉菌与锈菌的主要区别是，它的冬孢子是从双核菌丝体的中间细胞形成的，担孢子直接着生在先菌丝（没有小梗）的侧面或顶部，成熟后也不能弹出。此外，黑粉菌不是专性寄生的。黑粉菌大多为兼性寄生的，寄生性较强。在自然条件下只有在一定的寄主上才能完成生活史。大多数黑粉菌可以在人工培养基上培养，但只有少数可以在人工培养基上完成生活史。少数黑粉菌为腐生的。黑粉菌是一群重要的植物病原菌，目前已知有 50 余属、950 余种，主要为害种子植物，在禾本科和莎草科植物上为害较多。黑粉菌多半引起全株性侵染，也有引起局部性侵染的。在寄主的花期、苗期和生长期均可侵入。为害寄主植物时，通常在发病部位形成黑色粉状物的病征，所引起的病害一般称为黑粉病。

黑粉菌主要是以双核的菌丝体在寄主的细胞间寄生，一般有吸器伸入寄主细胞内，有的在菌丝体上有锁状联合。到寄生的后期，双核的菌丝体在寄主组织内形成冬孢子，无性繁殖不发达，往往以担孢子进行芽殖产生分生孢子。

黑粉菌的有性生殖过程很简单，没有特殊分化的性器官，一般是以两个担孢子或两个先菌丝细胞进行质配而进入双核阶段，形成发达的双核菌丝体，直至冬孢子萌发才进行核配。冬孢子最初为双核，以后核配成 1 个二倍体的细胞核。减数分裂在先菌丝中进行，形成的担孢子为单核。担孢子萌发形成的单倍体初生菌丝体有时也能侵染植物，但不能进一步扩展而引起典型的症状。

黑粉菌的分类主要根据冬孢子的性状，如孢子的大小、形状、纹饰、是否有不孕细胞、萌发的方式以及孢子堆的形态等。但是，许多黑粉菌的种，很难从冬孢子的性状区别，所以，寄主范围也作为种的鉴别性状，这一点与锈菌的分类是相同的。

黑粉菌为害农作物重要的属有黑粉菌属（*Ustilago*）、轴黑粉菌属（*Sphacelotheca*）和腥黑粉菌属（*Tilletia*）等，尤其以黑粉菌属最为重要。

黑粉菌属（*Ustilago*）　黑粉菌属的特征是冬孢子堆黑褐色，成熟时呈粉状；冬孢子散生，单细胞，球形或近球形，黑褐色，直径大多 4 ~ 8 μm，壁光滑或有多种饰纹，萌发产生的担子（先菌丝）有隔膜；担孢子侧生或顶生，有些种的冬孢子直接产生芽管而不是形

成先菌丝，因而不产生担孢子。黑粉菌属较多寄生在禾本科植物上，其中不少是重要的植物病原菌，如引起小麦散黑粉病的小麦散黑粉菌（*U. tritici*）、大麦散黑粉病的裸黑粉菌（*U. nuda*）、玉米瘤黑粉病的玉蜀黍黑粉菌（*U. maydis*）和大麦坚黑粉病的大麦坚黑粉菌（*U. hordei*）。下面以大麦坚黑粉菌和玉蜀黍黑粉菌为例，说明全株性（系统性）和局部性（非系统性）侵染两种形式（彩图 130）。

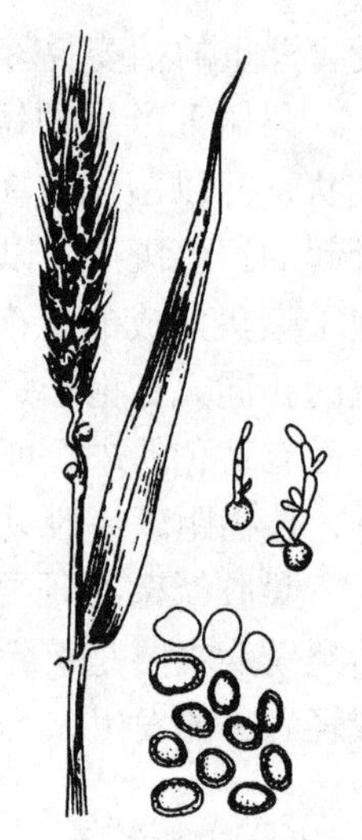

图 2–103　大麦坚黑粉菌

大麦坚黑粉菌（图 2–103）的侵染是全株性的或系统性的。大麦坚黑粉菌的冬孢子萌发形成分隔成 4 个细胞的先菌丝，每个细胞着生 1 个担孢子。担孢子卵形或椭圆形，可以芽殖方式繁殖，产生的孢子称次生担孢子。“+”、“–”的担孢子或次生担孢子交配后，产生双核侵入丝侵入寄主。大麦坚黑粉菌是从未出土时的幼苗侵入的。一种方式是当种子萌芽时，附着在种子表面的冬孢子产生担孢子，交配后形成双核的侵入丝侵入；另一种方式是潜伏在种子和颖壳间的菌丝体直接从芽鞘侵入。侵入后病菌进入生长点，菌丝体随着寄主的生长发育而遍布植株各部，引起全株感染，但病麦株在抽穗前不表现症状。抽穗后菌丝体进入子房产生大量的黑粉状冬孢子，病穗的种子整个被胶集成块的黑粉状的冬孢子所代替，冬孢子堆外有白色柔韧薄膜。冬孢子不易飞散，所以称为坚黑粉病。大麦脱粒时，飞散的冬孢子附着在种子上，是翌年病菌侵染的来源。冬孢子在干燥的条件下，可以存活 2 ~ 3 年，但是在土壤和肥料中不能长期存活。大麦坚黑粉病只有初次侵染而缺乏再次侵染，因此，种子处理是防治大麦坚黑粉病最有效的方法。

玉蜀黍瘤黑粉菌的侵染是局部性的。玉蜀黍瘤黑粉菌的冬孢子萌发形成有 3 个隔膜的先菌丝，在顶端或侧面着生梭形、无色的担孢子，担孢子可以芽殖产生次生担孢子。“+”、“–”的担孢子或次生担孢子萌发后以芽管侵入，在寄主组织内分别形成单核菌丝，并相互交配形成双核的菌丝体。担孢子也可能在寄主体外结合，产生双核菌丝，然后再侵入寄主。侵入寄主的单核菌丝，如不经交配形成双核菌丝体，就不能进一步发育而引起典型症状，也不能形成冬孢子。玉蜀黍黑粉菌是从植株的幼嫩组织侵入，在玉米的各个生长期都可以造成侵染。经质配产生的双核菌丝体在侵染点周围的局部组织中迅速扩展，同时产生类似生长素的物质刺激寄主细胞，使寄主细胞膨大和增殖，尤其是韧皮部的增殖最为突出，因而造成局部组织异常膨大形成肿瘤（图 2–104，彩图 129）。随后在肿瘤中形成大量的冬孢子（厚垣孢子）。肿瘤破裂后厚垣孢子散出，又可以萌发进行再侵染，这样的循环在玉米生长期中可以重复多次。土壤、病株残余组织和堆肥中越冬的冬孢子是翌年初侵染的来源。冬孢子在土壤中可存活 7 年以上，甚至通过家畜消化道还不致全部死亡。玉米瘤黑粉病的防治是采取轮作、清除病株、避免使用带菌的肥料或利用抗病的品种及化学防治等措施。

三、层菌纲

层菌纲（Hymenomycetes）真菌的担子果一般为相当发达的大型担子果，裸果型或半裸果型，担子形成子实层。担孢子成熟后可以强力弹射。大多为腐生的，有许多可以引起木

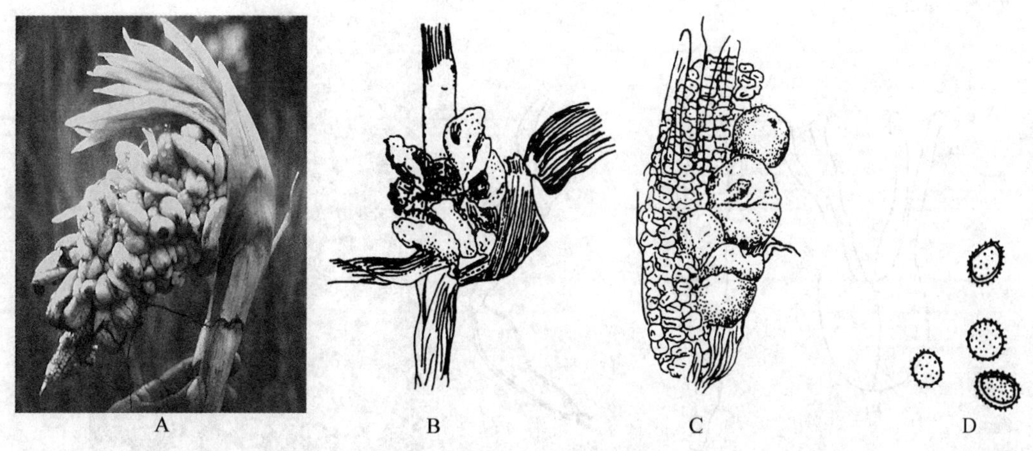

图 2–104　玉蜀黍瘤黑粉菌

A–C 为害状；D. 冬孢子

材腐朽，少数可以为害植物，有的是森林植物的重要病原菌。本纲真菌有的为食用菌，如蘑菇、木耳等；有的可作药用，如灵芝等。近年来发现有不少种类含有抗癌物质；有少数是毒菌，人畜食用可产生幻觉或致死；有的是与植物共生的菌根菌。层菌纲真菌与农作物病害的关系较小，只有少数是农作物的病原菌。为了对各类真菌有全面的概念，这里也作简单的介绍。Ainsworth（1973）采纳 Talbot 的分类意见，根据担子有无隔膜，将层菌纲分为有隔担子菌亚纲和无隔担子菌亚纲 2 个亚纲，共包含 9 个目，675 属，约 5 000 种。

（一）有隔担子菌亚纲

有隔担子菌亚门纲形成有隔担子，分为银耳目、木耳目和隔担菌目 3 个目。

1. 银耳目（Tremellales）

银耳目下分 3 科 30 属。银耳目真菌都是木材上的腐生菌，少数寄生在真菌上，担子果为裸果型，大多为胶质。典型的担子以“十”字形纵隔分成 4 个细胞。担孢子萌发产生芽管或分生孢子。由于担孢子能够自小梗上弹离，故属掷孢子。银耳（*Tremella fuciformis*）是其中很典型的种。

2. 木耳目（Auriculariales）

木耳目下有一科 21 属。木耳目真菌大都为木材上的腐生菌，少数寄生于高等植物或其他真菌上。担子果为裸果型，胶质，干后呈坚硬的壳状或垫状。子实层分布在担子果表面。典型的担子有横隔分为 4 个细胞。常见的寄生菌是为害桑和其他树木地下部引起纹羽病的桑卷担菌（*Helicobasidium mompa*）和紫卷担菌（*H. purpureum*）。它们的担子果不发达，担子卷旋。毛木耳（*Auricularia polytricha*）是我国在麻栎等木材上人工栽培的食用菌。

3. 隔担菌目（Septobasidiales）

隔担菌目是一类很特殊的真菌，大都是为害植物的介壳虫上的共生菌。担子果不很发达，原担子的壁很厚（有些像冬孢菌纲真菌的冬孢子），异担子则横隔为 4 个细胞，小梗上着生担孢子。这一目真菌中有少数是植物病原真菌，如引起桑膏药病的柄隔担耳（*Septobasidium pedicellatum*）和柑橘膏药病的柑橘生隔担耳（*S. citricolum*）（图 2–105，彩图 131）。

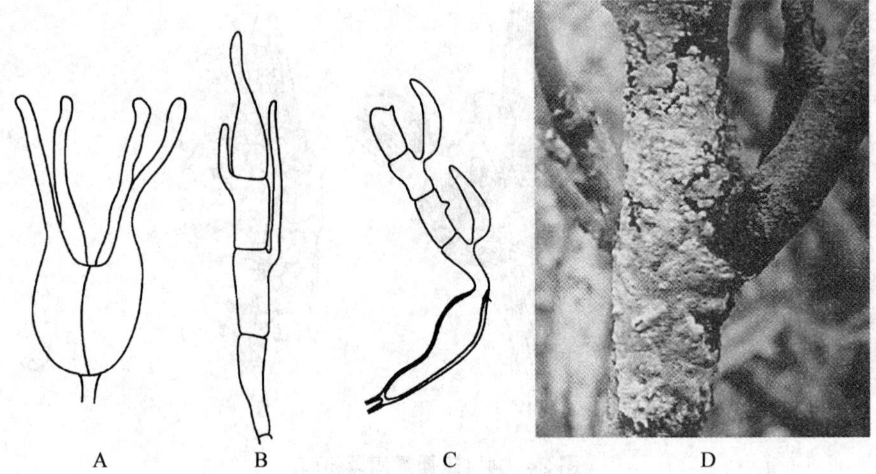

图 2–105　各种有隔担子的形态

A. 银耳目；B. 毛木耳目；C. 隔担耳目；D. 由柑橘隔担耳引起的柑橘膏药病

（二）无隔担子菌亚纲

无隔担子菌亚纲真菌形成无隔担子，分为外担菌目、座担菌目、花耳目、胶膜菌目、非褶菌目和蘑菇目 6 个目。

1. 外担菌目（Exobasidiales）

外担菌目真菌都是高等植物上的寄生菌，为害茎叶引起叶斑和肿瘤等畸形。它们没有担子果，担子在受害部的表面形成子实层，在许多方面与子囊菌中外囊菌属（*Taphrina*）真菌相似。本目真菌种类不多，约含 5 个属。外担菌属（*Exobasidium*）是最重要的属，其中的许多种可为害山茶科、石棉科、樟科等常绿木本植物，引起茶饼病的坏损外担菌（*Exobasidium vexans*）是常见的种。

2. 座担菌目（Brachybasidiales）

座担菌目真菌的担子果疱状或盘状。担子细长，成簇地从叶片下面的气孔伸出，棍棒形或近梨形，由上担子和下担子组成，两者之间有明显缢缩。上担子顶端有 2 个小梗，每一小梗上各生 1 个担孢子。本目仅有 1 科，2 属。重要属为座担菌属（*Brachybasidium*）。座担菌（*B. pinangae*）寄生于山槟榔属（*Pinangia*）植物上，引起叶斑病。

3. 花耳目（Dacrymycetales）

花耳目真菌的担子果小，胶质，垫状、瓣状或匙状，无柄或有柄，颜色鲜艳，黄色或橘黄色。担子圆柱形至棍棒形，单胞，顶端分叉成两个粗壮的小梗，呈音叉状。每一小梗上各生 1 个担孢子。常见的有花耳属（*Dacrymyces*）的黄花耳（*D. aurantius*），腐生于朽木上。

4. 胶膜菌目（Tulasnellales）

胶膜菌目真菌形成铺展在基质表面的胶质状、粉状和蛛网状的担子果。担子果有白色、褐色、灰色和粉红色等。其中有腐生的和寄生的。寄生的主要是为害植物靠近土面的部分，有些是兰科植物上的菌根真菌。特别值得提出的是亡革菌属（*Thanatephorus*）中的瓜亡革菌（*T. cucumeris*）是寄主范围很广的病原菌，为无性态真菌立枯丝核菌（*Rhizoctonia solani*）的有性态。

5. 非褶菌目（Aphyllophorales）

非褶菌目真菌一般形成较大的裸果型担子果，包含的种类多，已知有 1 200 多种。担子果有紧贴平展状或平展反卷状、菌盖状、小杯状或盘状，也有棍棒状和分枝成珊瑚状的，担子果有柄或无柄，担子果中着生子实层的部分（子实层体）有平滑、齿状、棍棒状和管状的（图 2–106）。担子果的质地为革质、木质或木栓质，一般都比较坚实，少数肉质，有的可食用，如猴头菌、鸡油菌等。非褶菌目真菌大都是枯树、木材和腐殖质上的腐生菌，也有少数是植物病原真菌，如引起茶树、橡胶树和其他热带植物根部紫腐病的鲑状伏革菌（*Corticium salmonicolor*）；引起多种果树银叶病的紫韧革菌（*Stereum purpurem*）；引起茶树、咖啡、可可、橡胶等根腐病的橡胶树灵芝（*Ganoderma pseudoferreum*）等。总的来说，非褶菌目中的病原真菌主要为害木本植物，大都是先为害根部。非褶菌目中有些是药用真菌，如灵芝（*Ganoderma* spp.）等。

6. 伞菌目（Agaricales）

伞菌目也叫蘑菇目，其担子果是肉质的，为半被果型，典型的为伞状，由菌盖和菌柄两部分组成；子实层着生在菌盖下面的菌褶上（图 2–107，彩图 132）。少数蘑菇目真

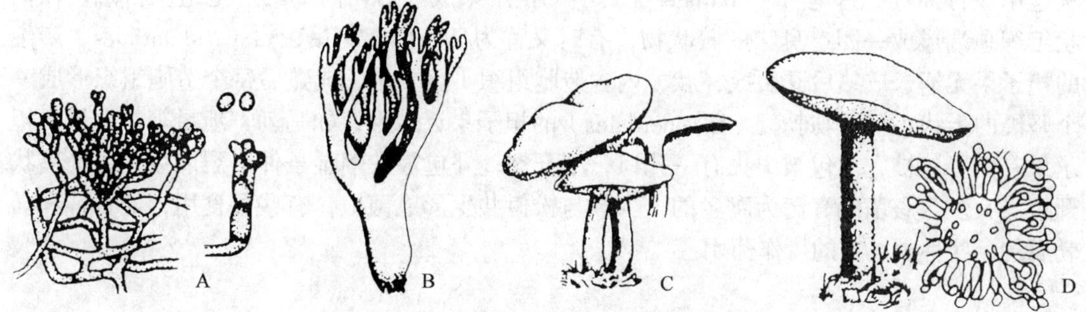

图 2–106　非褶菌目真菌担子果的形状

A. 薄膜革菌属；B. 珊瑚菌属；C. 齿菌属；D. 条孢牛肝菌属

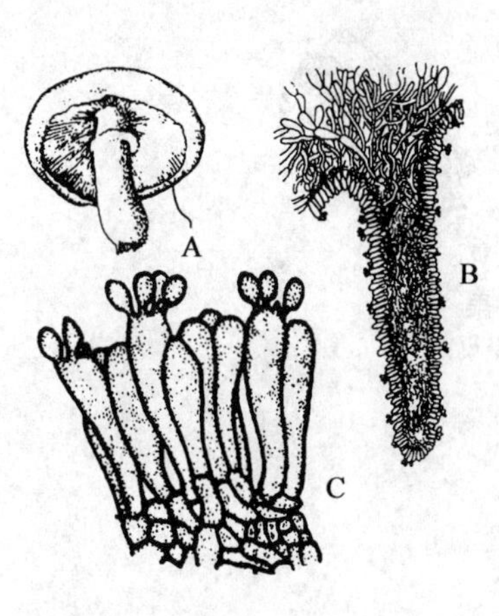

图 2–107　蘑菇目真菌的典型担子果

A. 担子果外形；B. 菌褶上的子实层；C. 子实层放大（担子、担孢子和侧丝）

菌的子实层体呈孔状，如牛肝菌属（*Boletus*）中的食用菌。蘑菇目真菌大都是树桩、木材、腐殖质或粪堆上的腐生菌，少数可引起树木和果树的根腐病，其中最主要的是蜜环菌（*Armillaria mellea*）。我国著名药材天麻，就是蜜环菌和一种兰科植物共生形成的。蘑菇目中有很多是食用菌，大量栽培的是蘑菇（*Agaricus campestris*）。少数蘑菇有毒，通常称为毒伞菌或毒蘑菇。毒伞菌的特征是菌盖肉质，帽形，容易腐烂，菌柄生于菌盖中央，与菌盖容易分离；担孢子无色或粉红色；菌柄基部有菌托，为担子果包被开裂后的残留物，菌柄上有菌环。常见的种是毒伞属（*Amanita*）中的毒伞（*A. phalloides*），又称鹅膏菌，在食用蘑菇引起的中毒中，绝大多数是因误食此菌引起的。

四、腹菌纲

腹菌纲（Gasteromycetes）真菌的担子果发达，有柄或无柄，被果型，担子形成在完全闭合的担子果内（图 2–108，彩图 132）。担孢子不能弹射。担孢子成熟后从担子果的孔口或破裂的担子果内散出。通常认为腹菌纲真菌是真菌中最高等的类群。有些腹菌纲真菌的担子果成熟后包被破裂，内部产生柄状组织，将产孢组织连同担孢子推出，如红鬼笔、轴灰包菌、竹荪等。鬼笔目（Phallales）真菌的担子果成熟后，内部的产孢组织自溶，在柄状组织顶端形成一团有臭味的胶状物，有时又称为臭角菌。鸟巢菌目（Nidulariales）产生的担子果无柄，成熟后开裂成杯状，内含造胞组织 1 至多个，成熟后每个造胞组织形成一个坚硬的蛋状小包。马勃目（Lycoperdales）的担子果近球形，如马勃、地星等。地星的担子果有两层包被，内包被中央有一孔口，不开裂，外包被在潮湿条件下裂成数片，呈星状开裂。大多数腹菌纲真菌为腐生的，少数与松树共生形成菌根，有些可食用，如竹荪和马勃属的一些种类，有的可作药用。

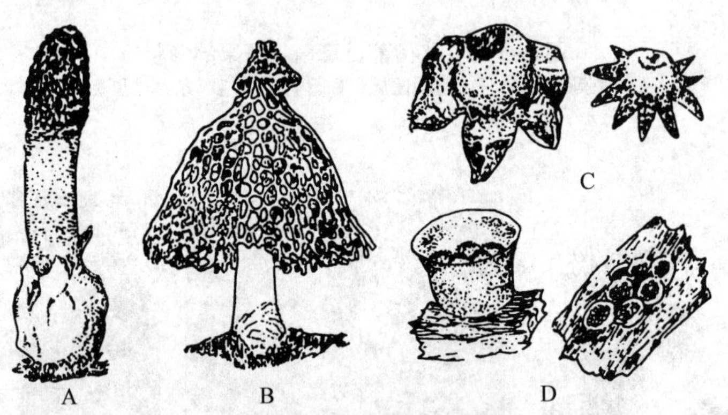

图 2–108 腹菌纲真菌的几种担子果

A. 红鬼笔；B. 竹荪；C. 地星；D. 白绒蛋巢菌

五、与植物病害有关的主要属

（一）冬孢菌纲（Teliomycetes）

产生冬孢子，无担子果。

1. 锈菌目（Uredinales）

担子自外生型冬孢子上产生，担子有隔，担孢子自小梗上产生，成熟时强力弹射。专性寄生，引起植物的锈病。

（1）柄锈菌属（*Puccinia*） 冬孢子双细胞有柄；夏孢子单细胞（图 2-109）。禾柄锈菌（小麦秆锈病菌 *P. graminis*）不同的专化型分别引起大麦、小麦、黑麦及燕麦等禾本科植物的秆锈病（彩图 127）。

（2）胶锈菌属（*Gymnosporangium*） 没有夏孢子阶段，冬孢子双细胞，有可以胶化的长柄（图 2-110）。梨胶锈菌（*G. haraeanum*）冬孢子阶段在桧柏上，性孢子和锈孢子在苹果和梨树上引起锈病（彩图 128）。

（3）多胞锈菌属（*Phragmidium*） 冬孢子 3 至多细胞，壁厚，表面光滑或有瘤状突起，柄的基部膨大（图 2-111）。玫瑰多胞锈菌（*P. rosae-multiflorae*）引起玫瑰锈病。

（4）疣双胞锈菌属（*Tranzschelia*） 冬孢子由两个圆形而易分离、表面有疣状突起的细胞构成；夏孢子有柄，单细胞，椭圆形或倒卵形，表面有刺（图 2-112）。刺李疣双胞锈菌（*T. pruni-spinosae*）引起桃褐锈病。

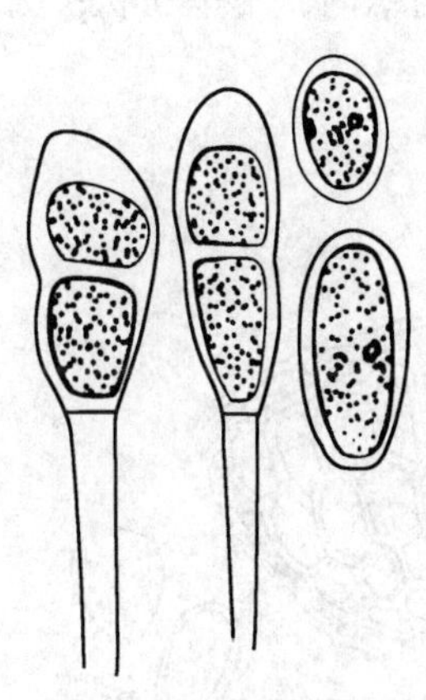

图 2-109 柄锈菌属

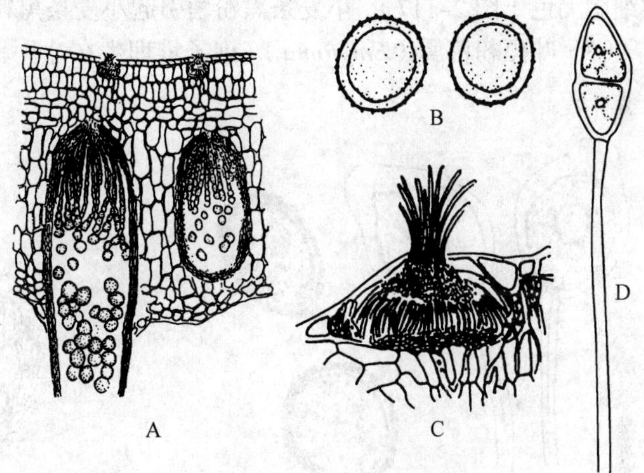

图 2-110 胶锈菌属

A. 锈孢子器；B. 锈孢子；C. 性孢子器；D. 冬孢子

图 2-111 多胞锈菌

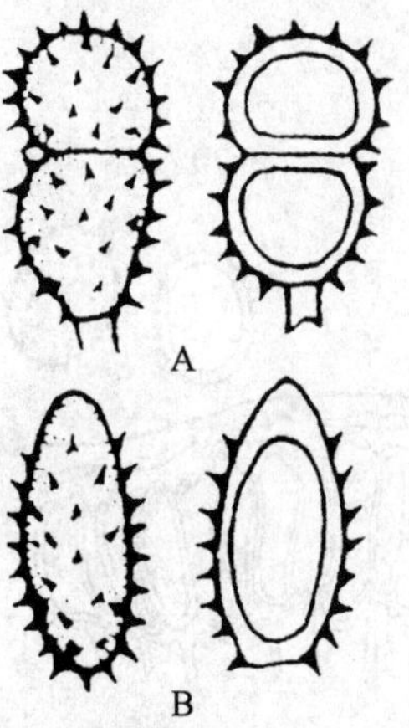

图 2-112 疣双胞锈菌属

A. 冬孢子；B. 夏孢子

（5）单胞锈菌属（*Uromyces*）　冬孢子单细胞，有柄，顶壁较厚；夏孢子单细胞，有刺或瘤状突起（图2–113）。瘤顶单胞锈菌（*U. appendiculatus*）引起菜豆锈病。

（6）层锈菌属（*Phakopsora*）　冬孢子单细胞，无柄，不整齐地排列成数层；夏孢子表面有刺（图2–114）。枣层锈菌（*P. ziziphi-vulgaris*）引起枣树锈病。

（7）栅锈菌属（*Melampsora*）　冬孢子单细胞，无柄，排列成整齐的一层；夏孢子表面有疣或刺（图2–115）。亚麻栅锈菌（*M. lini*）引起亚麻锈病。

2. 黑粉菌目（Ustilaginales）

双核菌丝体的中间细胞形成冬孢子（习惯称为厚垣孢子），许多冬孢子聚集成黑色粉状的孢子堆。担子有隔或无隔，担孢子直接生于担子上，不能强力弹射。兼性寄生，引起植物的黑粉病。

（1）黑粉菌属（*Ustilago*）　孢子堆外面没有膜包围，冬孢子散生；冬孢子表面光滑或有纹饰，萌发时产生有横隔的担子；担子侧生担孢子，有的萌发直接产生芽管（图2–116）。小麦散黑粉菌（*U. tritici*）引起小麦散黑粉病（彩图130）。

（2）条黑粉菌属（*Urocystis*）　冬孢子结合成外有不孕细胞的孢子球，冬孢子褐色，不孕细胞无色（图2–117）。小麦条黑粉菌引起小麦条黑粉病。

（3）叶黑粉菌属（*Entyloma*）　孢子堆埋生在叶片、叶柄或茎组织内，不呈粉状；圆形

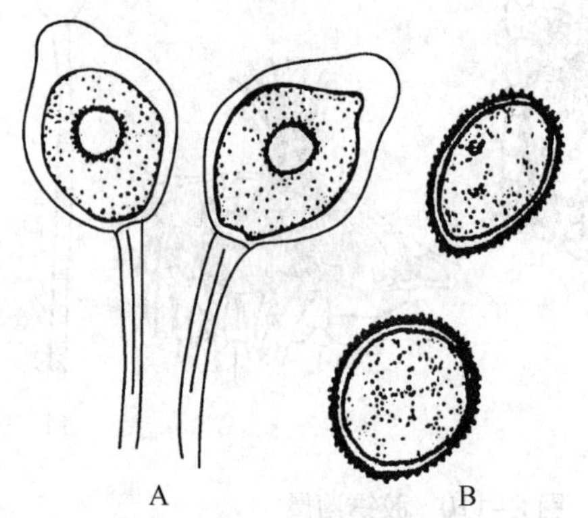

图2–113　单胞锈菌属

A. 冬孢子；B. 夏孢子

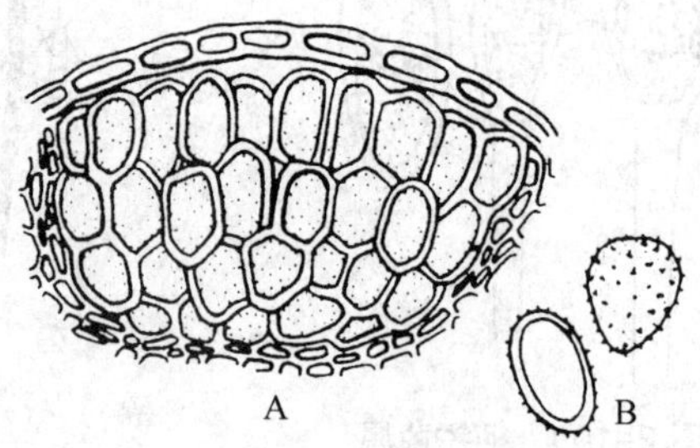

图2–114　枣层锈菌

A. 冬孢子堆；B. 夏孢子

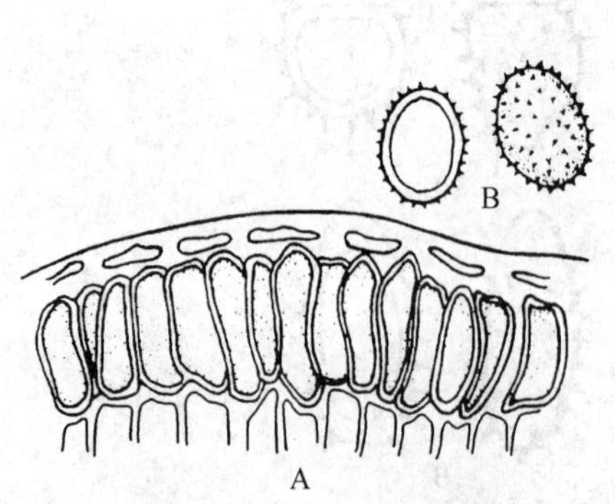

图2–115　亚麻栅锈菌

A. 冬孢子堆；B. 夏孢子

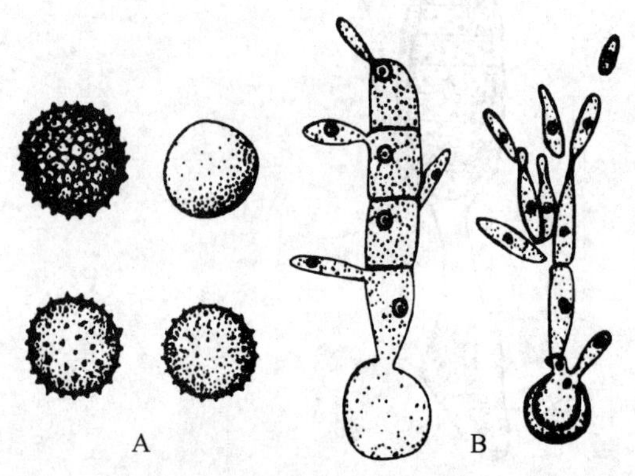

图2–116　小麦散黑粉菌

A. 冬孢子；B. 冬孢子萌发

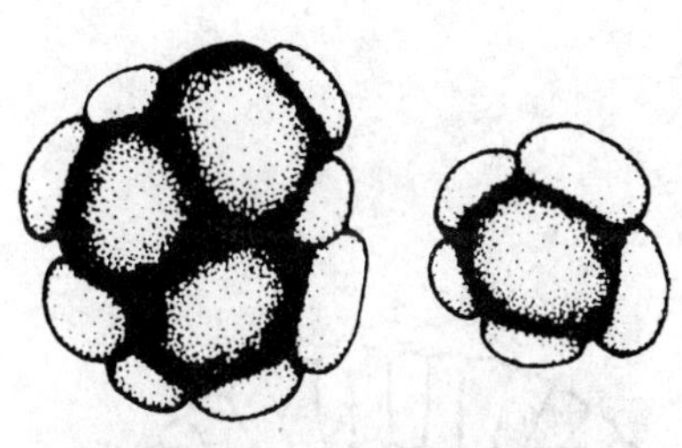
图 2-117 小麦秆黑粉病菌
冬孢子和不孕细胞结合的孢子球

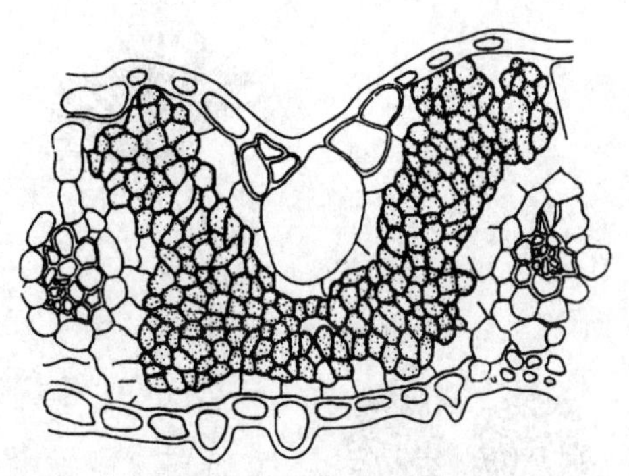
图 2-118 稻叶黑粉菌
埋藏在组织内的冬孢子堆

光滑的冬孢子单生或少数黏集在一起（图 2-118）。稻叶黑粉菌（*E. oryzae*）引起水稻叶黑粉病。

（4）腥黑粉菌属（*Tilletia*） 粉状或带胶合状的孢子堆大都产生在植物的子房内，常有腥味；冬孢子萌发时，产生无隔膜的先菌丝，顶端产生成束的担孢子（图 2-119）。小麦网腥黑粉菌（*T. caries*）及小麦光腥黑粉菌（*T. foetida*）分别引起小麦的两种腥黑粉病。

（5）轴黑粉菌属（*Sphacelotheca*） 由菌丝体组成的包被包围在粉状或粒状孢子堆外面，孢子堆中间有由寄主维管束残余组织形成的中轴（图 2-120）。高粱轴黑粉菌（*S. crueuta*）引起高粱散粒黑穗病。

（6）尾孢黑粉菌属（*Neovossia*） 冬孢子堆产生于寄主子房内，半胶状或粉状；冬孢子产生在菌丝末端的细胞内，孢子形成后菌丝残留物在孢子外形成一柄状结构。冬孢子表面布满齿状突起（图 2-121）。稻粒黑粉病菌（*N. horrida*）引起水稻粒黑粉病。

（7）实球黑粉菌属（*Doassansia*） 冬孢子集结成大型、坚实的孢子球，外有一层不孕细胞包被（图 2-122）。暗淡实球黑粉菌（*D. opaca*）引起慈菇黑粉病，常见于叶片上。

（8）堆孢黑粉菌属（*Sporisorium*） 厚垣孢子近圆形，单胞有乳突，大小 5 ~ 6 μm，萌

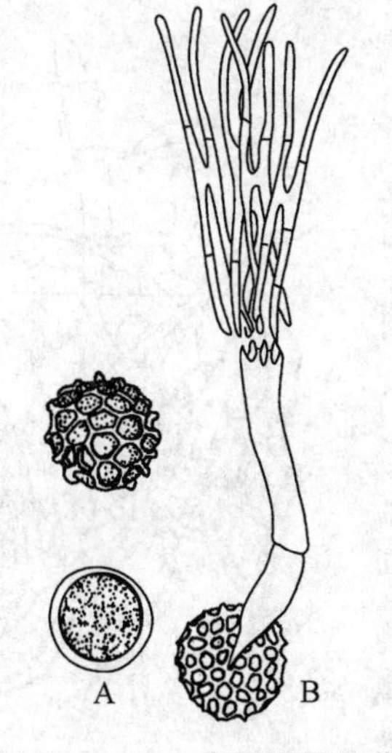

图 2-119 小麦网腥黑粉菌
A. 冬孢子；B. 冬孢子萌发

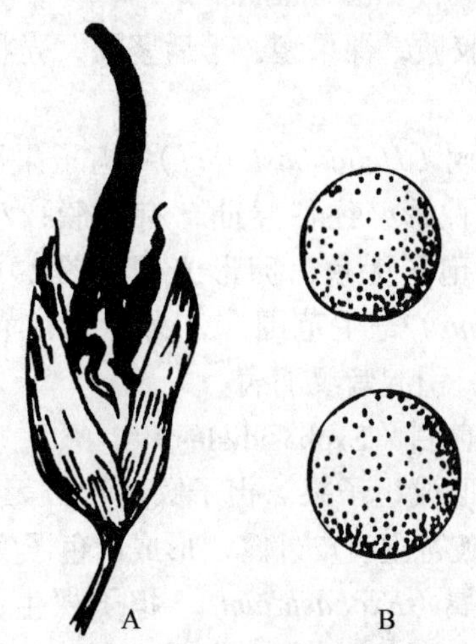

图 2-120 高粱轴黑粉菌
A. 子房受害后形成冬孢子堆；B. 冬孢子

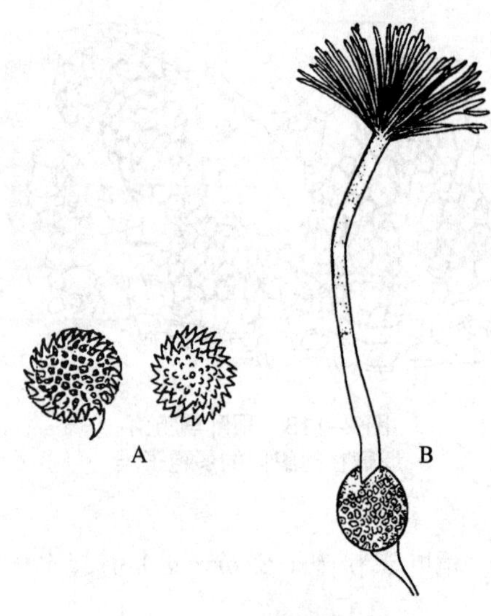

图 2-121 稻粒黑粉病菌
A. 冬孢子；B. 冬孢子萌发

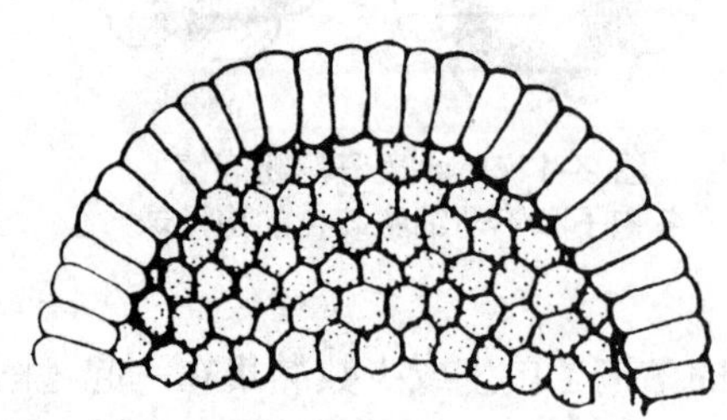

图 2-122 慈菇黑粉病
冬孢子堆的一部分

发长出长短不一的担子，担子有 3～4 个细胞，每个细胞产生一至数个担孢子，担孢子透明、椭圆形。例如，甘蔗鞭黑粉菌（*S. scitamineum*）引起甘蔗的鞭黑粉病。

（二）层菌纲（Hymenomycetes）

担子果开裂，裸果型或半被果型。

1. 隔担菌目（Septobasidiales）

本目大都是介壳虫的共生菌。担子果扁平，平滑，裸果型，不很发达，壳质或蜡质。担子有横隔，小梗长形，担孢子无色。

隔担耳属（*Septobasidium*） 担子果平伏，蜡质至壳质，担子圆筒形，有 4 个细胞。担子果伏在树皮上很像膏药（图 2-123）。柄隔担耳（*S. pedicellatum*）为害梨、核果类、桑、茶等植物树干，引起膏药病。

2. 木耳目（Auriculariales）

担子果胶质，裸果型，干后坚硬，壳状；担子圆柱形，有横隔。

卷担菌属（*Helicobasidium*） 担子果平伏，松软而平滑；担子圆柱形，往往卷曲，有隔膜；小梗着生在担子的一侧。担孢子无色，卵形光滑（图 2-124）。紫卷担菌（*H. purpureum*）寄主范围广，为害桑、苹果、梨、花生、甘薯等作物，引起紫纹羽病。

3. 外担菌目（Exobasidiales）

本目不形成担子果。担子圆柱形，无隔，单细胞，单个或成簇突破寄主表皮外露，形成白色子实层。

外担菌属（*Exobasidium*） 担子裸生，在寄主表面排列成子实层。常引起寄主植物发生肿大（图 2-125）。坏损外担菌（*E. vexans*）为害茶树叶片引起茶饼病。

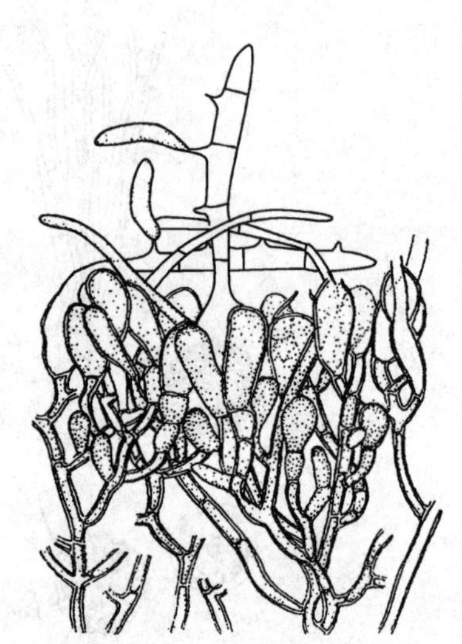

图 2-123 柄隔担耳的
担子和担孢子

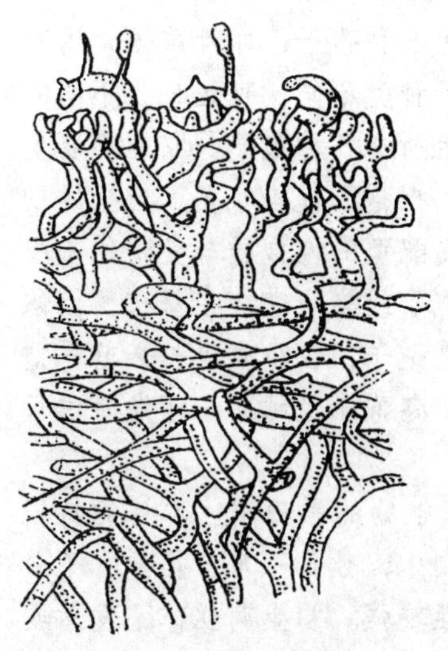

图 2–124 紫卷担菌的担子和担孢子

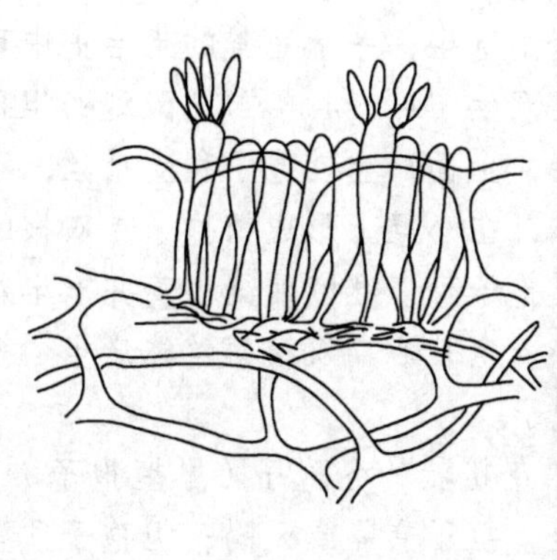

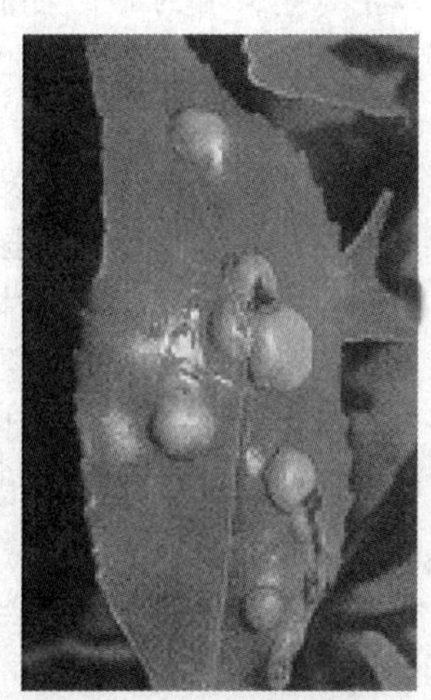

图 2–125 坏损外担菌担子和担孢子以及引起的茶饼病

小结

担子菌门真菌一般称为担子菌，共同特征是产生担子和担孢子。担子有隔或无隔，典型的担子上着生 4 个担孢子。担子菌有发达的有隔菌丝体，营养体为单倍体，细胞壁为几丁质。菌丝体有初生菌丝体和次生菌丝体两种类型，以次生菌丝体为主。次生菌丝体是经质配产生的双核细胞发育形成的双核菌丝体。次生菌丝体在分裂过程中往往产生锁状联合的结构，双核菌丝体可以构成菌核、菌索和担子果。有些双核菌丝体还可以繁殖产生双核孢子，如锈菌、黑粉菌。担子菌的无性繁殖大多不发达，许多缺乏无性阶段。有性生殖过程较简单，除锈菌外一般不形成特殊分化的性器官，质配是在两个性亲和的担孢子或两根初生菌丝以及性孢子与受精丝或菌丝之间进行，质配后不立即核配而是形成发达的双核单倍菌丝体，双核阶段在生活史中占很长的时期，到形成担子时才进行核配，随即进行减数分裂，产生的担孢子为单倍体。担子菌大多数腐生，但锈菌和黑粉菌是重要的植物病原菌。有些担子菌的担子果可食用或作药用，有的有毒，有少数担子菌与植物共生；担子菌门分 3 个纲。冬孢菌纲真菌无担子果，是高等植物的重要寄生菌，包括锈菌和黑粉菌。层菌纲真菌的担子果一般相当发达，裸果型或被果型，大多为腐生，少数引起植物病害；大多数食用菌如银耳、木耳、蘑菇都属于这个纲。腹菌纲真菌的担子果发达，被果型，担子果常生于地下，有的形成于地上；绝大多数是腐生的，与植物病害无关；有些担子果可食用或作药用。

锈菌目真菌为高等植物的专性寄生菌，少数可人工培养，主要为害植物茎、叶，引起锈病。锈菌目的特征是担子从冬孢子上产生，担子有横隔分为 4 个细胞，每个细胞上着生一个担孢子，担孢子着生在小梗上，可强力弹射。锈菌的营养体有单核的初生菌丝体和双核的次生菌丝体，有些锈菌这两种菌丝体都可以侵染植物并繁殖产生孢子。寄生在寄主植物上的菌丝体产生吸器。有性生殖由性孢子与受精丝进行质配形成双核体，但直至冬孢子萌发才进行核配和减数分裂形成担孢子。锈菌的分类主要依据冬孢子的特征。锈菌有的是单主寄生，有的为转主寄生。锈菌的生活史中最多的可以产生5种孢子，即性孢子、锈孢子、夏孢子、冬孢子和担孢子。不同锈菌生活史中产生的孢子种类不同，可区分为不同的生活史型。禾柄锈菌为转主寄生，一个完整的生活史中可产生所有5种孢子。它的简要生活史过程是：冬孢子萌发产生"+"和"−"交配型的担孢子。担孢子侵染小檗，产生的初生菌丝体上形成性孢子器，上面产生性孢子和受精丝，不同交配型的性孢子与受精丝交配后产生双核的次生菌丝体，在小檗上形成锈孢子。双核的锈孢子侵染小麦，在双核菌丝体上产生夏孢子。双核的夏孢子可以继续侵染小麦并产生新的夏孢子，在小麦生长季节夏孢子阶段可以重复多次。小麦生长后期双核菌丝体产生冬孢子。冬孢子经越冬，萌发时进行核配和减数分裂产生担孢子。

黑粉菌目真菌形成黑色粉状的冬孢子（厚垣孢子），引起植物的黑粉病。本目的特征是，担子自冬孢子上产生，担子有隔或无隔；担孢子顶生或侧生，数目不定，担孢子不着生在小梗上，不能强力弹射。黑粉菌大多为兼性寄生，寄生性较强。初生菌丝体不发达或缺乏，主要产生次生菌丝体。菌丝体在寄主体内形成吸器。无性繁殖不发达，往往以担孢子芽殖产生分生孢子。除了冬孢子外，不再产生其他双核孢子。有些黑粉菌的冬孢子形成后可迅速萌发引起再侵染。有性生殖由两个担孢子或两根先菌丝间进行质配，随后形成发达的次生菌丝体，有很长的双核阶段；冬孢子由双核菌丝体中间的细胞形成，萌发时进行核配和减数分裂产生担孢子。黑粉菌的分类主要根据冬孢子的性状。黑粉菌为害植物，有的是系统侵染，有的为局部侵染。系统侵染的黑粉菌，典型的症状大多表现在病株的穗上，引起黑穗病。

第八节　无性态真菌

一、概述

无性态真菌（Anamorphic fungi）包括那些只有无性态或有性态尚未发现的真菌。由于对其生活史只了解了一半，因此这类真菌过去一直称为半知菌（imperfect fungi）。Kendrick（1989）曾提出使用有丝分裂孢子真菌（Mitosporic fungi）代替过去使用的半知菌这一名称，在《菌物辞典》（第8版）（1995）中曾得到采用；但在《菌物辞典》（第9版）（2001）中半知菌已改称为"无性态真菌（Anamorphic fungi）"，这个名称更适合，因为它与有性态相对应。这是由于自然条件下其有性态很少见或未被发现，有的是由于缺乏性亲和的相对交配型，有的则可能完全丧失了有性生殖能力。未发现有性态的鞭毛菌、接合菌以及未发现冬孢子的锈菌（不完全锈菌），往往根据无性态的特征就可以确定它们的分类地位，都不列入无性态真菌，因此无性态真菌实际上只包括在自然状态下未发现有性态的子囊菌和担子菌。事实上，一旦发现它们的有性态，证明大多属于子囊菌，少数属于担子菌，因此无性态真菌只包括未发现有性态的子囊菌和担子菌。无性态真菌包括许多系统发育关系并不密切的真菌，只是在产孢形式上相似而暂时归在一起，俗称为"式样种"。它们在自然界中的分布很广，种类繁多，约占全部已知真菌的30%。有许多是植物病原菌，有的是重要的工业真菌和医药真菌，有的可用于植物病、虫、草害的生防防治。

（一）营养体

无性态真菌的营养体大多为发达的有隔菌丝体，少数为单细胞（酵母类），菌丝体可以形成子座、菌核等结构，也可以形成分化程度不同的分生孢子梗，梗上产生分生孢子。

（二）无性繁殖

1. 无性孢子类型

无性态真菌的无性繁殖大多十分发达，以芽殖、断裂及裂殖的方式产生分生孢子。分生孢子的形状、大小和分隔等情况差异很大，可分为单胞、双胞、多胞，砖隔状、线状、螺旋状和星状等 7 种类型（图 2-126）。

2. 载孢体类型

分生孢子梗着生的方式也各不同，有散生的，也有聚生而形成特殊结构的。人们把这种由菌丝特化而成的、用于承载分生孢子的结构称为载孢体（conidiomata）（图 2-127）。

载孢体主要有以下 5 种类型：①分生孢子梗（conidiophore），是由菌丝特化而成的、其上着生分生孢子的一种丝状结构。②分生孢子梗束（synnema），是一束基部排列较紧密、顶部分散的分生孢子梗，顶端或侧面产生分生孢子。③分生孢子座（sporodochium），是由许多聚集成垫状的、很短的分生孢子梗组成的、顶端产生分生孢子的产孢结构。④分生孢子盘（acervulus），是垫状或浅盘状的产孢结构，上面有成排的短分生孢子梗，顶端产生分生孢子。分生孢子盘的四周或中央有时还有深褐色的刚毛（seta）。寄生性真菌的分生孢子盘多半产生在寄主的角质层或表皮下，成熟后露出表面。⑤分生孢子器（pycnidium），有球状、拟球状、瓶状或形状不规则的，颜色、大小和结构也有所不同，一般有固定的孔

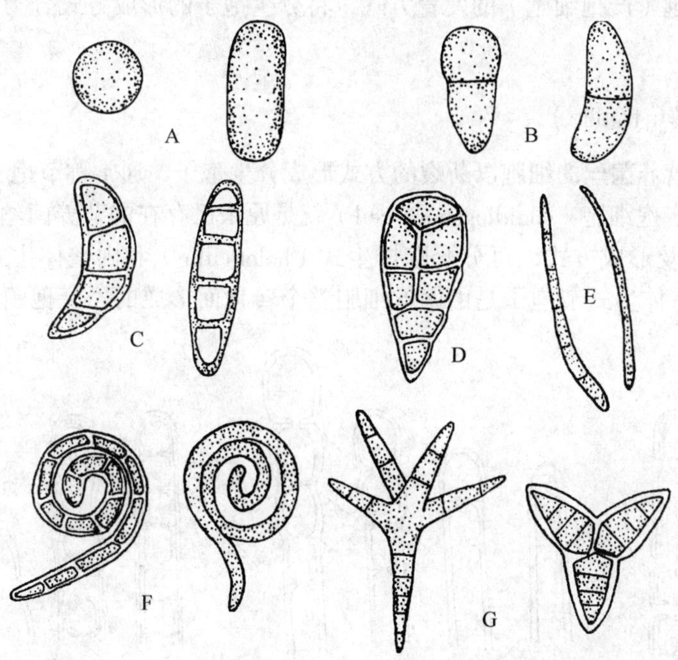

图 2-126 分生孢子的形态类型

A. 单胞孢子；B. 双胞孢子；C. 多胞孢子；D. 砖隔孢子；E. 线状孢子；F. 螺旋状孢子；G. 星状孢子

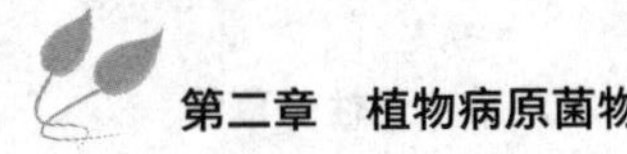

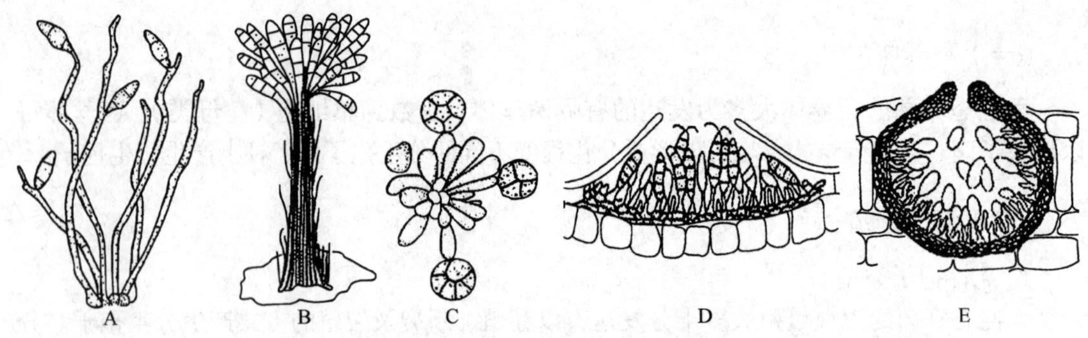

图 2-127　无性态真菌的载孢体类型

A. 分生孢子梗；B. 孢梗束；C. 分生孢子座；D. 分生孢子盘；E. 分生孢子器

口和拟薄壁组织的器壁。分生孢子器的内壁形成分生孢子梗，顶端着生分生孢子，也有的分生孢子直接从内壁细胞上产生。分生孢子器生在基质的表面或者部分或整个埋在基质或子座内。分生孢子器生在子座内，有的是由子座组织形成的，没有自然的器壁，分生孢子梗和分生孢子直接产生在子座腔内。分生孢子器的外形与子囊菌的子囊壳或子囊座有些相似，镜检时要看到其中是产生分生孢子还是产生子囊，才能确定是分生孢子器还是子囊壳或子囊座。

二、分生孢子的个体发育和形成方式

不少菌物学家均以分生孢子个体发育类型作为无性态真菌的分类基础。分生孢子的个体发育和形成方式有不同的类型。根据分生孢子的形成过程（分生孢子的个体发育）和产生分生孢子的细胞（产孢细胞）的发育方式，将分生孢子的形成方式分为体生式和芽生式两大类型。

（一）体生式（thallic）

体生式是由营养菌丝的细胞以断裂的方式形成分生孢子，通常称节孢子（arthrospore）。这类分生孢子的产孢细胞（conidiogenous cell）就是原来已存在的营养菌丝细胞。根据节孢子细胞壁的来源及形成方式，可分全壁体生式（holothallic）和内壁体生式（enterothallic）（图 2-128）。全壁体生式节孢子是由菌丝细胞整个转化而形成的，产孢菌丝的细胞壁形成

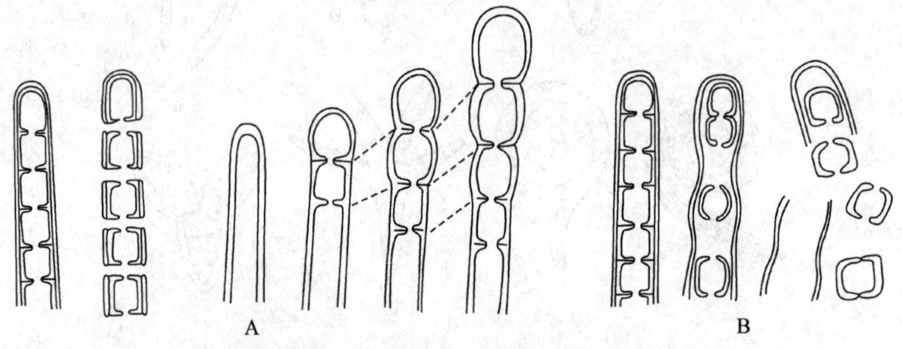

图 2-128　菌丝型分生孢子的形成过程（仿张天宇）

A. 外生菌丝型；B. 内生菌丝型

了节孢子的壁。这类节孢子有的是同时形成的，有的是从产孢菌丝顶端向下依次先后形成串生的节孢子，这种节孢子又称为分生节孢子或粉孢子，如白粉菌的分生孢子。内壁体生式节孢子在形成过程中，产孢菌丝外壁不转化为孢子的壁，因此这类节孢子是在菌丝细胞内形成的。

（二）芽生式（blastic）

芽生式是产孢细胞以芽生的方式产生分生孢子。产孢细胞产生分生孢子时，产孢细胞的某个部位向外突起并生长膨大，形成分生孢子。芽生式分生孢子也可分为全壁芽生式（holoblastic）和内壁芽生式（enteroblastic）两种类型，划分的依据与体生式的相同，也是产孢细胞的细胞壁是否参与孢子细胞壁的形成。全壁芽生式在形成分生孢子时，产孢细胞上的某个点产生突起并膨大，产孢细胞的胞壁随着它的生长同时延伸，形成分生孢子的细胞壁。内壁芽生式的分生孢子是从产孢细胞的孔道内长出的，产孢细胞的外壁不随孢子的发育而延伸，因而不参与孢子细胞壁的形成。在芽生式产生分生孢子的过程中，产孢梗（细胞）有的长度基本不变，有的逐渐伸长或缩短，有的不分枝或发生分枝，因而可以将产孢梗的产孢方式进一步划分为多种类型（图 2–129）。

1. 合轴式（sympodial）

合轴式是全壁芽生式的一种产孢方式。分生孢子形成后，产孢梗（细胞）在孢子基部侧面分枝并向前延伸，顶端形成新的孢子，并依此多次重复分枝和产生孢子。孢子梗顶部呈屈膝状。以这种方式产生的孢子称为合轴孢子（sympodiospore）。

2. 环痕式（annellidic）

环痕式是全壁芽生式的一种产孢方式。产孢梗顶端的分生孢子形成后，产孢点（细胞）以内部层出的方式向上延长一次，顶端又产生孢子，结果在分生孢子梗顶部留下一个个的环痕。以这种方式产生的孢子称为环痕孢子（annellospore）。

3. 链生式

链生式是全壁芽生式的一种产孢方式。产孢细胞不膨大，孢子串生呈链状。当产孢细胞形成第一个分生孢子后，在分生孢子的顶端再形成新的产孢位点，并由此形成第二个分生孢子，依次不断形成串生或链生的分生孢子。类似的还有葡孢型链生式（botrytose-catenate）和葡萄孢式（botryose）等。

4. 瓶梗式（phialidic）

瓶梗式是内壁芽生式的一种产孢方式。产孢细胞多少呈瓶状，称为瓶梗。孢子从瓶梗型顶部孔口长出，产孢过程中产孢梗（细胞）长度基本不变，所产生的孢子称为瓶梗孢子（phialospore）。瓶梗孢子有的也可以串生，但这种孢子链是基生串孢型（向基序列）的，孢子链顶部的孢子最先产生，基部的孢子最后产生。

5. 孔生式（tretic）

孔生式是内壁芽生式的一种产孢方式。产孢梗不呈瓶状，产孢过程中长度可以变化，孢子从产孢梗顶部或侧面的产孢孔道内长出。以这种方式产生的孢子称为孔出孢子（tretospore）。

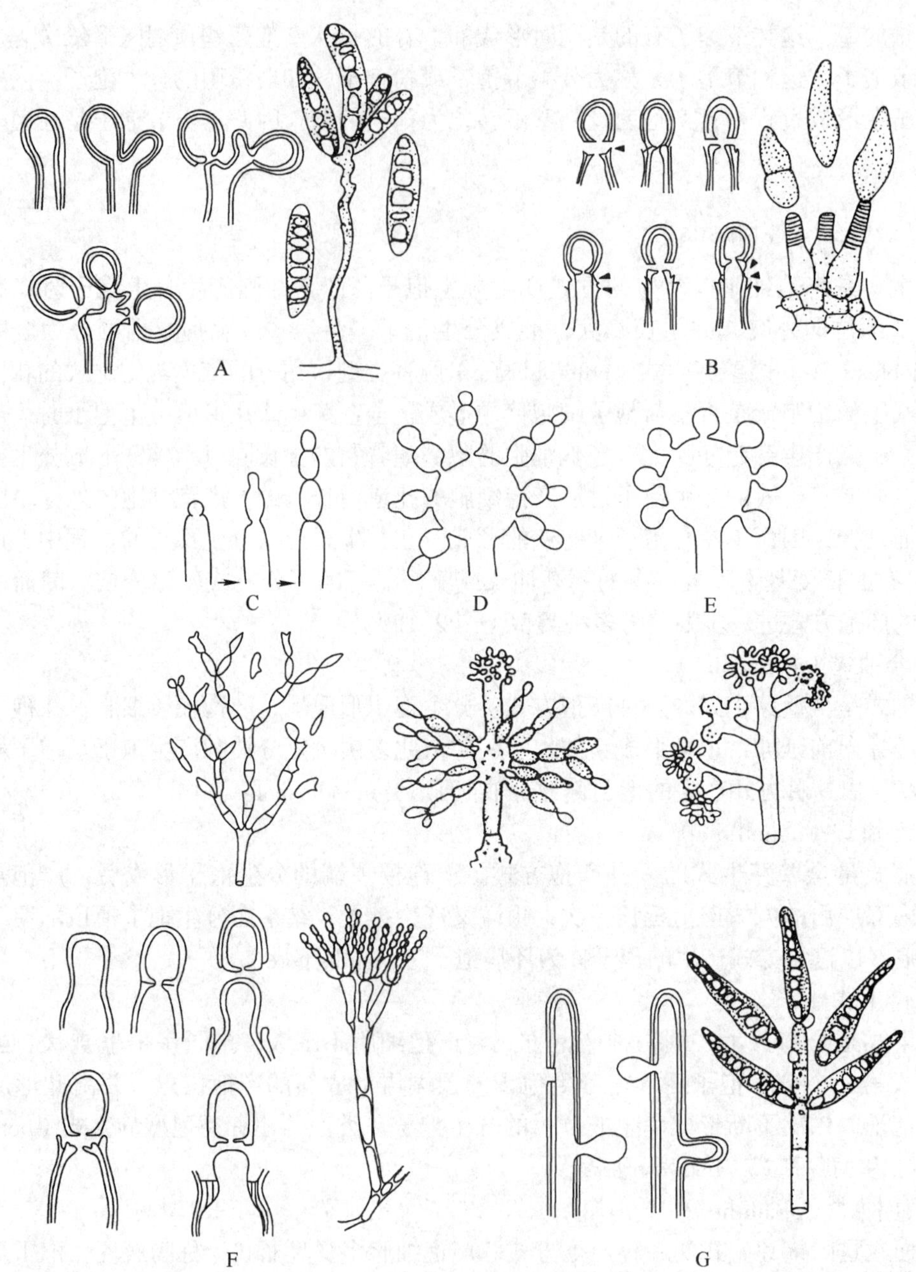

图 2-129　芽殖型分生孢子的产生方式

A. 合轴式；B. 环痕式；C. 链生式；D. 葡孢型链生式；E. 葡萄孢式；F. 瓶梗式；G. 孔生式

三、分类

无性态真菌的分类主要是根据分生孢子阶段的形态特征，不考虑其有性态，不同群体间不一定有相近的亲缘关系和系统发育关系。因此，无性态真菌的分类单元、性质与其他真菌有所不同。通常在它们的各级分类单元名称前加上“式样（form）”两个字，如式样亚门、式样纲、式样目等，以表示其分类单元的含义与其他真菌的不同。所以根据无性态特征建立的式样属（form genus）和式样种（form species）等分类单元，并不反映系统发育的

关系。例如无性态属于同一个属的半知菌，根据有性态的特征可以划归不同的属。这种分类法在实际工作中鉴定和利用是十分有用的。事实上，式样属、式样种一般也都简称为属和种，但应当了解它们的性质与其他真菌的属种是有所不同的。

菌物的自然分类系统主要是以有性生殖器官和有性孢子为依据，而无性态真菌分类完全是人为的，纯粹是为了应用的方便，并不反映它们之间的亲缘关系。在生物分类进入分子时代以前，都是依据人们对某一物种作仔细观察与描述，经比对后作出区分。在进入分子鉴别时代以后，只要测定彼此基因序列中 ITS 的相似度即可区分与归纳，实现一物一名，不会再有一物两名的现象，所以，现有的无性态菌物只是在过渡期的组群。在菌物分类学发展历程中，影响比较大的有以下两个分类系统：

1. Saccardo 的分类系统（1899）

半知菌的传统分类是采用萨卡度（Saccardo）的分类系统。该系统的特点是以形态学为基础，将形态相似的半知菌归为一类，而不考虑它的系统发育关系。虽然目前半知菌的分类已有许多进展，但该系统仍是现代半知菌分类学的重要基础，至今仍被普遍采用。菌物传统的三纲一类分类系统，采用萨卡度的意见，将半知菌都归入半知菌类，然后进一步根据子实体或孢子果的形态分为以下 4 个目：

（1）丛梗孢目（Moniliales） 分生孢子梗散生，或丛生形成束丝或分生孢子座。

（2）黑盘孢目（Melanconiales） 分生孢子梗产生在分生孢子盘上。

（3）球壳孢目（Sphaeropsidales） 分生孢子梗产生在分子孢子器内。

（4）无孢菌类（Mycelia sterilia） 除厚垣孢子外，不产生其他任何孢子。

2. Ainsworth（1973）的分类系统

在真菌的 5 个亚门中，将半知菌亚门分为以下 3 个纲：

（1）芽孢纲（Blastomycetes） 营养体是单细胞或发育程度不同的菌丝体或假菌丝，产生芽孢子繁殖。芽孢纲包括酵母和类似酵母的真菌。芽孢纲分为 2 个目。隐球酵母目真菌产生芽孢子繁殖，属于子囊菌中酵母的无性阶段；掷孢酵母目真菌除产生芽孢子外，还能形成一种有弹射能力的掷孢子，大都是属于担子菌中酵母的无性阶段。芽孢纲真菌大都是腐生的，有些寄生在人和动物体上，与植物病害无关。

（2）丝孢纲（Hyphomycetes） 营养体是发达的菌丝体，分生孢子产生在丝状的分生孢梗上。

（3）腔孢纲（Coelomycetes） 分生孢子产生在分生孢子盘或分生孢子器内。

本教材基本采用 Ainsworth（1973）的分类系统，将无性态真菌仍然分为 3 个纲：①芽孢纲；②丝孢纲；③腔孢纲。半知菌分类的主要依据是载孢体的类型，分生孢子的形态、颜色和分隔情况，分生孢子形成方式和产孢细胞（产孢梗）的特征等，不仅要便于鉴定与利用，还要尽可能反映半知菌各群体内部个体间的系统发育关系。将半知菌改称为“无性态真菌”是合适的，本教材重点只介绍丝孢纲和腔孢纲。许多丝孢纲真菌和腔孢纲真菌可以寄生植物，其中有些是重要的植物病原菌。

最后，还要说明无性态真菌分类与命名的交叉问题。由于无性态真菌中包括许多子囊菌和担子菌的无性态，这些真菌的有性态归于子囊菌或担子菌中，因此，同一个种就交叉分在不同的分类单元中，随着带来的问题就是同一个物种就有两个学名（表 2-2）。根据国际命名法规，每一个生物的种只能有一个正式的学名，因此，对于许多子囊菌和担子菌来说，它们有性态的学名是正式的学名，它们的无性态（分生孢子阶段）的学名虽然在应用上很方便，但不是正式的学名，在学术性期刊上，凡有有性态学名的真菌，不再使用其无性态学名。尽管在学术界还认为它是合法的，故有人称无性态的学名为“合法学名”。主要原因是这些真菌的无性态发达，与人类关系较密切。人们在发现它的无性态后先给予一个学名，后来又发现它的有性态，于是又有了有性态的学名。由于它的有性态较少见或不重要，难以根据有性态的特征进行分类和鉴定，同时人们已习惯使用它的无性态的学名，并很容易根据无性态的特征进行分类和鉴定，因此无性态的学名仍然被广泛使用，而有性态的学名反而很少使用。例如稻瘟病菌，长期以来人们已习惯使用它的无性态学名稻梨孢（*Pyricularia oryzae*），如使用有性态的正式学名稻大口球菌（又译为巨座壳菌）（*Magnaporthe oryzae*），反而令人感到生疏。因此，在叙述一种子囊菌或担子菌时，有时同时注明两个性态的学名。如叙述引起小麦赤霉病的病原菌时，同时注明它的有性态的学名是玉蜀黍赤霉（*Gibberella zeae*）和无性态的学名是禾谷镰孢（*Fusarium graminearum*）。有时为了方便起见，只用它的无性态的学名。例如，引起水稻胡麻斑病的病原菌是一种子囊菌，学名是宫部旋胞腔菌（*Cochliobolus miyabeanus*），但是它的有性态（子囊菌）很少见，为害水稻的主要是其无性态，一般只用其无性态学名“稻平脐蠕孢”（*Bipolaris oryzae*）；又如，引起水稻纹枯病的病原菌是一种担子菌，学名是瓜亡革菌（*Thanatephorus cucumeris*），但是其有性态（担子菌）很少见，为害水稻的主要是其无性态，所以一般只用其无性态学名“立枯丝核菌”（茄丝核菌）（*Rhizoctonia solani*）。

表 2–2　无性态真菌部分属确定或可能归属的有性类群

无性态属名（Anamorphic genus）	确定或可能的有性类群（teleomophy）	
地霉属（*Geotrichum*）	酵母菌目 Saccharomycetales	闭囊壳（子囊菌）
青霉属（*Penicillium*）	踝节菌属（*Talaromyces*）	
曲霉属（*Aspergillus*）	散囊菌属（*Eurotium*）	
粉孢属（*Oidium*）	白粉菌属（*Erysiphe*）	子囊壳（子囊菌）
木霉属（*Trichoderma*）	肉座菌属（*Hypocrea*）	
轮枝孢属（*Verticillium*）	肉座菌属（*Hypocrea*）	
镰刀菌属（*Fusarium*）	赤霉属（*Gibberella*）	
炭疽菌属（*Colletotrichum*）	小丛壳属（*Glomerella*）	腔菌纲（子囊菌）
尾孢属（*Cercospora*）	球腔菌属（*Mycosphaerella*）	
假尾孢属（*Pseudocercospora*）	球腔菌属（*Mycosphaerella*）	
壳针孢属（*Septoria*）	球腔菌属（*Mycosphaerella*）	
叶点霉属（*Phyllosticta*）	球座菌属（*Guignardia*）	
链格孢属（*Alternaria*）	留氏菌属（*Lewia*）	
平脐蠕孢属（*Bipolaris*）	旋孢腔菌属（*Cochliobolus*）	
内脐蠕孢属（*Drechslera*）	核腔菌属（*Pyrenophora*）	
突脐蠕孢属（*Exserohilum*）	刺球腔菌属（*Setosphaeria*）	
弯孢属（*Curvularia*）	旋孢腔菌属（*Cochliobolus*）	

续表

无性态属名（Anamorphic genus）	确定或可能的有性类群（teleomophy）	
芽枝霉属（*Cladosporium*）	褐孢霉属（*Fulvia*），黑星菌属（*Venturia*）	盘菌（子囊菌）
葡萄孢属（*Botrytis*）	葡萄孢盘菌属（*Botryotinia*）	
丛梗孢属（*Monilia*）	链核盘菌属（*Monilinia*）	
盘二孢属（*Marssonina*）	双壳属（*Diplocarpon*）	
柱盘孢属（*Cylindrosporium*）	球腔菌属（*Mycosphaerella*）	担子菌门
丝核菌属（*Rhizoctonia*）	亡革菌属（*Thanatephorus*）	
小核菌属（*Sclerotium*）	阿太菌属（*Aethalium*）	

四、丝孢纲

丝孢纲（Hyphomycetes）真菌的分生孢子梗散生、束生或着生在分生孢子座上，梗上着生分生孢子，但分生孢子不产生在分生孢子盘或分生孢子器内。此外，有些种类除产生厚垣孢子外，不产生分生孢子。无性态真菌的分类进展较大的是对丝孢纲真菌的分类，有关分生孢子个体发育的知识主要来自对丝孢纲真菌的研究。目前，对丝孢纲真菌的分类仍基本建立在传统分类的基础上，但是分生孢子的个体发育类型在丝孢纲真菌的分类中已受到越来越多的重视和应用。

丝孢纲真菌大多数是高等植物重要寄生菌，有些是人体的寄生菌或工业上的重要真菌。丝孢纲分为 4 个目，已记载的有 1 700 属，11 000 种。

（1）无孢目（Agonomycetales）　除厚垣孢子外，不产生其他分生孢子。

（2）丝孢目（Hyphomycetales 或 Moniliales）　分生孢子梗散生。

（3）束梗孢目（Stilbellales）　分生孢子梗聚生形成孢梗束。

（4）瘤座菌目（Tuberculariales）　分生孢子着生在分生孢子座上。

其中无孢目相当于传统分类中的无孢菌类；丝孢目包含原来丛梗孢目的淡色孢科和暗色孢科真菌；束梗孢目和瘤座菌目则分别相当于原来丛梗孢目的束梗孢科和瘤座孢科。与植物病害关系较大的主要是丝孢目、瘤座菌目和无孢目真菌。

（一）无孢目（Agonomycetales）

无孢目真菌无性繁殖不产生分生孢子，但有些可以形成厚垣孢子或菌核。有些是重要的植物病原菌，如丝核菌属（*Rhizoctonia*）、小核菌属（*Sclerotium*）等。

丝核菌属（*Rhizoctonia*）　丝核菌属的特征是菌丝在分枝处缢缩，褐色；菌核表面粗糙，褐色至黑色，表里颜色相同，菌核之间有丝状体相连，不产生无性孢子。这是一类重要的具有寄生性的土壤习居菌，主要侵染幼苗引起猝倒病或立枯病。有性态属于担子菌，分属于几个属。立枯丝核菌（*R. solani*）是本属最常见的种，寄主范围很广，引起水稻纹枯病及多种植物的立枯病，它的有性态是瓜亡革菌（*Thanatephorus cucumeris*）（彩图 138）。

立枯丝核菌（图 2–130）的菌丝体早期无色，后期逐渐变淡褐色，最后纠集成菌核。

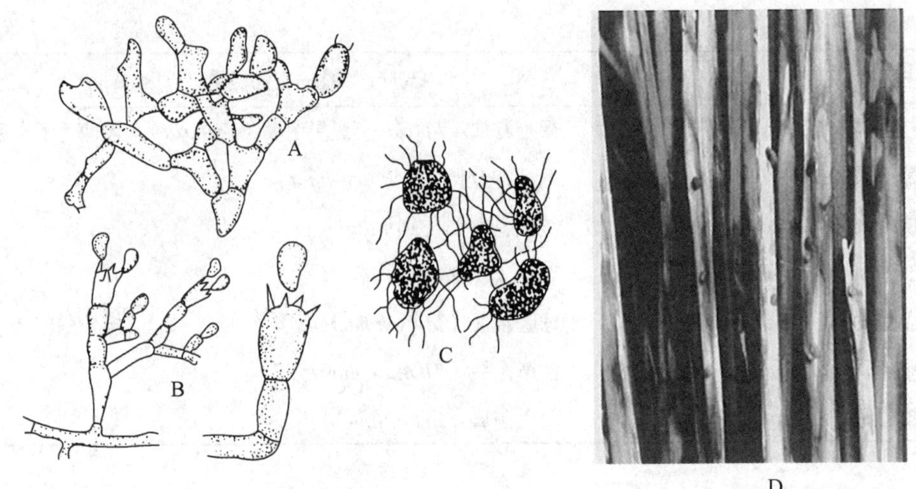

图 2–130 丝核菌属

A. 菌丝体；B. 担子和担孢子；C. 菌核；D. 为害状（稻纹枯病）

菌丝几乎呈直角分枝，分枝处有明显缢缩，离分枝处不远有隔膜。菌核扁圆形、扁卵圆形或相互愈合成不规则形，表面与内部均呈褐色，表面粗糙。立枯丝核不产生分生孢子。当湿度高时，接近土面的茎叶病组织表面形成一层薄的菌膜，初为灰白色，逐渐变为灰褐色，上面着生桶形、倒梨形或棍棒形的无色担子，上生 4 个小梗，每一小梗顶端产生 1 个单细胞、无色、倒卵形的担孢子。立枯丝核菌主要以菌丝体或菌核在土壤中或寄主残余组织上越冬。病菌可在土壤中长期营腐生生活，遇到适当的寄主时，病菌以菌丝体直接侵入，在病部又可产生菌丝和菌核。

（二）丝孢目（Hyphomycetales）

分生孢子直接从菌丝上产生或从散生的分生孢子梗上产生。本目真菌有些是重要的工业真菌，如青霉属（*Penicillium*）、曲霉属（*Aspergillus*）、地霉属（*Geotrichum*）等；有的是重要的生防菌，可用于农业病虫草害的防治，如白僵菌属（*Beauveria*）、木霉属（*Trichoderma*）和炭疽菌属（*Colletotrichum*）等；有的寄生于人体如发癣菌属（*Trichophyton*）等；还有许多是重要的植物病原菌，为害寄主在病部表面往往形成灰白至灰黑色霉层。

1. 梨孢属（*Pyricularia*）

梨孢属的特征是分生孢子梗细长，淡褐色，顶部以合轴式延伸，呈屈膝状弯曲；分生孢子梨形，无色至淡橄榄色，大多 3 个细胞，少数 2 个或 4 个细胞。此属真菌种类不多，它们的寄生性较强，主要为害禾本科植物。稻梨孢（*P. oryzae*）是其中最重要的种，其有性态为子囊菌的稻大口球菌（*Magnaporthe oryzae*），在自然条件下罕见，主要以无性态的分生孢子为害水稻，引起稻瘟病。

稻梨孢的分生孢子落在稻株上，萌发形成芽管，附着胞附着在表面，然后形成侵入钉直接穿过表皮细胞侵入叶、茎节和穗颈等。在适宜的条件下，侵入后 3 ~ 4 d 即表现症状，并可产生分生孢子。空气潮湿时，病斑表面产生青灰色霉层，即病菌的分生孢子梗和分生孢子。苗期和成株期叶片受害的典型症状是形成梭形、灰白色或灰绿色病斑，中央灰色，边缘黑褐色，外有黄色晕圈，两端有褐色坏死线。水稻的茎秆以茎节部最易感病。此外，穗颈、穗轴及谷粒都可受害。产孢时形成的分生孢子梗 3～5 枝丛生，大多不分枝，无色或略带褐色，顶部以合轴式分枝产生全壁芽生式的分生孢子，分生孢子梗上部呈屈膝状，基部略膨大，孢痕明显，2～4 个隔膜；分生孢子单生，梨形，无色至淡橄榄色，大多 3 个细胞（图 2-131）。稻梨孢在自然条件下寄主范围很窄。稻梨孢的变异性很大，不同菌株的分生孢子形态和对温度的反应都可以有一定差异，甚至致病性的差异也很明显，根据在不同品种水稻上的反应，可分为许多小种。稻梨孢以菌丝体在稻草或秕谷上越冬，翌年产生分生孢子借风雨传播，是病菌的初次侵染来源，稻种内越冬的菌丝体可以引起苗期发生稻瘟病。发病后，病斑上可以不断产生分生孢子引起再次侵染。当温、湿度适宜时，可造成病害流行。

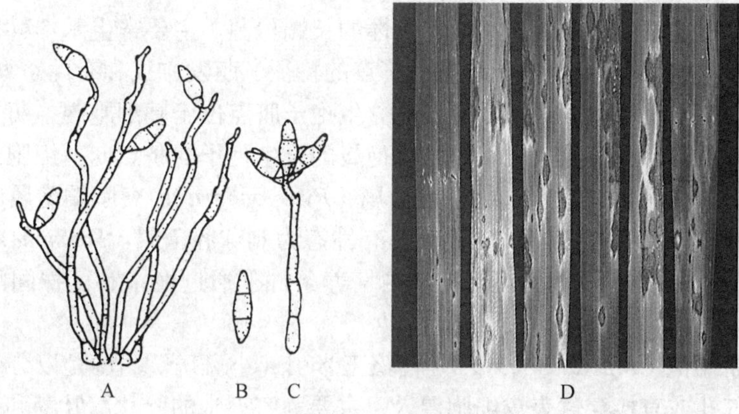

图 2-131　梨孢属

A. 丛生分生孢子梗；B. 单个分生孢子梗；C. 分生孢子；D. 为害状（稻瘟病）

2. 青霉属（*Penicillium*）

青霉属的特征是分生孢子梗无色，顶部有多次分枝，排列成帚状；最上层分枝（产孢细胞）瓶状，顶端形成串生的分生孢子（瓶梗孢子）；分生孢子单细胞，近球形，无色。此属真菌是分布很广的腐生菌和弱寄生菌，有性生殖主要产生闭囊壳类型的子囊果，属于散囊菌属（*Eurotium*）。青霉属的有些种能够产生柠檬酸、葡萄糖酸等有机酸；有些种可以产生青霉素类的抗生素，是一类重要的发酵工业和医药微生物；只有少数种引起植物病害，但它们的寄生能力很弱，如引起柑橘青霉病的意大利青霉（*P. italicum*）和引起柑橘绿霉病的指状青霉（*P. digitatum*）。

意大利青霉（图 2-132）广泛存在土壤或空气中，以分生孢子从柑橘果实的伤口侵入，引起柑橘果实的霉烂。受害部位产生青绿色粉状霉层，即病原菌的分生孢子；病斑周围有一圈白色霉状物，为病原菌菌丝体。分生孢子随气流传播，落在果实上或病果与健果接触，都可引起重复感染。无性繁殖产生的分生孢子梗

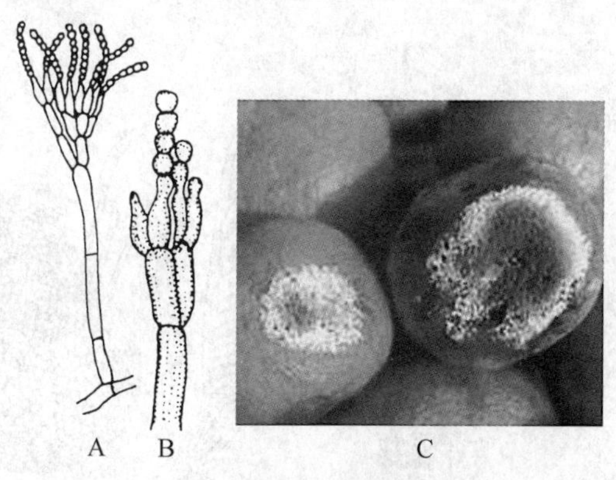

图 2-132　青霉属

A. 分生孢子梗；B. 带分生孢子的产孢细胞；C. 为害状（柑橘青霉病）

顶端有 2~3 层的帚状枝（penicillus），产孢细胞瓶梗型，产生内壁芽生式的串生瓶梗孢子（分生孢子）。孢子近圆形，单细胞。由意大利青霉引起的柑橘青霉病主要发生在运输及储藏期。防止果实受损伤、控制储藏期的温湿度以及药剂处理，均可收到一定的防治效果。

3. 平脐蠕孢属（*Bipolaris*）

平脐蠕孢属（又称离蠕孢属）的特征是分生孢子梗细长，多隔膜，上部呈屈膝状弯曲，下部挺直，基细胞膨大呈半球形；分生孢子具假隔膜，多细胞，褐色，大多呈纺锤形，直或稍弯曲，从两端细胞萌发伸出芽管；脐点位于基细胞内；有性态是旋孢腔菌属（*Cochliobolus*）。平脐蠕孢属是从原来的长蠕孢属（*Helminthosporium*）中划出的一个新属。近年来，关于长蠕孢菌的分类有多种不同意见，目前多数人倾向于将它划分为以下 4 个属：平脐蠕孢属（*Bipolaris*）、内脐蠕孢属（德氏霉属）（*Drechslera*）、突脐蠕孢属（*Exserohilum*）和长蠕孢属（*Helminthosporium*）。长蠕孢属真菌多腐生于木材上，也有在植物上寄生的，有性态尚未发现；其他寄生性的长蠕孢菌（主要寄生禾本科植物，少数寄生双子叶植物），主要根据分生孢子形态、脐点的特征、萌发方式和有性态划分为 3 个属，它们的有性态均属于子囊菌。平脐蠕孢属的分生孢子脐点位于基细胞内，萌发时从两端细胞伸出芽管，有性态为旋孢腔菌属；内脐蠕孢属的分生孢子的脐点向基细胞内凹陷，萌发时每个细胞均可伸出芽管，有性态为核腔菌属（*Pyrenophora*）；突脐蠕孢属的分生孢子脐点明显突出，萌发时从两端细胞伸出芽管，有性态为刺球腔菌属（*Setosphaeria*）。这类真菌的有性态在自然条件下不常见，但在室内培养条件下通过性亲和菌株间配对培养不难获得。

玉蜀黍平脐蠕孢（*Bipolaris maydis*）侵染玉米引起小斑病。病菌是以分生孢子萌发形成的侵入丝自气孔或直接穿过表皮细胞侵入，主要为害玉米的叶片、叶鞘和苞叶。病菌侵染的初期症状为半透明水浸状斑点，以后逐渐扩展为边缘深褐色的黄褐色椭圆形病斑，有 2~3 圈赤褐色同心轮纹。邻近的病斑可愈合成大斑，上面产生暗褐色不很明显的霉层，即病原菌的分生孢子梗和分生孢子（图 2-133）。分生孢子梗单生或丛生；分生孢子长椭圆形，多细胞，两端渐狭，多向一方弯曲，淡橄榄褐色，从分生孢子梗的产孢孔内伸出；病菌是以它的分生孢子阶段侵染植物，有性阶段与病害发生的关系不大。除为害玉米外，还

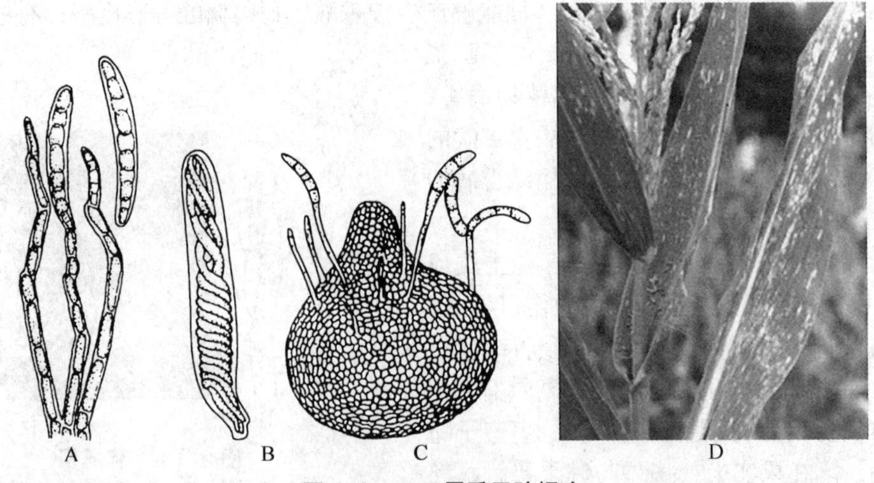

图 2-133 玉蜀黍平脐蠕孢

A. 分生孢子梗；B. 分生孢子；C. 基细胞；D. 为害状（玉米小斑病）

能侵染粟、狗尾草等。玉蜀黍平脐蠕孢以分生孢子或菌丝体在病株残余组织上越冬，作为翌年病菌的初次侵染来源。病株上产生的分生孢子借风雨传播，引起再次侵染。

（三）瘤座菌目（Tuberculariales）

瘤座菌目的分生孢子产生在呈垫状的分生孢子座上；分生孢子梗短。腐生或寄生。有的寄生昆虫，是重要的害虫生防菌，如绿僵菌属（*Metarrhizium*）；有的是重要的植物病原菌，如镰孢属（*Fusarium*）、绿核菌属（*Ustilaginoidea*）等。

镰孢属（又称镰刀菌属）的特征是分生孢子梗无色，在自然情况下常结合成分生孢子座，在人工培养条件下分生孢子梗单生，极少形成分生孢子座；产生两种类型的分生孢子：大型分生孢子多细胞，镰刀形，无色，基部常有一显著突起（足胞）；小型分生孢子单细胞，少数双细胞，无色，卵圆形或椭圆形，单生或串生，两种分生孢子常聚集成黏孢子团；有些种类在菌丝上或大型分生孢子上产生近球形的厚垣孢子；在培养基上培养时常产生红、紫、黄色等色素。此属真菌一般称为镰孢菌，有腐生的和寄生的，寄生能力的强弱也不同。寄生性的镰孢菌可为害 50 多个科的植物，主要引起根腐、茎腐、穗腐、果腐、块根和块茎的腐烂，有的侵染植物维管束组织引起蔫萎症、枯萎病（彩图 48、136）。镰孢菌大都是土壤习居菌，菌丝体和厚垣孢子可以在土壤中长期存活，特别是厚垣孢子的存活力更强。许多镰孢菌尚未发现有性态，发现有性态的，大多属于子囊菌的赤霉属（*Gibberella*）、丛赤壳属（*Nectria*）和菌寄生属（*Hypomyces*）（图 2–134）。

为害棉花引起枯萎病的是尖孢镰孢的一个专化型（*F. oxysporium* f. sp. *vasinfectum*），是镰孢菌中寄生性较强的类群，存在不同的小种。棉花枯萎病菌的菌丝体可以直接侵入棉花的根毛，也可由伤口侵入。土壤中的线虫穿刺棉花根部造成的伤口是它很好的侵入途径。棉花枯萎病菌还能与线虫引起复合侵染。病菌侵入后先在表皮及皮下组织内扩展，然后进入维管束，在导管内蔓延，形成小型分生孢子，充塞导管组织，同时分泌毒素影响导管的渗透性，干扰植物体内水分的正常输导，最后棉花因水分失调引起全株凋萎。从病菌的侵入到出现症状要 10 ~ 20 d，因品种抗病性的强弱不同，棉花枯萎病菌可以腐生方式在土

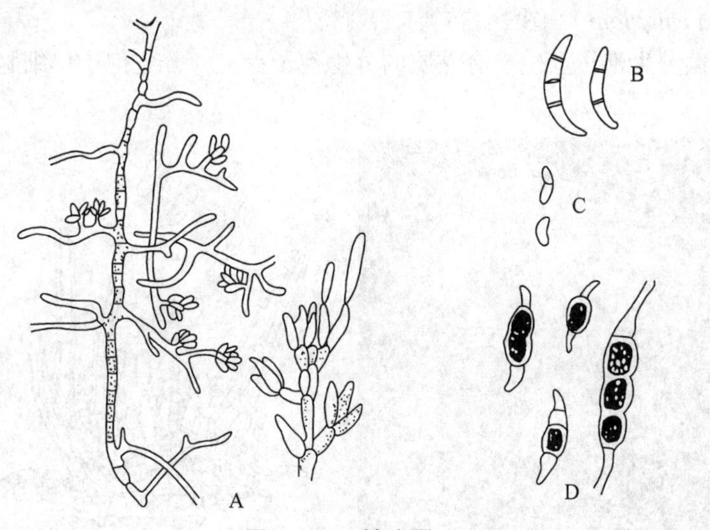

图 2–134　镰孢属

A. 分生孢子梗和分生孢子；B. 大型分生孢子；C. 小型分生孢子；D. 厚垣孢子

壤中长期存活。它的菌丝体和厚垣孢子在土壤中可存活 8～9 年，是病菌的主要侵染来源。此外，棉花种子内外带有菌丝体或孢子是病害远距离传播的主要途径。棉花枯萎病最有效的防治措施是培育抗病品种。

五、腔孢纲

腔孢纲（Coelomycetes）真菌的特征是分生孢子着生在分生孢子盘或分生孢子器内。本纲真菌的分生孢子梗短小，着生在分生孢子盘上或分生孢子器的内壁上，产孢细胞产生分生孢子的方式了解得较少。腔孢纲分 2 个目：黑盘孢目（Melanconiales）真菌形成分生孢子盘；球壳孢目（Sphaeropsidales）真菌形成分生孢子器。其中有不少是重要的植物病原菌，为害植物在病部往往形成小黑粒或小黑点的病症。本纲已报道的有 700 属，9 000 种。

（一）黑盘孢目（Melanconiales）

黑盘孢目的分生孢子盘在寄主表皮下或角质层下形成；分生孢子梗紧密排列在黑色的分生孢子盘上；分生孢子单个顶生。成熟时分生孢子盘突破寄主表皮外露；分生孢子一般具胶黏状物质。腐生或寄生，有些是重要的植物病原菌。

炭疽菌属（*Colletotrichum*）又称刺盘孢属，特征是分生孢子盘生于寄主表皮下，盘上有时产生褐色、有分隔、表面光滑、顶部渐尖的刚毛；分生孢子梗无色至褐色，具分隔；产孢细胞无色，圆柱形，以内壁芽生的方式产生分生孢子；孢子无色，单胞，长椭圆形或新月形，萌发后芽管顶端产生附着胞。大致包括原来的刺盘孢属（*Colletotrichum*）和丛刺盘孢属（*Vermicularia*）以及盘圆孢属（*Gleosporium*）的部分种。由于分生孢子盘上有无刚毛以及刚毛的多少与着生位置等特征不稳定，目前倾向于采用炭疽菌属作为炭疽菌的合法属名。炭疽菌属的有性态是子囊菌的小丛壳属（*Glomerella*）。炭疽菌属的寄主范围很广，引起的病害称为炭疽病。炭疽菌原来划分为 1 000 多个种，经过重新整理的炭疽菌属仅承认 20 多个种。其中最常见的是胶孢炭疽菌（*Colletotrichum gloeosporioides*），寄主范围很广，原来炭疽菌半数以上的种（约 600 种）被视为其同物异名种，其有性态为围小丛壳（*Glomerella cingulata*）（图 2–135）。

胶孢炭疽菌分生孢子产生在有黏质的分生孢子盘上，分生孢子单细胞，长椭圆形，无

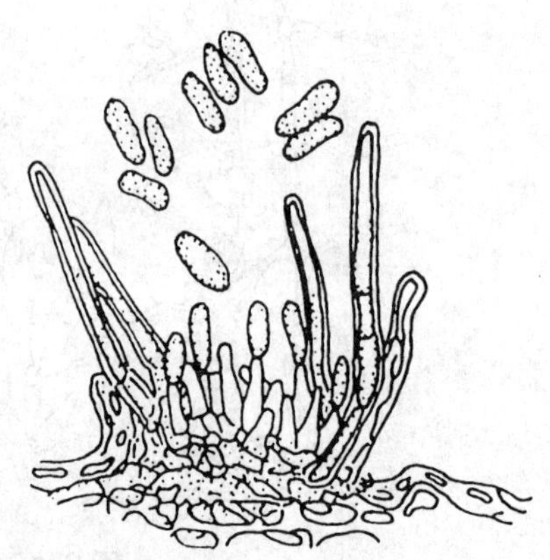

图 2–135　西瓜炭疽病及其炭疽菌

色，盘的四周有褐色刚毛。分生孢子萌芽时在孢子中部形成1～2个隔膜，从每个细胞长出一个芽管，芽管顶端形成附着胞。在棉花上主要为害棉苗和棉铃。附着在棉籽表面的分生孢子或种子内外的菌丝体在棉苗出土前就可以侵染，引起种苗腐烂，幼苗枯死。病菌自伤口侵入棉铃，在铃壳上形成稍凹陷、边缘暗红色的褐色病斑。湿度高时，病斑中央产生绛红色小点，即病原菌的分生孢子盘。遇有雨水，分生孢子盘中的分生孢子随风雨传播，引起再次侵染。棉铃受害后，生长受到抑制而不能裂开，内部棉絮变灰褐色而腐烂。

（二）球壳孢目（Sphaeropsidales）

球壳孢目真菌形成分生孢子器，分生孢子器呈多种形状，典型的球形或近球形，有孔口。分生孢子器表生或埋生于基质内或子座内。分生孢子器的外形与子囊壳相似，但分生孢子器内产生的是分生孢子，子囊壳内产生的是子囊和子囊孢子。分生孢子产生在分生孢子器内壁上长出的分生孢子梗上，分生孢子梗一般很短小。分生孢子器的大小、形状、色泽和质地是分类的重要依据。本目真菌大多是植物寄生菌。

在球壳孢目中，茎点霉属（*Phoma*）和叶点霉属（*Phyllosticta*）的形态十分相似，长期来区分这两个属十分困难。有一种意见是取消叶点霉属，将该属的种类并入茎点霉属及相近的属中；另一种意见是保留叶点霉属，但该属只包含那些产孢方式为环痕式的种，茎点霉属与它的区别是产孢方式是内壁芽生瓶梗式。

壳球孢属（*Macrophomina*） 壳球孢属的特征是分生孢子器球形，暗褐色；无分生孢子梗；分生孢子单细胞，无色，圆柱形至纺锤形；菌核黑色，坚硬，表面光滑。其中，菜豆壳球孢（*M. phaseolina*）是一种重要的根、茎部病原菌，侵染豆类、麻类、棉花、甘薯和苜蓿等多种植物，在温暖地区为害甚重。由于受害的根部和茎基部上形成大量的菌核而呈黑色，引起的病害一般称为秆腐病或炭腐病。现以黄麻秆枯病为例加以说明。

菜豆壳球孢（图2-136）的腐生能力很强，可以在土壤中长期存活和繁殖，是土壤中的习居菌。在土壤或土壤中病株残余组织内越冬的菌核和菌丝体，翌年从土壤中侵入寄主植物。病斑上有轮纹状排列的黑色小点，即病原菌的分生孢子器。皮层下或皮层与木质部之间密布的黑色细小颗粒即病菌的菌核。在环境条件适宜时，分生孢子器形成大量分生孢子，可以引起再次侵染。分生孢子器着生在表皮下，以孔口突破表皮而外露。分生孢子器黑色，球形或扁球形。分生孢子无色，长卵形或椭圆形，单细胞。菌核大都在寄主皮层下

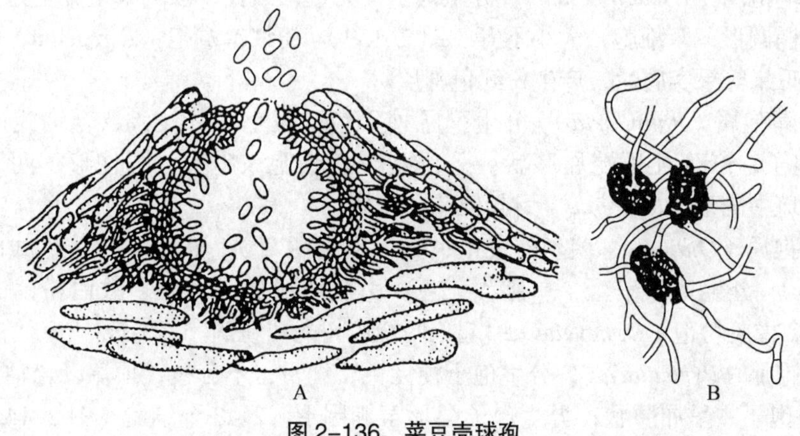

图2-136 菜豆壳球孢

A. 分生孢子器和分生孢子；B. 菌核

形成，棕黑色。人工培养时，只形成菌丝体和菌核，不产生分生孢子器。

六、与植物病害有关的主要属

（一）丝孢纲（Hyphomycetes）

分生孢子不产生在分生孢子盘或分生孢子器内。

1. 丝孢目（Moniliales） 分生孢子梗散生、丛生。

（1）丛梗孢属（*Monilia*） 分生孢子梗二叉状或不规则分枝，无色；芽生串孢型的分生孢子，椭圆形至长卵圆形，单细胞，孢子链呈念珠状（图 2–137）。仁果丛梗孢（*M. fructigena*）引起苹果、梨等仁果类的果实褐腐病。

（2）葡萄孢属（*Botrytis*） 分生孢子梗无色，顶端细胞膨大成球形，上面有许多小梗；分生孢子单细胞，无色，椭圆形，着生小梗上聚集成葡萄穗状（图 2–138）。灰葡萄孢（*B. cinerea*）引起多种植物幼苗、果实及储藏器官的猝倒、落叶、花腐、烂果及烂窖（彩图 142）。

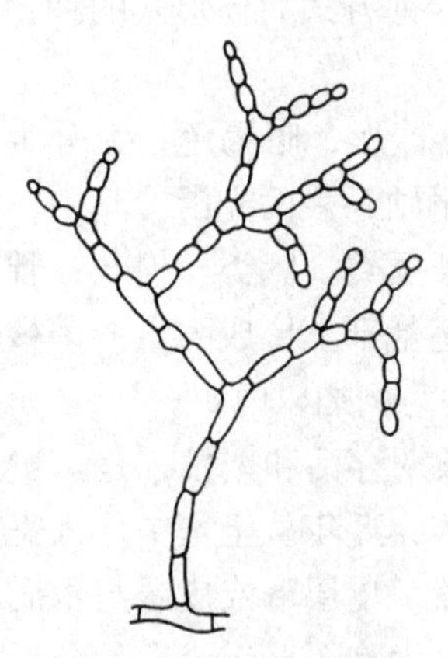

图 2–137 仁果丛梗孢
分生孢子梗和分生孢子

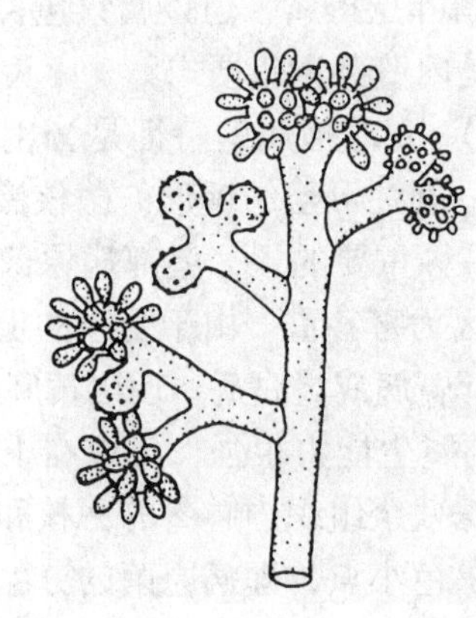

图 2–138 葡萄孢属
分生孢子梗和分生孢子

（3）单端孢属（*Trichothecium*） 分生孢子梗无色，细长，顶端束生分生孢子；分生孢子卵圆形至椭圆形，双细胞，大小不等（图 2–139）。粉红单端孢（*T. roseum*）引起棉铃及苹果、梨、瓜果等果实腐烂，产生粉红色霉层。

（4）柱隔孢属（*Ramularia*） 分生孢子梗无色，短小不分枝，以合轴式产生全壁芽生式分生孢子，产孢梗顶端屈膝状；分生孢子双细胞，串生，圆柱形，两端钝圆（图 2–140）。白斑柱隔孢（*R. areola*）引起棉花白斑病。

（5）粉孢属（*Oidium*） 菌丝体表生；分生孢子梗直立，顶部产生体生式的分生节孢子（粉孢子）。分生孢子串生，单胞，无色。引起白粉病，为大多数白粉菌的无性阶段（图 2–141）。橡胶粉孢（*O. heveae*）引起三叶橡胶树的白粉病。

（6）梨孢属（*Pyricularia*） 分生孢子梗无色，细长，不分枝，顶端以合轴式产生全壁芽生式分生孢子，呈屈膝状；分生孢子梨形至椭圆形，2 ~ 3 个细胞（图 2–142）。稻梨孢（*P. oryzae*）引起稻瘟病（彩图 134）。

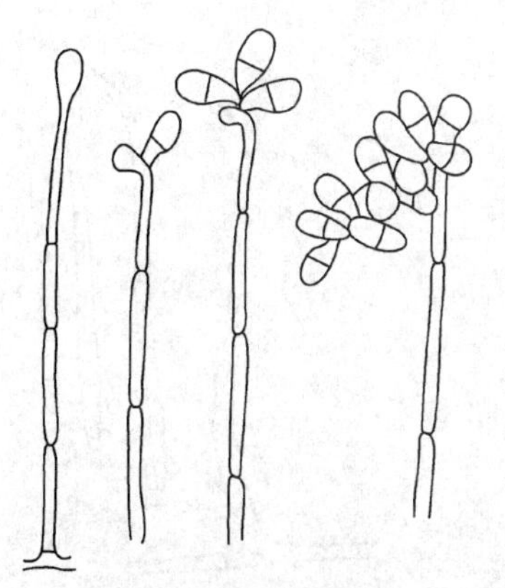
图 2-139 聚端孢属
分生孢子梗和分生孢子

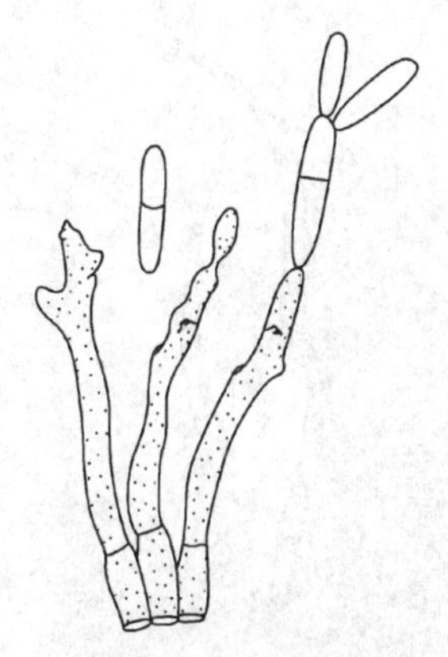
图 2-140 柱隔孢
分生孢子梗和分生孢子

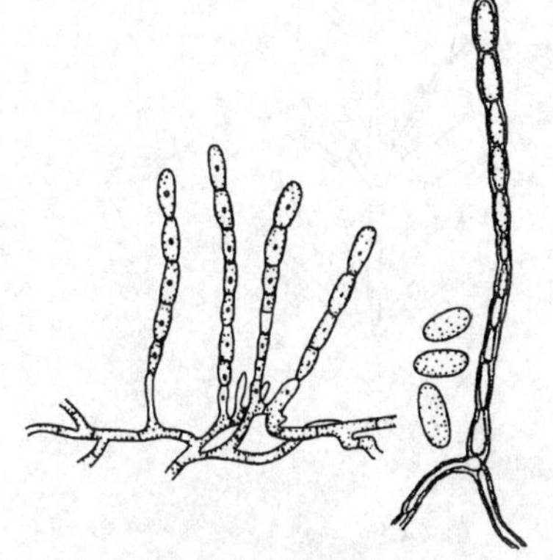
图 2-141 粉孢属
分生孢子梗和分生孢子

（7）青霉属（*Penicillium*） 分生孢子梗直立，顶端一至多次分枝，形成扫帚状，分枝顶端产生瓶状小梗，小梗顶端产生成串的内壁芽生式分生孢子（图 2-143）。意大利青霉（*P. italicum*）引起柑橘青霉病（彩图 89、135）。

（8）曲霉属（*Aspergillus*） 分生孢子梗直立，顶端膨大成圆形或椭圆形，上面着生 1～2 层放射状分布的瓶状小梗，内壁芽生式分生孢子聚集在分生孢子梗顶端呈头状（图 2-144）。大多腐生，有些种可用于发酵，是重要的工业微生物。

（9）轮枝孢属（*Verticillium*） 分生孢子梗轮状分枝，产孢细胞基部略膨大；分生孢子为内壁芽生式，单细胞，卵圆形至椭圆形，单生或聚生（图 2-145）。黑白轮枝孢（*V. albo-atrum*）引起苜蓿黄萎病（彩图 144）。

（10）尾孢属（*Cercospora*） 菌丝体表生；分生孢子梗褐色至橄榄褐色，全壁芽生合轴式产孢，呈屈膝状，孢痕明显加厚；分生孢子针形、倒棒形、鞭形，无色或淡色，多隔膜，基部脐点黑色，加厚明显（图 2-146）。甜菜生尾孢（*C. beticola*）引起甜菜褐斑病。

（11）假尾孢属（*Pseudocercospora*） 菌丝内生或既内生又表生；分生孢子梗近无色、浅青黄色、褐色至暗褐色，平滑至屈膝状，孢痕不明显或明显但不加厚；分生孢子线形、针形、倒棒形、鞭形，近无色、浅青黄色、褐色至暗褐色，基部脐点不明显（图 2-147）。

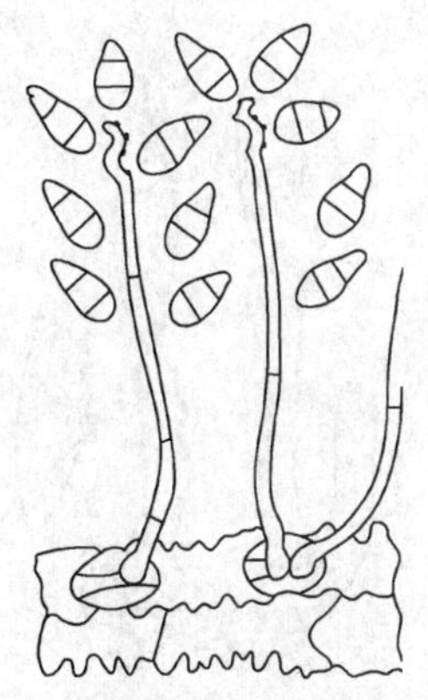
图 2-142 梨孢属
分生孢子梗和分生孢子

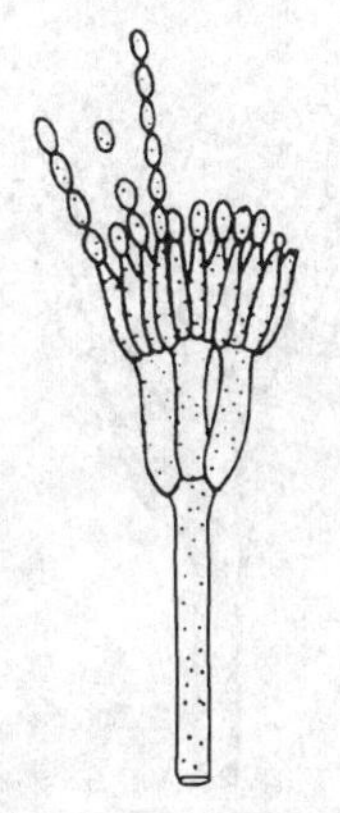
图 2-143 青霉属
分生孢子梗和分生孢子

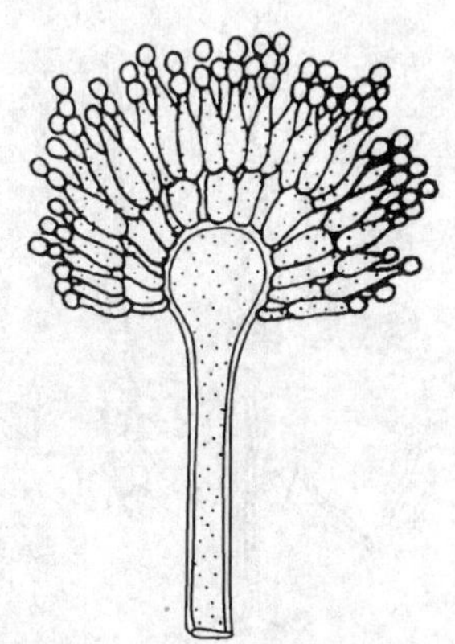
图 2-144 曲霉属
分生孢子梗和分生孢子

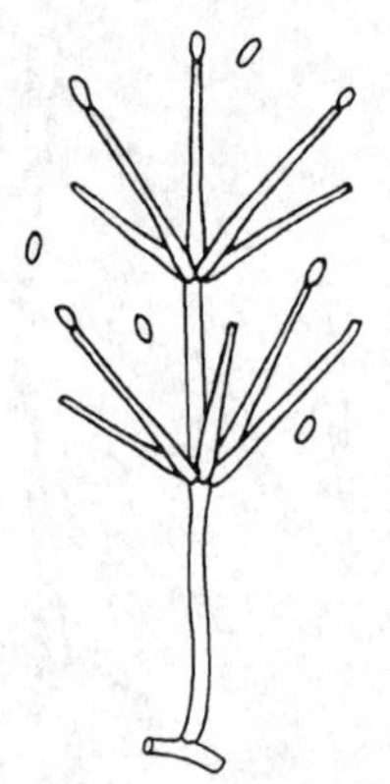
图 2-145 轮枝孢属
分生孢子梗和分生孢子

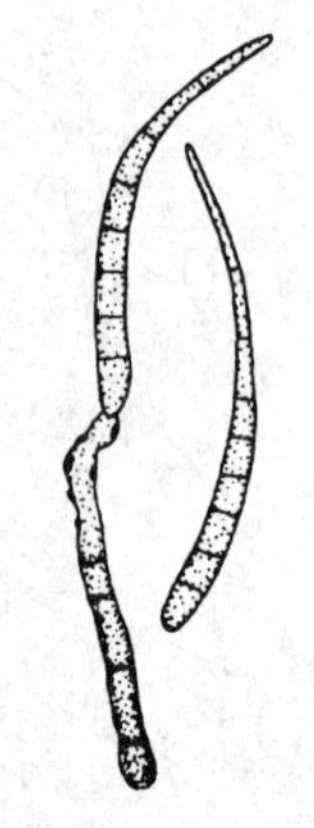
图 2-146 尾孢属
分生孢子梗和分生孢子

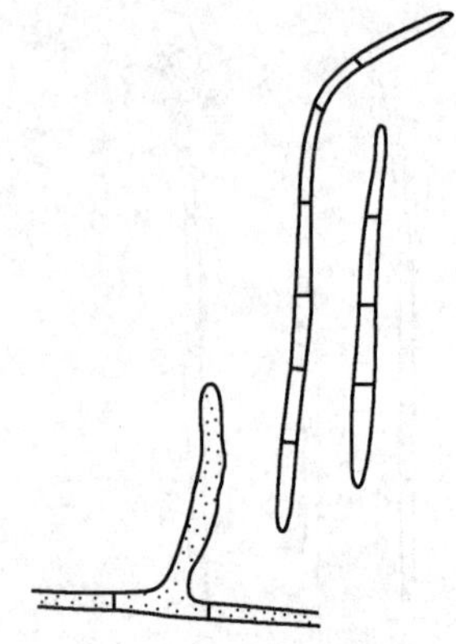
图 2-147 假尾孢属
分生孢子梗和分生孢子

灰色假尾孢（*P. griseola*）和菜豆假尾孢（*P. cruenta*）引起的豇豆叶斑病或煤霉病。

（12）链格孢属（*Alternaria*） 分生孢子梗深色，以合轴式延伸；顶端产生倒棍棒形、椭圆形或卵圆形的分生孢子，褐色，具横、纵或斜隔膜，顶端无喙或有喙，单生或串生（图 2-148）。大孢链格孢（*A. macrospora*）引起棉花轮纹斑病和番茄早疫病（彩图 145）。

（13）芽枝霉属（*Cladosporium*） 分生孢子梗黑色，顶端或中部形成分枝，产孢部分作合轴式延伸。分生孢子单细胞或双细胞，黑褐色，圆筒形、卵圆形、柠檬形或不规则形，单生，常芽殖形成短串（图 2-149）。禾草芽枝霉（*C. herbarum*）引起大麦、小麦、水稻、玉米、高粱等多种植物黑霉病。

（14）黑星孢属（*Fusicladium*） 分生孢子梗黑褐色，顶端产孢部位合轴式延伸，顶端着生分生孢子，分生孢子脱落后有明显的孢子痕，分生孢子梗的生长尖上又可形成新的分生孢子；分生孢子广梭形，基部平截，1 ~ 2 个细胞，深褐色（图 2-150）。梨黑星孢（*F. pyrinum*）引起梨黑星病。

（15）内脐蠕孢属（*Drechslera*） 分生孢子梗粗壮，顶部合轴式延伸；分生孢子内壁芽生孔生式，圆筒状，多细胞，深褐色，脐点凹陷于基细胞内；分生孢子萌发时每个细胞均可伸出芽管（图 2-151）。大麦条纹病菌（*D. graminea*）、大麦网斑病菌（*D. teres*）分别

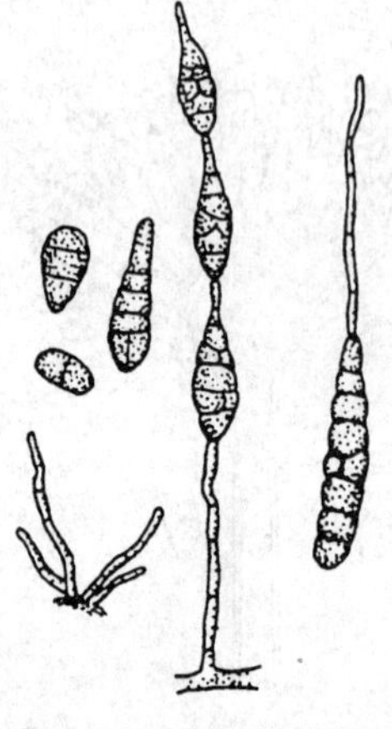
图 2-148 链格孢属
分生孢子梗和分生孢子

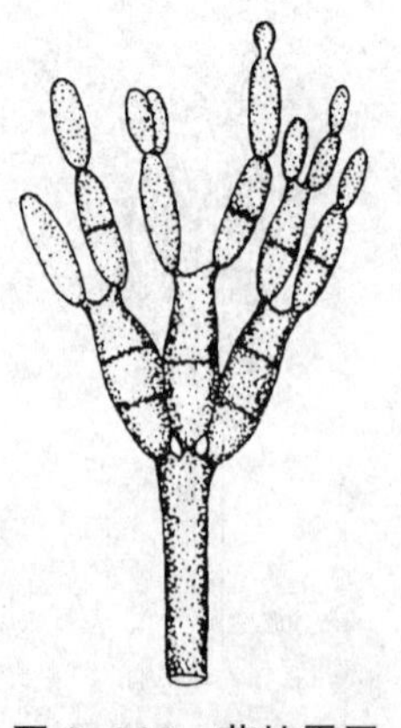
图 2-149 芽枝霉属
分生孢子梗和分生孢子

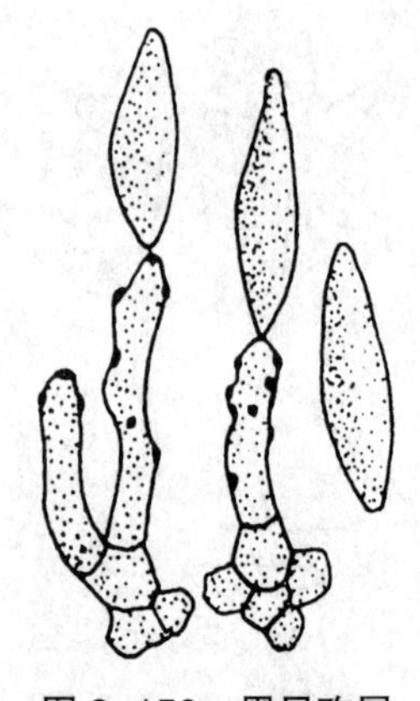
图 2-150 黑星孢属
分生孢子梗和分生孢子

引起大麦条纹病（彩图 146）和大麦网斑病。

（16）平脐蠕孢属（*Bipolaris*）　分生孢子梗形态与产孢方式与内脐蠕孢属（德氏霉属）相似。分生孢子通常呈长梭形，直或弯曲，深褐色，脐点位于基细胞内；分生孢子萌发时两端细胞伸出芽管（图 2-152）。玉蜀黍平脐蠕孢（*B. maydis*）引起玉米小斑病（彩图 147）；橡胶平脐蠕孢（*B. heveae*）引起橡胶树叶片的麻点病；稻平脐蠕孢（*B. oryzae*）引起水稻胡麻叶斑病（彩图 148）。

（17）突脐蠕孢属（*Exserohilum*）　分生孢子梗形态与产孢方式与内脐蠕孢属（德氏霉属）相似。分生孢子梭形至圆筒形或倒棍棒形，直或弯曲，深褐色；脐点明显突出；分生孢子萌发时两端细胞伸出芽管（图 2-153）。玉米大斑病菌（*E. turcicum*）引起玉米大斑病（彩图 149）。

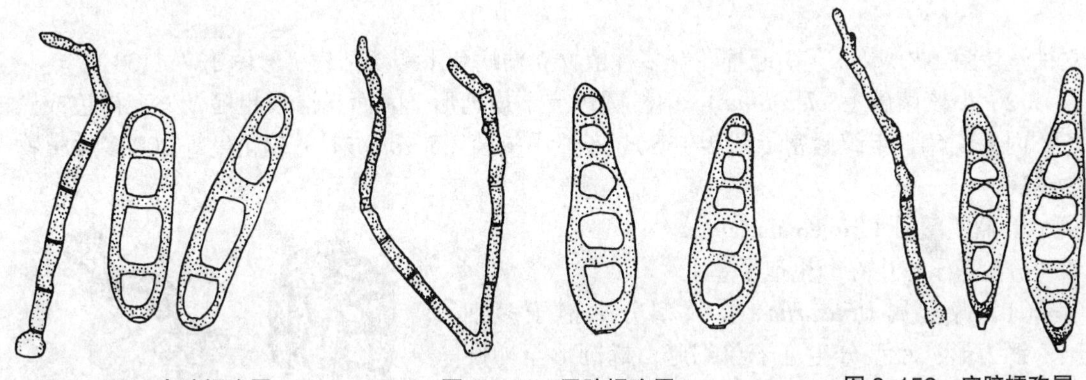

图 2-151　内脐蠕孢属
分生孢子梗和分生孢子

图 2-152　平脐蠕孢属
分生孢子梗和分生孢子

图 2-153　突脐蠕孢属
分生孢子梗和分生孢子

（18）弯孢属（*Curvularia*）　分生孢子梗分化明显，顶部产孢部分为合轴式延伸，呈屈膝状；分生孢子单生，弯曲，近纺锤形，大多具 3 个隔膜，中间 1 ~ 2 个细胞特别膨大，（图 2-154）。膝曲弯孢（*C. geniculata*）寄生水稻引起颖壳及米粒变色。

2. 无孢目（Agonmycetales）

无孢目除产生厚垣孢子外，不产生任何其他无性孢子。

（1）丝核菌属（*Rhizoctonia*）　菌核褐色或黑色，形状不一，表面粗糙，菌核外表和内部的颜色相似；菌丝多为直角分枝，褐色，在分枝处有缢缩，离分枝不远处有隔膜（图 2-155）。

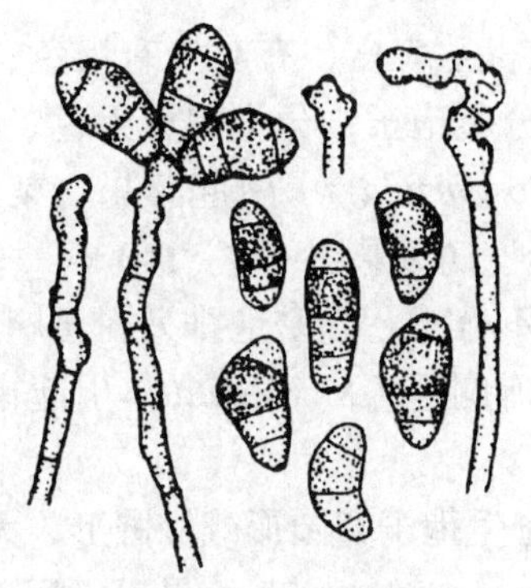

图 2-154　弯孢属
分生孢子梗和分生孢子

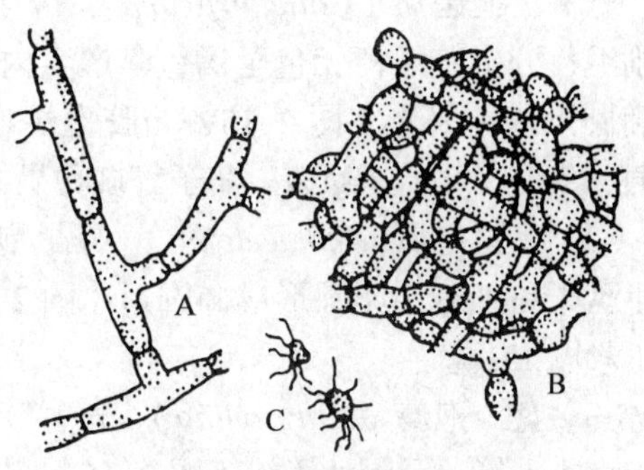

图 2-155　丝核菌属
A. 直角状分枝的菌丝；B. 菌组织；C. 菌核

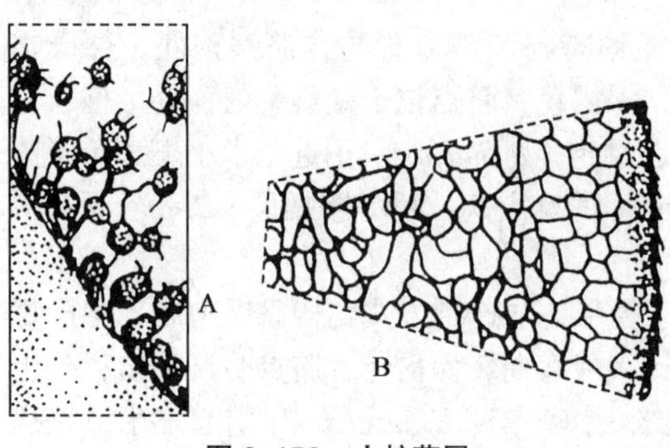

图 2-156　小核菌属
A. 菌核；B. 菌核剖面

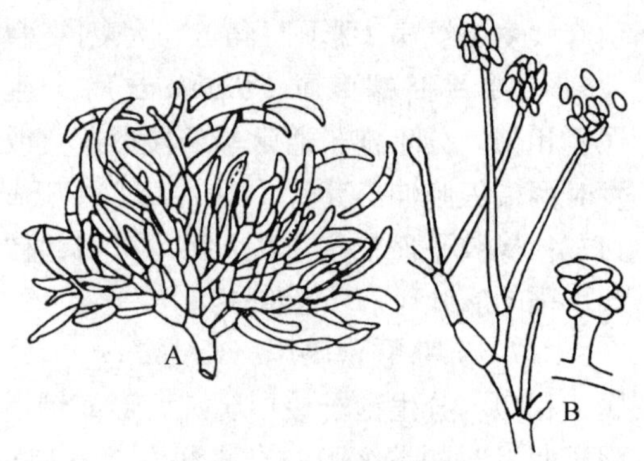

图 2-157　镰孢属
A. 分生孢子梗及大型分生孢子；
B. 分生孢子梗及小型分生孢子

立枯丝核菌（*R. solani*）引起棉花等多种植物立枯病和水稻纹枯病（彩图 137、138）。

（2）小核菌属（*Sclerotium*）　菌核圆形或不规则形，表面光滑或粗糙，外表褐色或黑色，内部浅色，组织紧密（图 2-156）。齐整小核菌（*S. rolfsii*）引起花生等 200 多种植物白绢病。

3. 瘤座菌目（Tuberculariales）

分生孢子着生在分生孢子座上。

（1）镰孢属（*Fusarium*）　大型分生孢子多细胞，镰刀形；小型分生孢子单细胞，椭圆形至卵圆形，分生孢子为内壁芽生式（图 2-157）。禾谷镰孢（*F. graminearum*）引起多种禾本科植物赤霉病。

（2）绿核菌属（*Ustilaginoidea*）　分生孢子座形成于寄主子房内，上密生分生孢子；分生孢子梗细小；分生孢子单生，单胞，表面有疣状突起，橄榄绿色（图 2-158）。稻曲绿核菌（*U. oryzae*）寄生于水稻穗上，引起稻曲病（彩图 150）。

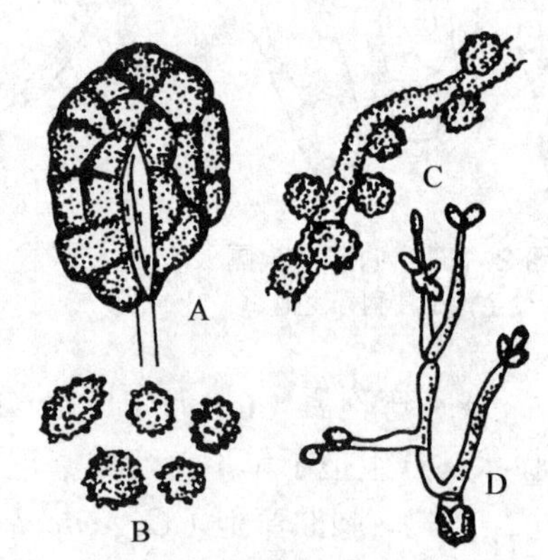

图 2-158　绿核菌属
A. 受害谷粒形成的分生孢子座；B. 分生孢子；
C. 菌丝上的分生孢子；D. 分生孢子萌发

（二）腔孢纲（Coelomycetes）

分生孢子产生在分生孢子盘或分生孢子器内。

（1）炭疽菌属（*Colletotrichum*）　分生孢子盘生在寄主表皮，有时生有褐色、具分隔的刚毛；分生孢子梗无色至褐色，产生内壁芽生式的分生孢子；分生孢子无色，单细胞，长椭圆形或新月形（图 2-159）。胶孢炭疽菌（*C. gloeosporioides*）引起苹果、梨、棉花、葡萄、冬瓜、黄瓜、辣椒、茄子等多种果树和蔬菜的炭疽病（彩图 139、140）。

（2）痂圆孢属（*Sphaceloma*）　分生孢子梗极短，不分枝，紧密地排列在子座组织上；分生孢子单细胞，卵圆形或椭圆形（图 2-160）。柑橘痂圆孢（*S. fawcettii*）引起柑橘疮痂病（彩图 151）。

（3）盘二孢属（*Marssonina*）　分生孢子盘极小；分生孢子卵圆形或椭圆形，无色，双细胞大小不等，分隔处缢缩（图 2-161）。苹果盘二孢（*M. mali*）引起苹果褐斑病。

（4）柱盘孢属（*Cylindrosporium*）　分生孢子盘白色或灰白色，平铺状；分生孢子梗短

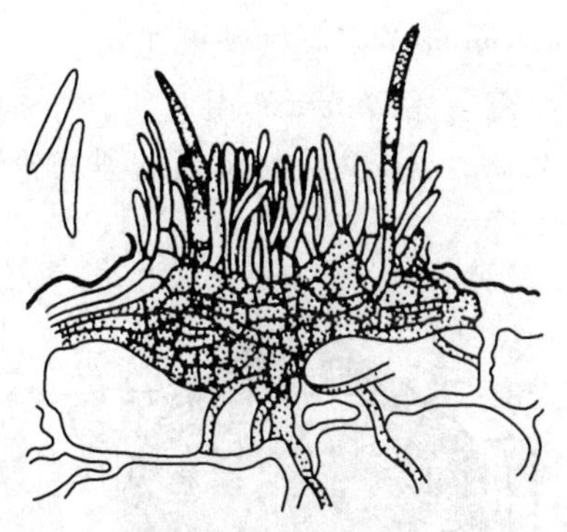

图 2-159　炭疽菌属
分生孢子盘和分生孢子

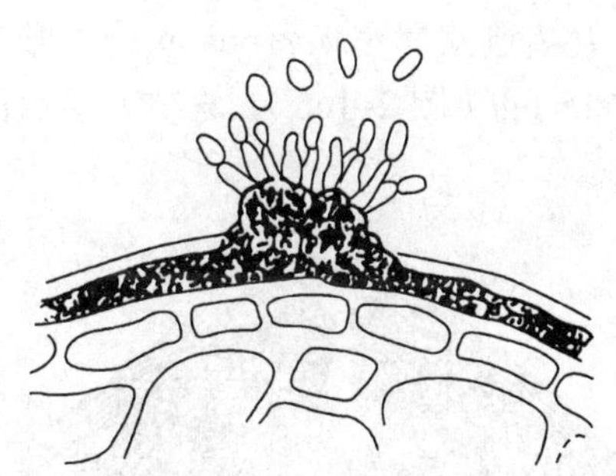

图 2-160　痂圆孢属
分生孢子座上的分生孢子

小，无分枝；分生孢子线形，单细胞或多细胞（图 2-162）。稠李柱盘孢（*C. padi*）引起桃及樱桃叶斑穿孔。

（5）拟盘多毛孢属（*Pestalotiopsis*）　分生孢子 5 个细胞，真隔膜，两端细胞无色，中间细胞榄褐色，顶生附属丝 2 根以上（图 2-163）。枯斑拟盘多毛孢（*P. funerea*）引起松针赤枯病以及茶、枇杷灰斑病。

（6）茎点霉属（*Phoma*）　载孢体为分生孢子器；分生孢子梗极短；分生孢子单细胞，很小，卵形至椭圆形（图 2-164）。甜菜茎点霉（*P. betae*）引起甜菜蛇眼病。

（7）叶点霉属（*Phyllosticta*）　形态与茎点霉属（*Phoma*）相似。寄生性较强，主要为

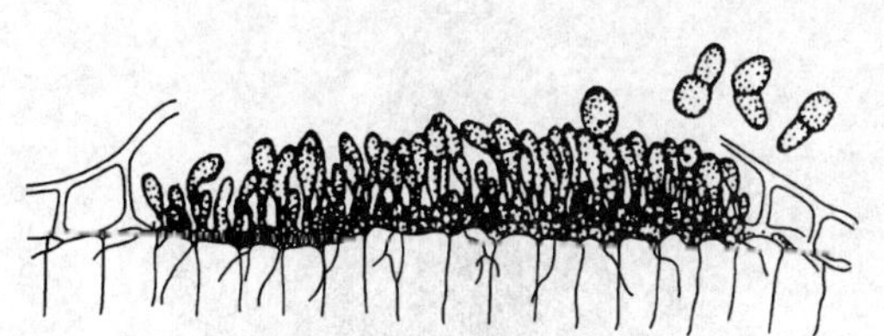

图 2-161　盘二孢属
分生孢子盘和分生孢子

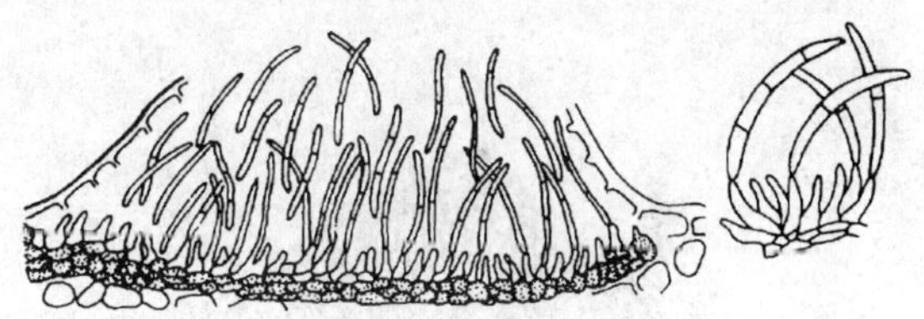

图 2-162　柱盘孢属
分生孢子盘和分生孢子

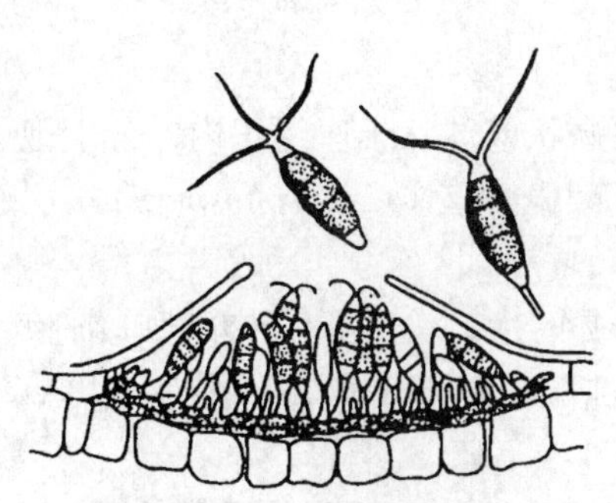

图 2-163　拟盘多毛孢属
分生孢子盘和分生孢子

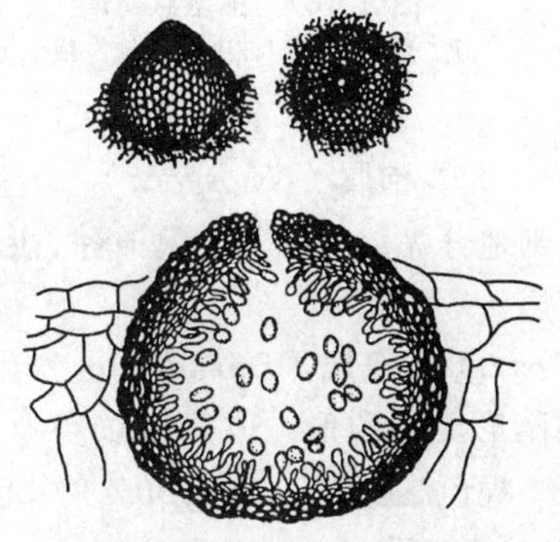

图 2-164　茎点霉属
分生孢子器和分生孢子

害叶片引起叶斑病（图 2–165）。棉小叶点霉（*P. gossypina*）引起棉花褐斑病。

（8）大茎点菌属（*Macrophoma*） 形态与茎点霉属（*Phoma*）相似。分生孢子较大，一般超过 15 μm（图 2–166）。轮纹大茎点菌（*M. kawatsukai*）引起苹果、梨的轮纹病（彩图 153）。

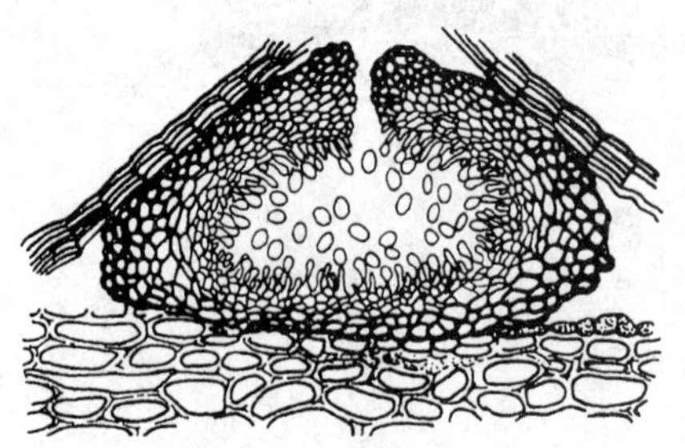

图 2–165 叶点霉属
分生孢子器和分生孢子

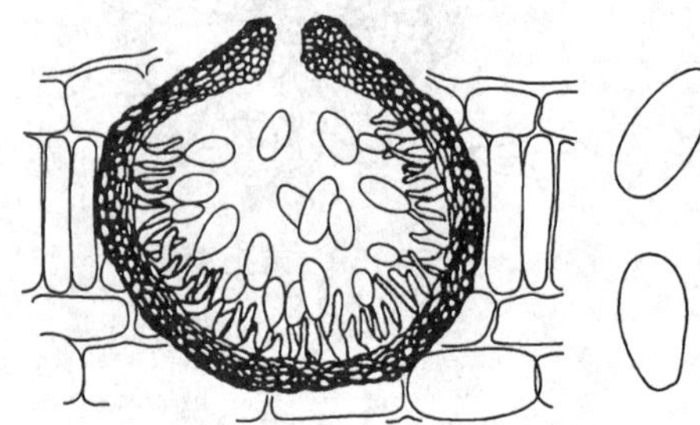

图 2–166 大茎点菌属
分生孢子器和分生孢子

（9）拟茎点霉属（*Phomopsis*） 分生孢子器内产生 2 种分生孢子：α 型分生孢子卵圆形至纺锤形，单细胞，能萌发；β 型分生孢子线形，一端弯曲呈钩状，不能萌发（图 2–167）。褐纹拟茎点霉（*P. vexans*）引起茄褐纹病。

（10）壳针孢属（*Septoria*） 分生孢子多细胞，细长筒形、针形或线形，直或微弯，无色（图 2–168）。颖枯壳针孢（*S. nodorum*）引起小麦颖枯病。

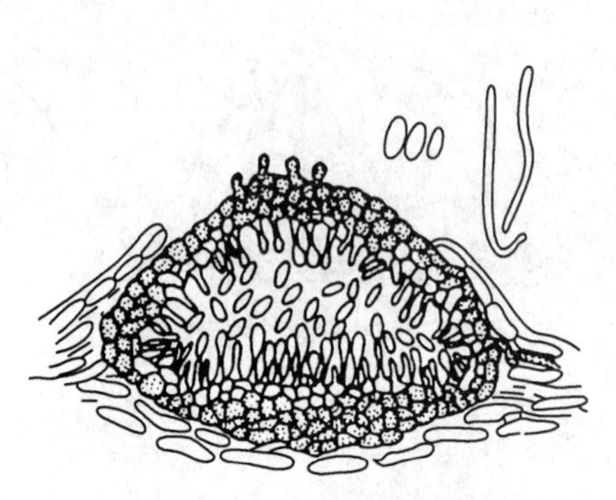

图 2–167 拟茎点霉属
分生孢子器和两种类型的分生孢子

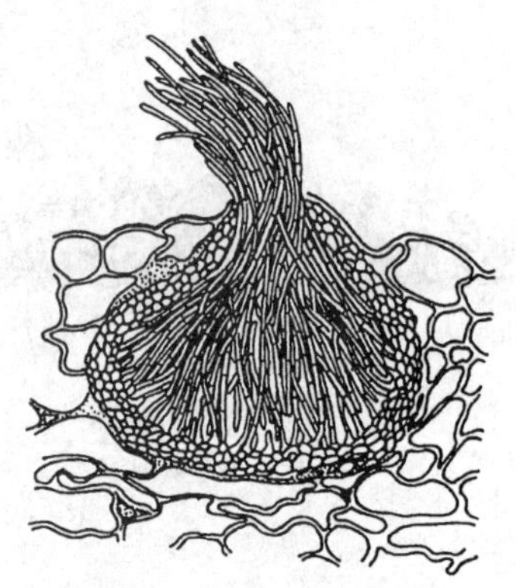

图 2–168 壳针孢属
分生孢子器和分生孢子

（11）壳囊孢属（*Cytospora*） 分生孢子器着生在瘤状或球状子座组织内，分生孢子器腔不规则地分为数室；分生孢子香蕉形（图 2–169）。梨壳囊孢（*C. carphosperma*）引起梨树腐烂病。

（12）色二孢属（*Diplodia*） 分生孢子器散生或集生；分生孢子初时单细胞，无色，椭圆形或卵圆形，成熟后转变为双细胞，顶端钝圆，基部平截，深褐色至黑色（图 2–170）。棉色二孢（*D. gossypina*）引起棉铃黑果病。

（13）壳二孢属（*Ascochyta*） 分生孢子卵圆形至圆筒形，双细胞，无色（图 2–171）。黄瓜壳二孢（*A. cucumis*）引起黄瓜蔓枯病。

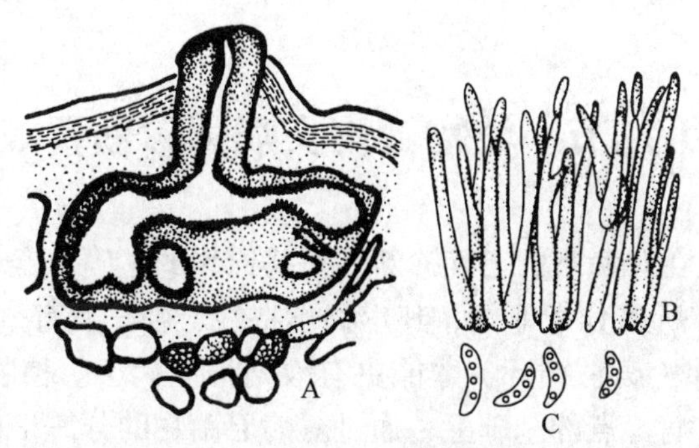

图 2–169　壳囊孢属

A. 着生在子座内的分生孢子器；B. 分生孢子梗；C. 分生孢子

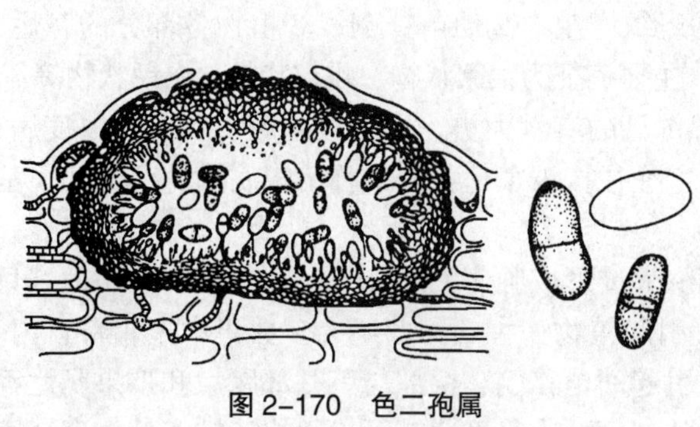

图 2–170　色二孢属

分生孢子器和分生孢子

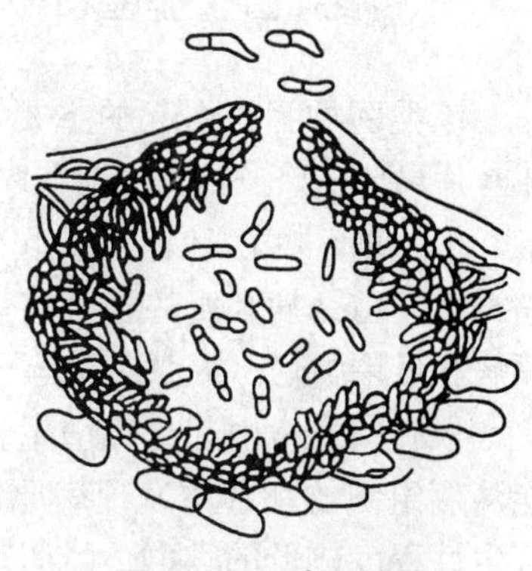

图 2–171　壳二孢属

分生孢子器和分生孢子

小结

无性态真菌的营养体为发达的有隔菌丝体。无性繁殖大多十分发达，主要以芽殖和断裂的方式产生分生孢子。分生孢子的个体发育有体生式和芽生式两大类型。无性态真菌的分生孢子着生在散生、束生的分生孢子梗上或分生孢子座上，或着生在分生孢子盘或分生孢子器内。分生孢子的形态变化很大，大致可分为 7 种类型。

无性态真菌暂时分为 3 个纲：芽孢纲、丝孢纲和腔孢纲。

丝孢纲真菌的分生孢子直接产生在分生孢子梗上。本纲中与植物病害关系较大的是丝孢目、瘤座菌目和无孢目。丝孢目真菌的分生孢子梗散生；束梗孢目的分生孢子梗聚生成孢梗束；瘤座菌目的分生孢子着生于分生孢子座上；无孢目不产生分生孢子，有的可能产生厚垣孢子。

腔孢纲真菌的分生孢子产生在分生孢子盘上或分生孢子器内，分生孢子梗短小。黑盘孢目真菌形成分生孢子盘；球壳孢目真菌形成分生孢子器，其中有不少是重要的植物病原菌。

第九节　植物菌物类病害诊断要点

植物病害防治建立在对病害的正确诊断和对病原物的正确鉴定基础上，明确了对病害所致病原菌物的种类、所属分类地位、其生物学特性、生长发育规律（生活史），从而明确病害的发生发展规律（病害循环）才能更有效地控制病害。植物菌物病害诊断要点包括：在掌握各类菌物致病特点的基础上，通过对病原菌物的分离培养、形态观察与鉴定等步骤，对植物病害作出正确的诊断。

一、根肿菌、壶菌和卵菌所致植物病害的主要特点

该类菌物为害引起的主要病状是：①组织增生；②幼苗猝倒；③植物各部分的腐烂；④叶片局部枯斑或枯焦；⑤花序花梗畸形。主要病征为棉絮状物、霜霉状物、白锈状物等。

根肿菌、壶菌和卵菌引起的植物病害常见的有六大类，即：根肿病、猝倒病、疫病、霜霉病、白锈病和腐烂性病害。腐烂性病害往往按被害部位分别称为根腐病、茎腐病、基腐病和瓜果腐烂（绵腐）病等。

根肿菌最常引起组织增生，使根茎部膨大或形成肿瘤，病部外表往往看不到病征，只能从病组织的切片中发现病原菌的菌体。引起植物病害的卵菌绝大多数集中于霜霉目内。寄生性程度较低的类群，习居于土壤中，引起幼苗猝倒、根部与茎基部腐烂和瓜果腐烂等症状，其所造成的腐烂，大多数是软腐性的，蔓延十分迅速，可以很快使被害部位完全腐烂。寄生性程度中等的类群，可侵染植物各个部位，使植物叶片迅速坏死，根部或茎基部腐烂死亡，发生所谓“疫病（blight）”，它们引起的叶斑，大多数是水渍状斑或褪色斑，边缘无明显界限。寄生性程度高的类群，已发展为专性寄生菌，常使植物叶片出现褪色斑块或条纹，茎部和花序发生膨肿、徒长，叶变和畸形等症状，引起诸如“霜霉病”（downy mildew）和“白锈病”（white rust）等病害。

二、接合菌所致植物病害的主要特点

引起植物病害的接合菌种类不多，只有根霉、笄霉等少数几个属，引起植物花及果实、块根、块茎等储藏器官的腐烂。主要病征为：①幼苗烂根；②花器及储藏器官腐烂等。主要病征是：初期白色、后期灰黑色的霉状物，霉层上可见黑色小点。造成的病害常称为软腐病、褐腐病、根霉病和黑霉病等。

接合菌的寄生性较弱，通常为害受伤或抵抗力弱的植物器官，感染幼苗，多在是温度过低或过高和幼苗伤根的情况下发生的。侵染果实时，笄霉主要为害田间幼瓜，根霉主要为害熟果及块根、块茎，多发生于储藏期及运输过程中，但两者都造成腐烂，蔓延迅速。

三、子囊菌与无性态真菌所致植物病害的主要特点

虽然无性态真菌不全都是子囊菌的无性阶段，但子囊菌的无性阶段全都是无性态真

菌，所以，子囊菌病害与无性态真菌病害的症状是基本相似的。它们大多数引起局部坏死性病害，少数引起系统感染的维管束病害——萎蔫病（枯萎和黄萎）。

这两类菌物所致病害的主要病状为：①叶斑；②炭疽；③枝枯；④溃疡；⑤腐烂；⑥膨肿；⑦萎蔫；⑧发霉等。主要病征是白粉、烟霉、各种色泽的点状物（以黑色为主）与霉状物、颗粒状的菌核、根状菌索等。有时还可产生黑色刺毛状物、白色棉絮状的菌丝体。

子囊菌和无性态真菌引起的植物病害主要有九大类：叶斑病、炭疽病、白粉病、煤烟病、霉病、萎蔫病、干腐枝枯病、腐烂病和过度生长性病害等。

（1）叶斑病（leaf spot） 包括小斑病、大斑病、轮纹病、角斑病、漆斑病、褐斑病、胡麻斑病和穿孔病等。

（2）炭疽病（anthracnose） 实际上也是一种叶斑病，只是此类叶斑是特定的一群炭疽菌所引起的，而且通常不少种类对寄主的果、叶、茎、荚各部均可为害，因此常被单独划出，称其为炭疽病，炭疽病在南方地区相当普遍，为害比北方严重。

（3）白粉病（powdery mildew） 最典型的病状是受害部分表面铺有一层白粉，病组织退绿或变黄；最后，叶片可能皱缩，并且早期脱落或早期叶枯。

（4）煤烟病（sooty mould） 整个叶面、甚至植株的地上部都被一层黑霉覆盖着。大多发生于热带与亚热带地区，常与昆虫分泌的蜜露有关（图 2–172）。

图 2–172 煤烟病

（5）霉病（mould） 包括青霉病、绿霉病和赤霉病等（图 2–173）。

（6）萎蔫病（wilt） 包括枯萎病和黄萎病等。

（7）干腐枝枯病 包括干腐（dry rot）、枝枯（blight 或 dieback）、溃疡（canker）等。

（8）腐烂病（rot） 包括根腐、茎腐和果腐等。

（9）过度生长性病害（hyperplasia） 包括徒长、畸形、膨肿和丛生等。

图 2–173　小麦赤霉病

四、担子菌所致植物病害的主要特点

主要病征是：斑点、斑块、立枯、纹枯、根腐、叶腐、膨肿和瘿瘤等。除了锈菌、黑粉菌、丝核菌和外担菌外，担子菌亚门是很少引起叶斑的。主要病征是黄锈、黑粉、霉状物、粉状物、颗粒状菌核或粗线状菌索。担子菌引起的根腐病，大多数可在被害的根部或茎基部发现菌丝体或菌索，如华南地区的橡胶树红、褐、黑根病等，病根上一般均可发现菌索。

担子菌所致的植物病害主要有四大类：锈病、黑粉病、根腐病及过度生长性病害。

（1）锈病　在叶上引起斑点，主要病征为黄褐色的锈状物。

（2）黑粉病　可为害植物各个部位，引起叶斑、矮缩、肿胀、畸形、子房破坏等，主要病征为黑色的粉状物。

（3）根腐病　主要有两种类型：一种是使寄主急性致死的，如薄膜革菌中一些种造成的幼苗立枯、成株茎腐或根腐；另一种是使寄主慢性致死的，如卷担菌、非褶菌、伞菌中的一些种，往往使果树、树木慢性失水、中毒以至枯凋死亡。

（4）过度生长性病害　为数不多，主要有玉米黑粉菌引起的瘤肿。

五、病原菌物形态观察与鉴定

菌物的分类、鉴定基本上是以形态特征为主，并辅之以生理、生化、遗传、生态、超微结构及分子生物学等多方面的特征。

1. 形态性状

早期的菌物分类、鉴定工作，几乎完全依赖于形态性状。由于菌物的有性和无性孢子在不同种类之间有较大的差异，并且在任何一个种中其孢子大小、形状、颜色也很固定。所以菌物主要以孢子产生方式和孢子本身的特征和培养形状来划分。但是，利用形态性状作为分类鉴定的依据，一定要注意形态性状稳定性的问题，不然就会将同一种（属）的菌物误认为是不同种（属）的菌物。因为有些菌物在不同的基质上生长时，其形态性状是迥然不同的。

2. 生理生化性状

在菌物分类、鉴定工作中，常用的生理生化性状有：可溶性蛋白和同工酶的凝胶电泳、血清学反应、蛋白质氨基酸序列分析和DNA中（G+C）mol % 含量的比较等。这些方法在1980年以来普遍使用，被证明是区分属、种和种下类群的重要手段。

3. 生态性状

有些菌物，其生活习性和地理分布等生态性状，也是菌物分类、鉴定的参考依据。

4. 分子生物学技术

现代生物技术的迅速发展为菌物的分类、鉴定提供了许多新的方法，极大地推动了菌物学的发展。这些技术主要包括：PFGE（脉冲场电泳）技术、RFLP（限制性片段长度多态性）技术、RAPD技术、简单重复序列技术、AFLP（扩增片段长度多态性）技术和ITS（内部转录间隔区）序列分析技术等。分子生物学技术已被证明是一种高效的手段，对于根据形态特征难以区分的菌物种类的鉴定具有重要意义。

5. 人工智能鉴定技术

随着人工智能（AI）和农业大数据的发展，通过大量的作物病害发病图片、发病特征样本采集、作物发病时的环境参数（土壤温湿度、空气温湿度、土壤pH、土壤养分等参数）作为数据支撑，利用机器学习算法能够从种植者提供的卫星、无人机、田间巡游器等拍下的农田影像资料以及智能手机拍摄的照片确定病害类别、严重程度，使用人工智能软件进行诊断并制订管理计划。

思考题

1. 什么是菌物？菌物在生物界的分类地位有何变化？
2. 简述菌物的菌丝变态和组织体的主要类型及功能。
3. 简述菌物无性繁殖、有性生殖的主要方式、过程及所产生的无性孢子和有性孢子类型。
4. 植物病原菌物的有性生殖在植物病害发生中有何重要作用？
5. 什么是准性生殖？准性生殖的过程和意义是什么？
6. 简述菌物生活史的含义及生活史类型，植物病原菌物无性阶段的特点与病害蔓延的关系。
7. 简述菌物的变种、专化型、小种、菌丝融合群及营养体亲和群的概念。
8. 何为广义的真菌、狭义的真菌？何为菌物？
9. 简述根肿菌的营养体、无性繁殖与有性生殖及生活史。
10. 简述卵菌与真菌的主要区别。
11. 简述卵菌门与植物病害有关的主要属的形态特征。
12. 简述卵菌的营养体、无性繁殖与有性生殖。
13. 介绍卵菌各重要代表菌的生活史及其为害寄主植物的特点。
14. 简述壶菌的营养体、无性繁殖与有性生殖。

15. 简述壶菌主要的属的形态特征及玉蜀黍节壶菌的生活史。
16. 简述接合菌的营养体、无性繁殖与有性生殖。
17. 简述接合菌主要的属的形态特征及匍枝根霉的生活史。
18. 简述子囊菌的一般形态与特征及有性生殖的过程及其特点。
19. 简述子囊果的类型、形态与结构。
20. 简述子囊菌门所属各纲的主要特征。
21. 子囊果核心组织有哪4种发育类型？
22. 核菌纲闭囊壳上的附属丝有哪几种类型？
23. 简述子囊菌与植物病害有关的主要属的形态特征。
24. 简述担子菌门所属各纲的主要特征。
25. 锈菌和黑粉菌的主要特征及重要代表属的发育循环。
26. 简述转主寄生的锈菌和系统侵染与局部性侵染的黑粉菌，为害寄主植物的特点。
27. 简述担子菌与植物病害有关的主要属的形态特征。
28. 简述无性态真菌事实上包含了哪些类型的真菌？
29. 简述分生孢子个体发育类型及其在半知菌分类中的意义。
30. 简述无性态真菌分类与命名出现交叉的原因。

数字课程学习

病害症状彩图　　自测题

第三章

植物病原原核生物

植物体内和体外都有许多原核生物存在，大多数是无害的，有些是有益的，如内生细菌、根瘤菌、固氮菌等，少数危害较大，造成严重损失，如番茄青枯病菌、梨火疫病菌等。能够侵染植物引起病害的称为植物病原原核生物，包括细菌、放线菌、植原体和螺原体。

第一节　原核生物的一般概念

原核生物（prokaryotes）是指含有原核结构的单细胞微生物。原核生物的遗传物质（DNA）分散在细胞质中，没有核膜包围，故没有明显的细胞核；细胞质由细胞膜和细胞壁或只有细胞膜包围。细胞质中含有小分子的核糖体（70S），但没有内质网、线粒体等细胞器分化。原核生物界的成员很多，有细菌、放线菌以及无细胞壁的螺原体和植原体等，通常以细菌作为原核生物的代表。大多数原核生物的形态为球状或短杆状，少数为丝状或分枝状至不定形状。菌原体的体积最小，仅 0.01 ~ 0.03 μm^3，光合细菌最大，为 5 ~ 10 μm^3。

原核生物与真核生物有许多区别，最主要的区别见表 3–1。

表 3–1　原核生物与真核生物细胞的主要区别

细胞性质	原核生物	真核生物
遗传物质组成：		
染色体数	1 个	多于 1 个
与组蛋白复合的 DNA	无	有
核仁、核膜	无	有
有丝分裂、减数分裂	无	有
内质网、高尔基体	无	有
线粒体	无	有
叶绿体	无（少数有叶绿素）	有（有的无）
鞭毛	由 1 根蛋白质纤维组成	有膜包围，通常由 20 根微管组成，“9+2” 型

续表

细胞性质	原核生物	真核生物
细胞壁	以肽聚糖为主的复杂化合物	结构简单的化合物如纤维素、几丁质等，无肽聚糖
胞质核糖体大小	70S	80S（线粒体、叶绿体除外）
储藏物	聚羟基丁酸盐（PHB）等	糖原或淀粉等
细胞分化	简单、原始	有组织和器官的分化
繁殖方式	一般为体细胞横向二分裂	无性、有性等多种

一、形态和结构

（一）形态

细菌的基本形态有球状、杆状和螺旋状，个体大小差别很大。球状细菌的直径为（0.5～1.3）μm，杆状细菌的大小为（0.5～0.8）μm×（1～5）μm，也有更小一些的。螺旋状细菌较大，有的可达（13～14）μm×1.5 μm。细菌大都单生，也有双生、串生和聚生。植物病原细菌大多是短杆状，少数为球状。部分原核生物，如链霉菌（*Streptomyces* spp.）会产生类似真菌的菌丝状结构，但核质仍没有核膜包被，也没有真核生物特有的细胞器。植物菌原体（植原体）的形态为圆球形至椭圆形，大小为 80～100 nm，无细胞壁，外有质膜包围，螺原体形态为螺旋状，繁殖时可分枝（图 3–1）。

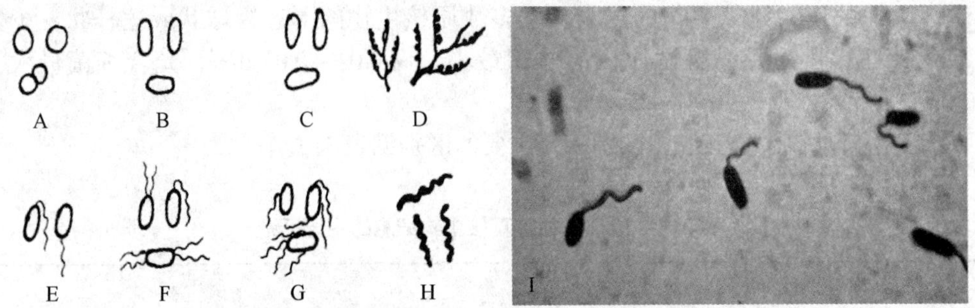

图 3–1 细菌的形态与鞭毛类型示意图

A. 球状；B. 杆状；C. 棒杆状；D. 链霉菌；E～F. 极生鞭毛；G. 周生鞭毛；H. 螺原体；I. 细菌染色示极生鞭毛（1 000×）

（二）结构

原核生物的细胞可以分为 3 个主要结构区域，分别为核质区、胞质核糖体区和表层复合区。

表层复合区由细胞壁和胞外黏质层组成。细菌菌体外层是由肽聚糖、拟脂类和蛋白质组成的坚韧的细胞壁，以发挥保护细胞和固定细胞外形等多种生理功能。通过染色、质壁分离和电镜观察，可证实细胞壁的存在。除了细胞壁有一定的共性以外，不同种类的细菌还有各自的特性，革兰氏阳性菌、革兰氏阴性菌、抗酸细菌和古细菌的细胞壁有很大差异。在细胞壁外还有厚薄不等的以多糖为主的黏质层，比较厚而固定的黏质层称为荚膜（图 3–2）。

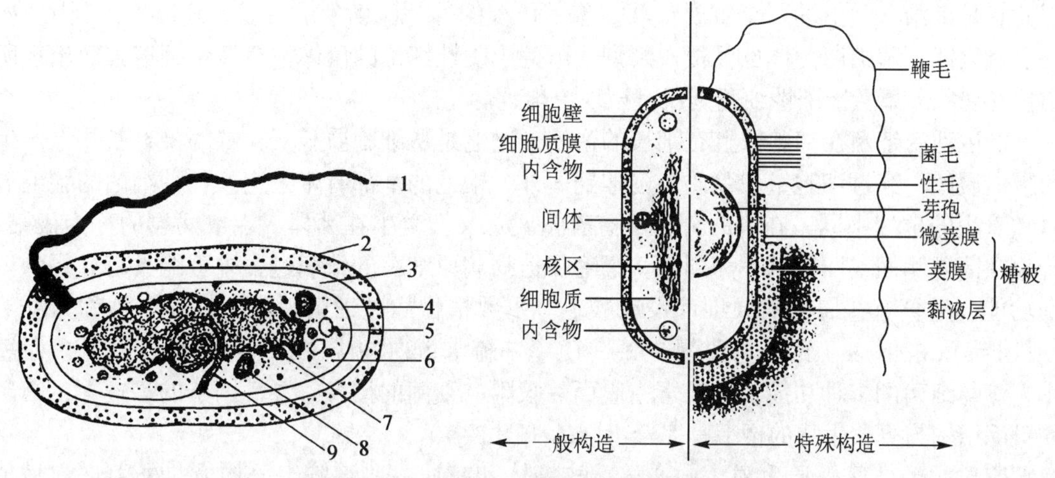

图 3–2　细菌内部结构的两种示意图

1. 鞭毛；2. 夹膜；3. 细胞壁；4. 细胞质膜；5. 气泡；6. 核糖体；7. 核区；8. 内含物；9. 中心体

革兰氏阳性菌和革兰氏阴性菌细胞壁的组成上有显著的不同，革兰氏阳性菌细胞壁的厚度为 20 ~ 80 nm，单层，主要成分是肽聚糖和磷壁酸，构成了 25 ~ 40 层的网格状的网套覆盖在表层，肽聚糖占细胞壁质量的 90%，磷壁酸约占 10%，因此细胞较硬而坚固，革兰氏阳性菌的细胞壁遇碘能牢固结合而染成紫色。革兰氏阴性细菌细胞壁的厚度为 5 ~ 11 nm，肽聚糖 1 ~ 2 层，占细胞壁质量的 5% ~ 10%，无磷壁酸，因此壁薄而柔软；革兰氏阴性细菌细胞壁的外膜是由脂蛋白、孔蛋白、磷脂和脂多糖构成，外膜蛋白和孔蛋白是细菌向外分泌信号物质和毒素的通道。电子显微镜的观察也发现，革兰氏阴性细菌的细胞壁不是光滑的，与碘也能结合而染成紫色，但不牢固，易被乙醇退色。所以革兰氏染色反应也反映了细菌细胞壁的组成和结构等本质上的差别，因此它是细菌分类上的一个重要性状（图 3–3）。植原体和螺原体则只有细胞膜而没有细胞壁。

染色反应是细菌很重要的性状。染色的目的本来是用来观察细菌，但后来发现有些染色反应对细菌还有鉴别作用，其中最重要的是革兰氏染色。细菌对革兰氏染色的反应有阳性和阴性。革兰氏染色反应与细菌的一些性状有关，例如，革兰氏阳性的细菌能耐高浓度的盐，不易被蛋白酶分解，但是对于碱性染料和除垢剂（如肥皂）则较敏感。对抗生素的反应也不同，例如，青霉素对革兰氏阳性反应的细菌作用比较大，而链霉素则对阳性反应和阴性反应的细菌都有一定的作用。营养的要求也不同，革兰氏染色反应阳性的细菌，一般需要较复杂的营养物质。革兰氏染色反应也反映了细菌的组成和结构等本质上的差别，

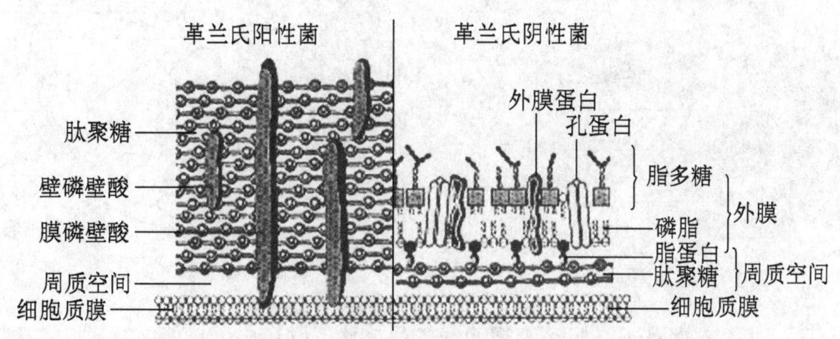

图 3–3　革兰氏阳性菌和革兰氏阴性菌细胞壁的结构差异

因此它是细菌分类上的一个重要性状。除了传统的革兰氏染色法可以区别以外，利用3%的氢氧化钾处理细菌菌体也可很快判别，革兰氏阴性细菌的菌体被氢氧化钾溶解而出现所谓拉丝现象，革兰氏阳性细菌则没有该现象出现。

能运动的细菌在细胞壁上有细长的鞭毛，鞭毛是从细胞质膜下粒状的鞭毛基体上产生的蛋白质丝，穿过细胞壁和黏质层延伸到体外，鞭毛的基部有鞭毛鞘。各种细菌的鞭毛数目和着生的位置不同，在属的分类上有着重要意义。着生在菌体一端或两端的称为极鞭；着生在菌体侧面或四周的称为周鞭。鞭毛在植物病原细菌的致病过程中可能具有重要的识别功能，尽管有些属的病原细菌没有鞭毛。多数植物病原细菌表面还存在一种称为纤毛（或菌毛）（fimbriae）的结构（图3–2），由单一疏水蛋白构成，和鞭毛相比，数量多而短小，参与细菌的多种功能，如在寄主表面的吸附、细菌的接合、毒性因子的运输等，细菌的鞭毛结构与真核生物的鞭毛是完全不同的（图3–4）。

胞质核糖体区由原生质、中心体、核糖体和其他一些细胞组分构成，外由细胞膜包围。细胞壁内是半渗透性膜的细胞质膜，膜内包含细胞的遗传物质和细胞质。核糖体是细菌的蛋白质制造工厂，是真核生物、真细菌和古细菌都具备的。但是在大小和组成上都存在一定区别，真核生物的核糖体为80S，由70 ~ 84种蛋白质构成；真细菌和古细菌的核糖体都是70S，真细菌有55种蛋白质构成，而古细菌有66种以上的蛋白质构成。核糖体中都存在5S rRNA，仅有120个核苷酸，是鉴定生物物种进化亲缘关系的主要指标。在对5S rRNA序列的分析中发现，古细菌与真核生物的亲缘关系更接近。

一些细菌还可以形成芽孢，芽孢是细菌为度过不良环境时所形成的休眠机构，对不良环境有很强的抵抗性和忍耐性。细菌的芽孢是一种休眠器官，但不是繁殖机构，一个芽孢萌发时只产生一个细菌细胞。绝大多数植物病原细菌都没有芽孢，但是有少数芽孢细菌可以在受伤的植物组织中大量繁殖，同时又有较强的致病能力。芽孢的抗逆能力很强，一般植物病原细菌的致死温度为48 ~ 53℃，有些耐高温细菌的致死温度，最高也不超过70℃，而要杀死细菌的芽孢，一般要用120℃左右的高压蒸汽处理10 ~ 20 min（图3–5）。

细菌的核质区没有核膜包围，故没有固定形态的细胞核，但是它的遗传物质大多集中在细胞的中央，形成一个带椭圆形或近圆形的核质区，这些核物质的作用相当于细胞核，

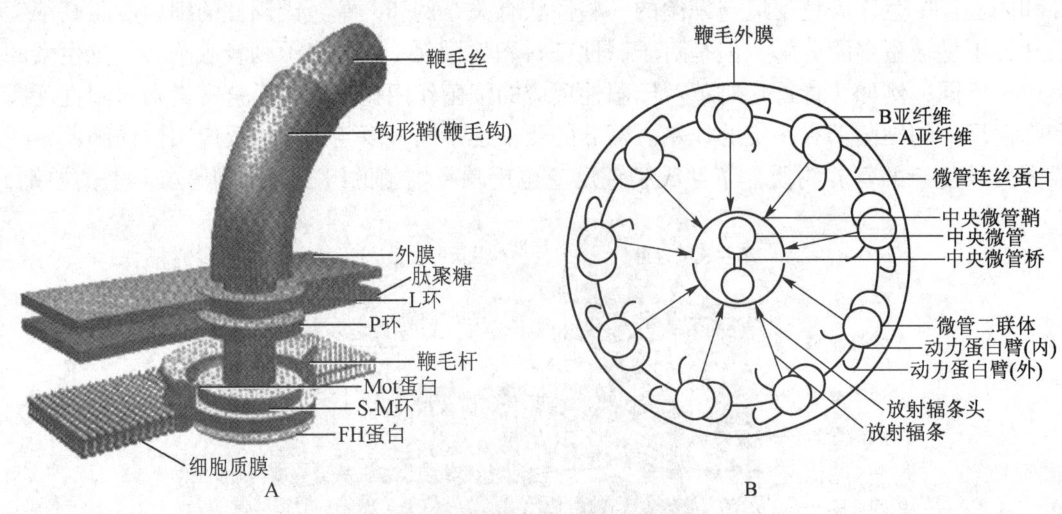

图3–4　原核生物的鞭毛与真核生物鞭毛的区别

A. 细菌的鞭毛结构；B. 真核生物的鞭毛结构

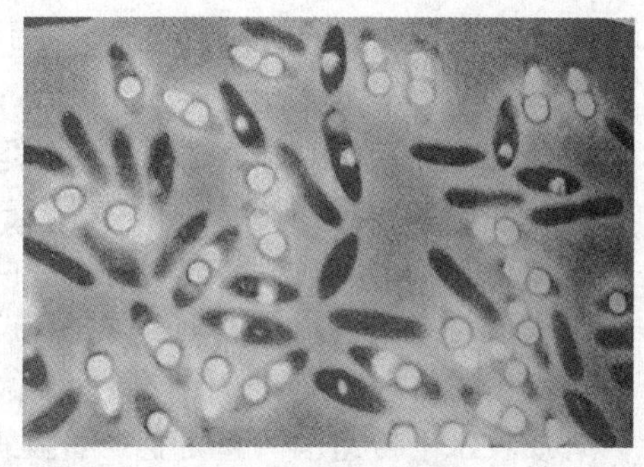
图 3-5 细菌的芽孢

特称原核结构，这种结构的细胞称为原核细胞，所以细菌、古细菌、放线菌、衣原体、菌原体、螺原体等都称为原核生物。在有些细菌中，还有独立于核质之外呈环状结构的双链 DNA，称为质粒（plasmid），它具有编码控制细菌的抗药性、育性或致病性等功能性状。细胞质中有异染粒、中心体、气泡、液泡和核糖体等（图 3-2）。细菌的核糖体分散在细胞质中，与真菌和菌原体相似。

原核生物体内大都没有色素，少数原核生物如蓝细菌（俗称蓝藻）体内含有叶绿素，光合细菌和紫色细菌体内也含有色素，但是植物病原细菌都不含色素。

绝大多数的植物病原细菌有鞭毛，无芽孢，细胞壁外有黏质层，但很少有荚膜。革兰氏染色反应大多是阴性，少数是阳性。对营养的要求大都不严格，可以在一般培养基上生长。

菌原体和螺原体都没有细胞壁，外层只有细胞膜包围，所以没有革兰氏染色反应，它们也没有鞭毛，不会游动，但螺原体可作旋转运动。

二、原核生物的繁殖、遗传和变异

原核生物都是以横向二分裂的方式繁殖，俗称“裂殖”。杆状细菌分裂时菌体先稍微伸长，细胞质膜自菌体中部向内延伸，同时形成新的细胞壁，最后母细胞从中间分裂为两个子细胞。细胞质和遗传物质 DNA 在细胞分裂时，先复制后平均地分配在子细胞中，因此，分裂繁殖后的子细胞仍能保持原有的性状。螺原体繁殖时是芽生长出分枝，然后断裂而成子细胞；链丝菌等放线菌的繁殖方式是产生分生孢子。

细菌繁殖很快，大肠杆菌在适宜的条件下每 20 min 就可以分裂一次。在其他条件适合时，温度对细菌生长和繁殖的影响很大。植物病原原核生物的生长适温为 26～30℃，少数在高温或低温下生长较好，如马铃薯环腐病菌的生长适温为 20～23℃。

原核生物的遗传物质是在核区内的 DNA，主要在核区内，但在细胞中还有其他单独的遗传物质，如质粒。核质和质粒共同构成了原核生物的遗传信息库——基因组。在细胞分裂过程中，基因组亦同步分裂，然后均等地分配到两个子细胞中，从而保证亲代的各种性状能稳定地遗传到子代去。原核生物基因组的大小为（1～5）$\times 10^9$（400 万～500 万个碱基对），菌原体的较小，为 $5\times10^8\sim1\times10^9$。

原核生物的繁殖速度很快，因而经常发生变异。原核生物发生变异的原因还不完全清楚，但通常为基因突变和基因转移与重组两大原因导致变异。

1. 基因突变（mutation）

细菌自然突变的频率较低，通常为 10^{-5}。但是由于细菌繁殖快，繁殖量也大，这样，就增加了发生变异的可能性。细菌在人工培养基上培养到一定时期后一些性状就会发生变化，常见的如植物病原细菌致病力的减弱，这可能是由于改变后的生活条件对细菌的选择作用的结果。类似的现象在自然界中也有，一种植物病原细菌通过接种不同的寄主植物，特别是抗性强弱不同的寄主植物，它的致病力可以减弱或增强。

基因内重复序列的加倍或缺失是引起突变的主要原因。

2. 基因转移与重组（recombination）

基因转移与重组是细菌发生变异的重要原因。两个性状不同的细菌通过结合（conjugation），一个细菌的遗传物质进入另一个细菌体内，使DNA发生部分改变，后者在分裂繁殖时就形成性状不同的后代。两个有亲和力菌体的结合，电子显微镜下可以看到两个细菌成对地结合，一般认为这是细菌的有性生殖。一个细菌的遗传物质可以部分进入另一个细菌的体内，接受遗传物质的细菌在分裂繁殖时体内的两种遗传物质会重新组合。

质粒水平传递也引起突变：细菌的质粒在细菌分裂时可能发生缺失或突变，从而使质粒控制的抗药性或致病性发生改变。例如，根癌土壤杆菌（*Agrobacterium tumefaciens*）菌体中决定致病性的遗传物质（Ti质粒）丢失或转移到腐生的放射土壤杆菌（*A. radiobacter*）体内，就失去了致病能力，而后者在获得Ti质粒之后就获得了致病能力。梨火疫病菌（*Erwinia amylovora*）普通菌株只含有一个29 kb的质粒，在获得一个36 kb的质粒后，就表现出对铜离子的抗性，该36 kb的质粒广泛存在于周围环境中的多种细菌中，通过水平转移，获得该质粒的细菌就会表现出对铜制剂的抗性。

转化（transformation）、转导（transduction）、转座和溶原性转换也是导致基因重组的主要途径。转化是由于细菌吸收外部环境中游离的DNA片段，获得新的基因型和表现型的过程。转导是当噬菌体侵染后消解一种细菌时，噬菌体的DNA可以携带部分寄主细菌的遗传物质，当这个噬菌体侵染另一个细菌时，就可以将遗传物质带到第二个细菌体内作为它的遗传物质的一部分。转座因子是细菌细胞内DNA序列中的一个片段，可以在染色体或质粒中随机转移，被插入部位的基因即失去原有活性。当转座因子从插入部位脱落时，往往可将两侧的DNA序列带出。侵入细菌的噬菌体在溶原期也可以原噬菌体形式在菌体内与细菌的染色体发生重组，导致细菌的基因型发生改变，这就称为溶原性转换。

第二节　植物病原原核生物的侵染与传播

植物的原核生物病害主要发生在高等的被子植物上，裸子植物和隐花植物上较少；栽培的植物上较多，野生植物上较少被注意。无论是大田作物或果树、蔬菜，都有一种或几种细菌病害，禾本科、豆科、十字花科和茄科作物上的细菌病害比较多，有的一种作物上可以发生3～4种以上的细菌病害。虽然植物原核生物病害的数量和危害性都不如真菌病害和病毒病害，但也有不少是生产上的重要问题，如梨火疫病、水稻白叶枯病、马铃薯环腐病、茄科作物的青枯病和十字花科蔬菜的软腐病等。有些细菌病害在国外发生严重而在国内尚未发现，如玉米的细菌性萎蔫病和梨火疫病等。

一、植物病原原核生物的寄生性与致病性

植物病原原核生物大都是非专性寄生的，可以在一般人工培养基上培养，但有少数原核生物对培养条件要求十分苛刻，需要比较复杂的或非常特殊的营养成分，至今还未能在人工培养基上培养成功，因而被认为是专性寄生的，如柑橘黄龙病菌、各种植原体等。原核生物寄生能力的强弱有所不同，寄生性强的可以侵染寄主植物的绿色部分；寄生性弱

的大都侵染植物的储藏器官或抵抗力较弱的部位，有的还要在特别适宜的条件下才能侵染为害。

病菌的寄生性与致病性是两种不同的性状。寄生性是病菌与寄主建立了寄生关系，能在寄主体内存活与繁殖的特性。致病性则是病菌在寄主体内寄生过程中对寄主造成破坏引起病变的特性。一种病菌可以在多种植物体内寄生存活，但并不一定都能引起病害，习惯上把自然条件下能侵染的寄主称为自然寄主，通过人工接种后才显示症状的寄主种类称为实验寄主，严格地说，那些未显示症状但可以被寄生的植物也应包括在寄主之内。例如，荧光假单胞菌的寄生能力较强，但致病能力较弱，它可以在多种植物体内营寄生生活，但只在很少的场合显示病变。大白菜软腐病菌也可以在多种植物体内存活，但只在一些感病品种或储藏期特定条件下才引起腐烂。有些芽孢杆菌虽然可以存在于多种植物有腐烂症状的部位，并常常加速和加重病变部位的腐烂或坏死，但很少能单独侵染寄主。因此芽孢杆菌的寄生能力很弱，但致病能力较强。

植物病原细菌都有一定的寄主范围。有的只能为害同一属或同一种的植物，如引起棉角斑病的黄单胞菌只为害棉属植物；引起桑疫病的假单胞菌只为害桑属植物。寄主范围广的可为害多种植物，如菜豆疫病黄单胞菌可以为害豆科的许多种植物；甘蓝黑腐病黄单胞菌可以为害许多十字花科植物。寄主范围更广的如茄青枯菌和根癌土壤杆菌，可以为害30～90个科几百个属的植物。

分析一种植物病原原核生物的寄主范围，要区别是自然发病的和人工接种的寄主范围。例如茄青枯病菌在土壤中可以长期存活，在自然条件下是从根部伤口侵入的。许多植物未发生青枯病，有的是寄主抗病性特别强，有的只是病原物没有侵入的机会，如果通过人工创伤接种，青枯菌的寄主范围是很宽的。人工接种测定病原细菌的寄主范围时，还要注意植物可能表现过敏性反应。例如，许多假单胞菌属植物病原细菌的悬浮液注射到烟草的叶肉组织内，都能出现过敏性的枯斑，其他植物病原细菌在特定的植物上也表现类似的过敏性反应。因此，要懂得从症状的表现来判断一种植物是寄主植物，还是表现过敏性反应的植物。正确判断植物病原原核生物的寄主范围，对病害的防治和病原菌的鉴定都很重要。

植物病原原核生物也必须依赖多种条件配合才能引起植物病害，包括环境条件、寄主的状况以及原核生物本身致病基因的表达和毒性因子的产生。环境因素可以直接影响原核生物的侵染，也可以通过影响寄主植物的生理状态而间接影响原核生物的侵染。植物的营养状态、发育程度都可以影响病害的发生和发展。植物的大量营养元素，如氮和磷对水稻白叶枯病的发生具有重要影响，过多的氮肥能显著增加寄主的感病性，而补钙、补磷和补钾可以提高寄主的抗病性。不同发育阶段和成熟度的植物组织对病害的敏感程度不同。如随着时间的推移，水稻叶片硅化程度的增加，寄主对白叶枯病的抗性逐渐增强。

通常认为单细胞的细菌不像多细胞生物在细胞间有信号的交流。近年的研究表明，细菌可以通过被称为信号分子的小分子物质来调节细菌的群体行为，这种现象被称为群体感应（quorum sensing），已被普遍关注。群体感应是指在特定环境中，细菌产生并向环境中释放特定的细胞外信号分子，随着个体密度的增大，信号分子积累到一定的浓度时，会诱发细菌独特的、多样的群体行为，包括调节生物发光、成群浮游现象、抗生素的生物合成、质粒转移和毒性因子的产生等。科学家已经找到通过干扰群体感应的这种机制来有效控制一些细菌病害。例如，将能够降解细菌信号分子的一种解酯酶基因转入烟草和马铃薯后，有效地控制了由软腐病菌在这两种植物上引起的危害。目前发现多种植物病原细菌中都存在群体感应系统，并且紧密调控细菌的致病性，这为利用“信号干扰”技术控制植物细菌病害开辟了崭新的途径。

细菌的致病性与细菌分泌到胞外的功能蛋白密切相关。目前发现细菌至少存在6种蛋白分泌系统，根据分泌途径的差异，分别命名为Ⅰ、Ⅱ、Ⅲ、Ⅳ、Ⅴ和Ⅵ型分泌系统。

Ⅰ型分泌系统（type Ⅰ secretion system，T1SS）是一个简单的ABC转运装置（ABC transportor），由一个内膜（IM）ATP结合蛋白、一个外膜（OM）蛋白和一个连接内膜与外膜的通道蛋白组成。T1SS可以转运包括离子、药物和蛋白质在内的多种分子，从1×10^4的*E. coli*菌素肽到9×10^5的荧光假单胞菌（*P. fluorescens*）的细胞黏附蛋白LapA均可被转运。Ⅱ型分泌系统（T2SS）通常由12～15个组分（依次命名为A–O,S）构成，可将具有分泌信号肽的蛋白质分泌到周质间隙，经切割加工后通过微孔蛋白穿越外膜分泌到胞外。T2SS主要分泌胞壁降解酶（cell wall degrading enzyme，CWDE），包括纤维素酶、脂酶、木聚糖酶、内切葡聚糖酶、多聚半乳糖醛酸酶和蛋白酶，是病原细菌用来降解植物细胞壁最重要的毒性因子。Ⅲ型分泌系统（T3SS）决定着大多数革兰氏阴性细菌与宿主的相互作用，其形态可比喻为纳米级的“注射器”，由多个组分蛋白复合体嵌合形成的跨膜通道，包含3个重要部分：跨细菌内外膜的基体组分、伸出胞外的纤毛状结构（Hrp菌毛）以及位于细胞膜上的转位装置（translocon）。它的某些结构蛋白与鞭毛装置蛋白高度相似，推测T3SS可能由鞭毛装置进化而来。植物病原细菌的Hrp菌毛比动物病原细菌的长很多，可能是穿过较厚的植物细胞壁（CW）所需的。植物病原细菌通过T3SS向寄主细胞内部注射效应蛋白（effector protein），目的是抑制植物的免疫性、增加植物的感病性和攫取生长所需要的养分；反之，植物进化识别这些效应蛋白从而增强抗病免疫性。植物病原细菌效应蛋白的分泌和在植物免疫性中的作用，引领了其他植物有害生物（卵菌、真菌、线虫、刺吸式口器昆虫等）效应蛋白与寄主植物免疫性的认知。Ⅳ型分泌系统（T4SS）是以植物病原根癌土壤杆菌的T–DNA转移系统为原型进而在革兰氏阴性细菌中被发现，是一种重要的横跨细菌细胞内外膜的物质转运系统，用来转运单链DNA–蛋白复合物、单体蛋白质和寡聚蛋白质等多种生物大分子至细菌、真菌、植物和动物等各类生物细胞中，与T3SS近似，但T–菌毛和Hrp–菌毛没有同源性。Ⅴ型分泌系统（T5SS）是一类Sec依赖的自主运输系统，其分泌的蛋白质需切割加工，而后形成一个孔道使自身穿过外膜，在细菌致病过程中也具有重要功能。Ⅵ型分泌系统（T6SS）是一种跨越双膜的可收缩型“纳米机器”，形似倒置的噬菌体，将细菌效应子（effector）直接输送到靶细胞内或胞外空间。多数情况下，T6SS的表达和组装需要与目标生物细胞接触，介导细菌间的竞争、参与细菌对真核生物的致病过程等（图3–6）。

二、侵染途径

植物病原细菌不像有些真菌那样可以直接穿过角质层或从表皮侵入，一般只能从自然孔口和伤口侵入。

气孔、水孔、皮孔、蜜腺等自然孔口都是细菌侵入的重要场所。引起叶斑病的病原细菌如棉花角斑病菌和大豆斑疹病菌，都是从气孔侵入的。从水孔侵入最典型的例子是水稻白叶枯病和甘蓝黑腐病细菌。从气孔和皮孔侵入的例子有柑橘溃疡病和桑疫病细菌。从蜜

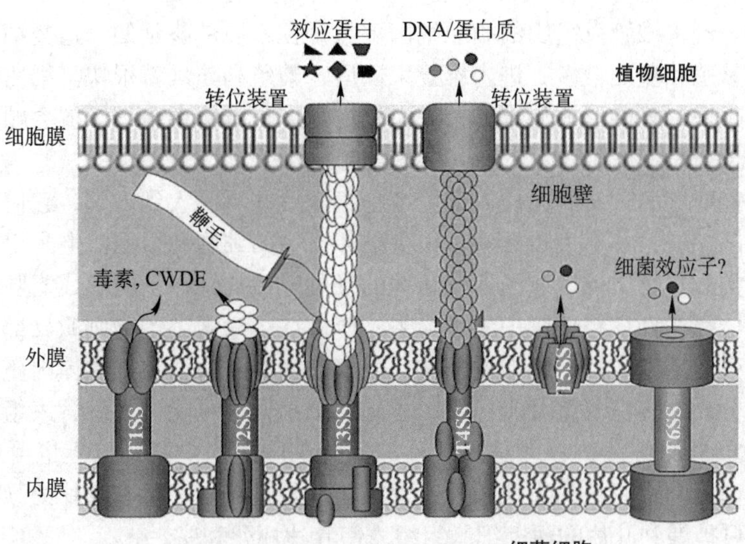

图 3-6　植物病原细菌 6 种分泌系统
（陈功友绘制）

腺侵入的有梨火疫病菌等。

各种自然因素（风雨、雹、冻害、昆虫等）和人为因素（耕作、施肥、嫁接、收获、运输等）造成的伤口都是细菌侵入的重要场所。从自然孔口侵入的细菌一般都能从伤口侵入，能从伤口侵入的细菌不一定能从自然孔口侵入。果树冠瘿病的病原细菌只能从伤口侵入，很少从自然孔口侵入。

致病力弱的细菌一般都是从伤口侵入；致病力强的细菌，就不一定要从伤口侵入。引起叶斑和叶枯症状的病原细菌，大都可以从自然孔口侵入，而引起萎蔫、腐烂和瘤肿等症状的病原细菌则多半是从伤口侵入的。侵入途径与病原细菌的分类地位也有一定的关系，如假单胞菌属和黄单胞菌属的病原细菌以自然孔口侵入为主；土壤杆菌属、棒形杆菌属和欧文氏菌属的病原细菌则以伤口侵入为主。植物菌原体则一定要由介体昆虫传染或通过嫁接才能侵染成功。

无论是从自然孔口或伤口侵入，细菌都是先在寄主组织的细胞间繁殖，然后在组织中进一步蔓延，不过会因病害的性质不同而其蔓延的方式会有不同。菌原体直接进入寄主细胞内繁殖，然后通过胞间连丝而进入附近细胞，进入筛管组织后在组织内扩散。

侵染薄壁细胞组织的局部性病害：病菌先在薄壁组织的细胞间隙蔓延，当寄主细胞受到损伤或死亡后再进入细胞内。许多引起斑点病和腐烂病的病原细菌的情况大都如此。如桃穿孔病菌从气孔侵入后，先在气孔中繁殖，以后蔓延至叶肉组织细胞间，破坏寄主细胞并进入细胞内。软腐果胶杆菌从伤口侵入后，也是先在细胞间繁殖，并分泌果胶酶分解寄主细胞组织的中胶层和细胞壁中的果胶物质；使细胞离析并增加了细胞质膜的渗透性，细胞内的糖分和可溶性物质进一步外渗，给细菌的进一步繁殖提供了养料。

维管束组织病害：病菌通过薄壁细胞组织或水孔侵入维管束后，主要是在维管束组织的木质部或韧皮部蔓延。能利用无机氮源的病菌多在木质部蔓延，而需要复杂有机氮作为氮源的则在韧皮部蔓延。如青枯病菌在番茄的木质部蔓延，而番茄溃疡棒形杆菌则在番茄的韧皮部蔓延。侵害维管束组织的病原细菌多数是在木质部蔓延的。这类细菌在进入维管束组织以前，繁殖和蔓延较慢，进入维管束以后，繁殖和蔓延就很快。稻白叶枯病菌在薄壁细胞中蔓延很慢，只能形成局部的枯斑，可一旦进入维管束组织，就会顺着叶脉很快蔓延形成典型的长条形叶枯症状。

瘤肿或其他畸形病害：病菌侵入薄壁细胞组织后并不深入到内部，它们在薄壁细胞组织的表皮细胞间扩展，并不大量繁殖，很少破坏寄主的细胞和组织。但是组织中少量细菌产生的生物碱类激素物质可以刺激薄壁组织的细胞分裂加快，从而形成瘤肿或其他畸形症状。植物菌原体都在韧皮部细胞中繁殖为害，产生许多激素类产物刺激局部组织中不定芽的大量萌发，引起丛枝症状，如泡桐丛枝病、枣疯病等。病菌在寄主体内蔓延的方式有时也很难截然划分，许多在薄壁细胞组织中蔓延的细菌，也可能进入维管束组织蔓延。棉角斑病和桑疫病的病原细菌，一般是在叶片的薄壁细胞组织中蔓延，但也可以侵入叶脉的维管束组织，引起叶片组织的大块枯死。青枯菌主要是在根、茎和叶片的维管束组织中蔓延，但最后也可扩展到叶片的薄壁细胞组织，使叶片坏死和腐烂。

三、侵染途径与症状的关系

植物病原菌在植物组织内繁殖和蔓延，引起植物细胞和组织的内部病变，进而表现出各种症状。植物病害五种类型的症状中，植物细菌病害最常见的有坏死、腐烂和萎蔫，少数为瘤肿和发根。菌原体危害后则以丛枝、皱缩的畸形症状较多。

细菌病害表现的坏死症状主要有叶斑和叶枯，以叶斑最常见。细菌性的叶斑往往呈水渍状，有时可以作为诊断性状，尤其是黄单胞菌属（*Xanthomonas*）细菌引起的叶斑大多呈水渍状；假单胞菌属（*Pseudomonas*）细菌引起的叶斑只是在初期和湿度很高时才表现出水渍状。

腐烂症状最典型的有果蔬、块根和块茎的软腐，此外还有根茎的腐烂。细菌性软腐病主要是由欧文氏菌属（*Erwinia*）和泛菌属（*Pantoea*）引起。芽孢杆菌的侵入常常促进了寄主组织的腐烂。

萎蔫症状是由侵染维管束的细菌引起的，一般是全株性的，偶尔也有局部性的。马铃薯环腐病和青枯病是典型的萎蔫病。棒形杆菌属（*Clavibacter*）、雷尔氏菌属（*Ralstonia*）和部分欧文氏菌属细菌的一些种类的侵染，常常引起萎蔫症状。

原核生物病害的畸形症状主要是土壤杆菌属（*Agrobacterium*）侵染所致，多引起瘤肿和发根；假单胞菌属和红色球菌属（*Rhodococcus*）的一些种也能侵染枝、叶、芽等引起瘤肿等；植物菌原体属（*Phytoplasma*）引起的症状主要是丛枝、黄化等畸形。除以上四种类型的症状外，还有少数病原细菌可以引起特殊症状，如小麦蜜穗病是由棒形杆菌与线虫复合侵染所致的特殊病害，使穗子变小，颖壳涨开，叶片、茎秆弯曲，穗部充满黄色菌脓等。

通常描述的某种病害的典型症状是人们在自然界最常见的一种症状，但是，在自然界还有许多特定的情形，当病菌从其他途径侵入（或侵染）特定的品种或特定的生育期时，就会出现一些特殊的症状，有时可能是更重要的症状。

综上所述，植物原核生物病害症状类型与病原种类、侵入途径、蔓延部位是有一定关系的，其关系归纳在表 3-2。

表 3–2　侵入途径与症状的关系

症状类型	侵入途径	细胞存在部位	引起症状的主要病原细菌
坏死	自然孔口，伤口	薄壁细胞组织	*Acidovorax*, *Arthrobacter*, *Burkholderia*, *Xanthomonas*, *Pseudomonas*, *Ralstonia*, *Spiroplasma*, *Streptomyces*
腐烂	伤口，水孔	薄壁细胞组织	*Dickeya*, *Erwinia*, *Bacillus*, *Clavibacter*, *Pantoea* 等
萎蔫	伤口，自然孔口	维管束组织	*Clavibacter*, *Curtobacterium*, *Dickeya*, *Ralstonia*, *Xylella*, *Erwinia*, *Xylophilus*, *Xanthomonas*
瘤肿、畸形	伤口	薄壁细胞组织	*Agrobacterium*, *Phytoplasma*, *Rhodococcus*, *Pseudomonas*

四、病原原核生物的传播

（一）传播途径

植物病原原核生物要传染到植物上才能从自然孔口和伤口侵入，它们的传染途径一般也是病害在田间进一步传播的途径。

雨水是植物病原细菌最主要的传播途径。在植物表面或菌脓中的病菌，很难随着气流传播，要通过雨露和水滴的飞溅才能传播开来。许多植物细菌病害发生的轻重与降雨的多少有关，如梨火疫病、水稻白叶枯病和条斑病、棉花角斑病、甘蓝黑腐病等，雨水除传染和传播病菌外，病原细菌一般也要有水滴才能侵入，风雨造成的伤口更是很好的侵染途径。除去雨露外，有些植物病原细菌如白菜软腐病、稻白叶枯病菌等，可以随着灌溉水流传播。

植物病原原核生物还可以由介体传播。部分病原细菌、植原体和螺原体病害必须要有介体传播，如小麦蜜穗拉塞氏杆菌（*Rathayibacter tritici*）是由小麦粒线虫（*Anguina tritici*）传染的，玉米细菌性萎蔫病（*Pantoea stewaritii*）的病原细菌是由几种昆虫传染的，其中最主要的是玉米啮叶甲（*Chaetocnema denticulata*），没有这些传染介体，玉米就很少发病。即使苗期由于种子带菌而发病，以后也不能进一步传播扩散。介体昆虫传播细菌病害的例子还很多，如蜜蜂、蝇类和蚂蚁等昆虫也可以传播梨火疫病等。由于植物病原细菌还可能有其他传播途径，介体的存在可以加重病害的发生与流行。

软壁菌门的螺原体和菌原体在自然界的传播，完全依赖昆虫介体才能成功。蜜蜂能传播螺原体，本身也是螺原体的寄主之一。柑橘黄龙病的传播则主要借助叶蝉或木虱类刺吸式口器的昆虫，如桑萎缩病的传播介体是菱纹叶蝉。

对于有些从伤口侵入的病原细菌，如使用的工具上带有病菌，操作时又造成伤口，就可以传染病害。例如，切过带马铃薯环腐病薯块的刀，不经过消毒再切健康的薯块，就可以传播马铃薯环腐病菌。梨火疫病菌也可以通过修剪剪刀传播。

（二）侵染源

木本植物和果树等原核生物病害的一部分病原菌可以在树干、枝条和芽鳞内越冬，引起翌年的侵染。病原原核生物病害的侵染来源主要有以下几种。

1. 种子和无性繁殖器官

许多植物病原细菌可以在种子或无性繁殖器官（包括块根、块茎、鳞茎等）内外越冬或越夏，是重要的初侵染来源。随着带菌种子和种苗的调运，病害可以传播到其他地区。水稻白叶枯病、柑橘溃疡病、马铃薯环腐病和甘薯瘟等病害的病区扩大显然与种子、种薯和种苗的调运有关。世界各地许多作物上发生类似的细菌病害，都证明与病原菌随着种子、种苗和种薯等繁殖材料的调运和传播有关，因此，检测种子和种苗是否带菌就成为植物检疫中的一个首要任务。

2. 土壤

植物病原细菌单独在土壤中的存活期一般很短，青枯病和冠瘿病的病原细菌在土壤中可以长期存活并作为侵染源。这两种病原细菌在植物根围土壤中的存活时期较长，但只是保持它们的生活力，其致病力亦会逐渐减弱，只有在接触到相应寄主植物的根部时，才恢复它们的致病力。土壤微生物群落之间的相互作用也影响病原细菌的存活，软腐果胶杆菌在灭菌的土壤中存活时期较长，但在未灭菌的土壤中也只能存活几十天，但是茄青枯病菌在土中可存活很久。了解病原细菌的存活，要分析它在土壤中是单独存活，还是在土壤中的作物残余组织中存活。较多的植物病原细菌可以在病田土壤中的残余组织中存活，但当这些残余组织分解和腐烂之后，其中的病原细菌大都也随着死去。

3. 病株残余组织

植物病原细菌可以在病株残余组织中长期存活，是许多细菌病害的重要侵染来源。处在温度较低、环境干燥的残余组织中的病原细菌，存活时期较长。高温高湿可促使残余组织的分解和腐烂，其中病原菌的存活时期就较短。还田的秸秆，如能促使它们很快分解和腐烂，其中的细菌亦将很快死亡。

4. 杂草和其他植物

植物病原原核生物的寄主范围大都是比较专化的，杂草和其他作物上的病原菌作为侵染来源虽不如植物病毒那样普遍，但仍然有着不可忽视的作用。有些病原细菌的越冬或越夏寄主是杂草。螺原体和植物菌原体也可以侵染杂草，并在杂草上越冬越夏，如桑萎缩病菌原体就可以侵染葎草并引起病害。

5. 昆虫介体

昆虫介体可以传播多种病害，作为侵染来源虽远远不如植物的病毒那样重要，但在果树等木本植物上，介体昆虫的重要性不可忽视。病原原核生物能在介体内存活和越冬，从它的体内分离到病原菌更证实了介体中的病菌是最主要的侵染来源。玉米细菌性萎蔫病菌是在玉米叶甲体内越冬，根据越冬玉米叶甲数量可以预测翌年玉米细菌性萎蔫病的发病轻重。蜜蜂既是梨火疫病和一些螺原体病害的传播介体，又是病害的传染来源；橘木虱是柑橘黄龙病的传播介体，而菱纹叶蝉等则是桑萎缩病菌原体的主要媒介昆虫。

总的来说，不少植物病原原核生物病害的传染途径和侵染来源比较复杂，有的还要通过不同的研究途径来进一步验证。因此，病原原核生物生态学的研究，近年来越来越受到重视。

第三节　植物病原原核生物的主要类群

绝大多数的原核生物是腐生的或自养性的，它们广泛分布在自然界的各种场所，从高山到海洋，从赤道到两极，从植物到动物体内外，都可发现有细菌存在。能够侵染植物引

起发病的原核生物称为植物病原原核生物。

所有的原核生物，包括真细菌界和古细菌界都属于原核生物域。有关细菌的分类系统国际上先后有3个，一是苏联克拉西尼科夫的《细菌和放线菌的鉴定》，二是法国普雷沃的《细菌分类学》，三是由美国细菌学会组织编写的《伯杰氏细菌鉴定手册》和《伯杰氏系统细菌学手册》。其中《伯杰氏系统细菌学手册》的分类系统是国际上大多数细菌学家目前所认可的。《伯杰氏细菌鉴定手册》最早由美国细菌学家D.H.Bergey组织编写，第1版出版于1923年，到1994年共出版了9版，《伯杰氏细菌鉴定手册》在国际上被普遍采用，历史悠久，内容丰富，更新也快。《伯杰氏细菌鉴定手册》第8版把细菌分为4个门：厚壁菌门（Firmicutes）、薄壁菌门（Gracilicutes）、柔（软）壁菌门（Tenericutes）和疵壁菌门（Mendosicutes）。第9版改为古细菌和真细菌两类4个大组35个群，一是古细菌类（Achaeobacteria），在古细菌中分为广古细菌门和泉古细菌门两部分。二是真细菌类（Eubacteria），下分为3个大组，即革兰氏阴性真细菌组（Gram negative Eubacteria）、革兰氏阳性真细菌组（Gram positive Eubacteria）和无细胞壁真细菌组（Eubacteria lacking cell walls）；多数植物病原细菌属于革兰氏阴性真细菌组（即薄壁菌门），少数属于革兰氏阳性真细菌组（厚壁菌门）和无壁菌组。革兰氏阴性真细菌组的细胞壁有内壁与外膜两层构造，细胞壁薄，厚度为5～10 nm，细胞壁中肽聚糖含量为8%～10%，结构较疏松，表面不光滑。菌体球形、卵圆形、短杆形、线状或螺旋形，少数有鞘或荚膜。大多数有鞭毛，可游动，少数可滑行或不运动，光能或化能营养型。对碱性染料、表面活性剂不太敏感，大多数成员对营养要求不十分严格。革兰氏阳性细菌组的细胞壁单层，肽聚糖含量高，占50%～80%，细胞壁厚10～50 nm，细胞壁含磷壁酸，有的含有霉菌酸。菌体有球状、杆状或不规则杆状、丝状或分枝丝状等，少数可产生内生孢子（称为芽孢）或外生孢子（称分生孢子）繁殖，都是化能营养型，没有光能营养的。无壁菌组的菌体无细胞壁，只有一种称为单位膜的原生质膜包围着菌体，厚5～8 nm，不会合成肽聚糖，细胞壁中没有肽聚糖成分；菌体形状多变而不固定，以球形或椭圆形为主，也有呈哑铃状或分枝状，出芽繁殖、断裂繁殖或二分裂方式繁殖；没有鞭毛，大多数不能运动，少数做旋转运动，营养要求苛刻，对四环素类敏感；在固体培养基上形成扩散形的煎蛋状菌落。新的分类系统把无壁菌组看作革兰氏阳性细菌组的一组低（G+C）%含量的成员。

原核生物的细胞壁由磷壁酸和肽聚糖构成，因此抑制磷壁酸形成的链霉素、抑制肽聚糖前体形成的环丝氨酸、抑制肽聚糖形成的青霉素和万古霉素等对真细菌有强的抑制生长作用，对古细菌却没有作用。原核生物都是环状DNA，但是在DNA内部构造上看，真细菌没有重复序列且无内含子，古细菌有重复序列和内含子，这与真核生物极为相似。古细菌具有组蛋白，并且形成了类似核小体的构造，核小体是构成染色质的基本单位，以组蛋白八聚体为核心，外部环绕200 bp DNA与一分子的组蛋白H1构成，但与真核生物的典型核小体不完全相同。真核生物的核糖体为80 S，由70～84种蛋白质构成；原核生物的核糖体为70 S，真细菌由55种蛋白质构成，古细菌有66种以上的蛋白质，介于两者之间。现代系统细菌学的研究证明：柔膜菌纲（Mollicutes）应属于厚壁菌门中低（G+C）%含量的革兰氏阳性细菌的一个分支，包括支原体、菌原体、虫原体和螺原体等无细胞壁的原核生物；《伯杰氏系统细菌学手册》于1984年分4卷出版，2001年该手册第2版分5卷出版。《伯杰氏系统细菌学手册》建立了新的分类系统，《手册》第2版把原核生物域分为古细菌（Archaea）和真细菌（bacteria）两个部分，总共有25个门，5 007个种。真细菌部分为23个门，包括变形菌门、蓝细菌门、绿细菌门、浮霉菌门、衣原体门、螺旋体门、丝状杆菌门、酸杆菌门、拟杆菌门、梭杆菌门、疣微菌门、网团菌门等21个门为革兰氏阴性菌；最后两个门是革兰氏阳性菌，厚壁菌门和放线菌门。古细菌分两个门，包括嗜泉古生菌门和广古生菌门，其中没有植物病原菌。国际系统原核生物学委员会（International Committee of Systematic Prokaryotes，ICSP，原称为国际系统细菌学委员会，International Committee of Systematic Bacteriology，ICSB）目前承认的就是这个系统。

长期以来，植物病原原核生物仅介绍5~6个属，即革兰氏染色反应阴性的土壤杆菌属、欧文氏菌属、假单胞菌属和黄单胞菌属，以及革兰氏阳性反应的棒状杆菌属和链丝菌属。随着分子生物学技术的进步，有关原核生物的族群相互关系的区分有了进一步的标准，如除了表型特征和常规的生理生化试验外，增加了rRNA-DNA同源性和16S rRNA序列分析等，原来的一些属，如欧文氏菌属（*Erwinia*）、假单胞菌属（*Pseudomonas*）、棒状杆菌属（*Corynebacterium*）等都包含了许多异质性的菌群，经过科学家的努力又区分或新设立一些新属。如欧文氏菌属属内现在只有梨火疫病菌一群，另新设立泛菌属（*Pantoea*）、*Dickeya*、*Pectobacterium*等属；假单胞菌属的五个群也分别归属于噬酸菌属（*Acidovorax*）、布克氏菌属（*Burckholderia*）、雷尔氏菌属（*Ralstonia*）等新的属群。棒状杆菌属中的革兰氏阳性菌则分别归入节杆菌属（*Arthrobacter*）、棒形杆菌属（*Clavibacter*）、*Curtobacter*、红球菌属（*Rhodococcus*）等四个属中。

迄今，植物病原细菌的主要类群约有35个属，除原来的土壤杆菌属（*Agrobacterium*）、欧文氏菌属、假单胞菌属、黄单胞菌属（*Xanthomonas*）和链霉菌属（*Streptomyces*）之外，革兰氏阴性细菌还有噬酸菌属、嗜木质菌属（*Xylophilus*）、泛菌属（*Pantoea*）和木质部小菌属（*Xylella*）等；1992年以来，植物病原细菌又增加了布克氏菌属、雷尔氏菌属、迪克氏菌属（*Dickeya*）；另有两个新属有待核准，即韧皮部杆菌属（*Liberobacter*）和植原体属（*Phytoplasma*）等（表3-2）。革兰氏阳性细菌则有棒形杆菌属（*Clavibacter*）、节杆菌属（*Arthrobacter*）、短小杆菌属（*Curtobacterium*）、红球菌属（*Rhodococcus*）和芽孢杆菌属（*Bacillus*）等。由于韧皮部杆菌属和植原体属的病菌目前还未能在人工培养基上培养成功，这两个属的属名还不是法定的名称而有待核准，所以在它们属名前面还要加一个*Candidatus*，如柑橘黄龙病菌是*Candidatus* Liberobacter asiaticum，枣疯病菌是*Candidatus* Phytoplasma ziziphi。随着分子生物学的发展，原核生物的分类也越来越规范合理，还会不断有一些新的种、属被建立。下面仅介绍一些比较重要而被广泛公认的属和种。

一、重要的植物病原原核生物的属和种

（一）属的性状特征

植物病原原核生物的属是由一个模式种和一些性状与模式种类似的群体组成。植物病原原核生物的主要属和代表种及其所致病害如表3-3所示。在种和属的分类鉴定中，最重要的是下列一些性状与特征：

表 3-3 植物病原原核生物的主要属和代表种及其所致病害

门	属		病原菌代表种及所致病害	
革兰氏阴性菌	*Agrobacterium*	土壤杆菌属 *	*A. tumefaciens*	蔷薇科根癌病
	Acidovorax	噬酸菌属	*A. avenae*	燕麦条纹病
	Burkholderia	布克氏菌属 *	*B. cepacia*	洋葱腐烂病
	Dickeya	迪克氏菌属 *	*D. chrysanthemi*	菊茎腐病
	Erwinia	欧文氏菌属 *	*E. amylovora*	梨火疫病
	Liberobacter#	韧皮部杆菌属 *	*L. asiaticum*	柑橘黄龙病
	Pantoea	泛菌属	*P. ananas*	菠萝腐烂病
	Pectobacterium	果胶杆菌属 *	*P. carotovorum*	胡萝卜软腐果胶杆菌
	Pseudomonas	假单胞菌属 *	*P. syringae*	丁香疫病
	Ralstonia	雷尔氏菌属 *	*R. solanacearum*	茄科青枯病
	Rhizobacter	根杆菌属	*R. daucus*	胡萝卜瘿瘤病
	Xanthomonas	黄单胞菌属 *	*X. campestris*	甘蓝黑腐病
	Xylella	木质部小菌属 *	*X. fastidiosa*	葡萄皮尔斯病
	Xylophilus	嗜木质菌属	*X. ampelinus*	葡萄溃疡病
革兰氏阳性菌	*Arthrobacter*	节杆菌属	*A. ilicis*	美国冬青叶疫病
	Bacillus	芽孢杆菌属	*B. megaterium*	小麦白叶条斑病
	Clavibacter	棒形杆菌属 *	*C. michiganesis*	番茄溃疡病
	Curtobacterium	短小杆菌属 *	*C. flaccumfaciens*	菜豆萎蔫病
	Rathayibacter	拉塞氏杆菌属	*R. rathayi*	鸭茅密穗病
	Rhodococcus	红球菌属	*R. fascians*	香豌豆带化病
	Streptomyces	链霉菌属 *	*S. scabies*	马铃薯疮痂病
	Spiroplasma	螺原体属	*S. citri*	柑橘僵化病
	Phytoplasma#	植原体属 *	P. ziziphi	枣疯病

待核准的候选属。* 较重要的植物病原细菌属

1. 形态特征和培养性状

菌体形状与大小、鞭毛、荚膜、芽孢、在固体和液体培养中的形态特征和色素的产生等。

2. 生理生化性状

革兰氏染色反应和抗酸染色反应等；细胞壁结构与组分，色素和毒素的生化性状、抗原性、代谢类型，对碳源、氮源和大分子物质的利用能力与分解产物等。

3. 遗传性状

DNA 中（G+C）mol%、寡聚核苷酸序列，以及 DNA-DNA 和 DNA-rRNA 杂交的同源性等。测定遗传物质 DNA 分子中 G+C 含量的多少，具有属一级分类价值，不同属的数值范围是较固定的，但由于有些亲缘关系相近的属的这个数值边缘略有覆盖或重叠，因此这一数值不能用作鉴定的指标，只能用来确认或否定某个菌株是否为该属的成员，如某菌株的（G+C）mol%不在本属范围时，即可确认该菌株不是本属的成员。DNA-DNA 同源值是整个基因组之间相似性的平均值，它反映细菌全部遗传物质的相似程度，不同水平的 DNA

同源值，代表不同水平的分类单元，一般认为两个样本的同源值在70%以上时属一个变种或亚种，60%以上为同一“种”，20%～60%为同一“属”，20%以下则为不同的“属”。随着原核生物基因组测序工作的进展，很多重要的植物病原原核生物的基因组序列被公布，为原核生物的分类与鉴定提供了更加有力的帮助。

（二）“种”及种下的分类单元

原核生物的“种”（species）是由一个模式菌株为基础，连同一些具有相同性状的菌系群共同组成的群体。通常认为种是分类学上最基础的单位，它具有遗传特征的稳定性，又具有一定的变异范围。原核生物学中“种”的概念比动物和植物的“种”概念要模糊得多，因为形态差异不大，“种”的概念也很难应用到分类中。

原核生物的形态差异较小，许多生理生化性状亦较相似，遗传学性状了解尚少，原核生物界内部的分类系统还不完善。有关原核生物“种”的定义一直有争论，因为真核生物“种”的定义不适用于原核生物，因此就产生了分类种、基因种和命名种等名称。分类种是一群具有高度相似表型特征的菌株；基因种是一群具有高的DNA–DNA杂交率的菌株；命名种是一群具有相同双名的菌株。一个组合的“种”的定义是：一个单一进化分支和基因组相关的生物个体群，它们有多个高度相似的、可鉴别的特征。

微生物学家与植物病理学家之间关于划分“种”的依据有时看法不大一致。现代的细菌分类学家强调它们的培养性状、代谢类型、多种生化反应及产物、遗传物质中rRNA序列结构、DNA–DNA杂交率以及rRNA和DNA杂交所显示的同源性等，是在一般生物学性状基础上增加更多的遗传学和生理生化性状的数据，再用聚类分析法按相似度（S_m）大小归类。按遗传同源性来划分成的种叫作“基因种”（genospecies），这是比较客观的方法。植物病理学家认为在一般生物学性状的基础上，结合血清学反应，尤其强调寄主范围和致病性等表型性状的差异来划分种，这样划分的种称为“分类种”（taxospecies）。可以肯定，在未来的分类中，两者应更好地结合，逐渐建立一个更符合进化关系和亲缘关系的分类系统。典型的例子是对薄壁菌门黄单胞属内各成员的命名。黄单胞属在1939年建立时，归属于假单胞菌科，包含的成员有50个，都是植物病原细菌，到1970年植病学家先后已鉴定并命名了124个种。细菌学家根据生化性状和部分基因同源性的分析结果，发现这124个种的遗传同源性都很高，只能区分5个基因种，因此在《伯杰氏系统细菌学手册》（第8版）中只保留5个种，其他120个种都归在油菜黄单胞菌种中，作为其致病变种（pathovar，pv.）列出。这种分类方法并不合理，后来Vauterin等（1995）进一步比较了*Xanthomonas*属中的183个成员之间DNA–DNA杂交和DNA–rRNA杂交的同源性，认为至少可区分为20个组（种），除了已经明确的4个种（*X. albilineans*、*X. fragariae*、*X. oryzae*和*X. populi*）之外，又新设立了16个种。新的*X. campestris*种下的致病变种就都是只侵染十字花科的细菌类群。

在细菌“种”的下面，也可以根据寄主范围、生理生化性状、血清学反应、噬菌体反应等进一步区分为“亚种”“致病变种”“生化变种”“血清变种”“噬菌变种”等。有时，在致病变种下，还可按照在一套鉴别品种上的反应差异，再进一步区分为“小种”或“致病型”等。

（1）亚种（subspecies，简称subsp.）　亚种是指在种下类群中在培养特性、生理生化和遗传学某些性状有固定差异的群体，有人认为亚种是分类上最基本的单元。如胡萝卜软

腐欧文氏菌可区分为 3 个亚种，密歇根棒形杆菌种下区分为 5 个亚种。

（2）致病变种（pathovar，简称 pv.） 致病变种是国际系统细菌学委员会对细菌名称作统一整理核准后，在种下以寄主范围和致病性为差异来划分的组群，以暂时容纳原先公布过的“种”名，如油菜黄单胞菌的种下曾设立了 120 个致病变种，丁香假单胞菌的种下设立了 56 个致病变种。

（3）生化变种（biovar） 生化变种是指一个种内的菌株，按生理生化性状的差异来划分的组群，不考虑致病性等其他特征的异同。如土壤杆菌属的成员按照生理生化性状表型特征区分为 3 个生化变种。茄青枯菌（*Ralstonia solanacearum*）按照生理生化性状表型特征区分为 5 个生化变种，或按寄主范围和致病性为差异则划分 5 个小种。

在细菌学分类系统中，除了上述致病变种和生化变种之外，还有“形态变种（morphovar）”“血清变种（serovar）”和“噬菌变种（phagovar）”等名称，除在特定场合下使用外，一般较少采用。此外，在变种的下面，有时还有“小种”或“专化型”的代号，但不是正式分类阶元名称，大多数是根据它们在一套鉴别寄主上所致病害毒力反应的差别划分的反应型。

二、革兰氏阴性植物病原细菌的主要属和代表种

植物病原原核生物中的大多数成员属革兰氏阴性反应的薄壁菌门，这类细菌细胞壁中肽聚糖含量较低，结构较疏松，表面不光滑；大多数成员对营养要求不十分严格。下面介绍重要的几个属和种。

（一）土壤杆菌属（*Agrobacterium*）

土壤杆菌属是薄壁菌门根瘤菌科的一个成员，土壤习居菌，菌体短杆状，大小为（0.6 ~ 1.0）μm ×（1.5 ~ 3.0）μm，单生或双生，鞭毛 1 ~ 6 根，周生或侧生。好气性，代谢为呼吸型。革兰氏反应阴性，无芽孢。营养琼脂上菌落为圆形、隆起、光滑，灰白色至白色，质地黏稠。不产生色素，氧化酶反应阴性，过氧化氢酶反应阳性，DNA 中 G+C 含量为 57% ~ 63%。大多数细菌都带有除染色体之外的另一种遗传物质，即一种大分子的质粒，它控制着细菌的致病性和抗药性等，如侵染寄主引起肿瘤症状的质粒称为“致瘤质粒”（tumor inducing plasmid，俗称 Ti 质粒），有的能引起寄主产生不定根的“毛根诱导质粒”（rhizogen inducing plasmid，俗称 Ri 质粒）。如果一个菌体在分裂繁殖过程中丢失了这种与致病性有关的质粒，其后代就变成无致病力的菌系（strain）。相反，如果一个无致病力的菌体获得了这种能致病的质粒，该菌株的后代就突变成了具有致病性的菌系。

土壤杆菌属包含有 5 个种，除放射形土壤杆菌（*A. radiobacter*）外，其余 4 个种都是植物病原菌，属兼性寄生菌，如根癌土壤杆菌（*A. tumefaciens*）等。有人按照细菌的生理生化性状的异同，将土壤杆菌属的成员划分为 3 个生化型（biotype）。

根瘤菌属是与土壤杆菌属关系很近的薄壁菌门的成员，Young 等（2001）提出把土壤杆菌属的所有成员并入根瘤菌属，但是，许多学者表示不能接受。因为两者侵入寄主后引起根瘤和癌肿的性质不同，一种是寄生关系，另一种是共生关系；此外，引起寄主组织病变的过程也不同。

根癌土壤杆菌（*A. tumefaciens*）又称冠瘿病菌，寄主范围极广，可侵害 90 多科 300 多种双子叶植物，尤以蔷薇科植物为主，引起桃、苹果、梨、葡萄、月季的根癌病，通常都是从近地表的茎基部或根冠部受伤后的伤口侵染，产生大小不等的近圆形瘤肿，初为淡褐色，表面光滑，后期变为深褐色，组织木栓化，表皮粗糙不平，如花椰菜状。北方葡萄在秋季修剪后将枝蔓埋入土中，为病菌侵染提供良好的机会，癌肿就出现在枝条上的伤口处（图 3–7，彩图 155–157）。

图 3–7 果树根癌病及其病原菌

A. 根癌土壤杆菌；B. 果树根癌病示意图；C. 为害状（梨根癌病）

患病植物组织的癌肿是由病菌产生激素引起的，正常的寄主细胞一旦转变为癌肿细胞后，即使是在没有病菌存在的情况下，仍能继续形成癌肿。

根癌土壤杆菌是一种土壤习居菌，在土中病残余组织中的细菌可长期存活。细菌通过伤口侵入，所以嫁接的伤口、机械伤口以及虫伤是病菌侵入的主要途径。潮湿的土壤有利于病菌的侵染，根据在番茄上的试验，温度 22℃最适于癌瘤的形成。

防治上要以栽培管理和田园清洁卫生相结合，选用无病地作苗圃，用拮抗菌 K84 或工程菌 K1026 作生物防治，效果很好。

（二）欧文氏菌属（*Erwinia*）

欧文氏菌属是薄壁菌门肠杆菌科的一个成员，菌体短杆状，大小为（0.5 ~ 1.0）μm ×（1 ~ 13）μm，多双生或短链状，偶单生，革兰氏染色反应阴性，有多根周生鞭毛。兼性好气性，代谢为呼吸型或发酵型，无芽孢，营养琼脂上菌落圆形隆起、灰白色。氧化酶阴性，过氧化氢酶阳性，DNA 中 G+C 含量为 50% ~ 58%。欧文氏菌属的大多数成员为好气性，部分为兼性厌气。原欧文氏菌属包含很多的种，包括 30 多个重要的种，根据细菌寄生性和致病性的特点，结合生理生化要求，曾概分为 3 个组群，一是以梨火疫病菌为代表的解淀粉菌群，二是以胡萝卜软腐菌为代表的软腐菌群，三是以草生欧文氏菌为代表的草生菌群。随着科学研究的不断发展，分子生物学证据表明，这三个群有较大的差异，现在，以梨火疫病菌为代表的解淀粉菌群仍然保留在欧文氏菌属中；软腐菌群建议并入果胶杆菌属（*Pectobacterium*），以胡萝卜软腐菌（*P. carotovora*）为代表。草生菌群已并入泛菌属（*Pantoea*），以菠萝软腐菌（*P. ananatis*）为代表，包括玉米细菌性枯萎菌（*P. stewartii*）等。

梨火疫病菌（*E. amylovora*）是最早被认识和研究的植物病原细菌，寄主范围主要是蔷薇科的植物，尤其以梨属植物最为感病，侵染花器、幼果、嫩叶和枝梢，分别引起花腐、坏死、叶枯和溃疡等症状（图 3-8，彩图 158-160）。

图 3-8　梨火疫病的枯梢和病果

（三）泛菌属（*Pantoea*）

根据 DNA-DNA 杂交的结果，原来欧文氏菌属中的草生欧文氏菌群重新组建的一个新属。除具有欧文氏菌属的基本特征外，该属菌落黄色、灰黄色、淡黄色，有的无色。DNA 中 G+C 含量为 49.7% ~ 60.6%。不产生果胶酶，不需要生长因子。代表种为团聚泛菌（*P. agglomeran*），常见的是菠萝泛菌（*P. ananatis*），引起菠萝软腐病，这是采收后到销售期常见的重要病害。

（四）果胶杆菌属（*Pectobacterium*）

该属最早是 Waldee 建立的，Hauben 等在 1999 年又将原来欧文氏菌属中的胡萝卜软腐菌群和大白菜软腐菌群迁入该属。菌体杆状，大小为（0.5 ~ 1.0）μm ×（1.0 ~ 3.0）μm，周生鞭毛，兼性厌气，DNA 中 G+C 含量为 50.5% ~ 56.1%。代表种仍然为胡萝卜果胶杆菌（*P. carotovorum*），俗称胡萝软腐病菌。

软腐病菌主要侵染寄主薄壁细胞组织，从伤口侵入的病菌先自伤口或细胞间吸取养分，然后分泌原果胶酶，分解细胞壁的中胶层，导致细胞离析，组织解体，病组织表现为软腐与湿腐，如侵染维管束组织，也能阻碍水分输送而导致萎蔫病状的出现会产生大量的果胶酶，使植物组织的薄壁细胞浸离降解，引起植物的软腐病。该属细菌的寄主范围很广，包括十字花科、禾本科、茄科等 20 多个科的数百种果蔬和大田作物，引起肉质或多汁的组织软腐，尤其是在厌氧条件下最易受害，多在仓库中储藏期间表现症状（图 3-9）。

大白菜软腐病也是由胡萝卜果胶杆菌危害所致，是农业生产上的重要病害，每年都会造成重大损失，尤其是在北方窖藏期间危害更大（图 3-10，彩图 49、161、162）。

（五）迪克氏菌属（*Dickeya*）

迪克氏菌属是 Samson 等人在 2005 年设立的一个新属，主要成员有引起玉米、菊花、甘薯、马铃薯、万年青和香蕉等植物茎基部腐烂的病菌，原来都属于欧文氏菌属。菌体杆

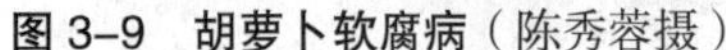

图 3-9　胡萝卜软腐病（陈秀蓉摄）

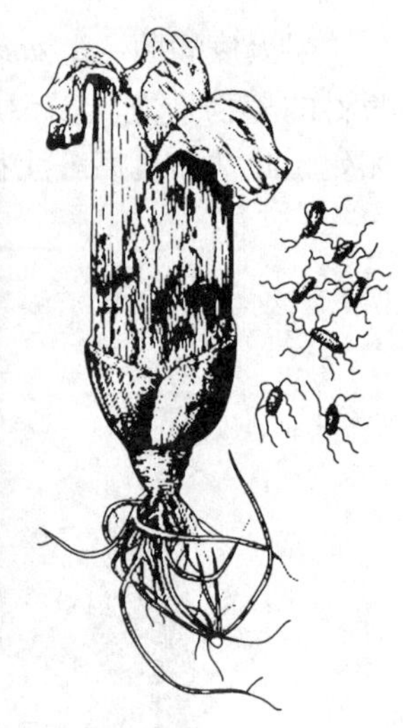

图 3-10　大白菜软腐病及其病原菌

状，大小为（1.0～2.5）μm×（0.5～1.0）μm，周生鞭毛，兼性厌气，DNA 中 G+C 含量为 50.5%～56.8%。代表种为达旦提迪克氏菌（*D. dadantii*）。近年来在江苏浙江梨树上发生危害的梨锈水病，其病原菌就是该属的 *Dickeya fangzhongdai*.

（六）假单胞菌属（*Pseudomonas*）

假单胞菌属是薄壁菌门假单胞菌科的模式属。菌体短杆状或略弯，单生，大小为（0.5～1.0）μm×（1.5～5.0）μm，鞭毛 1～4 根或多根，极生。革兰氏染色反应阴性，严格好气性，代谢为呼吸型。无芽孢。营养琼脂上的菌落圆形、隆起、灰白色，有荧光反应白色或褐色，有些种产生褐色素扩散到培养基中。氧化酶多为阴性，少数为阳性，过氧化氢酶阳性，DNA 中 G+C 含量为 58%～70%。

假单胞菌广泛存在于自然界，从海洋到江河、土壤中均有存在，多数为腐生性的，有些是植物内寄生菌，也有一些是重要的植物病原菌，如丁香疫病菌等。原假单胞菌属的成员很多，包括异质性的多个组群，按照 rRNA 同源性可分为 5 个组，植物病原假单胞菌主要归在 rRNA 第一组和第二组内，少数放在第五组。近年来，细菌分类学家新建立了噬酸菌属（*Acidovorax*）、布克氏菌属（*Burkholderia*）和雷尔氏菌属（*Ralstonia*），分别容纳 rRNA 第三组和第二组的成员，只有第一组的成员仍然保留在本属中，大多有荧光反应，模式种是丁香假单胞菌（*P. syringae*）。丁香假单胞菌的寄主范围很广，可侵害多种木本植物和草本植物的枝、叶、花和果，在不同的寄主植物上引起种种叶斑或坏死症状和茎秆溃疡。该种的病菌纯培养在紫外光照射下都能发出较强的荧光，属于荧光菌组，包括 41 个致病变种。例如侵害桑叶引起叶脉发黑、叶片扭曲黑枯的桑疫病菌（*P. syringae* pv. *mori*），在湖桑种植区均有发生。病菌在自然情况下一般只为害桑树，可侵染桑树的叶片、嫩梢和枝条，但以新梢、嫩叶受害最重。叶片上的病斑圆形或不规则形，黑褐色，油渍状。如叶脉受害则使叶片皱缩卷曲，叶片大面积枯死。嫩梢受害常使整个枝梢枯死，造成“焦头”。枝条上的病斑呈点线状，病菌可深入皮层、韧皮部、木质部以至髓部，使木质部和髓部变褐。苗木受害则能引起桑苗整株枯死。腋芽受害后可造成芽枯（图 3-11）。

病原细菌在病枝组织中越冬，春季桑树萌芽后，树枝病斑处可有大量菌脓溢出，经

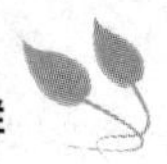

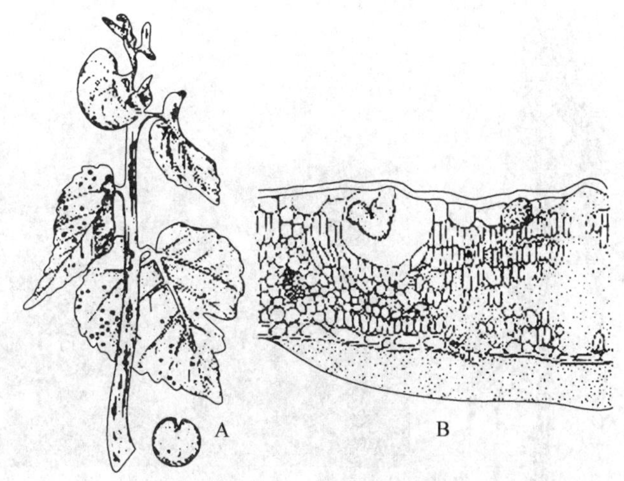

图 3-11　桑疫病

A. 为害状；B. 病叶横切面可见大量细菌

风、雨和昆虫传播，细菌从气孔、皮孔或伤口侵入。此外病菌深入枝条的内部组织，感染潜育芽，春季萌发后，新抽的枝叶就发病。病组织中分泌出来的菌脓在生长季中，由风雨和昆虫引起再次侵染。高温多雨季节发病严重。桑园地势低洼、土壤板结、缺少有机肥、偏施氮肥等，均可加重桑树发病。丘陵顶部招风，易使枝叶造成伤口，亦有利发病。选用抗病品种、加强栽培管理、利用抗生素，均可取得一定的防治效果。

（七）布克氏菌属（*Burkholderia*）

布克氏菌属是由假单胞菌属中的 rRNA 第二组独立出来的，模式菌株是引起洋葱腐烂病的洋葱布克氏菌（*B. cepacia*），DNA 中 G+C 的含量为 64%～68%。该属细菌均为非荧光的植物病原假单胞菌。

（八）雷尔氏菌属（*Ralstonia*）

植物青枯假单胞菌原来在假单胞菌属中的 rRNA 第二组中，1993 年移出来放在布克氏菌属中，1995 年又被移出放在新成立的雷尔氏菌属中，模式菌株是皮克梯雷尔氏菌（*R. pickettii*），该菌在医院周围环境中都可分离到，但对它的致病性还存在怀疑。不过，茄科植物的青枯病菌（*R. solanacearum*）是众所周知的重要病原菌。雷尔氏菌的 DNA 中 G+C 的含量为 64%～66.6%（图 3-12，彩图 163）。

茄科植物雷尔氏菌能引起多种作物的青枯病，特别是茄科植物。在组合培养基上形成光滑、湿润、隆起和灰白色的圆形菌落。有些菌株在培养基上生长时可分泌一种水溶性褐色素而使培养基变褐色。在灭菌的马铃薯块上生长，则能使其变为深褐色至黑色。

根据病菌的生理生化反应等细菌学性状，以及寄主范围的不同而分为不同的小种或生化变种（表 3-4，3-5）。应该指出，在小种群与生化变种之间，尚未发现必然的联系或相关性。

病菌的寄主范围很广，可以为害 30 余科、100 多种植物。不同菌株的寄生专化性不同，寄生在番茄、马铃薯、花生上的是同一生化型，而烟草上的则是另一生化型。病害的典型症状是全株呈现急性凋萎，病茎维管束变褐，横切后用手挤压可见有白色菌脓溢出。

图 3–12　番茄青枯病

病株所结的薯块，也是带菌的。带菌薯块在储藏期可引起烂窖。病菌可以在土中长期存活，是土壤习居菌。病菌可随土壤、灌溉水和种薯、种苗传染与传播。侵染的主要途径是伤口，高温多湿有利发病。

表 3–4　青枯雷尔氏菌 4 个小种间的差异

接种寄主	寄主症状			
	小种 1	小种 2	小种 3	小种 4
番茄 / 茄子	萎蔫	–	萎蔫	–
白肋烟（接种茎部）	萎蔫	–	–	–
白肋烟（接种叶部）	坏死（24 h）萎蔫（7 d）	坏死（24 h）	失绿（2 ~ 8 d）	–
小果芭蕉	–	萎蔫	+	–
桑	–	–	–	坏死

表 3–5　青枯雷尔氏菌 5 个生化变种的性状

测试项目	生化变种 1	生化变种 2	生化变种 3	生化变种 4	生化变种 5
乳糖	–	+	+	–	+
麦芽糖	–	+	+	–	+
纤维二糖	–	+	+	–	+
甘露醇	–	–	+	+	+
山梨醇	–	–	+	+	–
卫矛醇	–	–	+	+	–

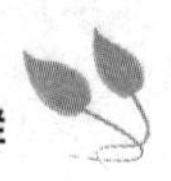

（九）噬酸菌属（*Acidovorax*）

噬酸菌属与假单胞菌属相似，菌体杆状，直或略弯，大小为（0.2～0.8）μm×（1.0～5.0）μm。革兰氏染色反应阴性。通常为单根极鞭，少有2根或3根极鞭。DNA中G+C含量为62%～70%。噬酸菌属可生活在土壤、水、医院的一些标样和植物上。重要的植物病原噬酸菌有瓜类果斑病菌（*A. avenae* subsp. *citrulli*）和燕麦褐条病菌（*A. avenae* subsp. *avenae*），造成植物组织坏死和腐烂。

（十）黄单胞菌属（*Xanthomonas*）

黄单胞菌属是薄壁菌门的一个成员。菌体短杆状，多单生，少双生，大小为（0.4～0.6）μm×（1.0～2.9）μm，单鞭毛，极生。革兰氏染色反应阴性。严格好气性，代谢为呼吸型。营养琼脂上的菌落圆形隆起，蜜黄色，产生非水溶性黄色素。氧化酶阴性，过氧化氢酶阳性，DNA中G+C含量为63%～70%。

黄单胞菌属的成员都是植物病原菌，模式种是油菜黄单胞菌，俗称甘蓝黑腐病菌。

油菜黄单胞菌（*X. campestris*）寄主为十字花科植物，尤以芸薹属甘蓝的受害为最重，引起叶片黑腐症状。病菌多自叶缘的水孔和伤口侵入，进入维管束系统，使叶缘叶脉变黑，相邻的叶肉组织枯死，呈黄褐色“V”字形坏死斑（彩图173）。病斑可扩展至全叶致死。病菌可随雨水溅落、灌溉水、田间昆虫和农事操作传染扩散。病株的种子上也潜伏有病菌，可随种子传播。

稻黄单胞菌水稻致病变种（*X. oryzae* pv. *oryzae*）侵染水稻引起白叶枯病。稻白叶枯病是各水稻产区常见的一种细菌病害，在热带亚洲各国发生较重。病菌短杆状，单生，大小为（1～2）μm×（0.5～0.8）μm，单鞭毛极生，长6～9 μm。革兰氏染色反应阴性。不产生芽孢和荚膜，但在细菌表面有一层多糖类的胶质。在肉汁胨培养基上形成的菌落蜜黄色，圆形，中央隆起，边缘整齐，质地均匀。病原菌体内有非水溶性的黄色素，不产生荧光素。病菌生长的最适温度为26～28℃，致死温度为53℃ 10 min，干燥状态病菌的致死温度为56℃ 10 min。该菌在pH 4.0～9.0的培养基上都能生长，但最适宜的是pH 6.5～6.8。典型的好气性细菌。病菌最适宜的碳源是蔗糖，最适宜的氮源是谷氨酸。病菌对青霉素和还原物质较敏感，在含有20 mg/L青霉素或20 g/L葡萄糖的培养基上就不能生长。能利用单糖和部分双糖产酸，但不能水解淀粉，也不能还原硝酸盐，明胶液化不明显。

稻白叶枯黄单胞菌的寄主范围并不广，除了侵染水稻外，还能侵染菰（茭白，（*Zizania caduciflor*）和李氏禾（*Leersia japonica*）等少数几种禾本科植物。

水稻感染白叶枯病以后产生的症状会因病菌侵染部位、侵染时期和水稻品种而有不同。病菌可以自叶缘的水孔侵入，也可以自任何部位的伤口侵染，在适宜的环境条件下，5～7 d后表现症状。在叶片上病斑为黄白色到灰白色的长条斑，边缘波纹状，界限明显，病斑沿叶脉向上下扩展，病害严重时全叶枯死。在空气潮湿时，病斑上有时可溢出蜜黄色或淡黄色的菌脓，干燥后成琥珀色、鱼子状胶粒。如果秧苗期受到侵染，尤其是根部或茎基部受到病菌侵染，病菌在体内繁殖并很快运转到生长点，引起稻苗的萎蔫症状，轻者枯心，重者全株凋萎枯死（图3–13，彩图164）。

带菌的种子是病菌的越冬场所之一，也是病害远距离传播的初侵染源。有病的稻草则是病区翌年病菌侵染的主要来源。田边杂草或稻桩上的病菌，也是病害的侵染来源之一。

图 3–13　水稻白叶枯病

病菌在田间的传播和再侵染，主要是通过灌溉水、暴风雨、昆虫以及农事操作而传带扩散。稻白叶枯病的防治，主要是选栽抗病品种，加强水肥管理，控制菌源，适时用药。无病区要加强检疫。

（十一）木质部小菌属（*Xylella*）

木质部小菌属是薄壁菌门的一个新成员，是 1987 年才建立的新属。菌体短杆状，单生，大小为（0.25 ~ 0.35）μm ×（0.9 ~ 3）μm，无鞭毛，革兰氏染色反应阴性，好气性，氧化酶阴性，过氧化氢酶阳性。对营养要求十分苛刻，要求有生长因子。营养琼脂上菌落有两种类型，一是枕状凸起，半透明，边缘整齐；一是脐状，表面粗糙，边缘波纹状。DNA 中 G+C 的含量为 49.5% ~ 53.1%。

原来认为由类立克次体（RLO）或木质部难养菌（XLB）引起的葡萄皮尔氏病、苜蓿矮化病、桃伪果病等病害，近年来已获得纯培养并接种成功，经鉴定，它们都是由难养木质部小菌（*X. fastidiosa*）侵染引起的，病菌寄主范围很广。病菌侵染木质部，在导管中生存、蔓延，使全株表现叶片边缘焦枯、叶灼、早落、枯死，生长缓慢、生长势弱和结果减少变小和萎蔫症状，最终导致全株死亡（图 3–14，彩图 165）。

图 3–14　葡萄皮尔氏病

该属病菌无鞭毛，不能运动；细胞壁波纹状，必须依赖叶蝉类昆虫媒介才能传播。

（十二）韧皮部杆菌属（*Liberobacter*）

韧皮部杆菌属是新设立的候选属（*Candidatus*），这是一类在韧皮部中寄生危害的病原细菌，以柑橘黄龙病的病原细菌为代表，至今尚未能在人工培养基上分离获得纯培养，但已在电镜下看到其形态为梭形或短杆状的细菌，革兰氏染色反应阴性，过去一直称为类细菌或韧皮部难养菌。

近年来，细菌学家和植病学家建议用韧皮部杆菌属（Liberobacter）这一名词，包括2个种，在亚洲发生的、引起黄龙病的称为 *Candidatus* L. asiaticum，发病的最适温度为30℃左右，传播介体为亚洲橘虱；在非洲引起青果病的病菌为 *Candidatus* L. africanum，发病最适温度为20～25℃，由非洲木虱传染。此外，彼此间亲缘关系较远，血清反应也各不相同（图3–15，彩图166）。

革兰氏阴性菌中重要的植物病原细菌6个属的主要性状如表3–6所示：

表3–6　革兰氏阴性菌中植物病原细菌6个属的主要性状

属名	菌落色泽	扩散色素	菌体形态	鞭毛	好气性	代谢型	主要症状	（G+C）mol%
Agrobacterium	灰白，	无色或褐色	杆状	1～4，周生	好气	呼吸	畸形	57～63
Erwinia	灰白，黄白	无色	杆状	＞4，周生	兼性	兼性	腐烂，萎蔫	50～58
Pseudomonas	灰白	荧光或无色	杆状	1～4，极生	好气	呼吸	坏死	58～70
Ralstonia	灰白	褐色	杆状	1～4，极生	好气	呼吸	萎蔫	64～67
Xanthomonas	黄色	无色	杆状	1，极生	好气	呼吸	坏死	63～70
Xylella	黄色	无色	杆状	无	好气	呼吸	叶灼	50～53

图3–15　柑橘黄龙病

三、革兰氏阳性植物病原细菌的主要属和代表种

植物病原原核生物的第二大组是革兰氏阳性的厚壁菌门的细菌和放线菌门的链丝菌属，它们的细胞壁中含有较多的肽聚糖和霉菌酸的成分，肽聚糖含量达50%～80%，胞壁厚度达50 nm，壁单层。长期以来植物病原棒状杆菌都与医学上的白喉杆菌放在同一属内，用同一个属名。事实上它们的起源与进化程度都很不相同，彼此间没有亲缘关系。近年来，细菌学家已将植物病原棒状杆菌（coryneform bacteria）从原有的棒状杆菌属中移出，另行建立新属，多数放在棒形杆菌属（*Clavibacter*）内，少数则移放到节杆菌属（*Arthrobacter*）、短杆菌属（*Curtobacterium*）和红球菌属（*Rhodococcus*）。同样，有人把狗

牙根矮化病菌 *Clavibacter xyli* 另立新属新种：*Leifsonia xyli*，也未被广泛认可。

（一）节杆菌属（*Arthrobacter*）

节杆菌属是厚壁菌门的一个老成员，该属细菌在复合培养液中的菌体形态有球状至杆状的生长循环，即杆－球状循环。在新鲜培养物中，菌体多为杆状或“V”字形等不规则杆状，甚至有分枝状出现，在 3 d 以上的培养液中，菌体呈球状，直径为 0.6 ~ 1.0 μm。杆状细胞不运动或偶有运动。革兰氏染色反应阳性，好气性，营养琼脂上菌落为黄色圆形凸起，过氧化氢酶阳性，DNA 中 G+C 含量为 59% ~ 66%，如冬青叶疫病菌（*A. ilicis*）。

（二）棒形杆菌属（*Clavibacter*）

棒形杆菌属是厚壁菌门的一个新成员。菌体短杆状至不规则杆状，大小为（0.4 ~ 0.75）μm ×（0.8 ~ 2.5）μm，无鞭毛，不产生芽孢，革兰氏染色反应阳性。好气性，呼吸型代谢，营养琼脂上菌落为圆形光滑凸起，不透明，多为灰白色，氧化酶阴性，过氧化氢酶阳性，DNA 中 G+C 含量为 67% ~ 78%。原来的棒状杆菌大多数成员都放在这一新属中，包括有 5 个种，7 个亚种。模式种是密执安种，包括马铃薯环腐菌亚种、诡谲亚种、内布拉斯加亚种、花叶亚种和密执安亚种等。

马铃薯环腐亚种（*C. michiganensis* subsp. *sepedonicus*）病菌可侵害 5 种茄属植物，番茄亦可受害。病菌大多借切刀传染，病菌侵入维管束组织后在导管中蔓延，刺激寄主产生侵填体等堵塞导管，病株维管束组织被破坏，变褐色，地上部表现萎蔫状，叶反卷，薯块小，横切时可见到环状维管束组织坏死并充满黄白色菌脓，稍加挤压，薯块即沿环状的维管束内外分离，故称环腐病（图 3-16，彩图 167）。病菌喜欢 18 ~ 24℃低温，与青枯病相反，不耐高温，因此在北方冷凉地区的病害较重。

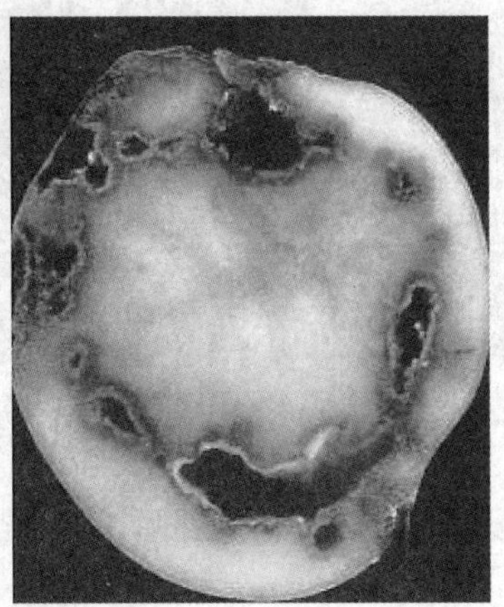

图 3-16　马铃薯环腐病

防治上要尽量选用小薯块整薯播种，少用切刀切块，发现有病种薯要销毁，切刀要立即消毒以防传染。

（三）短杆菌属（*Curtobacterium*）

短杆菌属是 1972 年新建的一类厚壁菌。革兰氏染色反应阳性，菌体不规则杆状，老

龄培养物呈球状且失去革兰氏染色阳性反应，菌体短小，仅（0.4 ~ 0.60）μm ×（0.6 ~ 3.0）μm，有侧生鞭毛 1 至数根，能运动。营养琼脂上菌落圆形、隆起，奶油状，多为橘黄色。好气性，过氧化氢酶阳性，DNA 中 G+C 含量为 68.3% ~ 75.2%。植物病原菌有菜豆萎蔫短杆菌（*C. flaccumfaciens* pv. *flaccumfaciens*），侵害幼苗引起矮化，成株萎蔫，茎秆豆荚受害后出现淡黄色病斑。

（四）红球菌属（*Rhodococcus*）

红球菌属是厚壁菌门的成员。菌体球形，但可出芽繁殖而变成短杆状或分枝丝状。有的还有气生菌丝。革兰氏染色反应阳性，无鞭毛，不运动。好气性，过氧化氢酶阳性，对营养要求不严格。营养琼脂上菌落淡黄色至橘红色，奶酪状，圆形不透明，隆起。DNA 中 G+C 含量为 59% ~ 69%。植物病原菌有香豌豆带化红球菌（*R. fascians*），侵害幼芽、幼茎，使呈丛生状，茎叶扭曲，叶柄和叶部常形成瘿瘤。

（五）芽孢杆菌属（*Bacillus*）

芽孢杆菌属是厚壁菌门的成员，分布十分广泛。菌体直杆状，大小为（0.5 ~ 2.5）μm ×（1.2 ~ 10）μm，周生多根鞭毛，老龄菌体内产生称为芽孢的内生孢子。好气性或兼性厌气性，革兰氏染色反应阳性，但老龄细胞常转为阴性，鞭毛亦会消失。营养琼脂上菌落扁平，灰白色，有的淡红色或灰黑色等，边缘波纹状或有缺刻，较黏稠。氧化酶阴性，过氧化氢酶阳性。DNA 中 G+C 含量为 32% ~ 39%，少数可达 69%。在许多腐烂或坏死的病材料中均可分离到芽孢杆菌，它们能促进病组织的腐烂或坏死，少数可以单独侵染植物而致病，如禾草巨大芽孢杆菌（*B. megaterium* pv. *cerealis*）在美国引起小麦白叶条斑病。许多芽孢杆菌产生细菌素或毒素，对其他微生物有拮抗或毒害作用，可用作生物防治的材料。

（六）链丝菌属（*Streptomyces*）

链霉菌属是放线菌门的成员，与放线菌关系密切，但它们对氧气的需求是不同的，凡厌气类型的仍保留在放线菌内，而好气性的类群则归在链丝菌类中。营养琼脂上菌落圆形，紧密，多灰白色，菌体丝状，纤细、无隔膜，直径 0.4 ~ 1.0 μm，辐射状向外扩散，分基质内菌丝与气生菌丝两种，在气生菌丝即产孢丝顶端产生链球状或螺旋状的分生孢子。孢子的形态色泽因种而异，是分类依据之一。链丝菌多为土居性微生物，常产生抗生素类的次生代谢物，对多种微生物有拮抗作用。少数链丝菌侵害植物引起病害，如马铃薯疮痂病菌（图 3–17，彩图 168）。

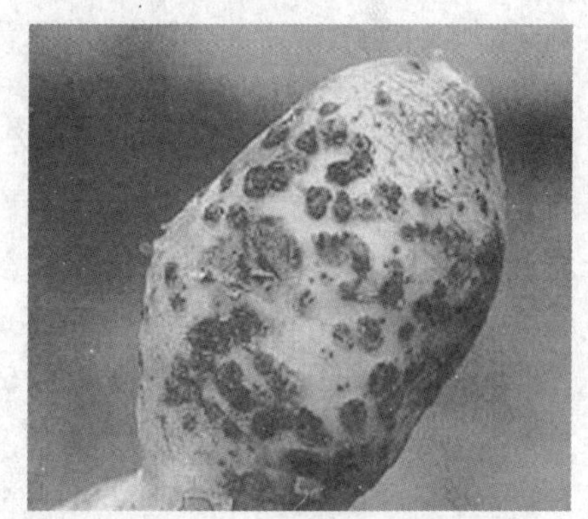

图 3–17 马铃薯疮痂病

马铃薯疮痂病菌（*S. scabies*）为土壤习居菌，菌丝有分枝，孢子丝螺旋形，气生菌丝灰白色，生长缓慢，菌落十分紧密。病菌多自伤口侵入，在薄壁细胞中为害，由于寄主抗性反应，很快产生木栓化组织将病部隔离开，进一步产生离层，故病斑多呈木栓化的疮痂症状，病部较浅，但病薯的商品价值明显下降。

革兰氏阳性菌中重要的植物病原细菌 6 个属的主要生物学性状如表 3–7 所示。

表 3–7 植物病原革兰氏阳性细菌 6 个属的主要性状

性状	节杆菌属 *Arthrobacter*	棒形杆菌属 *Clavibacter*	短杆菌属 *Curtobacterium*	红球菌属 *Rhodococcus*	芽孢杆菌属 *Bacillus*	链霉菌属 *Streptomyces*
菌体形态	球状至杆状	棒形，不规则	短杆状	球状，短杆，分枝状	短杆状	霉菌状，丝状
孢子类型	无	无	无	无	内生芽孢	外生分生孢子
鞭毛	无	无	数根，侧生	无	周生多鞭毛	无
好（厌）气性	好气性	好气性	好气性	好气性	好气或厌气	好气性
代谢类型	呼吸型	呼吸型	呼吸型	呼吸型	呼吸或发酵型	呼吸型
氧代酶反应		阴性	阴性	阴性		
过氧化酶反应	阳性	阳性	阳性	阳性	大多为阳性	阳性
（G+C）mol%	59 ~ 66	67 ~ 78	68.3 ~ 75.2	59 ~ 69	32 ~ 39	69 ~ 73
典型病例	冬青叶疫病	马铃薯环腐病	菜豆萎蔫病	甜豌豆带化病	小麦白斑病	马铃薯疮痂病

（七）无细胞壁的植物病原细菌

无细胞壁的植物病原细菌俗称菌原体，菌原体在自然界的分布广泛，已经从人体和各种动物体上分离到，也可从植物上发现它们。大多数是腐生的，不致病，分布在土壤、污水等富有有机物质的场所；少数菌原体可寄生在动物或植物上引起病害。据报道，高等植物上发生的植物菌原体病害约有 300 种，重要的病害如桑萎缩病、玉米矮化病、泡桐丛枝病、枣疯病、椰子死亡黄化病和梨衰退病等，有的在国内还未发生，属禁止进境的危险性病害。与植物病害有关的是属于软膜菌纲的螺原体属（*Spiroplasma*）和植原体属（*Phytoplasma*）等都是 G+C 含量很低的类群，其实，它们与厚壁菌门更接近，所以软膜菌纲归入厚壁菌门（图 3–18，彩图 169–171）。

1. 植原体和螺原体的基本特性

植原体外层无细胞壁，只有单位膜组成的原生质膜包围，厚度 7 ~ 8 nm，菌体大小为 200 ~ 1 000 nm，其形态在寄主细胞内为球形或椭圆形，但在穿过细胞壁或寄主植物筛板孔时，可以变成丝状或哑铃状等不定形或变形体状，有的为螺旋形。在实验室内，它也能透过细菌滤器。由于没有细胞壁，也不会合成肽聚糖和胞壁酸等，对青霉素等抗生素也不敏感，但对四环素类药物相当敏感。

细胞内只有原核结构，包括颗粒状的核糖体和丝状的 DNA，基因组分子量为 $5 \times 10^8 \sim 1 \times 10^9$，DNA 中 G+C 含量为 23% ~ 41%。

植原体侵染植物后引起的病害类型大多为黄化或矮缩，丛生和叶、芽变小等症状，由

A

B

C

图 3–18　植物菌原体病害症状

A. 玉米螺原体矮化病（引自 Agrios）；B. 桑萎缩病（许志刚摄）；C. 枣疯病（许志刚摄）

植原体产生的代谢产物具有激素的作用，能扰乱寄主正常的生理功能，刺激叶、芽丛生，反季开花等反常表现，由于它们对四环素类药物敏感，病植物用四环素处理后症状可以暂时消失或减退。

植原体必须依赖介体传播。叶蝉类刺吸式口器昆虫是主要媒介，叶蝉、飞虱传播植物菌原体的方式与持久性传播病毒的方式相似，昆虫在病株上吸食几小时至几天后才能带菌，也不能立即传染，必须经过 10 ~ 45 d 的循回期，菌原体由消化管经血液再进入唾液腺以后才能开始传染，大多数带菌介体在一生中均可传病，但不能经卵传染。新一代昆虫须重新吸食获得菌原体以后才能传染病害。

螺原体在固体培养基上的菌落很小，煎蛋状，直径 1 mm 左右，常在主菌落周围形成许多更小的卫星菌落。菌体无鞭毛，但可在培养液中作旋转运动，属兼性厌氧菌。植原体因尚未在离体条件下培养成功，许多性状无法测定，以往称为类菌原体（Mycoplasma-like organism，MLO）。

2. 植物病原无壁菌门的主要类群

已知与植物病害有关的有螺原体属和植原体属。由于类菌原体至今未能在人工培养基上分离培养进而完成接种的“柯赫氏法则”，因此决定以候选属（*Candidatus*）的方式来命名它，称之为植原体候选属（*Candidatus* Phytoplasma）。

（1）螺原体属（*Spiroplasma*）　菌体的基本形态为螺旋形，繁殖时可产生分枝，分枝亦呈螺旋形。生长繁殖时需要有甾醇供应，基因组大小为 $5 \times 10^8 \sim 5 \times 10^9$，DNA 中 G+C 含量为 24% ~ 31%。植物病原螺原体只有 3 个种，主要寄主是双子叶植物和昆虫。如柑橘僵化病、玉米矮化病和蜜蜂的爬蜂病等都是螺原体侵染所致。

柑橘僵化螺原体（*S. citri*）侵染柑橘和豆科植物等多种寄主。柑橘受害后表现为枝条直立，节间缩短，叶变小，丛生枝或丛芽，树皮增厚，植株矮化，且全年可开花，但结果小而少，多畸形，易脱落。

叶蝉是传染螺原体的媒介昆虫，从吸食到传染也须经 2 ~ 3 周的循回期，接种后到发病的潜育期 4 ~ 6 周。螺原体也可以在多年生宿主假高粱的体内越冬存活，也可在介体叶蝉体内越冬。

（2）植原体属（*Candidatus* Phytoplasma）　植原体最早是由日本学者土居养二（Doi Y）从桑萎缩病病组织切片中发现的，当时称之为类菌原体（MLO），1992 年改称为植原体

（候选属）。由介体昆虫桑菱纹叶蝉传播。植原体菌体的基本形态为圆球形或椭圆形，但在韧皮部筛管中或在穿过细胞壁上的胞间连丝时，可以成为变形体状，如丝状、杆状或哑铃状等。菌体大小为 80～1 000 nm。在我国，除桑萎缩病外，还有枣疯病、泡桐丛枝病、水稻黄萎病、水稻橙叶病和甘薯丛枝病等，都是常见的由植原体侵染所致。由于对植原体的人工培养一直未能取得成功，对其遗传本质、生化特性、营养要求等都无详细资料。因而在早期对植原体的分类只能依据其症状、寄主范围、介体昆虫有时还包括地理分布等进行。由于不同植原体引起的病害症状很相似，寄主范围和介体昆虫的确定并不准确，早期的分类无法进行，分子生物学分类技术使得植原体的分类有了进展，通过 16SrDNA 序列同源性比较，可以将所有已知植原体病害分为若干个组（NCBI，2006），最常见的是下列 5 个组：

第一组是翠菊黄化病组：共同特征是叶黄化，花变小或芽肿大，如翠菊黄化、长春花小叶、花椰菜变叶、桑树矮化、马铃薯巨芽等。已经命名的如翠菊黄化植原体（*Candidatus* Phytoplasma asteris Lee *et al*）。

第二组是丛枝病组：共同的症状是引起丛枝，如花生丛枝、甘薯丛枝、番茄巨芽、泡桐丛枝、油橄榄丛枝。

第三组是桃 × 病组：症状有黄化，丛枝等。如桃、樱桃的 × 病，三叶草黄化丛枝，胡桃丛枝，绣线菊矮化，一品红丛枝等。已经命名的如枣植原体（枣疯病菌，*Candidatus* Phytoplasma ziziphi Jung *et al*）。

第四组是椰子致死黄化组：共同特征是木本植物的叶片黄化，丛枝，小叶等。如椰子致死黄化、榆树黄化、葡萄黄叶、杨柳丛枝。已经命名的如榆植原体（榆金黄化丛枝病菌，*Candidatus* Phytoplasma ulmi Lee *et al*）；梣植原体（白蜡树植原体，白蜡树丛枝病菌，*Candidatus* Phytoplasma fraxini Griffiths *et al*）。

第五组是水稻黄萎病组：由叶蝉传播的水稻黄矮病和甘蔗白叶病和牧草丛芽病等。已经命名的如稻植原体（水稻黄化萎缩病菌，*Candidatus* Phytoplasma oryzae Jung *et al*）；狗牙根植原体（*Candidatus* Phytoplasma cynodontis Marcone *et al*）。

桑萎缩病是第一个被证实由植物菌原体侵染所致的病害，但是，真正的病原物至今还未正式鉴定出来。病树嫩枝首先发病，病枝短缩，腋芽齐发，成丛枝萎缩状，叶皱缩花叶，叶小而黄，叶缘反卷如猫耳状，有时叶色淡而叶肉肥厚。老龄枝条一般不表现症状。病害可以通过枝条扦插繁殖扩散，也可通过叶蝉传染，在病枝和叶脉的韧皮部的筛管和薄壁细胞中、介体叶蝉的唾液腺中均可发现有菌原体存在。在病叶薄壁细胞中的菌原体为圆形质体，大小为 80～800 nm，外层质膜厚 8～10 nm，质体内可见到直径约 13 nm 的核糖体颗粒。症状越重的病枝和病叶中，菌原体量越多，在已坏死的组织中和导管中均未见有菌原体存在。病树在 20～25℃条件下症状明显，持续高温，如 37℃持续 10 d 以上，病树症状隐退（隐症）或消失。用四环素注射治疗的病树，症状亦会隐退或消失。

第四节　植物原核生物病害的诊断

植物受原核生物侵害以后，在外表显示出许多特征性症状，根据症状的表现即可初步做出诊断，有的要作显微镜检查才能证实，有的还要经过分离培养接种等一系列的实验才

能肯定。只有真正掌握了诊断技术才能准确鉴定，并制定合适的防治对策。

（一）症状识别

1. 菌原体病害的症状特点

病株矮化或矮缩，枝叶丛生，叶小而黄化。因此丛生、矮缩、小叶与黄化相结合是诊断菌原体病害症状时必须掌握的关键；但是要进一步掌握矮缩、花叶和黄化症状与病毒病症状的区别。

2. 细菌病害的症状特点

病植物表现的症状类型主要有坏死、萎蔫、腐烂和畸形等4类，褪色或变色的较少；湿度大时多数细菌病害都有菌脓（ooze）溢出（图3-19）。

坏死类型症状是最常见的一类，以叶部、果实上出现的斑点、枯斑为最多，在病斑初显时，常常可见到水渍状浸润斑（图3-19A，彩图172、174、175），或同时在病斑上泌出淡黄色或灰白色的菌脓（图3-19B），干涸后成为颗粒或菌膜，病斑逐渐扩展，坏死面积扩大变成为条斑或枯死斑。如水稻条斑病、水稻白叶枯病。病斑也可受到木栓化组织的限制，在产生离层以后使病斑部脱落而成穿孔状，如桃叶细菌性穿孔病。如果木栓化组织不脱落，就会形成疮痂状，如柑橘溃疡病在果实上的病斑症状。

A

B

图3-19　植物细菌病害的水渍状浸润斑和菌脓

（许志刚摄）

A. 水渍状浸润斑；B. 菌脓

发生在枝条、花柄或果实上的坏死斑，常扩大成为溃疡或疮痂症状，严重的溃疡斑常导致枝枯、顶枯等症状，在溃疡斑上亦常有菌脓泌出，如梨火疫病等。

萎蔫症状是细菌侵害维管束系统以后所造成的，它与真菌性病害造成的萎蔫症状相似，茄青枯病、马铃薯环腐病是常见的代表类型。可通过茎横切面可否出现菌脓与真菌性萎蔫病进行区分。

腐烂是细菌病害较为特有的一种类型，瓜果等储藏器官的软腐型腐烂大多由软腐细菌侵害所致，虽然瓜果腐霉等真菌也能导致腐烂症状，但常见有菌丝伴随而易于区分。

畸形大多发生在木本植物的根冠或茎基部、枝条上，少数在叶柄或叶脉上出现，主要是由土壤杆菌侵害所致，如桃发根病，苹果、葡萄的根癌病等。个别还可由假单胞菌或红球菌引起，如油橄榄肿瘤病和仙客来的带化病等。

由小麦粒瘿线虫与蜜穗菌复合侵染所引起的蜜穗病，不仅茎节弯曲，颖壳开张，而且在穗部充满黄白色黏稠的菌脓，也属畸形类型。

（二）显微镜检查

由螺原体或植原体侵染所致病害，用光学显微镜不可能看到菌体，必须用电子显微镜才能看清楚。除了菌原体引起的病害以外，由细菌侵染所致病害的病部，大都可以在徒手切片中看到有很多细菌从病部喷出，这种现象称为喷菌现象（bacteria exudation，BE）（图 3-20，彩图 176）。喷菌现象为细菌病害所特有，是区分细菌病害或真菌、病毒病害的最简便的手段之一。维管束病害的喷菌量多，可持续几分钟到十多分钟。薄壁组织病害的喷菌状态持续时间较短，喷菌数量亦较少，少数肿瘤病害的喷菌现象不是很明显。

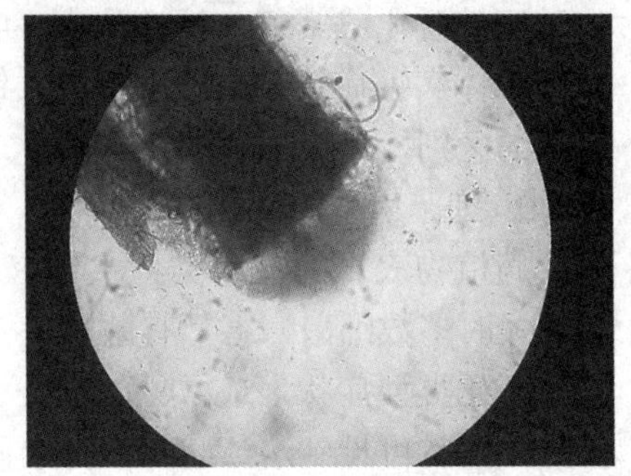

图 3-20　喷菌现象

（三）分离培养与侵染性试验

由于植原体尚不能在人工培养基上培养，因此分离有困难，但螺原体已可以分离培养。对于植原体病害，可采用菟丝子介体作“桥梁”接种传染到长春花上作鉴定的办法，证明其有无侵染性，从而完成柯赫氏法则的诊断程序。

按柯赫氏法则，从病部组织中分离病原细菌的纯培养，无论是在普通营养琼脂培养基上或选择性培养基上，挑选典型的单菌落，再接种到敏感植物或指示植物上，使表现出典型的或特有的症状反应是必不可少的，其中典型特征的单菌落的挑选是关键，接种植物的选择亦很重要。

常用的过敏反应植物有烟草、菜豆、番茄和蚕豆等。大多数假单胞菌属和黄单胞菌属的植物病原菌可在烟叶或蚕豆叶片上引起过敏反应（俗称枯斑反应），只有少数烟草的病原细菌能在烟草上引起典型病状。软腐病菌一般不会在烟草叶片上产生过敏反应。

以上三个方面也只能区分是否为侵染性的细菌病害，并未回答是何种病菌引起的什么病害，因此，也只是初步的诊断。

小结

原核生物是一类具原核结构的单细胞微生物。核质（遗传物质）分散在原生质中，无核膜包围，原生质有细胞膜包围；多数细菌有细胞壁，革兰氏染色呈阴性或阳性；无壁菌门原核生物缺细胞壁，如植原体。原核生物多为球状或短杆状，少数为螺旋状或变形体状。繁殖方式大多是横向二分裂，对营养要求不很严格，除少数植物病原细菌不能人工培养外，大多可在营养琼脂上生长繁殖。大多数的植物病原细菌可在 26～30℃生长。

植物病原原核生物主要从自然孔口和伤口侵入寄主，有的要通过介体生物才能侵染。病害症状随病原种类和侵染途径而有所不同，从局部坏死到萎蔫腐烂和畸形的均有。大多数细菌病害的病组织作切片镜检时可看到明显的喷菌现象，湿度大时病部有菌脓溢出。

病菌可随种子、苗木作远距离传播。土壤习居性细菌可在土中长期存活，是重要的侵染源。

植物病原原核生物分别属于薄壁菌门、厚壁菌门和软壁菌门的30多个属。最重要的是土壤杆菌属、布克氏菌属、假单胞菌属、欧文氏菌属、黄单胞菌属、雷尔氏菌属、棒形杆菌属、木质部小菌属和植原体属等。

思考题

1. 何谓原核生物，它与真核生物有哪些区别？
2. 何谓革兰氏染色？它在细菌的分类和鉴定中有何作用？
3. 细菌分类系统在1980年以来发生了哪些变化？原因何在？
4. 试比较病原细菌和病原真菌在侵染、传播方面的特点。

数字课程学习

病害症状彩图　　自测题

第四章

植物病毒

病毒（virus）是微生物大家庭中的一个主要成员。病毒是一类可以在其他生物体间传播并侵染生物体、能够利用寄主细胞的营养物质来自主地合成自身的DNA或RNA、蛋白质等生命组成物质的微小生命体。病毒没有细胞结构，是大分子状态的专性寄生物。病毒区别于其他生物的主要特征是：多数病毒是个体非常微小的分子寄生物（molecular parasite），其结构简单，主要是由核酸及蛋白质衣壳组成的核蛋白粒体；病毒是一类专性寄生物，其核酸复制和蛋白质合成需要的原材料和场所均由寄主提供。病毒的侵染过程大致分为：吸附、注入（遗传物质）、合成（逆转录/整合入宿主细胞DNA）、装配（利用宿主细胞转录RNA，翻译蛋白质再组装）、释放或转移等五个步骤。病毒能够寄生各种细胞生物并引起病害，所以也是病原生物。按其寄主的不同，病毒可分为植物病毒、动物病毒、细菌病毒（噬菌体）、原生生物病毒和真菌病毒等。

作为研究植物病毒的一门科学，植物病毒学仅有100多年的历史。1886年梅耶尔（Mayer）证明了烟草花叶病的摩擦传染性；1892年伊万诺夫斯基（Ivanowski）发现了烟草花叶病的病原可以透过细菌不能透过的滤器并保持对植物的传染性。贝叶林克（Beijerinck）于1898年得到了同样的结果并证明该病原可以在琼脂凝胶中扩散并能够在受侵染的寄主中增殖，因此将这种病原称为侵染性活液（*contagium vivum fluidum*），其后用术语“病毒（virus）”特指这类病原物。1935年斯坦利（Stanley）获得了烟草花叶病毒（tobacco mosaic virus，缩写为TMV）的结晶，认为该病毒是可在活细胞内增殖的蛋白质。1936年鲍登（Bawden）等人的研究表明提纯的TMV结晶中含有核蛋白（nucleoprotein），1937年确认该病毒就是含有核酸的核蛋白。1939年起，通过物理学方法证明了多种植物病毒是由核蛋白组成的。人们对植物病毒的认识，经历了传染性、滤过性的证明，逐步过渡到形态特征和物理化学特性的测试，现在已进入分子生物学水平。

植物病毒作为植物的一类病原物，可引起许多严重的病害，对植物的生长、发育及人类的生存和发展造成了很大的威胁。植物病毒病害种类很多，仅次于真菌病害排第二位。一种病毒常常可以侵染多种寄主，一种寄主植物又可受到多种病毒的危害，导致严重损失。如1978年大麦黄矮病毒病大发生，使加拿大曼尼托巴地区小麦损失16 700万美元；1951—1960年，该病毒造成美国大麦6 000多万美元的损失。再如水稻条纹叶枯病21世纪初在我国粳稻种植区暴发流行危害，仅2004年在江苏发病面积就达2 600万亩。植物病毒也有可利用的价值，尤其在开发基因工程的载体、植物基因的功能研究等方面，发挥了很大的作用。

第一节　植物病毒病和病毒的一般性状

人们认识一种生物往往首先是从其形态特点入手的，但对于植物病毒的认识，却是了解症状和危害后，再认识其形态特征和理化特性。与其他植物病原物相比，植物病毒的形态比较简单，因此有关病毒的结构、组成和功能已比较清楚。

一、植物病毒病的症状

植物病毒病的症状，大多数是在植物的外部表现出来，称为外部症状；但在植物体内也有异常变化，这些变化称为内部症状。

外部症状大多在植物的地上部显示出来，尤其是以叶部为常见，少数在果实或茎秆上。外部症状主要有变色、坏死和畸形等类型：变色是最为常见的一类是花叶，叶片变成黄绿斑块相间或镶嵌的颜色，包括明脉、退绿、环斑、斑驳、线纹和条纹等。有些变色主要是叶片或茎秆的颜色发生改变，包括退绿变黄、变红、变紫等。坏死是局部组织死亡后出现的叶斑、环斑、蚀纹、条斑和芽枯等。畸形则是植物局部发生的促进性或抑制性的异常，常见的如蕨叶、扇叶、耳突、卷叶、花变叶、矮化、矮缩和丛簇等（图 4–1，彩图 177–185）。

A

B

C

图 4–1　病毒病的症状

A. 花叶；B. 碎锦；C. 线纹

一些病毒侵染植物后，在植物的外表没有明显的症状，但在植物体内有病毒的存在，称为无症带毒；此外，病毒病的症状表现还受到寄主抗性强弱、环境条件的影响，有些病毒的症状在高温或低温下可暂时隐退，特称为隐症。

病毒侵染植物后在植物内部也引起细胞学和组织学的变化，例如细胞增生或减生，在细胞质或细胞核内形成特定形状的包含体等。

在自然界，有许多因素影响植物引起与病毒病相似的症状，最常见的如变色、花叶、矮缩和畸形等，它们可能是激素类农药、空气污染、微量元素失调、气候异常等。此外，某些作物杂交后代的品系，也很易发生类似病毒病的花叶或条点的症状。

二、植物病毒的形态和结构

病毒的基本个体单位称为粒体（virion，virus particle，也有人称为“毒粒”），完整的病毒粒体是由一个或多个核酸分子（DNA 或 RNA）包被在蛋白质或脂蛋白衣壳里构成的。绝大多数病毒粒体都只是由核酸和蛋白质外壳（称衣壳）组成。核酸常称为基因组（genome），核酸携带有病毒复制所必需的遗传信息，被包裹在蛋白质外壳内。起保护作用的衣壳由许多蛋白亚基或多肽链组成。不同病毒的蛋白亚基排列方式是不同的，有的病毒中几个亚基可组成壳粒（capsomer）。壳基是一种形态单位，主要表现在球状病毒上。有些病毒粒体外面有包膜（envelope），如弹状病毒科（*Rhabdoviridae*）和番茄斑萎病毒科（*Tospoviridae*）病毒。

（一）病毒的形态

病毒粒体的形态有球状、杆状或线状和蝌蚪状三种基本形态。病毒的衣壳粒是按照高度对称的形式构成，其基本的对称形式包括螺旋对称、二十面体对称和复合对称三种，分别相当于杆状、球状和蝌蚪状三种形态的病毒粒体。杆状病毒以烟草花叶病毒为代表，类似的还有弹头状、线状和蛇状；球状病毒在动植物上都有，以腺病毒为代表，类似的还有冠状和双联体状；复合对称的蝌蚪状病毒只有在细菌病毒中存在，以细菌 T4 噬菌体为代表（图 4-2）。病毒粒体非常小，其度量尺度单位为纳米（nm），观察病毒粒体的形态需要放大数万倍的电子显微镜。

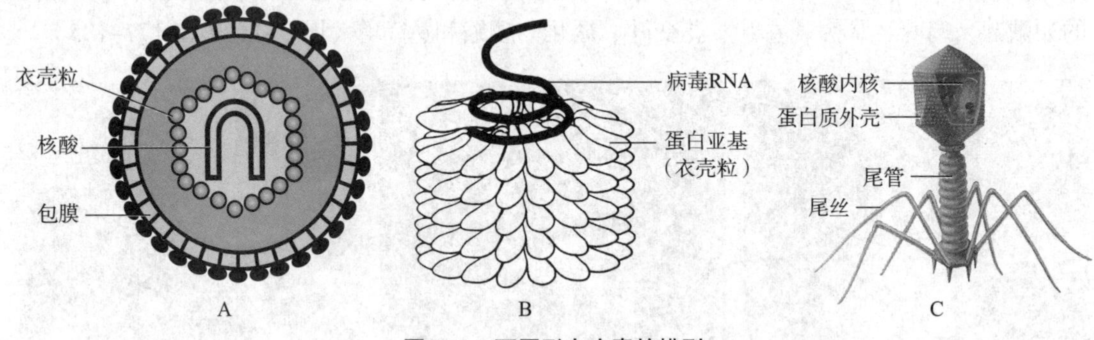

图 4-2　不同形态病毒的模型

A. 球状病毒；B. 杆状病毒（TMV）；C. 蝌蚪状病毒（T4噬菌体）

球状病毒的直径大多在 20 ~ 30 nm，少数可以达到 70 ~ 80 nm；球状病毒也称为多面体病毒或二十面体病毒（图 4-4）。大约有一半的植物病毒科、属成员属于球状病毒。

杆状病毒多为（15 ~ 80）nm ×（25 ~ 100）nm，个别可以达到 2 000 nm 以上，称为线状；线状病毒的两端也是平齐的，线状或丝状粒体有不同程度的弯曲（图 4-3）。

（二）植物病毒的结构

植物病毒有两种基本结构方式：螺旋对称型结构和等轴（多面体）对称型结构。

1. 螺旋对称型结构

杆状或线条状植物病毒粒体的内部包含螺旋状的核酸链，外面是由许多蛋白亚基（subunit）组成的衣壳。蛋白亚基也排列成螺旋状，核酸链就镶嵌在亚基的凹痕处。因此，杆状或线状病毒粒体的中心是空的。迄今研究得比较清楚的是 TMV，其粒体直径是 18 nm，长度为 300 nm，蛋白亚基呈螺旋状排列，镶嵌在 RNA 螺旋链上，一个亚基与三个核苷酸相结合，每个粒体大致由 2 100 个蛋白亚基构成，排成 130 圈，每三圈有 49 个亚

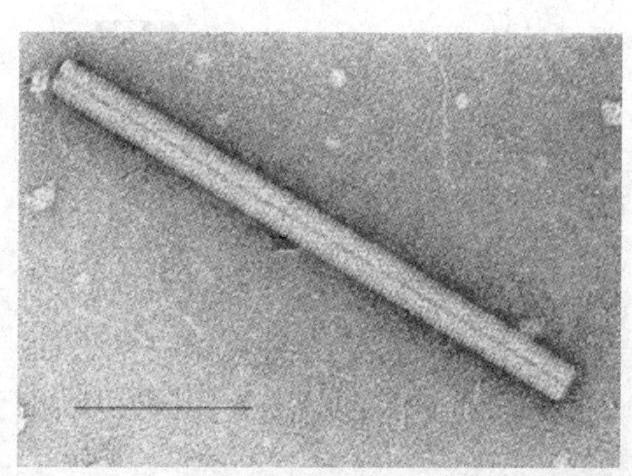

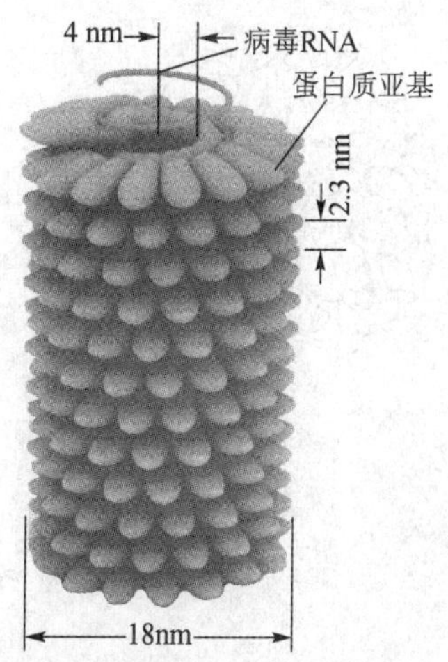

图 4-3　杆状病毒［TMV］粒体的电子显微照片与结构模型

基，每圈亚基间隔约为 2.3 nm，其核酸链（轴芯）的直径是 8 nm（图 4-3）。其他长条形粒体病毒的结构与其类似，病毒粒体长度取决于核酸链的长度，弯曲程度可能与螺距大小和亚基排列密度相关。弹状病毒包膜内的核衣壳结构也与此类似。

2. 等面体对称型结构

所有的球形病毒，包括单、双链 RNA 或 DNA 病毒粒体多为此种结构。球形病毒是由 20 个正三角形拼接形成的二十面体粒体，外观近球形（图 4-4）。它有 20 个面、12 个顶点和 20 个边，面、顶点或边都是对称的。因此，球状病毒也称为二十面体病毒。蛋白亚基形成一定数量的聚集体（壳基），有规则地结合、分布在 20 个正三角形组成的面上。壳基经常由 5、6、2、3 个蛋白亚基聚集而成，常被分别称为五邻体、六邻体、二聚体和三聚体。这种结构使病毒耗能最小，粒体最稳定。最典型的代表是芜菁黄色花叶病毒（Turnip yellow mosaic virus，TYMV）（图 4-4，4-5）。

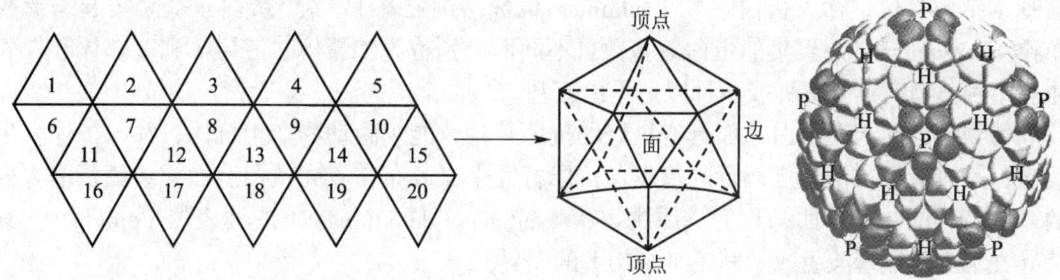

图 4-4　球状病毒的模型（示二十面体的结构）

三、植物病毒的化学组分

植物病毒的主要成分是核酸和蛋白质，内部是核酸，外部由称为外壳（或衣壳）的蛋白质包被，合称为核蛋白（或核衣壳）。有的病毒粒体中还含有少量的糖蛋白或脂类。而类病毒则没有蛋白质外壳，仅为裸露的 RNA 分子。

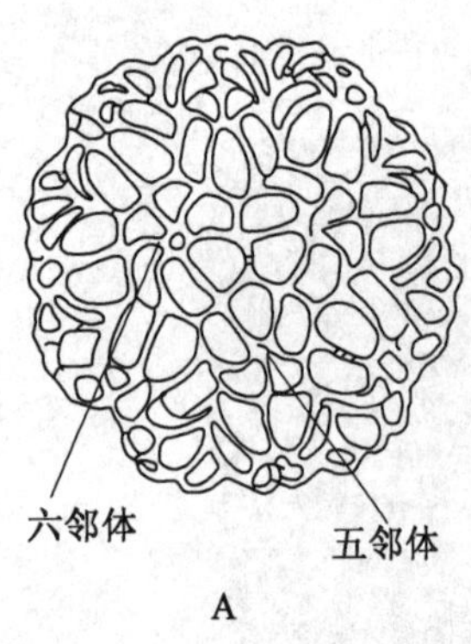

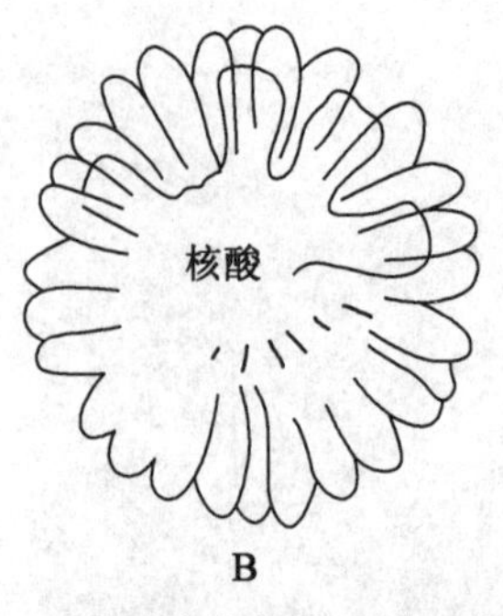

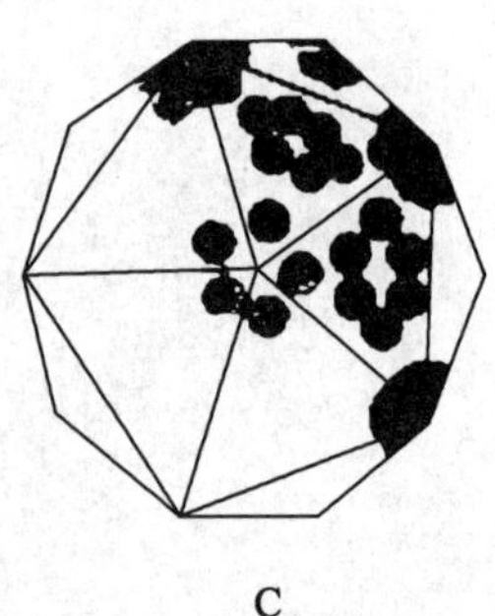

图 4-5　球状病毒粒体结构示意图

A. 外形；B. 核酸与蛋白亚基；C. 五邻体

（一）蛋白质

病毒的基因组很小，因此编码的蛋白质种类也很少。随着病毒的提纯技术、电镜技术以及重组 DNA 表达病毒蛋白技术等研究方法的发展，对病毒蛋白的组成、结构、功能等均有了较全面的了解。

病毒粒体
- 核衣壳
  - 衣壳 - 壳基（形态单位）- 蛋白亚基（结构单位）
  - 核酸（RNA 或 DNA）
- 包膜

1. 结构蛋白

结构蛋白是构成一个完整的病毒粒体所需要的蛋白，主要是衣壳蛋白（capsid protein 或 coat protein，缩写为 CP）和包膜蛋白，由于大多数植物病毒没有包膜，其结构蛋白就是衣壳蛋白。绝大多数植物病毒的衣壳只有一种蛋白质，蛋白多肽链经过三维折叠形成衣壳的基本结构单位，称为蛋白亚基（subunit，也称结构亚基）。多个蛋白亚基聚集起来形成壳粒（capsomer），因聚集的蛋白亚基数目不同而分别称为二聚体、三聚体和五邻体、六邻体。个别植物病毒有两种或两种以上蛋白亚基。

植物病毒的衣壳蛋白一般具有良好的抗原特性，能刺激动物产生抗体，并与抗体发生反应，是血清学方法鉴定病毒的依据。抗原特性来自分布在衣壳蛋白表面或包膜蛋白表面的一些特殊的化学基团，称为抗原决定簇（antigenic determinant）或称表位（epitope），其特异性取决于氨基酸组成及其三维结构上的差异。

2. 非结构蛋白

非结构蛋白是指病毒核酸编码的非结构必需的蛋白，包括病毒复制需要的酶，传播、移动需要的功能蛋白等。双链 RNA 或负单链 RNA 病毒由于需要先将负链复制或转录成正链，才能翻译出蛋白（包括复制酶），故需要将复制酶包在病毒粒体中，如弹状病毒和呼肠孤病毒。

（二）核酸

核酸是病毒的核心，组成了病毒的遗传信息库——基因组，决定病毒的增殖、遗传、

变异和致病性。每一种病毒只有一种核酸（DNA 或 RNA），因此，病毒可以区分为 DNA 病毒和 RNA 病毒两大类，每一类中又可分为单链（ssDNA，ssRNA）和双链（dsDNA，dsRNA）两种。植物病毒基因组编码的基因数目不等，例如，烟草坏死卫星病毒 Statellite tabacco necrosis virus，STNV（学名为 Tabacco albetovirus 1），基因组只含有 1 个基因，而植物呼肠孤病毒属（*Phytoreovirus*）病毒至少包括 13 个基因。大多数病毒的基因组能编码 4 ~ 15 种蛋白质。

1. 植物病毒的核酸类型

植物病毒的基因组核酸为 RNA 或 DNA，按照复制过程中功能的不同，植物病毒大体可分为 5 种类型，其中 3 种为 RNA 类型，2 种为 DNA 类型。

（1）正单链 RNA［positive-sense single-stranded RNA，(+) ssRNA］病毒　这类 RNA 分子具有侵染性，其单链 RNA 可以直接翻译蛋白，起 mRNA 的作用，故称为（+）ssRNA 病毒。这是最主要的类型，70% 以上的植物病毒均为此种核酸类型，如烟草花叶病毒属（*Tobamovirus*）的 TMV、黄瓜花叶病毒属（*Cucumovirus*）的黄瓜花叶病毒（Cucumber mosaic virus，CMV）、马铃薯 X 病毒属（*Potexvirus*）的马铃薯 X 病毒（Potato virus X，PVX）和马铃薯 Y 病毒属（*Potyvirus*）的马铃薯 Y 病毒（Potato virus Y，PVY）等。粒体形态有杆状、球状或线状等。植物单链 RNA 病毒中大多数是正单链 RNA 病毒。

（2）负单链 RNA［negative-sense single-stranded RNA，(−) ssRNA］病毒　其单链 RNA 分子无侵染性，进入寄主细胞后不能起 mRNA 的作用，必须先转录出正链的 mRNA，才能翻译蛋白质。具有负单链 RNA 基因组的植物病毒包括弹状病毒科（*Rhabdoviridae*）中的 4 个属、番茄斑萎病毒科（*Tospoviridae*）、蛇状病毒科（*Aspiviridae*）、无花果花叶病毒科（*Fimoviridae*）及纤细病毒属（*Tenuivirus*）的病毒，也时常引起重要的植物病害，如小麦丛矮病毒（Wheat rosette stunt virus，WRSV）。弹状病毒的粒体形态为短粗的子弹状或杆菌状，番茄斑萎病毒科的病毒粒体形态为大致球状的不定形，因为外面有包膜。

（3）双链 RNA（double-stranded RNA，dsRNA）病毒　因其基因组核酸为互补的双链 RNA 而得名。其中的负链 RNA 转录出的正链 RNA，才能作为 mRNA 翻译蛋白质。呼肠孤病毒科（*Reoviridae*）和双分病毒科（*Partitiviridae*）的病毒基因组为此种核酸类型，呼肠孤病毒常引起呼吸道和肠道感染，广泛侵染脊椎动物、非脊椎动物和植物。重要的病毒为水稻矮缩病毒（Rice dwarf virus，RDV）和水稻黑条矮缩病毒（Rice black streaked dwarf virus，RBSDV）。该科病毒粒体为直径 50 nm 的多面体，双链核酸分成 10 ~ 12 段包在同一粒体中。

（4）单链 DNA（ssDNA）病毒　由于 DNA 不能直接作为 mRNA 而起作用，基因组单链 DNA 复制时先形成双链 DNA，然后转录出 mRNA，所以 DNA 病毒无正、负链之分。其中，双生病毒复制时形成的双链 DNA 的两条链均可作为模板进行双向转录。单链 DNA 病毒包括双生病毒科（*Geminiviridae*）和矮缩病毒科（*Nanoviridae*）两大类。矮缩病毒为较小的多分体球状粒体，而双生病毒由直径 17 nm 的两个不完全等面体结合而成。

（5）双链 DNA（dsDNA）病毒　基因组核酸类型为互补的双链 DNA。花椰菜花叶病毒科（*Caulimoviridae*）为此种类型，病毒复制循环过程中有逆转录阶段，所以该病毒又称为逆转录病毒［dsDNA（RT）］。转录时形成 35S 和 19S 两种 RNA，其中 35S RNA 既可作为 mRNA 又是进行逆转录时的模板。花椰菜花叶病毒（CaMV）的球状粒体直径为 50 nm，含有双链、开环的 DNA 基因组。

2. 病毒核酸的比例

不同形态粒体的病毒中核酸的比例不同，一般说，球形粒体病毒的核酸含量高，占粒体质量的15%～45%；长条形粒体病毒中核酸含量占粒体质量的5%～6%；而在弹状病毒中只占1%左右。

3. 核酸的多分体现象和多分体病毒

多分体现象仅存在于（+）ssRNA 的植物病毒中。多分体病毒是指病毒的基因组分布在不同的核酸链上，并且分别包装在不同的病毒粒体内。由于遗传信息分开了，单独一个病毒粒体不能侵染成功，必须是几个粒体同时侵染才能全部表达遗传特性。这种分段的基因组又称为多组分基因组。多分体病毒粒体可以是球形，也可是长条形，一般球形多分体病毒粒体的外形大小相同，只是因其中的核酸不一致而质量不同；长条形多分体病毒常因核酸长度不同而粒体的长度和质量都不同。根据基因组分离和侵染必需的状况可将正单链 RNA 病毒分为单分体病毒、双分体病毒和三分体病毒。

（1）单分体病毒　指整个遗传信息存在于一条核酸链上、包被在一种粒体中的病毒，如常见的烟草花叶病毒属、马铃薯 X 病毒属和马铃薯 Y 病毒属等。

（2）双分体病毒　指完整的遗传信息为双组分基因组包被在两种粒体里的病毒，如烟草脆裂病毒属（*Tobravirus*）和线虫传多面体病毒属（*Nepovirus*）。

（3）三分体病毒　指完整的遗传信息分别存在于三种粒体中的病毒。如黄瓜花叶病毒属（*Cucumovirus*）和苜蓿花叶病毒属（*Alfamovirus*），它们的基因组均由三条核酸链组成。基因组分离和多分体病毒的产生对植物病毒的遗传及进化有重要的作用。

（三）其他组分

除蛋白质和核酸外，植物病毒含有的最大量的其他组分是水分，例如在番茄丛矮病毒（Tomato bushy stunt virus，TBSV）和芜菁花叶病毒（Turnip mosaic virus，TuMV）的结晶体中，水分的含量分别为47%和58%。

碳水化合物主要存在于弹状病毒科的病毒中，以糖蛋白或脂类的形式存在于病毒的包膜中。如番茄斑萎病毒含有7%的碳水化合物。另外在其他病毒科或属中，如大麦病毒属（*Hordeivirus*）的大麦条纹花叶病毒（barley stripe mosaic virus，BSMV）也含有糖蛋白。

某些病毒粒体含有多胺，主要是精胺和亚精胺，它们与核酸上的磷酸基团相互作用，有稳定核酸分子的作用。金属离子也是许多病毒必需的，主要有钙离子、钠离子和镁离子。这些金属离子与衣壳蛋白亚基上的离子结合位点相互作用，稳定衣壳蛋白与核酸的结合；若利用离子螯合剂去掉这些金属离子，一般会导致致病毒粒体膨胀，易受核酸酶的分解。

第二节　植物病毒的复制和增殖

病毒侵染植物以后，在活细胞内增殖子代病毒需要 3 个步骤，一是病毒核酸（基因组）的复制（replication），从亲代向子代病毒传递核酸性状的过程，即病毒的基因传递（gene transmission）；二是病毒核酸信息的表达（gene expression），即按照信使 RNA 的序列来合成病毒专化性蛋白的过程；三是病毒核酸（基因组）与衣壳蛋白进行装配成为完整的子代病毒粒体。这 3 个步骤遵循遗传信息传递的一般规律，但也因病毒核酸类型的变化而

存在具体细节上的不同。植物病毒侵入寄主细胞后，病毒分子的核酸与蛋白发生解离，把核酸释放出来，该过程如同细菌噬菌体的“脱壳”，接着核酸在寄主细胞内复制并开始病毒基因的表达，翻译衣壳，然后进行组装。

一、病毒基因组的复制

植物病毒与一般细胞生物遗传信息传递的主要不同点是逆转录的出现，有些病毒的 RNA 可以在病毒编码的逆转录酶的作用下，变成互补的 DNA 链。大部分植物病毒的核酸复制是由 RNA 复制 RNA。

病毒核酸的复制需要寄主提供复制的场所（通常是在细胞质或细胞核内）、复制所需的原材料和能量、部分寄主编码的酶以及膜系统。病毒自身提供的主要是模板核酸和专化性的聚合酶（polymerase）或其亚基。例如花椰菜花叶病毒编码一种依赖于 RNA 的 DNA 聚合酶（RNA-dependent DNA polymerase），也称为逆转录酶（reverse transcriptase）。已知在病毒合成系统中存在两种结构的 RNA，一种是复制型（replicative form，缩写为 RF），是碱基完全配对的双链结构；另一种是复制中间体（replicative intermediate，缩写为 RI），是部分双链且含有几个单链尾巴的结构。由于双链 RNA 的性质独特，双链 RNA 检测技术常被用来证明有无病毒的存在。

二、植物病毒基因组信息的表达

病毒基因组信息表达的不同点主要在于其 mRNA 具有多种合成途径，mRNA 的翻译加工有多种策略。

（一）病毒核酸的转录

无论植物病毒含有何种核酸，要翻译出蛋白质必须经过 mRNA 这一阶段。（+）ssRNA 病毒基因组核酸可以直接作为 mRNA 使用，其他植物病毒则需要不同步骤的转录。不同基因组核酸类型的病毒 mRNA 产生的过程如图 4–6。

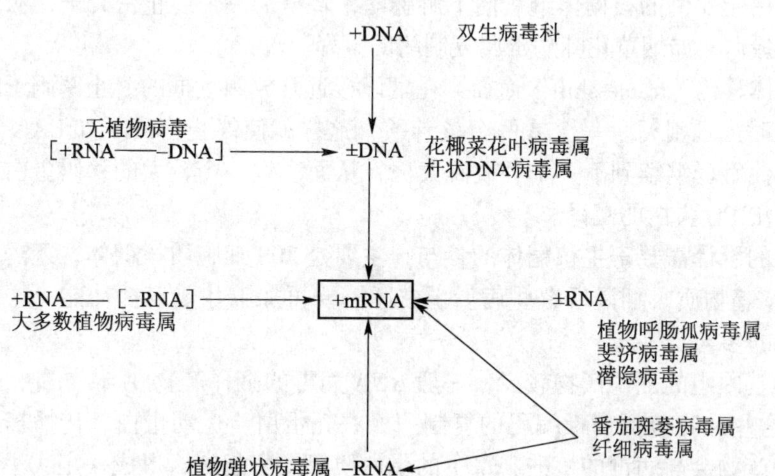

图 4–6 不同基因组核酸类型的病毒 mRNA 产生的过程示意图

病毒核酸的转录同样需要寄主提供场所和原材料，植物 RNA 病毒的核酸转录在细胞质内进行，DNA 病毒在细胞核内进行。需要寄主提供转录酶、核苷酸、ATP 等物质。DNA 病毒（单链或双链核酸）在转录 mRNA 时都需要寄主的 RNA 聚合酶。如花椰菜花叶病毒的 DNA 核酸进入寄主细胞核后，需要寄主的依赖于 DNA 的 RNA 聚合酶Ⅱ（即转录酶），才能转录出 mRNA。对于负链 RNA 病毒来讲，因为其基因组核酸不能直接翻译蛋白质，病毒负链核酸转录为正链核酸所必需的 RNA 聚合酶是由病毒进入寄主细胞时随病毒粒体进去的。所以这些病毒的精提纯核酸（不含有 RNA 聚合酶）不能完成复制的过程。另外，番茄斑萎病毒属和纤细病毒属的负单链 RNA 病毒，其基因组核酸链与复制时形成的全长互补链由于缺少帽子结构均不能作为 mRNA 使用，从两条链（基因组链与其互补链）的不同区域分别转录下来的较短的 RNA 分子在加上源自寄主 mRNA 的帽子结构后才能作为 mRNA 使用，指导蛋白质的翻译。由于这类基因组核酸链中的一部分相当于正链（复制后从互补链上转录出 mRNA），另一部分相当于负链（从基因组链上直接转录出 mRNA），因此这种类型的单链核酸称为双义 RNA（ambisense RNA）。

（二）植物病毒基因的表达

由于真核生物细胞内的蛋白质合成机构仅仅识别病毒正链 RNA 或 mRNA 上的第一个开放阅读框（open reading frame，ORF），同一核酸链上其他基因的表达则要借助另外的途径才能翻译。目前已知正链 RNA 病毒基因组在真核生物蛋白合成系统中有 5 种翻译表达途径：

（1）亚基因组（subgenomic）RNA 途径　由基因组 3′ 端转录产生一到多个亚基因组 RNA，从各个亚基因组 5′ 端的开放阅读框翻译出功能蛋白，如烟草花叶病毒属。

（2）多聚蛋白（polyprotein）途径　基因组核酸具有编码多个蛋白的能力，但是其翻译仅从单一开放阅读框进行，产生的多聚蛋白在病毒编码的蛋白酶作用下，切割成多个最终的基因翻译产物——成熟蛋白，如马铃薯 Y 病毒属。

（3）多分体基因组（multipartite genome）途径　病毒的基因组分装在不同的核酸链上，每条核酸链均从 5′ 端进行翻译，直接产生基因的翻译产物，如黄瓜花叶病毒属。

（4）通读蛋白（read-through protein）途径　基因组 5′ 端开放阅读框的终止密码子可能被漏读，允许一定比例的核糖体继续向下游翻译，直至下一个终止密码子，从而产生第二个更长的功能蛋白，如烟草花叶病毒属复制酶的翻译。

（5）核糖体移码（frame-shift）途径　在翻译接近开放阅读框的终止密码子时，核糖体倒退回读（有时向前滑行）一个或两个核苷酸，这样就使终止密码子如 UAG 分到两个三联体密码中，使翻译继续到下一个开放阅读框，从而产生一个较大的移码蛋白，如马铃薯 Y 病毒属 P3N-PIPO 蛋白的翻译。

植物病毒的翻译需要寄主核糖体的参与，主要是 80S 细胞质核糖体，还需要寄主提供氨基酸、tRNA 等物质。翻译后有些病毒蛋白还需要再加工才能发挥功能，这一过程也需要寄主酶系统的参与。

植物病毒基因组的翻译产物较少，一般 RNA 病毒的翻译产物在 4~5 种，多的可以达到 10 余种。这些产物包括病毒编码的复制酶、衣壳蛋白、运动蛋白、传播辅助蛋白、蛋白酶等；有些产物会与病毒的核酸、寄主的蛋白质等聚集起来，形成一定大小和形状的内含物，称为包含体（inclusion body）。包含体有不同的形状和大小，从不定形结构到精细的

晶体结构，大的可在光学显微镜下看到，小的则只能在电子显微镜下观察。可以分为核包含体（nuclear inclusion body）和细胞质包含体（cytoplasmic inclusion body）两类。不同属的植物病毒往往产生不同类型、不同形状的包含体，利用这种差异可作为鉴别不同病毒的方法之一。

核包含体可发现在核质（nucleoplasm）、核仁（nucleolus）或在核周隙（perinuclear space）。核质包含体一般是由蛋白或病毒粒体构成的晶体结构，少有纤维状的包含体（只有在电子显微镜下才能看到）。核仁相关的内含体多为不定形（amorphous）或晶体形。在核膜间病毒或病毒诱导的物质积累导致核周内含体（perinuclear inclusion body）的产生，这种包含体通常是短暂出现的，可能与细胞核和细胞质物质的移动有关。

细胞质包含体在形状、大小、组成和结构方面差异很大，主要分为不定形包含体、准晶体、晶体包含体和风轮状包含体（图 4–7）等 5 种类型。

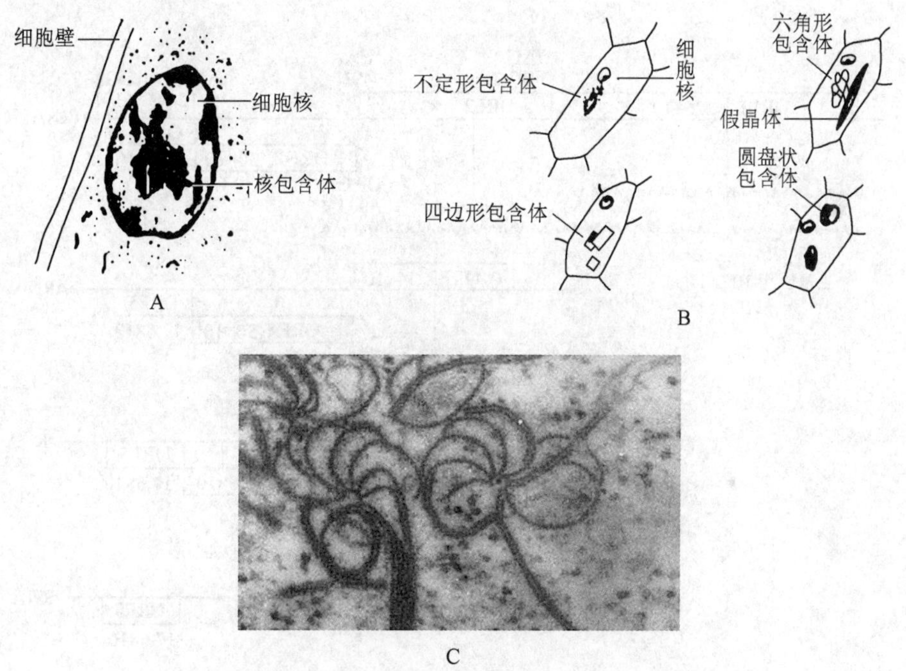

图 4–7　光学及电子显微镜下植物病毒的几种细胞包含体

A. 细胞核包含体；B. 不同类型的细胞质包含体；C. 风轮状包含体

（三）植物病毒的基因组结构及功能

随着分子生物学研究的进展，越来越多的植物病毒的基因组结构被揭示出来，它们的核酸序列、基因翻译产物的氨基酸序列及其生物学功能，已经有所了解。

由于植物病毒基因组编码的基因数目少，我们可以作出其基因图谱，标出各种基因产物的位置。下面以研究比较清楚、生产上比较重要的烟草花叶病毒（TMV）为例加以介绍。

1. TMV 的基因组结构及表达

TMV 为（+）ssRNA 病毒，基因组核酸全长 6 395 个核苷酸，共有 5 个开放阅读框（图 4–8）。核酸的 5′ 端有帽子结构，3′ 端有类似 tRNA 的结构。

2. TMV蛋白质的生物学功能

病毒基因组核酸直接作为mRNA翻译的第一个产物就是分子量为126×10^3的复制酶亚基，在ORF1的终止密码子处通读翻译出分子量为183×10^3的蛋白，126×10^3和183×10^3蛋白组成RNA聚合酶。该病毒产生3个亚基因组RNA，亚基因组RNA1只有ORF3可以在体外翻译系统中产生分子量为54×10^3的蛋白，然而这种蛋白目前尚未从病株中分离到。转基因试验证明54×10^3蛋白可能参与病毒的复制。亚基因组RNA2翻译产生分子量为30×10^3的蛋白，该蛋白为细胞间运动蛋白。免疫金标记试验显示，在病毒通过胞间连丝之前，30×10^3蛋白已在胞间连丝处存在。缺乏移动能力的一个株系（Lsl）的30×10^3蛋白的氨基酸序列中只有一个氨基酸与正常株系不同。互补试验、缺失试验等大量证据表明30×10^3蛋白是病毒在细胞间运输所必需的。亚基因组RNA3的翻译产物是17.6×10^3蛋白，即病毒的衣壳蛋白，除了结构功能外，它还参与症状表现和病毒的长距离运输。

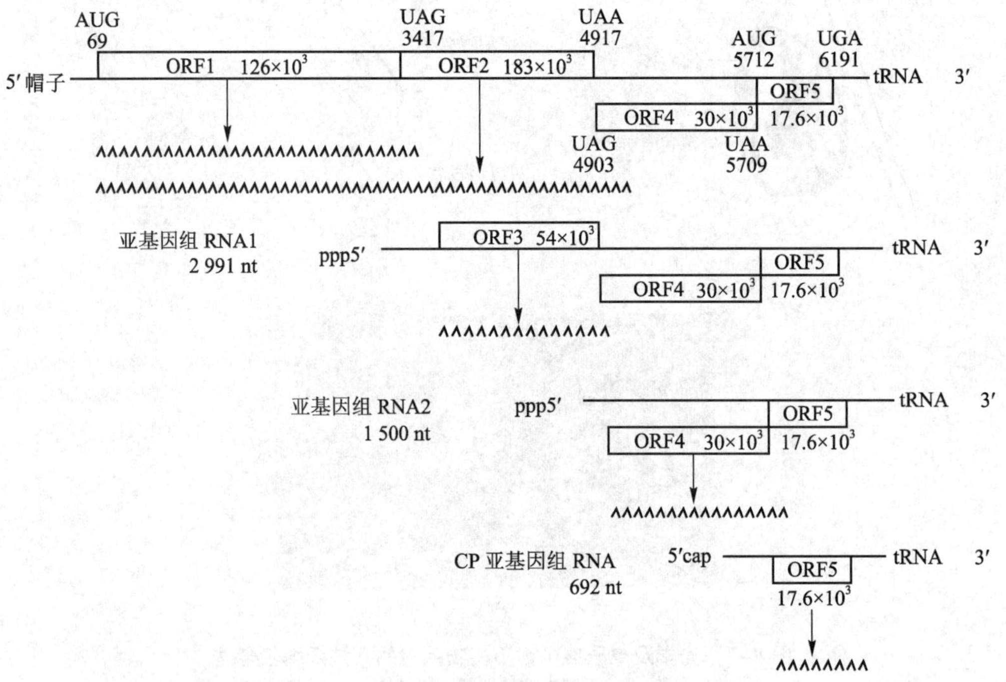

图 4-8　烟草花叶病毒属基因组结构及其表达

三、植物病毒的增殖

植物病毒作为一类分子态寄生物，没有细胞结构，不像真菌那样具有复杂的繁殖器官，也不像细菌那样进行裂殖，而是分别合成核酸和蛋白组分再组装成子代粒体。这种特殊的繁殖方式称为复制增殖（multiplication）。

从病毒进入寄主细胞到新的子代病毒粒体合成的过程即为一个增殖过程。各类病毒增殖的具体方式与步骤差异很大，下面以（+）ssRNA病毒的核酸复制为例，介绍病毒复制的一般过程（图4-9）。

（1）进入活细胞并脱壳　植物病毒以被动方式通过微伤（机械伤或介体造成伤口）直

接进入活细胞，并释放核酸，释放核酸的过程也称为脱壳（uncoating）（图中第1、2步）。

（2）核酸复制和基因表达　核酸复制是传递遗传信息的中心环节，包括产生子代病毒的核酸和产生翻译病毒蛋白质的mRNA。脱壳后的病毒核酸直接作为mRNA，利用寄主提供的核糖体、tRNA、氨基酸等物质和能量，翻译形成病毒专化的依赖于RNA的RNA聚合酶（RNA-dependent RNA polymerase，RdRp）（第3步）；在聚合酶作用下，以正链RNA为模板，复制出负链RNA（第4步）；再以负链RNA为模板，复制出一些亚基因组核酸（第5步左），同时大量复制出正链RNA（第5步右）；亚基因组核酸翻译出3种蛋白，包括衣壳蛋白（第6步）。病毒合成的正链RNA与衣壳蛋白进行装配，成为完整的子代病毒粒体（第7步）。子代病毒粒体可不断增殖并通过胞间连丝进行扩散转移（第8步）。

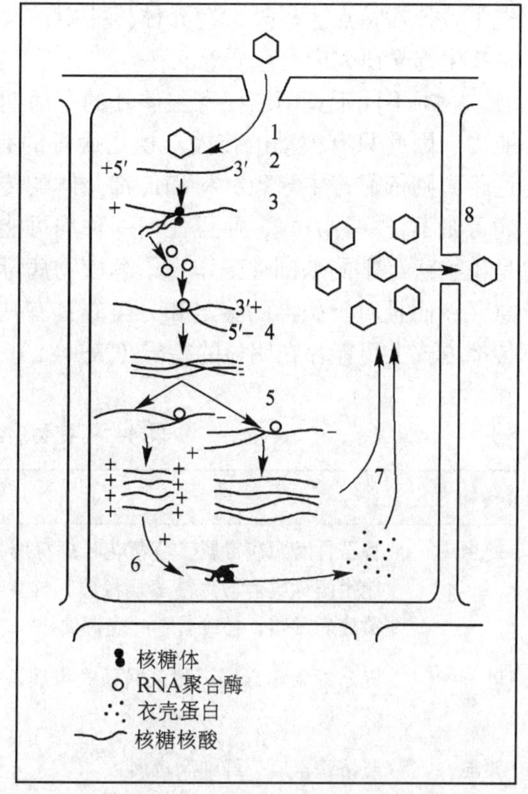

图4-9　ss-RNA病毒复制过程

第三节　植物病毒的传播和移动

一、定义及一般特性

病毒是专性寄生物，在自然界生存发展都必须在寄主间转移，植物病毒从一个植株转移或扩散到其他植物的过程称为传播（transmission）。而从植物的一个局部到另一局部的过程称为移动（movement）。因此，传播是病毒在植物群体中的转移，而移动是病毒在植物组织内的位移。根据自然传播方式的不同，传播可以分为介体和非介体传播两类。介体传播（vector transmission）是指病毒依附在其他生物体上，借其他生物体的活动而进行的传播。传播介体包括动物介体、菌物介体和植物介体三类。严格地说，种子和无性繁殖材料的带毒，不能归在植物介体中，因为它们只是从母体接受了病毒，使自身发病；它们携带的病毒还要通过其他传播方式才能到达其他植物。在病毒传递中没有其他有机体介入的传播方式称非介体传播，包括汁液接触传播、嫁接传播等。病毒随种子和无性繁殖材料传带而扩大分布的情况则是一种非介体传播。

传播实验是鉴定病毒的必要手段，因为要证实一种病害确由某种病毒引起或某种病毒确实存在，即证实侵染性，使健株感染病毒。同时，了解病毒的传播规律也是病害防治的基础。而且病毒如何保存与扩散和传播方式直接相关，所以确定防治对象和防治方法必须先了解传播特点。另外，在介体传播中，病毒 – 介体 – 植物三者之间的复杂生物学相互关系在生物学研究中有重要意义。

病毒不同于真菌，在寄主体外的存活期一般比较短，也没有主动侵入无伤寄主组织的能力，因此只有被动的传播。植物病毒的有效传播，近距离主要靠活体接触摩擦而传播，远距离则依靠寄主繁殖材料和传毒介体的传带。一些病毒只有一种常规传播方式，但许多病毒则不止一种方式，而且任何一种均可能在流行中起重要作用，所以对传播方式的了解是植物病毒学的基础性工作。了解植物病毒的自然传播方式，不仅对病害的控制具有重要意义，而且对于病毒的鉴定和分类亦具有一定的参考价值。这是因为不同科、属的病毒在传播方式上可能存在明显的差异（表 4–1）。

表 4–1　植物病毒属及自然传播方式

传播方式	病毒属名
蚜虫	香石竹潜隐病毒属，苜蓿花叶病毒属，花椰菜花叶病毒属，黄瓜花叶病毒属，蚕豆病毒属，伴生病毒属，马铃薯 Y 病毒属，耳突花叶病毒属，细胞质弹状病毒属，细胞核弹状病毒属，黄症病毒属，马铃薯卷叶病毒属
叶蝉	玉米细条病毒属，甜菜曲顶病毒属，植物呼肠孤病毒属，细胞质弹状病毒属，细胞核弹状病毒属
飞虱	斐济病毒属，纤细病毒属
叶甲	雀麦花叶病毒属，豇豆花叶病毒属，南方菜豆花叶病毒属，芜菁黄花叶病毒属，玉米退绿斑驳病毒属
粉虱	菜豆金花叶病毒属
蓟马	番茄斑萎病毒属，玉米退绿斑驳病毒属
螨类	黑麦草花叶病毒属
线虫	线虫传多面体病毒属，烟草脆裂病毒属
真菌	烟草坏死病毒属，大麦黄花叶病毒属，甜菜坏死黄脉病毒属
种子	潜隐病毒属，等轴易变环斑病毒属，大麦条纹花叶病毒属，烟草脆裂病毒属，苜蓿花叶病毒属，线虫传多面体病毒属，豇豆花叶病毒属，玉米退绿斑驳病毒属
花粉	潜隐病毒属，等轴不稳环斑病毒属，大麦条纹花叶病毒属，烟草脆裂病毒属，豇豆花叶病毒属
机械	香石竹潜隐病毒属，苜蓿花叶病毒属，花椰菜花叶病毒属，黄瓜花叶病毒属，蚕豆病毒属，番茄丛矮病毒属，烟草花叶病毒属，马铃薯 X 病毒属，马铃薯 Y 病毒属，耳突花叶病毒属，香石竹斑驳病毒属，甜菜坏死黄脉病毒属，烟草坏死病毒属，雀麦花叶病毒属，豇豆花叶病毒属，南方菜豆花叶病毒属，芜菁黄花叶病毒属，玉米退绿斑驳病毒属

从表 4–1 可以看出，机械传播和蚜虫传播的病毒属最多，都在 10 个属以上；种子、叶蝉、叶甲、花粉传播的属有 5 ~ 8 个，线虫、真菌、飞虱、粉虱、蓟马、螨类传播的属较少，在 3 个以下。还可以看出不同传播方式之间的关系，甲虫可传的病毒都可以机械传

播，蚜虫可以传播的病毒大多也可以机械传播；叶蝉、飞虱、粉虱、蓟马可传的病毒大多没有其他传播方式；花粉可以传播的病毒属均可经种子传播。

二、介体传播

植物病毒不会主动传播，在田间的传播主要由各种介体完成。植物病毒的介体种类很多，主要有昆虫、螨类、线虫、真菌、菟丝子等，其中，以昆虫类最为重要。目前已知的昆虫介体有400多种，其中约200种属于蚜虫类，130种属于叶蝉类。在昆虫介体中，70%为半翅目的蚜虫、叶蝉和飞虱（原属于同翅目），大部分昆虫传毒的资料来源于蚜虫传毒。根据介体持毒时间的长短可以分为非持久性（nonpersistent）、半持久性（semipersistent）和持久性（persistent）传播3类。非持久性传播的病毒种类最多，其传播特点是介体从病株上获毒取食的时间很短，只要几秒钟到几分钟，取食时间越长，传毒效率越低。昆虫获毒后立即可以传毒，病毒在昆虫体内没有循回期。预先的饥饿处理可提高取食和传毒效率。持久性传播的特点是介体从病株上获毒取食的时间很长，从10 min到2 h，取食时间越长，传毒效率越高；病毒在昆虫体内有循回期。介体获毒后可保持传播病毒的能力至少7 d以上，有的介体种类可以终身传毒，甚至可以连续保持几个世代。半持久性传播的特点是：获毒取食的时间为数分钟，增加获毒取食的时间可提高传毒效率；没有循回期，病毒在体内可保持1~3 d，饥饿处理不能提高传毒效率。

介体与所传病毒之间的关系，主要根据病毒是否在虫体内循环、是否增殖以及介体持毒时间长短来划分。病毒随着汁液经口针、前消化道、后消化道，到达肠部，渗透入肠壁，进入血淋巴循环后到达唾液腺，再经口针而进入植物组织，这样传播的过程称为循回，这种病毒与介体的关系称为循回型（circulative）关系，其中的病毒叫做循回型病毒，介体叫做循回型介体。有人认为这类病毒也是介体的寄生物，即介体为该病毒的第二种寄主。循回型关系又根据病毒是否在介体内增殖而分为增殖型（propagative）和非增殖型（non-propagative）。病毒不在介体体内循环称为非循回型（non-circulative）病毒，非循回型病毒全是非持久性或半持久性传播。循回型病毒通常存在于寄主的韧皮部细胞内，引起的症状以黄化和卷叶为主，一般不能通过汁液传播。

（一）昆虫介体

能够传播病毒的昆虫介体有400多种，除了鞘翅目的甲虫和象甲、缨翅目的蓟马外，都是半翅目的蚜虫、叶蝉类和粉虱类。

1. 蚜虫（aphid）

大约有200种蚜虫可传播270多种植物病毒，有的蚜虫只传播2~3种病毒，有的可以传播40~50种病毒（如蚕豆蚜和马铃薯蚜），桃蚜甚至可以传播100种以上的病毒。在蚜虫可传播的植物病毒中，有的只由一种蚜虫传播，有的可由多种蚜虫传播，黄瓜花叶病毒甚至可以由75种蚜虫传播。

蚜虫介体多数属非持久性类型，少数为持久性类型，但病毒在循回中不增殖；延长蚜虫获毒时间会降低传播效率，带毒蚜虫在2~3株健株上取食后，就丧失传毒能力；获毒后如人为禁止取食1 h，它们通常也丧失传毒能力；而饲毒前禁食15~60 min，可使传毒效率大大提高。

蚜虫传播植物病毒主要是非持久性关系，包括马铃薯Y病毒属、花椰菜花叶病毒属、黄瓜花叶病毒属、苜蓿花叶病毒属等病毒。这些病毒也都很容易用汁液摩擦方法进行传播。非持久性病毒基本上存在于薄壁细胞中，特别是表皮细胞、下表皮细胞和栅状组织细胞内，很少在韧皮组织内。蚜虫在未经饥饿处理时，天仙子花叶病毒的传毒率仅有10%；而禁食1 h后，传毒率可高达70%。这是因为饥饿处理增加了蚜虫在表皮部试探取食的次数，提高了病毒的传播效率。

半持久性传播的病毒种类不多，它们多数存在于韧皮部内，所以需要较长的获毒时间。持久性传播的植物病毒有38种。

2. 叶蝉（leaf hopper）和飞虱（plant hopper）

在叶蝉科大约15 000种叶蝉中，只有49种是植物病毒的传播介体。飞虱虽然共有19 000种，但仅有28种能够传播植物病毒。介体的寄主主要是禾本科植物，传播的重要作物病害有水稻条纹病、水稻黑条矮缩病、小麦丛矮病和玉米粗缩病等。

叶蝉和飞虱传播的绝大多数病毒属于增殖型，包括弹状病毒科、呼肠孤病毒科、纤细病毒属和玉米细条病毒属。叶蝉和飞虱传播植物病毒有相似的机制，它们不能传播非持久性的病毒，少数传播半持久性病毒，如水稻东格鲁病毒（rice tungro spherical virus，RTSV）。非增殖型传播的病毒较少，主要是叶蝉传播的几种双生病毒。叶蝉和飞虱获得增殖型病毒后，病毒可在体内繁殖，大多终生传毒，有些甚至可经卵传给后代。例如，灰飞虱传播的小麦丛矮病毒和黑尾叶蝉传播的水稻矮缩病毒，可以经卵传播达40代之久。其他昆虫介体还有刺吸式口器的白粉虱、粉蚧，锉吸式口器的蓟马、咀嚼式口器的甲虫、蚱蜢等。

3. 粉虱（whitefly）

粉虱属于半翅目（以前为同翅目）粉虱科，是体型微小的植食性刺吸式昆虫。若虫像介壳虫，扁卵圆形，常被有棉花状物质。主要分布于热带和亚热带，随着设施蔬菜的广泛种植，在我国北方也可以越冬。粉虱若虫期寄生在植物叶片上，大部分在叶背面。粉虱以有性生殖为主，有时也可以孤雌生殖。在我国危害严重的粉虱种类主要有烟粉虱（*Bemisia tabaci*）和温室白粉虱（*Trialeurodes vapoariorum*）。烟粉虱是一种世界性的害虫，原发于热带和亚热带区，20世纪80年代以来，随着世界范围内的贸易往来，烟粉虱借助花卉及其他经济作物的苗木迅速扩散，在世界各地广泛传播并暴发成灾，现已成为各国农业生产上的重要害虫。烟粉虱直接刺吸植物汁液，导致植株衰弱，若虫和成虫还可以分泌蜜露，诱发煤污病的产生，密度高时，叶片呈现黑色，严重影响光合作用。粉虱繁殖力极强，世代重叠，每年可发生10余代，各种虫态均可在温室内越冬。烟粉虱在25℃条件下，从卵发育到成虫需18～30 d，在适合的寄主上产卵量超过200粒。温室白粉虱是粉虱科中数量最大、危害最烈的一种，它使植物活力减退，引起萎缩、变黄和枯萎。以上两种粉虱均是长线病毒科（*Closteroviridae*）、马铃薯Y病毒科甘薯病毒属（*Ipomovirus*）及双生病毒科菜豆金色花叶病毒属（*Begomovirus*）等多种病毒的持久性增殖型传播介体。

烟粉虱还可以在30种作物上传播70种以上的病毒病，不同生物型传播不同的病毒。烟粉虱在我国至少存在6种生物型（主要为B与Q生物型）；B型烟粉虱与双生病毒间的互利共生可能导致了该型烟粉虱的暴发。任何龄期的烟粉虱经过数分钟至1 h的饲毒均可获毒，带毒的虫可以长期或终生传毒，可以经卵传给后代。深入揭示烟粉虱对该类群病毒的传播机制，解析其影响因素，对防控介体昆虫进而阻断该类群病毒的传播具有重要意义（图4-10，彩图186）。

A

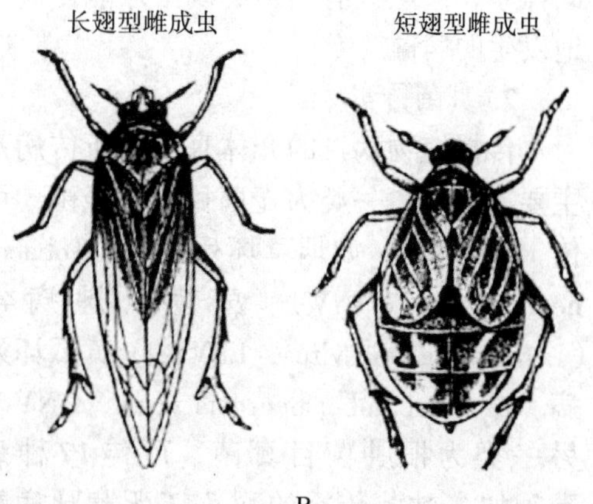

B

图 4–10 烟粉虱与稻飞虱

A. 烟粉虱；B. 稻飞虱

（三）土壤中的介体

土壤本身并不传毒，病毒的土传是一种历史的提法，现已明确除了 TMV 可在土壤中存活较久外，主要是土壤中的线虫或真菌传播病毒。已经知道 5 个属 38 种线虫传播 80 种植物病毒或其不同的株系，其中多数属于线虫传多面体病毒属和烟草脆裂病毒属的病毒，少数为其他球状病毒。由于线虫在土壤中移动很慢，传播距离很有限，每年仅仅 30 ~ 50 cm。因此这些病毒的远距离传播主要依靠苗木，其中大多数还可以通过野生杂草的带毒种子传播。

传毒真菌主要是壶菌目和根肿菌目真菌，其中油壶菌属（*Olpidium*）、多黏菌属（*Polymyxa*）、粉痂菌属（*Spongospora*）中的 5 个种能传播 20 多种病毒。

1. 线虫传毒

现在发现的介体线虫均为外寄生类型线虫，属矛线目（Dorylaimida），游离生活于土壤中。线虫传病毒集中在线虫传多面体病毒属（*Nepovirus*）和烟草脆裂病毒属（*Tobravirus*）中。其中线虫传多面体病毒属 52 种病毒或株系分别由 12 种长针线虫（*Longidorus*）、11 种剑线虫（*Xiphinema*）和 1 种拟长针线虫（*Paralongidorus*）传播；烟草脆裂病毒属 28 种病毒或株系分别由 5 种毛刺线虫（*Trichodorus*）和 9 种拟毛刺线虫（*Paratrichodorus*）传播。

线虫获得病毒时间的长短因虫种而异，一般在 15 ~ 60 min 的饲毒时间内，线虫的成虫和幼虫均可获毒，获毒后不经潜育期即可传毒。病毒粒体被选择性吸附在前消化道，随分泌的唾液一起传给寄主细胞。这种专化性是由线虫体内的专化性持毒部位和病毒衣壳蛋白的结构决定的。病毒在线虫体内虽不增殖，但能保持相当长一段时间，具体时间的长短因线虫 – 病毒的组合而异，线虫在无寄主植物的情况下，持毒期通常几个月至一年。至今还没有虫卵可以传毒的证据，普遍认为线虫蜕皮后即失去传毒能力。因此，病毒与线虫之间的生物学关系被认为是一种类似于蚜传病毒的非持久性关系（图 4–11）。

线虫传毒的专化性表现在不同的水平上，一是表现在线虫和病毒之间，如毛刺线虫传播烟草脆裂病毒属的病毒，长针线虫科只能传播线虫传多面体病毒属的病毒；二是表现在同属内某个种只能传播某种或某几种病毒；三是表现在线虫属内不同种传播同种病毒的不同株系，甚至只有当地的线虫才能传播当地发生的病毒。

2. 真菌传毒

传播植物病毒的介体真菌和所传病毒主要有两类，一类为壶菌目的油壶菌，可传 12 种病毒，如烟草坏死病毒（Tobacco necrosis virus，TNV）、莴苣巨脉病毒（Lettuce big vein virus，LBVV）、黄瓜坏死病毒（Cucumber necrosis virus，CNV）；另一类为根肿菌目真菌，可传 17 种病毒，如多黏菌传播的甜菜坏死黄脉病毒（Beet necrotic yellow vein virus，BNYVV）和麦类黄花叶病毒。

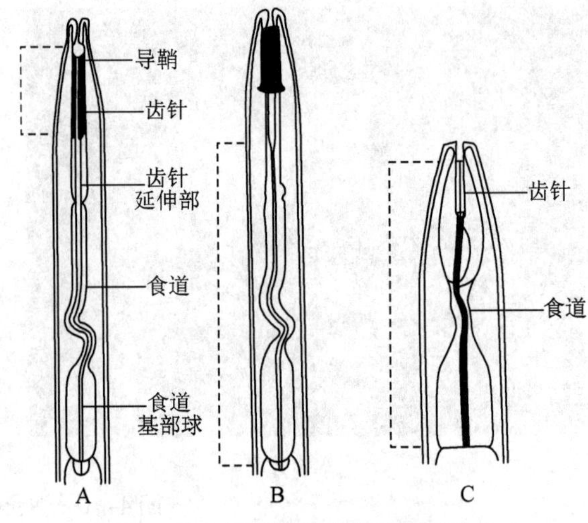

图 4–11 植物线虫介体的持毒位点
（虚线部分引自：王寿华，1994）
A. 长针线虫属；B. 剑线虫属；C. 毛刺或拟毛刺线虫属

真菌传病毒也可以区分为持久性的和非持久性的，油壶菌传播的烟草坏死病毒属于非持久性病毒，游动孢子内不带毒；而芸薹油壶菌、多黏菌和马铃薯粉痂病菌传播的杆状病毒、多黏菌传播的大麦黄花叶病毒（Barley yellow mosaic virus，BYMV）均为持久性病毒，游动孢子内可以带毒。

另外，高等真菌传播植物病毒的情况也有报道，如锈菌的夏孢子传播雀麦花叶病毒、玉米矮花叶病毒，白粉病菌、腐霉菌传播 TMV，茄丝核菌传播 CMV 等。

三、非介体传播

植物病毒的非介体传播包括机械传播、营养体繁殖材料传播以及种子和花粉传播等。

（一）机械传播

机械传播（mechanical transmission）也称为汁液传播。田间的接触或室内的摩擦接种均可称为机械传播。田间主要为植株间接触、农事操作、农机具及修剪工具污染、人和动物的活动等造成。机械传播对某些病毒很重要，如烟草花叶病毒属和马铃薯 X 病毒属的病毒只有此种传播方式；如线虫传多面体病毒属（*Nepovirus*）常经果树修剪传播；有些病毒在某些特殊种植条件下更重要，如黄瓜花叶病毒在温室或大棚蔬菜、花卉中易接触传播。这类病毒的特点是病毒存在于表皮细胞、浓度高、稳定性强。引起花叶型症状的病毒或由蚜虫、线虫传播的病毒较易由机械传播，而引起黄化型症状的病毒和存在于韧皮部的病毒难以或不能机械传播。

（二）无性繁殖材料和嫁接传播

由于病毒系统侵染的特点，在植物体内除生长点外各部位均可带毒，在以球茎、块根、接穗芽为繁殖的作物中特别重要，如马铃薯、大蒜、郁金香、苹果树等，如果母株受侵染则后代无一幸免。这些无性繁殖材料都可以带毒，成为重要的检疫性有害生物。

嫁接是园艺上非常普通的农事措施之一，也是证明疑难病原物侵染性的重要方法之

一。嫁接可以传播任何种类的病毒、植原体和类病毒病害。典型的例子是经过嫁接的西瓜常常发生一种花叶病毒病。

（三）种子和花粉传播

随着研究发展及检测技术水平的提高，已报道种传的病毒及其寄主植物种类大为增加，现在估计约 1/5 的已知病毒可以种传。种子带毒的危害主要表现在早期侵染和远距离传播，早期侵染提供初侵染来源，在田间形成发病中心；尤其是和蚜虫非持久性传毒方式结合极有可能造成严重危害，如莴苣花叶病毒（Lettuce mosaic virus，LMV）种子带毒率虽不足 0.1%，但加上蚜虫传播即可造成绝收。而带毒种子随种子调运则会远距离传播，可在种子中长期存活的病毒则更为重要，是检疫的重要对象，如烟草环斑病毒（Tobacco ringspot virus，TRSV）、菜豆普通花叶病毒（Bean commom mosaic virus，BCMV）均可在豆科植物种子中存活 5 年以上，剪秋萝环斑病毒（Lychnis ringspot virus，LRSV）在种子中最长存活 14 年。种子还可能成为病毒越冬的场所，如 CMV 可在多种杂草种子中越冬。

种传病毒的寄主以豆科、葫芦科、菊科植物为多，而茄科植物却很少。病毒种传的主要特点是：母株早期受侵染，病毒才能侵染花器；病毒进入种胚才能产生带毒种子，而仅种皮或胚乳带毒常不能种传（TMV 污染种皮可传毒为例外）。但种胚内带毒也不一定种传，父母本均受侵染时种子带毒可能性更大；种子带毒比例差别很大，如大麦条纹花叶病毒（barley stripe mosaic virus，BSMV）可达 90%～100%，CMV 可达 1%～50%，一般不会很高；种传病毒大多可以机械传播，症状常为花叶。随着种子的逐渐成熟，其种子带毒率逐渐降低；刚采收的种子带毒率高，经过储存而逐渐降低。

由花粉直接传播的病毒数量并不多，现在知道的有十几种，但多数是木本寄主，如危害樱桃的桃环斑病毒、樱桃卷叶病毒；危害悬钩子的悬钩子环斑病毒、黑悬钩子潜隐病毒、悬钩子丛矮病毒以及酸樱桃黄化病毒等。

四、病毒在植物体内的移动

植物病毒自身不具有主动转移的能力，无论在病田植株间，还是在病组织内病毒的移动都是被动的。病毒在植物细胞间的移动称为细胞间转移，这种转移的速度很慢。病毒通过维管束输导组织系统的转移称为长距离转移，转移速度较快。

（一）病毒在细胞间的移动

胞间连丝（plasmodesmata）是植物细胞间物质运输的通道，是以质膜为界线的 20～30 nm 直径的通道，内含一个轴向的膜质器件——链管（desmotubule），两个膜之间的空间大约 5 nm 厚，且含有微管；可溶性物质的移动在这个空间或在微管内进行。试验证明通过胞间连丝的物质分子量极限是 800～1 000；而病毒粒体或核酸的分子量为 10^5～10^6，大大超过胞间连丝允许通过物质的极限。

研究表明植物病毒靠产生运动蛋白（MP）去修饰胞间连丝（PD），进而使其孔径扩大几倍甚至几十倍，如微丝（MF）或微管（MT），以便侵染性病毒结构（外壳蛋白 CP 或粒体）的通过。这类运动蛋白已经在多种病毒中得到证明。植物病毒通过胞间连丝并不全是

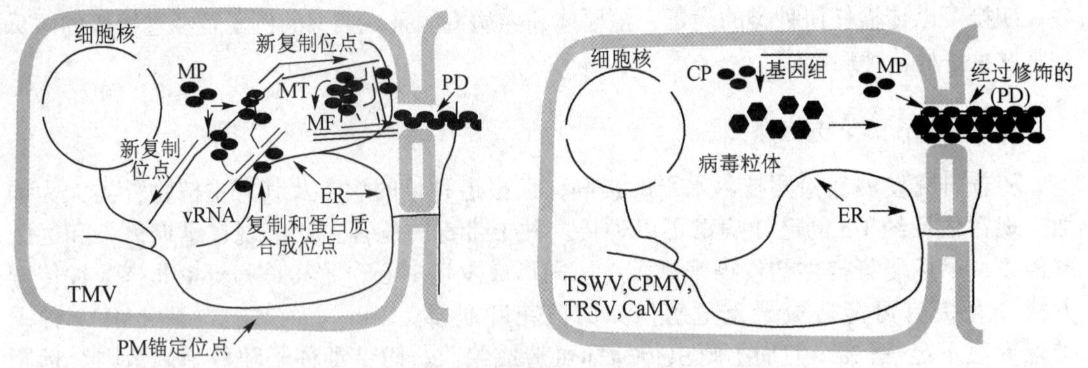

图 4-12　两类植物病毒在寄主细胞间的移动模型

（引自 R.Hull）

以完整的病毒粒体的形式，有些是脱去外壳蛋白，只有核酸通过（图 4-12），因为病毒的侵染性 RNA 也可以进入邻近的细胞，例如某些病毒的缺损株系（defective mutant strain）不能够产生完整的病毒粒体，但能完成细胞间的侵染性移动。

病毒在细胞间运输的速度因病毒 - 寄主组合而异，也受到环境温度的影响。如烟草幼嫩叶片中胞间连丝的长度约为 0.5 μm，TMV 粒体通过时，转移速度为 0.01 ~ 2 mm / d。利用局部枯斑反应测定 TMV 3 个株系在心叶烟叶片细胞间转移的速度，病毒径向移动的速度是 6 ~ 13 nm / h，而通过叶片的垂直转移速度是 8 nm / h。

即使系统侵染的病毒在叶片组织中的分布也是不均匀的，这是因为病毒的扩展始终受到寄主的抵抗。一般来讲，植物旺盛生长的分生组织很少含有病毒，如茎尖、根尖，这也是通过分生组织培养获得无毒植株的依据。在显示系统症状的叶片中，黄色区域比绿色区域含有更大量的病毒，有的绿色区域（如绿岛）可能不含或含有很少的病毒。另外也有些病毒局限于植物的特定组织或器官，如大麦黄矮病毒（Barley yellow dwarf virus，BYDV）仅存在于韧皮部。

（二）病毒的长距离移动

大部分植物病毒的长距离移动是通过植物的韧皮部，而甲虫传播的病毒可以在木质部移动。当一种病毒进入韧皮部后，移动是很快的。例如甜菜曲顶病毒（BCTV）运输速度达到 2.5 cm / min。而在筛管中 TMV 的转移速度为 0.1 ~ 0.5 cm / h，甜菜曲顶病毒为 2.5 cm / h。对病毒长距离移动的机制也已有所了解，它不完全是一种被动的转移。如果没有病毒编码的蛋白，这种运输也不能发生。TMV 的长距离转移必须有衣壳蛋白参与才能进行。在植物输导组织中，病毒移动的主流方向是与营养主流方向一致的，也可以随营养进行上、下双向转移。从图 4-13 的示意可以看出 TMV 在叶片和植株内转移的过程，病毒接种在番茄中部复叶尖端的小叶的侧面，经过 1 ~ 3 d，病毒分布到整个小叶；经过 3 ~ 5 d 病毒则经过叶脉、叶柄及茎部的维管束系统到达根部和顶部；25 d 左右病毒已经在全株分布。

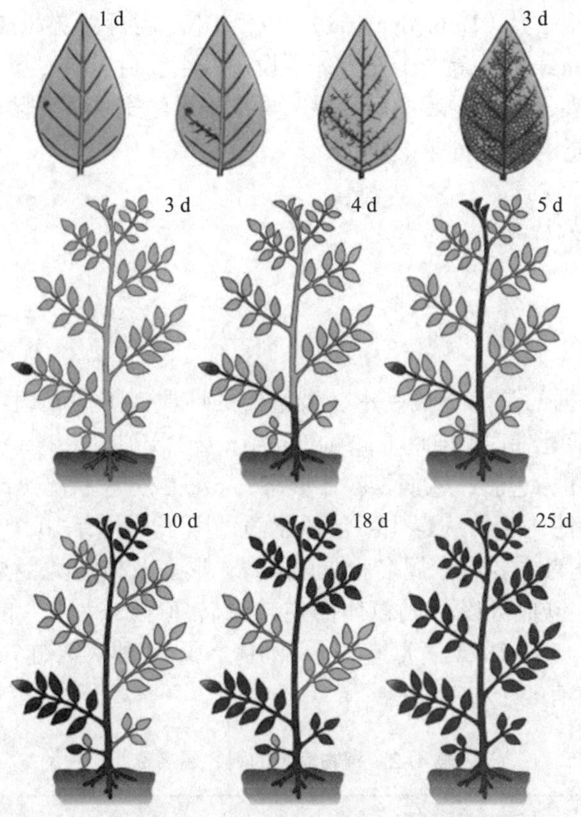

图 4-13　烟草花叶病毒在番茄植株中移动过程示意图
（引自 Samuel，1934）

第四节　植物病毒的分类与命名

病毒的分类工作由国际病毒分类委员会（International Committee on Taxonomy of Viruses，ICTV）负责。随着病毒学研究水平的提高，有关病毒基本性质的知识不断更新和丰富，病毒学家们对病毒分类研究也不断深入，新的病毒属（组）不断增加，尤其是病毒分类标准、指标内容越来越明确且接近病毒的本质。经过近 30 年的不断修改、充实，到 2011 年有关它们的分类系统 ICTV 先后发表《病毒分类与命名》报告 9 次，其中在 1995 年出版的第 6 次报告中，所有病毒和微生物一样实现了按科、属、种分类。2020 年病毒分类系统把病毒分为 55 个目、168 个科、103 个亚科、1 421 个属、6 590 个种。近代病毒分类体系将病毒这类非细胞结构的分子寄生物列为独立的“病毒界”，下分为 RNA 病毒和 DNA 病毒两大类。2019 年病毒分类系统已经将所有依赖于 RNA 聚合酶或逆转录酶进行复制的 RNA 病毒与类病毒（viroid）均纳入新建立的 RNA 病毒亚界（*Riboviria*）中，2020 年，ICTV 又批准

① ICTV 于 2020 年发布病毒分类的界级最高有 4 个域，即 RNA 病毒域、双链 DNA 病毒域、单域 DNA 病毒域、多样 DNA 病毒域。在城下再设 9 个界，这里的域与界与动植物的界级分类地位不对应。本书为照顾传统的界级分类概念，暂时采用 ICTV 的域、界、名称。本书保留在无胞生物域（Acytota）下设一病毒界（Virae）。但病毒分类进入以分子结构和基因组功能为框架的时代值得推崇。

设立了双链 DNA 病毒亚界（Duplodnaviria）、单链 DNA 病毒亚界（Monodnaviria）和多样 DNA 病毒亚界（Varidnaviria）等 3 个亚界，下设门、纲、目、科、属、种等。但为方便及习惯，本书把病毒归在无胞生物域的病毒界，再按病毒的寄主种类区分为动物病毒、植物和藻类病毒、细菌病毒、真菌病毒 4 类。①

一、植物病毒的分类

（一）分类依据

植物病毒分类依据的是病毒最基本、最重要的性质：①构成病毒基因组的核酸类型（DNA 或 RNA）；②核酸是单链（single-stranded，ss）还是双链（double-stranded，ds）；③病毒粒体是否有脂蛋白包膜；④病毒粒体形态；⑤核酸分段状况（即多分体现象）等。

根据上述主要特性，植物病毒（不包括亚病毒因子）共有 16 个目、31 个科、132 个属、1 608 种。植物病毒主要科、属名称见表 4–2，形态及核酸类型见图 4–14。其中正单链 RNA 病毒 888 种（包括可以形成粒体的逆转录转座子 31 种），单链 DNA 病毒分为两个科 11 个属 597 种，双链 DNA 病毒有一个科 10 个属 84 种，双链 RNA 病毒有 2 个科 46 种，负单链 RNA 病毒有 4 个科 74 种。

表 4–2 植物病毒的科、属名称

基因组	科名	属名	
ssDNA	*Geminiviridae* 双生病毒科	*Becurtovirus*	甜菜曲顶病毒属
		Begomovirus	菜豆金色花叶病毒属
		Curtovirus	曲顶病毒属
		Capulavirus	大蓟潜隐病毒属
		Eragrovirus	画眉草病毒属
		Grablovirus	葡萄斑点病毒属
		Mastrevirus	玉米线条病毒属
		Topocuvirus	番茄伪曲顶病毒属
		Turncurtovirus	芜菁曲顶病毒属
	Nanoviridae 矮缩病毒科	*Babuvirus*	香蕉束顶病毒属
		Nanovirus	矮缩病毒属
dsDNA（逆转录）	*Caulimoviridae* 花椰菜花叶病毒科	*Badnavirus*	杆状 DNA 病毒属
		Caulimovirus	花椰菜花叶病毒属
		Cavemovirus	木薯脉花叶病毒属

① ICTV 于 2020 年发布病毒分类的界级最高有 4 个域，即 RNA 病毒域、双链 DNA 病毒域、单域 DNA 病毒域、多样 DNA 病毒域。在域下再设 9 个界，这里的域和界与动植物的界级分类地位不对应。本书为照顾传统的界级分类概念，暂时采用 ICTV 的域、界、名称。本书保留在无胞生物域（Acytota）下设一病毒界（Virae）。但病毒分类进入以分子结构和基因组功能为框架的时代值得推崇。

续表

基因组	科名	属名	
dsDNA（逆转录）	*Caulimoviridae* 花椰菜花叶病毒科	*Dioscovirus*	薯蓣病毒属
		Petuvirus	碧冬茄明脉病毒属
		Rosadnavirus	蔷薇 DNA 病毒属
		Solendovirus	茄内源病毒属
		Soymovirus	大豆退绿斑驳病毒属
		Vaccinivirus	蓝莓病毒属
		Tungrovirus	东格鲁病毒属
ssRNA（逆转录）	*Pseudoviridae* 伪病毒科	*Pseudovirus*	伪病毒属
		Sirevirus	塞尔病毒属
	Metaviridae 转座病毒科	*Metavirus*	转座病毒属
dsRNA	*Reoviridae* 呼肠孤病毒科	*Phytoreovirus*	植物呼肠孤病毒属
		Fijivirus	斐济病毒属
		Oryzavirus	水稻病毒属
	Partitiviridae 双分病毒科	*Alphapartitivirus*	甲型双分病毒属
		Betapartitivirus	乙型双分病毒属
		Deltapartitivirus	丁型双分病毒属
	Amalgaviridae 混合病毒科	*Amalgavirus*	混合病毒属
（–）ssRNA	*Rhabdoviridae* 弹状病毒科	*Cytorhabdovirus*	细胞质弹状病毒属
		Dichorhavirus	双弹状病毒属
		Nucleorhabdovirus	细胞核弹状病毒属
		Varicosavirus	巨脉病毒属
	Aspiviridae 蛇形病毒科	*Ophiovirus*	蛇形病毒属
	Fimoviridae 无花果花叶病毒科	*Emaravirus*	欧洲花楸环斑病毒属
	Phenuiviridae 白蛉纤细病毒科	*Tenuivirus*	纤细病毒属
		Coguvirus	凹胶病毒属
	Tospoviridae 番茄斑萎病毒科	*Orthotospovirus*	正番茄斑萎病毒属
（+）ssRNA	*Bromoviridae* 雀麦花叶病毒科	*Anulavirus*	同心病毒属
		Bromovirus	雀麦花叶病毒属
		Cucumovirus	黄瓜花叶病毒属
		Alfamovirus	苜蓿花叶病毒属
		Ilarvirus	等轴不稳环斑病毒属
		Oleavirus	油橄榄病毒属
	Closteroviridae 长线病毒科	*Closterovirus*	长线病毒属
		Crinivirus	毛状病毒属
		Velarivirus	隐症病毒属
		Ampelovirus	葡萄卷叶病毒属

续表

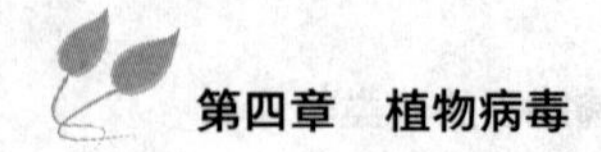

基因组	科名	属名	
(+) ssRNA	*Secoviridae* 伴生豇豆病毒科	*Comovirus*	豇豆花叶病毒属
		Fabavirus	蚕豆病毒属
		Nepovirus	线虫传多面体病毒属
		Cheravirus	樱桃锉叶病毒属
		Sadwavirus	蜜柑矮缩病毒属
		Sequivirus	伴生病毒属
		Torradovirus	灼烧病毒属
		Waikavirus	矮化病毒属
	Kitaviridae 北岛病毒科	*Blunervirus*	蓝莓坏死环斑病毒属
		Cilevirus	柑橘粗糙病毒属
		Higrovirus	木槿绿斑点病毒属
	Luteoviridae 黄症病毒科	*Luteovirus*	黄症病毒属
		Polerovirus	马铃薯卷叶病毒属
		Enamovirus	耳突花叶病毒属
	Potyviridae 马铃薯 Y 病毒科	*Bymovirus*	大麦黄花叶病毒属
		Bevemovirus	风铃草斑驳病毒属
		Brambyvirus	黑莓 Y 病毒属
		Celavirus	芹菜潜隐病毒属
		Ipomovirus	甘薯病毒属
		Macluravirus	柘橙病毒属
		Poacevirus	禾草病毒属
		Potyvirus	马铃薯 Y 病毒属
		Roymovirus	玫瑰黄花叶病毒属
		Rymovirus	黑麦草花叶病毒属
		Tritimovirus	小麦花叶病毒属
	Tombusviridae 番茄丛矮病毒科	*Alphanecrovirus*	甲型坏死病毒属
		Aureusvirus	绿萝病毒属
		Avenavirus	燕麦病毒属
		Betanecrovirus	乙型坏死病毒属
		Carmovirus	香石竹斑驳病毒属
		Dianthovirus	香石竹病毒属
		Gallantivirus	牛膝菊花叶病毒属
		Macanavirus	假龙舌兰病毒属
		Machlomovirus	玉米退绿斑驳病毒属
		Panicovirus	黍花叶病毒属

续表

基因组	科名	属名	
(+) ssRNA		*Tombusvirus*	番茄丛矮病毒属
		Zeavirus	玉米病毒属
		Umbravirus	幽影病毒属
	Alphaflexiviridae 甲型线状病毒科	*Allexivirus*	葱 X 病毒属
		Lolavirus	黑麦草潜隐病毒属
		Mandarivirus	柑橘病毒属
		Potexvirus	马铃薯 X 病毒属
	Betaflexiviridae 乙型线状病毒科	*Capillovirus*	发样病毒属
		Carlavirus	香石竹潜隐病毒属
		Citrivirus	柑橘叶斑病毒属
		Foveavirus	凹陷病毒属
		Tepovirus	马铃薯 T 病毒属
		Trichovirus	纤毛病毒属
		Vitivirus	葡萄病毒属
	Benyviridae 甜菜坏死黄脉病毒科	*Benyvirus*	甜菜坏死黄脉病毒属
	Botourmiaviridae 欧尔密病毒科	*Ourmiavirus*	欧尔密病毒属
		Scleroulivirus	核盘菌欧尔密病毒属
	Sobemoviridae 南方菜豆花叶病毒科	*Sobemovirus*	南方菜豆花叶病毒属
		Polemovirus	一品红潜隐病毒属
	Tymoviridae 芜菁黄花叶病毒科	*Tymovirus*	芜菁黄花叶病毒属
		Marafivirus	玉米细条病毒属
		Maculavirus	斑点病毒属
	Virgaviridae 棒状病毒科	*Furovirus*	真菌传杆状病毒属
		Goravirus	龙胆子房环斑病毒属
		Hordeivirus	大麦病毒属
		Pecluvirus	花生丛簇病毒属
		Pomovirus	马铃薯帚顶病毒属
		Tobamovirus	烟草花叶病毒属
		Tobravirus	烟草脆裂病毒属
	Endornaviridae 内源 RNA 病毒科	*Alphaendornavirus*	甲型内源 RNA 病毒属
		Betaendornavirus	乙型内源 RNA 病毒属
	Mayoviridae 梅奥病毒科	*Idaeovirus*	悬钩子病毒属
		Pteridovirus	蕨类病毒属

根据 ICTV 病毒分类第 10 次报告（2019—2020 年）整理。

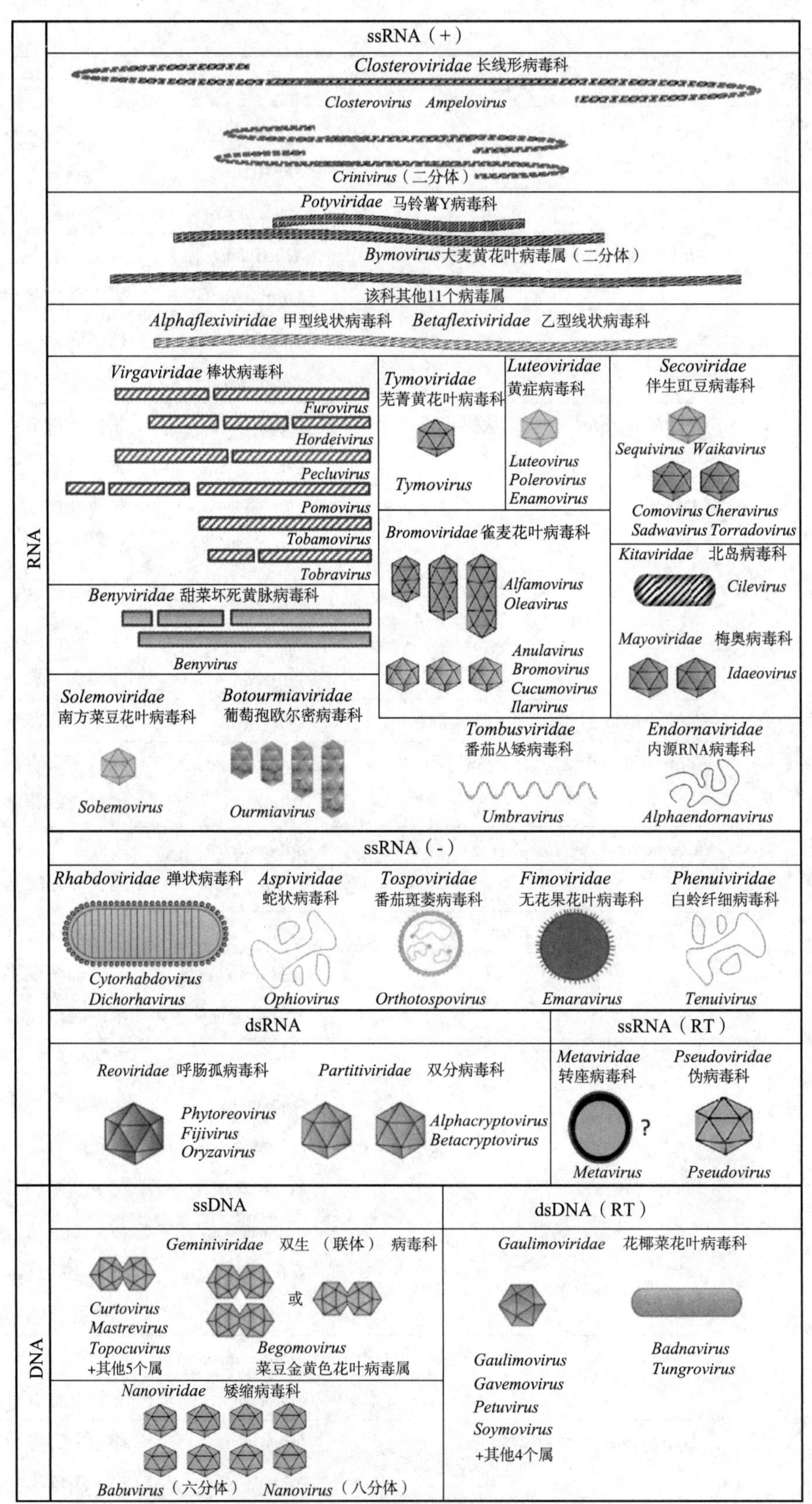

图 4-14 植物病毒形态及核酸类型（刘金亮绘）

（二）分类方法

在植物病毒的分类系统中，以前将植物病毒分类的基本单位称为成员（member）。1995年开始与其他病毒的分类统一，明确了科、属、种关系，科下为属，属下为典型种（type species）、种（species）和暂定种（tentative species）。一个病毒种是由来自一个复制谱系、占据一个特定生态位、有多元特性的病毒组成的群体。在一个科、属内的病毒成员有共同特性，可用于鉴别，如马铃薯Y病毒科的病毒种都可以形成风轮状包含体等。

随着研究的进展，新病毒种的发现、病毒分子核酸序列的同源性、病毒生物学特性的揭示，会影响植物病毒的分类系统。如在最新分类系统中，考虑到原马铃薯Y病毒科的成员很多（200多个确定种），基因组结构与传播方式各异，分为10个属。

另外，在病毒的研究过程中，还相继发现了一些与病毒相似、但个体更小、特性稍有差别的病毒类似物。其中一些要依赖其他病毒才能存在的小病毒或核酸，称为病毒卫星（virus satellite），它们所依赖的病毒称为辅助病毒（helper virus）。它们的核酸与辅助病毒很少有同源性，且影响辅助病毒的增殖；其中自身能编码衣壳蛋白、并能够包裹成形态学和血清学与辅助病毒不同粒体的称为卫星病毒（satellite virus），不能编码衣壳蛋白、并只能装配于辅助病毒的衣壳蛋白中的称为卫星核酸。卫星核酸分为卫星RNA和卫星DNA；拟病毒也是卫星RNA的一种。卫星RNA的辅助病毒基因组为RNA，同样，卫星DNA的辅助病毒（双生病毒）基因组亦为DNA。另外一些没有衣壳蛋白、RNA部分具有环状单链结构的称为类病毒（viroid）；动物及真菌中的蛋白质侵染因子称为朊病毒（prion）。为了分类上的方便，将这些分子病原物都归入亚病毒（subvirus），而由核蛋白体构成的病毒则称为真病毒（euvirus）。因此病毒界包括真病毒和亚病毒两个部分，在亚病毒中包括有类病毒、病毒卫星（包括卫星RNA和卫星DNA）和朊病毒等。迄今，侵染植物的病毒只有真病毒和类病毒，而侵染动物的病毒有真病毒和朊病毒。

（三）病毒的株系

株系（strain）是病毒种下的非正式分类单元，相当于真菌的“专化型”，具有生产上的重要性。当分离到一种病毒，但还未完全了解其特征、不能确定分类地位时，常称其为“分离物”或“分离株”（isolate）。

二、植物病毒的命名

病毒是非细胞生物，因此对病毒的分类和命名尚未像细菌和动植物那样采用双名法来命名，而是一般以寄主的英文俗名加上症状来命名，国际病毒分类委员会暂时也接受这一特殊的命名法。根据2020年的分类系统，病毒的英文普通名称书写用正体、小写，例如，如烟草花叶病毒Tobacco mosaic virus，缩写为TMV。确定的病毒种的学名需要用斜体，并且第一个词的首字母要大写，后面的词除专用词汇（如地名等）外，首字母用小写，如烟草花叶病毒为*Tobacco mosaic tobamovirus*；黄瓜花叶病毒为*Cucumber mosaic cucumovirus*。属名为专用国际名称，常由典型种的寄主名称（英文或拉丁文）缩写＋主要特点描述（英文或拉丁文）缩写＋virus拼组而成。如：黄瓜花叶病毒属的学名拼写组成部分为Cucu-mo-virus；烟草花叶病毒属为Toba-mo-virus。即植物病毒属的结尾是–virus，科、属名书写时应用斜体，凡是经国际病毒分类委员会（ICTV）批准的确定种（definitive species）的学名均用斜体书写，而暂定种（tentative species）或属名未定的病毒名称暂用正体。在表示病毒实体而非“种”的概念时，应该用病毒的普通英文名称，而不用学名。

类病毒在命名时遵循相似于病毒的规则。因缩写名易与病毒混淆，规定类病毒的缩写为 Vd，如马铃薯纺锤块茎类病毒（Potato spindle tuber viroid）缩写为 PSTVd。

关于病毒学名的命名规则和书写方式与传统的生物双名法暂时不一致，目前已有少数新的病毒采用了双名法命名，以后会逐步统一。

第五节　重要的植物病毒属及典型种

一、烟草花叶病毒属及 TMV

烟草花叶病毒属（*Tobamovirus*）现有 16 个种和 1 个暂定种，典型种为烟草花叶病毒（tobacco mosaic virus，TMV）。病毒形态为直杆状，直径 18 nm，长 300 nm；粒体的分子量为 40×10^6，核酸占粒体的 5%，蛋白质占 95% 左右；基因组核酸为一条（+）ssRNA 链，长 6.4 kb，分子量为 2×10^6；衣壳蛋白为一条多肽，分子量为（17 ~ 18）$\times 10^3$。

烟草花叶病毒属中大多数病毒的寄主范围较广，属于世界性分布；自然传播不需要介体生物，靠植株间的接触（或有时种子）传播；对外界环境的抵抗力强。

TMV 是研究相当深入的植物病毒典型代表，其体外存活期一般在 6 个月以上，在干燥的叶片中可以存活 50 多年；稀释限点为 10^{-7} ~ 10^{-4}，钝化温度 90℃左右。引起的花叶病是烟草、番茄等作物上十分重要的病害，世界各地发生普遍，损失严重。如在烟草上自苗期至大田期可连续发生，幼苗被侵染后，新叶的叶脉颜色变浅，呈半透明的“明脉症”，而后形成黄绿相间的花叶症；苗期侵染的植株发育缓慢，几乎没有经济价值。大田期植株发病，除显示明脉、花叶症状以外，病叶上会形成疱斑，厚薄不匀；叶形也会出现各种畸形，如叶缘反卷、皱缩扭曲，叶缘缺刻或成带状。病毒致病功能与衣壳蛋白进入叶绿体有关，衣壳蛋白上个别氨基酸的改变导致症状的较大变化。

TMV 主要靠病汁液接触传播，在农事操作中沾染了病株汁液的手或工具通过接触幼苗的微伤口侵入。由于病毒的抗逆性很强，混有病株残体的肥料、种子、土壤和带病的其他寄主植物及野生植物，甚至烤过的烟叶、烟末都可以成为病害的初侵染来源。这些初侵染源或移入大田的病苗，通过各种接触媒介引起再侵染，使病害在田间扩展蔓延。病害发生与品种的抗病性有密切关系，在干旱少雨、气温偏高时发病重，晚栽的比适时早栽的发病重；前茬或本茬套种马铃薯、番茄、油菜、萝卜等地块发病重。

鉴别烟草花叶病毒的常用鉴别寄主是心叶烟（*Nicotiana glutinosa*）和珊西烟（*Nicotiana tobaccum* cv. Xanthi-nc），区分不同的株系往往需要血清学和分子生物学方面（氨基酸、核苷酸序列）的分析等为依据。抗病品种在防治 TMV 引起的烟草、番茄病毒病方面发挥了很大作用，但品种的抗病性很难持久，将通过诱变得到的 TMV 弱毒突变株系 N11 和 N14 用加压喷雾法接种烟草幼苗，可诱导交互保护作用，用于病毒病害的田间防治

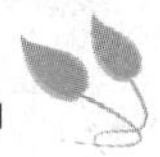

有一定的防效。

二、马铃薯Y病毒属及PVY

马铃薯Y病毒属（*Potyvirus*）是植物RNA病毒中最大的一个属，含有近200个种和暂定种，隶属于马铃薯Y病毒科，典型种是马铃薯Y病毒（PVY）；病毒线状，通常长750 nm，直径为11 ~ 15 nm，主要以蚜虫进行非持久性传播，绝大多数可以通过机械传播，个别可以种传。所有种均可在寄主细胞内产生典型的风轮状包含体，也有的产生核包含体或不定形包含体。大部分病毒的寄主范围局限于植物特定的科，如PVY限于茄科，甘蔗花叶病毒（SCMV）限于禾本科，大豆花叶病毒（SMV）限于豆科等；个别有较广泛的寄主范围。

病毒具有一条正单链RNA，基因组分子量为（3.0 ~ 3.5）$\times 10^6$，外面由1 700 ~ 2 000个相同的衣壳蛋白亚基包被，核酸占粒体质量的5% ~ 6%，蛋白质占94% ~ 95%。衣壳蛋白亚基由187 ~ 292个氨基酸组成。

马铃薯Y病毒（PVY）分布广，其体外存活期2 ~ 4 d，钝化温度50 ~ 65℃，稀释限点为10^{-6} ~ 10^{-2}（因株系而异）。该病毒主要侵染茄科作物如马铃薯、番茄、烟草等，试验条件下可以侵染曼陀罗、矮牵牛、昆诺藜等植物。侵染马铃薯后，引起下部叶片轻花叶，上部叶片变小，脉间退绿花叶，叶片皱缩下卷，叶背部叶脉上出现少量条斑。侵染番茄后引起叶片花叶、皱缩，茎和叶柄、叶脉上出现大小不等的坏死条斑。在烟草上，侵染造成明脉、斑驳，随后脉间颜色变淡，叶脉两侧的颜色加深，形成脉带，以叶片基部症状更为明显，并伴有卷叶现象；坏死株系侵染后，则引起叶脉变褐、坏死，形成闪电状坏死症状（彩图190、193）。

PVY可在茄科植物和杂草（地樱桃等）上越冬，温暖地区和保护地栽培情况下，可在寄主植物上连续侵染。自然状态下，PVY以桃蚜等蚜虫以非持久性方式传播。人工接种时，可以通过汁液、机械方式传播。田间蚜虫数量大、植株幼嫩、天气干旱、气温高的情况下，病害发生重。选用抗病、耐病品种，与其他茄科作物隔离种植，药剂处理或避蚜、防蚜等措施有一定的效果。

三、黄瓜花叶病毒属及CMV

黄瓜花叶病毒属（*Cucumovirus*）有3个种，即黄瓜花叶病毒（CMV）、番茄不孕病毒（ToAV）和花生矮化病毒（PSV）。典型种是黄瓜花叶病毒（CMV）：粒体球状，直径28 nm。为三分体病毒，三条基因组RNA（RNA1、RNA2和RNA3）的分子量分别为1.3×10^6、1.1×10^6和0.8×10^6。衣壳蛋白的分子量为24.5×10^3，粒体中ssRNA含量为18%，蛋白质为82%，无脂质等物质。沉淀系数为100S。在CMV中，有时存在着卫星RNA。卫星RNA的分子量为10×10^3，序列与CMV-RNA不同，必须依赖CMV，且能影响CMV-RNA的复制。CMV在自然界主要依赖多种蚜虫为传毒媒介，以非持久性方式传播，也可经汁液接触而机械传播，也有少数报道可由土壤带毒而传播。

黄瓜花叶病毒的寄主十分广泛，天然寄主有67个科470多种植物。在许多双子叶和单子叶植物上经常可以发现有CMV存在，而且不少是与另一种病毒复合侵染，从而使寄

主植物表现出复杂多变的症状。从不同地区或不同作物上分离得到的CMV，其生物学性状的某些方面略有差异，因此常用不同的“株系”（strain）来表示，而花叶症状是最基本的特征，在番茄等植物上表现蕨叶畸形也十分常见。黄瓜花叶病毒属的3种病毒在鉴别寄主上的症状反应详见表4–3，最好的繁殖寄主是烟草、黄瓜，局部枯斑寄主为苋色藜、昆诺藜和豇豆。在病组织汁液中病毒粒体的热钝化温度为55～70℃，稀释限点为10^{-6}～10^{-5}，而体外存活期为1～10 d。

表4–3　黄瓜花叶病毒属3种病毒在鉴别寄主植物上的症状反应

鉴别寄主	黄瓜花叶病毒	花生矮化病毒	番茄不孕病毒
花生	无症状	退绿，矮花叶	无症状
菊花	不侵染	?	侵染
黄瓜	花叶	花叶	无花叶

传播CMV的介体昆虫主要是棉蚜和桃蚜，大约有75种蚜虫能够传毒。由于病株体内的病毒含量很高，因此传播效率很高。蚜虫传毒方式是口针型传毒，非持久性。对传毒蚜虫无专化性要求。病毒在介体昆虫体内无循回期，不增殖，也不经卵传染；少数植物的种子带毒而传染，种传率一般可达4%～8%，个别高达28%。大量的野生寄主常是田间毒源主要来源。

黄瓜花叶病毒是很难防治的一种病毒，一是由于它的寄主范围极广，大自然的许多植物均可受到侵染，二是由于它的传播介体（蚜虫）种类多、数量大，传毒效率又高，再者大多数栽培植物对CMV缺乏有效的抗性，因此许多防治方法难以奏效。生产上通常采用治蚜防病、栽种抗病或抗蚜品种以及栽种屏障作物等限制蚜虫传毒的一些措施。我国通过诱变得到了黄瓜花叶病毒弱毒株系S–52，将弱毒株系用加压喷雾法接种辣椒和番茄幼苗，可诱导交互保护作用，用于病毒病害的田间防治。

四、菜豆金色花叶病毒属及TYLCV

菜豆金色花叶病毒属（*Begomovirus*）属于双生病毒科，有424个种，典型种是菜豆金色花叶病毒（Bean golden yellow mosaic virus，BGYMV）。中国已报道烟草曲叶病毒、番茄黄曲叶病毒等也属于该病毒属。该属病毒的粒体形态为双联体结构。每个粒子大小为18 nm × 30 nm，无包膜，由两个不完整的二十面体组成（T=1），共有22个五聚体壳粒（图4–15）。病毒衣壳蛋白由单个多肽组成，分子量为（2.7～3.4）× 10^3。该属病毒的单链环状DNA基因组分为两种类型：一种是单分体，一种是二分体。单分体的病毒基因组只有一条DNA分子，长度约为2 700个核苷酸（2.7 kb）；二分体的病毒基因组由两条单链DNA分子组

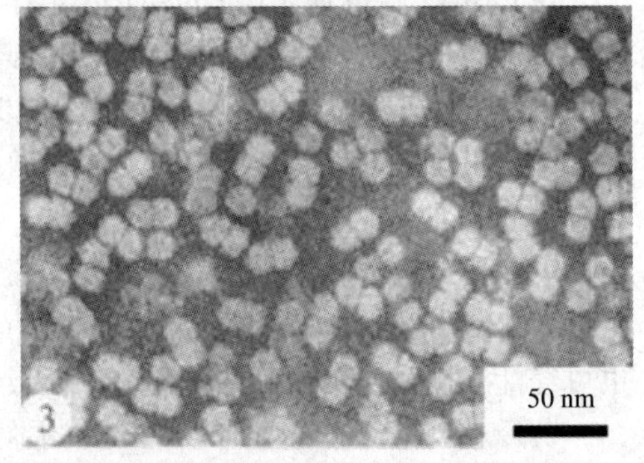

图4–15　提纯的菜豆金色花叶病毒粒体

成，长度均约为 2.7 kb。病毒基因组在细胞核中复制时合成互补链形成双链 DNA 结构，与寄主组蛋白结合形成微染色体。病毒的基因组链与互补链均编码数个不同的基因，利用寄主的 RNA 聚合酶Ⅱ进行双向转录合成多条 mRNA，然后进入细胞质翻译出病毒的蛋白质。单分体的病毒基因组时常伴随着一种乙型卫星 DNA（betasatellite DNA）。

菜豆金色花叶病毒主要侵染双子叶植物。该属病毒在寄主植物中的分布局限于韧皮部及相邻的薄壁细胞，病毒侵染后细胞核呈现明显的病理变化，核膨大并形成颗粒状结构和纤维状结构，纤维状物质可浓缩成各种大小的环。病毒粒子在细胞核中形成大的聚集体，有的呈结晶状排列，有的几乎充满整个细胞核，病毒样颗粒也在成熟韧皮部筛管中或在未成熟韧皮部分裂的细胞核中观察到。细胞化学实验证明核中的颗粒状物质主要是核糖核蛋白，纤维状物质主要是脱氧核糖核蛋白，纤维环可能是病毒复制装配的场所。菜豆金色花叶病毒属的是有效的免疫源。该属病毒在寄主植物中的分布局限于韧皮部及相邻的薄壁细胞，病毒侵染后细胞核呈现明显的病理变化，核膨大并形成颗粒状结构和纤维状结构，纤维状物质可浓缩成各种大小的环。

该属的番茄黄曲叶病毒（Tomato yellow leaf curl virus，TYLCV）的自然寄主主要是番茄。在番茄上引起顶叶退绿黄化，叶片变小，叶面皱缩，叶片边缘向下或向上卷曲；严重时病株矮化，不定枝丛生。病害在我国南方各省均有发生。病毒可由烟粉虱自然传播，每株有 5 个白粉虱即可传毒，虫量越大发病率越高，带毒成虫可持续传毒 15 ~ 18 d。试验证明，嫁接发病率可以高达 90%以上，而机械、种子和蚜虫均不能传毒。

五、纤细病毒属及 RSV

纤细病毒属（*Tenuivirus*）有 6 个病毒确定种和 5 个暂定种，典型种是水稻条纹病毒（*Rice stripe tenuivirus*）。该属病毒粒体为直径 3 ~ 10 nm 的细丝状体，细丝状粒体有时可以形成螺旋状、分枝状或环状结构，无包膜；病毒基因组具有独特的双义编码策略，由 4 ~ 6 条线形 ssRNA 分子组成，每条 ssRNA 的 3′ 端和 5′ 端末端序列约有 20 个碱基高度保守且能互补配对，可形成负链病毒特征性的茎环（stem-loop panhandle）结构。

RSV 引起的水稻条纹叶枯病是水稻最具经济重要性的病害之一，主要发生在东亚的温带、亚热带地区，给我国和日本的水稻生产造成了严重损失。该病最早于 1897 年在日本关东的枥木、群马等县发生。除了日本，此病在朝鲜、韩国和苏联也有分布。在水稻上引起的症状主要类型有两种：卷叶型和展叶型。卷叶型症状为典型的"假枯心"症状，即表现心叶退绿，捻转，并呈弧圈状下垂，严重时心叶枯死；而展叶型的病叶不捻转下垂枯死。生长早期感染的水稻植株症状严重，病毒在寄主内的潜育期短，一般在接种后 5 ~ 10 d 即显症，而后期感染的植株，症状轻微。一般粳稻品种多呈卷叶型，籼稻品种多呈展叶型。在粳稻品种中，三叶期和分蘖期接种的多呈卷叶型，而幼穗分化期接种的多呈展叶型。因此，水稻条纹叶枯病的症状并非都是卷叶型，更不一定都能产生"假枯心"。我国自 1963 年在苏南地区始发后，已经扩及大江南北的广大稻区，包括台湾、福建、浙江、上海、江苏、江西、安徽、湖北、广西、广东、云南、山东、河北、河南、北京、辽宁等地区。RSV 寄主范围广，可侵染水稻、玉米、小麦、燕麦、粟及一些杂草等 80 多种禾本科植物，由介体昆虫灰飞虱（*Laodelphax striatellus*）以持久性方式经卵传播，雌虫比雄虫传毒效率高。

六、斐济病毒属及 RBSDV

斐济病毒属（*Fijivirus*）有 7 个种，典型种是水稻的斐济病病毒（*Fiji disease fijivirus*）。该属病毒的形态特征是粒体球状，粒体直径为 65 ~ 70 nm。病毒含有 10 条 dsRNA 核酸；病毒基因组可编码 13 种蛋白质，包括 7 种结构蛋白。斐济病毒属病毒的自然寄主是单子叶的禾本科植物和飞虱科的介体昆虫，均为增殖型传播，获毒取食时间要几小时。潜伏期约 7 d，带毒昆虫可终身传播病毒，但不能经汁液传播。受到斐济病毒危害的植株韧皮部肥大，细胞增生，叶脉隆起有时有耳突和瘤，如水稻黑条矮缩病毒（Rice black streaked dwarfvirus，RBSDV）引起的水稻黑条矮缩病和玉米粗缩病。传播该病毒的介体有灰飞虱、褐飞虱和白背飞虱等。

水稻黑条矮缩病是一种以飞虱为主要传毒介体，在我国南方稻区广为发生流行的一种水稻病毒性病害。该病害在我国最早于 1963 年在浙江省余姚县的早稻上发现。2010 年造成了多点成片田块颗粒无收，对我国水稻生产造成巨大威胁。水稻黑条矮缩病在水稻整个生长期内都可能发生，发病越早，危害越大。典型症状为：植株整体矮化、叶片呈浓绿色、初期沿叶背和叶鞘的叶脉出现白色蜡状突起，然后逐渐变为褐色到黑色的条形瘤状物；叶缘叶尖常扭曲，病株穗少甚至不抽穗。秧田期的症状是秧苗叶片僵硬直立，叶色墨绿，根系短而少，生长发育停滞；分蘖期的水稻，感病植株明显矮缩，部分植株早枯死亡；水稻拔节时期，感病植株严重矮缩，高位分蘖、茎节上有倒生的不定根，茎秆基部表面有纵向瘤状乳白色凸起；穗期，感病植株严重矮缩，不抽穗或抽包颈穗，穗小颗粒少，直接影响水稻产量。玉米对 RBSDV 特别敏感，发病率高。RBSDV 侵染玉米导致粗缩病，其典型症状为：植株节间缩短，植株矮化，株高仅为健株高的 1/5 ~ 1/3，叶片宽短僵直，叶色浓绿，叶背沿叶脉出现蜡泪状凸起，有明显的粗糙感。水稻黑条矮缩病毒属于呼肠孤病毒科（Reoviridae）斐济病毒属（*Fijivirus*）成员，病毒粒体球状，直径 70 ~ 75 nm，存在于寄主植物韧皮部筛管及伴胞内（图 4–16，彩图 187）。

水稻黑条矮缩病病毒以灰飞虱传毒为主，介体一经染毒，终身带毒，但不经卵传毒。白背飞虱（*Unkanodes sapporonus*）和白条飞虱（*Chilodephax albifacia*）虽也能传毒，但传

图 4–16 秧苗叶片僵硬直立分蘖期严重矮缩以及高位分蘖

毒效率较低。褐飞虱（*Nilaparvata lugens*）则不能传毒。

七、南方菜豆花叶病毒属及 SBMV

南方菜豆花叶病毒属（*Sobemovirus*）现有 11 个种和 3 个暂定种，典型种是南方菜豆花叶病毒（*Southern bean mosaic sobemovirus*）。病毒粒体球状，直径 30 nm，由 180 个蛋白亚基聚集而成，粒体分子量大约 6.6×10^6，其中核酸含量为 21%，蛋白质为 79%。病毒具有一条正单链 RNA 基因组，大小 4.2 ~ 4.8 kb，分子量为（1.3 ~ 1.5）$\times10^6$，只有一种衣壳蛋白，分子量为 30×10^3。该属病毒大部分分布不广，寄主范围相当窄，限于一二个植物科的几个种；引起的主要症状是花叶和斑驳；自然传播介体主要是甲虫，在有的寄主种子中可以传播，个别种可蚜传，易经汁液摩擦传播。

SBMV 主要引起菜豆和豇豆的花叶病和斑驳病，分布于温带和热带地区。我国吉林、辽宁有报道。病毒的体外存活期为 20 ~ 165 d，钝化温度为 90 ~ 95℃，稀释限点为 10^{-6} ~ 10^{-5}。该病毒的寄主仅限于豆科植物，而且株系分化明显，如菜豆株系不能侵染豇豆，豇豆株系也不能侵染菜豆。病害症状在不同的品种上表现不同，有些品种上是局部坏死斑，有些品种上症状较轻，容易被忽略；系统侵染常见的症状是明显的退绿斑驳和花叶。

SBMV 自然状态下由菜豆叶甲（*Ceratoma trifurcata*）传播，叶甲在获毒饲养 1 ~ 24 h 后即可传播病毒，保毒时间 2 ~ 14 d；这些甲虫的寄主范围也是相当局限的。由于甲虫的活动范围较大，速度较快，因此传播效率较高。菜豆的未成熟种胚中大多带毒，豇豆某些品种中的带毒率可以达到 3% ~ 4%。但根据原农业部植物检疫实验所的研究，用大豆种子进行 SBMV 的 ELISA 检测，病毒主要存在于种皮内，子叶和胚芽中不含病毒。它通过菜豆、豇豆和大豆种子传播，在调种中应予以充分注意。

八、黄症病毒属及 BYDV

黄症病毒属（*Luteovirus*）现有 2 个种，典型种为大麦黄矮病毒 PAV（*Barley yellow dwarf leteovirus-PAV*），仅侵染寄主的韧皮部组织，且由一或数种蚜虫以持久性非增殖型方式进行有效传播。使韧皮部坏死导致生长延缓，叶绿素减少导致黄化。粒体直径为 25 ~ 30 nm，分子量为 6.5×10^6；核酸为一条正单链 RNA，分子量为 2×10^6；衣壳蛋白亚基分子量为（22 ~ 23）$\times10^3$。

大麦黄矮病毒所致病害是世界麦类生产的最重要的病毒病害。该病毒株系分化明显，寄主范围很广，除侵染大麦、小麦、燕麦、黑麦外，还能侵染 100 多种禾本科植物。其引起的麦类黄矮病，在我国的大麦和小麦上发生都很严重。典型症状是叶片变为金黄色，植株显著矮化，故名黄矮病。麦苗苗期感染后即可发病，但多数是到拔节后期至始穗期表现症状，侵染越早发病越重。植株发病多数从叶片尖端开始变黄，逐渐向基部延伸，严重时全叶干枯。病毒侵染麦类作物的不同品种表现出不同的症状，据此可以选出鉴别寄主。

大麦黄矮病毒是由蚜虫传播的，主要是无网长管蚜（*Metopolophium dirhodum*）、麦二叉蚜（*Schizaphis graminum*）、长管蚜（*Macrosiphon avenae*）和缢管蚜（*Rhopalosiphon padi*）等。蚜虫传播是持久性和循回型的，而且传播的专化性强，病毒的不同株系往往由不同的蚜虫传播；病毒在蚜虫体内循回期较短，不能增殖，也不能经卵传播。蚜虫一次得毒后可以保持2～3周时间。田间栽培或野生的禾本科植物（特别是杂草）是病毒的侵染来源，靠蚜虫传播到麦类作物上，病害发生的程度与传毒蚜虫的数量相关。培育抗病品种、内吸性药剂拌种、生长期治虫、改变耕作制度及栽培管理是可供选择的防治措施。我国率先将病毒的CP基因转入小麦获得了转基因植株，为利用基因工程方法控制病害提供了可能。

九、线虫传多面体病毒属及TRSV

线虫传多面体病毒属（*Nepovirus*）属于伴生豇豆病毒科，典型种为烟草环斑病毒（*Tobacco ringspot nepovirus*）。在自然情况下，它们的寄主植物主要是果树，在试验条件下，该属病毒有较广的寄主范围。它们主要由线虫传播，也可通过种子、机械传播。其特征性的症状是伴随着斑点、斑驳的坏死和退绿环斑。

该属病毒具有两条正单链RNA核酸的基因组，分子量分别为2.4×10^6和$(1.4\sim2.2)\times10^6$；病毒粒体球状，直径28 nm，由60个衣壳蛋白亚基构成，衣壳蛋白分子量为$(55\sim60)\times10^3$。在所有研究的蠕传病毒属病毒侵染的组织中，均在细胞壁或细胞壁附近发现含有病毒粒体的管状结构，有的穿过细胞壁到达另一细胞，这可能与病毒的细胞间运动有关。传播该属病毒的线虫属于剑线虫属（*Xiphinema*）和长针线虫属（*Longidorus*），病毒与线虫之间的关系是相当专化的，病毒可以在线虫体内存活很长时间，但不能复制增殖。

TRSV的体外存活期6～10 d，钝化温度55～65℃，稀释限点10^{-4}。主要在烟草、黄瓜、东方百合、八仙花、鸢尾和天竺葵属植物上引起环斑，也在许多一年生和多年生植物上造成退绿或坏死斑。该病毒广泛分布于世界各地的观赏植物上，田间分布主要限于线虫分布的地方，土温在20～24℃时有利于线虫传毒。病毒寄主范围广，可在多种多年生植物及种子上越冬，成为来年的初侵染来源。该病毒还可由汁液、甲虫和蓟马传播。

十、真菌传杆状病毒属及SBWMV

真菌传杆状病毒属（*Furovirus*）有1个种和4个暂定种，典型种是土传小麦花叶病毒（*Soil-borne wheat mosaic furovirus*）。该属病毒的粒体形态为杆状，直径大约20 nm，长度集中在92～160 nm和250～300 nm。病毒核酸为两条正单链RNA，RNA1 5.9～7.1 kb，分子量$(1.83\sim2.49)\times10^6$；RNA2 3.5～4.3 kb，分子量$(1.23\sim1.83)\times10^6$。病毒衣壳为一种蛋白亚基组成，分子量为$(19.7\sim23)\times10^3$。

该属病毒的自然寄主范围很窄，少数有较宽的寄主范围。病毒靠真菌介体进行自然传播，主要有多黏菌属（*Polymyxa*）、粉痂菌属（*Spongospora*），病毒存在于病菌游动孢子内部，并可在休眠孢子内存活多年。

小麦土传花叶病毒过去一直被认为是土壤传播的，并由此而得名。该病毒的体外抗性强，在干叶中存活11年以上；钝化温度60～65℃；稀释限点$10^{-3}\sim10^{-2}$。病毒主要危害冬小麦和大麦，开始在叶片上形成短线状退绿条纹，后逐渐变黄、矮化，重病株不能抽穗。症状的严重度取决于寄主的品种、病毒的株系和气候条件。病毒由土壤中的真菌介体禾谷多黏菌传播，汁液可传，但种子不传。介体真菌是小麦根部的弱寄生菌，对小麦生长的直

接影响不大；但其形成的休眠孢子带有病毒，在萌发形成游动孢子时，可将病毒传播到健康的植株。病毒不仅存在于孢子的表面，而且存在于孢子的内部。由于休眠孢子在土壤中可以存活五六年，所以田块一旦发病，会多年带菌、带毒，防治困难。

第六节 亚 病 毒

亚病毒和真病毒是病毒界的两个组成部分。亚病毒的成员包括类病毒（viroid）、朊病毒（prion）和病毒卫星（virus satellite）等。类病毒只在植物上发现，还没有在动物中发现的报道；朊病毒只有在动物和真菌中发现，还没有在植物中检测到。类病毒是只有核酸、没有蛋白质衣壳保护的环状单链 RNA 小分子，是目前已知最小的植物病原生物。朊病毒是由特定种类的正常蛋白质发生构型改变而形成的致病性蛋白质，通过蛋白质分子接触而传播，可侵染动物和真菌，又称朊病毒蛋白（prion protein，PrP）。病毒卫星则是卫星病毒和卫星核酸的统称，是指依赖于与其共同侵染寄主细胞的辅助病毒进行增殖复制的核酸分子，其核酸序列与辅助病毒的基因组没有明显的同源性（表 4–4）。

表 4–4 亚病毒的科属及主要成员

侵染因子	科名	属名	代表种
类病毒	马铃薯纺锤块茎类病毒科	马铃薯纺锤块茎类病毒属 *Pospiviroid*	马铃薯纺锤块茎类病毒，PSTVd
		啤酒花矮化类病毒属 *Hostuviroid*	啤酒花矮化类病毒，HSVd
		椰子死亡类病毒属 *Cocadviroid*	椰子死亡类病毒，CCCVd
		苹果锈果类病毒属 *Apscaviroid*	苹果锈果类病毒，ASSVd
		锦紫苏类病毒属 *Coleviroid*	锦紫苏类病毒，CBVd
	鳄梨日斑类病毒科	鳄梨日斑类病毒属 *Avsunviroid*	鳄梨日斑类病毒，ASVd
		茄潜隐类病毒属 *Elaviroid*	茄潜隐类病毒，ELVd
		桃潜隐花叶类病毒属 *Pelamoviroid*	桃潜隐花叶类病毒，PLMVd
卫星病毒		烟草坏死卫星病毒属	烟草坏死卫星病毒，STNV
卫星核酸	卫星 RNA	+ 单链卫星 RNA 环状单链卫星 RNA	黄瓜花叶病毒卫星 RNA，CMV–sRNA 绒毛烟环斑病毒卫星 RNA*，VTRV–sRNA

续表

侵染因子	科名	属名	代表种
卫星核酸	甲型卫星科 *Alphasatellitidae*	香蕉束顶卫星属 *Babusatellite*	香蕉束顶病毒甲型卫星 1 号
	番茄曲叶卫星科 *Tolecusatellitidae*	乙型卫星属 *Betasatellite*	胜红蓟黄脉病毒乙型卫星 *Ageratum yellow vein betasatellite*
朊病毒			疯牛病因子 克雅氏病因子

*注：绒毛烟环斑病毒卫星 RNA 在以前称为拟病毒（virusoid）。

一、类病毒

类病毒是指在寄主植物体内能够自我复制的、没有衣壳蛋白包被的、低分子量的环状单链 RNA 分子。类病毒病害过去相当一段时间是作为病毒病来研究的，但由于始终不能发现病毒的粒体，而不能确定其归属。后来迪内（Diener，1971）经电泳检测到其核酸，证明了核酸的侵染性，最后确定为一类新的病原，称为“类病毒”。马铃薯纺锤块茎类病毒（PSTVd）由 Diener 在 1967 年鉴定，证实是没有蛋白质外壳的核糖核酸，含有 357～361 个核苷酸，分子量为 1.27×10^5。稀释限点 10^{-3}～10^{-2}，钝化温度 75～80℃。发病后病株变得僵直、纤细和矮化，叶小而直立，有时有些卷缩和扭曲；茎节缩短，生长迟缓，叶色浅黄；块茎伸长，呈纺锤状，少数梨形，开裂，芽眼突出。可以经种子种薯传播，也可经切刀和嫁接传染。类病毒引起的病害症状主要有畸形、坏死、变色等类型，在高温和强光下症状表现明显。目前类病毒分为 2 个科 7 个属，已经发现了近 40 种类病毒，类病毒对热以及对紫外光和离子辐射有高度的抗性，因为它的分子内含有互补的密集区域和以共价键结合成环状结构。代表性病原是引起马铃薯纺锤块茎病的类病毒（potato spindle tuber viroid，PSTVd）。

（一）类病毒的主要特性

类病毒在侵入植物后也能在植物细胞内自我复制，与植物病毒的功能相同。但是，类病毒在许多方面与病毒有所不同，首先是类病毒核酸分子外面没有衣壳蛋白保护，耐热性强，类病毒失活的温度高于 100℃。其次类病毒有高度侵染活性，50～100 分子的类病毒就可以引起成功的侵染，而病毒需要 10^6 个粒体以上。类病毒的 G+C 含量很高，一般为 55%～60%，内部碱基高度配对，形成了稳定的杆状二级结构，长度约为 50 nm（图 4-17）。

植物带有类病毒但不表现症状的现象极为普遍。经测试 36 个科的 232 种植物对马铃薯纺锤块茎类病毒（PSTVd）的感病性，发现有 11 个科的 138 种植物是感染的，但只有茄科和菊科的 12 种植物表现症状，即 90%以上的寄主都是不显症感染，而且潜育期很长，有的几个月，有的甚至几年。有人对比了 3 种类病毒的核苷酸序列，发现其存在很大程度上的同源性，个别核苷酸或局部片段发生了变化，成为不同的病原或不同的株系。研究表明几个甚至一个核苷酸的不同，就会导致致病力的明显变化。类病毒分布于叶肉细胞和维

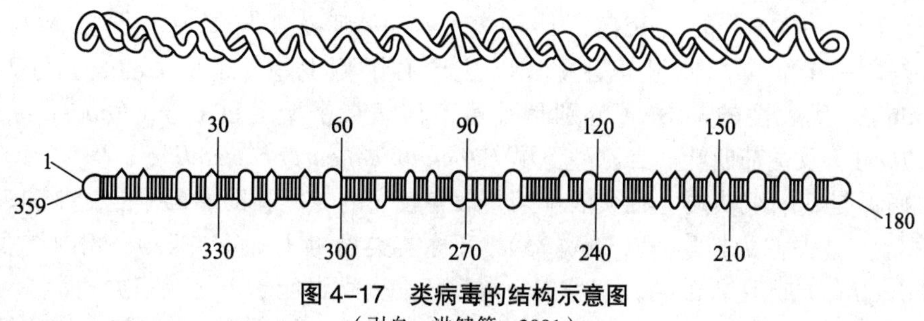

图 4-17 类病毒的结构示意图
（引自：洪健等，2001）

管束组织中，大多类病毒存在于细胞核，少数存在于叶绿体中。因为其核酸分子上没有翻译起始密码子，故不能编码蛋白质。

类病毒的传播方式十分简单，主要通过农具、嫁接刀具等传播，大部分可以通过种子传播（有的可在种子中存活 20 年）；仅仅有危害马铃薯和番茄的两种类病毒被证明由节肢动物介体传播。

（二）类病毒的检测

迄今已发现有 30 多种植物病害是由类病毒引起的，如马铃薯纺锤块茎病、柑橘裂皮病、菊花矮化病、椰子死亡病、苹果锈果病、鳄梨白斑病和番茄束顶病等。在人类和动物中，还没有发现由类病毒引起的病害。已经发现的类病毒核酸含有 246 ~ 574 个核苷酸，根据序列和结构的同源性、复制特性分为两个科，分别为马铃薯纺锤块茎类病毒科（*Pospiviroidae*）和鳄梨日斑类病毒科（*Avsunviroidae*）。

虽然植物类病毒可以侵染 12 个科的植物，但由于不显性侵染比较普遍，症状表现受环境温度的影响较大，而且几种鉴别植物对不同类病毒的反应症状相似，故难以应用生物测定的方法。由于类病毒不能产生任何蛋白质，所以也不能使用检测病毒的血清学方法。

核酸杂交和 PCR 扩增等检测核酸的方法可用于类病毒的检测。依据类病毒分子内部的部分碱基配对特性，已建立了一种反向聚丙烯酰胺凝胶电泳（return-polyacrylamide gel electrophoresis，R-PAGE）技术，可以简便地检测出类病毒的存在，甚至可分辨出不同种类的类病毒。

二、病毒卫星

病毒卫星是一类基因组缺少复制相关的基因、需要依赖辅助病毒（helper virus）才能完成复制和表达的亚病毒因子；它们不能单独侵染寄主，须伴随其他辅助病毒一起侵染、复制。病毒卫星包括卫星病毒（satellite virus）和卫星核酸。卫星病毒编码自身的衣壳蛋白，独自包裹其核酸基因组，而卫星核酸缺少衣壳蛋白基因，因此常包裹于辅助病毒的衣壳里。烟草坏死卫星病毒（satellite tobacco necrosis virus，STNV）是第一个发现的卫星病毒，其辅助病毒为烟草坏死病毒（tobacco necrosis virus）。随后又发现了烟草花叶卫星病毒（STMV）、玉米白线花叶卫星病毒（SMWLMV）、黍花叶卫星病毒（SPMV）等。目前，这几种卫星病毒已被 ICTV 批准为属于 RNA 病毒，都分别有了病毒属名，但尚无科名（表 4-4）。

卫星核酸分为卫星 RNA（satRNA）与卫星 DNA（satDNA）。最常见的卫星 RNA 为黄瓜花叶病毒（CMV）的satRNA，伴随着CMV一起侵染与复制。据推测与CMV的RNA3包裹在一个病毒粒体里。卫星DNA主要有甲型卫星（alphasatellite）与乙型卫星（betasatellite）。代表性的satDNA分别是香蕉束顶病毒甲型卫星1号（*Banana bunchy top alphasatellite* 1）及番茄曲叶病毒乙型卫星（*Tomato leaf curl betasatellite*）等。

卫星病毒是基因组缺损、必须依赖某些形态较大的专一辅助病毒才能复制和表达的小型伴生病毒。过去称为拟病毒（virusoid），又称类类病毒（viroid-like）、壳内类病毒、病毒卫星（satellite）或卫星RNA，都是指一类包裹在真病毒粒子中的缺陷类病毒。一般仅由裸露的RNA（300～400 nt）或DNA所组成。单独的辅助病毒或拟病毒都不能使植物受到感染。单独的拟病毒没有侵染性，必须依赖辅助病毒才能侵染和复制，其复制需要辅助病毒编码的RNA依赖性RNA聚合酶。卫星RNA是存在于某专一病毒粒（辅助病毒）的衣壳内，并完全依赖后者才能复制自己的小分子病原因子。

第七节　植物病毒病的诊断

植物病毒病的识别、诊断及病原鉴定往往比真菌和细菌病害复杂得多。因为非侵染性病害、遗传生理病害、药害以及植原体引起的病害都与病毒病症状相似。植物病毒病的诊断包括两个方面，一是对病植物标样作初步检查与判断，确定植物发生的病害是否病毒病；二是对确信是病毒病的样本作进一步的实验诊断，必要时还需作进一步的病原鉴定。因此，植物病毒病的诊断通常要依据症状、发生条件、寄主范围、植物生境，光学与电子显微镜观察、传染方式、血清学反应和分子生物学鉴定等。

一、病害初步识别

首先要区分非侵染性病害与侵染性病害。要点是：①病毒病有发病中心或中心病株，早期病株点片分布，而非侵染性病害大多同时大面积发生；②发生病毒病的植株多为系统感染，症状分布不均一，新叶新梢上症状最明显，而生理性病害大多比较均一；③病毒病有传染性，非传染性病害没有传染扩散的过程；④病毒病害症状往往表现为花叶、黄化、矮缩、丛生等，少数有脉带、环斑、耳突、斑驳、蚀纹等特征性症状（图4-18，彩图188、189、191、192）。此外，随着气温的变化，特别是在高温条件下，植物病毒病时常发生隐症现象。

病毒病与其他病原生物引起的侵染性病害的主要区别是：①病毒病害在植物表面绝对没有病征，而区别于线虫虫体、细菌菌脓、真菌的子实体等病征的出现；②系统侵染病毒病的症状在新展幼叶上更重，而其他病害则大多在老叶上症状更明显。

二、实验室诊断

难以识别的病毒病害需要进行实验室辅助诊断，利用不同病毒间生物学特性的差异，如所致症状类型、传播方式、寄主范围等实验结合文献资料，可对常见、多发病害做出诊断；而对于疑难或新病害则需要结合病毒鉴定进行诊断。实验室诊断常用的方法有鉴别寄

图 4–18　病毒病的一些特殊症状

A. 退绿花叶；B. 环斑；C. 黄脉蚀纹；D. 耳突；E. 曲叶

主、传染实验、显微镜（光学、电子）观察、血清学检测和核酸杂交等。

（一）鉴别寄主诊断

鉴别寄主（indicator 或 differential host）是用来鉴别病毒或其株系的具有特定反应的植物。凡是病毒侵染后能产生快而稳定并具有特征性症状的植物都可作为鉴别寄主。组合使用的几种或一套鉴别寄主称为鉴别寄主谱。鉴别寄主谱中一般包括可系统侵染的寄主、局部侵染的寄主和不受侵染的寄主。如区分经常出现的黄瓜花叶病毒属的 3 个种，可采用表 4–3 的鉴别寄主。

鉴别寄主谱的方法简单易行，优点是反应灵敏，只需要很少的毒源材料。但工作量比较大，需要较大的温室种植植物，且比较费时。有时因气候或栽培的原因，个别症状反应难以重复，病毒病鉴定中最常见的是苋色藜的枯斑反应（图 4–19）。

图 4–19　苋色藜对两种病毒接种产生不同的枯斑反应

（二）传染试验

植物病毒的传染方法主要有汁液（接触）传染、介体生物传染、种子和花粉传染等。研究工作中最常采用的是机械传染方法，以便在短时间内获得大量病毒材料。但有些病毒不能进行机械传播，可以试用嫁接和菟丝子等方法进行传染试验。不同植物病毒属具有不同的传播介体，确定病毒的传播介体不但可以为防治提供依据，同时进一步缩小了工作范围。虫传病毒的介体确定工作量大，需要获得无毒虫并进行饲养，还要通过一系列试验来确定昆虫与病毒的生物学关系（表 4–1）。

（三）显微镜观察

病毒的包含体大多存在于有典型症状的部位，它们可在光学显微镜下观察识别，如经染色处理，则更为清晰易观察。包含体观察一般都选用新鲜病叶进行切片检查。不同属的植物病毒往往产生不同类型、不同形状的包含体，利用这种不同可作为鉴别不同病毒的方法。

病毒的电子显微镜观察最常用的是负染技术和免疫电镜技术。所谓负染，是指通过重金属盐在样品四周的堆积而加强样品外围的电子密度，使样品显示负片的影像，衬托出样品的形态和大小。免疫电镜技术是将免疫学中抗原抗体反应的特异性与电镜的高分辨能力和放大本领结合在一起，可以区别出形态相似的不同病毒。

（四）血清学技术

利用植物病毒衣壳蛋白的抗原（antigen）特性，可以制备病毒特异性的抗血清（antiserum）。先将纯化的植物病毒注射小动物（兔子、小鼠、鸡等），一定时间后取血，获得抗血清。血清制备的关键是病毒的纯化，纯度高的病毒才能获得特异性强的抗血清。

植物病毒与其血清的反应有好多种，但依据的原理都是抗原与抗体的特异性结合。最常用的两种方法是酶联免疫吸附测定法。

酶联免疫吸附法（enzyme-linked immunosorbent assay，ELISA）：该方法利用了酶的放大作用，使免疫检测的灵敏度大大提高。与其他检测方法相比较，ELISA 有突出的优点：①灵敏度高，检测浓度可达 1 ~ 10 ng/mL；②快速，结果可在几个小时内得到；③专化性强，重复性好；④检测对象广，可用于粗汁液或提纯样品，对完整的和降解的病毒粒体都可检测，一般不受抗原形态的影响；⑤适用于处理大批样品，所用基本仪器简单，试剂价格较低，且可较长期保存。具有自动化及试剂盒的发展潜力。ELISA 是实现“快速、准确、经济”检测的最好手段之一（图 4–20）。

常用的血清学技术还有免疫胶体金技术、快速免疫滤纸测定法、免疫毛细管区带电泳等。

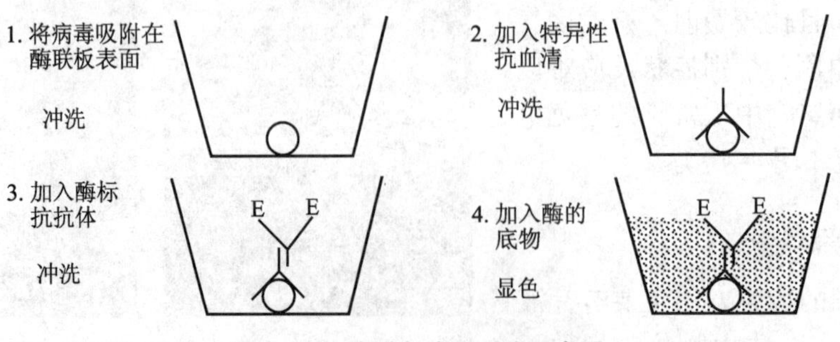

图 4–20 酶联免疫吸附法示意图

（五）核酸杂交及 PCR 技术

核酸检测技术是鉴定植物病毒的更可靠的方法，核酸杂交和聚合酶链式反应比较常用。核酸杂交是在 DNA 和 RNA 之间进行，依据是 RNA 与互补的 DNA 之间存在着碱基的互补关系。在一定的条件下，RNA–DNA 形成异质双链的过程称为杂交。其中预先分离纯化或合成的已知核酸序列片段叫做杂交探针（probe），由于大多数植物病毒的核酸是 RNA，其探针为互补 DNA（complementary DNA，cDNA），也称为 cDNA 探针。核酸检测不仅可以检测到目标病毒的核酸，而且还可以明确相近病毒（或核酸）间的同源程度。

聚合酶链式反应（polymerase chain reaction，PCR）是在短时间内大量扩增核酸的有效方法，用于扩增位于两段已知序列之间的 DNA 区段。从已知序列合成两段寡聚核苷酸作为反应的引物，它们分别与模板 DNA 两条链上的某一段序列互补且位于待扩增 DNA 区段的两侧。反应时，首先在过量的两种引物及 4 种 dNTPs 参与下对模板 DNA 进行加热变性，随之将反应混合液冷却至某一温度使引物与其靶序列发生退火，退火引物在耐热的 DNA 聚合酶作用下得以延伸；如此反复进行变性、退火和 DNA 延伸这一循环。每完成一个循环，理论上就使目的 DNA 产物增加 1 倍，在正常反应条件下，经 25 ~ 30 个循环扩增倍数可达数百万。对于大多数的 RNA 病毒来讲，扩增和检测的是 RNA 的互补 DNA 序列。

以病毒核酸为基础的检测方法还有免疫 PCR、实时荧光定量 PCR、环介导等温扩增检测（LAMP）及分子信标等。

（六）物理化学特性

在植物病毒研究的过程中，人们发现不同的病毒对外界条件的稳定性不同，这便成为区别不同病毒的依据之一。随着新病毒种类的发现和分子生物学研究的深入，人们也逐渐认识到这些物理特性在区分不同病毒中的局限性。

1. 稀释限点（dilution end–point，DEP）

保持病毒侵染力的最高稀释度，用 10^{-1}、10^{-2}、10^{-3}，…表示，它反映了病毒的体外稳定性和侵染能力，也象征着病毒浓度的高低。

2. 钝化温度（thermal inactivation point，TIP）

处理 10 min 使病毒丧失活性的最低温度，用摄氏度表示。TIP 最低的病毒是番茄斑萎病毒，只有 45℃；最高的是烟草花叶病毒，为 97℃；而大多数植物病毒的为 55 ~ 70℃。

3. 体外存活期（longevity *in vitro*，LIV）

体外存活期指在室温（20 ~ 22℃）下，病毒抽提液保持侵染力的最长时间。大多数病毒的存活期在数天到数月。

4. 沉降系数及分子量

沉降系数 S 是指一种物质在 20℃水中在 1 达因（1/981 g）的引力场中沉降的速度，单位是 cm/s，因这一单位太大，多采用其千分之一，即 Svedberg 单位。植物病毒的 $S_{20}w$ 常在 50S 到数千 S 之间。有了沉降系数即可计算分子量。

5. 光谱吸收特性

蛋白质和核酸都能吸收紫外线，蛋白质的紫外吸收高峰在 280 nm 波长处，而核酸在 260 nm 左右。因此 A_{260}/A_{280} 的比值可以表示病毒核酸含量的多少，用于区分不同的病毒，比值低的多是线形病毒，比值高的可能是球状病毒；对同一种纯化的病毒，紫外吸收值可以表示病毒的浓度；对未纯化的病毒而言，其 A_{260}/A_{280} 比值偏离标准值的程度可间接表明病毒的纯度。文献中常有 $E_{1\,cm}^{0.1\%}$ 260 nm 值，表示该病毒在 0.1%浓度、光径为 1 cm 的比色杯中在 260 nm 波长处的吸收值。

小结

植物病毒是一类结构简单的分子寄生物，其主要由基因组核酸和保护性衣壳蛋白组成。按照核酸的类型、链数和功能，植物病毒分为正单链 RNA 病毒、负单链 RNA 病毒、双链 RNA 病毒、单链 DNA 病毒和双链 DNA 病毒。不同类型的病毒在进行核酸转录、蛋白质翻译时有不同的策略。植物病毒完全依赖寄主的转录和翻译体系进行增殖。植物病毒没有主动侵染寄主的能力，自然状态下主要靠介体和非介体传播。病毒的介体生物主要有昆虫中的蚜虫、粉虱、叶蝉和飞虱，土壤中的线虫和真菌，它们和病毒之间存在着复杂的持久性或非持久性、循回型或非循回型、增殖型或非增殖型等相互关系。病毒的非介体传播主要通过机械、有性和无性繁殖材料、嫁接等方式。

植物病毒的分类已经实现了按科、属、种分类的新方案，分类主要依据核酸类型、链数及其分体情况、病毒的形态等。病毒种的名称采用英文俗名，书写用正体；但确定种的学名书写采用斜体；科、属的名称主要采用缩拼方式，用斜体印刷。

植物病毒病害的症状大多是花叶和斑驳，其他还有卷叶、皱缩、畸形、矮化和坏死等。

植物病毒病害的初步诊断主要根据病毒侵染寄主后的症状特点、分布规律、鉴别寄主反应和传染试验结果；实验室诊断需要电子显微镜观察、血清学技术和核酸杂交技术等方法。疑难病毒的鉴定通常要组合应用多种技术，新病毒的鉴定需要分子生物学的资料。

植物类病毒是分子量较小的具有高比例碱基配对的单链环状 RNA，以其无衣壳蛋白、耐热、高度侵染性、存在部位的局限性、不显性侵染等特征而区别于病毒。

思考题

1. 植物病毒由哪些组分组成？简述病毒基因组核酸表达的一般途径。
2. 以烟草花叶病毒为例，说明病毒基因组结构与生物学功能的关系。
3. 以正单链 RNA 病毒为例，简述植物病毒增殖的过程。
4. 植物病毒有哪些传染或传播方式？在介体传播中，病毒与介体有何依赖关系？
5. 植物病毒分类的主要依据是什么？其属、种命名方法与其他病原物有何不同？
6. 实验室诊断植物病毒依据哪些原理和方法？
7. 类病毒与病毒有哪些异同点？
8. 如何进行植物病毒病的诊断和鉴定？

数字课程学习

病害症状彩图　　自测题

第五章

植物寄生线虫及原生动物

线虫（nematode）又称蠕虫，是一类两侧对称原体腔无脊椎动物，通常生活在土壤、淡水、海水中。有些能寄生在人、动物和植物体内引起病害，其中寄生在植物上并危害植物的称为植物病原线虫或植物寄生线虫，或简称植物线虫。植物寄生线虫是引起植物病害的一类重要病原生物。植物受线虫危害后所表现的症状与一般的病害症状相似，常称线虫病。植物线虫的个体相对较小，通常需借助显微镜来观察其形态。植物对植物的危害不仅表现在掠夺寄主植物营养物质及其取食过程中所造成的机械损伤，更重要的是其食道腺的分泌物的刺激往往会导致寄主植物组织发生一系列形态和结构的病理变化，有些线虫种类可以传播其他病原物或刺激，促进其他病原物的继发性侵染为害。

与其他的病原物相比，植物寄生线虫发现得相对较早。英国 T. Needham1743 年发现病瘪的小麦粒里有小的蠕虫——小麦粒线虫（*Anguina tritici*），这也是人类发现的第一种植物寄生线虫。1859 年首次发现甜菜根线虫（即甜菜孢囊线虫），当时这种线虫使欧洲的甜菜制糖工业遭受重大损失，人们通过对这种线虫以及其他线虫的深入研究，推动了植物线虫学的发展。1907 年著名线虫学家 N. A. Cobb 在美国农业部内建立第一个线虫学研究实验室，开始较系统地开展植物和土壤线虫的分类和鉴定工作。1943 年美国 W. Carter 发现 D–D 混剂（二氯丙烯和二氯丙烷的混合物）是一种经济和高效的熏蒸性杀线虫剂，奠定了植物线虫化学防治的基础。1944 年美国 J. R. Christie 和 F. E. Albin 提出了根结线虫种内存在小种差异，从而引起人们开展植物线虫寄主范围以及作物抗病品种选育及鉴定等方面的研究。周家炽等 1946 年证明小麦粒线虫是小麦蜜穗病（*Clavibacter tritici*）的传播媒介。1958 年美国 W. B. Hweitt 等首先证实了标准剑线虫（*Xiphinema index*）是葡萄扇叶病毒的传播介体，表明植物线虫不仅本身可以寄生危害植物，而且可以作为其他一些病原物的自然传播介体，加重对植物的危害。这些早期的研究及发现为植物寄生线虫学科的形成及发展奠定了基础。据 Decraemer 和 Hunt（2006）统计：全世界已报道的植物寄生线虫有 4100 多种，严重影响着世界粮食的安全。根据估计，全世界每年因植物线虫危害造成的损失大约为 11%，达到 1570 亿美元（Abad 等，2011）。历史上甜菜孢囊线虫（*Heterodera schachtii*）、马铃薯金线虫（*Globodera rostocheinsis*）和热带及亚热带地区的根结线虫（*Meloidogyne* spp.）等都曾引起严重的植物线虫病害。

在我国，早在 1916 年，章祖纯就报道了关于北京附近有小麦粒线虫危害。朱凤美 1940 年研制的小麦粒线虫虫瘿汰选机，虫瘿粒汰除率达 99% 以上。20 世纪 80 年代以前，我国植物线虫的研究主要集中在少数为害严重、症状易辨的作物线虫的分布、危害及综合防治等方面，涉及的线虫种类包括小麦粒线虫、根结线虫、大豆孢囊线虫（*Heterodoera glycines*)、腐烂茎线虫(*Ditylenchus destructor*)、水稻干尖线虫(*Aphelenchoides besseyi*)和柑橘半穿刺线虫(*Tylenchulus semipenetrans*)等。进入21世纪以来，随着数值分类、电子显微镜、细胞遗传学、生物化学和分子生物学等理论和方法应用到植物线虫学研究的各个领域，中国的植物线虫研究也有了长足的进步。目前我国最重要的植物寄生线虫有：南方地区露地和北方保护地作物和蔬菜上的根结线虫，东北和黄淮地区的大豆孢囊线虫，华北、西北和华中等地区小麦上的禾谷孢囊线虫(*H. avenae*)和菲利普孢囊线虫(*H. filipjevi*)，甘薯上的腐烂茎线虫和水稻干尖线虫等；林业上有松材线虫(*Bursaphelenchusxylophilus*)，1982年传入我国后，已蔓延到华东和华南的大多数省份，致使许多松科树种萎蔫、死亡，对生态环境造成了严重的危害。

第一节 植物寄生线虫的形态与结构

线虫大小的差异很大，寄生人和动物的线虫有的很大，如蛔虫。寄生植物的一般较小，长为0.3～1 mm，也有长达4 mm的，宽度为0.015～0.035 mm。许多植物寄生线虫由于很细，虫体多半透明，所以肉眼不易看见。线虫细长呈线形，有的呈纺锤形，横断面呈圆形。大多数植物线虫的体形为雌雄同型，雌虫和雄虫都为蠕虫形或线形(图5-1)；但是有些线虫的体形为雌雄异型，属于这一类型的雄虫是线形，雌虫成熟后膨大成柠檬形、梨形或肾形等(图5-2)。

线虫的虫体结构较简单，虫体有体壁和体腔，体腔内有消化系统、生殖系统、神经系统、排泄系统等主要器官。体壁的最外面是一层平滑而有横纹或纵纹或突起不透水的表皮层，俗称角质层；里面是下皮层，再下面是使线虫运动的肌肉层。角质层是由下皮层产生

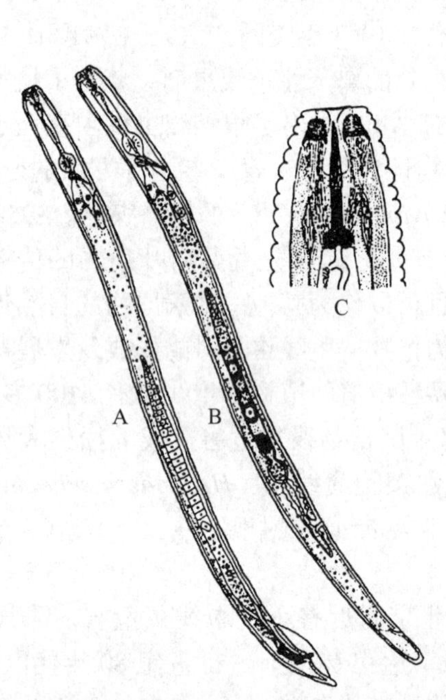

图5-1 典型植物寄生线虫的主要形态特征

A. 雄虫；B. 线形的雌虫；C. 线虫头部

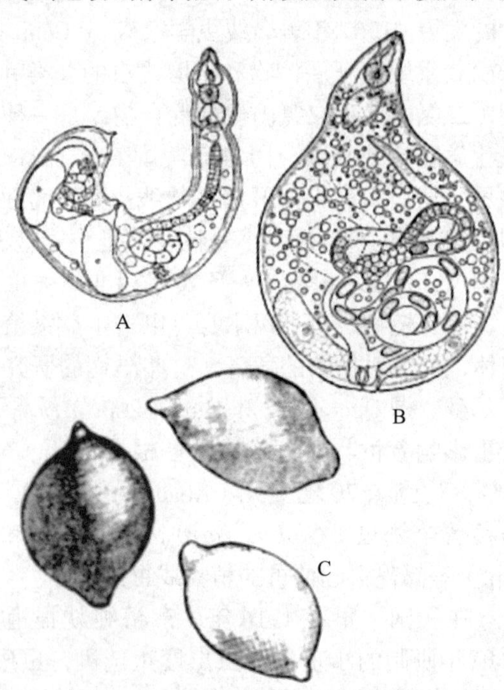

图5-2 雌雄异形的线虫雌虫形态

A. 肾形；B. 梨形；C. 柠檬形

的，线虫每蜕皮一次，老的角质膜脱落同时形成新的角质层。线虫的体壁几乎是透明的，所以能看到它的内部结构。体腔是很原始的，其中充满体腔液。体腔液湿润各个器官，并供给所需要的营养物质和氧，可算是一种原始的血液，起着呼吸和循环系统的作用。线虫缺乏真正的呼吸系统和循环系统。

线虫的消化系统非常发达，是从口孔开始，经食道、肠和直肠，一直连到肛门的直通管道。口孔上一般有 6 个突出的唇片（不同类群的线虫，唇片会发生各种变化），口孔的后面是口腔，植物寄生线虫的口腔内有一个针刺状的器官称为口针，口针是一中空的器官，能穿刺植物的细胞和组织，并且向植物组织内分泌各类酶，降解细胞壁和消化寄主细胞中的物质，并将寄主细胞内的营养物质吸入食道，因此口针是植物寄生线虫最主要的标志。植物寄生线虫因类群的不一样，口针的形态、大小等存在明显的差异（图 5–3）。

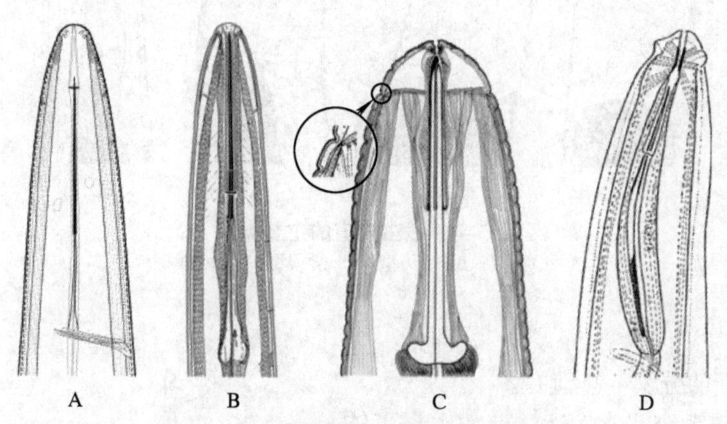

图 5–3　植物寄生线虫的主要口针类型

A. 长针型；B. 剑型；C. 垫刃型；D. 毛刺型

口腔下面是很细的食道，食道的中部可以膨大而形成一个中食道球，有的线虫还有一个后食道球。食道的后端为食道腺，一般是 3 个腺细胞（包括 1 个背食道腺和 2 个亚腹食道腺细胞）融合而成，它们的作用是分泌唾液或消化液，所以食道腺也称唾液腺。植物寄生线虫的主要食道类型有 3 种：①垫刃型食道——整个食道可分为 4 部分，靠近口孔是细狭的前体部，往后是膨大的中食道球，之后是狭部，最后是膨大的食道腺。背食道腺开口位于口针基球附近，而亚腹食道腺则开口于中食道球腔内。②滑刃型食道——整个食道构造与垫刃型食道相似，但有一较大的中食道球，其背、亚腹食道腺均开口于中食道球腔内。③矛线型食道——口针强大，食道分两部分，食道管的前部较细而薄，渐向后加宽加厚，呈瓶状。在分离土壤中线虫时，经常会发现一类自由生活的线虫——小杆类线虫，这类线虫与植物寄生线虫的主要区别在于没有口针和线虫的活动性较强。食道的类型是线虫高阶元分类鉴定的重要依据（图 5–4）。

食道以下是肠，连到尾部的肠和肛门。

线虫的神经系统较不发达，在显微镜下通常只能看到位于中食道球后面，在食道狭部的神经环。神经环是线虫的中枢神经节，在神经环上，向前有神经纤维通到口唇区的突起、刚毛和头感器等，向后也有神经纤维延伸到其他感觉器官，如腹部交合刺和尾部的侧尾腺等。

植物寄生线虫的分泌 – 排泄系统一般是单细胞的，在神经环附近可以看到它的排泄管

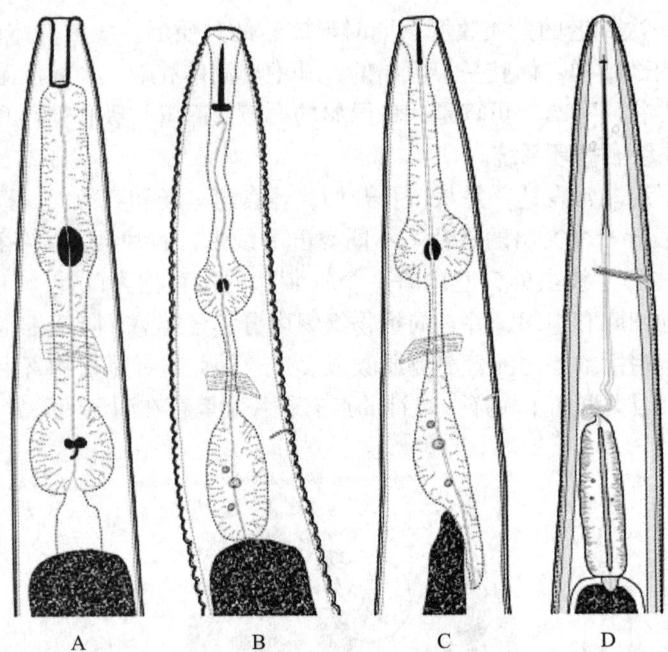

图 5–4　线虫食道的主要类型

A. 小杆型；B. 垫刃型；C. 滑刃型；D. 矛线型

和位于虫体腹面的分泌 – 排泄孔。

线虫的生殖系统非常发达，有的占据了体腔的很大部分。雌虫有 1 个或 2 个生殖腺，通过输卵管连到子宫和阴门，子宫的一部分可以膨大而形成受精囊，有些单生殖腺的线虫，往往会有一后阴子宫囊。雌虫的阴门和肛门是分开的。不同线虫类群其雌虫生殖系统类型，主要包括：①单生殖腺前伸，有后阴子宫囊；②生殖腺一对，对伸；③生殖腺一对，前伸；④单生殖腺前伸，卵巢末端有回转，有后阴子宫囊（图 5–5）。雄虫有 1 个或 1 对精巢，但一般只有 1 个精巢。精巢连接输精管和虫体末端的泄殖腔。泄殖腔内有一对交合刺，有的还有导刺带和交合伞等附属器官。雄虫的生殖孔和肛门是同一个孔口，称为泄殖孔。其中交合伞和导刺带的特征及交合伞的有无、位置及是否延伸至尾尖等特征是线虫中重要的鉴别特征（图 5–6）。

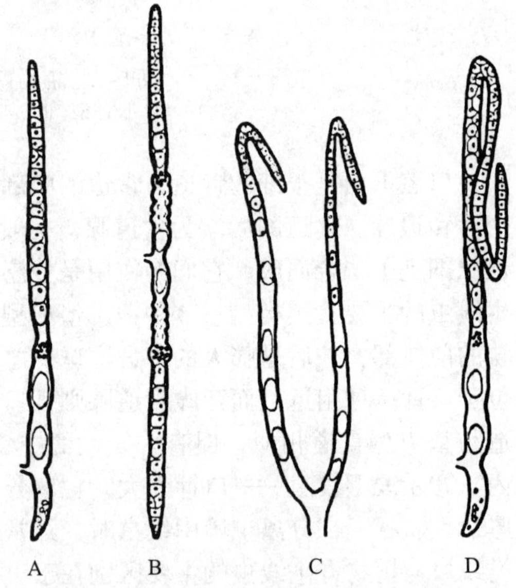

图 5–5　雌虫的生殖系统的主要类型

A. 单生殖腺前伸，有后阴子宫囊；B. 生殖腺一对，对伸；C. 生殖腺一对，前伸；D. 单生殖腺前伸，卵巢末端有回转，有后阴子宫囊

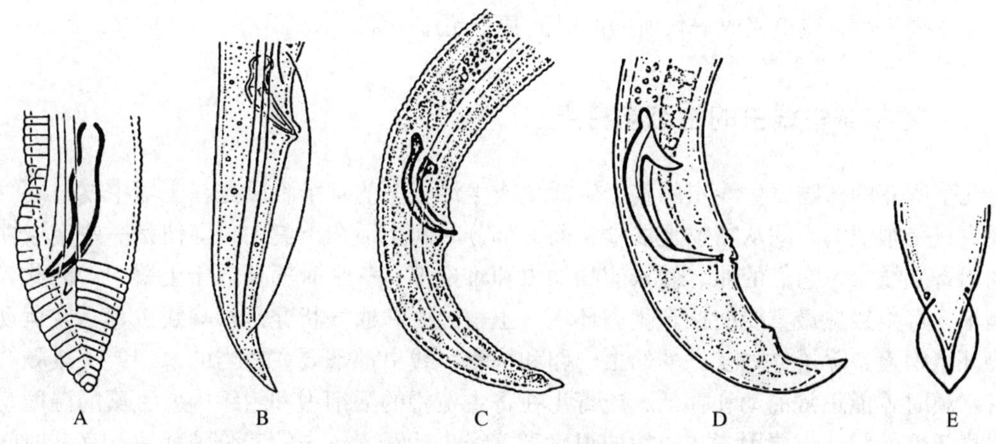

图 5-6　雄虫交合伞主要类型

A. 交合伞位于泄殖腔区，延伸到尾尖；B. 交合伞位于泄殖腔区，不延伸到尾尖；C. 无交合伞；D，E. 端生交合伞侧面观及腹面观

第二节　植物寄生线虫的生活史和生态学特点

一、植物寄生线虫的生活史

线虫的生活史一般经历卵、幼虫和成虫 3 个阶段。线虫由卵孵化出幼虫，幼虫发育为成虫后，大多数需通过两性交配后产卵，完成一个发育循环，即线虫的生活史。线虫的生活史很简单，卵孵化出来的幼虫形态与成虫大致相似，除了个体小外，主要是生殖系统尚未发育或未充分发育。幼虫发育到一定阶段就蜕皮一次，蜕去原来的角质层而形成新的角质层，蜕化后的幼虫大于原来的幼虫。每蜕化一次，线虫就增加一个龄期。大多数植物寄生线虫一般有 4 个幼虫龄期。垫刃目线虫的一龄幼虫是在卵内发育的，所以从卵内孵化出来的幼虫已是二龄幼虫。一些定居性的植物内寄生线虫（如孢囊线虫和根结线虫等）均是通过二龄幼虫侵染寄主植物的，这类线虫的二龄幼虫又称“侵染性幼虫”。四龄幼虫经过最后一次的蜕皮后变为成虫，这时雌虫和雄虫在形态上已明显不同，生殖系统已充分发育，性器官非常明显。有的线虫在发育过程中，雌虫和雄虫的三龄幼虫在形态上已经有一定的差异，如成熟雌虫的虫体膨大呈柠檬形、梨形和肾形等。雌虫经过交配后产卵。

有些线虫的雌虫可不经与雄虫的交配也能产卵繁殖，这种生殖方式称孤雌生殖。在一些定居性的植物寄生线虫的生活史中，当寄主植物的营养条件丰富和环境条件适宜时，往往进行孤雌生殖。因此，在线虫的生活史中，有些线虫的雄虫是起作用的，有的似乎不起作用或作用还不清楚。

在环境条件适宜的情况下，大多数植物寄生线虫完成一个世代一般只需要 3 ~ 4 周的时间，如温度低或其他条件不合适，则所需时间相对长一些。线虫在一个生长季节里大都可以发生若干代，发生的代数因线虫种类、环境条件和危害方式而不同。不同线虫种类的生活史长短差异很大，如大豆孢囊线虫一年可发生 3 ~ 4 代，小麦粒线虫则一年仅发生一代，而一些长针类线虫完成一代所需的时间甚至超过一年。

二、植物寄生线虫的生态学特点

几乎所有的植物寄生线虫的整个生活史或生活史中的某个阶段是在土壤中度过的。有些线虫只是很短的时间从植物上取食，而大部分时间生活在土壤中，即使是一些定居性的植物内寄生线虫，它们的卵、侵入前的幼虫和雄虫都有一个时期存活于土壤中，因此，土壤是植物寄生线虫最重要的栖息生态环境。土壤湿度和通气状况是影响线虫存活或运动的主要环境因素，除了休眠状态的幼虫、卵和孢囊，线虫都需要在适当的水中或土壤颗粒表面有水膜时才能正常活动和存活，或寄生在寄主植物的活细胞和组织内。土壤的温度是影响线虫活性的另一重要因素，土壤的温度高，线虫活跃，体内的养分消耗快，存活时间较短；在低温条件下，线虫存活时间就相对较长。虽然线虫缺乏呼吸系统，但单位体重的耗氧量比人还高，因此，土壤长期处于淹水或通气不良的条件下也影响线虫的存活。许多线虫可以以休眠的状态在植物体外长期存活，如土壤中由根结类线虫雌虫产卵后所形成的胶质的卵囊和由孢囊类线虫雌虫产卵后所形成孢囊中的卵存活期较长。活动状态的线虫长时间暴露在干燥的空气中，将很快死亡。不同线虫种类发育最适温度不同，但一般在10～30℃均能发育。

植物寄生线虫大都生活在土壤的耕作层，在15～30 cm深的土层中线虫较多，特别是在根周围土壤中更多，这主要是由于有些线虫只有在根部寄生后才能大量繁殖，同时根部的分泌物对线虫有较强的吸引力，或能刺激线虫卵孵化；对一些多年生的植物（如果树和林木等）在超过1 m深的土层中，只要有植物根系分布的地方也常常可以发现一些外寄生的植物寄生线虫。

线虫在土壤中的活动性不大，而且在土壤中的蠕动也无一定方向，所以在整个生长季节内，线虫在土壤中扩展的范围很少超过100 cm。当然，通过人为的传带、种苗的调运、风和灌溉水以及耕作农具携带等是植物寄生线虫远距离传播的主要原因。对于一些可以为害植物地上部的线虫，除上述传播途径外，雨水的飞溅或灌溉也是其传播的途径之一。有些属的植物寄生线虫较特殊，如伞滑刃线虫属（*Bursaphelenchus*）的松材线虫，它们可以通过媒介昆虫（天牛）来传播，其中的一些重要的寄生线虫种类主要存在于寄主的细胞和组织内，几乎或很少进入土壤中。

植物寄生线虫都是专性寄生物，只能在活的植物细胞或组织内取食和繁殖，在植物体外就依靠它体内储存的养分生活或休眠。植物细胞或组织往往是许多植物寄生线虫的栖息场所，只要温度和湿度等主要的生态条件利于植物正常的生长和发育，且生态条件适合线虫的发育，则寄主细胞或组织都是植物寄生线虫的合适取食位点。

植物寄生线虫在土壤中有许多自然的天敌，有寄生线虫的原生动物，有吞食线虫的捕食类线虫，还有些土壤中的真菌可以套住或附着在线虫上，以菌丝体在线虫及其卵内寄生。但是植物寄生线虫的繁殖量是很大的，如不采取适宜的防治措施，为数不多的线虫很快又能繁殖到相当大的能危害植物的数量，所以生物防治的作用往往受到限制。

第三节　植物寄生线虫的寄生性和致病性

一、植物寄生线虫的寄生性

植物寄生线虫大多是专性寄生的，少数寄生在高等植物上的线虫也能以真菌的菌丝体为食，后一类线虫可以在真菌上培养。但到目前为止，植物寄生线虫尚不能在人工培养基上很好生长和发育。植物寄生线虫都具有口针，口针是一中空的骨质针状结构，通过口针既可以穿刺寄主细胞和组织，同时也可以向植物体内分泌唾液及酶类等，并从寄主细胞内吸收液态养分。

（一）植物寄生线虫的寄生类型

不同种类线虫对植物寄生的方式不同，有的线虫是寄生在植物体内，有的是寄生在体外。线虫在发育过程中其寄生方式可以改变，如一些外寄生线虫，到一定时期可进入组织内寄生；即使典型的内寄生线虫，在幼虫进入植物组织以前，也有一段时期是外寄生。根据寄生方式不同，可以将植物线虫分为外寄生、内寄生和半内寄生等3类：

1. 外寄生（ectoparasitism）

在寄生和为害的过程中，线虫体不进入植物内部，仅口针进入寄主体内，这种寄生方式为外寄生。大多数植物寄生线虫是外寄生的，一些口针较短的线虫，如毛刺线虫属（*Trichodorus*）的种类，一般仅侵染寄主表皮细胞或根毛。口针长的线虫，如剑线虫属（*Xiphinema*）、长针线虫属（*Longidorus*）和刺线虫属（*Belonolaimus*）等类群，一般取食表皮下层细胞，甚至取食于中柱组织。根据线虫的取食期活动性，还可分为迁移性外寄生和定居性外寄生。

（1）迁移性外寄生　这类线虫先在一个位点取食，当根组织被破坏后，主动停止取食并转移到新的取食点，生活史都在土壤中完成。如矛线目中的长针线虫属和剑线虫属等，这类线虫雌虫、雄虫均为蠕虫形，具有发育良好的食道和发达的口针。

（2）定居性外寄生　这类线虫能较长时间附着于根部一个取食点。如垫刃目中的针线虫属（*Paratylenchus*）和小环线虫属（*Criconemella*）。这些线虫雌虫体较粗短和不大活动，一般有较长的口针。雄虫细长，口针和食道退化或发育不全。

2. 内寄生（endoparasitism）

在寄生和为害的过程中，线虫体全部进入植物体内。这有两种情况：

（1）迁移性内寄生　如短体线虫（*Pratylehchus*）、穿孔线虫（*Radopholus*）（彩图42）、潜根线虫（*Hirschmanniella*）等进入植物组织后，不是固定不动，而是在组织内移动，最后造成大范围根组织坏死。

（2）定居性内寄生　如根结线虫（*Meloidogyne*）和孢囊线虫（*Heterodera*）等二龄侵染幼虫侵入植物组织后，在根内形成特异性的取食位点，供给线虫发育必需的养分，线虫头部固定的取食位点组织附近寄生不动，完成其个体发育。

3. 半内寄生（semi-endoparasitism）

（1）定居性半内寄生　虫体前端刺入植物组织内，后半部露在植物体外。如半穿刺线虫（*Tylechulus*）和肾形线虫（*Rotylenchulus*），成熟雌虫前端侵入根组织内，而虫体后部裸露在根组织外，且膨大呈囊状。

（2）转移性半内寄生　这种线虫先营外寄生，后进入组织内寄生，如小麦粒线虫最初在生长点附近外寄生，到小麦幼穗分化时，侵入花器而成内寄生。

（二）植物寄生线虫的寄主范围

不同类群（有些同属不同种）的线虫，寄主范围存在较大的差异。有的线虫种类的寄主范围很广，这类线虫如寄主中有一种或多种粮食作物或经济作物，则具有很强的经济重要性。典型代表类群就是根结线虫属的种类。与其他的大多数植物寄生线虫类群相比，根结线虫寄主范围广泛，可侵染超过 3 000 种植物，隶属于 114 科，包括单子叶植物、双子叶植物，遍及粮食、经济、蔬菜、果树、花卉等作物，尤其茄科、葫芦科、十字花科等系根结线虫最重要的寄主植物类群；就根结线虫属内不同种类而言，不同种的根结线虫在寄主范围上也存在一定的差异，有些种之间的差异还相当大。根据寄主植物的不同，可将根结线虫分为两大类群：第一类为有广泛寄主范围的种，包括最常见的南方根结线虫（*M. incognita*）、爪哇根结线虫（*M. javanica*）、花生根结线虫（*M. arenaria*）和北方根结线虫（*M. hapla*）等。尽管这些种根结线虫的寄主范围相当广泛，但对寄主植物还是有一定的选择性。例如烟草 NC95、棉花 Deltapine 16、辣椒 California Wonder、西瓜 Charleston、花生 Florunner 和番茄 Rutgers 等不同寄主的品种（品系）作为鉴别寄主植物可以很好地将上述 4 种根结线虫区分开来。第二大类是主要寄生在不同类型作物上的各种各样的种类，如主要寄生在禾本科植物上的种类和主要寄生在木本植物上的种类，与第一类相比这些根结线虫的寄主范围相对较窄，对植物的危害也相对较轻。其他还有些植物寄生线虫类群有相对很窄的寄主范围，如小麦粒线虫（*A. tritici*）主要寄生小麦，偶尔寄生黑麦，很少发现寄生大麦；禾谷孢囊线虫主要寄生在禾本科的一些麦类作物上；大豆孢囊线虫一般只寄生在大豆等豆类植物上。

二、植物寄生线虫的致病性

很多线虫对植物有致病性，有的能造成重大损失。线虫对寄主植物的致病性首先表现在其本身通过口针对寄主的细胞或组织的直接穿刺吸食和在组织内造成的创伤，对植物有一定的影响；但线虫本身对植物破坏作用最大的是食道腺的分泌物，食道腺的分泌物，除去有助于口针穿刺寄主植物的细胞壁和消化细胞内含物便于吸取外，还可能有以下这些影响：①刺激寄主细胞的增大，以致形成巨型细胞（giant cell）或合胞体（syncytium）（图 5–7，彩图 194）。巨型细胞

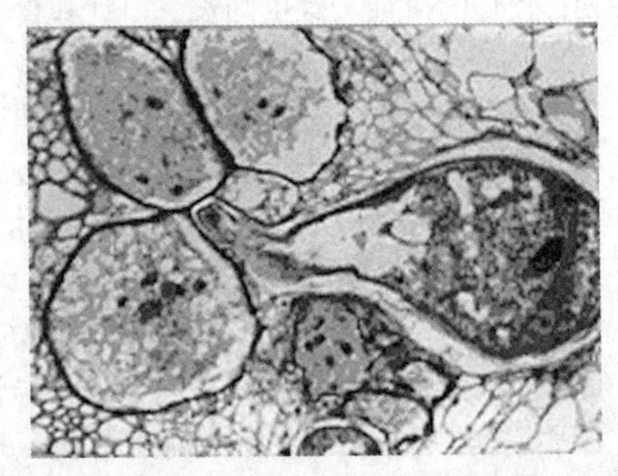

图 5–7　根结线虫雌虫及头部附近形成的巨型细胞

和合胞体一般是寄主植物受定居性植物内寄生线虫食道腺分泌刺激后形成的大型、多核细胞，是侵入寄主的幼虫进一步发育的主要营养来源，两者在形成机制上存在差异。巨型细胞一般是根结线虫食道腺分泌物刺激后，受侵染的寄主细胞的细胞核分裂，细胞膨大但没有分裂所形成的；而合胞体一般是指孢囊线虫食道腺分泌的一些多糖降解酶的作用，受侵染邻近寄主细胞的细胞壁发生降解融合后而形成的。②刺激细胞分裂形成瘤肿和根部的过度分枝等畸形。植物根部受害后就表现出不规则的肿瘤或结节畸形，称为根结或根瘤，地上部呈现生长不良、黄化等。③抑制根茎顶端分生组织细胞的分裂。④溶解中胶层使细胞离析；溶解细胞壁和破坏细胞。由于上述各方面的影响，植物受害后就表现出各种类型的症状。植物地上部的症状有顶芽和花芽的坏死，茎叶的卷曲或组织的坏死，形成叶瘿或种瘿等。根部受害的症状，有的生长点被破坏而停止生长或卷曲，根上形成瘤肿或过度分枝，根组织坏死和腐烂等。多肉的地下根或茎受害后，组织先坏死，以后由于其他微生物的侵染也会表现腐烂的症状。根部受害后，地上部的生长受到影响，表现为植株矮小、色泽失常和早衰等症状，严重时整株枯死。

土壤中存在大量腐生性线虫，在植物根部以及植物地下部或地上部坏死和腐烂组织内外都可看到许多线虫，其中大多数是取食坏死和腐烂的植物组织的腐生线虫，而不是植物寄生线虫，要特别注意区分植物寄生和腐生性线虫。腐生性线虫的特征主要是：口腔内一般没有口针，食道为小杆型，尾部细长如丝，在水中非常活跃等。

线虫除本身引起病害外，还与其他病原物的侵染和危害有一定的关系。主要表现在：土壤中存在着许多其他病原物，根部受到线虫侵染后，容易遭受其他病原物和真菌的侵染，从而加重病害的发生，例如棉花根部受到线虫侵染后，更容易发生枯萎病，控制土壤中的线虫群体密度，可以明显减轻棉花枯萎病的危害；有些寄生植物的线虫，可以传染植物病原细菌，或引起并发症；还有些土壤中的寄生线虫是许多植物病毒的自然传播介体。剑线虫属（*Xiphinema*）和长针线虫属（*Longidorus*）的一些种类主要传播一些球状病毒（如葡萄扇叶病毒和番茄环斑病毒），毛刺线虫属（*Trichodorus*）和拟毛刺线虫属（*Paratrichodorus*）的一些种类可以传播两种杆状病毒——烟草脆裂病毒和豌豆早褐病毒。传播病毒和为其他病原物造成侵染的伤口，从而引起其他病害严重发生的重要性，常常超过这些线虫本身对植物所造成的损害。

第四节 植物寄生线虫的主要类群

一、植物寄生线虫的分类

线虫的种类和数量很多，据 Hyman（1951）的估计，全世界有 50 余万种，在动物界中是仅次于昆虫的一庞大类群。20 世纪中叶以来，线虫分类学发展很快，许多新的分类单元被建立。以前一直将线虫列为线性动物门（Nematheminthes）下的一个纲——线虫纲（Nematoda）。早在 1919 年美国著名线虫学家 Cobb 就曾建议将线虫单独成立一个门，1934 年苏联著名线虫学家 Filipjev 也曾建议将线虫单独建立一个门，但是直到 20 世纪 70 年代后，大多数线虫学家才陆续同意成立线虫门。目前关于线虫门下的分类，目、亚目、总科

和科的分类系统，分类专家的意见尚不一致。较新的一个分类系统是由 Maggenti（1991）提出的，该分类系统中，线虫门下包括 2 纲，下设 18 目 38 总科。根据侧尾腺（phasmid）的有无，分为 2 个纲：侧尾腺纲（Secernentea）和无侧尾腺纲（Adenophorea）。植物寄生线虫主要分布在垫刃目（Tylenchida）、矛线目（Dorylaimida）和三矛目（Triplonchida）等类群中，其中三矛目是从原矛线目新分出的一个目。3 个目内，垫刃目属于侧尾腺纲，隶属该目下的垫刃亚目（Tylenchina）和滑刃亚目（Aphelenchina）包含许多重要的植物寄生线虫；矛线目和三矛目属于无侧尾腺纲，其中有些线虫种类可以传播植物病毒。它们的形态大小各异，如图 5-8 所示。

进入 21 世纪以来，随着分子系统分类学有关的技术在线虫分类学上的应用，线虫的分类目前正处于一个不断变更的时期，如 DeLey 和 Blaxter（2002）主要基于大量线虫 18S rRNA 序列信息结合线虫的形态特征提出的线虫分类系统，推断线虫起源于无侧尾腺纲祖先，不支持传统的基于侧尾腺的有无将线虫分为无侧尾腺纲和侧尾腺纲的观点，认为侧尾腺纲起源于无侧尾腺纲下的色矛目（Chromadorida）。在该分类系统中，很多高阶元的分类单元（主要是科以上）的变化较大，其主要特点：①将线虫门下分为色矛纲（Chromadorea）和嘴刺纲（Enoplea）2 个纲，下设色矛亚纲（Chromadoria）、矛线亚纲（Dorylaimia）和嘴刺亚纲（Enoplia）3 个亚纲；②垫刃类线虫隶属小杆目（Rhabditida）下的一个亚目——垫刃亚目（Tylenchina），下设垫刃总科（Tylenchoidea）、环总科（Criconematoidea）、宫外翻总科（Sphaerularioidea）和滑刃总科（Aphelenchoidea）等 4 个总科，而科以下，特别是属的分类单位相对稳定。本教材仍然采用 Maggenti（1991）提出的分类系统表（表 5-1）。

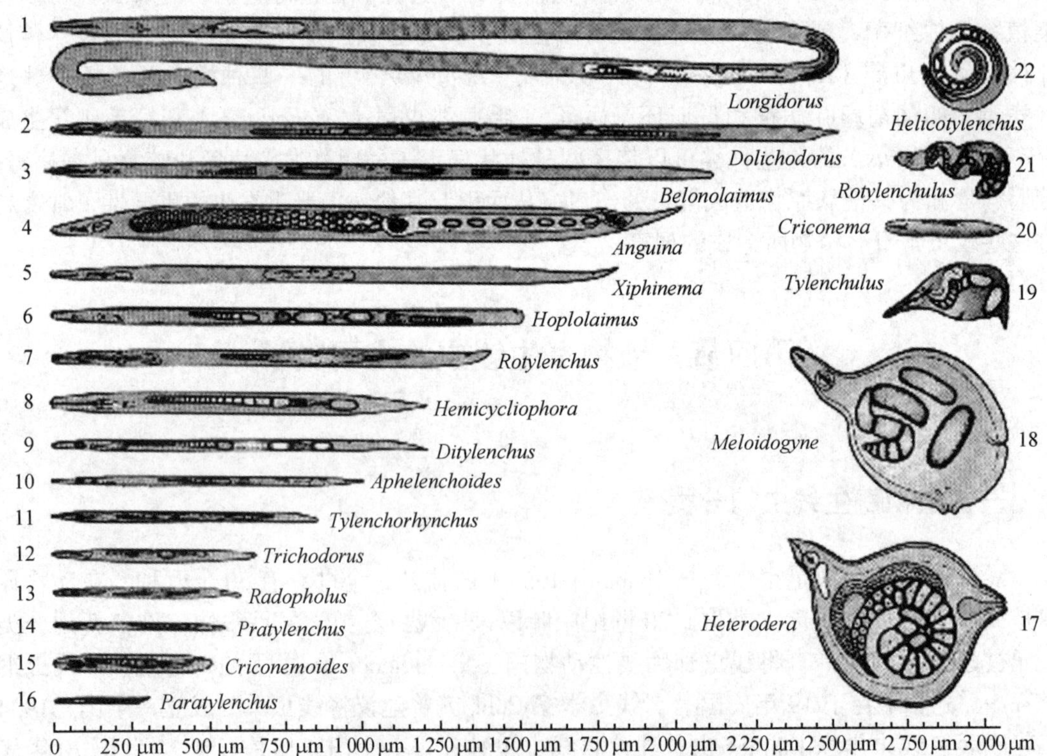

图 5-8　重要植物寄生线虫属的形态大小示意图

表 5–1　主要植物和土壤线虫类群的高阶元分类 *

Chitwood（1950）	Maggenti（1991）	De Ley and Blaxter（2002）
线虫纲（Nematoda）	线虫门（Nematoda）	线虫门（Nenatoda）
侧尾腺口亚纲（Secernentea）	侧尾腺口纲（Secernentea）	色矛纲（Chromadorea）
小杆目（Rhabditida）	小杆目（Rhabditida）	小杆目（Rhabditida）
小杆线虫科	小杆总科（Rhabditoidea）	小杆线虫科
垫刃目（Tylenchida）	小杆线虫科	垫刃亚目（Tylenchina）
垫刃总科（Tylenchoidea）	垫刃目（Tylenchida）	垫刃总科（（Tylenchoidea）
垫刃线虫科	垫刃亚目（Tylenchina）	垫刃线虫科
异皮线虫科	垫刃总科（Tylenchoidea）	纽带线虫科
环线虫科	垫刃线虫科	短体线虫科
半穿刺线虫科	粒线虫科	根结线虫科
滑刃总科（Aphelenchoidea）	短体线虫科	环总科（Criconematoidea）
真滑刃线虫科	纽带线虫科	环线虫科
滑刃线虫科	异皮线虫科	半穿刺线虫科
无侧尾腺口亚纲（Adenophorea）	环总科（Criconematoidea）	宫外翻总科（Sphaerularioidea）
嘴刺目（Enoplida）	环线虫科	粒线虫科
矛线总科（Dorylaimoidea）	半穿刺线虫科	滑刃总科（Aphelenchoidea）
矛线科	滑刃亚目（Aphelenchina）	真滑刃线虫科
膜皮线虫科	滑刃总科（Aphelenchoidea）	滑刃线虫科
	真滑刃线虫科	嘴刺纲（Enoplea）
	滑刃线虫科	矛线目（Dorylaimida）
	无侧尾腺口纲（Adenophorea）	矛线总科（Dorylaimoidea）
	矛线目（Dorylaimida）	长针线虫科
	矛线总科（Dorylaimoidea）	三矛目（Triplonchida）
	长针线虫科	膜皮总科（Diphtherophoroidea）
	毛刺线虫科	毛刺线虫科

* 该表中只列出部分重要植物线虫类群的科

二、植物寄生线虫的重要类群

在农业生产上重要的 20 余个线虫属的分类地位如表 5–2 所示。

表 5–2　农业上重要的植物寄生线虫属的分类地位

纲	目	科	重要的属
侧尾腺口纲	垫刃目	垫刃总科	*Anguina* 粒线虫属
Secernentea	Tylenchida		*Ditylenchus* 茎线虫属
			Tylenchorhynchus 矮化线虫属

续表

纲	目	科	重要的属
			Pratylenchus 短体线虫属
			Radopholus 穿孔线虫属
			Hirschmanniella 潜根线虫属
			Scutellonema 盾线虫属
			Helicotylenchus 螺旋线虫属
			Heterodera 异皮线虫属
			Meloidogyne 根结线虫属
			Globodera 球孢囊线虫属
			Nacobbus 珍珠线虫属
			Rotylenchulus 肾形线虫属
			Tylenchulus 半穿刺线虫属
		滑刃总科	*Aphelenchoides* 拟滑刃线虫属
			Bursaphelenchus 伞滑刃线虫属
无侧尾腺口纲	矛线目	矛线总科	*Longidorus* 长针线虫属
Adenophorea	Dorylaimida		*Xiphinema* 剑线虫属
	三矛目	毛刺总科	*Trichodorus* 毛刺线虫属
	Triplonchida		*Paratrichodorus* 拟毛刺线虫属

植物寄生线虫的种类很多，现以下面 7 个属的线虫为代表，介绍它们不同的寄生方式和主要的危害类型。

（一）粒线虫属（*Anguina*）

粒线虫属线虫大都寄生在禾本科植物的地上部，在茎、叶上形成虫瘿，或破坏子房形成虫瘿。虫瘿是指植物组织受到线虫刺激而增生形成的、内部包有许多线虫的瘤状结构。粒线虫属至少包括 18 个种，模式种为小麦粒线虫（*A. tritici*），这也是该属最主要的植物病原线虫，引起小麦粒线虫病，有时也危害黑麦。

小麦粒线虫的雌虫和雄虫均为蠕虫形，虫体较长，在植物寄生线虫中是较大的。雌雄同形，雌虫稍粗长，大小为（3 ~ 5）mm ×（0.1 ~ 0.2）mm；雄虫大小只有（2 ~ 2.8）mm ×（0.07 ~ 0.1）mm。两性均为垫刃型食道，口针较小。雌虫往往呈卷曲状，单卵巢，向前伸常作 1 或 2 次转折；雄虫稍弯，但不卷曲。交合伞不包到尾尖。卵母细胞多行排列成一轴状（图 5–9，彩图 195）。

小麦粒线虫生活史中的大部分时间是在子房被破坏而形成的虫瘿内完成。落在土壤中的或与种子在一起播下的虫瘿，在潮湿的土壤中吸水膨胀，其中的二龄幼虫爬出活动，从芽鞘侵入麦苗，先在叶鞘与幼茎间营外寄生。茎、叶受害可发生扭曲等畸形，偶尔可以进入叶片组织内寄生，在叶片上形成突起的虫瘿。幼穗分化后，幼虫进入花器，侵入到子房内寄生，刺激子房形成虫瘿。每个子房一般有 7 ~ 8 条幼虫，有时多达 40 条。侵入子房的

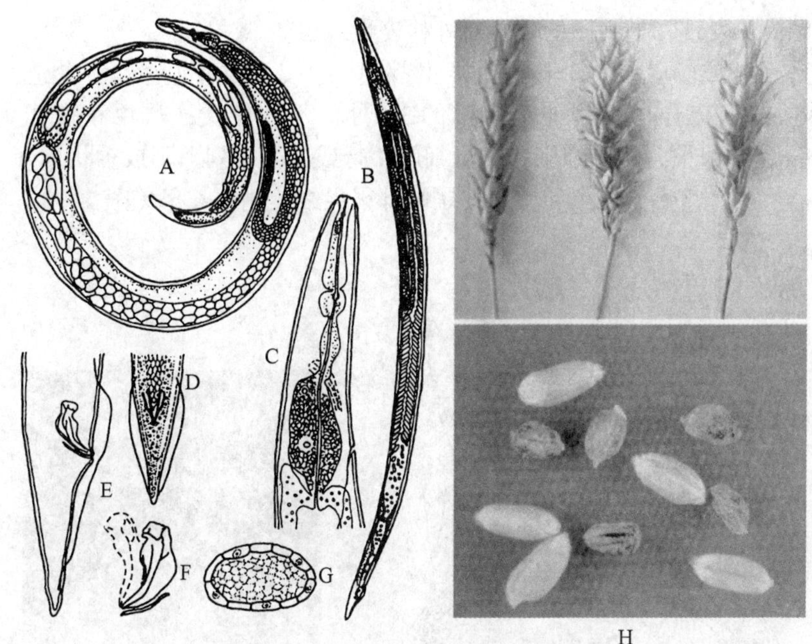

图 5-9　小麦粒线虫

A. 雌虫；B. 雄虫；C. 头部；D. 雄虫尾部腹面观；E. 雄虫尾部侧面观；F. 雄虫交合刺；G. 卵巢横切面；H. 为害状

幼虫很快发育为成虫。雌虫和雄虫在子房内交配，雄虫交配后即死去，每条雌虫可以产卵 2 000 ~ 3 000 粒。虫瘿内的卵随即孵化为一龄幼虫，以后又很快孵化为二龄幼虫。当小麦开花时，虫瘿已经完全形成，成熟的虫瘿黑褐色，很坚硬，短而粗，切开后其中的白色丝状物就是二龄幼虫。虫瘿中的虫数不等，少的 3 000 条左右，多的 10 000 条以上。虫瘿内二龄幼虫的存活力很强，有的可达 20 年以上。在土壤中的二龄幼虫存活期较短，仅 1 ~ 2 个月。小麦粒线虫每年只发生一代，二龄幼虫期的时间很长，只在未成熟的虫瘿中才能看到它的成虫。

小麦粒线虫病曾经在世界各地普遍发生，由于虫瘿是它的主要传染来源，因此只要播种不带虫瘿的麦种，该病就能得到控制。小麦粒线虫可以传染小麦蜜穗病细菌（*Clavibacter tritici*）引起并发症，蜜穗病的病原细菌在虫瘿内也能存活 5 年左右，但只要控制了粒线虫病，就不再发生蜜穗病。

（二）茎线虫属（*Ditylenchus*）

茎线虫属线虫可以危害地上部的茎叶和地下的根、球茎、块茎、鳞茎和块根等，有的可以寄生昆虫和一些食用菌等，还有一些以真菌的菌丝为食。受茎线虫属线虫危害的主要症状是组织的坏死。茎线虫属已报道的种超过 80 个，模式种为起绒草茎线虫（鳞球茎茎线虫，*D. dipsaci*），是危害最严重和最常见的种。起绒草茎线虫和腐烂茎线虫（*D. destructor*）的分布很广，危害作物的种类很多，特别是起绒草茎线虫在世界各地都有发生，受害植物在 300 种以上，根据其种内不同种群的寄主范围，起绒草茎线虫可以分为不同的小种。我国发生较重的是甘薯茎线虫病，是由腐烂茎线虫引起的。此外，茎线虫属中的水稻茎线虫（*D. angustus*）在孟加拉国和印度引起水稻的“Ufra”（茎秆）病，造成严重损失，我国尚未发现，是我国的重要对外检疫性线虫。

腐烂茎线虫雌雄同型，即雌虫和雄虫都呈线形，典型的垫刃型食道。雄虫体长为0.63 ~ 1.35 mm，交合伞仅延伸至尾长的3/4处，不达尾尖；雌虫稍微粗大，体长为0.69 ~ 1.89 mm，单卵巢，卵母细胞和精母细胞1行或2行排列，不成轴状排列，阴门在虫体后部，有一后阴子宫囊。雌虫和雄虫的尾端都很尖细，侧线6条（图5–10，彩图196）。

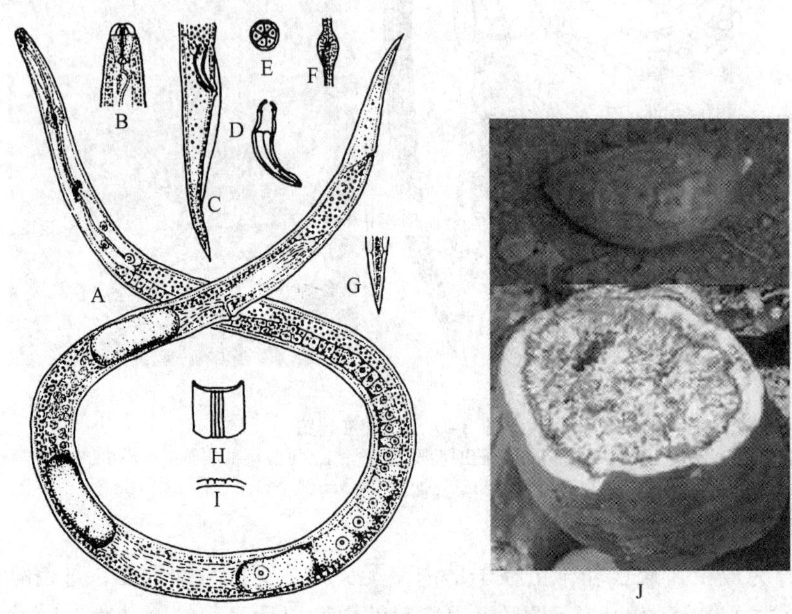

图5–10 茎线虫

A. 雌虫；B. 头部；C. 雄虫尾部；D. 交合刺；E. 唇区切面；F. 中食道球；G. 尾尖；H，I. 侧带；J. 为害状

每个雌虫可产卵近200个。四龄幼虫对低温和干燥的抵抗能力很强，在植物的组织内和土壤中可以长期存活，遇到适当的寄主植物即可侵入危害。在植物内寄生的四龄幼虫蜕化一次而形成成虫，交配后产卵。在合适的温度下，茎线虫完成一代生活史只需19 ~ 25 d，所以每年能发生许多代。茎线虫在寄主组织内可以一代一代交替地延续下去，所以在组织内可以发现它生活史中各个阶段的虫态。腐烂茎线虫属迁移性内寄生线虫，甘薯的苗、蔓和薯块都能受害，但最后集中为害薯块，特别是到后期发展很快，这时每个薯块中可多达30万 ~ 50万条线虫。由于薯块组织的破坏，引起干腐和空心等症状。从病薯中来的线虫侵入秧苗，以后再经过薯蔓而进入新的薯块。土壤中的线虫也能直接侵入薯块。茎线虫的防治主要是选用无线虫的种薯育苗，必要时采用抗病品种、轮作和土壤消毒等措施。

（三）异皮线虫属（*Heterodera*）

异皮线虫属又称孢囊线虫属，这是危害植物根部的一类重要的定居性植物内寄生线虫，过去也称为根线虫。由于危害植物根部的线虫很多，因此还是根据它们可以形成孢囊的特征，称为孢囊线虫更为恰当。孢囊类线虫是异皮总科中很大的一个类群，在异皮总科中可以形成孢囊的线虫有6个属。现在的异皮线虫属包括近80个种，模式种为甜菜孢囊线虫（*H. schachtii*），本属线虫中较重要的如甜菜孢囊线虫、燕麦孢囊线虫（*H.*

avenae）和大豆孢囊线虫（*H. glycines*）等。此外，还有马铃薯孢囊线虫（原名 *Heterodera rostochiensis*，现在改名为球孢囊线虫 *Globodera rostochiensis*）也是很重要的种。

在我国，大豆孢囊线虫发生普遍而严重；燕麦孢囊线虫又称禾谷孢囊线虫，在华北、西北、华中和华东地区小麦产区都有分布。各种孢囊线虫的性状和危害方式大致相似，可以大豆孢囊线虫作为代表。

异皮线虫属的形态特征是：雌雄异型，成熟雌虫膨大呈柠檬状、梨形，双卵巢，阴门和肛门位于尾端，有突出的阴门锥，阴门膜孔有不同的类型。雌虫成熟后角质层变厚、变深褐色，称为孢囊；雄虫线形，细长，尾短，无交合伞。

1. 大豆孢囊线虫

大豆孢囊线虫的雄虫细长，大小为 1.3 mm ×（0.03 ~ 0.04）mm；雌虫柠檬形，大小为（0.6 ~ 0.8）mm ×（0.3 ~ 0.5）mm。每个雌虫可以产卵 300 ~ 600 粒。二龄幼虫从大豆幼根的表皮直接侵入，在根的皮层组织内寄生，细胞受到一定的破坏，有的也可刺激皮层细胞增大。在寄主组织内寄生的雄性幼虫逐渐变粗，再经过两次蜕化后，细长的雄虫卷曲在角质膜内，再经过一次蜕化就形成细长伸展的雄成虫。雌虫的幼虫在二、三龄两次蜕化的过程中也不断变粗，生殖系统逐渐开始发育，在第三次蜕化时已经略呈柠檬状，最后经过第四次蜕化而形成柠檬形的雌成虫（图 5–11，彩图 197）。

大豆孢囊线虫的雄虫和雌虫的幼虫都是内寄生的，雌虫一旦侵入寄主组织，即固定在一处寄生，属典型的定居性内寄生线虫。由于雌虫的幼虫在发育的过程中不断膨大，可以逐渐突破寄主组织的表皮，虫体的大部分露出根外，只有头部留在植物组织内。大多数的虫卵都仍留在雌虫体内，只有少数雌虫的卵可产在从尾部排出的胶质卵囊中。雄虫成熟后就脱离寄主，寻找雌虫交配，或不交配即在土壤中死去。交配成功后雌虫可以产卵，大多数的卵都仍留在雌虫体内，只有少数雌虫的卵可产在从尾部排出的胶质卵囊中。雌虫的颜色也由白色变为浅褐色以至黑褐色而死亡，最后形成孢囊。孢囊实质上是死去的雌虫的尸体，外被增厚的角质层所包被，且体内充满许多处于不同胚胎发育阶段的卵。发育成

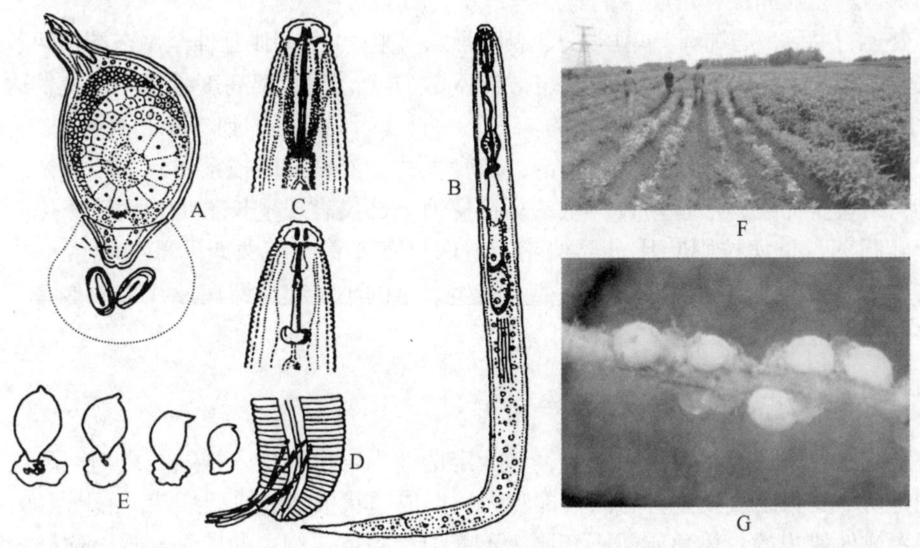

图 5–11　大豆孢囊线虫

A. 雌虫及卵囊；B. 雄虫；C. 雄虫头部；D. 雄虫尾部；E. 孢囊及卵囊；F. 大豆田间症状；G. 根系上的白雌虫

熟的孢囊从根部脱落到土壤中。二龄幼虫在卵内进入休眠状态，大豆孢囊线虫完成一代需21～24 d，在一个生长季节中可发生3～4代。大豆受害后，根部的生理活动受到破坏，根系发育不好，地上部分则表现为退绿或黄化，植株矮化明显，严重时整株枯死。最好的诊断方法是检查根表较老熟的黄褐色的雌虫，或在根上有深褐色的孢囊。

孢囊中的卵是下一年（代）发病的传染来源。孢囊中的卵在土壤中可以存活多年而不孵化，孢囊线虫卵的孵化与植物根部的分泌物有一定的关系。培育抗病品种、轮作和土壤药剂处理是常用的防治措施。

（四）球孢囊线虫属（*Globodera*）

球孢囊线虫属内包括一些形成球状（或近球状）的孢囊的线虫，是孢囊线虫科中一个重要的属。典型代表种是马铃薯金线虫（*G. rostochiensis*）。

马铃薯孢囊线虫现分为两个种，即马铃薯金线虫［*Globodera rostochiensis*（Wollenweber）Behrens，1975，原名为罗氏球孢囊线虫 *Heterodera rostochiensis* Wollenweber］和马铃薯白线虫。马铃薯金线虫是马铃薯上危害最严重的植物寄生线虫，金线虫主要分布在位于温带地区和热带较高海拔地区约72个马铃薯产区。这些国家或地区包括欧洲和南美洲各国，中东地区，亚洲的日本、菲律宾、巴基斯坦、斯里兰卡等。尽管马铃薯孢囊线虫的分布被严格地控制着，但是由于马铃薯孢囊线虫易被传播并建立起新的侵染点，所以它对世界马铃薯产业构成了严重威胁，而且这种威胁永久存在。

雌虫：珍珠白色，亚球形，具突出的颈，虫体球形部分的角质层具网状脊纹，无侧线。口针强大，锥部约为50%口针长，有时略弯曲，口针基部圆球形，明显向后倾斜，口针套管向后延伸至口针长的75%处。排泄孔明显，位于颈基部。阴门膜略凹陷，阴门横裂状。肛门位于阴门膜之外，肛门与阴门间角质层有20个平行脊（图5-12，彩图198）。

孢囊：褐色，亚球形具突出的颈，无突出的阴门椎，阴门椎为单环膜孔型。无阴门桥、下桥及其他残存的虫体腺体结构；无泡状突，但阴门区域可能有一些小而不规则的黑色素沉积物。无亚晶层，角质层的脊纹呈“Z”字形。

雄虫：蠕虫形，尾钝圆，角质层具规则环纹，侧区4条刻线延伸至尾末端，两条外刻线具网纹但内刻线无网纹。头部圆形缢缩，头环6～7个，头骨架高度骨化。口针发达，基部球向后倾斜，口针锥部占整个口针长的45%，口针套管向后延伸到70%口针长处。单精巢。

发病植株由于被大量线虫侵害根部，取食根的汁液，致使根系受到很多损伤，生长发育不良，结薯少而小，产量损失严重。马铃薯地上部仅表现生长不良，病株矮化，叶小而黄，嫩叶凋萎，重病株则叶片全部枯死，植株早衰死亡。病株地下部分根系小、发育不良，结薯小而少。在后期病株根部细根上密生大量的小突起，即病原线虫的孢囊。成熟的马铃薯金线虫孢囊呈金黄色。

（五）根结线虫属（*Meloidogyne*）

根结线虫属线虫与孢囊线虫相似，均为定居性内寄生线虫。根结线虫与孢囊线虫的主要区别是植物受根结线虫为害后的根部肿大，形成瘤状根结的典型症状（彩图199、200）；根结线虫成熟雌虫的虫体角质层不变厚，不变为深褐色。雌虫的卵全部排至体外的胶质卵囊中。根结线虫是一类危害植物最严重的线虫，可以危害单子叶和双子叶植物，广泛分布于世界各地，是热带、亚热带和温带地区最重要的植物病原线虫。据统计，根结线虫属已

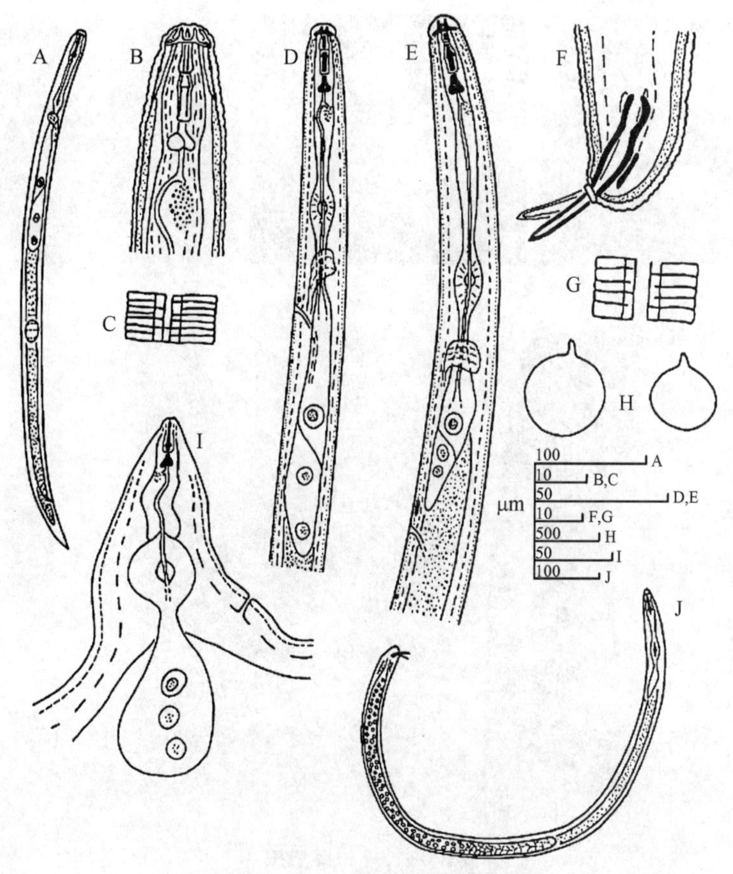

图 5-12　马铃薯金线虫形态（仿 Stone）

A. 幼虫整体；B. 二龄幼虫头部；C. 三龄幼虫中部侧区；D. 二龄幼虫食道；E. 雄虫食道；F. 雄虫尾部；G. 雄虫虫体中部侧区；H. 孢囊；I. 雌虫头部和颈部；J. 雄虫

报道的有效种近 90 个，模式种为 *M. exigua*。其中最重要的有 4 个种：南方根结线虫（*M. incognita*）、北方根结线虫（*M. hapla*）、花生根结线虫（*M. arenaria*）和爪哇根结线虫（*M. javanica*）。有的种内群体进一步区分为小种（也叫生理小种）。近些年发现象耳豆根结线虫（*M. enterolobii*）可严重危害蔬菜和花卉等，是最重要的根结线虫种类之一。现以我国发生和分布较普遍的南方根结线虫为代表说明根结线虫的生活史和危害情况。

根结线虫属的线虫种均为雌雄异型，雌虫成熟后膨大呈梨形，双卵巢，阴门和肛门在身体后部。由根结线虫的雌虫尾部阴门及肛门周围的角质膜形成特征性的花纹，称为会阴花纹（perineal pattern），是根结线虫属鉴定种的重要依据（图 5-13）。雌虫所产的卵全部排至体外的胶质卵囊中；雄虫细长，尾短，无交合伞，交合刺粗壮。此外，根结线虫的二龄幼虫形态也是鉴定的重要依据。每个雌虫可以产卵 300 ~ 500 粒，卵孵化出二龄幼虫，遇到适宜的寄主就侵入为害。由于根结线虫口针的穿透力不强，因此多半是从根尖侵入。雌虫的幼虫和成虫都是在组织内寄生；而雄虫则只有幼虫在组织内固定寄生。寄生在植物组织内的雌虫的分泌物可以刺激寄主组织形成巨型细胞，使细胞过度分裂膨大形成肿瘤。

在寄主组织内寄生的幼虫，虫体逐渐变粗呈长椭圆形。此后，雄虫的幼虫蜕皮 3 次，变为细长的成虫，并迁移到根外寻找适宜的雌虫交配，在雌虫排出的卵囊附近或卵囊内有时发现大量雄虫（图 5-14）。在寄主的营养条件较充足且环境条件适宜的情况下，雌虫可

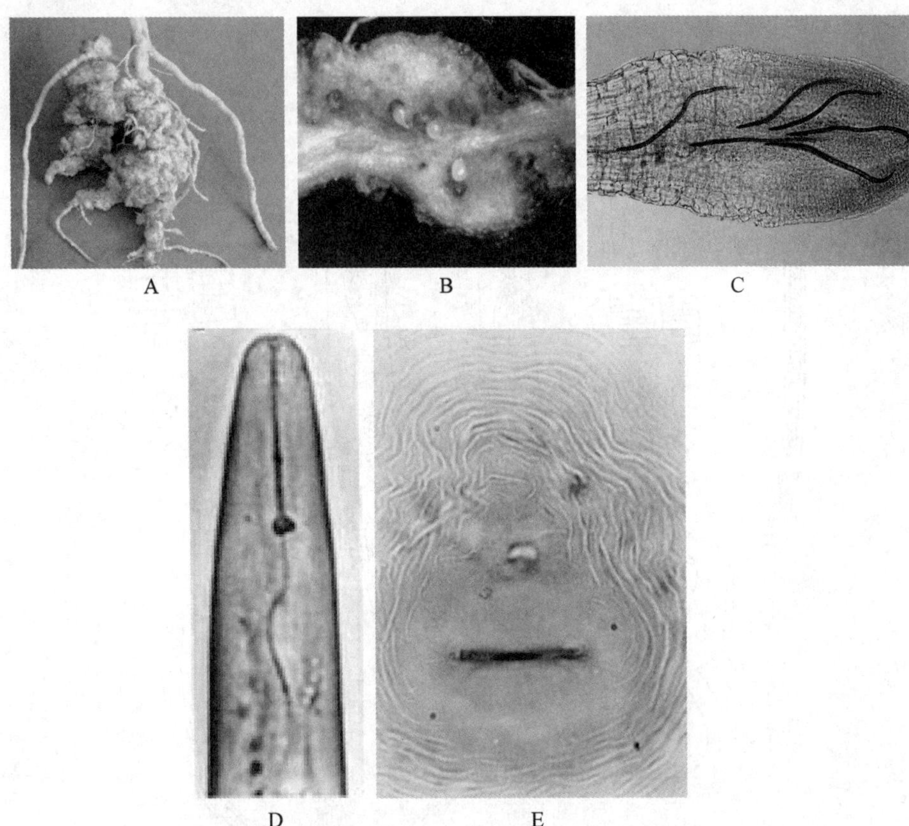

图 5-13　根结线虫

A. 在西瓜根上的症状；B. 根内形成的雌虫；C. 二龄幼虫侵入根内；D. 二龄幼虫体前部；E. 雌虫会阴花纹

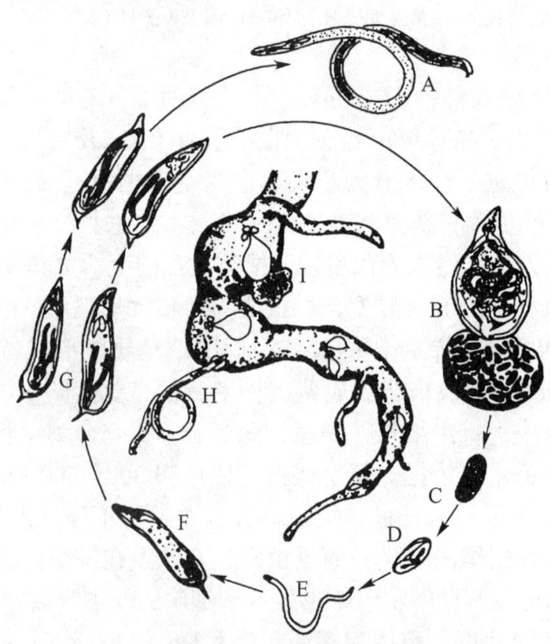

图 5-14　根结线虫的生活史

A. 雄虫；B. 雌虫及卵囊；C. 卵；D. 卵内一龄幼虫；E. 二龄幼虫；F. 三龄幼虫；G. 四龄幼虫；H. 幼虫侵染根部；I. 寄生在根内的雌虫及产卵于卵囊内

以通过孤雌生殖的方式产卵。侵入组织内的二龄幼虫在发育过程中，经过 3 次蜕皮后变为梨形的雌成虫。雌虫的卵产在尾端排出的胶质卵囊中，有时部分留在体内。雌虫寄生部位不深的，尾端稍微露出根外，卵囊则可露到根外，卵囊就长期留在细根上；寄生部位很深的，所产的卵则留在根组织内。卵囊和根组织内的卵能抵御不利的环境条件而长期存活，在条件适宜时才孵化。排出植物体外的卵，孵化的二龄幼虫又可侵染新的寄主。至于根结组织内的卵孵化的二龄幼虫，可以继续在组织内发育而完成生活史，也可以迁移离开根结组织而侵染新根。在适宜的温度下（27 ~ 30℃），根结线虫完成一代只要 17 d 左右；温度低（15℃）时则需要 57 d 左右。因此它在南方发生的代数较多，为害也重。

（六）拟滑刃线虫属（*Aphelenchoides*）

拟滑刃线虫属的线虫可以寄生植物和昆虫，危害植物的有各种为害状，其中有些重要的种主要危害叶片和幼芽，所以也将它们称为叶芽线虫。该属线虫有效种近 140 个，模式种为 *A. kuehnii*，其中重要的有菊花拟滑刃线虫（*A. ritzemabosi*）、水稻干尖线虫（*A. besseyi*）和草莓滑刃线虫（*A. fragariae*）等。最有名的是菊花拟滑刃线虫，菊花受害后叶片组织变色和坏死，是一种常见的病害。水稻干尖线虫也是其中比较重要的种，在我国稻区较常见（彩图 201）。

水稻干尖线虫：滑刃型食道；雌雄同型，雌虫和雄虫都是细长的线形，雌虫大小为（0.5 ~ 0.7）mm ×（0.013 ~ 0.018）mm；雄虫稍小，大小为（0.46 ~ 0.6）mm ×（0.012 ~ 0.016）mm；虫体热杀死后略向腹面弯曲呈“C”形；角质膜上有很密的横纹，口针长 10 ~ 12.5 μm。雄虫尾端弯曲呈镰刀形，尾尖有 4 个突起，交合刺粗大，呈玫瑰刺状，无交合伞；雌虫的尾端不弯曲，从阴门后逐渐变细，单生殖腺前伸（图 5–15）。

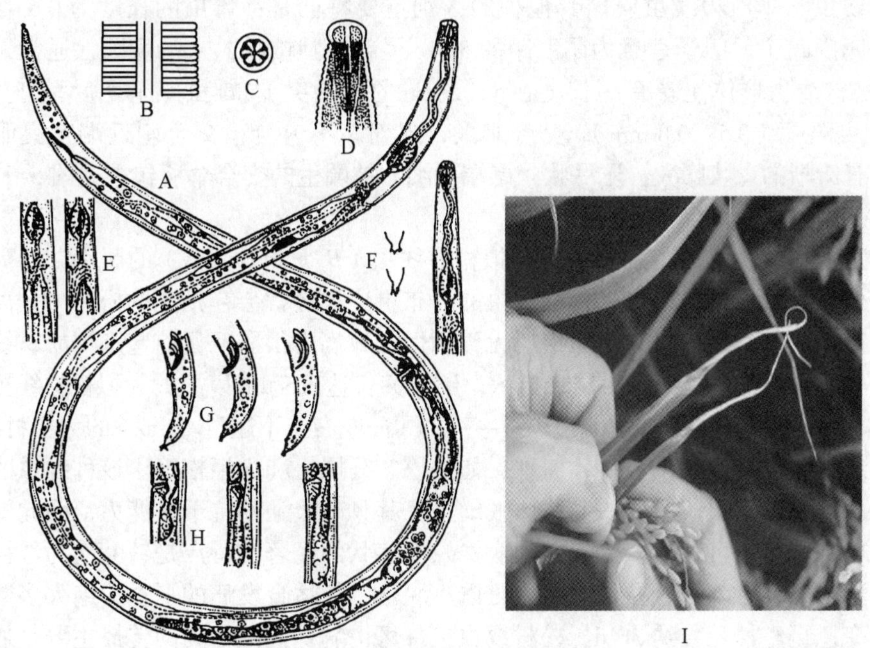

图 5–15 水稻干尖线虫

A. 雌虫；B. 侧区；C. 唇区；D. 头部；E. 中食道球；F. 尾尖突；G. 雄虫尾部；H. 雌虫阴门部；I. 为害状

除水稻外，水稻干尖线虫还能寄生粟、糜子、稗草，但水稻是它最好的寄主。水稻干尖线虫可以在某些真菌，如葡萄孢属（*Botrytis* spp.）和链格孢属（*Alternaria* spp.）一些菌类上培养。

水稻干尖线虫的幼虫和成虫在干燥条件下的存活力很强，可以在稻种内越冬。水稻播种后，线虫恢复活动而侵入幼苗，大都是在叶鞘内，受害叶片抽出后，叶尖 2 ~ 6 cm 一段变为白色，以后干枯卷缩常称干尖；到幼穗形成时，线虫侵入颖壳内，可以造成谷粒不充实和小穗等症状。病株一般较矮，以剑叶的干尖最为明显。水稻收获后，线虫主要在谷壳内越冬，系下一生长季节的初侵染来源，引起翌年发病。留用无病稻种、稻种的温汤浸种或药剂处理等是很有效的防治方法。

（七）伞滑刃线虫属（*Bursaphelenchus*）

伞滑刃线虫属线虫大多以昆虫（主要是天牛类）为媒介而进行远距离的传播，常常可在一些多年生的林木的树干中发现。大多数伞滑刃线虫属的线虫具有食真菌的特性，常以一些真菌的菌丝为食，因此该属的许多种可以在人工培养的真菌（如灰葡萄孢菌，*Botrytis cinerea*）上生长繁殖。目前该属已描述记载的种超过 90 种，具有经济重要性的线虫是松材线虫（*B. xylophilus*），该线虫引起许多松属植物萎蔫病，已在我国的江苏、山东、安徽、浙江、广东、广西等地蔓延，是林业上最重要的森林病害。

伞滑刃线虫属的主要形态特征是：雌雄同型，即雌虫和雄虫都为线形，体长则因种差别很大（0.4 ~ 1.5 mm）；唇区与体躯之间有一明显的缢缩；口针较发达（12 ~ 20 μm），口针基部略有膨大；滑刃型食道。雌虫单生殖腺，后阴子宫囊长度通常是所在位置处体宽的 3 ~ 6 倍，许多种的阴门被后伸的阴门前唇，即阴门盖所覆盖；尾尖指状或有一短的尾尖突。雄虫尾部明显的向腹面弯曲，有一端生的交合伞包至尾尖，交合刺成对。

松材线虫与伞滑刃线虫属内其他种的区别主要特征是：雌虫的长度为 0.6 ~ 1.0 mm；有典型的阴门盖，后阴子宫囊为阴肛距的 3/4；尾部亚圆锥状，末端宽圆，通常无尾尖突（有一些松材线虫群体尾端有一长度在 1 ~ 2 μm 的尾尖突）。雄虫热杀死后呈“J”字形，体长比雌虫略短（0.5 ~ 0.8 mm）；交合刺大，成对，不愈合；交合刺近端喙突明显，尖细，远端有清晰的盘状膨大；尾弓状，尾端尖细，被端生的交合伞所包被（图 5–16，彩图 202、203）。

在鉴定松材线虫时，特别要注意和拟松材线虫（*B. mucronatus*）的区别，因为两种不仅形态相似，而且拟松材线虫较松材线虫的分布更广，经常会在枯死的松树中分离到，但大多数的研究表明：拟松材线虫对松树无致病性或致病力很弱。目前鉴别拟松材线虫和松材线虫的主要形态依据是：雌虫尾端指状，尾尖突长达 3.5 μm 以上的为拟松材线虫；雌虫尾尖宽圆，无尾尖突的或尾端指状、尾尖突长 1 μm 左右（不超过 2 μm）的为松材线虫。

松材线虫可以寄生在许多针叶树种，如黑松、马尾松和火炬松等。该种线虫的生活史中有一特殊的三龄幼虫阶段——又称休眠幼虫，其具有极强的抗干燥能力，因此即使在干燥的木材中，线虫仍可存活。受侵染的病株外部症状的显著的特点是针叶变为红褐色，而后全株迅速枯萎死亡。病叶在长时间内可以不脱落，在适合发病的夏季，绝大多数病树从针叶开始变色至整株死亡约 30 d。松材线虫在林区由病株向健株间的传播主要是通过媒介昆虫——松褐天牛（*Monochamus alternatus*）或云杉花墨天牛（*M. salturius*）完成的，而远距离的传播主要是木材（包括一些木制包装箱）的调运所造成的。因此加强检疫制度，

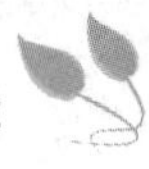

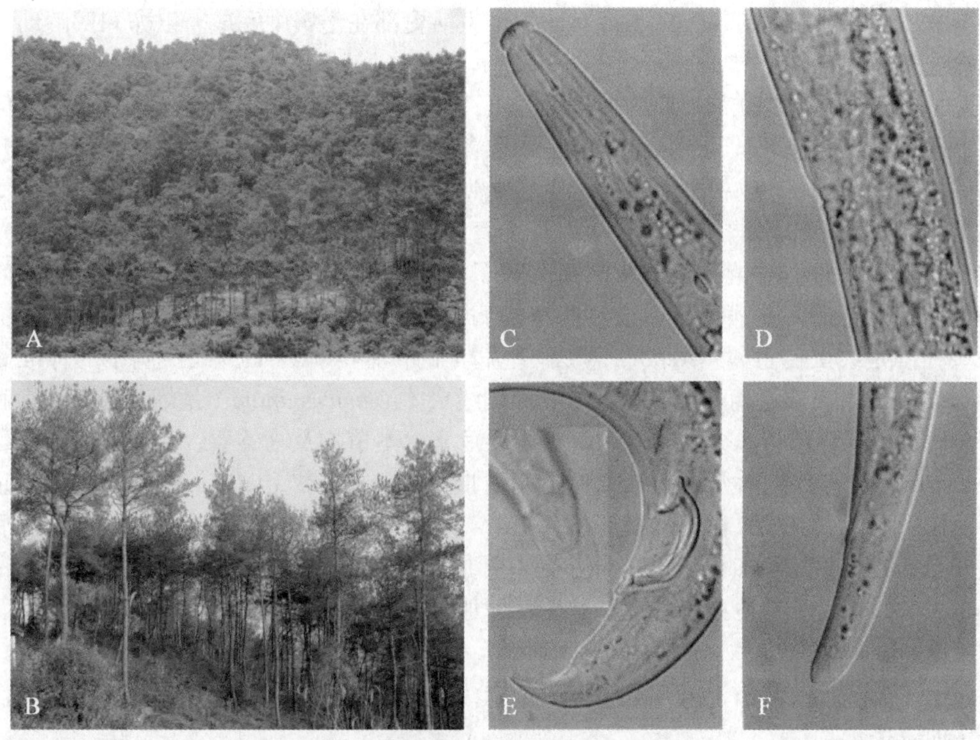

图 5–16 松材线虫

A，B. 为害状；C. 体前部；D. 雌虫阴门区；E. 雄虫尾部；F. 雌虫尾部

清除和烧毁病株以及防治介体昆虫等措施是控制松材线虫蔓延的主要对策。

（八）根外寄生线虫

矛线目和三矛目中至少有 5 个属的线虫是植物的根外寄生线虫，而且这些属内均有一些种群是某些植物病毒的自然传播介体。其中重要的属是剑线虫属（*Xiphinema*）、长针线虫属（*Longidorus*）和毛刺线虫属（*Trichodorus*）的线虫。它们都可在土壤中自由迁移，都有粗壮的齿针。

剑线虫属、长针线虫属和毛刺线虫属都是无侧尾腺纲的类群，矛线型食道，无侧尾腺口，均是雌雄同型，均为线形。其中剑线虫属和长针线虫属隶属矛线目长针线虫科，两属均是细而长的大型线虫，长针线虫属线虫一般在 4 mm 以上（最长的可达 12 mm），而剑线虫属体长一般不超过 2 mm；这两属线虫的口针均由齿针和齿针延伸部两部分构成。两属的主要区别表现在：长针线虫属的诱导环为单环状，固定位于齿针的前部，而剑线虫属的诱导环为双环状，位于齿针的后部；长针线虫属的齿针基部平滑，而剑线虫属的齿针基部叉状；长针线虫属的齿针延伸基部略有增厚，但不成为凸缘，而剑线虫属的齿针延伸基部呈凸缘状（图 5–3）。毛刺线虫属隶属三矛目的毛刺科，其主要形态特点是：虫体较小，长 0.5 ~ 1.3 mm，整体呈雪茄状；角质膜厚；口腔内具有弯曲的口针（又称“瘤针”）；雄虫无交合伞，尾部有 3 枚近等距的交配乳突，只有第一枚位于交合刺区内；雌虫双卵巢，阴门位于虫体近中部。

它们的生活习性和寄生方式大致相似。在水中或潮湿的土壤中自由生活，活动性强。

在土壤中，从卵到成虫的各个虫态都有，整个生活史都在土壤中完成。以卵和四龄幼虫在土壤中越冬。

这 3 个属线虫都是分布很广的外寄生线虫，危害多种植物的根部，尤其是根尖，但它们都不进入组织，也不固定在根部，只是在取食时才到根部穿刺吸吮，取食以后即离开寄主而仍在土中活动。植物根部受害后，生长受到抑制，根尖变色或略微变粗，有时还促使根部发生畸形分枝，影响植株的正常生长发育。受害严重的根系没有须根，只剩下光秃的主根和侧根。它们对植物所造成的损害除了它们自身对植物的影响外，还由于它们中有些种类可以传播一些病毒，造成一些植物病毒病害的大发生。剑线虫属和长针线虫属的一些种群是线虫传毒属（*Nepovirus*）一些病毒的传播介体，如剑线虫属中的标准剑线虫（*X. index*）可以传播葡萄扇叶病毒，美洲剑线虫（*X. americanum*）是烟草环斑病毒和番茄环斑病毒等的自然传播介体。毛刺线虫主要危害木本植物及马铃薯，是烟草脆裂病毒属（*Tobravirus*）的自然传播介体，如相似毛刺线虫（*Trichodorus similis*）可传播烟草脆裂病毒荷兰株系。幼虫或成虫在病株根部取食 1 d，就能保持传毒力 2～4 个月，线虫获毒后病毒主要分布在其食道区（也有的仅分布在口针周围），由于这些传毒线虫在植物根部不是固定寄生的，而是不断地穿刺取食，这样就增加了传毒的概率，这些病毒一般不能经线虫的卵传染。

对于这类线虫的防治，最有效的方法是用药剂处理土壤，杀死土壤中的线虫，轮作也有一定的效果。

第五节　植物线虫病害的诊断

任何一种植物上都有至少一种（甚至多种）植物寄生线虫，但只有那些在寄主植物根围有很高的群体密度，并且大量侵入寄主体内寄生，对寄主造成明显的损害时才被称为植物线虫病害。线虫对植物的为害及其发病过程与昆虫咀嚼植物造成的机械损害不同，在摄取寄主体内营养物质和水分之前，线虫往往先通过食道腺将含有多种酶系的分泌物注入受害细胞，通过分泌物的毒害和干扰细胞功能作用，使寄主植物内部发生一系列生理病变和组织病变，在外部出现症状。

植物线虫病害的症状与线虫的为害习性有关。大多数线虫侵染根、根茎、块根、块茎和鳞茎等地下部，在根部引起显著的外部病变，包括根结、粗短根、发根等症状，而在地上部也会表现叶片退绿和黄化、植株矮化、严重时甚至枯死等症状，这类线虫通常与土壤中其他的病原生物共同作用，通过复合侵染而造成复合症状（如短体线虫和一些土壤中的细菌引起植物根部的腐烂）；有些线虫只为害植物的地上部，如垫刃类线虫中的粒线虫属、滑刃类线虫中拟滑刃线虫属的水稻干尖线虫和伞滑刃线虫属的松材线虫等，造成茎叶变形、叶片的坏死和变色、种瘿、叶瘿以及萎蔫等明显的地上部症状。

一、植物寄生线虫的一般诊断要点

1. 田间分布及症状观察

植物寄生线虫在田间的分布一般是不均匀的，因此当观察到田间出现局部的植株黄

化、矮缩以及根系生长不良等现象时，如果没有真菌和细菌等的病症时，可怀疑是植物线虫所致或与线虫的危害有关。对于一些常见的线虫病害（如根结线虫病、孢囊线虫病、小麦粒线虫病和水稻干尖线虫病等），根据症状直接就可以作出肯定的诊断；而对于大多数的线虫病害，并不形成特异性症状，容易与农药毒害或生理性病害的症状混淆，准确的诊断还必须依据线虫的分离、鉴定和致病性测定等。

2. 线虫的分离及鉴定

采集具有明显症状的标本，对大多数线虫需采集根系及根围土壤，通过对线虫的分离和鉴定作出准确的诊断。

3. 接种实验

有时从样本中常常可以分离到 2 种甚至 2 种以上的具有口针的线虫。尽管寄生植物的线虫都有口针，但是并非所有有口针的线虫都是植物寄生线虫，因而要从两种病原线虫中判别哪一种是优势病原线虫，常常需通过接种实验以确定线虫的致病性或哪一种线虫是优势病原线虫。

植物寄生线虫有内寄生的和外寄生的两大类，在内寄生一类中又可分为迁移性内寄生和定居性内寄生两类。由于大多数植物寄生线虫为根寄生线虫，在根部取食、寄生和为害，但在地上部表现症状，即寄生部位和一些症状的表现部位不一致，这种情况下要注意采集根围样品；对于许多内寄生的线虫和为害地上部的线虫可以在病组织中分离到，但对外寄生的线虫和部分迁移性的内寄生线虫一般要从根围的土壤中分离到。

在对从土壤或植物根围分离到的线虫进行鉴定时，要特别注意寄生线虫和腐生线虫的区别。主要依据口针的有无及食道的特征进行鉴别：植物寄生线虫都有口针，食道可为垫刃型、滑刃型或矛线型，而腐生线虫没有口针，食道为小杆型（图 5–4）。

4. 植物线虫的分子诊断及鉴定

由于一些属内种的线虫形态学非常相似，单纯依靠以形态学特征为依据的鉴定方法很难作出准确的鉴定，进入 21 世纪以来，有关植物线虫的分子鉴定取得了很大的进展，最突出的是基于 rDNA 和线粒体 DNA 的特征进行的分子鉴定，如 rDNA 中 ITS 区的 PCR–RFLP 和序列分析，或根据有关种的特异性序列设计特异性引物进行种的特异性扩增进行的鉴定等。

二、分离线虫的常用方法

对于大多数线虫病害的诊断与鉴定都要基于对线虫的鉴定，因而选用合适的分离方法进行线虫的分离就显得极为重要。分离线虫的方法很多，每一种方法各有其优缺点，适应的范围和所需要设备的不同，要根据线虫的类群、大小、活动性和寄生特点等选择简便易行的方法。这里介绍几种常见的分离方法。

1. 贝尔曼漏斗法

贝尔曼漏斗法是最早从植物组织和土壤中分离线虫的方法，适合分离活动性较大的线虫。分离时在漏斗内放大小适中的金属或塑料筛，筛上铺纱布，漏斗下面接一有止水夹的橡皮管，加样本于筛上，以水淹没后静置。由于线虫的趋水性和自身的质量，脱离样本，游到水中，最后集中沉降在橡皮管下端。该法简便，不需复杂设备，容易操作，缺点是漏斗内特别是橡皮管道缺氧，不利于活动线虫的存活，分离效率低。

2. 浅盘法

浅盘法适合分离植物组织和土壤中活动性较大的线虫。原理与漏斗法相同。浅盘包括一盘一筛。在筛底铺纱布或线虫滤纸，摊开样本后将筛放进盛有适量水的盘中，8 ~ 12 h 后，从下层盘中收集线虫。这种方法由于筛、盘底面积较大，氧气比较充足，线虫容易活动，存活率高，故分离效率比漏斗法高，但所获线虫悬浮液杂质较多。

3. 过筛法

过筛法适合分离土壤中所有的线虫类群。将土样置于盛有适量水的桶内，搅动至土块碎散，静置后将悬液过筛，洗下筛上残物，便可镜检，此法比较粗糙、简单，所获线虫悬浮液杂质也较多，但广泛被采用，因为在较短时间内可以处理大量样本。

4. 漂浮器分离法

此法限于分离土壤样品中孢囊线虫的孢囊。利用风干土壤中的孢囊比水轻的原理，加水后孢囊上浮与下沉的土粒分开。把风干的土样通过 Oostenbrink 漂浮器后，收集漂流进筛的残物过滤，在双目扩大镜下从滤纸上挑取孢囊。

5. 直接解剖分离法

此法是把洗净的病组织直接放入盛有适量水的培养皿内，置解剖镜下，用解剖针或刀小心撕破或切开组织，剥取线虫或待寄生线虫离开组织进入水中后，用挑针挑取或用吸管取线虫，这种方法适合分离少量病组织中活动和不活动的虫体相对较大的线虫。

三、一些重要植物寄生线虫属的形态鉴定特征

以下检索表中列出的是或曾经是农林业生产中的 13 个重要的植物寄生线虫属：

1. 食道分两部分，矛线型食道 …………………………………………………… 2

　食道分四部分，垫刃型食道 …………………………………………………… 5

2. 口针向腹面弯曲，称瘤针，相对较短；虫体粗短（一般短于 1.5 mm），呈雪茄形 … 3

　口针很长，由前部较细的齿针和后部较粗的齿针延伸部两部分组成；虫体很长（一般长于 1.5 mm）…………………………………………………………………… 4

3. 虫体热杀死后，角质层不明显膨胀，雄虫通常后部向腹面弯曲，一般无交合伞，雌虫阴道长约为所在位置体宽的 1/2 ………………………………… *Trichodorus*

　虫体热杀死后，角质层明显膨胀，雄虫通常后部直或略弯，有交合伞，雌虫阴道长约为所在位置体宽的 1/3 ……………………………………… *Paratrichodorus*

4. 齿针基部叉状，齿针延伸部末端呈凸缘状，导环位于齿针的后半部 ……*Xiphinema*

　齿针基部平滑，齿针延伸部末端不呈凸缘状，导环位于齿针的前半部 … *Longidorus*

5. 背食道腺开口于中食道球中，中食道球方圆形、大于体宽的 3/4 ……………………… 6

　背食道腺开口于口针基球以后附近，中食道球卵圆形、小于体宽的 3/4 ………… 7

6. 雌虫通常有阴门盖，雄虫有端生交合伞 …………………………… *Bursaphelenchus*

　雌虫通常无阴门盖，雄虫无交合伞 ……………………………………*Aphelenchoides*

7. 口针纤细，长度一般小于 15 μm ……………………………………………………… 8

　口针粗壮，长度一般超过 15 μm ……………………………………………………… 9

8. 雌虫一般肥大，单卵巢末端一般有多次转折，卵母细胞多行排列。一般在寄主植物地上部形成虫瘿 ……………………………………………………………*Anguina*

雌虫一般不肥大，单卵巢末端直或偶有转折，卵母细胞 1～2 行排列。常常在一些形成块茎、鳞茎类植物的地下部或根茎交界处寄生为害 ……… *Ditylenchus*

9. 雌雄异型，雌虫膨大为梨形或柠檬形 ……………………………………………… 10
   雌雄同型，均为线形 ………………………………………………………………… 11
10. 雌虫一般为柠檬形，大多产卵于体内，成熟的雌虫死后变为孢囊 …… *Heterodera*
    雌虫一般为梨形，大多产卵于体外胶质卵囊中，雌虫死后不变为孢囊 … *Meloidogyne*
11. 食道腺和肠重叠，雌虫单生殖腺，有一后阴子宫囊 …………………………… 12
    食道腺形成后食道球，雌虫双生殖腺、对伸 ……………………… *Tylenchorhynchus*
12. 食道腺和肠在腹面重叠；雄虫交合伞位于泄殖腔区，延伸至尾尖 …… *Pratylenchus*
    食道腺和肠在背面重叠；雄虫交合伞位于泄殖腔区，不延伸至尾尖 … *Radopholus*

第六节　植物病原原生滴虫

本节讨论的植物病原原生动物是属于原生生物界原生动物门锥虫纲的植生滴虫，不包括本书第二章所述的根肿菌和黏菌。

原生动物（Protozoa）是属于原生生物界（Protista）原生动物门的单细胞生物。大多数在水中或潮湿的土壤中营自由生活，少数可以寄生在人和其他高等动物上。关于原生动物与植物病害的关系，早在 1909 年，拉芬特（Lafont）就报道一些鞭毛虫类的原生动物寄生在大戟的产乳细胞（乳汁管）中，以后又陆续有人报道此类鞭毛虫可以侵染产胶植物的含乳细胞。为了区别寄生在人和动物上的原生动物，将寄生在植物上的原生动物另立为一新属——植生滴虫属（*Phytomonas*）。拉芬特等描述的鞭毛虫类的原生动物被命名为大卫氏植生滴虫（*P. davidi*）。Stahell（1973）报道在咖啡植株韧皮部坏死病的筛管里发现植生滴虫，并提出是经嫁接传染的。Parthasarathy 等（1976）及 van Slobbe 等（1978）在发生心腐病（一种毁灭性的萎蔫病）的椰子树和棕榈树的韧皮部也发现植生滴虫，心腐病对南美洲和加勒比岛国的棕榈产业有明显威胁。植生滴虫对热带地区的咖啡和椰子树可能是致病的。在我国海南岛等热带的产胶植物上是否发生尚不清楚。

到目前为止，在一般培养基上还不能培养植生滴虫，也未能完成回接寄主的证病试验。但有 3 个理由是支持这种原生动物对植物是致病的：①这种生物总是在病树的韧皮部发现，而在健康的植株内则从未发现；②在病株内从未发现其他种类的病原物；③在病害发展过程中，植生滴虫在数量上是增多的，并可在感病的植株之间传播。

植生滴虫是一类在植物体内营寄生生活并可引起病害、形态上为单细胞且有鞭毛的原生动物。属于原生动物门（Protozoa）、鞭毛虫纲（Mastigophora）、动质体目（Kenetoplastida）、锥体虫科（Trypanosomatidae）的植生滴虫属（*Phytomonas*）。虫体为单细胞，表面为细胞膜，形状可以改变，鞭毛 1 根或 4 根。有一个细胞核，胞质分化，各司其功能，如鞭毛是运动胞器；胞口、胞咽、食物胞和胞肛是营养胞器，眼点是感觉胞器等。身体虽为一个单细胞，但它是一个完整的生命体，具有一切作为一个动物所具有的功能。近年在番茄等一些果实上分离到一些鞭毛虫类的原生动物，也属于锥体虫类。

细管植生滴虫（*Phytomonas leptovasorum*）是南美洲咖啡树韧皮部坏死病的病原物，受害的树木呈现稀疏的变黄和落叶，随着变黄和落叶的逐渐增多，只有幼嫩的顶叶还保留着，其他部位都成光秃的枝条。根尖部开始枯死，树势恶化最终死亡。在最初出现症状时，在韧皮部中只有很少几个大的［(14～18) μm×(1.0～1.2) μm］梭形的鞭毛虫。许多叶片变黄并脱落，鞭毛虫的数量增多，细长而呈梭形，大小为（4～14）μm×（0.3～1.0）μm。病害可以通过根接传染，但不能通过绿色的枝条或叶片的嫁接而传播。

南美洲的椰子心腐病、哥伦比亚的油棕树速萎病也是由植生滴虫（*Phytomonas* sp.）引起的。植生滴虫属还有一些种类危害植物，其中 *Phytomonas elmassiani* 寄生在萝摩科的马利筋草上，是由昆虫介体传播的。*P. bancrofti* 寄生桑科的无花果；*P. leptovasorum* 寄生在咖啡树上；*P. francai* 寄生木薯，在巴西引起木薯空根病（图 5-17，彩图 204）。

图 5-17 矮化椰子心腐病（左）和油棕猝死病（右）

在植生滴虫属（*Phytomonas*）内分类问题一直没有很好解决，有人提出辅以血清学、同工酶甚至 DNA、RNA 的区分。植生滴虫一般经嫁接和昆虫介体传染，介体昆虫包括蝽科（*Pentatomidae*）、长蝽科（*Lygaeidae*）、缘蝽科（*Coreidae*）的一些刺吸式口器的昆虫。有些植生滴虫在植物和昆虫两种寄主上完成生活史。关于植生滴虫的致病机制，有人认为是因其侵染阻碍光合产物向根部输送，或产乳细胞内的植生滴虫产生酶类降解果胶类物质。

目前对这类病害的防治还缺乏有效的方法，建立无病苗圃、培育无病种苗是最有效的方法。有人提出防治介体昆虫以控制病害，但生产上是行不通的。迄今为止，我国尚未见该病害发生的报道。

小结

线虫是一类低等的无脊椎动物，是动物界一重要类群。其中可寄生植物，引起植物病害的称为植物病原线虫或植物寄生线虫，或简称植物线虫。大多数植物线虫均为雌雄同型，线状，横断面呈圆形；有些线虫为雌雄异型，雌虫成熟后膨大成柠檬形或梨形。线虫的虫体结构较简单，虫体有体壁和体腔，体腔内有消化系统、生殖系统、分泌－排泄系统和神经系统等器官。其中，位于头部口腔内的口针是植物寄生线虫的最主要的标志，腐生性线虫都没有口针。体壁的最外面是一层平滑而有横纹或纵纹或突起不透水的表皮层，俗

称角质层；体腔是很原始的，其中充满了体腔液。体腔液湿润各个器官，并供给所需要的营养物质和氧，可算是一种原始的血液，起着呼吸和循环系统的作用。线虫缺乏真正的呼吸系统和循环系统。

线虫的消化系统是从口孔连到肛门的直通管道，其中食道类型是重要的形态鉴别特征。

线虫的生殖系统非常发达，有的占据了体腔的很大部分。雌虫有一个或两个生殖腺，通过输卵管连到子宫和阴门，子宫的一部分可以膨大而形成受精囊。雌虫的阴门和肛门是分开的。雄虫有一个或一对精巢，但一般只有一个精巢，精巢连接输精管和虫体末端的泄殖腔。泄殖腔内有一对交合刺，有的还有导刺带和交合伞等附属器官。雄虫的生殖孔和肛门开口于同一个孔口，称为泄殖孔。

线虫生活史要经历卵，幼虫和成虫三个阶段。由卵孵化出幼虫，幼虫发育为成虫，两性交配后产卵，完成一个发育循环，即线虫的生活史。线虫的幼虫一般有4个龄期。对于孢囊线虫和根结线虫等定居性的植物内寄生线虫，一龄幼虫在卵内发育，从卵内孵化出的幼虫为二龄幼虫，这也是侵入寄主的幼虫阶段，又称侵染幼虫。雌虫经过交配后产卵。有些线虫既可以进行两性交配生殖，也可以进行孤雌生殖。线虫在一个生长季节里大都可以发生若干代，发生的代数因线虫种类、环境条件和危害方式而不同。不同线虫种类的生活史长短差异很大。小麦粒线虫则一年仅发生一代。

植物寄生线虫都是专性寄生的，到目前为止，尚不能在人工培养基上很好生长和发育，有些既可以寄生植物，又具有取食真菌特性的线虫可以在人工培养好的真菌上接入线虫，从而能进行这些线虫的单异活体培养。植物寄生线虫都具有口针，这是穿刺寄主细胞和组织的主要器官，同时也向植物体内分泌线虫的食道腺分泌物及酶类和从寄主细胞内吸收养分的主要器官。线虫的寄生方式有外寄生和内寄生，在内寄生类中又可分为迁移性内寄生和定居性内寄生两类。不同的植物线虫可以寄生植物的不同部位。由于多数线虫存活在土壤中，因此，植物的根和地下茎、鳞茎和块茎等最容易受侵染。植物地上部的茎、叶、芽、花、穗等部位，也可以被一些类群的线虫寄生。

植物寄生线虫具有一定的寄生专化性，它们都有一定的寄主范围。有很多线虫对植物有致病性，有的能造成毁灭性损失。线虫的穿刺吸食和在组织内造成的创伤，对植物有一定的影响，但线虫对植物最直接的破坏作用是其食道腺的分泌物。

除本身引起病害外，线虫还可与其他病原物的侵染和危害也有一定的关联。土壤中存在着许多其他病原物。寄主植物根系在受到线虫侵染后，很容易遭受其他病原物（如真菌和细菌）的侵染，从而加重病害的发生，常形成复合病害；另外有些线虫还可以作为其他一些病原物（如病毒和细菌）的自然传播介体。

原生动物多为单细胞动物，大多数自由生活在水中或潮湿的土壤中，少数可以寄生在人和其他高等动物和植物上。已有报道植生滴虫可寄生在大戟的产乳细胞（乳汁管）和产胶植物的含乳细胞中。在咖啡植株韧皮部坏死病的筛管里，可可树和棕榈树的韧皮部也发现有植生滴虫。

思考题

1. 简述线虫的消化系统的构造及如何区分垫刃型食道和滑刃型食道。
2. 简述雌、雄线虫的生殖系统的构造及主要类型。

3. 以定居性植物内寄生线虫（孢囊线虫或根结线虫）为例，介绍植物寄生线虫的生活史。

4. 试述线虫对植物的致病机制。

5. 简述巨型细胞和合胞体的概念及形成机制。

6. 简述长针线虫、剑线虫和毛刺线虫的主要鉴别特征。

7. 简述原生动物中植生滴虫属的形态及危害。

数字课程学习

病害症状彩图　　自测题

第六章

寄生植物

自然界中生物多种多样，在同一生态环境中往往共存多种生物，相互间有着复杂的关系。根据不同生物之间相互关系的性质和特点，可以区分为共生、共栖、竞争和寄生四种类型的关系。

（一）共生关系

共生关系（symbiosis）是植物与微生物共同生活、紧密联系所形成的双方相互依存的互利关系。例如，豆科植物与根瘤细菌之间就是共生关系。

（二）附生与共栖关系

自然界绝大多数的生物间都是共栖关系（commensalism）。植物和微生物双方虽然也共存于同一生境中，但两者之间没有明显的益、害关系。有时虽然一方可由对方得益，但对另一方也没有不利影响。例如，在植物的根围（rhizosphere）和叶围（phyllosphere）都有许多非病原微生物，包括多种细菌、放线菌、丝状真菌和酵母等。这些根围和叶围微生物虽可利用植物分泌的有机物，但不影响植物的生长和发育，有些种类还对植物病原物有拮抗作用，可作为生防菌使用。一些高等植物如某些兰花，它们有自己的根、茎、叶，有足够的叶绿素制造养料，但它们常依附在一些木本植物的树干上，它们既可以从树林的空气中吸收水分，也可以从这些木本植物表面吸取一些无机盐或可溶性物质，它们对宿主无明显的损害或影响，也未建立寄生关系，这类植物称为附生植物。还有一类地衣植物，是由一些真菌（多数是子囊菌，少数是担子菌）与藻类的共生体，里面是绿藻，外面被真菌包围形成共生体，它们大多生长在岩石上，少数生长在木本植物的树干上，对树木有较小的影响。常见的在树干表面生长的叶状地衣和枝状地衣、松萝和松萝凤梨（*Tillandsia usneoides*）等，虽然也从依附的树枝表面吸收部分可溶性物质，但并未建立寄生关系，这与在柑橘树上营外寄生的小煤炱菌是不同的，所以只能称为附生植物（俗称空气草）（图6-1，彩图206）。

（三）竞争关系

竞争关系（competition）是不同物种的个体或群体间力图胜过或压倒对方的需要和对抗性行为，是每个参与者为了最大限度地获得个体利益的行为，目的在于追求有更大的空间和地表范围，以提高生产率和繁殖率，建立更大的群体。生物竞争的消极作用是占用或损伤临近生物的生存空间，抢占有限的空间资源和地域资源，造成个体间或群体间的对

图 6–1　附生在植物上的地衣（左）和松萝（右）（许志刚摄）

抗。不同的植物在自然界中往往是相互交织在一起的。不同物种的竞争大多数是种间竞争，植物种群间竞争会导致植物群落结构变化，同时也是植物群落演替的动因。所以在农林生态系统的建设中，植物种类的搭配是个关键。不同的植物间会有“势不两立”，如在樟树、火炬树、榕树林下很少有其他植物生长。如各类杂草与农作物大多数是相互争夺养料和生存空间，还有一些是毒害关系。在热带、亚热带和温带地区的生态环境中，还经常遇见一些攀缘植物密布在树冠上，几年以后，下部的植物因为得不到充足的阳光和雨露，很快黄化枯死。覆盖在冠层的植物有豆科的葛藤（*Pueraria montana*）、菊科的薇甘菊（*Mikania micrantha* H.B.K.）和蕨类的海金沙（*Lygodium microphyllum*）等，它们都有很强的生长和攀缘能力，抢占树冠层的有利位置，虽然与下部的植物没有建立寄生关系，但是封闭了下层植物的生长空间，掠夺了临近植物上部的阳光雨露、地下的营养和水分，从而扼杀了下层的植物，这些攀缘植物就成了有害植物或害草。竞争可以分为干涉型竞争和资源型竞争，前者是指两个物种之间直接发生冲突，后者是指两个物种争夺同一种有限的资源，哪个物种利用得多，它就是竞争的胜者。

（四）寄生关系

寄生（parasitism）是一种生物依赖另一种生物体提供营养物质的生活方式，提供营养物质的一方称为寄主或宿主（host），攫取营养的一方称为寄生物（parasite）。两种生物间构成寄生关系的只有一小部分。植物病害的病原物都是寄生物，自身不能制造所需的营养物质，需依赖寄主植物提供的营养物质和水分才能生存。

有关植物间寄生关系的产生，一种生态学的观点认为是由于它们长期生活在一起而互相融合、产生了共用的维管束组织并且接通了输道系统，从而能够获得必要的生活物资。

第一节　寄生植物的一般性状

植物大多数都是自养的，它们有叶绿素或其他色素，借光合作用合成自身所需的有机物。少数植物由于根系或叶片退化或缺乏足够的叶绿素而只能寄生在其他植物上营寄生生活，称为寄生植物（parasitic plant）。营寄生生活的植物大多是高等植物中的双子叶植物，

能开花结籽，俗称寄生性高等植物或寄生性种子植物，最重要的是菟丝子科、桑寄生科、列当科、玄参科和樟科的寄生植物。还有少数低等的藻类植物，也能寄生在高等植物上，引起藻斑病等。

寄生植物的寄主大多数是野生木本植物，少数是农作物或果树。从田间的草本植物、观赏植物、药用植物到果林树木和行道树等均可受到不同种类寄生植物的为害，主要受害植物为豆类、瓜类、向日葵及木本植物。

寄生植物在热带地区分布较多，如菟丝子、无根藤、独脚金、桑寄生和樟寄生、寄生藻类等；生长在热带丛林中大戟科的大花草属（*Rafflesia*）和寄生花属（*Sapria*）植物，是专性寄生在葡萄藤科崖爬藤根部的寄生植物，花朵直径达 1 m，质量 7 kg，开出的巨型花多为血红色，发出一股腐臭味（故又称腐尸花），这种臭味可以用来吸引某种蝇类为其授粉（图 6-2，彩图 207）。大花草的花期只有几天，它在印尼和马来西亚较为常见。有些寄生植物在温带，如菟丝子、桑寄生等；少数在比较干燥冷凉的高纬度或高海拔地区，如列当。寄生性种子植物对寄主的为害，因寄生性的不同以及寄生物密度大小而有很大差异。桑寄生、列当、菟丝子等与寄主争夺生活物质，对寄主损害很大，如寄生物群体数量很大，危害更明显，轻的引起寄主植物的萎蔫或生活力衰退、产量降低，落叶提早等；寄主受害严重时，可全部被毁造成绝产。

图 6-2　热带丛林中的一种寄生植物——大花草的花

寄生植物从寄主植物上获得生活物质的方式和成分各有不同。按寄生物对寄主的依赖程度或获取寄主营养成分的不同可分为全寄生和半寄生两类。从寄主植物上夺取它自身所需要的所有生活物质的寄生方式称为全寄生（holoparasitism），例如列当和菟丝子，它们的叶片退化，叶绿素消失，根系也退变成吸根（haustorial root），寄生植物吸根中的导管和筛管分别与寄主植物的导管和筛管相连。它们有粗壮或发达的茎和花，能结出大量的种子，对寄主植物的损害十分严重，常使寄主植物提前枯死。

如果寄生物对寄主的寄生关系主要是水分的依赖关系，这种寄生方式称为半寄生（semiparasitism），俗称“水寄生”。如槲寄生和桑寄生等植物的茎叶内有叶绿素，自己能制造碳水化合物，但根系退化，以吸根的导管与寄主维管束的导管相连，吸取寄主植物的水分和无机盐。有些寄生植物如独脚金，叶片退化成为鳞片状，虽含有少量的叶绿素，但仅能制造少量的碳水化合物，不能自给自足，仍需寄主的养料补充。按寄生部位不同可分为根寄生与茎（叶）寄生两类，列当、独脚金等寄生在寄主植物的根部，在地上部与寄主彼此分离，称为根寄生（root parasitism）；无根藤、菟丝子、槲寄生等寄生在寄主的茎秆枝条或叶片上，寄生藻类也在寄主的叶面或枝干上寄生，两者紧紧地结合在一起，这类寄生称为茎（叶）寄生（stem parasitism）。

寄生植物的寄主范围也各不相同，比较专化的只能寄生一种或少数几种植物，如亚麻菟丝子只寄生在亚麻上；有些寄生植物的寄主范围很广，如桑寄生，它的寄主范围包括 29 个科 54 种植物。桑寄生的寄主为阔叶树种。此外，还有一类是超寄生的，檀香科重寄生属的植物常寄生在槲寄生、桑寄生和大苞鞘花等桑寄生科的植物上，寄生在海檀木（*Ximenia* sp.）上的 *Dendropemon* 等，这种以寄生植物为寄主的寄生现象称为“重寄生”（hyperparasitism）。

寄生植物都有一定的致病性，致病力因种类而异。半寄生类的桑寄生和槲寄生对寄主的致病力较全寄生的列当和菟丝子要弱，半寄生类的寄主大多为木本植物，寄主受害后在相当长的时间内似无明显表现，但当寄生物群体数量较大时，寄主生长势削弱，早衰，最终亦会导致死亡，但树势退败速度较慢。全寄生的列当、菟丝子等多寄生在一年生草本植物上，无根藤和重寄生则寄生在木本植物上，当寄主个体上的寄生物数量较多时，很快就黄化、衰退致死，严重时寄主成片枯死。

第二节　寄生植物的繁殖与传播

一、繁殖

不同种类的寄生植物有不同的繁殖方式，繁殖的速度和数量也很不相同。大多数寄生植物是依靠种子繁殖的，故称为寄生性种子植物，如菟丝子、列当、槲寄生等。桑寄生和槲寄生的种子较大，繁殖量和繁殖速率不是很高，但是存活率高，存活期长，可以连续结果多年。菟丝子和列当的籽粒很小，但结果数量很多，繁殖速率很高，单个植株开花结籽的数量巨大，如一株列当繁殖的种子量可达几万粒。菟丝子在与寄主建立寄生关系以后，不再依靠原来的根系，因此，人工割除或捞除菟丝子茎丝的办法就不起作用了。

寄生性藻类植物的繁殖有无性繁殖和有性生殖两种。无性繁殖有营养繁殖和孢子繁殖之分。主要的一种是以孢子囊产生的游动孢子来传播，这是无性繁殖方式，即以特化的细胞（孢子）直接发育为新个体的称为孢子繁殖。另一种是有性生殖产生接合子，接合子萌发产生孢囊体，从中放出游动孢子，借风雨传播扩散。有性生殖是借配子的结合而进行，也可分为同配、异配和卵式生殖等。同配是指大小、行为相同的两个配子之间的结合；异配是由一个大而游动迟缓的大配子与小而活泼的小配子结合。卵式生殖则是大配子完全失去鞭毛，不再游动，称为卵。

二、传播

不同种类的寄生性种子植物虽都以种子繁殖，但传播的动力和传播方式有很大的差异。有些寄生植物的种子个体较大，在种子外面还有果实，成熟后呈红色，可以吸引鸟类啄食，然后依靠鸟类作介体传播，如桑寄生和槲寄生；有的则与寄主种子一起随调运而传播，这是一种被动方式的传播，如菟丝子、列当；大多数是依靠风力传播，如菟丝子、列当和寄生藻类等；还有少数寄生植物的种子成熟时，果实吸水膨胀开裂，将种子弹射出去，这是主动传播的类型，如松杉寄生。桑寄生科植物的果实为肉质的浆果，成熟时色泽鲜艳，引诱鸟类啄食并随鸟的飞翔活动而传播，这些种子表面有槲寄生碱保护，在经过鸟类消化道时亦不受损坏，随粪便排出时黏附在树枝上，在温湿度条件适宜时萌芽侵入寄主。列当、独脚金的种子极小，成熟时蒴果开裂，种子随风飞散传播，一般可达数十

米远。菟丝子等种子或蒴果常随寄主种子的收获与调运而传播扩散。松杉寄生的果实成熟时，常吸水膨胀直至爆裂，将种子弹射出去，弹射的距离一般为 3～5 m，最远的可达 15 m。弹射出去的种子表面也有黏液，很易黏附在别的寄主植物表面，遇到合适的条件即可萌芽侵入。

第三节　寄生植物的主要类群

营寄生生活的植物种类，有 4 100 余种，在分类学上主要是属于被子植物门的 20 余科，重要的有菟丝子科、樟科、桑寄生科、列当科、玄参科和檀香科的植物。其中以桑寄生科为最多，约占 50%。另一类是低等植物，即绿藻门的头孢藻等寄生藻类（表 6–1，彩图 224）。

表 6–1　重要的寄生植物属及其分类地位

门	科	属	
被子植物门（Angiospermae）	菟丝子科	*Cuscuta*	菟丝子属
	樟科	*Cassytha*	无根藤属
	桑寄生科	*Loranthus*	桑寄生属
		Elytranthe	大苞鞘花属
		Helixanthera	离瓣寄生属
		Dendrophthoe	五蕊寄生属
		Taxillus	钝果寄生属
		Arceuthobium	油杉寄生属
		Phoraderon	美洲槲寄生属
		Viscum	欧洲槲寄生属
	列当科	*Aeginetia*	野菰属
		Christisonia	假野菰属
		Boschniakia	草苁蓉属
		Cistanche	肉苁蓉属
		Phacellanthus	黄筒花属
		Lathraea	齿鳞草属
		Orobanche	列当属
		Sapria	寄生花属
		Striga	独脚金属
	玄参科	*Phacellaria*	鳞叶寄生木属
	檀香科	*Dendrotrophe*	寄生藤属
绿藻门（Chlorophyta）	橘色藻科	*Cephaleuros*	头孢藻属
		Rhodochytrium	红点藻属

一、桑寄生和槲寄生

桑寄生和槲寄生都是在木本树木枝梢上营半寄生生活的种子植物，属桑寄生科，包括桑寄生和槲寄生两个亚科，65个属，约1 300种植物。多数种的体内有叶绿素，营半寄生生活方式，少数种无叶绿素，营全寄生。寄主全都是木本植物，包括裸子植物的松杉类和被子植物的桑、樟、栗、杨等多种木本植物。大多分布在亚热带和热带地区，一部分生长在温带地区。桑寄生科植物多为灌木植物，稀为草本；多为茎寄生，稀为根寄生。叶对生，偶互生，全缘，或退化为鳞片状，无托叶；花两性，偶单性，多为总状花序。重要的寄生物有桑寄生属（*Loranthus*）、鞘花属（*Macrosolen*）、大苞鞘花属（*Elytranthe*）、离瓣寄生属（*Helixanthera*）、五蕊寄生属（*Dendrophthoe*）、梨果寄生属（*Scurrula*）、钝果寄生属（*Taxillus*）、大苞寄生属（*Tolypanthus*）、栗寄生属（*Korthalsella*）、松杉寄生属（*Arceuthobium*）和槲寄生属（*Viscum*）等。

（一）桑寄生

桑寄生主要分布在热带、亚热带和温带地区，寄主多为阔叶乔木或灌木。桑寄生寄主范围很广，包括29科阔叶植物，寄主以山茶科和山毛榉科为多。桑寄生种子萌发后产生胚根与寄主接触，分泌黏液，附着在树皮上，形成盘状的吸盘，吸盘产生轴生吸根，分泌对树皮有消解作用的酶，并以机械力从伤口、芽部或幼嫩树皮钻入寄主表皮，到达木质部，与寄主的导管组织相连，从中吸取水分和无机盐，而以自身的绿叶制造所需有机物。桑寄生的无性繁殖器官是吸根（sucker），在寄主体表延伸，与寄主接触处形成新的吸根，再钻入树皮定植，并在一定条件下发育成新植株。桑寄生是为害林木最严重的病原物之一。受桑寄生为害的林木，一般表现为落叶早，次年放叶迟，被寄生处肿胀，木质部纹理紊乱，出现裂缝或空心，严重时枝条枯死或全株枯死。在我国广东、广西、海南等华南地区鸟类活动频繁的树林、灌木林和村庄附近的树木，受害往往较重（彩图208、209、212）。

桑寄生为常绿寄生性小灌木，枝黄褐色或灰褐色，幼株尖端常有绒毛覆被，多具根出条，寄生枝高10～50 cm，但无明显的节与节间。穗状花序；两性花，果实为浆果，种胚和胚乳裸生，包在木质化的果皮中，果皮外有一层吸水性很强的白色黏液，内含槲寄生碱。

桑寄生在全世界有500多种，中国有30余种，主要有两种，即桑寄生（*L. parasitica*）和樟寄生（*L. yadoriki*），后者又称毛叶桑寄生。桑寄生只在幼叶上有星状短绒毛，成长后叶片的两面是光滑的，花淡红色，浆果成熟后呈红色，主要寄生在蔷薇科、山茶科、木兰科，多寄生于寄主的侧枝中部与上部。毛叶桑寄生的叶片背面始终密被有红棕色的星状短毛，花淡红色，浆果成熟后黄色，寄主主要是樟科、山茶科、山毛榉科植物，多寄生于寄主的主干或侧枝的基部与中部。桑寄生属植物大多于秋、冬季节形成鲜艳的浆果招引各种鸟类啄食，种子随粪便排出，黏附在寄主枝条上，在适宜的温、湿度下两天左右即可萌发，长出胚根，自种子萌发至胚根钻入树皮，一般需半个多月。枝叶可入药。

（二）槲寄生

槲寄生是一类在槲、梨、榆、桦等密林或疏林的双子叶植物茎秆上营半寄生的高等植物。该属的模式种为欧洲的白果槲寄生（*Viscum album* L.）。槲寄生属最早隶属于桑寄生科，现在另立为槲寄生科。世界各地均有分布，主产热带和亚热带地区，少数分布于温带地区，其多样性中心在非洲大陆南部和马达加斯加岛。在森林、经济林、防护林、果园及行道树上均有发生，南方树木受害较重，多寄生在直径 1 ~ 2 cm 的寄主枝条上，少数可在 30 cm 左右的枝干上寄生。浆果内含 1 粒种子，主要借鸟类啄食后携带传播，浆果在冬季成熟，初为乳白色，后为红色。被害树木的枝干上生有高 0.5 m 至 1 m 的槲寄生灌丛，浓绿色，俗称“冬青”，远看像“鸟窝”，灌丛着生处略肿大，冬季落叶后更明显。受害枝干的木质部被辐射向割裂，失去利用价值，被害树木生长受阻。病树通常可存活多年而不致很快死亡。槲寄生属植物约有 100 种，隶属于 2 组，一是槲寄生组（Sect. Viscum），二是腋花槲寄生组（Sect. Botryoviscum）。其中亚洲约有 20 种，5 种是雌雄异株，大洋洲约 4 种，全为雌雄同株，其余种类集中在非洲（大陆）和马达加斯加（岛），共约 70 种，除约 17 种是雌雄同株外，其余皆为雌雄异株。从种数来看，非洲南部是槲寄生属的现代分布中心。中国有 2 组，约 11 种。

1. 槲寄生组［Sect. *Viscum*］

该组成员是雌雄异株植物。有 60 多种，以白果槲寄生（*Viscum album*）为代表，主要分布于非洲大陆到欧洲的亚热带和温带地区。我国有 4 种，主要分布于季风区。寄主范围很广，栗、蔷薇、杨柳、桦木、白杨、胡桃等科属植物均可受害。

白果槲寄生为绿色小灌木，茎圆柱形，二歧或三歧分枝，分枝处近互相垂直。有明显的节和节间；叶对生，倒卵圆形至椭圆形，内含叶绿素。花单性，雌雄异株，无梗，顶生于枝节或两叶间，黄绿色。浆果肉质球形，直径约 8 mm，初白色，半透明。成熟后黄色或橙红色，中果皮有黏液，含槲寄生碱。初生吸根沿皮层下方生出侧根，环抱木质部，然后逐年从侧根分生出孢生吸根钻入皮层和木质部的表层，随着枝干的年轮增加，初生及次生吸根逐渐陷入深层的木质部中（图 6–3、6–4，彩图 209）。

图 6–3　白果槲寄生的危害状及其果实

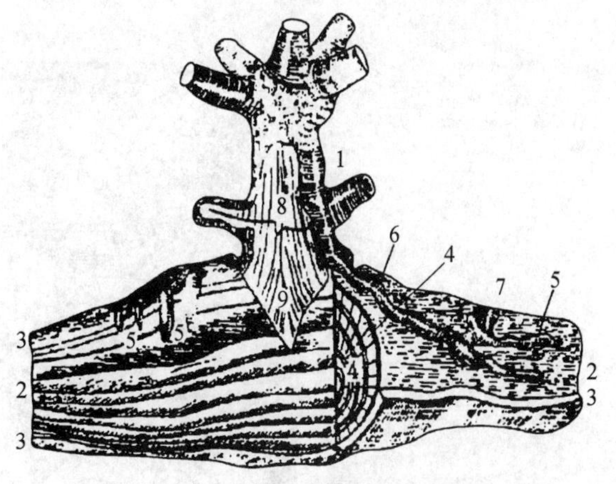

图 6–4　槲寄生的解剖示意图
（引自：曹若彬，1997）
1. 槲寄生枝条；2. 寄主木质部；3. 寄主皮层；4. 寄主枝条切面；5. 次生吸根；6.假根；7. 假根分枝；8. 槲寄生皮层；9. 槲寄生木质部

在欧洲，视白果槲寄生为吉祥物，常用作圣诞节在家庭门口的饰物或邮票图案（图 6–5、6–6，彩图 210、211）。

棱枝槲寄生（*Viscum diospyrosicolum* Hayata）茎直立或悬垂，二或三歧分枝，茎基部或中部以下的节间近圆柱形，小枝的节间稍扁平，节间长 1.5 ~ 2.5（~ 3.5）cm，宽 2 ~ 2.5 mm，纵肋 2 ~ 3 条。果长圆形或卵形，长 4 ~ 5 mm，直径 3 ~ 4 mm，黄色或橙色，果皮平滑。花、果期 4 ~ 12 个月。与白果槲寄生的

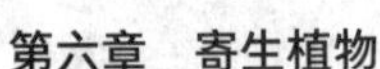

区别为成株后叶片退化成鳞片状，聚伞花序，腋生，果实较小，一般为长椭圆形长（4～5）mm。寄生时丛生于树枝顶上。我国主要分布于南方及西藏等地，常寄生于南洋楹（*Albizia falcate* L.）、樟树、柿树和壳斗科植物上（图 6-4、6-7，彩图 212）。

图 6-5　梨树树干上的槲寄生

2. 腋花槲寄生组［Sect. Botryoviscum］

该组成员是雌雄同株植物。有 30 多种，主要分布于非洲和亚洲南部热带和亚热带地区，个别种分布在大洋洲。我国有 8 种，分布于华南和西南地区，个别种向南可分布到印度、东南亚和大洋洲。代表种为棱枝槲寄生。

图 6-6　英国的圣诞卡和圣诞节邮票上的槲寄生
（许志刚供图）

图 6-7　广州南洋楹上的棱枝槲寄生及其果实
（虞皓摄影）

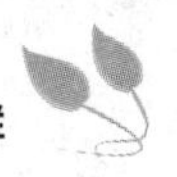

（三）油杉寄生（*Arceuthobium* spp.）

俗称矮小槲寄生（Dwarf mistletoes），槲寄生科，分布于北半球温带至亚热带，约30种，欧洲种类仅有1种尖雪松油杉寄生 *A. oxycedri*，我国有中华油杉寄生 *A. chinense*、高山松油杉寄生等3种，产四川、云南、西藏。寄主是松、柏、杉等裸子植物，受害树木矮化，木材多瘤节突起，质地变疏松。在北美洲森林中油杉寄生危害特别严重，影响林木生长速率，降低种子产量和木材质量，甚至可造成树木死亡。幼苗受害则早期枯死。油杉寄生常成束状或散生在寄主枝条上，形成疯枝状，受害寄主植物的木材失去使用价值。寄生物茎高不到10 cm，少数种仅1～2 cm，不分枝。茎黄色或褐色，叶小，鳞片状，对生，与茎同色。种子在叶片和枝条上越冬或立即萌发，5年生以下的枝条容易被寄生。矮小槲寄生种子接触到寄主枝条时，萌发的吸根产生分枝状吸器嵌入植物组织，在寄主形成层外与茎平行生长，由此产生放射状分枝进入寄主的木质部与韧皮部，吸取寄主的养分和水分，接近于全寄生的方式。侵入后，种子残体掉落，因而，油杉寄生有一个完全的内寄生时期，可以持续1年以上。内寄生后，矮小槲寄生纵向发育，吸器成辐射状，前期矮小槲寄生在外部寄生，同寄主形成层相平行；后期槲寄生吸器固定在木质部和韧皮部。在丛生枝上，油杉寄生侵染后2～5年出现矮小槲寄生植物体，再经1～2年开花。全部油杉寄生种类为雌雄异株，种群中雄性植株与雌性植株的比例一般为1∶1。除一些风媒传粉外，昆虫在传粉中起重要作用，授粉后5～19个月果实才成熟。雄枝在开花后死去，雌枝在种子成熟后死亡。果实为浆果，种子成熟后浆果吸水产生很大压力，将种子弹射出去，射程为1～5 m，远的可达15 m。浆果也可由鸟类啄食后传带。

（四）钝果寄生属（*Taxillus*）

钝果寄生也是寄生性灌木；嫩枝和叶通常被有绒毛。叶对生或互生，侧脉羽状。伞形花序，腋生，具花2～5朵。浆果椭圆状或卵球形，顶端具宿存副萼，种子1颗。约25种，分布于亚洲东南部和南部，中国有15种，主要分布在秦岭以南、华东、华南和西南等地（图6–8，彩图213）。

图6–8　钝果寄生

二、列当

列当是一类在草本（或木本）植物根部营全寄生生活的列当科植物的总称；狭义的列当指列当科列当属（*Orobanche*）植物。列当种子能随寄主种子调运而传播很远，一旦传入很难根除。各国都把列当列为检疫性有害生物。列当的叶片退化，无叶绿素，营全寄生生活。列当可在70多种草本双子叶植物的根部营寄生生活，不为害单子叶植物。不同种类的列当，其寄主种类不同。列当种子受到寄主植物根部分泌物的刺激，在水分充足时萌发长出芽管，芽管顶端吸附在寄主的侧根上，吸收寄主的营养物质和水分。受害植物长势很差，细胞膨压降低，经常处在萎蔫状态，从而降低寄主对其他病虫害等不良条件的抵抗能力。被害植株细弱矮小，不能开花或花小而少，瘪粒增加，轻则减产10%～30%，受害重的可全部毁灭。在单株寄主植物上寄生的列当有时多达100～150株。列当科包括15个属约180种，主要分布在北温带干旱而较温暖的地区，如西亚的阿拉伯半岛，少数分布在非洲和大洋洲。中国有9属40种，主要分布在西北、华北和东北地区，少数在西南的高海拔地区。对农作物的损害很大，严重发生时可使作物绝产。

广义的列当泛指列当属的草苁蓉（*Boschniakia*）、肉苁蓉（*Cistanche*）、黄筒花（*Phacellanthus*）、野菰（*Aeginetia*）、假野菰（*Christisonia*）、齿鳞草（*Lathraea*）等。肉苁蓉的肉质茎内富含多种氨基酸，尤以苯丙氨酸为多，为名贵中草药。

（一）列当

列当为全寄生型的根寄生草本植物，大多数寄生性较专化，有固定的寄主，少数较广泛。寄主多为草本，以豆科、菊科、葫芦科植物为主，无真正的根，只有吸盘吸附在寄主的根表，以短须状次生吸器与寄主根部的维管束相连，以肉质嫩茎直立地伸出地面，偶有分枝，嫩茎上被有绒毛或腺毛，浅黄色或紫褐色，高10～20 cm，最高可达50 cm。叶片退化成小鳞片状，无柄，无叶绿素，退化叶片呈螺旋状排列在茎上。两性花，花瓣联合成筒状，白色或紫红色，也有米黄色和蓝紫色等，因种而异。借昆虫传粉，每茎有30～50朵花，最多有80朵，每朵花结一蒴果，纵裂，内有种子500～2 000粒，每株列当可产生种子5万～10万粒，最多可达45万粒。种子卵形，十分细小，为0.2～0.5 mm，黑褐色，坚硬，表面有网纹或凹点。成熟后散落在土中，也可随风飞散而黏附在寄主的种子上。落入土中的种子在5～10 cm深的土层中可存活5～10年。种子发芽很不整齐，在适宜季节，每天都有种子萌发。列当种子的萌发条件比较特殊，它要求有充足的水分、合适的温度（25℃左右）、较高的土壤碱度（pH > 7.0）以及寄主根部的分泌物。温度过高过低均不能萌发，在酸性土壤中也不会萌发。寄主根部的分泌物也能诱使列当种子萌发。有些植物的种子萌发虽也能诱发列当萌发，但萌发后的芽管不能与该诱发植物的根部建立寄主关系，亚麻的根部分泌物能刺激列当种子萌发，虽然可被列当侵染，但不能在亚麻上开花结籽，因而可以减少列当的种群密度。这类引诱列当种子萌发又不被寄生的非寄主植物称为“引诱植物（trap crop）”，主要是豆类等非寄主植物，它能刺激种子萌发但不被寄生而使之饿死；另一类是“诱捕（捉）植物”（catch crop），包括寄主植物，能引诱独脚金等寄生植物发芽、开花，然后立即耕翻或喷除草剂杀灭，辣椒是常见的一种。

在列当属内有许多种，比较重要的有向日葵列当、锯齿列当和埃及列当等。

1. 向日葵列当（*O. cumana*）

向日葵列当又称二色列当，茎直立单生，肉质，直径约 1 cm，密被有细毛，浅黄色至紫褐色，高为 30 ~ 40 cm，穗状花序，筒状花，较小，长 10 ~ 20 cm，每株茎上有 20 ~ 40 朵花，花冠筒部膨大，上部狭窄，成屈膝状。从嫩茎出土至开花约 10 d，开花至结实 6 d，从出土至种子成熟历时 30 d，种子在土中可存活 5 ~ 10 年。种子深褐色，大小为 0.16 mm × 0.1 mm，表面有纵条状皱纹（图 6–9）。在欧洲、亚洲各国均有分布，尤以北纬 40° 左右的地区较多，主要寄主植物有向日葵、烟草、番茄、红花等，但在蚕豆、豌豆、胡萝卜、芹菜、瓜类、亚麻、苦艾的根上也能寄生生长，诱发植物是辣椒（图 6–9，彩图 214–218）。

2. 埃及列当（*O. aegyptica*）

埃及列当又称分枝列当或瓜列当。茎直立，中部以上有分枝 3 ~ 5 个，茎高 15 ~ 30 cm，茎上密被腺毛，黄褐色。穗状花序，长 8 ~ 15 cm，圆柱形，花淡紫色，种子较小，倒卵圆形，一端较窄而尖，黄褐色，长 0.2 ~ 0.5 mm，宽 0.2 ~ 0.3 mm，表面有细纹网线，矩形，长宽比小于 4 : 1，网状皱纹。亚洲、欧洲和美洲均有分布。在我国以新疆、甘肃最多，为害也最重。寄主范围广，有 17 科 50 多种植物，主要寄主是哈密瓜、西瓜、甜瓜和黄瓜。其次是番茄、烟草、向日葵、胡萝卜、白菜、茄子和一些杂草。在瓜田的发生期为 6—7 月，寄生率可达 100%。种子在碱性土壤中的萌发率高，在土中存活期长达 10 ~ 15 年。诱发植物有玉米、三叶草、苜蓿、芝麻等（图 6–9E）。

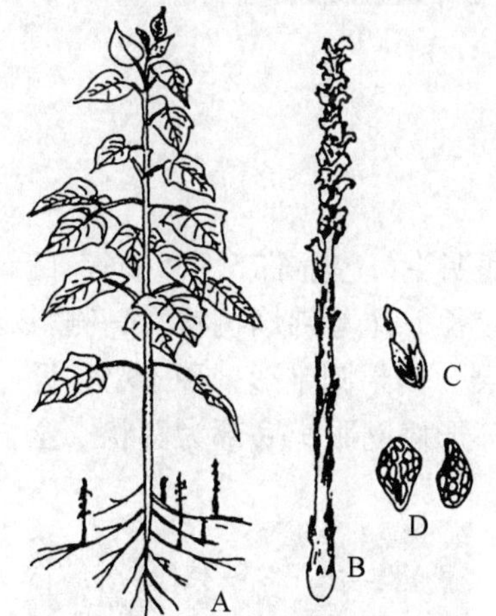

图 6–9　向日葵列当

A. 向日葵根部受害状；B. 列当植株；C，D. 向日葵列当的花和种子；E. 向日葵列当的植株

（二）草苁蓉（*Boschniakia* sp.）和肉苁蓉（*Cistanche* sp.）

草苁蓉为列当科全寄生草本植物，根状茎球形或圆柱形，常有 1 ~ 3 条直立茎，不分枝，肉质，粗壮。叶三角形鳞片状，螺旋状排列于茎上，总状花序，密生多数花，花无梗，花杯状，花冠筒部膨大成囊状，雄蕊外露。花期 5—7 月，果期 7—9 月。分布在日本、朝鲜及中国东北海拔 1 500 ~ 1 800 m 的山坡、林间或河边。寄主以桤木属（*Alnus*）植物为主。

另外，与草苁蓉很相似的一种是肉苁蓉（*Cistanche deserticola* Ma），俗称“沙漠人参”，也是列当科全寄生植物，寄生于藜科植物梭梭木（盐木）（*Haloxylon ammodendron*

Bunge）的根上。主要分布在内蒙古、甘肃、新疆、青海等地的湖边、沙地梭梭林中。多年生寄生草本，高 80 ~ 100 cm。茎肉质肥厚，不分枝。鳞叶黄色，肉质，覆瓦状排列，披针形或线状披针形。穗状花序顶生于花茎，伸出地面，长 15 ~ 50 cm，有多数花；苞片线状披针形或卵状披针形，长 2 ~ 4 cm，宽 5 ~ 8 mm，与花冠近等长；每花下有 1 苞片，小苞片 2，基部与花萼合生；花冠管状钟形，黄色，顶端 5 裂，裂片蓝紫色；雄蕊 4。蒴果卵圆形，2 瓣裂，褐色；种子多数，微小，椭圆状卵圆形或椭圆形，长 0.6 ~ 1 mm，表面网状，具光泽（图 6–10，彩图 219）。

图 6–10 梭梭树与肉苁蓉

（三）野菰（*Aeginetia* sp.）

野菰是列当科野菰属的一年生草本寄生植物，俗称“印度烟斗”，茎高 15 ~ 35 cm，自基部分枝，黄褐色；叶鳞片状，疏生；花紫色，单生，花梗较长，花萼佛焰苞状，一侧斜裂，长 1 ~ 2 cm，花冠唇形，长 2 ~ 3 cm，筒部稍弯，顶端浅裂。蒴果圆锥形，种子小，近球形，表面有网纹，网眼深，方形或近多边形，网壁具多层环形棱网眼，底部为网状。全草可入药，也有发生。寄主以禾本科植物为主，如甘蔗、玉米等（图 6–11，彩图 220）。

图 6–11 寄生在甘蔗根部的野菰

野菰属，约 10 种，分布于斯里兰卡、印度、朝鲜、日本和菲律宾，在我国主要分布于华东、华南和西南地区。有野菰、短梗野菰、印度野菰 3 种，代表种为印度野菰（*A. indica*），为无叶草本，根寄生于寄主根部，花茎夏季抽出，单生或丛生，顶生一淡紫色的花，唇形花冠。无小苞片；花萼佛焰苞状，一侧裂开至近基部处，顶端急尖或具小齿；花冠管阔，稍弯，裂片 5，不明显的二唇形；雄蕊内藏，2 长 2 短，花药 2 室，只有 1 室发育，成对黏合，其生于下唇的药隔基部延长成一距；胎座多分枝，全覆以胚珠。寄主通常是禾本科植物，如甘蔗、五節芒、甜根子草等。野菰一旦定植，无数种子散落到田间就很难清

除。在无病区要实行严格的检疫，防止寄生植物的传入。在同纬度地区间引种时，一定要防止随种苗传入。在病区内，实行 7 ~ 8 年以上的轮作有一定效果，但实施较难。针对列当从出土到开花只有 10 ~ 15 d 时间，可采用手工拔除或喷洒除草剂杀灭。

三、菟丝子

菟丝子是菟丝子科菟丝子属（*Cuscuta*）植物的通称，俗称“金线草”。是一类缠绕在木本和草本植物茎叶部营全寄生生活的草本植物。菟丝子也是传播某些植物病害的媒介或中间寄主，除本身有害外，还能传播植原体和病毒等，引起多种植物的病害。

菟丝子在全世界广泛分布，中国各地均有发生。菟丝子主要寄生于豆科、菊科、蓼科、杨柳科、蔷薇科、茄科、百合科、伞形科等木本和草本植物上。禾本科植物的水稻、芦苇等偶可受害。菟丝子的叶退化为鳞片状，茎为黄色丝状物，缠绕在寄主植物的茎和叶部，吸器与寄主的维管束系统相连接，不仅吸收寄主的养分和水分，而且造成寄主输导组织的机械性障碍，受害作物一般减产 10% ~ 20%，重者达 40% ~ 50%，严重的甚至颗粒无收。

菟丝子为一年生的缠绕性草本植物，叶片退化为鳞片状，茎黄色或带红色；花小，白色或淡红色，簇生；蒴果开裂，种子 2 至 4 粒，胚乳肉质，种胚弯曲成线状。以种子繁殖和传播，种子小而多，一株菟丝子可产生近万粒种子。种子寿命长，随作物种子调运而远距离传播，缠绕寄主上的丝状体能不断伸长，蔓延繁殖。由于菟丝子的危害性及易随作物种子传播的特点，在东欧、西欧和拉丁美洲的一些国家都把菟丝子列为检疫对象，禁止或限制菟丝子种子输入（图 6–12、图 6–13，彩图 221）。

菟丝子属分为 3 个亚属，即细茎亚属、单柱亚属和菟丝子亚属。中国最常见的有：中国菟丝子（*C. chinensis*）、南方菟丝子（*C. australis*）、田野菟丝子（*C. campestris*）、大花菟丝子（*C. reflexa*）和日本菟丝子（*C. japonicus*）等。菟丝子的生活史可以用中国菟丝子为害大豆的情况来说明。菟丝子种子成熟且落在土中，到下一年萌发，一般在寄主生长以后才能萌发。种子萌发时，种胚的一端先形成无色或黄白色的细丝状幼芽，以棍棒状的粗大部分固着在土粒上。种胚的另一端也脱离种壳形成丝状的菟丝。菟丝在空中来回旋转，

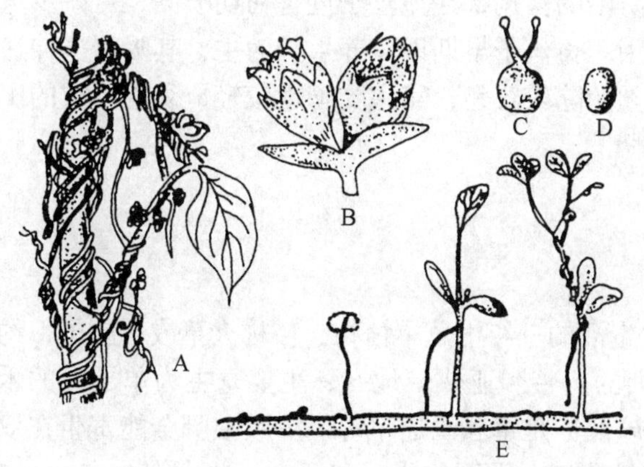

图 6–12　菟丝子

A，F. 为害状；B. 花；C. 子房；D. 种子；E. 种子萌发及缠绕寄主

图 6–13　广西北海行道树上的大花菟丝子危害状
（许志刚摄）

遇到适当的寄主就缠绕其上，在接触处形成吸器伸入寄主。吸根是从维管束鞘突出而形成的，和侧根产生方式相同。吸根进入寄主组织后，部分组织分化为导管和筛管，分别与寄主的导管和筛管相连，从寄主吸取养分和水分。当寄生关系建立以后，菟丝子就和它的地下部分脱离。大豆开花时菟丝子也开花。花黄色簇生，种子比大豆种子先成熟，落在土中引起下一年的为害，从种子萌芽出土到产生新的种子需 80 ~ 90 d。种子萌发很不整齐，多为 5 ~ 8 d，也可历经数月。自萌发出土至缠绕寄主需 3 d，缠绕寄主后与寄主建立寄生关系约需一周，至现蕾需一个月以上，现蕾至开花约 10 d，自开花到结果成熟需 20 d 左右。最适宜于种子萌发的土壤温度为 25℃左右，土壤相对含水量 80%以上。在 10℃以上即可萌芽，在 20 ~ 30℃时，温度越高，萌芽率越高，萌芽也越快。覆土深度以 1 cm 为宜，3 cm 以上出芽很少。种子可作中药材。

最好的防治方法是采用清洁种子，严禁从外地调运带有菟丝子种子的种苗是最基本的防治措施。作种用的种子，应彻底清除菟丝子后方能用作繁殖。合理轮作或间作也有一定效果，菟丝子一般不寄生禾本科作物，如玉米、高粱、谷子等，以这些作物与大豆轮作，或与大豆间作具有屏障作用，可减轻菟丝子的发生与危害。

利用寄生菟丝子的炭疽病菌制成生物防治的菌剂，在菟丝子危害初期喷洒，可减少菟丝子的数量并减轻危害，具有防病增产作用。菟丝子早期以营养生长为主，其吸器多伸达皮层或终止于韧皮部，在早期进行手工拉丝防除较容易，寄主受害也较轻，受害严重的田块应及早喷灭生性除草剂连同寄主一起销毁。

四、独脚金

独脚金（*Striga* spp.）为玄参科营寄生生活的一年生草本植物，俗称火草或矮脚子，约有 23 种，大多分布在亚洲、非洲和大洋洲的热带和亚热带地区，主要寄主为单子叶的禾本科植物，如玉米、甘蔗、水稻、高粱，以及苏丹草和画眉草等。少数独脚金能寄生在双子叶植物如番茄、豌豆、菜豆、烟草和向日葵等。中国的华南和西南一些省有分布，有 3 个种和 1 个变种。独脚金茎上生黄色刚毛；叶狭长，披针形常退化成鳞片状，长约 1 cm，

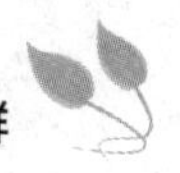

下部对生，上部互生，有少量叶绿素。花单生于叶腋，顶生疏穗状花序，花冠筒状，黄色、金黄色或红色，高脚碟状，近顶端急弯，唇形。蒴果卵球形，背裂，长约 3 mm；种子极小，金黄色椭圆形，表面具长条形网眼，长宽比为 7 : 1 以上，网状稍扭转，网脊上方 2 排互生的突起或嵴，成熟后随风飞散，落入土中。一株独脚金可结出 5 万 ~ 50 万粒种子，种子落入土中可存活 10 ~ 20 年，休眠期 1 ~ 2 年后，在寄主根分泌物刺激下，30 ~ 35℃下萌发，完成一个生长周期需 90 ~ 120 d。在刚萌发的一个月内，无寄主存在也能生长，但一个月后仍未建立寄生关系的寄生茎就会死亡。独脚金虽有叶绿素可进行光合作用制造养料，但仍不能自给。寄主受害后，生长受阻，纤弱，萎垂无生机。玉米受害减产 20% ~ 60%，干旱年份受害更重，病地连作玉米 6 年，可能颗粒无收。温暖、湿润的生态环境适于独脚金的生长，非洲一些国家因独脚金严重危害而荒芜了不少土地。诱捕植物有棉花、蚕豆、亚麻、大豆等（图 6–14，彩图 222）。

图 6–14 独脚金

A. 植株；B. 花；C，D. 寄生在玉米根上的独脚金

五、无根藤

无根藤是全寄生缠绕杂草，又称无头草，属樟科无根藤属（*Cassytha*），约 20 种，以盘状吸根吸附在寄主植物上，茎线形，较粗，可分枝，绿色或绿褐色，与菟丝子有些相似，但菟丝子具有黄褐色的丝状茎，这是两者最主要的区别。多黏质的寄生缠绕草本，借盘状吸根攀附于寄主上；茎线形，分枝，绿或褐色；叶退化为小鳞片；花小，两性，生于鳞片状苞片之间，穗状或头状花序，花被筒陀螺状；蒴果，种子膜质或革质，花期 5—12 月。多产于热带、亚热带，尤以澳大利亚北部为最多，少数种产于非洲，我国华南地区有一种（*C. filiformis* L.），分布在海拔 980 ~ 2 000 m 的山地丛林中，其危害性与菟丝子相仿，但多在丛林、树木上为害（图 6–15，彩图 223）。

图 6–15 无根藤的果实

六、寄生性藻类

寄生性藻类是在高等植物上营寄生生活的一类低等的藻类植物。少数气生藻类可在高等植物体表面营附生或寄生生活。常见的寄生藻类多属于绿藻门的丝藻目和绿球藻目，多见于热带或亚热带地区的果树、茶林中，寄生在树干或叶片上，引起“藻斑病”或“红锈病”，造成一定的损失。

寄生藻类分布较广，在北纬 32° 至南纬 32° 均有发生，但以热带和亚热带的湿热地区最为常见。寄生藻的寄主主要是木本植物，如热带、亚热带地区的番石榴、荔枝、龙眼、咖啡、可可等，在温带暖湿地区的茶、山茶、柑橘等，少数危害草本植物。寄主植物的枝干或叶片受害后先是引起黄褐色斑点，逐渐向四周扩散，形成近圆形稍隆起、灰绿色至黄褐色、表面呈天鹅绒状或纤维状纹饰，不光滑，边缘不整齐，直径 2 ~ 20 mm。至后期，病斑的表面平滑，但色泽较深，常呈深褐色或棕褐色，故有时亦称为“红锈病”。叶片叶柄受害，在叶面侵染点周围形成一个绿岛，侵染点周围的栅栏细胞增生变厚，形成木栓层以阻止其扩展，叶上藻斑较多时，提早落叶，影响树势，进而引起减产。柑橘、咖啡等幼茎或枝干上受到寄生藻的寄生后，初为暗灰色或淡紫色，树皮增厚，隆起变为锈红色，不久开裂，形成不规则的斑块或条纹，枝梢的顶端生长受限制，严重时可枯死。鳄梨、番石榴、柑橘和荔枝的果实表面有时也有小型藻斑出现，形成朱红色毛毡状不规则的藻斑，病果无食用价值。在野生植物上，尤其是在热带丛林中，经常见有藻类以半寄生或全寄生的方式在植物枝叶上生存，与植物争夺水分、无机盐和养料，造成不同程度的损失。有些藻类则与真菌中的一些子囊菌或半知菌组成共生体，这些共生体在植物表面生存时，对寄主植物表皮有损伤作用，并为真菌侵染创造了有利条件，具有复合侵染的作用。

对高等植物具有寄生能力的藻类大多数属于绿藻门的头孢藻属和红点藻属；红点藻（*Rhodochytrium* sp.）的寄主是锦葵科的玫瑰茄，侵害后引起叶瘤与矮化症状。头孢藻（*Cephaleuros* sp.）的寄主范围较广，在我国南方地区的茶、柑橘、荔枝、龙眼、芒果、番石榴、咖啡和可可等均可受害，发生藻斑病。

头孢藻有 6 个种，其中主要有 *C. virens*、*C. ciffea*、*C. mininus* 和 *C. parasitica* 4 个种。文献中常见的寄生藻是 *C. virescens* Kunze，病斑上的毛绒状物为病菌的孢子囊梗和孢子囊，孢子囊梗成“X”状分枝，顶端着生圆形、黄褐色的游动孢子囊，遇水孢子囊散出游动孢子，游动孢子椭圆形，无色，有双鞭毛。游动孢子借雨水传播，侵入到寄主内，引起为害。

头孢藻的营养体是由多层细胞组成为假薄壁组织状的细胞板，细胞内富含血红素，呈橘红色，气生，在圆盘状营养体（即叶状体）与寄主表皮之间有空腔，叶状体向下突起成分枝状假根，在寄主细胞间蔓延，有利于叶状体的固定，并从寄主中吸收养分和水分（图 6–16，彩图 224）。

1. 无性繁殖

在较老的圆盘形叶状体（细胞板）上分化出直立的两种丝状体，称为藻丝，又称为毛状体，多数是不分枝的。顶端渐尖的称为刚毛，另一种为顶端有 8 ~ 12 个小梗的分枝状孢囊梗，梗长为 274 ~ 452 μm，在每个分枝（小梗）的顶端，着生一个近圆形的孢子囊，故又称为“柄孢子囊”。游动孢子囊黄色，大小为（14.5 ~ 20.3）μm ×（16 ~ 23.5）μm，成熟

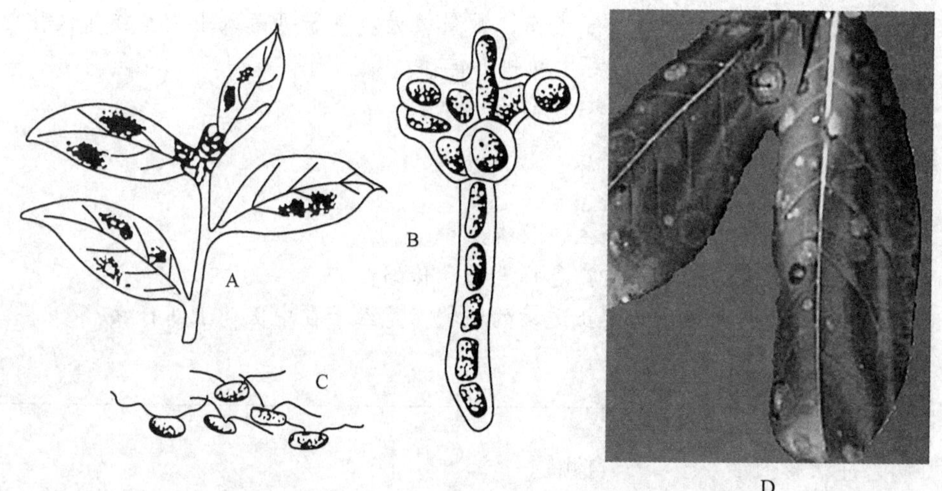

图 6-16　藻斑病

A. 叶斑；B. 孢囊梗和孢子囊；C. 游动孢子；D. 为害状

后脱落，遇水萌发，散发出许多无色薄壁、有 2 ~ 4 条等长鞭毛的椭圆形游动孢子。

2. 有性生殖

藻丝末端的营养细胞膨大形成无柄的瓶状细胞，称为“球形配子囊”。有水时每个配子囊释放出几十个有两根等长鞭毛的圆形游动配子。游动配子可在囊内或囊外结合成“接合子”，接合子发育成有柄的孢囊体，每个孢囊体中可释放出 4 个有 4 根鞭毛的游动孢子。游动孢子在水中游动 10 min 后休止，鞭毛缩进体内，即成为初生圆盘，从初生圆盘的底面长出突起，穿透寄主叶片表面，在表皮下扩展形成次生圆盘。叶面有水膜时，游动孢子可从气孔侵入，降雨对侵染有利。大量的侵染多发生在雨季，雨季结束时发病率最高。所以，温暖潮湿的气候有利于藻类的寄生为害。在降雨频繁、雨量充沛的季节，藻斑病的扩展蔓延迅速。生长衰弱的老树及树冠下部的老叶常受害严重。树冠和枝叶密集，过度荫蔽，通风透光不良的果园发病普遍。栽培管理不善，土壤瘠薄、缺肥、干旱或水涝和管理差等原因造成树势衰弱，寄主生长不良常易受害，发病较重。寄主生长不良，栽培管理不善，如土壤贫瘠、杂草丛生、地势低洼、阴湿或过度密植、通风不良的条件下，寄主易受侵染，发病较重。寄生藻的营养体在病组织上越冬，第二年春季温湿度条件适宜时，再产生孢囊梗和游动孢子囊，以游动孢子侵染新的寄主组织。

寄生藻类的防治主要是改进栽培管理，增加通风透光，增强寄主植物的生活力和抵抗力，可以显著降低头孢藻的寄生和发病率。增施肥料，增强植株的活力尤为重要。多种杀真菌剂对寄生藻都有很好的杀灭作用，如波尔多液等铜制剂、石硫合剂及硫氰制剂等都广泛地使用以控制寄生藻类。

小结

寄生植物是指不能独立自养，必须在其寄主植物上营寄生生活的一类植物，包括低等的藻类和高等的种子植物。根据对寄主植物供给生活物质的依赖程度可分为全寄生和半（水）寄生两类。半寄生植物的致病性较弱，全寄生的致病性强，危害大。寄生藻以孢子囊为繁殖体，寄生性种子植物以种子繁殖，数量极大。种子可落入土中，或随农作物种子传播，也可由鸟类啄食传播，少数可主动弹射传播。

思考题

1. 何谓全寄生、半寄生、根寄生、茎寄生？
2. 寄生植物如何吸收营养物质？怎样繁殖和传播？
3. 为何把菟丝子、列当列为禁止进境的植物？菟丝子在中医药上叫什么？

数字课程学习

病害症状彩图　　自测题

第七章

非侵染性病害

植物非侵染性病害（non-infectious disease）包括由于植物自身的生理缺陷或遗传性缺陷，或因生长在不适宜的物理、化学等环境因素中而直接或间接引起的一类病害，也称为生理性病害（physiological disease）。它和侵染性病害的区别在于没有病原生物的侵染或参与，在植物不同的个体间也不能互相传染，所以又称为非传染性病害。在常见的植物病害中，非侵染性病害的比例约占五分之一，值得引起植保和栽培管理人员的重视。例如：由臭氧引起的烟草气候斑病（tobacco weather fleck）在高原地区常有发生，是烟草生产的一个严重障碍，该病一旦发生，导致烟叶品质下降，有的病叶甚至成为废叶，致使单位面积烟叶产量降低。

环境中的不适宜因素主要可以分为化学因素和物理因素两大类，不适宜的物理因素主要包括温度、湿度、风和光照等气象因素的异常。不适宜的化学因素主要包括土壤中的养分失调、空气污染和农药等化学物质的毒害等。这些因素有的单独起作用，但常常是结合在一起作用于植物而引起病害。化学因素大多是与人类的工农业生产和日常生活密切相关。

随着农业生产的发展，作物耕作制度和栽培措施发生了很大变化，如作物复种指数提高或减少，设施农业和保护地栽培面积不断扩大，使农作物赖以生存的环境更加人工化，许多农作物，尤其是果树和蔬菜等园艺作物生长的小环境发生了很大变化。此外，由于过分追求单位面积作物产量和品质，人们不得不大量使用化肥、激素和农药等化学产品，使植物生长的土壤环境变差，植物营养不均衡现象日益突出。由此导致非侵染性病害种类增多，发病面积扩大，农产品的品质反而下降。

非侵染性病害和侵染性病害的关系密切，非侵染性病害可使植物的抗病性降低，更有利于侵染性病原的侵入和发病。例如：冻害不仅可以使细胞组织死亡，还往往导致植物生长势衰弱，使许多病原物更易于侵入。同样，侵染性病害也削弱植物对非侵染性病害的抵抗力。例如：某些叶斑病害不仅引起木本植物提早落叶，也使植株更容易遭受冻害和霜害。因此，加强作物栽培管理，改善作物生长条件以及及时防治病害，可以减轻两类病害之间的恶性相互作用。引起大田作物和园林植物生理病害的因素很多，常发生的生理病害有：玉米白化病、水稻赤枯病、番茄日灼病、脐腐病、蔬菜缺素病、化肥烧苗、药害中毒、冻害、烟害、烟草气候斑病、冰雹雷电害、风害和干旱洪涝等。

庭院或居家种植时常见花卉生理性病害也有很多种：嫩芽枯萎、卷叶落叶、叶色发黄、落花落蕾落果、烂根烂芽等都十分常见。

研究和认识非侵染性病害是植物保护工作者的一项重要业务，准确地诊断与防治这些非侵染性病害也同样十分重要。

第一节　植物生理缺陷和遗传病

植物非侵染性病害中，有一部分是由于植物自身原因引起的，与周围环境无关，也没有外来病原物侵染参与，最常见的如禾本科植物苗期的白化病、黄化病。

遗传病普遍是由基因突变造成的，小部分是甲基化造成的。例如，雄性不育就可以视为遗传病，尽管雄性不育系已经普遍应用到育种工作中并发挥了重要作用。另外，植物突变体的个体，都由于某个基因发生了突变，表现出生长缓慢、延迟开花或对环境胁迫敏感等性状，都可以认为是遗传病；还有一些品种，相对于同一物种的其他品种，有着较差的抗病能力，很容易被病毒感染，也可以算作遗传病。

禾本科植物中白化病较为常见，如玉米、大麦、小麦、水稻、高粱等。植物的白化苗是常见的一种病变症状，研究者较多。水稻白化苗有两种：一种是零星散发的，叶片一出生就发生白化，或部分长条形白化，其中全白的苗，大多数在三叶期枯死，少数在四叶期以后可以逐步恢复变绿。另一种是叶色从黄到白，常从尖端开始，此时如果采取灌水、施肥等措施或天气转晴暖，往往能恢复生长。

在大麦、小麦杂交育种的苗圃里，也时有发现某些品系组合中出现白化的苗，植物的这种白化现象是叶绿体的前体——质体变异造成的。由于质体在细胞分裂中随机分配给子细胞，而不像染色体那样均等地分配。因此，经过多次的细胞分裂，一个原来含有两种质体（正常和变异）的细胞，就会分裂成细胞质内含有正常质体、白化质体的两种细胞。由于精子内不含质体，所以由上述细胞分别发育的卵细胞，无论与何种花粉的精子受精，其子代都将与提供卵子的母本相似，分别发育成正常绿色植株和白化植株。叶色的遗传物质是主要通过母本传递的，这类白化病形成的白化苗属于遗传性白化苗。

杂交育种过程中，核基因组和质体基因组的协调表达非常重要，核质不亲和性常常导致白化病的发生。质体的发育主要由核基因控制，发育停滞或受伤的质体可以通过反馈的信号调控核基因组的表达。表 7–1 列举一些有关的研究结果。

表 7–1　不同物种白化突变体的质体遗传方式

植物物种	白化杂合子中质体来源		
	母系遗传	父系遗传	双亲遗传
小麦、大麦	母系遗传		
水稻	母系遗传	偶然父系遗传	
苜蓿	母系遗传	主要父系遗传	双亲遗传
豌豆			双亲遗传
月见草		父系遗传	双亲遗传

有一类白化病是低温冷害引起的白化苗，如麦苗或秧苗受短时间低温冻害，引起叶绿素分解，顶上新叶出现白化或白点。叶绿素形成的最低温度约为 2℃，最适温度约 30℃，

最高温度约40℃。高温和低温都会使叶片失绿。近年来，大棚草莓由于其反季节性而热销，草莓畸形和白化病就很普遍。在草莓花芽分化期如遇到25℃以上高温或5℃以下低温，则使花芽分化受阻，形成畸形花，进而发育成畸形果。另外，开花结果期温室内相对湿度大于85%以上，花药不易开裂，子房受粉不完全，也使果实变形，形成白化畸形果。

另一类白化病与营养因素有关。如适宜水稻生长的土壤中有效锌的临界指标为0.05 ppm，稻株正常含锌量为20～120 ppm，如果低于这一数值，就会出现缺锌症状。水稻缺锌时，主脉有失绿现象，沿主脉向叶缘扩大而多呈黄白色，最后整个叶片呈褐色。另外，除草剂特别是封闭性除草剂，如苄基乙黄隆、苄基丙黄隆的过量使用也常常导致白化苗的出现（图7–1，彩图225）。

植物种子的成熟度和先天发育程度与下一代的生长发育有密切关系。如果种子成熟度不高或发育不健全，其幼苗则往往不能健康生长，进而出现芽枯、枯萎或死苗等现象。

图7–1　玉米白化病症状

第二节　化学因素致害

导致非侵染性病害的化学因素主要有营养失调、农药药害和环境污染等。

一、植物的营养失调

营养条件不适宜包括某些营养缺乏引起的缺素症、几种营养元素间的比例失调和/或营养过量。这些因素均可以诱使植物表现各种病态。

（一）缺素症

长期以来，人们用缺素症（nutrient deficiency）来描述由于营养元素总含量不足或有效态下降而导致植物生理功能受到干扰而出现的病态症状。但仔细分析可以看出，常见的缺素症可能是由于缺乏某种营养元素，也可能是由于某种元素的比例失调，或者某种元素的过量，尤其在大量施用化肥的地块以及在连作频繁的保护地栽培的情况下，营养元素比例失调比缺素问题更加严重。因此，缺素症的提法是不全面的。植物的矿质营养分为大量元素（氮、磷、钾）和微量元素（钙、镁、硫、铁、硼、锌、锰、钼、铜），缺乏这些元素导致植物产生多种症状。这些症状的出现往往与元素的生物学功能和在植株体内转运的方式有关联。因此首先要了解大量元素和微量元素的功能。

大量元素中的氮素广泛存在于细胞内的蛋白质、氨基酸及其衍生物中。磷存在于DNA、RNA、膜磷脂以及ADP和ATP等化合物中。钾主要作为很多生化反应的催化剂。这些元素都是由植物下部组织向上输导的。一旦缺乏时，所产生的症状首先表现在植物下部叶片上。微量元素中的镁存在于叶绿素中，是很多酶的辅助成分。锌则参与生长素的合成和糖的氧化。镁和锌可以由下向上输导。钙控制细胞膜的渗透性变化，并通过对钙调蛋白的调节影响很多酶的生物活性。此外，它还与果胶形成钙盐，沉积在细胞壁中，参与抵抗病原生物的侵染。硼的功能可能是影响植物组织中糖的运输和植物对钙的利用。硫存在于一些氨基酸和辅酶中。铁是叶绿素合成的催化剂，并作为很多酶的辅助成分。铜、钼和锰分别是很多氧化酶、硝酸还原酶和呼吸、光合以及氮代谢酶的辅助成分。这些元素一般不是由下向上运输的，所以，一旦缺乏时，症状往往出现在植物上部组织。

缺素症状往往因作物种类或品种的不同而异，难以一概而论。例如，缺钾引起的颜色变化，在棉花上是紫红褐色，在马铃薯上为青黑色，而在苜蓿叶缘则是白色斑点。缺硼在几种观赏植物上表现为不同的畸形症状。例如：在香石竹茎上端出现侧枝增生，在金鱼草为幼叶变形，类似于螨为害症状，而在菊花上则出现明显的脆弱及卷缩叶症状。在油菜和萝卜根茎组织上引起开裂和变色。甚至在同一种植物上，由于缺素程度不同以及植物生育期不同而导致症状表现差异。

水稻秧苗在移栽后不久出现叶色发红、萎蔫无力的是赤枯病症状，这是移栽前使用了未腐熟的绿肥，发酵产生的硫化氢毒害所致。

常见大量元素和微量元素缺乏造成的症状特点见表7-2（彩图228-234）。

表7-2　作物缺素症检索简表

症状在老龄组织上先出现（氮、硼、钾、镁、锌缺乏）

　不易出现斑点（氮、磷）

　　新叶淡绿、黄绿色、老叶黄化枯焦、早衰 …………………………………………… 缺氮

　　茎叶暗绿或呈紫红色，生育期推迟 ……………………………………………………… 缺磷

　容易出现斑点（钾、锌、镁）

　　叶尖及边缘先枯焦，症状随生育期而加重、早衰……………………………………… 缺钾

　　叶小、斑点可能在主脉两侧先出现、生育期推迟……………………………………… 缺锌

　　脉间明显失绿、有多种色泽斑点或斑块，但不易出现组织坏死……………………… 缺镁

症状在幼嫩组织先出现（硼、钙、铁、硫、镁、锰、铜缺乏）

　顶芽容易枯死（钙、硼缺乏）

　　茎叶软弱、发黄焦枯、早衰……………………………………………………………… 缺钙

　　茎叶柄变粗、脆、易开裂、开花结果不正常、生育期延长…………………………… 缺硼

　顶芽不易枯死（硫、锰、铜、铁、钼缺乏）

　　新叶黄化、失绿均一、生育期延迟……………………………………………………… 缺硫

续表

脉间失绿、出现斑点、组织易坏死……	缺锰
脉间失绿、发展至整片叶淡黄或发白……	缺铁
幼叶萎蔫、出现白色叶斑、果穗发育不正常……	缺铜
叶片生长畸形、斑点散布在整片叶上……	缺钼

（二）营养过量

植物所需营养元素过量有时对植物并不利。尤其是微量元素过量，可能成为有害物质，会对植物产生明显的毒害作用。一般而言，大量元素过量对植物的影响较微量元素过量的影响轻。例如，氮素过量引起小麦组织柔嫩、叶色深绿、麦株贪青并晚熟。锰素过量则引起小麦叶皱、叶尖和叶缘褐枯、导致减产。硼和锌过量往往对植物造成严重毒害。

土壤可溶性盐过量会形成盐碱土。高浓度的钠和镁的硫酸盐影响土壤水分的可利用性和土壤的物理性质。由于盐首先作用于根，使植株吸水困难，进而表现萎蔫症状。这种症状类似于病原生物（如真菌）侵染引起的根腐病。土壤中过量的钠盐，特别是氯化钠、硫酸钠和碳酸钠，可引起土壤 pH 升高，导致植物盐碱害。植物出现的症状表现有：退绿、矮化、叶焦枯和萎蔫等。某些植物（如小麦和苹果）对碱害非常敏感，而甜菜和苜蓿则较能抵抗或忍耐碱害。

硼过量对很多蔬菜和果树是有毒的，它会抑制这些植物的种子萌发，引起幼苗死亡。在东方百合上，硼过量引起叶尖退绿等症状。过量的锰引起棉花叶片皱缩和苹果树皮的坏死。氟过量导致叶片焦枯。特别在土壤大量施用石灰石和硝态氮后，降低了土壤结合氟的能力，造成严重氟毒害。

（三）营养比例失调

在高肥水管理情况下，营养元素间比例失调也会严重影响植物生长。在大量施用化肥、农药的地块，在连作频繁的保护地栽培等情况下，土壤中大量元素与微量元素的不平衡非常普遍，在这种土壤环境中生长的作物往往会表现出营养失调症状。土壤中某些营养元素含量过高对植物生长发育也是不利的，甚至造成严重伤害。这种“富贵病”现象常在“样板田”或“试验田”见到，在盆栽观赏植物和保护地蔬菜栽培的过程中表现得更加突出。例如，施钾肥过多可导致菊花产生缺镁症状，叶脉之间失绿、叶缘变红紫色。在这种情况下，即使增加镁也不能缓和症状。因为钾离子太多影响了植物对镁离子的吸收。再如，钠过量导致植物缺钙、铜、锰。锌过量导致植物缺铁（图 7-2）。造成植物营养元素缺乏的原因有多种：一是土壤中缺乏营养元素；二是土壤中营养元素的比例不当，元素间的拮抗作用影响植物吸收；三是土壤的物理性质不适，如温度过低、水分过少、pH 过高或过低等都影响植物对营养元素的吸收。因此，合理用肥、测土配肥十分重要。

（四）营养状况与侵染性病害的关系

近年来，对植物营养状况与侵染性病害之间关系的研究备受重视。其原因在于：营养元素不仅是植物正常生长发育所必需的，而且是增强植物抗病性所必需的，例如，增加磷

A

B

图 7-2　缺素症
A. 缺铁；B. 缺镁

钾肥对大多数植物都有提高抗病作用的效果。特别是某些微量元素对多种作物不同类型病害，表现出较好的控病效果。如锌、硼、铜、硅等元素均有降低病害发生的效果。铁在大多数情况下也对植物病害的发生有抑制作用，可以将这些元素称为植物的保健元素。探讨营养元素影响植物病害发生的机制可望通过施肥达到综合防治病害的目的。

二、农药药害

农药（pesticides）是农用化学药剂的总称，除了常用的杀菌剂、杀虫剂（insecticide）、杀线虫剂（nematocide）和除草剂（herbicide）之外，还包括赤霉素、膨大素、2,4-D、细胞分裂素等各种植物激素和其他如叶面使用的多种化学药剂，也包括化学肥料。使用农药的浓度过高、用量过大、间隔期太短，或使用时期不适宜，均可对植物造成毒害作用。按照施药后植物出现中毒时间，可将药害分为急性药害和慢性药害。急性药害一般在施药后 2~5 d 内发生，常常在叶面上或叶柄基部出现坏死的斑点或条纹，叶片退绿变黄，严重时凋萎脱落。一般来讲，植物的幼嫩组织或器官容易发生此类药害。施用无机铜、无机硫杀菌剂和有机砷类杀菌剂容易引起急性药害。慢性药害指施药后植物并不马上表现出明显的中毒症状，而是影响植株正常生长发育，使植物生长缓慢、枝叶萎垂或畸形，进而叶片变黄以致脱落；或开花减少，结实延迟，果实特大或特小、空心，籽粒不饱满等。除了农药可以引起急性药害和慢性药害以外，还有一种是残留药害，有部分药剂落在地面或表土中，这些药剂有的可能分解很慢，会在土壤中积累，待残留药物积累到一定程度，就会影响作物生长而表现药害。不适当地使用除草剂或植物生长调节剂也会引起药害，最常见的是麦田使用了超量的除草剂，如卞黄隆等，常常对后作的水稻会有严重的损害。

不同植物对农药毒害的敏感性不同。例如，桃、李、梅、白菜、瓜类、大豆和小麦等对波尔多液特别敏感，极易发生药害。而马铃薯、茄子、甘蓝、丝瓜、柑橘等作物则不易遭受波尔多液药害。植物药害的发生与环境温度有关，如石硫合剂在温度高时药效发挥快，易产生药害。此外，同一植物在不同生育期对农药的敏感性也不同，一般来说，幼苗和开花期的植物较敏感。如使用有机砷制剂防治水稻纹枯病，在孕穗期以前比较安全，孕穗期以后使用会严重影响水稻灌浆，从而增加瘪粒率，降低千粒重，甚至引起翘穗头等。

常用的植物生长调节剂有：① 2,4-D，化学名称为 2,4- 二氯苯氧乙酸，低浓度的

2,4-D 对防治茄果类蔬菜落花、落果，促进果实膨大，提高果实的含糖量有明显作用。②赤霉素，它的作用是促进细胞分裂和植株生长，减少落花落果。③ α- 萘乙酸钠，既可以诱导不定根的形成，加快扦插枝条生根和种子发根，还可用于保花保果、提高产量、增强抗逆能力等。④ DA-6 胺鲜脂，主要作用是提高坐果率、促进早熟、改善品质等；⑤矮壮素、多效唑、烯效唑，这 3 种植物生长调节剂在控制植物徒长，促进生殖生长，使节间缩短、茎秆粗壮、根系发达、抗倒伏，提高坐果率，抗旱、抗寒和抗盐碱等方面具有显著作用。

不适当地使用除草剂或植物生长调节剂（plant growth regulator）也会引起药害。如使用 2,4-D 进行番茄蘸花保果，若浓度过高会造成茎叶畸形皱缩，叶片变为鸡爪状。α- 萘乙酸钠较重药害为叶片萎缩，叶柄翻转，叶片脱落，麦田使用绿黄隆类除草剂，如用量过大，或洒施不匀，不仅造成小麦受害，还常使后茬作物（如水稻）也发生药害，植株黄化枯死。施用 DA-6 胺鲜脂的药害表现症状是叶片有斑点，然后逐渐扩大，由浅黄色逐渐变为深褐色，最后透明。有些杀虫剂在高温条下，施用浓度偏高时，常常会引起叶片产生退绿斑或枯斑，像病毒病一样。喷施矮壮素、烯效唑或多效唑可以防止苗期徒长，促进生殖生长。但是，在长期用于育苗的土壤上容易造成残留，或喷施浓度过高时可引起药害，矮壮素在土壤中残留引起的番茄苗期药害，症状表现为叶色浓绿、叶小、节间缩短、生长缓慢。复硝酚钠在桃树、西瓜等敏感作物上使用产生药害，常常会导致作物落花、落果，空心果等现象。目前除草剂的使用越来越多，有些用于土壤处理，有些用于田间喷洒。这些处理过的土壤或邻近喷药的田块中的敏感植物也会受害，主要症状是叶片不同程度的畸形、黄化、变褐、干燥和植株的矮化甚至死亡（彩图 235–240）。

施肥过量或施未经腐熟的有机肥，导致嫩尖枯焦，甚至烧死树木花草。施药不当能使树木受药害，出现焦叶、落叶，生长衰弱，甚至枯死。农用氨水、化肥使用难度过高，可直接烧苗致死。

三、环境污染

人类在改造世界的同时，由于大量工业化生产的发展，大规模基建项目的施工，常会造成环境污染。被污染的环境不可避免地影响到植物生长和发育。环境污染包括空气污染、水体污染和土壤污染等。

空气污染最主要的来源是化学工业和内燃机排出的废气，如臭氧（彩图 239）、氟化氢、二氧化硫和二氧化氮等。一些气体（如水银蒸气、乙烯、氨、氯气等）不会扩散太远，其对植物的毒害仅限于工厂污染源附近。而另一些气体，如氟化氢、二氧化氮、臭氧、过氧酰硝酸盐（peroxyacetyl nitrate，PAN）、二氧化硫等，则能大范围扩散，造成大范围植物的毒害。污染物对植物的毒害与污染物种类、浓度和作用时间有关。植物长时间暴露在有毒污染气体之下可能产生肉眼可见的症状，例如树叶或菜叶上的枯斑、焦斑。表 7–3 列出了不同污染物对不同植物的毒害程度和引起的症状。

由于一些植物具有选择吸收某些有毒气体的能力，因此，可以利用这些植物来净化空气，改善环境。如桂花每公斤干重的叶片可以吸收氯 4.8 g、硫 3.6 g 和汞 5.1 g。而利用某些常见植物对有毒气体的敏感反应，可以作为指示植物检测出对人类有害气体的存在。例如，在大气臭氧达到 0.5 ppm 时，牡丹叶片会出现特征性的斑点和伤痕，根据浓度不同而显赤褐、淡黄、灰白等颜色。对空气污染物表现抵抗和敏感的常见植物种类如表 7–4。

表 7-3 大气污染物种类、来源、敏感植物种类及症状

污染物	污染源	感病植物	主要症状	备注
臭氧（O_3）	空气中的光化学反应，风暴中心等	烟草、菜豆、石竹、菊花、矮牵牛、丁香、柑橘、松等。几乎所有植物都敏感	叶面斑驳或退绿斑，大小不一，颜色多变；有的植株矮化，提前落叶	由气孔进入，是最具毁灭性的污染物之一，中毒剂量为 0.1 mg/kg
二氧化硫（SO_2）	煤、石油燃烧、天然气工业，矿石的冶炼等	豆科作物最敏感，松、紫罗兰、紫苜蓿、百日草等	生长受到抑制，低浓度导致叶片失绿，高浓度使脉间漂白	与湿气结合形成酸雨，中毒剂量为 0.3～0.5 mg/kg
氢氟酸（HF）	铝工业、磷肥制造，钢铁厂、制砖业等	唐菖蒲、郁金香、石竹、杜鹃、桃、蚕豆、小麦、黄瓜等	叶缘（双子叶植物）或叶尖（单子叶植物）变黄褐色枯死，并从叶片上脱落；病健交界处有狭长红褐色分界带	（0.1～0.2）$\times 10^{-9}$ 即可致病，中毒剂量为 1～10 mg/kg，少数植物可以耐受 200×10^{-6} mg/kg
过氧硝酸盐（PAN）	空气中的化学反应、内燃机废气等	多种植物，特别是菠菜、番茄、大丽花、矮牵牛	导致“银叶”病状，叶片漂白，叶背面出现铜褐色	城市附近严重，中毒剂量为 1～10 mg/kg
氮化物（NO_2、NO）	内燃机废气、天然气、石油或煤燃烧、有机化物等	菜豆、番茄、马铃薯、杜鹃、木槿、水杉、黑杉、白榆等	幼嫩叶片上叶缘变色（红褐、亮黄褐），低浓度抑制植物生长而无症状	中毒剂量为 3～5 mg/kg
氯化物（Cl_2，HCl）	化工厂、精炼油厂、玻璃工业、塑料焚化等	月季、郁金香、百日草、紫罗兰、鸢尾、菊花等	叶片漂白，脉间出现坏死斑，叶缘焦枯，小叶卷曲并提早落叶	中毒剂量为 0.1 mg/kg
乙烯（CH_2CH_2）	汽车废气、煤、油燃烧、后熟的果实等	石竹、东方百合、兰花、月季、金盏菊等	偏上性生长，叶片早衰，植株矮化，花、果减少	中毒剂量为 0.05 mg/kg

表 7-4 对空气污染物表现抵抗或敏感的植物种类

污染物名称	抗性植物种类	敏感植物种类
O_3	香樟、悬铃木、大叶黄杨	石竹、菊花、丁香、牡丹
SO_2	大叶黄杨、夹竹桃、臭椿	紫苜蓿、樱花、雪松、银杏
NO_2	龙柏、香樟、大叶黄杨	番茄、水杉、黑松、白榆
Cl_2	樱花、苦楝、臭椿	雪松、黑松、广玉兰
HCl	樱花、无花果	雪松、黑松、广玉兰
HF	夹竹桃、龙柏、罗汉松	雪松、垂柳、桃

另外，水体污染对生态的影响十分巨大，2007 年夏季，江苏太湖中的蓝藻疯长，严重影响到无锡和苏州市的自来水供应，也影响到瓜果蔬菜的生长。造纸厂和化工厂未处理的污水，常常带有大量的碱和毒素，都对植物有严重的毒害作用。

第三节　物理因素致害

在植物生长的环境中，有许多物理因素也是必不可少的，包括温度、湿度、光照、通风等。植物在漫长的进化过程中，逐步适应了一定范围内的环境条件而生存下来。如果环境中的物理因素超越了该物种的忍受限度，植物就表现出异常或病态。

一、温度不适

温度是植物的生理生化活动赖以顺利进行的基础。各种植物的生长发育有它们各自的最低、最高和最适温度，超出了它们的适应范围，就可能造成不同程度的损害。不适宜的温度包括高温、低温、剧烈的变温。不适宜的气温、土温和水温都可能对植物的生长发育产生影响。20 世纪 80 年代以来，全球气候变暖趋势明显。对水稻、玉米、大豆和小麦生长发育的影响很大。研究表明：在气候变暖的条件下，除了对大豆产生增产效应外，对其他 3 种作物均产生减产效应。研究表明：水稻生长期间平均夜间最低温度每升高 1℃，水稻产量就下降 10%。在自然条件下，高温往往与强光照相结合，所以高温灼伤一般都出现在植物器官的向阳面。例如，番茄果实、辣椒果实、西瓜果实和苹果果实在太阳的照射下温度升高，常在向阳面出现日灼斑（彩图 226）。尤其是接近成熟的果实在雨后烈日下最易出现灼斑。在日光照射下，一些深色菊花体内或体表的温度较淡色菊花高，有时也易产生日灼斑。植物幼苗因高温发生的灼伤也是常见的。例如，我国东北的亚麻幼苗因土面温度过高，近地面的幼茎组织被烫伤而表现立枯症状。这种病害在温度变化大的黑土和砂质土中，以及在干旱情况下发生较重。高温也可以引起一些植物开花和结实异常。例如，一些观赏植物的花芽破坏或花朵畸形。许多植物的花粉对温度十分敏感，过高过低都不能正常萌发受精。杂交水稻在抽穗扬花期遇到高温条件，它的花粉不能正常萌发，使正常的受精作用不能进行，结实率下降。其他气象因子可能加强高温对植物的为害。干热风就是其中的一个典型例子。干热风是高温、低湿和大风等因子共同作用引起的一种气象灾害。干热风对长江流域小麦生长发育影响很大，这种灾害常出现在小麦灌浆中后期，以发生在灌浆中期为害最大，其为害轻者减产 5% 左右，为害重者减产 10%～20%。形成干热风的气象指标是日最高温度在 30℃以上，相对湿度在 30% 以下，风力在 3～4 级以上。

低温的影响主要是冷害和冻害。冷害也称寒害，是指 0℃以上的低温所致的病害。喜温作物如黄瓜、水稻；热带、亚热带的果树如菠萝、柑橘、香蕉以及盆栽和保护地栽培的植物等较易遭受冷害。当气温低于 10℃时，就会出现冷害。这种冷害最常见症状是变色、坏死和斑点等；在木本植物上还出现芽枯和顶枯或叶片凋落的症状。在植物开花期，如果遇到长时间低温气候，会影响结实。小麦抽穗期遇到低温寒害，可使麦穗受冻、发白而不实（彩图 241）。在温室和大棚中的瓜果蔬菜生长期间，常常因为通风管理不当而遭受冷害。冻害是指在 0℃以下低温所致的病害。冻害的症状主要是幼茎或幼叶出现水渍状暗褐色的病斑，后期植物组织逐渐死亡，严重时整株植物变黑、枯干、死亡。早霜常使未木质化植物器官遭受冻害，而晚霜则常使嫩芽、新叶甚至新梢冻死。水稻播种后易遭受低温而发生冻害，受到冻害的稻芽极易受到水中鞭毛菌的危害而引起烂芽、烂秧。

土温过低往往导致幼苗根系生长不良，容易遭受根际病原生物的侵染。低水温也可以引起植物生长和发育异常。例如：用低于叶面温度的水喷洒美洲紫罗兰，会引起环斑症状。而将冰水滴在叶片上会导致局部栅栏组织细胞崩溃，叶片枯死和凋萎等。

剧烈变温对植物的影响往往比单纯的高、低温更大。例如：昼夜温差过大可以使木本植物的枝干发生灼伤或冻裂，这种症状多见于树干的向阳面。龟背竹插条上盆后不久，若从 16℃条件下转到 35℃的温度下 48 h，会导致新生出的叶片变黑并腐烂；研究证明这是由快速升温造成的，对这种快速升温敏感的还有喜林芋、橡皮树和香龙血树等盆栽观赏植物。

高温和低温危害植物的机制是不同的。高温钝化某些酶的活性，而激活另外一些酶，从而导致生化反应异常和细胞死亡。高温也引起蛋白质聚合和变性，细胞质膜的破坏、细胞窒息和毒性物质的释放。低温比高温引起作物的损伤更大，低温对植物的伤害主要是导致细胞内或细胞间隙结冰。细胞内形成的冰晶破坏细胞质膜，引起细胞的伤害或死亡。0℃左右，首先是细胞间隙的少量纯水结冰，而细胞内的冰点依据其胞内所含溶质的性质和浓度而不同，细胞内水的冰点与细胞含水量有关，溶质多，冰点高，一般为 –5 ~ 10℃；细胞间隙的水由于含有较少的溶质比细胞内更容易结冰。某些病原细菌如丁香假单胞（*Pseudomonas syringae*）和腐生细菌存在于叶片气孔腔内，具有催化冰核形成的能力，俗称“冰核细菌”，具有冰核效应，可以使叶片细胞内形成冰的结晶体，从而加速植物发生冻害。

冻害与灼伤在北方地区常有发生，严重时能造成大量园林植物死亡。夏季高温强光照射引起灼伤。灼伤后还可引发腐烂病。

二、水分、湿度不适

植物因长期水分供应不足而形成过多的机械组织，使一些肥嫩的组织或器官（如肉质果实或根）的一部分薄壁细胞转变为厚壁的纤维细胞，可溶性糖转变为淀粉而降低品质。同时生长受到限制，各种器官的体积和质量减少，导致植株矮小细弱。严重的干旱可引起植物萎蔫、叶缘焦枯等症状。木本植物表现为叶片黄化、红化或其他颜色变化，或者早期落叶、落花、落果。禾本科植物在开花和灌浆期遇干旱对其生长发育造成严重影响。例如，在开花期，干旱影响授粉，增加瘪粒率。在灌浆期，干旱影响营养向籽粒中输送，降低千粒重。

土壤中水分过多造成氧气供应不足，使植物的根部处于厌氧状态，最后导致根变色或腐烂。同时，植物地上部可能产生叶片变黄、落叶及落花等症状。

水分的骤然变化也会引起病害。先旱后涝容易引起浆果、根菜和甘蓝的组织开裂。这是由于干旱情况下，植物的器官形成了伸缩性很小的外皮，水分骤然增加以后，组织大量吸水，使膨压加大，导致器官破裂。而前涝后旱则会使番茄果实发生蒂腐。因为叶片的渗透压高于果实，在水分不足时，叶片从果实吸收水分，使蒂部突然大量失水引起蒂腐。

土壤湿度过低，引起植物旱害。初期枝叶萎蔫下垂。及时补充水分植物可以恢复。后期植株凋萎甚至死亡。玉米、大豆和马铃薯等作物较易产生旱害。在林木上，旱害引起树木叶尖、叶缘、叶脉间或嫩梢发黄枯死，造成早期落叶、落花、落果。如果土壤湿度很低，又遇上强的高温干燥的西南风（一般称为干热风），对许多作物的影响很大。例如，在小麦乳熟期，连续几天干热风（西南风）迫使植株迅速干燥、枯死，产量降低。

地下水位过高、地势低洼、雨季局部积水以及不适当的人工灌水导致土壤湿度过高，引起植物涝害。由于土壤中氧的供应不足，根部不能进行正常的生理活动，容易发生须根腐烂。根部选择吸收功能受到破坏，一些植株不需要的元素或其他有害物质会进入根内。土壤缺氧还会促进其中的厌气微生物的生长，从而产生一些对根部有害的物质。涝害使植株叶片由绿色变淡黄色，并伴随着暂时或永久性的萎蔫。变色和萎蔫的原因虽然不能排除有毒物质的影响，但主要是根系死亡造成的吸水能力降低。

空气湿度过低的现象通常是暂时的，很少直接引起病害。但如果与大风、高温结合起来，会导致植株大量失水，造成叶片焦枯、果实萎缩或暂时或永久性的植株萎蔫。长江流域小麦穗期如遇到干热的西南风，常使小麦干枯、早衰，灌浆不足，产量受到严重影响。

三、光照不适

光照的影响包括光强度和光周期。光照不足通常发生在温室和保护地栽培的情况下，导致植物徒长，影响叶绿素的形成和光合作用，植株黄化，组织结构脆弱，容易发生倒伏或受到病原物侵染。

光照过强很少单独引起病害，一般与高温、干旱相结合。例如，前面提到的日灼病和叶烧病。千日红例外，其植株在高强度光照以及长日照（2 000 lx，16 h）下自发产生枯斑。

日照时间的长短影响植物的生长和发育。研究结果表明，光可以控制植物的基因表达，控制植物的形态发生。已知有 60 多种植物体内的酶受到光照调控。根据光周期可将植物分为长日照植物、短日照植物和中性植物。光照条件不适宜，可以造成植物开花和结实延迟或提早，由此造成农作物产量损失。

但是，人们为了改善伙食、调节蔬菜品种，特地在黑暗中培育出韭黄和蒜黄等食材，成为美味佳肴，就不作为病害来看待了（彩图 227）。

上述化学因素和物理因素除了直接作用于植物而造成病害外。它们还可能会通过对非病原微生物的作用间接对植物产生影响，引起植物病害。例如，土壤、厩肥、污水中存在的反硝化细菌，在土壤通气不良、水分过多的情况下，产生反硝化作用，造成土壤缺氮。在缺氧情况下，硫酸盐也可以在微生物的反硫化作用下释放硫化氢，毒害植株的幼根，造成根部腐烂变黑，如水稻苗期赤枯病等。

生长在山口或峡谷口的植物，常常由于大风的影响，枝叶的生长都会受到严重的影响。

第四节　植物非侵染性病害的诊断

诊断病害的目的是为了查明和鉴别植物发病的原因，进而采取相应的防治措施。对非侵染性病害的诊断通常可以从以下几个方面着手：首先是进行病害现场的观察和调查，了解有关环境条件的变化；其次是依据侵染性病害的特点和侵染性试验的结果，尽量排除侵染性病害的可能；最后是进行治疗性诊断。

病害的现场观察和调查十分重要，这对于初步确定病害的类别、进一步缩小诊断范围很有帮助。现场观察要细致、周到，由整株到根、茎、叶、花、果等各个器官，注意颜色、形状和气味的异常。由病株到病区、由病区到全田、由全田到邻田，观察并分析地形、地貌、邻作、前作、作物周围的建筑物等因素对植物可能造成的影响。在调查时，要注意区分不同的症状，尽可能排除其他病害的干扰。调查中要准确记录植物发病率和病情指数，分析病害的田间分布类型。必要时还要向当地气象部门了解发病前一段时间气象因子的变化，向种植者了解相关农事操作等信息。非侵染性病害不是由病原物传染引起的，因此表现出的症状只有病状而没有病征，这就可以通过检查有无病征初步确定是否非侵染性病害。具体操作时需要注意以下两点：①发病后期的病组织上可能存在非致病性腐生生物，要注意分辨；②侵染性病害的初期病征也不明显，而且病毒、植原体等病害也没有病征，需要在分析田间症状特点、病害分布和发生动态的基础上，结合组织解剖、免疫检测或电镜等其他方法进一步诊断。对于没有病征的病毒病害和植原体病害，通过以下三点可以与非侵染性病害相区分：①空间上存在发病中心或中心病株；②症状分布不均匀，一般幼嫩组织症状重，成熟组织症状轻甚至无症；③往往表现为复合症状，例如，变色伴有不同程度的畸形。如果病害突然大面积同时发生，多是由于三废污染、气候因素所致；病害产生明显的枯斑、灼烧、畸形等症状，又集中于某一部位，无病史，多为使用农药、化肥不当造成的伤害；植株下部老叶或顶部新叶颜色发生变化，可能是缺素病，可采用化学诊断和施肥试验进行确诊；病害只限于某一品种，表现生长不良或有系统性的一致表现，多为遗传性障碍；日灼病常发生在温差变化大的季节及向阳面。

非侵染性病害的主要特点是：①没有病征，但是患病后期由于抗病性降低，病部可能会有腐生物出现；②田间分布往往受地形、地貌的影响大，发病比较普遍，面积较大；③没有传染性，田间没有发病中心；④在适当的条件下，有的病状可以恢复。在遇到新病害或难于区分的病害时，应采用柯赫法则证明病害是否具有侵染性。

根据田间症状的表现，拟定最可能的非侵染性病害治疗措施，进行针对性的施药处理改变环境条件，观察病害的发展情况，这就是治疗性诊断。通常情况下，植物的缺素症在施肥后症状可以很快减轻或消失。

小结

植物的非侵染性病害主要是因植物自身的生理缺陷或遗传缺陷，或由环境中不适合的化学因素或物理因素直接或间接引起的。化学因素主要包括营养问题（缺素症、肥害、营养元素之间的比例失调）、环境污染（空气污染、水污染和土壤污染）和农药药害等；物理因素主要包括不适宜的气温、土温或水温（过高、过低或短期内急剧波动）、土壤或空气水分过高或过低，光照强度或光周期的不正常变化等。诊断非侵染性病害的关键在于掌握其与侵染性病害的区别。主要应抓住病害症状类型、发生特征（空间分布、发生期及与环境因子变化的关系）、无侵染性以及早期即可恢复等特点。

思考题

1. 植物的非侵染性病害有哪些不同类型的病因?
2. 如何诊断不同类型的非侵染性病害?

数字课程学习

病害症状彩图　　自测题

第八章 病害的侵染与循环

植物病害的侵染与循环是植物病理学研究的核心问题之一，植物从遭受病原物的侵染到发病，从植物个体发病到群体发病，以及一种病害从一个生长季节发病到下一个生长季节再度发病，都需要经过一定的过程，并且在此过程中会受到寄主病原物和各种环境因素的影响，尤其是寄主植物的抵抗而不断地变化。了解植物病害发生与发展的规律，是制定防治病害策略和方法的重要依据。

植物发生侵染性病害，首先是要具有侵染活性的病原物侵入寄主植物，建立寄生关系进而导致植物个体发病的过程，即单个病原物侵染寄主导致发病的过程。植物病害循环，则是研究病原物群体在农林生态系统中如何连年持续生存与危害的方式与途径。

第一节　病原物的侵染过程

病原物的侵染过程（infection process）就是病原物的侵染性个体与寄主植物的可侵染部位接触，经侵入，并在寄主体内定植、扩展，进而危害直至寄主表现症状的过程，又称病程（pathogenesis），也是植物个体遭受病原物侵染到发病的过程。病原物的侵染过程，同时也受到寄主产生相应的抗病反应，并且在生理、组织和形态上产生的一系列的变化，健康的植物逐渐变为感病的植物或最终死亡。病原物的侵染过程受病原物、寄主植物和环境因素的综合影响，而环境因素又包括物理因素、化学因素和农事操作等因素。

病原物的侵染是一个连续的过程，由于病原物种类和植物病害的种类繁多，其侵染过程的特点不同，为便于分析，一般将侵染过程分为接触期、侵入期、潜育期和发病期 4 个时期，当然，各个时期是一个连续的过程，并没有绝对的界限。

一、接触期

接触是指病原物在侵入寄主之前与寄主植物的可侵染部位的直接接触。接触期（contact period）是指从病原物与寄主接触，或到达受到寄主外渗物质影响的根围或叶片后，开始向侵入的部位生长或移动，并形成某种侵入结构的一段时间。接触期病原物处于寄主体外的复杂环境中，受到物理因素、生化因素和生物因素的影响。它们必须克服各种对其不利的因素才能进一步侵染，是比较脆弱的阶段，这个时期决定着它们能否成功侵入寄主，所以是防治植物病害的有利时期。

除了有些由介体传播的病原物传到寄主植物效率很高以外，大多数病原物是被动地由风、雨水和昆虫携带，随机落到各种物体上，且绝大多数降落在不能被侵染的物体上，只有极少部分能够降落在感病寄主植物的敏感部位上。病原物在接触期间与寄主植物的相互关系，直接影响以后的侵染。病原物的类型和形态决定侵入前期的长短，如柔膜菌、难养细菌、原生动物和大多数病毒，这类病原物必须经由其介体直接置入植物细胞内，多数情况下，它们立即被细胞质、原生质膜和细胞壁所包围，而几乎所有病原物一般首先与植物器官外表皮接触，然后附着在寄主表面，病原物如何精确地黏附到植物表面，什么物质触发了繁殖体的萌发，有关这方面的了解还很少。接触时间短的仅有几个小时，长的可达数月，病原物的营养体阶段几乎都能在适宜条件下侵染寄主，而繁殖体和休眠体需要一定的条件或经过一段时间才能萌发。

病原物在侵入前的活动又可细分为与寄主植物接触以前和接触以后两个阶段。

（一）接触前

接触前期研究较多的是土壤中的病原物，许多土壤中的病原物并未与植物的可侵染部位直接接触，往往由于寄主根部分泌物的影响，刺激或诱发土壤中的病原物、细菌、线虫等或其休眠体的萌发，产生侵入结构并进一步繁殖。一般来说，从寄主植物中扩散出来的营养物质（糖和氨基酸）越多，病原物萌发率越高，萌发越快，而且有些接种体只有在植物分泌物存在的前提下才能萌发。植物种子萌发时的分泌物和根的分泌物都有刺激某些菌物孢子萌发的作用，例如菜豆腐皮镰孢菌（*Fusarium solani*）厚垣孢子的萌发均集中在发芽种子的初生根或侧根的根尖附近，这与种子和幼根所分泌的糖和氨基酸有关。还有些病原物的休眠体只能在寄主植物根部分泌物刺激下才能萌发。例如，为害葱的白腐小核菌（*Sclerotium cepivorum*）的菌核只能在洋葱和大蒜的根围萌发，而在同科的其他属植物的根围就不能萌发。植物根的生长所产生的分泌物能促使植物寄生线虫的孢囊或卵孵化，并吸引线虫在根部积聚，从而侵染寄主植物。但某些非寄主的根部分泌物也能吸引线虫，因此，人们播种一些非寄主植物，其根部分泌物促使线虫的孢囊或卵孵化，而孵化后形成的线虫由于得不到适当的寄主而死亡，这类植物称为引诱植物。

病原物在与寄主接触以前，除受到寄主植物分泌物的影响以外，还受到根围土壤中其他微生物的影响。有些腐生的根围微生物能产生抗菌物质，可以抑制或杀死病原物。将具有拮抗作用的微生物施入土壤，或创造有利于这些微生物生长的条件，往往可以防治一些土壤传播的病害。例如，在土壤中施入含放线菌菌株 G-4 和 5406 的菌肥，能有效地减轻棉花土传病害。土壤中还有些腐生菌或不致病的病原物变异菌株，当它们抢先占领了病原物的侵入位点，病原物就不能在该侵入部位立足和侵入，这是侵染位点的竞争。将这种微生物混在肥料中施用，同样可以达到防治病害的目的。

（二）接触后

病原物与寄主接触后，需要在植物表面或根围生长一段时间，包括菌物的休眠体萌发产生芽管或菌丝的生长、游动孢子的游动、细菌的分裂繁殖、线虫幼虫的蜕皮和生长等。这些生长活动有助于病原物移动到达它侵入的部位。

在接触期，并非所有的病原物都能侵入植物，因为病原物与寄主之间有一系列的识别（recognition）活动，其中包括物理学和生化识别等。物理学识别包括寄主表皮的作用，水

和电荷的作用。寄主表皮的作用主要是指寄主表皮毛、表皮结构等对病原物的物理刺激作用，称为趋触性（contact tropism）。例如单子叶植物上锈菌的芽管受到叶脉结构的刺激沿叶脉生长。目前研究比较清楚的是水对寄主和病原物相互识别的作用，表现为菌物的芽管和菌丝向植物气孔或水孔分泌的水滴或有水的方向运动，这就是趋水性。例如，当植物表面有一层水膜时，侵染唐菖蒲的灰葡萄孢（*Botrytis cinerea*）的芽管生出侵染钉通过角质层直接侵入，但是当叶面的水膜干燥，而只有气孔分泌水时，芽管生长就趋向气孔并从气孔侵入，这充分证明了病原物的趋水性。菜豆单胞锈菌（*Uromyces phaseoli*）和菜豆刺盘孢菌（*Colletotrichum lindemuthianum*）的侵染与气孔分泌水也有很大关系。某些疫霉菌的游动孢子对植物根围的 0.3 ~ 0.6 μA 的电流强度有趋电性等。

关于生化识别，目前并不清楚是何种物质触发了孢子的萌发和寄主表面的感知，这是目前有关基因与基因互作、相互识别和相互拮抗的研究热点。但确定的是，病原物与寄主接触后孢子的萌发除了与寄主表面接触的物理刺激有关以外，与寄主表面水的分泌、寄主表面低分子量的离子物质以及可利用的营养物质等生化因子也有很大的关系。比如，菌物芽管会沿着寄主根部糖类和氨基酸等营养物质浓度较高的方向生长。如引起棉花立枯病的立枯丝核菌（*Rhizoctonia solani*）在棉花根围的生长量与棉花根部分泌的营养物质的多少直接相关。有些兼性寄生菌从伤口侵入，在侵入前需要先在伤口吸收死亡细胞的营养物质，生长一段时间后再侵入。病原物的趋化性对于寄主植物的特异性识别起着重要作用。例如，天门冬氨酸只对梨火疫菌（*Erwinia amylovora*）具有吸引力，该细菌的受体位点具有高度专化的物质 3,4– 二羧酸，与天门冬氨酸发生特异性反应。此外，由植物伤口释放的异黄酮、酚类物质、氨基酸和糖类能够选择性地激活某些病原物的一系列基因从而导致侵染的发生。有时，植物组织分泌的某些物质也可能抑制菌类孢子的萌发，而且有些孢子本身分泌的物质（特别是在侵染液滴中孢子浓度很高时），也能抑制孢子自身的萌发。

（三）环境条件对接触期的影响

在接触期，病原物受环境条件的影响较大，其中以湿度、温度的影响最大。

几乎所有的病原物在其营养阶段都能够立即引起侵染，但菌物孢子和寄生性植物的种子首先必须萌发。孢子萌发需要适宜的温度和湿度条件，如雨水、露水、植物表面的水膜，或至少有较高的相对湿度。湿度条件必须要持续足够长的时间使病原物侵入。许多菌物孢子在水滴中萌发率最高，如引起小麦条锈病的条形柄锈菌（*Puccinia striiformis*）的夏孢子，在水滴中萌发率很高，而在饱和湿度的环境中萌发率不过 10% 左右，当湿度降到 99% 时，孢子萌发率仅有 1% 左右；稻梨孢菌（*Pyricularia oryzae*）的分生孢子，在饱和湿度的空气中，萌发率不到 1%，而在有水滴时达到 86%。各种菌物孢子萌发所需要的最低湿度不同。有试验研究表明，苹果黑星菌（*Venturia inaequalis*）的分生孢子和子囊孢子萌发所需要的相对湿度为 98.7%，大麦坚黑粉菌（*Ustilago hordei*）为 95%，青霉菌属（*Penicillium*）为 84%，黑曲霉（*Aspergillus niger*）为 70%。一般来说，对于绝大部分气流传播的菌物，湿度越高对侵入越有利。然而，白粉菌的分生孢子是一例外，白粉菌细胞液的渗透压很高，可从干燥的空气中吸收水分或孢子呼吸作用所产生的水分即可供应萌发的需要。所以，白粉菌的分生孢子在湿度较低的条件下也可以萌发，有的白粉菌在水滴中萌发反而不好。对于土壤传播的菌物或孢子在土壤中的萌发，除根肿菌、壶菌、丝壶菌、卵

菌以外，土壤湿度过高对于孢子的萌发和侵入是不利的。湿度过高不仅影响病原物的正常呼吸作用，而且还可以促使对病原物有拮抗作用的腐生生物的生长。在湿度极高的土壤中，小麦网腥黑粉菌（*Tilletia caries*）冬孢子的萌发反而受到抑制。

在接触期，温度对病原物的影响也很大，它主要影响病原物的萌发和侵入速度。菌物孢子的萌发都要求一定的温度范围，最适温度一般在 20 ~ 25℃。不同菌物对温度的要求存在差异，霜霉目菌物孢子囊萌发、担子菌中锈菌和黑粉菌孢子萌发均需要较低的温度，子囊孢子和分生孢子萌发最适温度则要高一些。在适宜温度下，不仅孢子萌发率增加，萌发所需要的时间也较短。例如，葡萄生单轴霉（*Plasmopara viticola*）的孢子囊在 20 ~ 24℃萌发需要 1 h；在 28℃条件下需要 6 h 以上；在 4℃条件下则需要 12 h。此外，温度还影响孢子萌发的方式，致病疫霉（*Phytophthora infestans*）的孢子囊，在 28℃以上萌发生成芽管而不再形成游动孢子。温度也可影响植物分泌营养物质的量，从而影响病原菌的侵染。例如，草莓在低温下所分泌的氨基酸量大，而这些氨基酸对病原菌生长起着重要作用，因此，在低温条件下草莓丝核菌（*Rhizoctonia fragriae*）引起的草莓立枯病比在高温时更加严重。

一般菌物孢子的萌发不受光照的影响，但光照对于某些菌物的萌发有刺激作用或抑制作用，如小麦矮腥黑穗病菌（*Tilletia contraversa*）的冬孢子必须在有散射光照下才能萌发，而禾柄锈菌（*Puccinia graminis*）的夏孢子在无光照条件下萌发较好。

二、侵入期

病原物在寄主表面或周围萌发或生长到达侵入部位，就可能侵入寄主植物。从病原菌侵入寄主到建立寄主关系的这段时间通常称为病原物的侵入期（penetration period）。

植物的病原物大多数是内寄生的，只有极少数是真正外寄生的，如引起植物煤污病的小煤炱科的菌物附着在植物叶或果实的表面生活，主要以植物或昆虫的分泌物为营养物质，有时也稍微进入到角质层，但并不形成典型的吸器，这是典型的外寄生菌。寄生性种子植物、白粉菌和部分线虫虽然也称为外寄生物，但必须利用吸盘、吸根、吸器或口针从寄主植物体内吸收营养物质，所以大多数病原物都涉及侵入问题。

（一）病原物的侵入途径和方式

各种病原物的侵入方式有所不同，分主动和被动侵入两种，侵入植物的途径包括直接穿透侵入、自然孔口侵入和伤口侵入。菌物的侵染大都具有主动性，是以孢子萌发形成的芽管或以菌丝从伤口、自然孔口侵入或从表皮直接侵入，高等担子菌还能以侵入能力很强的根状菌索侵入，植物病原线虫和寄生性种子植物，它们的侵入能力都很强，线虫可以穿刺和进入未损伤的植物细胞和组织，寄生性种子植物可直接通过吸根穿过寄主细胞和组织吸收营养，具有明显的主动性。植物病原细菌主要以菌体随着水滴或植物表面的水膜从伤口或自然孔口侵入。植物病毒都是从各种微伤或介体直接注入而被动地侵入寄主植物。

1. 直接侵入

直接侵入是指病原物直接穿透寄主的角质层和细胞壁进入植物。植物病原线虫、寄生性种子植物和部分菌物能够直接侵入寄主。

直接侵入是寄生性种子植物主要的侵入途径，也是病原菌物和病原线虫最普遍的侵入方式。病原菌物中最常见和研究最多的是炭疽菌属（*Colletotrichum*）、白粉菌属（*Erysiphe*）和黑星菌属（*Venturia*）等。菌物直接侵入的典型过程为：落在植物表面的菌物孢子在适宜的条件下萌发产生芽管，芽管的顶端膨大形成附着胞（appressorium），附着胞以其分泌的黏液和机械压力将芽管固定在植物的表面，然后从附着胞与植物接触的部位产生纤细的侵染钉（penetration peg）直接穿过植物的角质层。菌物穿过角质层后或在角质层下扩展、或随即穿过细胞壁进入细胞内、或穿过角质层后先在细胞间扩展，然后再穿过细胞壁进入细胞内。一般来说，直接侵入的菌物都要穿过细胞壁和角质层。侵染钉穿过角质层和细胞壁以后，就变粗而恢复为原来的菌丝状（图 8–1，彩图 242）。

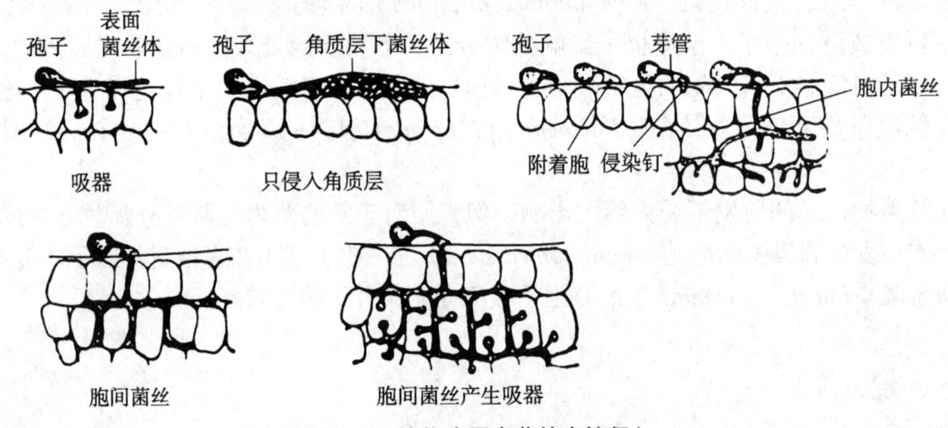

图 8–1　植物病原真菌的直接侵入

（仿 Agrios）

菌物直接侵入的机制包括机械作用和化学（酶）的溶解作用。首先是附着胞和侵染钉产生机械压力，例如，麦类白粉病菌分生孢子形成的侵染钉的压力可达到 7 个大气压，能穿过寄主的角质层。随后，侵染钉顶端部分分泌的毒素使寄主细胞失去保卫功能，侵染丝分泌的酶类物质对寄主的角质层和细胞壁具有分解作用。电镜观察发现，在侵染丝侵入细胞壁的过程中，其顶端的寄主细胞壁中大都存在一个染色较深的晕圈，该晕圈可能是由于侵染钉分泌的物质在寄主细胞壁中扩散所造成的（图 8–2）。同时，侵染钉外层与寄主细胞壁交接面光滑，无任何机械作用所留下的痕迹。丝核菌的侵染方式较为特殊，菌丝先在寄主植物表面聚集形成侵染垫（图 8–3），然后从侵染垫形成大量的侵染钉，直接穿透寄主表皮细胞而进入植物体内。线虫、寄生性种子植物和部分菌物可以直接侵入的方式侵入植物组织。

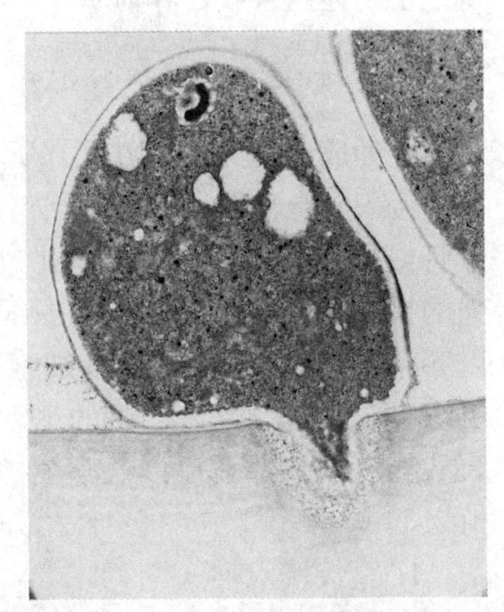

图 8–2　禾谷镰刀菌侵染菌丝的入侵栓正穿越小麦颖片表皮细胞壁

寄生性种子植物与病原菌物具有相同的侵入方式，形成附着胞和侵染钉，侵染钉在与寄主接触形成吸根或吸盘，并直接进入寄主植物细胞间或细胞内吸收营养，完成侵入过程。病原线虫的直接侵入是用口针不断地刺伤寄主细胞，以后在植物体内也通过该方式并借助化学

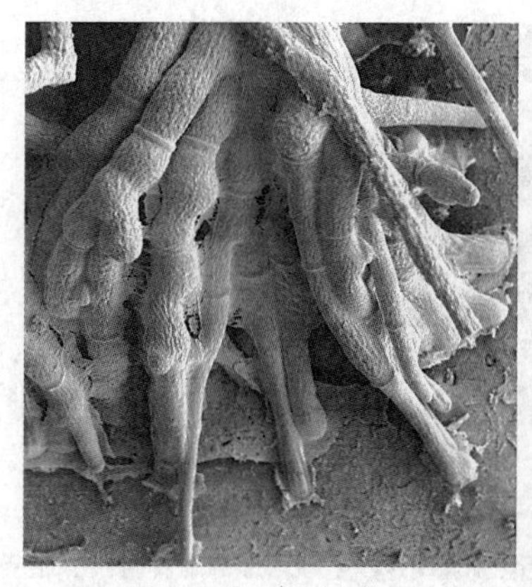
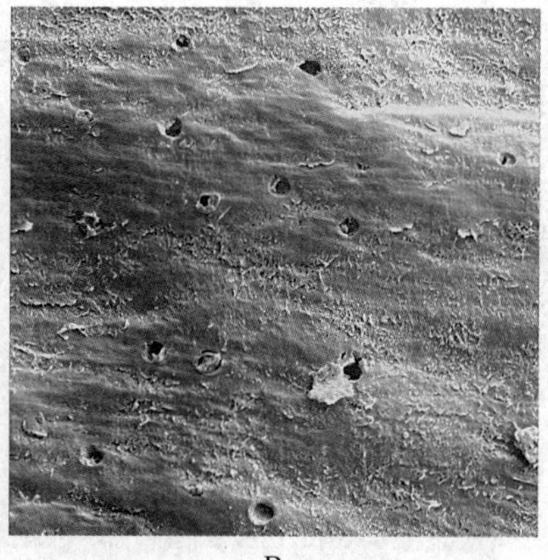
A　　　　B

图 8–3　油菜菌核病菌的侵染结构

（引自黄丽丽、康振生原图）

A. 由大量的侵染菌丝聚集形成的侵染垫；B. 侵染垫中侵染菌丝直接入侵寄主所形成的侵染孔口

作用扩展。

2. 自然孔口侵入

植物的许多自然孔口如气孔（图 8–4A）、皮孔（图 8–4B）、水孔（图 8–4C）、柱头、蜜腺等（彩图 243–245），都可能是病原物侵入的通道。许多菌物和细菌都是从自然孔口侵入的（图 8–5），尤其是以气孔最为重要。叶片表皮气孔较多，下表皮气孔数量最多，白天开放，晚上或多或少关闭。菌物孢子一般在植物表面萌发，芽管随后侵入气孔。芽管通常先形成附着胞紧密附着于气孔，随后附着胞下产生一个纤细的菌丝侵入气孔，菌丝在气孔下室变粗，并产生一到多个菌丝分枝直接侵入或通过吸器侵入寄主植物的细胞。有些菌物能够侵入关闭的气孔，有些只能侵入开放的气孔。

位于叶尖和叶缘的水孔几乎是一直开放的孔口，水孔与叶脉相连接，分泌出有多种营养物质的液滴，细菌利用水孔作为进入叶片的途径，如甘蓝黑腐病菌（图 8–6，彩图 244）。只有少数几种菌物似乎是通过水孔进入植物。有些细菌还通过蜜腺或柱头进入花器，如梨火疫病菌，由昆虫传播到花器的柱头或蜜腺上，菌体繁殖后从柱头或蜜腺侵入。少数菌物和细菌能通过未被木栓组织封闭的皮孔侵入（图 8–7，彩图 245），如软腐病菌、马铃薯粉痂菌、引起枝条溃烂的病菌、苹果轮纹病菌和苹果树腐烂病菌等（图 8–8）。

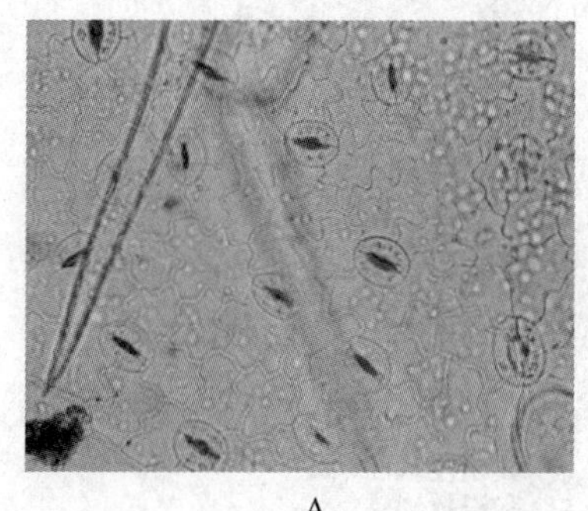
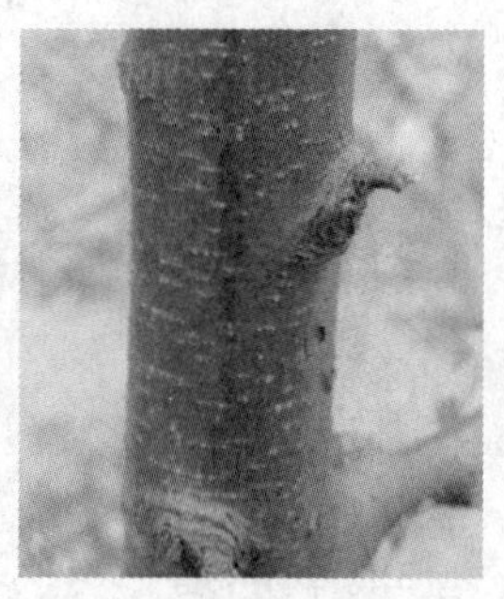

A　　　　B　　　　C

图 8–4　自然孔口侵入的途径

A. 气孔（徐秉良摄）；B. 皮孔（徐秉良摄）；C. 水孔（许志刚摄）

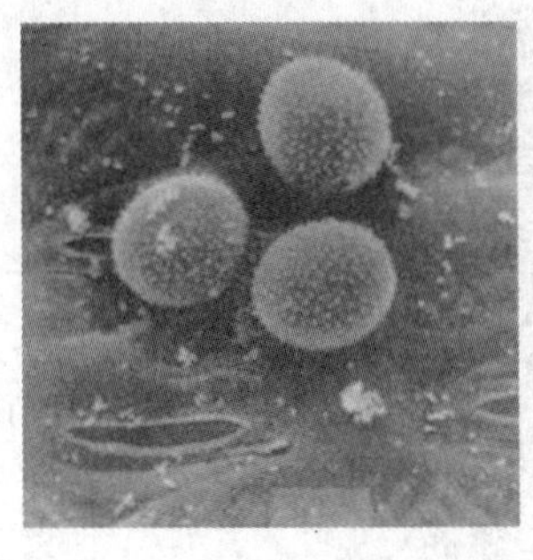
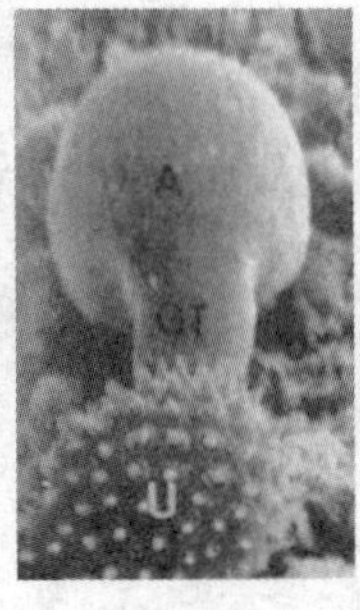

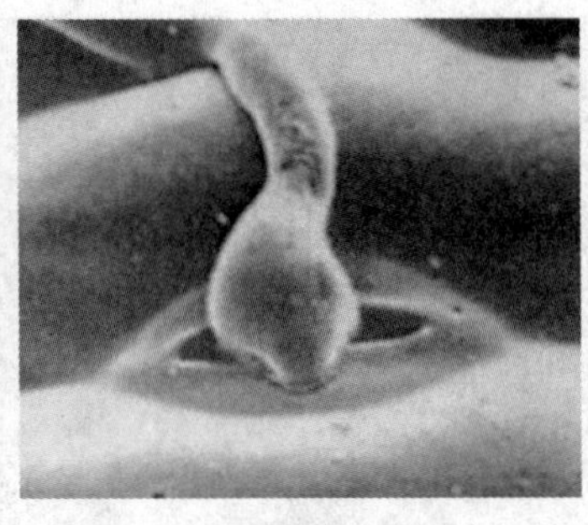
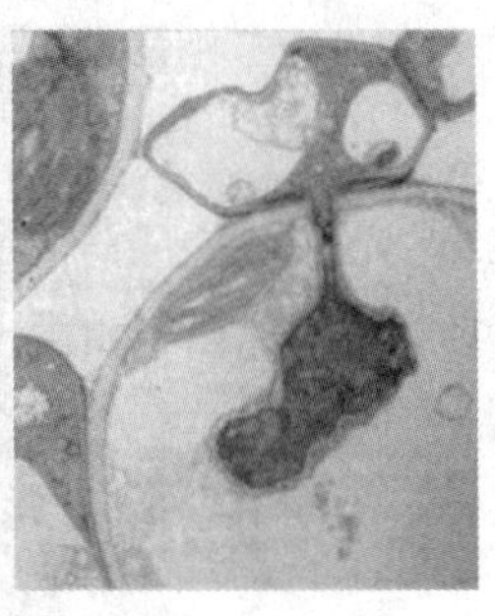

A B C D

图 8-5 锈菌萌发和侵入过程

A. 杂草叶片开放的气孔周围的锈菌夏孢子；B. 锈菌夏孢子萌发并产生圆球形的附着胞；C. 夏孢子萌发，芽管伸长，附着胞从气孔侵入；D. 锈菌在寄主细胞内形成吸器

（A. 引自佛罗里达大学植物病理系；B，C. 仿Wynn；D. 仿Mims）

图 8-6 甘蓝黑腐病菌水孔侵入后形成的“V”字形病斑

（徐秉良摄）

图 8-7 苹果轮纹病菌从皮孔侵入

（徐秉良摄）

A

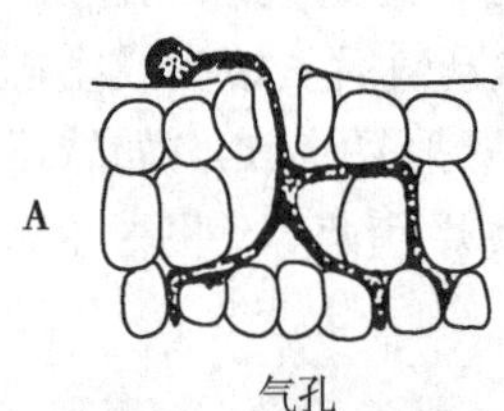

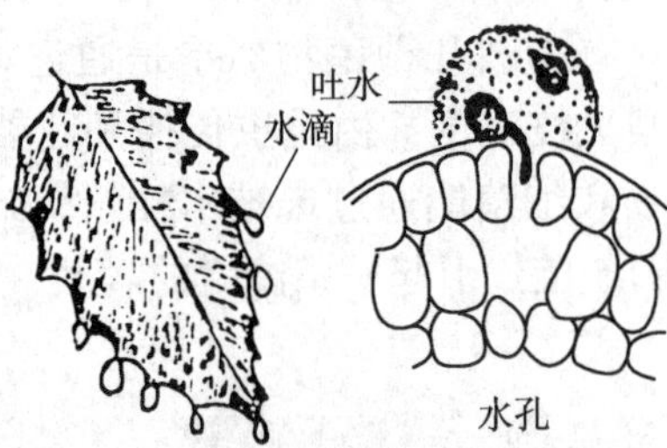

B

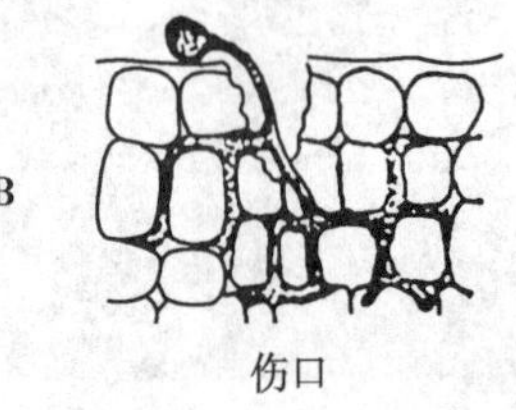

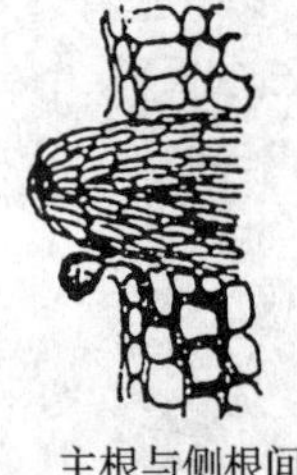

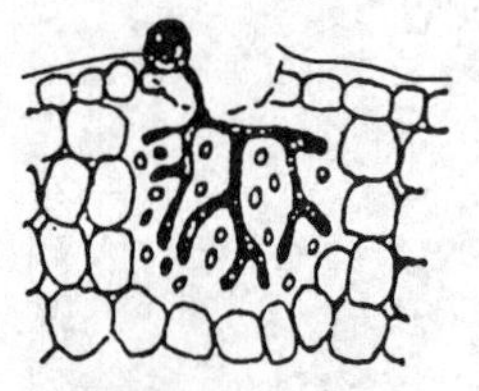

图 8-8 植物病原真菌通过自然孔口侵入和伤口侵入

A. 自然孔口侵入；B. 伤口侵入

3. 伤口侵入

植物表面的各种伤口，包括外因造成的机械损伤，如冻伤、灼伤、虫伤、物理因素或动物取食造成的伤口（图 8-8、图 8-9，彩图 246），植物自身在生长过程中造成一些自然伤口，如叶片脱落后的叶痕和侧根穿过皮层时所形成的伤口等，都可能是病原物侵入的途径。所有的植物病原原核生物、大部分的病原菌物、病毒均可通过不同形式造成的伤口侵入寄主。

A

B

C

图 8-9　损伤导致的苹果树腐烂病

（徐秉良摄）

A. 侧枝折断造成的伤口；B. 冻伤；C. 灼伤

植物病毒必须在活的寄主植物组织上生存，故需要以活的寄主细胞上极轻微的伤口作为侵入细胞的途径。其他病原物如真菌和细菌的伤口侵入则有所不同，有的只是以伤口作为侵入的途径：另外一些病原菌除以伤口作为侵入途径外，还利用伤口的营养物质，以增强其侵染力；还有一些病原物先在伤口附近的死亡组织中生活，然后再进一步侵入健全的组织。这类病原物也称为伤口寄生物，大都是属于寄生性较弱的寄生物，如可危害多种作物茎秆的菜豆壳球孢菌（*Macrophomina phaseoli*）往往先在叶片的枯死或垂死部分侵入和生活，然后顺着叶柄侵入茎秆。引起油菜菌核病的核盘菌（*Sclerotinia sclerotiorum*）也先在脱落和黏附在油菜茎或叶片上的花瓣上营腐生生活，然后才进一步侵入叶片和茎秆。

有人用主动侵染和被动侵染来描述病原物的侵入过程。主动侵入相当于直接侵入，而被动侵入则相当于自然孔口侵入或伤口侵入。病原物的侵入途径与防治方法有关，例如，对于借伤口侵入而引起的植物病害，应该注意在栽培或收获操作过程中避免造成植物的损伤，或用药剂处理伤口。

（二）侵入所需要的时间和接种体的数量

不同病原物侵入寄主植物所需要的时间是不同的，许多病原物侵入所需的时间一般很短。大多数植物病毒和病原细菌，一旦与寄主的适当部位接触即可侵入。昆虫传播的病毒，侵入所需要时间的长短因病毒的性质而不同：病原菌物孢子落在植物的表面，要经过萌发和形成芽管才能侵入，所需要的时间稍长，但一般都不过几小时，很少超过 24 h。引起马铃薯晚疫病的卵菌和引起小麦秆锈病的病原菌物的最短侵入时间为 2 ~ 3 h。侵入时间延长，有时能提高侵入的百分率。测定小麦品种对锈病的反应时，麦苗接种病原菌后一般保湿十几个小时，目的在于保证病原物的成功侵染。

病原物的侵入需要有一定的数量，才能成功侵入寄主植物引起侵染和发病。植物病原物成功侵染所需的最低接种体数量称为侵染剂量（infection dosage）。侵染剂量因病原物的种类和活性、寄主品种的抗病性和侵入部位而不同。许多侵染植物叶片的的菌物，单个孢子就能成功侵染，如用小麦锈菌的单个夏孢子接种小麦叶片，就可引起侵染，这种单孢子接种的方法常用来分离和纯化锈菌。用大麦白粉菌单个分生孢子接种也同样可引起侵染。另一些病原菌物则要求有一定数量的孢子才能引起侵染。如小麦赤霉病菌，需用分生孢子含量不少于 10^4 个 /mL 的悬浮液接种麦穗才能引起发病。许多植物病原细菌要有一定的菌量，其侵入才能引起发病，因此在接种时一般都规定细菌悬浮液的浓度。如用针刺法接种水稻白叶枯病细菌，所用细菌悬浮液的含量不低于 10^7 CFU/mL。应该指出，同一病原菌如果生理活性高，侵染率必然高，所需侵染剂量低，反之，接种体的生理活性低，侵染成功率自然低，所需的侵染剂量则高。

植物病毒的侵染也需要一定的侵染最低限量。用汁液摩擦接种病毒时，各种病毒可以稀释的倍数并不相同，说明需要一定量的病毒才能引起侵染。例如，烟草花叶病毒的接种要有 10^4 ~ 10^5 个病毒粒体才能在心叶烟上产生一个局部枯斑。一些动物病毒的侵染也只需要约 10 个病毒粒体。需要指出的是，10^4 ~ 10^5 个用于接种烟草的 TMV 粒体中，真正侵入寄主细胞的也只是其中的很少一部分。

病原物侵入以后，需要获得必要的营养物质和突破寄主的防御，才能很快地生长而建立寄生关系，这也要求病原菌有一定侵入数量。一般来说，病原物的侵入量大，繁殖较快，容易突破寄主的防御。

（三）侵入与环境条件的关系

病原物能否成功地侵入寄主，除前面提到的接种体数量和接种体的生理活性外，还受寄主的感病期、感病器官、病原物侵入时环境条件的影响。环境条件中以湿度和温度的影响最大。湿度和温度对病菌孢子的萌发和生长及以后的侵入虽然都有影响，但影响的程度并不完全相同。

在一定范围内，湿度高低和持续时间的长短决定孢子能否萌发和侵入，是影响病原物侵入的主要因素。细菌侵入都需要有水滴或水膜存在，多数病原物要求高湿的条件才能保证侵入成功，高湿条件持续的长短又影响病原菌的侵入率，有的甚至要求有水膜存在。如小麦叶锈菌夏孢子在有水膜存在的条件下，保持 12 h 以上，孢子的萌发率高，侵染成功率也高；相对湿度达到饱和时孢子的萌发率降低了 80% 以上，从而造成侵染的成功率降低。

温度主要影响萌发和侵入的速度，大多数病原物接种体萌发的最适温度与侵入寄主的温度是一致的。在适温条件下，病原物侵入时间短。不同的病原物其侵入要求的适宜温度不同，如小麦条锈病菌侵入的最适温度是 9 ~ 13℃，最高为 22℃，最低为 1.4℃，而小麦秆锈病菌的最适侵染温度是 18 ~ 22℃，最高为 31℃，最低 3℃。温度和湿度对一些病原菌物的影响往往是综合的。例如，小麦叶锈病菌的夏孢子萌发和侵入的最适温度为 15 ~ 20℃，在此适温下叶面只要保持 6 h 左右的水膜，病菌即侵入叶片；如果温度为 12℃，叶面结水则需保持 16 h，小麦叶锈病菌才能完成侵入；低于 10℃时，即使叶面长期结水，小麦叶锈病菌也不能或极少侵入。

温度对侵入的影响是多方面的，有些病原物接种体萌发的最适温度与侵入寄主的温度

不一致。如引起马铃薯晚疫病的致病疫霉（*Phytophthora infestans*）产生孢子囊的最适温度是18～22℃，孢子囊萌发形成游动孢子的最适温度是12～13℃，游动孢子萌发的最适温度是12～15℃，游动孢子萌发以后形成的芽管生长最适温度是21～24℃。因此，马铃薯晚疫病发病的有利条件是夜间，此时温度较低而湿度高，有利于孢子囊和游动孢子的形成和萌发，但是芽管的侵入和侵入以后菌丝的发育则需要比较高的温度。

光照与侵入也有一定的关系。对于气孔侵入的病原菌物，光照可以决定气孔的开与闭，因而影响侵入。禾柄锈菌的夏孢子虽然在黑暗的条件下萌发较好，但由于禾本科植物的气孔在黑暗条件下是完全关闭的，此时芽管不易侵入，因此一定的光照有利于锈菌接种和侵染的成功。

分析侵入条件时，必须注意各方面的因素，尤其不能忽视环境条件对寄主植物的影响。例如，小麦网腥黑穗病菌（*Tilletia caries*）是苗期侵入的，冬孢子萌发最适温度是15～18℃，冬麦幼苗发育的最适温度是12～16℃，春麦幼苗发育的最适温度是16～20℃。但是，小麦网腥黑穗病菌在苗期侵染的最适温度是10℃，低于病菌孢子萌发和麦苗生长的适宜温度。小麦矮腥黑穗病菌的担孢子侵染小麦生长点的适温是5℃左右，超过15℃就不能侵染，由于小麦只在真叶从叶鞘伸出以前才能受到侵染，低温抑制麦苗的生长并延长可能受到感染的时期。因此，适当调节播种期，如冬麦早播和春麦迟播可以减轻黑穗病的发生。

三、潜育期

潜育期（incubation period）是病原物从与寄主建立寄生关系到开始表现明显症状的时期，是病原物在寄主体内繁殖和蔓延的时期。潜育期也是病原物在寄主体内隐蔽地生长发育的时期，人们的感官不能察觉它的存在。因此也认为孢子萌发就是潜育期的开始，把从孢子开始萌发到寄主开始表现症状的时期称为潜育期。通常一个具体病害的潜育期，可以通过接种试验来确定，以接种之日到症状出现之日的期间为潜育期。潜育期是病原物和寄主植物相互作用、进行斗争的时期。植物病原物的侵入并不表示与寄主一定能建立寄生关系，建立了寄生关系的病原物能否进一步发展而引起病害，还要受寄主植物的抵抗力和环境因素等很多条件影响。例如，小麦散黑穗菌在开花期从花柱或子房壁侵入寄主，菌丝体潜伏在种胚内。当种子萌发时，菌丝也生长而侵入胚芽的生长点，以后随着植株的发育而形成系统性的感染，在穗部产生冬孢子而表现出明显的症状。检查种胚和麦苗生长点中的菌丝体，可以确定种子和麦苗带菌的情况。用同一批小麦的种子，接种后分期取样检查生长点带菌的情况，发现麦苗生长点的带菌率低于种胚的带菌率，生长点的带菌率又随着植株的发育逐渐降低，最后发病率就远低于种子的带菌率。可见，小麦散黑穗病菌虽然已经和寄主建立了寄生关系而潜伏在种胚内，但能否发病还决定于病原物和寄主在潜育期的相互作用关系。有些病原物在侵入寄主后暂时不表现症状，保持在潜育阶段，一直到植物生长后期，或有些器官成熟后，或环境条件适宜于发病时，症状才开始表现，这种现象称为潜伏侵染现象。如大白菜软腐病菌在苗期进入根系，但不显示症状，直到收获入窖以后才开始出现腐烂症状。

潜育期是植物病害侵染过程中的重要环节，但是病原物和寄生性植物在潜育期中的相互关系人们知道得还不多，由于其变化过程都是在植物内部发生的，故很难观察。当植物表现明显症状后，虽然可以看到病原物的致病作用和植物的病理变化，但这些都是病原物

和寄主植物相互作用的结果，而不是它们的过程。形态学上的病理变化是内部生理和生化变化的反映与结果，研究早期生理和生化的变化，并将病原物生理的研究和寄主生理的研究结合起来，就有可能逐渐揭示病原物和寄主的相互关系，从而达到进一步控制病害的目的。

病原菌物一旦侵入寄主植物体内，菌丝体就会以胞间生长和/或胞内生长两种方式在寄主体内扩展，不同的病原菌物其扩展方式不同，如小麦全蚀病菌和禾谷镰孢菌这些兼性寄生的病原菌物可以在胞间和胞内扩展（图 8-10A），而专性寄生的禾柄锈菌和卵菌中的霜霉菌等则以胞间生长的方式在寄主体内扩展（图 8-10B）。病毒则必须在细胞内增殖与扩展。

病原物与寄主之间营养关系最为重要。病原物必须从寄主获得必要的营养物质和水分，才能进一步繁殖和扩展。许多病原物都能分泌淀粉酶，将淀粉等大分子糖类分解为葡萄糖等小分子化合物，以利于病原物吸收。许多病原物如稻瘟病菌、锈菌，在寄主组织中可溶性氮化合物含量高时扩展速度快。

同位素示踪研究表明，在锈菌和白粉菌的侵入点附近的植物组织中积累了比较多的糖、磷酸盐和其他光合作用的产物。禾布氏白粉菌（*Blumeria graminis*）的活动和寄主的磷酸化的中间代谢产物有关。专性寄生物必须由寄主供给一定的糖类，白粉菌在每天日照 2 h 的短日照大麦上生长极差，向黄化的大麦叶片补充一些葡萄糖就能大大促进白粉菌发育。非专性寄生物获得营养物质的方式虽然和专性寄生物有所不同，但是也有类似的现象。软腐病细菌（*Pectobacterium carotovorum*）可以侵染黄瓜、马铃薯和胡萝卜的组织，引起褐色的软腐。软腐菌具有合成自身生长所需要的各种氨基酸的能力，但是从软腐病细菌中可以分离到许多已丧失了合成某些氨基酸能力的菌系，这些菌系虽然都还能侵入黄瓜，但是丧失了合成精氨酸、苏氨酸或半胱氨酸能力的菌系就不能侵染萝卜。假如在侵入点加一些所需要的氨基酸，就能恢复它的侵染性而引起典型的褐色软腐。对苹果黑星菌（*Venturia inaequalis*）与寄主植物关系的研究，也证实了病菌的营养诱变型菌株和致病性之间的密切关系。某些氨基酸或维生素缺陷型菌株具有不同的营养要求，对寄主能否提供某些营养成分而表现不同反应，从而决定了它能否引起侵染或引起不同程度的侵染。寄主如不能满足寄生物的营养要求，侵染过程就不能完成。

病原物从寄主植物获得营养物质，可以分为两种方式。第一种方式是死体营养型（necrotrophism），病原物可以直接从死亡的细胞中吸收养分或是先杀死寄主细胞，然后再

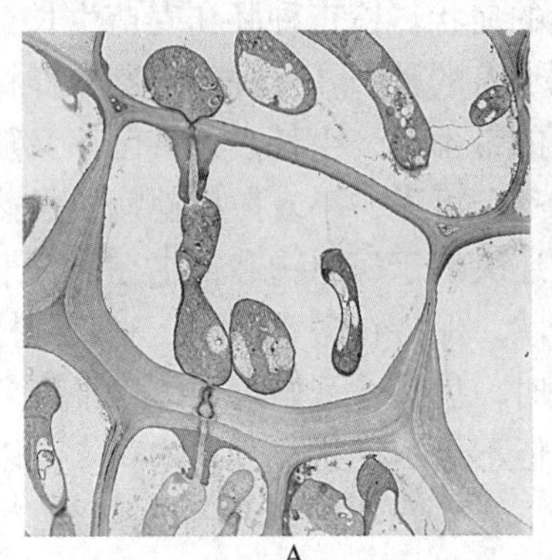

A

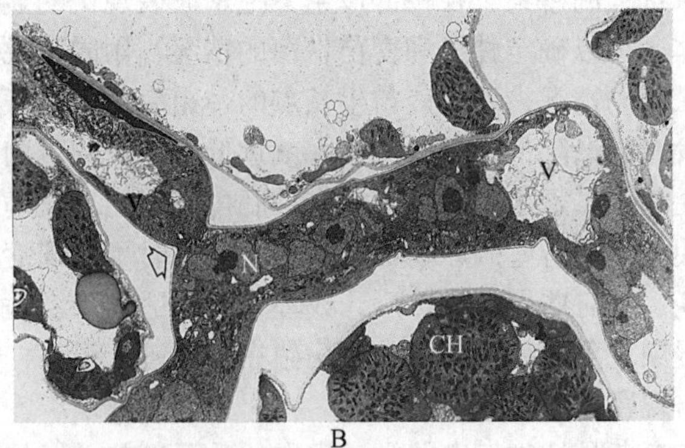

B

图 8-10 真菌菌丝在寄主胞内和胞间扩展

（康振生原图）

A. 小麦全蚀病菌在根组织的胞内扩展；B. 小麦条锈菌菌丝在小麦叶组织的胞间扩展

从死亡的细胞中吸收养分，有时称为死体营养寄生物（necrotrophic parasite）。属于这一类的病原物都是非专性寄生的，它们产生酶或毒素的能力很强，它们虽然可以寄生在植物上，但是获得营养物质的方式还是腐生的，对植物的直接破坏性很大。第二种方式是活体营养型（biotrophism），病原物与活的细胞建立密切的营养关系，它们从细胞组织中吸收营养物质却并不很快引起细胞的死亡，通常菌丝在寄主细胞间发育和蔓延，仅以吸器进入寄主细胞，有时称为活体营养寄生物（biotrophic parasite）。属于这一类的病原物有锈菌、白粉菌、霜霉菌等专性寄生物和接近专性寄生物的黑粉菌、畸形外囊菌等。虽然有人证明锈菌也可以产生一些对植物有害的毒素，但这类病原物对寄主的影响还是以营养物质和水分的吸收为主。黑粉菌是一种造成全株性病害的病原物，如果对寄主的直接破坏性很大，杀死了植物的生长点，就不可能发展成全株的感染。黑粉菌的菌丝可以产生吸器伸入寄主体内，但在寄主生长点的黑粉菌菌丝却不产生吸器，减少了对该部位寄主细胞的危害，病原物和寄主之间形成了极为微妙的寄生关系。无论是专性寄生物或非专性寄生物，侵入寄主后改变了寄主细胞的渗透性。寄主的抗病性不同，细胞渗透压的变化就不同，感病的小麦品种受到秆锈菌的侵染后，细胞的渗透性增大，而抗病的品种受到秆锈菌的侵染，渗透性非但不增大，有时反而降低。有人认为秆锈菌在抗病的小麦品种上不能繁殖为害的原因，可能是细胞间没有足够可利用的营养物质。

病原菌的不同特性决定了其扩展范围的不同，表现出了对植株组织和器官的不同选择性，有的病原菌仅在侵染点周围的小范围内扩展，只能造成局部侵染病害，这种现象称为局部侵染，如菌物性叶斑病；有的则从侵入点向各个部位蔓延，从而引起全株性的系统侵染，如棉花的枯黄萎病、番茄的青枯病、烟草花叶病等，这些病原物可通过输导组织扩展，形成系统性病害。病原物在寄主组织内的生长蔓延大致可分为3种情况；一是病原物在植物细胞间生长，从细胞间隙或借助于吸器从细胞内吸收营养和水分，这类病原物多为专性寄生菌，如各类锈菌、霜霉菌、寄生线虫和寄生性种子植物；二是病原物侵入寄主细胞内，在植物细胞内寄生，借助寄主的营养维持其生长，如各类植物病毒、类病毒、部分细菌、植原体和部分菌物；三是在细胞间和细胞内同时生长，多数的植物病原菌物菌丝可以在细胞间生长，同时又可穿透寄主细胞在细胞内生长。病原细菌则大多先在寄主细胞外生存、繁殖，当寄主细胞壁受到破坏后再进入细胞。

植物病原菌在植物体内扩展依不同的病原物而不同。有些植物病原菌物具有主动扩展能力，菌丝从侵染点向四周的细胞扩展，如小麦的各种锈病、水稻稻纹病、各类霜霉病。细菌、病毒和部分菌物没有主动扩展能力，在通过增殖或繁殖增加病原物数量的同时，只能依靠寄主的细胞分裂、细胞质的外流、营养和水分的运输进行扩展，如小麦黑穗病菌随寄主植物的生长点的生长而扩展；病毒和细菌可通过寄主植物的输导组织扩展，或通过胞间连丝从一个细胞转移到另一细胞；十字花科根肿菌通过寄主细胞的分裂扩展。

植物病害潜育期的长短是不同的，一般为10 d左右，水稻白叶枯病的潜育期在最适宜的条件下不过3 d，麦类黑粉病的潜育期则将近半年，而有些木本植物的病毒病或类菌原体病害的潜育期则可长达2～5年。

同一种病原物在不同植物上，或同一植物在不同发育时期，以及营养条件不同，潜育期的长短亦不同。病原物处于潜育阶段时，环境条件中温度对潜育期的影响作用较大。小麦条锈病菌在16℃时的潜育期是8～10 d，冬季为21 d。稻瘟菌的潜育期在9～11℃时为13～18 d，在17～18℃时为8 d，在24～25℃时为5.5 d，而在发病最适温度26～28℃时只需 4.5 d。葡萄霜霉菌的潜育期在 23℃下为 4 d，在 21℃时为 13 d，在 29℃时为 1 d。湿度对潜育期的影响并不像侵入期那样重要，因为病原物侵入以后几乎不受空气湿度的影响。植物组织中湿度高，尤其是细胞组织的充水，有利于病原物的组织内蔓延和为害。

四、发病期

发病期（symptom appearance period）是从出现症状直到寄主生长期结束甚至植物死亡为止的有症状的时期。症状出现以后，病原物仍有一段或长或短的生长和扩展的时期，然后进入繁殖阶段产生子实体，症状也随着有所发展。发病期是病原物大量增殖、扩大为害的时期。随着症状的发展，菌物性的病害往往在受害部位产生孢子等子实体，称为产孢期。新产生的病原物的繁殖体可成为再侵染的来源。孢子形成的迟早依病原菌的不同而异，如锈菌和黑粉菌孢子在潜育期末即产生孢子，几乎和症状同时出现。大多数的菌物是在发病后期或在死亡的组织上产生孢子，有性孢子的产生更迟一些，有时要经过休眠期才产生或成熟。在这段时期寄主植物也表现出某种反应，如限制病斑发展、抑制病原物产生繁殖体、加强自身代谢补偿等。

各种病原菌物的孢子形成都要求一定的温度范围，其幅度比生长所要求的温度范围要窄，而有性孢子产生的温度范围比无性孢子更窄，且要求较低的温度。如许多白粉菌在植物生长季节不断以无性孢子进行繁殖，到晚秋才产生闭囊壳，可能主要是受温度的影响。许多子囊菌的有性孢子要在越冬后的落叶中产生，其发育过程需要一个低温阶段。通常无性孢子产生的最适温度同该菌生长最适温度基本一致。当然也有不少特殊的情况。有些菌物要求在高温和低温交替作用下才产生孢子，如苹果炭疽病菌在实验室恒温条件下不容易产生孢子，但在变动的室温下，几天之后就能产生大量孢子。许多病原菌物，只有在湿度高的条件下才能在病组织上产生孢子。

第二节　病害循环

病害循环（disease cycle）是指病害从前一生长季节开始发病，到下一生长季节再度发病的过程。侵染性病害的延续发生，在一个地区首先要有侵染的来源，病原生物必须经过一定的途径传播到寄主植物上，发病以后在病部还可产生子实体等繁殖体，引起再次侵染，病原生物还要以一定的方式越夏和越冬，度过寄主的休眠期，才能使寄主下一生长季再次发病。各种植物病害的循环方式是不同的，以苹果黑星病（*Venturia inaequalis*）作为典型来说明病害循环的一般概念。黑星病主要危害苹果的叶片和果实，有时还能侵染花和枝条，病原菌物以菌丝体和未成熟的子囊壳在枯死的落叶上越冬，次年春季成熟的子囊孢子随气流传播到寄主表面，孢子萌发以后侵入而引起初次侵染。在同一生长季节，病部产生的分生孢子可以进行多次的再侵染而加速病害的扩展。可见苹果黑星病是以菌丝体和未成熟的子囊壳在枯死的落叶中以腐生的方式越冬，子囊孢子是初次侵染的来源，病组织上产生的分生孢子可以不断引起再次侵染，子囊孢子和分生孢子都是随着气流传播的。然而，大多数禾谷类黑粉病，如玉米丝黑穗病，冬孢子萌发后产生侵染丝侵入玉米的幼芽鞘，菌丝在生长点不断发育，玉米抽穗后才表现症状，散出黑粉（冬孢子）。它在一个生

长季节只有初次侵染，没有再次侵染，一年只发生一次。

在寄主植物的一个生长周期中（草本植物的从种子播种到结出新的种子，木本植物的一个生长季节），病原生物只有一次侵染寄主引起发病的类型，称为单循环病害，如麦类黑粉病、梨锈病等。大多数病害属于多循环病害类型，即病原生物接种体在寄主植物的一个生长周期（季节）中可反复多次侵染寄主，引起寄主发病个体的不断增加，如各种白粉菌、灰霉菌、稻瘟病和稻白叶枯病等。

研究病害循环是病害防治中的一个重要问题，因为植物病害的防治措施主要是根据病害循环的特征拟定的。例如，由于苹果黑星病最初侵染的来源是在落叶上产生的子囊孢子，所以就着重研究子囊孢子成熟和发生的条件，根据这些条件预测果园中子囊孢子大量产生的时间，而后确定使用药剂的时期。同时，在防治上除使用药剂保护苹果不受侵染外，还着重清除落叶，杀死或抑制其中的子囊和子囊孢子的发育。在生长季节，还要控制分生孢子的再侵染。

植物病害循环不同于病原物的生活史（life cycle），生活史相同的病原物，它们所引起的病害循环可以完全不同。例如各种黑粉菌的生活史基本是相似的，但是各种黑粉病的病害循环并不相同，甚至同一种黑粉病在不同的条件下病害循环也可以不同。由于各种类型病原物的生活史有它们自己的特点，并且病原物的生活史是部分或大部分在寄主体内完成的，所以病原物的生活史和病害的循环之间虽有一定的联系，但有不同。例如，禾柄锈菌（*Puccinia graminis*）和梨胶锈菌（*Gymnosporangium haraeanum*）虽然都是转主寄生的，但是由于梨胶锈菌的生活史中没有夏孢子阶段，就没有再次侵染，所以梨锈菌的病害循环和小麦秆锈病完全不同，它们的防治方法也不同。由此可见，病原物生活史的研究是研究病害循环的重要基础。对一种植物病害侵染循环的分析，主要牵涉 3 个问题：①初次侵染和再次侵染；②病原物的越夏和越冬；③病原物的传播途径。

病原物的侵染过程是病原物与寄主植物个体的可侵染部位接触，经侵入，并在寄主体内定植、扩展进而为害直至寄主表现症状的过程，是植物个体遭受病原物侵染到发病的过程。病原物的侵染过程不仅是病原物侵染活动的过程，同时受侵寄主也产生相应的抗病或感病反应一系列的变化过程。植物病害循环则是研究寄主植物群体与植物病原生物群体水平在时间和空间的变化过程，是在研究病原物侵染过程的基础上进一步探索病害发生流行规律、制定控制病害策略所必须掌握的基本内容。两者关系如图 8-11 所示。

一、初侵染和再侵染

在一个作物生长季节中，经过越冬或越夏的病原物，在新一代植株上引起的第一次侵染称为初次侵染或初侵染；由初侵染植株发病后在病斑上新产生的孢子或其他繁殖体，不经休眠就又侵染其他植株，这种重复侵染称为再次侵染或再侵染，许多侵染性病害在一个生长季节中，病原物可能有多次再侵染。

有些病害在一个生长季节中只有一次初侵染而没有再侵染，称为单循环病害（monocyclic disease），如小麦散黑穗病、小麦腥黑穗病及玉米丝黑穗病等，这些病害潜育期一般都很长，从几个月到一年不等。

有些病害，如桃缩叶病（*Taphrina deformans*）潜育期并不特别长，很可能是由于寄主组织感病时间很短，而不能发生再侵染。

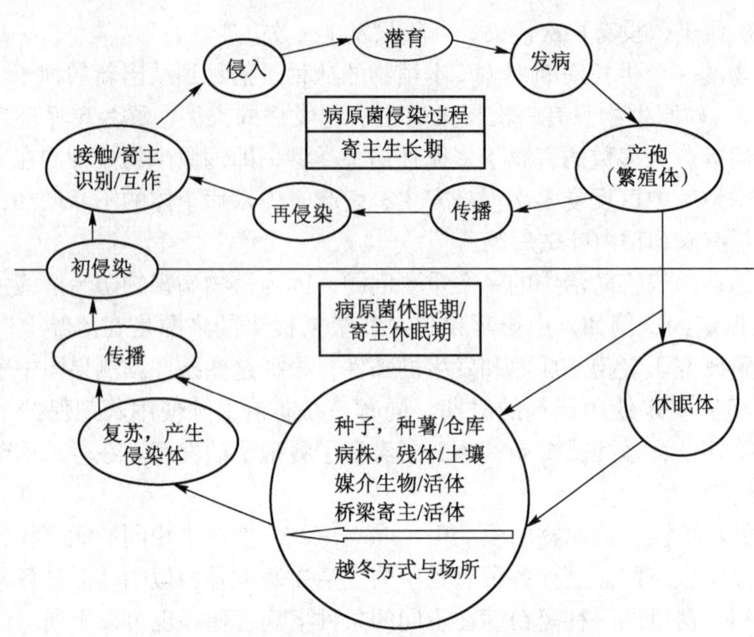

图 8-11 侵染过程与病害循环的关系示意图
（许志刚绘）

一种病害是否有再次侵染，涉及这种病害的防治方法、防治时期和防治效率。只有初次侵染而没有再次侵染的病害，如水稻干尖线虫病、小麦粒线虫病和麦类黑粉病（图 8-12，彩图 247）等，只要防治其初次侵染，就能完全控制住病害。对于可以发生再次侵

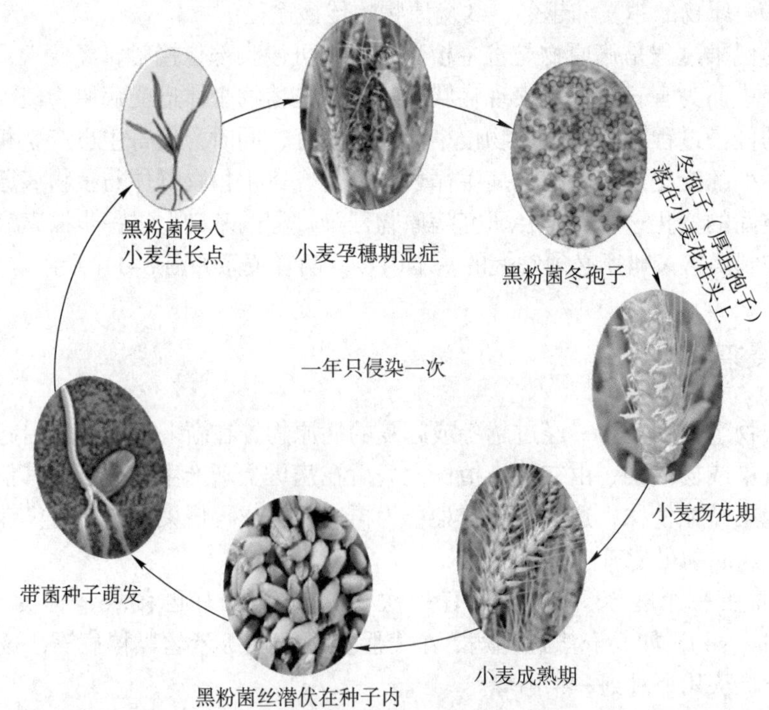

图 8-12 单循环病害——小麦散黑穗病菌生活史
（徐秉良绘）

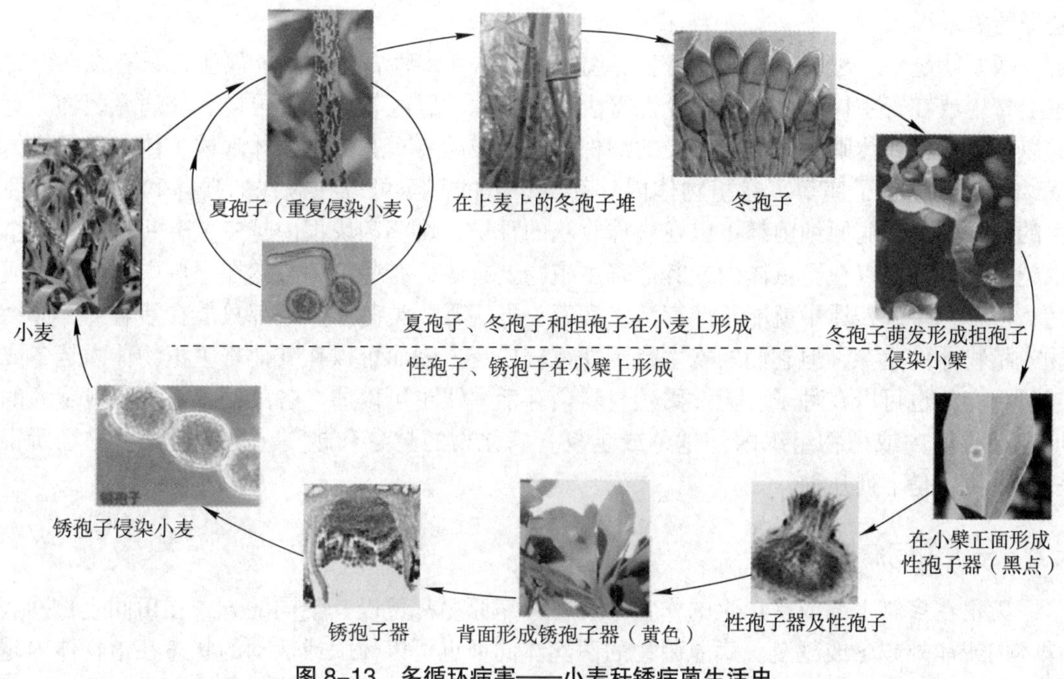

图 8-13 多循环病害——小麦秆锈病菌生活史

（徐秉良绘）

染的病害，情况就比较复杂，除要注意初次侵染以外，还要解决再次侵染的问题，防治效率的差异就很大。

多数植物病害，在一个生长季内有多次再侵染，这类病害称为多循环病害（polycylic disease），如马铃薯晚疫病、葡萄霜霉病、禾谷类锈病（图 8-13，彩图 247）、稻瘟病和水稻白叶枯病等。这类病害的潜育期都较短，如环境条件适宜，则迅速传播蔓延造成病害流行。但也有些病害虽然可以发生再次侵染，但并不引起很大的危害，如禾生指梗霉（*Sclerospora graminicola*）引起的粟白发病，再侵染只在叶片上形成局部斑点，并不会引起全株性侵染。

二、病原物的越冬和越夏

病原物的越冬和越夏，实际上就是当寄主植物收获后或休眠后病原物的存在方式和存活场所，病原物以何种方式和在什么场所，度过寄主休眠期而成为下一生长季的初侵染源。病原物的越冬或越夏，与某一特定地区的寄主生长的季节性有关。在我国大多数纬度较高或纬度较低而海拔高的地区，即温带、暖温带和寒温带地区，存在明显的四季差异。大多数植物在冬前收获或进入休眠，早春作物在夏季收获或休眠，这些作物上的病原也被迫进入越夏休眠。在热带和亚热带地区，各种植物在全年都可正常生长，农业生产没有冬季，植物病害可不断发生。因此，关于冬季和夏季的概念有明显的地域性特点。在我国大多数地区大部分植物冬季是休眠的，所以越冬问题就显得比较突出。各种病原物对温度的反应不同，小麦秆锈菌（*Puccinia graminis* var. *tritici*）的夏孢子抵抗低温的能力差，在温度过低的地区不能越冬，所以越冬问题在秆锈病的病害循环中显得较为重要。相反，小麦条锈病（*Puccinia striformis*）的夏孢子抗高温能力差，所以条锈病的流行与它们能否安全越夏的关系很大。

病原物越冬、越夏的方式有寄生、腐生和休眠，专性寄生物不能腐生，只有在活体寄主上寄生或在寄主体外休眠，非专性寄生物则寄生、腐生、休眠都可以。如病原菌物，有的以侵染菌丝或休眠菌丝在受侵染的病株内越冬或越夏；有的可以休眠体（休眠孢子或休眠结构如菌核、子座等）在植物体内外存活；有的甚至可以在病株的残体和土壤中以腐生的方式生活。病原细菌都可以在病株收获的种子、块茎和块根内越冬，有些可以在土壤中越冬，有的可以在昆虫体内或其他寄主植物上越冬；有些细菌虽然在土壤中不易长期成活，但存在于病残体中就能长期存活。病毒、类病毒、类菌原体大都只能在活着的介体动物或植物体内生存，但它们的寄主范围往往较广泛，因而可以在其他寄主植物体内越冬或越夏；有的也可以在种子、无性繁殖材料内存活。线虫可以卵、各龄幼虫、成虫或胞囊的形态在土壤内或植物组织内外越冬或越夏。病原物的越冬和越夏（初次侵染）的场所很多，主要的是下列几种。

（一）田间病株

无论在多年生的或一年生的作物中，各种病原物都可以其不同的方式在田间生长的病株体内或体外越冬或越夏。病原菌物的菌丝体同样也可以休眠或活动的状态在植物体内越夏或越冬。桃缩叶病菌虽然不是以菌丝在植物体内部越冬，但潜伏在芽鳞上的孢子可以引起第二年春季的侵染。有些病原菌可以不断传播和连续为害的形式完成周年病害循环，如黄瓜霜霉病菌在我国北方地区以连续侵染的方式，夏季在田间和冬季在温棚等保护地辗转传播和为害。

关于病原菌物在一年生植物上异地越冬和越夏的情况，可以柄锈菌属（*Puccinia*）引起小麦秆锈病和条锈病作为代表来说明。小麦秆锈病菌的夏孢子耐低温的能力较差，因此在我国大多数北部麦区不能以夏孢子安全越冬。秆锈菌主要是在福建等南方冬麦区的正在生长的小麦植株上越冬，次年冬季由南向北传播，故越往南秆锈病的发生越早；小麦条锈病菌的情形和秆锈病菌不同。条锈病菌的夏孢子对高温的抵抗能力差，所以主要在甘肃、青海等海拔 1 600 m 以上的高山坡地和高原地区的晚熟春麦和自生麦苗上以及海拔高度稍低的早播冬麦区的自生麦苗上越夏。秋季，夏孢子自越夏的场所传到平原地区的冬麦上，引起秋苗的感染，并且在麦苗上越冬引起下年春季的发病。在华北和西北地区，秋季冬小麦播种早，秋苗条锈病发生重。显然，在当地不能越冬或越夏的小麦秆锈病菌和条锈病菌，是在异地越冬或越夏以后传来的。

大白菜软腐病菌可在田间生长的芜菁属寄主上越夏，冬季在窖藏的白菜上越冬。大麦黄矮病毒（BYDV）在小麦生长后期由介体蚜虫传播到谷子、糜子等禾本科植物寄主上越夏，秋季再由蚜虫传播到小麦秋麦苗上越冬。寄生性种子植物如槲寄生在寄主植物上越冬。田间病株还包括其他作物、野生寄主或转主寄主等。野生寄主是病毒的重要越冬场所。

多年生植株可以在不同时期中蓄存活动的活休眠的病原体，持久地释放病原体，如苹果、梨腐烂病。

（二）种子、苗木和其他繁殖材料

种子、苗木和其他繁殖材料作为病原物越夏或越冬的场所，情况多种多样。病原物可以它的休眠体和种子混杂在一起，如小麦线虫的虫瘿、菟丝子的种子、麦角病的菌核等，

或以休眠孢子附着在种子上，如黑粉菌的冬孢子、禾生指梗霉（*Sclerospora graminicola*）的卵孢子等；关系更密切的是病原物可以侵入而潜伏在种子、苗木和其他繁殖材料的内部，如小麦散黑穗菌的菌丝体可以潜伏在种子的胚内。种苗和其他繁殖材料的带菌，常常是下年初次侵染最有效的来源，更是植物病原物远距离传播的载体，从而在植物检疫中成为检验检疫的重点。种苗内外的病原物，往往在种子和苗木等萌发或生长的时候引起侵染。病原物的侵入越深，则引起侵染的可能性越大。由种植带菌的种子或其他繁殖材料而长成的植株，不但本身发病，而且有的可以逐渐形成传病中心，经过不断的再次侵染而危害更多的植株，如马铃薯晚疫病菌就是在薯块内越夏和越冬，次年早春播下带菌薯块，出苗后发病并形成传病中心，然后向四周传播。

（三）土壤

土壤是病原物在植物体外越冬或越夏的主要场所。病原物的休眠体可以在土壤中长期存活，如鞭毛菌的休眠孢子囊、卵菌的卵孢子、黑粉菌的冬孢子、菟丝子和列当的种子以及线虫的胞囊或卵囊等。休眠体在土壤中存活期限的长短与环境条件有关。土壤的温度低，可保护病原物休眠状态，存活的时期就比较长。小麦秆黑粉菌和小麦粒线虫在淮河以南地区，不容易在土壤中长期存活，显然和土壤的温、湿度有关。

除了休眠体以外，病原物还可以腐生的方式在土壤中存活。病原物对土壤的适应能力不同，所以存活时期的长短不一。土壤中的微生物，尤其是真菌和细菌，可以分为土壤寄居菌（soil invader）和土壤习居菌（soil inhabitant）两类。土壤寄居菌在土壤中病株残体上的存活期较长，但不能单独在土壤中长期存活，大部分植物病原菌物和细菌都属于这一类。土壤习居菌对土壤的适应性强，在土壤中可以长期存活，并且能够在土壤有机质上繁殖，腐霉属（*Pythium*）、丝核菌属（*Rhizoctonia*）、一些引起萎蔫的镰孢霉属（*Fusarium*）菌物和一些假单胞细菌（*Pseudomonas* sp.）都是土壤习居菌的代表。禾谷镰孢菌（*Fusarium graminearum*）的性质也接近于土壤习居菌，它在土壤中的分布极普遍，不仅存活在病株残体中，而且可以定居在许多死亡的植物组织上，在上面产生子囊壳和子囊孢子。这说明镰孢菌对土壤中腐生性微生物的拮抗作用具有较强的抵抗能力，这也是土壤习居菌的特征之一。

在一块土地上连年种植同一种作物，就可能积累某些危害这种作物的病原物，但是这些病原物并不一定能在土壤中长期存活，经过一定的时期，病原物会逐渐消亡。由于土壤是微生物繁殖的良好场所，其中存在大量的腐生性微生物，它们对病原物可以发生拮抗作用，尤其是土壤寄居菌对这些拮抗体更加敏感，这是病原物在土壤中逐渐消亡的主要原因。此外，土壤本身的物理和化学因素以及土壤中腐生菌的作用，对病原物在土壤中的存活，都有一定的关系。

北方不少地方温室蔬菜的疫病、枯萎病发生严重，夏季采用土壤覆膜用高温处理的方法可有效抑制土壤中多种病原菌引起的病害。

（四）病株残体

非专性寄生物在寄主存在时可营寄生生活，寄主死亡后可以腐生。因此这类病原物可以在多种病株残体如根、茎、叶、穗、铃、果等部位腐生或潜伏在其中越冬。许多重要病害的病原菌如稻瘟病菌、玉米大、小斑病菌等都是以病株残体作为它们主要的越冬场所。

当这些残株用作积肥或翻入土中分解腐烂后，多数病原物也就死亡。病原物的休眠体，一般都是先存活在病株残体内，当残体腐烂分解以后，再散落在土壤中，例如，芸薹根肿菌（*Plasmodiophora brassicae*）的休眠孢子囊产生在根部的肿大组织内，根组织腐烂后再散落在土壤中。病原物在病株残体中存活的时间较长，主要原因是受到植物组织的保护而降低了土壤中腐生菌的拮抗作用。残体中病原物存活时间的长短，一般决定于残体分解的快慢。

病原菌物多半是以菌丝体或形成子座在作物的残体中存活，经过越冬或越夏以后，它们可以产生孢子传播。稻梨孢菌（*Pyricularia oryzae*）引起的稻瘟病的主要初次侵染来源，就是越冬稻草上产生的分生孢子。许多子囊菌如苹果和梨的黑星病菌（*Venturia inaequalis* 和 *V. purina*）、玉米赤霉菌（*Gibberella zeae*）和花生球腔菌（*Mycosphaerella arachidicola*）等，在越冬病株残体上产生的子囊孢子，与下一年发病的关系很大。因此，及时清理病株残体（田间卫生），可杀灭许多病原物，减少初次侵染来源，达到防病害的目的。

无论是休眠孢子的萌发或病株残体上孢子的产生，都与环境条件有关，尤其以温度和湿度的影响最大。例如葡萄霜霉菌（*Plasmopara viticola*）的卵孢子在温度达到 11 ~ 13℃和土壤极为湿润的条件下萌发；植物残体上玉米赤霉菌的子囊孢子在土壤湿度高和早春温度上升的时候发生，并且子囊壳只产生在土壤表面与空气接触一面的带菌组织上，埋在土表下的或接触土壤一面的病组织都不能形成子囊壳。环境条件也影响孢子的休眠期和孢子的萌发。葡萄霜霉菌的卵孢子在 12 月份萌发所需的时间是 12 d 左右，在 5—6 月份萌发只需要 1 ~ 2 d，有时几小时内就能萌发；禾柄锈菌的冬孢子形成以后，必须经过休眠期才能萌发，温度高低和干湿交替的环境，可以缩短禾柄锈菌冬孢子的休眠期。

（五）粪肥

在农村大量使用的厩肥粪肥中常常带有大量的病原物，尤其是未经腐熟的粪肥中还有很多活的病原菌。在多数情况下是人为地把病株残体用作积肥掺进去的，少数是牲畜排出的粪中带菌。玉米黑粉菌（*Ustilago maydis*）是由肥料传播的，它的冬孢子不仅能够在肥料中存活，而且可以不断以芽生的方式形成小孢子。粟白发病和小麦秆黑粉病都是可以由粪肥传染的病害。禾生指梗霉的卵孢子和小麦腥黑粉菌的冬孢子通过牲畜的消化道还不至于死亡，所以用带有病菌休眠孢子的病株喂牲畜，排出的粪中就可能带菌，如不充分腐熟，就可能传到田间引起发病。

三、病原物的传播

越冬或越夏的病原物，必须传播到可以侵染的植物上才能发生初次侵染，由初次侵染形成的病原物在植株之间传播则进一步引起再次侵染。病原物有时可以通过本身的活动主动传播，如菌物的菌丝体和根状菌索可以在土壤中生长而逐渐扩展；菌物的游动孢子和有鞭毛的菌可以在水中游动。线虫在土壤中也有一定的活动范围；菟丝子显然是可以通过茎蔓的生长而扩展。但是以上这些传播的方式并不普遍，传播的范围也极有限。病原物的传播主要依赖外界的因素，其中有自然因素和人为因素。自然因素中以风、雨水、昆虫和其他动物传播的作用最大；人为因素中以种苗、种子、块茎块根和鳞球茎等调运、农事操作和农业机械的传播最为重要。

各种病原物的传播方式和方法不同，菌物主要以孢子随着气流和雨水传播；细菌多半是由雨水和昆虫传播；病毒则主要依靠生物介体传播；寄生性种子植物的种子可以由鸟类传播，也可随气流传播，少数可主动弹射传播；线虫的卵、卵囊和胞囊等一般都在土壤中植物根系的内、外，主要由土壤翻动、灌溉水流传播，人们的鞋靴、农机具和牲畜的蹄部常常做近距离传播甚至远距离传播，含有线虫的苗木、种子、果实、茎秆和松树的原木、昆虫和某些生物介体都能传播线虫。显然，传播方式与病原物的生物学特性有关。

（一）气流传播

气流传播又称空气传播，气传、风传，是多数产孢菌物最主要的传播方式。

孢子是菌物繁殖的主要形式，菌物产生孢子的数量很大，由于孢子小而轻，很容易随气流传播。有些菌物的子实体还有特殊的机能，能将孢子主动弹射到空气中。霜霉菌和接合菌的孢子囊，大部分子囊菌的子囊孢子和分生孢子、半知菌的分生孢子、锈菌的各种类型的孢子，白粉病和黑粉菌的孢子都可以随着气流传播，在短期内不断再侵染而使得病害蔓延。某些细菌如梨火疫病菌能形成含有细菌的细菌溢或菌丝而随风传播。土壤中的细菌和线虫也可被风吹散。风能引起健株和病株植物的相互摩擦和接触，有助于病原物的传播。

气流传播的距离可以比较远，在 10 ~ 20 km 以上的高空和离开海岸 1 000 km 的大洋上空都可以发现菌物的孢子；但可以传播的距离并不就是病害传播的有效距离，因为大部分孢子在传播的途中失去活性，而且活的孢子还必须遇到感病的寄主和适当环境条件才能引起侵染。传播的有效距离受许多因子（也包括风向和风力、气温、孢子的抗性）的影响。马铃薯晚疫病的发生，是从田间个别病株作为传病中心开始的，病害在田间的发展与风向有关，并且离传病中心越近，发病率越高，说明中心病株产生的孢子囊，随气流传播而引起再次侵染。气流传播病原物一般都有梯度效应，距离越远，病原物密度越小，效率越低。借气流远距离传播的病害防治比较困难，因为除去注意消灭当地越冬的病原体以外，还要防止外地传入的病原物的侵染，有时还须组织大面积联防，才能得到很好的防治效果，对这类传播的病害采用抗病品种最为有效。确定病原物传播的距离是防治上的重要问题，因为转主寄主的砍除或无病留种田的隔离距离都是由传播的有效距离决定的。实验证明，小檗上产生的禾柄锈菌锈孢子的传播距离约 3 km，小麦散黑粉菌冬孢子的有效传播距离约为 100 m。为了防治苹果和梨锈病，建议梨园与桧柏隔离的距离约为 5 km。

（二）雨水和流水传播

黑盘孢目和球壳孢目菌物的分生孢子多半是由雨水传播的，它们的子实体内大多都有胶质，胶质遇水膨胀和溶化后，分生孢子才能从子实体或植物组织中散出，随着水滴的飞溅而传播。鞭毛菌的游动孢子只能在水滴中产生和保持它们的活动性，故一般由雨水和流水传播。存在于土壤中的一些病原物，如烟草黑胫病菌、软腐病细菌和青枯病细菌及有些植物病原线虫，可经过雨水飞溅到植物上，或随流水传播。各种病原相比而言，雨水、露水和流水传播，在细菌病害中尤为重要。如水稻白叶枯病菌，雨水不仅使叶表的细菌飞溅四散，而且台风、暴雨使植株相互摩擦造成大量伤口，有利于病菌侵入，此外病田水中的细菌又可经田水排灌向无病田传播。所以，排灌系统分开，避免灌溉水从病田流入无病田，能有效地控制流水传病。

（三）生物介体

昆虫、螨和某些线虫都是植物病毒病害的主要生物介体，其中昆虫及螨的传播与病毒病害的关系最大。昆虫传播的距离较远，如小麦黄矮病由麦二叉蚜（*Schigaphis graminum*）等蚜虫传播。冬麦区小麦黄矮病流行时，由于蚜虫的迁飞和传毒，可把病毒传播到数千米以外的春麦区。由昆虫传播的病害，其流行程度决定于昆虫的数量、带毒率、活动程度和迁飞距离。有关蚜虫、叶蝉、飞虱等昆虫介体传播病毒时表现的复杂关系已在第四章中阐述，这里不再重复。

植原体存在于植物韧皮部的筛管中，所以它的传病介体都是在筛管部位取食的昆虫，如玉米矮化病（Corn stunt）、柑橘顽固病（*Spiroplasma citri*）和翠菊黄化病等都是由多种在韧皮部取食的叶蝉传播的。

昆虫也是一些细菌病害的传播介体。黄瓜条纹叶甲（*Acalymma vittata*）和黄瓜点叶甲（*Diabrotica undecim punctata*）是传播黄瓜萎蔫病菌（*Erwinia tracheiphila*）的介体昆虫；玉米啮叶甲（*Chaetochnema denticulata*）可以传播玉米细菌性萎蔫病菌（*Pantoea stewartii*）。虽然一些甲虫可以传播某些病原菌物，但效率一般不高。一般而言，昆虫传播菌物病害的作用，主要是引起植物的损伤，造成侵入的机会，如地下害虫为害甘薯可以加重甘薯黑斑病菌的感染。在昆虫传播的菌物病害中，最突出的就是榆小蠹虫传染榆疫病（*Ceratocystis ulmi*）。榆小蠹虫的体内带有病菌，当危害树皮的时候就将病菌带入树皮内。近年来在我国江苏、安徽等省发现的严重危害松树造成整株萎蔫枯死的松材线虫（*Bursaphelenchus xylophilus*），主要是由松褐天牛（*Monochamus alternatus*）传播的。昆虫与病原物的相互关系以及传带时的气候条件（特别是风力的大小）有十分密切的关系。

鸟类除去传播桑寄生（*Loranthus parasitica*）和槲寄生（*Viscum album*）等寄生植物的种子以外，还能传播梨火疫病等细菌。板栗疫病菌（*Cryphone ctria parasitica*）很可能与鸟类的传播有关，候鸟在迁飞过程中落地取食时可沾带病原物做远距离传播。

对生物介体传播的病害，治虫防病是主要措施之一。

（四）土壤传播和肥料传播

土壤和粪肥是病原物在植物体外越冬或越夏的主要场所，病原物的休眠体可以在土壤中长期存活。带菌的土壤能黏附在花卉根部、块茎和苗木上被有效地远距离传播病原物。农具、人的鞋靴、动物的蹄脚可近距离地传播病土。同样，候鸟在迁飞过程中落地取食时也可沾带病土，将危险性病原物传播至远方。

混入农家肥料的病原物，若未充分腐熟，其中的病原物能长期存活，很易随粪肥的施用而传播病害。

（五）人为因素传播

各种病原物都能以多种方式由人为因素传播。人为传播因素中，以带病的种子、苗木和其他繁殖材料的流动最重要。农产品和包装材料的流动与病原生物传播的关系也很大。农林产品的商业贸易和人为的传播往往都是远距离的，而且不受自然条件和地理条件的限制。它不像自然传播那样有一定的规律，并且是经常发生的，尤其是在现代交通极为便捷、交往十分频繁的情况下，病原物很容易被传播开来。这就更容易造成病区的扩大和形成新病区。植物检疫的作用就是限制这种人为的传播，避免将危害严重的病害带到无病的地区。

人为因素中，也不能忽视一般农事操作与病害传播的关系。例如，烟草花叶病毒和黄瓜花叶病毒是可以接触传染的，所以在烟草移苗和打顶去芽、番茄整枝抹赘芽时都可能传播病毒，病原体附着在农具或人畜体躯上传播也是常见的，但是这种传播一般都是近距离的。

小结

病原物的侵染过程就是病原物与寄主植物的可侵染部位接触，侵入寄主植物，在植物体内繁殖和扩展，发生致病作用，显示病害症状的过程。病原物的侵染是一个连续的过程，各个时期并没有绝对的界限，一般分为接触期、侵入期、潜育期和发病期。

接触期是指病原物接种体在侵入寄主之前与寄主植物的可侵染部位接触，或达到能够受到寄主外渗物质影响的根围或叶围后，开始向侵入的部位生长或运动，并形成侵入结构的一段时间。在接触期间，病原物与寄主之间有一系列的识别活动，包括物理学和生化识别等。湿度和温度对接触期病原物的影响最大。

侵入期是指从病原物侵入寄主到建立寄生关系的这段时间。不同的病原生物侵入方式有所不同，分主动和被动侵入两种。病原物的侵入途径包括直接侵入、自然孔口侵入和伤口侵入三种。菌物直接侵入的机制包括机械作用和化学（酶）的溶解作用。植物病原物完成侵染所需的最低接种体数量称为侵染剂量。侵染剂量因病原物的种类和活性、寄主品种的抗病性和侵入部位而不同。环境条件中以湿度和温度对病原物侵入的影响最大。湿度高低和持续时间的长短在一定范围内决定孢子能否萌发和侵入，是影响病原物侵入的主要因素，温度主要影响萌发和侵入的速度，光照与侵入也有一定关系。

潜育期是病原物从与寄主建立寄生关系到开始表现明显症状的时期，是病原物在寄主体内繁殖和蔓延的时期。潜育期是病原物和寄主植物相互作用的时期。植物病原物的侵入并不表示与寄主建立了寄生关系，建立了寄生关系的病原物能否进一步发展而引起病害，还要受寄主植物的抵抗力和环境因素等很多条件影响。病原物与寄主之间建立供需营养关系最为重要，病原物从寄主植物获得营养物质，可以分为死体营养型和活体营养型两种方式。

发病期是从出现症状直到寄主生长期结束，甚至植物死亡为止的一段时期。在湿度较高的条件下，菌物性病害此时往往在受害部位产生孢子等子实体。

病害循环是指病害从前一生长季节开始发病，到下一生长季节再度发病的过程。侵染性病害的延续发生，在一个地区首先要有侵染的来源，病原生物必须经过一定的途径传播到寄主植物上，发病以后在病部还可产生子实体等繁殖体，引起再次侵染。病原生物还要以一定的方式越夏和越冬，度过寄主的休眠期，才能引起下一季发病。

研究病害循环是病害防治中的一个重要环节，因为植物病害的防治措施主要是根据病害循环的特点制定的。

植物病害侵染循环的分析，主要牵涉 3 个问题：①初次侵染和再次侵染；②病原物的越夏或越冬；③病原物的传播途径。

越冬或越夏的病原物，在新一代植物开始生长以后引起最初的侵染称为初次侵染。受到初次侵染的植物发病以后，又可以产生孢子或其他繁殖体，传播后引起再次侵染。许多植物病害在一个生长季中可能发生若干次再次侵染。

病原物的越冬和越夏，实际上就是在寄主植物收获或休眠以后病原物的存活方式和存活场所，病原物度过寄主的或自己的休眠期而后引起下一季节的初次侵染。病原物越冬和越夏的场所，一般也就是初次侵染的来源。病原物的越冬或越夏，与某一特定地区的寄主生长的季节性有关。

植物病原物的主要越冬和越夏场所（初次侵染来源）有：田间病株；种子、苗木和其他繁殖材料；土壤；病株残体；粪肥。

病原物的传播有自然因素和人为因素，自然因素中以风、雨水、昆虫和其他动物传播的作用最大；人为因素中以种苗或种子的调运、农事操作和农业机械的传播最为重要。

各种病原物传播的方式和方法是不同的。菌物主要是以孢子随着气流和雨水传播；细菌多半是由雨水、流水和昆虫传播；病毒则主要靠生物介体传播。寄生性种子植物的种子可以由鸟类传播，也可随气流传播，少数可主动弹射传播。线虫的卵、卵囊和胞囊等一般都在土壤中或在土壤中的植物根系内、外，主要由土壤、灌溉水以及流水传播。

思考题

1. 解释下列名词和术语：病原物的侵染过程、接触期、侵入期、潜育期、发病期、活体营养寄生物、死体营养寄生物、局部侵染、系统侵染、病害循环、病原物的初次侵染和再次侵染、传病中心、土壤寄居菌、土壤习居菌。
2. 病原物在接触期有哪些活动，环境条件对病原物的这些活动有何影响？
3. 病原物侵入寄主有哪些途径和方式？请描述菌物直接侵入表皮的过程。
4. 影响病原物侵入的环境因素有哪些？
5. 谈谈植物病原细菌的主要越冬和越夏场所（初次侵染来源）。

数字课程学习

病害症状彩图　　　　自测题

第九章

病原生物对植物的致病作用

植物病害的基本要素有三个：植物、病原物和环境，三者间的相互影响决定了病害的轻重。在特定的环境条件下，从病原生物与寄主植物接触开始，到植物表现发病，发生了一系列复杂的识别、侵染、致病和抗病反应过程，这个过程就是植物和病原生物发生相互作用的过程，简称“互作过程”。寄主植物与其病原物之间具有复杂的相互作用。20 世纪中叶，在对亚麻抗病性和亚麻锈菌致病性的遗传学研究的基础上，弗洛尔提出了“基因对基因学说”（gene-for-gene theory），用以阐明寄主植物与病原物互作的遗传关系。本章侧重介绍相互作用中病原生物的致病机制。

第一节　病原生物的寄生性和致病性

自然界生物按其获得营养的方式，可以分为自养生物和异养生物两大类。异养生物又可分为腐生物和寄生物两类：腐生物（saprophyte）是以无生命的有机物质，如死亡的生物体及其分解物、动物排泄物、植物的枯枝落叶等为有机营养的来源；寄生物（parasite）则直接在活的生物体上寄生获取营养，其生长发育过程往往与寄主的生理活动交织在一起，寄生物在获得寄生能力的过程中，逐渐减弱或丧失了它的腐生能力。但是，获得了寄生性还不足以成为一种病原物，还须有诱使植物发生病变的致病性，才是病原物。植物病原物的寄生性（parasitism）和致病性（pathogenicity）是两种不同的性状。寄生性是指病原物为了自身生长发育而必须从寄主植物活体的细胞和组织中获取营养物质而生存的性能；致病性是指病原物所具有的损害寄主和引起病变的特性。

一、寄生性

寄生物的寄生性可分为专性寄生和兼性寄生两种，专性寄生是寄生物在自然条件下必须寄生在活的寄主上才能生长发育；兼性寄生是寄生物既可以在寄主活体上营寄生生活，也可以在死体或有机质中营腐生生活。兼性寄生有两种不同的方式，一种是寄生物先杀死寄主植物的细胞和组织，然后从中吸取养分；另一种是可以直接从活的寄主中获得养分，但并不立即杀伤寄主植物的细胞和组织。前一种营养方式称为死体营养（necrotroph），这种生活方式的生物称为死体寄生物，而后一种称为活体营养（biotroph）和活体寄生物。

有时，人们将必须在活体上寄生的寄生物称为专性寄生物（obligate parasite），而将兼具寄生与腐生能力的称为兼性寄生物（facultative parasite）或兼性腐生物（facultative saprophyte），前者以营腐生为主，后者以寄生为主，其实，这种区分并无客观的标准，只是相对而言。

专性寄生物也称为活体寄生物（biotrophic parasite）。它们必须从生活着的寄主细胞中获得所需的营养物质。当寄主的细胞或组织死亡后，其寄生生活在这一范围内也就被动地终止了。这类寄生物要求的营养物质比较复杂，一般不能用人工培养基培养。但近年来，一些过去被认为是专性寄生的菌物，已经可以在特定的人工培养基上生长。病毒和寄生性种子植物都是专性寄生物。某些菌物，如霜霉菌、白粉菌、锈菌等，习惯上也都归于这一类型。

兼性寄生物或兼性腐生物也称非专性寄生物（nonobligate parasite），兼有寄生习性与腐生习性。黑粉菌、外子囊菌、外担子菌等，可以作为寄生性最强的非专性寄生菌的代表。它们在自然条件下，只以寄生的方式存活，但在一定的人工培养基上也可以勉强生存。许多叶斑病菌，如黑星孢属（*Fusicladium*）、尾孢菌（*Cercospora*）、黄单胞菌（*Xanthomonas*）等也可归入这一类群。它们对活组织有很强的寄生能力，但当病组织死亡后，还能以腐生方式生存一段时间。许多病原真菌，随着营养方式的改变而发生发育阶段上的转变：由无性阶段转入有性阶段。这类寄生物还称为半活体寄生物（hemibiotroph）。

在自然界广泛存在的灰葡萄孢（*Botrytis cinerea*）、黑腐皮壳菌（*Valsa*）、丝核菌（*Rhizoctonia*）、多种致病的镰孢霉（*Fusarium*）以及许多引起果实腐烂的青霉菌（*Penicillium*）、根霉（*Rhizopus*）、软腐病细菌（*Pectobacterium* sp.）和青枯病细菌（*Ralstonia solanacearum*）可以作为另一类寄生性较弱的兼性寄生物的代表。它们经常危害植物的非绿色部分。

二、致病性

致病性又称病原性，是病原物在寄生侵染时为害植物引起发病的特性。一种病原物对特定的植物要么能致病，要么不能致病的特性，是质的属性。病原物对寄主植物的致病和破坏作用，一方面表现在对寄主体内养分和水分的大量消耗，另一方面，它们可分泌各种酶、毒素、生长调节物质等，直接或间接地破坏植物细胞和组织，使寄主植物发生病变，不同的个体或群体，它们的致病能力（程度和速度）也有差别，称为致病力或毒性的差异。

病原物具有寄生性和致病性两种特性，但是两者的发展方向并不一致。活体营养的专性寄生物一般从寄主的自然孔口或直接穿透寄主的表皮细胞侵入，侵入后形成特殊的机构（如吸器）伸入到寄主细胞内吸取营养物质（如锈菌、霜霉菌和白粉菌），有些病原物生活史的大部分是在寄主组织细胞内完成的（如芸薹根肿菌）。这些病原物的寄主范围一般较窄，寄生能力很强，但对寄主细胞的直接杀伤作用较小，这对它们在活细胞中的生长繁殖是有利的。

属于死体营养的非专性寄生物，从伤口或寄主植物的自然孔口侵入后，往往只在寄主组织的细胞间生长和繁殖，通过它们所产生的酶或毒素等物质的作用，使寄主的细胞和组织很快死亡，然后以死亡的植物细胞作为它们生活的基质，再进一步破坏周围的细胞和组织。这类病原物的腐生能力一般都较强，能在死亡的生物体上生长，有的可以长

期离体在土壤中或其他场所营腐生生活。它们对寄主植物细胞和组织的直接破坏作用比较大，而且作用很快。在适宜条件下有的只要几天甚至几小时，就能破坏植物的组织，对幼嫩多汁的植物组织的破坏更大。此外，这类病原物的寄主范围一般较广，如立枯丝核菌（*Rhizoctonia solani*）、齐整小核菌（*Sclerotium rolfsii*）和胡萝卜软腐果胶杆菌（*Pectobacterium carotovorum*）等，可以寄生为害几十种甚至上百种不同的植物。

三、寄生的专化性

（一）寄主范围

植物病原物都是寄生物，只能营腐生生活的生物（腐生物）对植物没有致病性。一种寄生物能否成为某种植物的病原物，取决于能否通过对该种植物的长期适应，克服该种植物的抗病性。如能克服，则两者之间具有亲和性（compatibility），寄生物有致病性，寄主植物表现感病。如不能克服，则两者之间具有非亲和性（incompatibility），寄生物不具致病性，寄主植物表现抗病。这种寄生物对寄主植物的选择性，称为寄生的专化性。任何寄生物都只能寄生在一定范围的寄主植物上，一种寄生物能寄生的植物种的范围称为“寄主范围”。各种寄生物的寄主范围差别很大，有的只有一二种寄主；有的则多至几百种，甚至上千种寄主。例如枣疯病菌只危害枣树，柑橘黄龙病菌只危害柑橘；而紫纹羽病菌可以危害苹果、梨、桃、樱桃、葡萄、茶、白杨、柳、松、杉、桧、花生、甘薯、马铃薯等百余种植物。一般来说，非专性寄生物的寄主范围比较广泛，而专性寄生物的寄主范围则比较狭窄（但有些病毒的寄主范围广是个例外）。对病原物寄主范围的研究，可为采用轮作防病和铲除野生寄主提供理论基础。

（二）转主寄生

寄生的专化性还表现在病原物的转主寄生方面。有的病原物，例如某些锈菌必须经过两种亲缘不同的寄主植物上寄生，才能完成其生活史，这种现象称为“转主寄生”。在其所需要的寄主植物中，通常是把对国民经济较为重要的寄主称为主要寄主，较为次要的寄主称为“转主寄主”。例如，苹果锈菌和梨锈菌，分别在苹果和梨树上度过其性孢子和锈孢子阶段，而在桧柏上度过冬孢子阶段。没有桧柏，这两种锈菌就不能完成其生活史，锈病也就不会发生。苹果和梨即称“寄主”，桧柏则称“转主寄主”。小麦秆锈菌则需分别在小麦和小檗上轮流寄生才能完成其生活史。

（三）专化型和小种

病原物的寄生性在演化过程中，由于受不同性质的寄主植物的影响，某种病原物和某些属、种寄主植物，甚至在和某些品种经常发生寄生关系后，便逐渐失去了在其他寄主植物上寄生的能力，便产生了寄生性的专化现象。这些菌的“种”内群体或个体，如菌株（strain）或分离物（isolate）对寄主的致病性就有不同程度的分化，而在形态上并无差异或差异不显著。一般来说，病原物种内对寄主植物的科和属具有不同致病能力的专化类型，称为“专化型”（forma specialis，f. sp.）。在植物病原细菌中，根据病原菌寄生的寄主种内不同亚种或品种上的症状特点不同，种下可分化为致病变种（pathovar，pv.）。如水

稻白叶枯病菌和水稻条斑病菌都隶属稻黄单胞菌（*Xanthomonas oryzae*）这个种，但是属两个不同的致病变种。植物病原物种内、专化型内或致病变种内对寄主植物的种或品种具有不同毒力（virulence）的专化类型，称为“小种”（race）。有些小种对植物的某些品种具有毒性，对另一些品种则不具毒性（avirulence）。在毒性不同的病原物小种间，还可能存在毒力强弱或侵袭力（aggressiveness）的差异，表现为一种病原菌的不同菌株虽然都能够突破寄主植物的防卫屏障和在植物体内定植，但相互间在繁殖和扩展能力上有量的差别。

专化型、致病变种和小种，是寄生性高度专化的一种表现，以专性寄生的锈菌、白粉菌、霜霉菌等的寄生专化现象最明显。大多数非专性寄生菌没有专化性的表现，例如从任何一个寄主上分离出来的灰霉、腐霉、立枯病菌，都可以寄生于该菌寄主范围内的任何其他寄主上，其致病性并没有显著的差异。但是，有些非专性寄生菌也存在寄生专化现象，例如，尖镰孢菌引起多种枯萎病，包括有分别专化于瓜类、甘蓝、棉花、番茄、香蕉等不同科属植物上的不同专化型，各专化型内根据对各种作物种或品种的毒性差异，又可分为不同的小种。如香蕉枯萎病菌的专化型可分为毒性不同的两个小种，水稻白叶枯病菌也存在小种的分化。

对病原物寄生专化性的研究，特别是对小种的研究和选育抗病品种有着密切的关系。

植物病原物除具有寄生和致病能力外，还具有诱导植物产生抗病性的能力。发掘病原物中诱导植物产生抗病性的物质基础，对于植物病害控制新理论和新技术的形成具有重要的推动作用。

第二节　植物病原物的致病机制

健康植物进行着正常有序的生理生长代谢活动。病原物在接触、附着、识别、侵入和定植在寄主体内以及在寄主体内扩展过程中，常借助营养攫取、施加机械压力、产生胞外酶、毒素、生长调节物质和植物先天免疫（innate immunity）抑制因子等，改变和破坏寄主植物细胞和器官的正常生理功能，攫取寄主植物的营养物质和水，诱发一系列病变，致使植物产生病害特有的症状。除病毒和类病毒外，各类病原物都能产生酶、毒素和生长调节物质。随着病原物、功能基因组学、蛋白质组学和代谢组学研究的深入，决定病原物致病性的遗传学基础和物质已逐渐明确，通常将决定病原物致病性的因子统称为致病性效应因子（pathogenicity effector）（图 9–1）。

一、攫取寄主的生活物质

各种病原物都具有寄生性，能够从寄主上获得必要的生活物质。寄主体内或体表的寄生物越多，所消耗的寄主养分也越多，从而使寄主植物营养不良，表现黄化、矮化、枯死等症状。半寄生植物自身也能进行光合作用，但无根系，主要依赖吸收寄主植物的水分和无机盐，对寄主的不良影响较小，症状较轻；全寄生植物需从寄主体内摄取全部生活物质，对寄主的损害极大，受害植物会很快因营养被掠夺而黄化死亡。

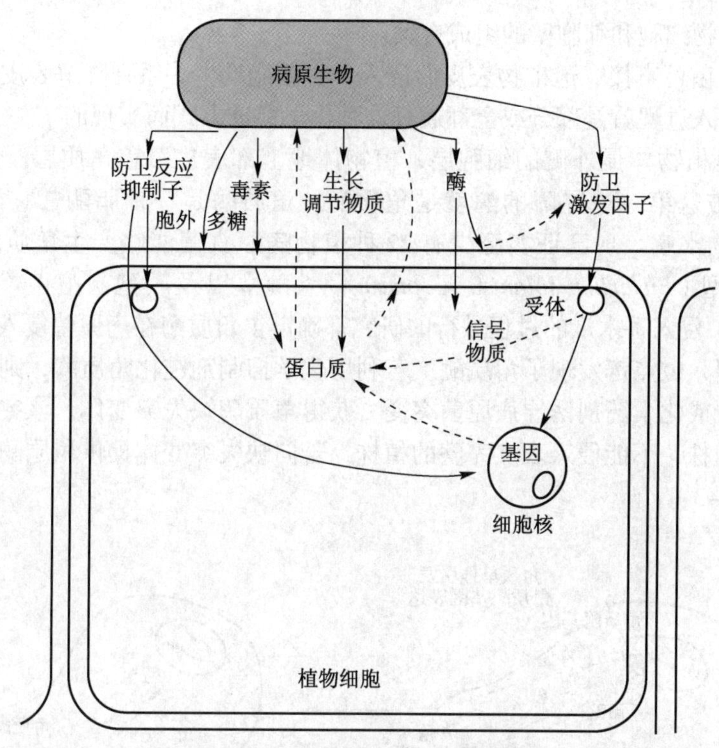

图 9–1　病原生物侵入机制示意图

二、施加机械压力

病原真菌、线虫和寄生性种子植物可通过对寄主植物表面施加机械压力而侵入。真菌菌丝（芽管）和寄生性种子植物的胚根首先接触并附着在植物表面，继而其前端膨大，形成附着胞（appresorium），由附着胞产生纤细的侵染钉（penetration peg），对植物表皮施加很大的机械压力，并分泌相应的酶类，软化并穿透角质层和细胞壁而侵入（图 9–2）。线虫则先利用口针反复穿刺，最后穿透植物表皮细胞壁，头部或整个虫体逐渐进入植物组织中。

一些病原真菌在植物表皮下薄壁组织中形成子实体后，亦施加相当大的机械压力，使表皮层突起和破裂，使真菌子实体外露，如小麦秆锈病菌。

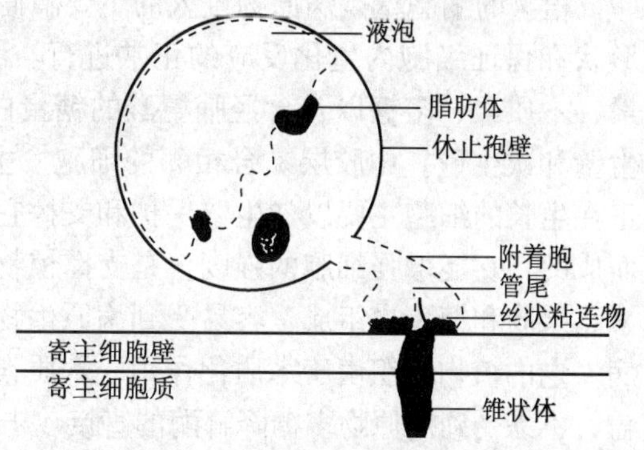

图 9–2　真菌孢子萌发形成附着胞和锥状的侵染钉

三、产生胞外酶

病原物侵染寄主植物的过程中，为了获得营养与寄主建立寄生关系，产生多种与致病性相关的胞外酶类，主要有角质酶、细胞壁降解酶、蛋白酶、淀粉酶、脂酶等。这些酶类

的产生与寄主植物细胞和细胞壁的组成有关。

许多病原真菌可直接穿透植物表皮而侵入。真菌能产生一系列降解表皮角质层和细胞壁的酶，直接侵入过程就是部分或全部通过这种化学穿透方式而实现的。

植物表皮是植物体最外侧的细胞层，植物体地上部表皮覆盖角质层。病原真菌直接侵入时用以突破这第一道屏障的酶就是角质酶。角质酶是一种脂酶，它能催化寄主表皮的角质多聚物水解。现已证实至少有 22 种植物病原真菌能够产生角质酶。对茄腐皮镰孢豌豆专化型（*Fusarium solani* f. sp. *pisi*）侵入豌豆以及胶孢炭疽菌（*Colletotrichum gloeosporioides*）侵入番木瓜的过程进行的研究都确定了角质酶在病原菌侵入时的作用。在上述病原菌的侵入位点都发现了角质酶。若利用化学抑制剂钝化角质酶，则病原菌不能侵入。利用紫外线或化学药剂诱导病原菌突变，获得角质酶缺失突变体，该突变体就只能侵入表皮受伤的植株，不能侵入表皮完整的植株，若向缺失突变体提供角质酶，则可恢复其侵入能力（图 9–3）。

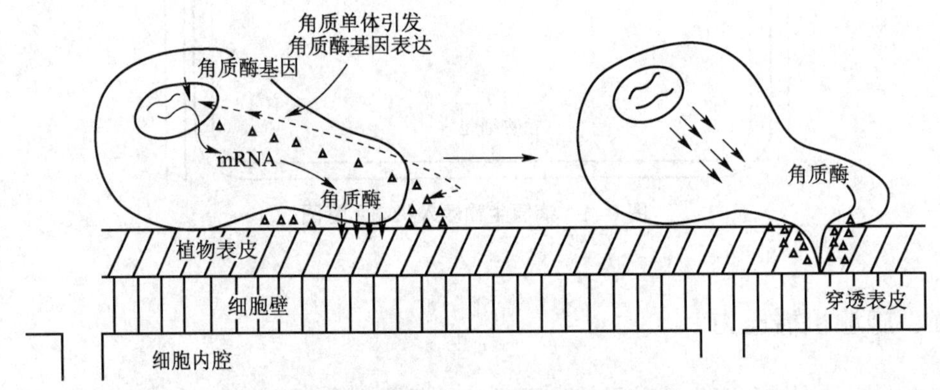

图 9–3　病原菌依靠角质酶穿透植物表皮进入细胞

植物的细胞壁是病原物侵入的主要障碍，它位于细胞原生质膜之外，有利于保持细胞形状和保证细胞内生化反应的正常进行。细胞壁的主要成分包括果胶、纤维素、半纤维素、木质素、多糖以及含羟脯氨酸的糖蛋白。植物细胞壁可以分为中胶层（胞间层）、初生壁和次生壁。中胶层黏合相邻的细胞，主要由果胶构成。初生壁是最先形成的细胞壁，正在生长的细胞主要以初生壁保护和支撑它的原生质体。次生壁是在细胞生长完成后沉积而成的，它能增强细胞的强度，是支撑植物的主要成分。幼嫩组织的初生壁主要由半纤维素、果胶和糖蛋白组成，容易受到病原生物多糖降解酶的作用，所以一般幼嫩组织比较感病。老的植物组织由于木质化作用，木质素沉积在细胞壁中，次生壁中纤维素被木质素掩盖，不易受到病原物多糖降解酶的直接攻击，对病原物侵入的抵抗能力增强。

针对植物细胞壁中的每一种多糖成分，植物病原真菌和细菌都会有相应的降解酶来分解，这些降解酶通称为细胞壁降解酶，包括果胶酶、纤维素酶、半纤维素酶、木质素降解酶等。

在植物病原物的细胞壁降解酶中，研究最多的是果胶酶。根据果胶酶对果胶分子中鼠李半乳糖醛酸链的作用部位，分为果胶甲基酯酶（pectin methylesterase）、果胶水解酶（pectic hydrolase）和果胶裂解酶（pectin lyase）。果胶甲基酯酶的作用是从果胶中去除甲基基团以产生果胶酸，作用方式是在糖 C6 部位的羧基处水解，每一个 α–1,4 糖苷键连接的

半乳糖醛残基产生一个糖醛酸羧基和甲醇。果胶水解酶和果胶裂解酶的共同作用特点是使α–1,4 糖苷键断裂。但水解酶的作用部位是 α–1,4 糖苷键，作用是使果胶中的聚半乳糖醛酸水解，释放出单体的半乳糖醛酸（图 9–4）；而裂解酶的作用除使糖苷键断裂外，还能消除第五个碳原子上的氢，因而最终释放不饱和的二聚体（图 9–5）。水解酶的作用不需要 Ca^{2+}，最适 pH 为 4 ~ 6.5；裂解酶的作用需要 Ca^{2+}，最适 pH 为 8。另外，根据果胶酶对底物分子的作用部位又分为内裂和外裂果胶酶，它们分别使果胶链从中间或两端开裂。在植物病原细菌中，胡萝卜软腐欧文氏菌（*Pectobacterium carotovorum*）可以产生多种果胶酶，在植物组织的解离（maceration）中起重要作用，从而使植物产生软腐病的典型症状。

植物组织的解离是软腐病的典型症状。这种症状是由于联结细胞的胞间层被病原物的酶分解，使寄主细胞彼此分离，组织软化呈水渍状而发生的。植物细胞胞间层的主要成分是果胶，因此果胶酶是使组织解离的主要因素。其中内切多聚半乳糖醛酸酶和内切果胶酸裂解酶是效率最高的酶。除浸解植物组织外，果胶酶还引起植物细胞的死亡。

纤维素是一种多糖，由葡萄糖分子链构成，葡萄糖链之间以氢键相连。病原真菌、细菌和线虫都可以产生纤维素酶。在几种纤维素酶的共同作用下，纤维素最终裂解为葡萄糖分子。因此病原物分泌的纤维素酶在植物细胞壁的软化和分解中起重要作用，而且还提供可为病原物利用的可溶性糖。

半纤维素是多糖聚合体的复杂混合物。植物病原真菌可以分泌木聚糖酶、半乳聚糖酶、葡聚糖酶、阿拉伯糖酶、甘露糖酶等多种半纤维素酶，在这些酶的共同作用下，酶解半纤维素，破坏和分解植物细胞壁。

不同种类的病原物在致病过程中起主要作用的酶类有所不同。在大多数软腐病菌致病过程中起主要作用的是果胶酶。引起草本植物茎秆湿腐倒伏的病原菌，例如立枯丝核菌和齐整小核菌，起主要作用的除果胶酶外，还有纤维素酶。引起木材腐朽的真菌大多都具有较强的木质素酶活性。由于植物细胞壁成分的复杂性以及病原物酶的多样性，在降解植物

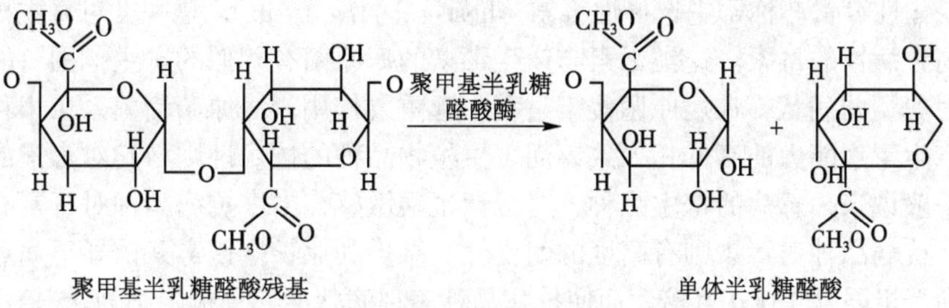

图 9–4　聚甲基半乳糖醛酸酶的作用

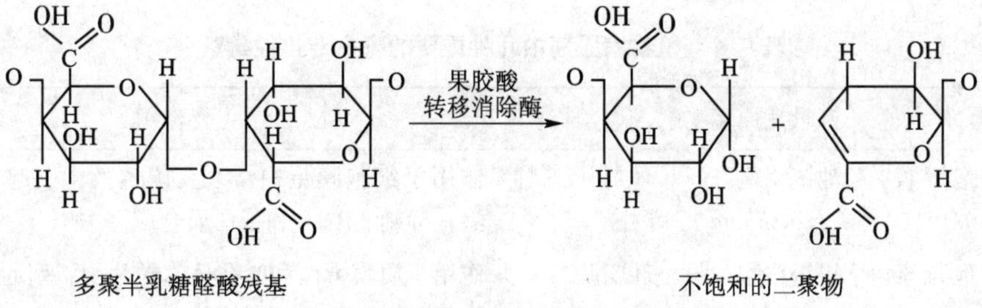

图 9–5　果胶酸转移消除酶的作用

细胞壁过程中，多种细胞壁降解酶之间有密切的协同作用。

此外，植物病原菌还能产生一些降解细胞内物质的酶，例如蛋白酶、淀粉酶、脂酶等，用以降解蛋白质、淀粉和脂类等重要物质。

四、产生毒素

毒素（toxin）是植物病原真菌和细菌代谢过程中产生的一类小分子化合物，能在非常低的浓度范围内干扰植物正常生理功能、对植物有毒害的非酶类化合物。病原菌在寄生、腐生或人工培养状态下都可以产生毒素。用人工提取的毒素处理健康植物，都能够使之产生退绿、坏死、萎蔫等病变，与相应病原菌侵染植物所引起的病状相同或相似。毒素是一种非常高效的致病物质，它能在很低浓度下诱发植物产生病状。有些化学物质只有在高浓度下才会对植物的生长产生不利的影响或毒害作用，这些物质就不能称为毒素。

不同病原真菌和细菌产生的毒素，其种类、结构、分子量以及作用方式也不相同。毒素的作用位点包括植物细胞的质膜蛋白、线粒体、叶绿体或特定的酶类，依毒素种类不同而异。植物细胞膜损伤，透性改变和电解质外渗几乎是各种敏感植物对毒素的普遍反应。毒素还能钝化或抑制一些酶类的活性，中断相应的酶促反应，引起植物广泛的代谢变化，包括抑制或刺激呼吸作用，抑制蛋白质合成，干扰光合作用，干扰酚类物质代谢或使水分关系紊乱等。最近研究表明，毒素在病原菌通过侵入途径（如气孔的开关）侵染植物中起重要作用。

依据对毒素敏感的植物范围和毒素对寄主种类或品种有无选择作用，可将植物病原菌产生的毒素划分为寄主专化性毒素（host-specific toxin）与非寄主专化性毒素（non-host-specific toxin）两大类。

（一）寄主专化性毒素

寄主专化性毒素亦称寄主选择性毒素（host-selective toxin），是一类对寄主植物和感病品种有较高致病性的毒素。这类毒素与产生毒素的病原菌有相似的寄主范围，能够诱导感病寄主产生典型的病状，在病原菌侵染过程中起重要作用。病原菌诸菌系（小种）的毒性强弱与其产生毒素能力的高低相一致，而寄主植物品种的抗病性则与其对毒素的不敏感性相平行。一般说来，感病的寄主品种，对毒素也很敏感，中度抗病品种对毒素有中等程度的敏感性，抗病品种对毒素则有高度的耐受性。维多利亚长蠕孢毒素诱导感病燕麦品种表现症状的稀释极限是 1 000 万倍，而使抗病品种表现病状的稀释极限则为 25 倍，可见该毒素具有很强的寄主专化性。现已发现了多种寄主专化性毒素，表 9-1 列举了其中的 6 种。

表 9-1 植物病原菌中几种重要的寄主专化性毒素

毒素名称	产毒病原菌	化学成分	主要作用
菊池链格孢毒素（AK-toxin）	菊池链格孢（*A. kikuchiana*）	环氧十三烯酸酯	作用于细胞膜蛋白，改变膜透性，引起电解质外渗，抑制 mRNA 和蛋白质合成
苹果链格孢毒素（AM-toxin）	苹果链格孢（*A. mali*）	环四肽	作用于质膜蛋白和叶绿体基粒片层，引起电解质外渗，影响 ATP 酶活性

续表

毒素名称	产毒病原菌	化学成分	主要作用
炭色长蠕孢毒素（HC-toxin）	炭色长蠕孢（*H. carbonum*）	环四肽	影响植物呼吸作用、二氧化碳暗固定以及其他生理过程
玉米长蠕孢T毒素（HMT-toxin)	玉米小斑病菌T小种（*H. maydis*）	聚乙酮醇	作用于线粒体，破坏氧化磷酸化作用，减少细胞ATP含量。具T型雄性不育细胞质的玉米敏感
甘蔗长蠕孢毒素（HS-toxin）	甘蔗长蠕孢（*H. sacchari*）	倍半萜糖苷	主要作用于细胞膜，使膜去极化，离子平衡失调，原生质体胀裂
维氏长蠕孢毒素（HV-toxin）	维多利亚长蠕孢（*H. victoriae*）	多肽和倍半萜复合物	诱发细胞膜透性改变和电解质外渗等一系列代谢变化，具Vb基因的燕麦敏感

玉米长蠕孢T毒素（HMT毒素）是玉米小斑病菌T小种所产生的典型寄主选择性毒素。玉米小斑病菌T小种对具有T型雄性不育细胞质的玉米品系致病性很强，除产生大型叶斑、引起严重的叶枯外，还危害叶鞘、苞叶和果穗，造成果穗腐烂。现已证明具有T型细胞质的玉米高度感病，与其对T毒素的敏感性密切相关，这就是美国在1970年大面积发生T型细胞质的杂交玉米被玉米小斑病菌毁灭的原因。该毒素的化学成分为聚乙酮醇，是一类长链化合物，其毒性很强，浓度低至0.01 μg/mL就能毒害T型细胞质的玉米细胞。T毒素专化性地作用于敏感玉米细胞的线粒体，使之膨胀破裂。T毒素能增加细胞离子渗漏，破坏寄主的氧化磷酸化作用，减少细胞ATP含量，抑制气孔保卫细胞对钾离子的吸收，导致气孔关闭，抑制二氧化碳固定和减弱光合作用。

（二）非寄主专化性毒素

非寄主专化性毒素亦称非寄主选择性毒素（non-host-selective toxin）。这类毒素对寄主植物没有严格的专化性和选择性，在病原菌侵染寄主植物的过程中所起的直接作用较小，植物对毒素的敏感性与其抗病性可能不一致。但有的在一定浓度范围内，寄主植物也表现敏感性的差异，据此也能区分不同植物或不同品种的抗病性差异。

非寄主专化性毒素的种类很多。在115种植物病原真菌和细菌中已发现了120种非寄主选择性毒素（表9-2）。镰刀菌酸（fusaric acid）是多种镰孢属真菌产生的一种致萎毒素，其主要效应是抑制呼吸作用，改变细胞渗透性，引起电解质渗漏，干扰离子平衡以及降低多酚氧化酶活性。引起棉花黄萎病的大丽轮枝孢产生的轮枝孢毒素（VD-toxin）是一种高分子量糖蛋白，有致萎作用。腾毒素（tentoxin）是细链格孢（*Alternaria tenuis*）产生的环四肽类毒素，它能干扰叶绿体合成、破坏其片层结构、抑制光合磷酸化作用、引起植物幼苗退绿等。

植物病原细菌产生多种寄主非选择性毒素，其中烟草野火毒素（tabatoxin）、菜豆晕斑毒素（phaseolotoxin）、丁香毒素（syringotoxin）等可引起植物的退绿和叶斑症状，而梨火疫毒素（amylovorin）是一种胞外多糖，它对多种植物细胞都有毒害作用，很快引起植物萎蔫。

表 9-2　植物病原菌中几种重要的非寄主专化性毒素

毒素名称	产毒素的病原菌	化学性质
蛇孢毒素（ophiobolin）	水稻胡麻斑菌（*H. oryzae*）	类萜烯化合物
壳梭孢素（fusicoccin）	桃壳梭孢菌（*F. amygdali*）	双萜糖苷类化合物
梨孢素（pyricularin）	稻瘟菌（*M. oryzae*）	含氮化合物
刺盘孢素（collectorin）	洋地黄炭疽菌（*C. fuscum*）	多糖
梨火疫毒素（amylovorin）	梨火疫病菌（*E. amylovora*）	胞外多糖

五、产生植物生长调节物质

植物生长调节物质亦称植物激素，各种植物生长调节物质是植物体细胞分裂、生长、分化、休眠和衰老所必需的。许多病原菌能合成与植物生长调节物质相同或类似的物质，严重扰乱寄主植物正常的生理过程，诱导徒长、矮化、畸形、赘生、落叶、顶芽抑制和根尖钝化等多种形态病变。病原菌产生的植物生长调节物质主要有生长素、赤霉素、细胞分裂素、乙烯和脱落酸等。此外，病原物还可通过干扰或抑制植物体内生长调节物质的正常水平从而引起植物抗病性的改变，这也是植物 – 病原物互作研究中的热点问题。在植物病害中起重要作用的植物生长调节物质主要有以下 5 类。

1. 生长素（auxin）

主要是吲哚乙酸（IAA）。多种病原真菌和细菌都能合成吲哚乙酸，但不同种类的病原菌合成途径有所不同。在被真菌、细菌、病毒、植原体和线虫侵染的一些植物中，虽然病原物本身不产生吲哚乙酸，但由于植物体内吲哚乙酸氧化酶受抑制，阻滞了吲哚乙酸的降解，导致吲哚乙酸水平的升高。植物被病原物侵染后，病组织中吲哚乙酸迅速积累，并表现出明显的致病作用。番茄接种茄青枯劳尔氏菌（*Ralstonia solanacearum*）后 5 d，就能检测出吲哚乙酸积累，其含量在接种后 20 d 内持续增加。烟草接种该病原菌后，病株体内吲哚乙酸含量比未接种植株增高近百倍。病组织中生长素的合成水平与病原菌的致病性密切相关。晚疫病菌亲和小种侵染的马铃薯块茎中吲哚乙酸含量提高了 5 ~ 10 倍，而被非亲和小种侵染者无明显增长。有人指出病植物体内吲哚乙酸含量的增加，除合成能力增强外，还由于病原菌侵染引起降解吲哚乙酸的吲哚乙酸氧化酶活性的下降。

病原菌侵染引起的病株生长素失调，导致一系列生理变化，最终出现徒长、增生、畸形、落叶等病状。例如，红花下胚轴被锈菌（*Puccinia carthami*）侵染后，生长素含量明显增加，胚轴也明显变长，表现徒长症状。多种植物被根癌土壤杆菌（*Agrobacterium tumefaciens*）以及十字花科植物被甘蓝根肿菌（*Plasmodiophora brassicae*）侵染后，吲哚乙酸增加，寄主细胞分裂加快，异常增生，形成肿瘤或发根。一些病原菌侵染植物后，产生了类似吲哚乙酸氧化酶作用的酶类，快速降解吲哚乙酸，干扰了叶片生长素的供应，导致离层形成和落叶。

2. 赤霉素（gibberellin）

赤霉素是在研究藤仓赤霉（*Gibberella fujikuroi*）时发现的，该菌是水稻恶苗病的病原菌。赤霉素在正常植物中的生理作用是使节间伸长，促进开花和性别分化以及诱导形成一

些重要酶类。赤霉素是一类含有19或20个碳原子的多环类萜，其中了解较多的是赤霉素GA_3。很多真菌、细菌和放线菌能产生赤霉素类物质，其中最重要的就是赤霉素GA_3。水稻恶苗病菌产生赤霉素，引起水稻茎叶徒长。植物受到一些病毒、植原体或黑粉菌侵染后，赤霉素含量下降，生长迟缓，表现矮化或腋芽受抑制，若用外源赤霉素喷洒病株，则症状缓解或消失。

3. 细胞分裂素（cytokinin）

细胞分裂素是一类与植物细胞分裂和生长有关的激素，其化学成分为嘌呤类衍生物。细胞分裂素可促使植物细胞分裂和分化，抑制蛋白质和核酸降解，阻滞植株的衰老。病原菌侵染寄主植物后，往往引起寄主细胞分裂素失调。多种植物接种根癌土壤杆菌后，细胞分裂素水平都有显著提高。萝卜遭受甘蓝根肿病菌侵染后，肿根组织内细胞分裂素的含量为健康组织内的10～100倍。病组织细胞分裂增强、畸形生长等都可能是细胞分裂素作用的结果，或是植物生长素与细胞分裂素协同作用的结果。此外，用细胞分裂素处理植物叶片，则叶绿素不被病原菌破坏，核酸和蛋白质合成增加，营养物质局部积累，这种作用导致的形态变化与锈菌、白粉菌侵染后常见的"绿岛"症状很相似。

4. 乙烯（ethylene）

乙烯是研究得最早的一种生长调节物质。它在植物中普遍存在，对种子萌发、根系生长、果实成熟、生长抑制、衰老与落叶都有促进作用。乙烯的生物活性很高，用百万分之一的浓度处理植物，就足以产生显著影响。植株受伤或受病菌侵染后，乙烯的含量明显增加。有些病原真菌和细菌能产生乙烯。感染枯萎病的香蕉提前成熟，这是病组织中乙烯积累、浓度增高的缘故。棉花被大丽轮枝菌落叶型菌株侵染后，叶片内乙烯含量也明显增加，这可能是导致早期落叶的重要因素。

5. 脱落酸（abscisic acid）

脱落酸是由植物和某些植物病原真菌产生的一种重要生长抑制剂，具有诱导植物休眠、抑制种子萌发和植物生长、刺激气孔关闭等多方面的生理作用。脱落酸是导致被侵染植物叶片脱落，矮化的重要因素之一。感染烟草花叶病、黄瓜花叶病、番茄黄萎病以及其他病害的病株中脱落酸含量高于正常水平，表现出不同程度的矮化。

总之，病原物产生的生长调节物质对植物的病理学效应是综合性的。一种病原物往往可产生几种植物生长调节物质，所以对寄主植物的影响也是综合性的。如根癌土壤杆菌，可产生生长素和细胞分裂素；青枯劳尔氏菌可产生生长素、乙烯和细胞分裂素。此外，病原物产生的外源生长调节物质和寄主植物内源生长调节物质之间会发生互作影响。在烟草青枯病系统中，病原菌与寄主产生的生长素的途径是可以区别的，利用标记色氨酸进行的研究证明植物早期积累的IAA主要来源于寄主而不是病原菌。

六、病原菌的效应子

经协同进化，只有少数微生物能够在植物上建立致病生态位（pathological niche）而成为病原物。植物对病原物的忍耐、抵抗和适应性是在共同进化过程中逐渐产生和形成的。不同的学者从不同的侧面分析植物的抗性时，可能给予不同的名称。从寄主和非寄主的角度来看，某种病原物不能侵染的植物种，都属于非寄主（nonhost），非寄主对某种病原物的抗性称非寄主抗性（non-host resistance），又称基础抗性（basal resistance），如白叶枯病

菌能够危害水稻，但不能侵染烟草，则烟草对白叶枯病菌表现出非寄主抗性。在寄主范围内的植物种或品种，对某种病原物的抗性就属于寄主专化抗性（host specific resistance），简称专化抗性（specific resistance），生产上多数品种表现的是小种专化抗性（race specific resistance）。

与动物相似，植物也有自身的先天免疫（innate immunity）系统，来抵御各类病原物的侵染。植物先天免疫系统可识别病原物的效应子（effector）、病原物相关分子模式（pathogen associated molecular pattern，PAMP）、微生物相关分子模式（microbe associated molecular pattern，MAMP）甚至是植物自身受损后的分子模式（damage-associated molecular pattern，DAMP）而被激活，从而使植物表现出抗性。通常在植物细胞膜上存在大量的模式识别受体（pattern recognition receptor，PRR），它们被激活后，植物常可对病原物和其他微生物的侵染产生广谱抗病性。例如，细菌的鞭毛蛋白（flagellin）就是MAMP，植物中对应的模式识别受体是FLS2蛋白，植物通过FLS2识别鞭毛蛋白活化自身的先天免疫系统从而表现广谱抗病性。在真菌细胞壁中存在的几丁质寡糖（chitin）也可以被植物的LysM类模式识别受体识别，进而激发植物的先天免疫反应。

另一方面，病原菌可以利用大量分泌的蛋白分子，称为效应子，来干扰植物的免疫反应。效应子就是病原物在侵染植物过程中分泌的蛋白分子，可以在寄主植物细胞外空间（质外体，apoplast）或细胞内干扰植物的免疫反应，从而帮助病原物成功侵染致病。目前发现，病原真菌和卵菌主要是通过芽管或吸器、病原细菌是通过Ⅲ型分泌系统（type Ⅲsecretion system）分泌这些效应子，这些效应子具有不同的生化功能，通过抑制植物对病原菌的识别、免疫信号传递、抑制抗病基因转录、改变防卫相关蛋白与代谢产物的生成等方式，破坏寄主植物的抗病性，导致病害的发生。疫霉菌在侵染植物时向体外分泌胞外效应子糖基水解酶XEG1降解植物细胞壁，而植物则分泌水解酶抑制子GIP1抑制其活性；在进化的过程中病原菌又产生糖基水解酶的失活突变体XLP1，以“诱饵”（decoy）的方式竞争性结合GIP1，保护XEG1对植物细胞壁的攻击，破坏植物的抗病性。这些效应子可以被植物中的抗病基因（resistance gene，*R*）编码蛋白识别，从而表现为“基因对基因”关系的专化抗性。能够被*R*基因识别的效应子被称为无毒效应子（avr effector），其基因称为无毒基因（avirulence gene，*avr*）。目前基因组学揭示，革兰氏阴性植物病原细菌通过Ⅲ型分泌系统分泌的毒性蛋白达30~50种（图3-6），其中水稻白叶枯病菌的毒性因子至少有50个，其中归属于*avrBs3*家族的毒性基因至少有15个。其他植物病原物如水稻稻瘟菌、致病疫霉等丝状病原菌中每个基因组中含有几百个毒性因子，目前已经鉴定的无毒基因在各种病原菌中超过了90个。

由此看出，病原物产生大量的毒性蛋白，抑制寄主植物的先天免疫系统，并借助病原物的寄生性、机械压力、胞外酶、毒素和生长调节物质等寄生危害寄主植物，使植物饱受病原菌的侵害。

小结

植物病原物的寄生性和致病性是两种不同的性状。植物病原物都是寄生物，它们从寄主植物活体内获取营养物质而生存的特性称为寄生性。致病性则是病原物所具有的干扰、破坏寄主和引起病变的能力。植物病原物作为寄生物，有不同的营养方式。只能营活体寄

生的称为活体寄生物或专性寄生物；能利用死体营养的寄生物称为死体寄生物；兼具寄生和腐生能力的称为兼性寄生物；病原物能攫取寄主植物的生活物质，借助对寄主植物的寄生性、并产生胞外酶、毒素和生长调节物质等，诱发一系列病变的致病特性，产生特有症状。

病原菌的角质酶和多种细胞壁降解酶是重要的致病因子，这些酶类可以降解植物细胞壁的各种组分，使病原菌能够直接侵入。

毒素是病原菌的代谢产物，在非常低的浓度范围内对植物就有毒害，其作用位点包括植物细胞的质膜、线粒体、叶绿体或特定的酶类，使植物在生理上、生化上和形态上都发生一系列重要变化，产生病害特有的症状。植物病原菌产生的毒素，可按照对寄主种或品种有无选择，区分为寄主专化性毒素和非寄主专化性毒素两大类。

病原菌能合成与植物生长调节物质相同或类似的物质，诸如生长素、细胞分裂素、赤霉素、脱落酸和乙烯等。植物生长调节物质是重要的致病因子，病原物的侵染还可影响植物体内生长调节系统的正常功能，从而严重扰乱了寄主正常的生理过程，诱导产生徒长、矮化、畸形、赘生、落叶、顶芽抑制和根尖钝化等多种形态病变。植物病害的发生常常是病原物多种致病因素协同作用的结果。

病原物还能产生抑制寄主植物先天免疫功能的效应子，从而使寄主植物表现为感病性。这些效应子既具有毒性功能，也可以被植物抗病蛋白识别成为无毒蛋白。

思考题

1. 为什么说植物病原物的寄生性和致病性是其最基本的两个属性？
2. 试举例说明活体寄生与死体寄生的病原物有哪些不同的致病特点。
3. 区分寄主专化性毒素与非寄主专化性毒素有何意义？
4. 如何理解植物病原菌效应子的功能？

数字课程学习

自测题

第十章

植物的抗病作用

从病原生物与寄主植物接触开始，到植物表现发病，发生了一系列复杂的识别、侵染、致病和抗病反应过程。这个过程就是植物和病原生物相互发生作用和反作用的过程，简称“互作过程”。上一章介绍了相互作用中病原生物的致病作用，本章侧重介绍相互作用中寄主植物的抗病作用。

第一节　植物抗病性的概念和类别

植物在生存进化过程中获得了 3 种抵抗不良环境（逆境）的抗性形式，即避害性、抗害性和耐害性。抗害性又可分为抗旱性、抗涝性、抗冷性、抗热性、抗盐性、抗冻性、抗污染性、抗病性和抗虫性等。同样，植物对病害的抗性也分为避病、抗病和耐病 3 种。植物不能主动地发生位移，其避病性主要表现在时间上，把整个生长发育过程或其特定的阶段避开病害发生时期，以便在较适宜的环境条件下完成生活周期或生育阶段。植物抗病性是在形态结构和生理功能上都有表现，使植物在逆境下仍能进行正常的生理活动。耐病性也是植物抗性的重要部分，它在逆境条件下植物的修复能力增强，如通过代谢产生还原力强的物质和疏水性强的蛋白质、蛋白质变性的可逆转范围扩大、膜脂抗氧化力增强和修复离子泵等，保证细胞在结构上稳定，从而使光合作用、呼吸作用、离子平衡、酶活力等在逆境下保持正常的水平和相互关系的平衡。抗病性和耐病性都有一定限度，超过了这一限度，在植物体内部不可避免地发生不利的变化，以致受到伤害，严重时死亡。

植物的抗病性（resistance）是植物与病原生物在长期的协同进化中相互选择、相互适应的结果。病原物产生不同种类、不同功能的致病因子，植物也相应地形成了不同类别、不同功能的抗病因子。

20 世纪中叶，弗洛尔在对亚麻抗病性和亚麻锈菌致病性的遗传学研究的基础上，提出了“基因对基因学说”（gene-for-gene theory），用以阐明寄主植物与病原物互作的遗传关系。该学说认为：对应于寄主方面的每一个调节抗病性的基因，病原物方面也存在一个调节致病性的基因。双方的相互作用产生特定的表型。只有双方的基因都在显性互作时，才表现抗病性。任何一方的有关基因都只有在另一方相对应的基因作用下才能被鉴别出来。“基因对基因学说”不仅可用以改进品种抗病性与病原物致病性的鉴定方法，预测病原物新小种的出现，而且对于抗病机制和植物与病原物共同进化理论的研究也有指导作用。

植物抗病性是植物普遍存在的、相对的性状，不同植物具有不同类型和不同功能的抗病因子，表现为免疫、高度抗病到高度感病的连续系列反应。抗病性强便是感病性弱，抗病性弱便是感病性强，没有绝对的感病性和感病品种。只有以相对的概念来理解抗病性，才会发现抗病性是普遍存在的。

抗病性是植物一种可遗传的特性，其表现受寄主与病原物相互作用的性质和环境条件的共同影响。按照遗传方式的不同可将植物抗病性区分为主效基因抗病性（major gene resistance）和微效基因抗病性（minor gene resistance）。前者由单个或少数几个主效基因控制，按孟德尔法则遗传，抗病性表现为质量性状，即“垂直抗性”；后者由多个微效基因控制，抗病性表现为数量性状，即“水平抗性”。

植物抗病性的特征与病原物的寄生专化性的强弱关系密切，是在进化过程中相互影响而逐步形成的。病原物的寄生专化性越强，则寄主植物的抗病性分化也越明显。对锈菌、白粉菌、霜霉菌以及其他专性寄生物和部分兼性寄生物，寄主的抗病性可以仅仅针对病原物群体中的少数几个特定小种，这称为小种专化抗病性（race-specific resistance）。具有该种抗病性的寄主品种与病原物小种间有特异性的相互作用。小种专化抗病性通常是由主效基因控制的，其抗病效能较高，是当前抗病育种中广泛利用的抗病性类别，主要缺点是抗病性易因病原物小种的变化而“丧失”。与小种专化抗病性相对应的是非小种专化抗病性，具有该种抗病性的寄主品种与病原物小种间无明显特异性相互作用，一般是由多个微效基因控制的，它对病原物大多数种都有一定程度抗性，这在理论上是最理想的一类抗性即水平抗性，但是在选育时非常困难。

植物抗病性的表达是一个非常复杂的过程。按照寄主植物的抗病机制不同，可将抗病性区分为被动抗病性（passive resistance）和主动抗病性（active resistance）。被动抗病性是植物与病原物接触前，即已具有的性状所决定的抗病性。主动抗病性则是受病原物侵染所诱导才产生的寄主防卫反应。植物抗病反应是多种抗病因素共同作用、顺序表达的动态过程。根据其表达的病程阶段不同可划分为抗接触、抗侵入、抗扩展、抗损害和抗再侵染等等。其中，抗接触又称为避病（disease escaping），抗损害又称为耐病（disease tolerance），而植物的抗再侵染特性则可称为诱导抗病性（induced resistance）。

第二节　植物被侵染后的生理生化变化

植物被各类病原物侵染后，会发生一系列具有共同特点的生理变化。植物细胞的细胞膜透性改变和电解质渗漏是侵染初期重要的生理病变，继而出现呼吸作用、光合作用、核酸和蛋白质、酚类物质、水分关系以及其他方面的变化。研究植物的生理病变对了解寄主－病原物的相互关系有重要意义。

一、呼吸作用

当植物被病原物侵染后，呼吸作用是最先受到影响的功能之一，通常在短时间内（24 h）呼吸强度就明显提高，这是寄主植物对许多病原物侵染的一个典型的早期反应。这个反应并不是特异性的，各类病原物都可以引起病植物呼吸作用的明显增强，由某些物理

或化学因素造成的损伤也能引起植物呼吸强度的增强。然而，由于病原物与寄主植物的组合不同，其呼吸强度的变化情况也是不同的。锈菌、白粉菌等专性寄生真菌侵染后，植物呼吸强度增强的峰值往往出现在病原真菌产孢期。例如，小麦感病品种被条锈菌侵染的初期，病株光呼吸强度和暗呼吸强度略有降低，显症后则明显上升，产孢盛期达到高峰，发病末期减弱乃至停止呼吸。抗病寄主呼吸强度上升较早，但峰值较低。用大麦黄矮病毒接种感病大麦后，两周内病株呼吸强度持续增强，然后逐渐减弱。接种烟草花叶病毒的枯斑寄主心叶烟，在病斑出现前数小时，即测得呼吸强度的增强，且增幅高于非过敏性寄主。病植物呼吸作用的增强主要发生在病原物定植的组织及其邻近部位。如水稻被稻瘟病菌侵染后，在抗病型病斑周围呼吸强度增加了 1.5 倍，而在感病型病斑周围的呼吸强度增加了近 5 倍。

除呼吸强度的变化外，病植物体内葡萄糖降解为丙酮酸的主要代谢途径也发生了变化。健康植物中葡萄糖降解的主要途径是糖酵解，而在病植物中则主要是戊糖磷酸途径，因而 1– 磷酸葡糖脱氢酶和 6– 磷酸葡糖酸脱氢酶活性增强。戊糖磷酸途径的一些中间产物是重要的生物合成原料，与核糖核酸、酚类物质、木质素、植物保卫素等许多化合物的合成有关。

关于病组织中呼吸作用增强的原因还缺乏一致的看法。一般认为其涉及寄主组织中生物合成的加速、氧化磷酸化作用的解偶联作用、末端氧化酶系统的变化以及线粒体结构的破坏等复杂的机制。

二、光合作用

光合作用是绿色植物最重要的生理功能，病原物的侵染对植物光合作用产生了多方面的影响。

病原物的侵染对植物最明显的影响是破坏了绿色组织，减少了植物进行正常光合作用的面积，使光合作用减弱。马铃薯晚疫病严重流行时可以使叶片完全枯死和脱落，减产的程度与叶片被破坏的程度成正比。锈病、白粉病、叶斑病和其他植物病害都有类似的情况。叶面被破坏的程度常用来估计叶斑病和叶枯病的病害损失程度。

许多产生退绿症状的病植物，由于部分叶绿素被破坏或叶绿素合成受抑制而使叶绿素含量减少，也导致光合能力下降。有人发现感染病毒而表现退绿或黄化的植株中叶绿素分解酶的活性较强，叶绿素被分解为叶绿酸酯和叶绿醇导致光合作用减弱。如玉米被矮缩花叶病毒系统侵染后，叶组织中叶绿素总量下降 24%，光合作用速率下降 31%。

植物遭受专性寄生菌，例如锈菌和白粉菌等侵染后，病组织的光合作用能力也会逐渐下降，发病后期更为明显。例如，小麦感病品种接种条锈菌后净光合速率持续降低，显症和产孢以后剧烈下降，降幅可达健株正常值的 50%左右。在一些病例中发现叶绿体和其他细胞器裂解，使二氧化碳的固定率降低。感染白粉病的小麦叶片吸收二氧化碳的能力明显减弱，病株光合磷酸化作用和形成三磷酸腺苷（ATP）的能力下降。

光合产物的转移也受到病原物侵染的影响。病组织可因 α– 淀粉酶活性下降导致淀粉积累。发病部位有机物积累的原因还可能是光合产物输出受阻，或来自健康组织的光合产物输入增加所造成的。病组织中有机物积累有利于病原物寄生和繁殖。到发病后期，病组织积累的有机物趋于减少和消失。

三、核酸和蛋白质

植物受病原物侵染后核酸代谢发生了明显的变化。病原真菌侵染前期，病株叶肉细胞的细胞核和核仁变大，RNA 总量增加，侵染的中后期细胞核和核仁变小，RNA 总量下降。在整个侵染过程中 DNA 的变化较小，只在发病后期才有所下降。小麦叶片被条锈菌侵染后，RNA 总量自潜育期开始显著增多，产孢期增幅更大，此后逐渐下降。感病寄主叶片中 RNA 合成能力明显增强，抗病寄主叶片中虽也有增强但增幅较小。小麦抗条锈性的表达与寄主基因转录和翻译活性增强有关。在表现抗病反应的叶片中，RNA 合成在病原菌侵入后 24 h 内有特异性增强，翻译 mRNA 水平高于感病反应叶片，蛋白质合成能力与多聚核糖体水平在侵染早期也都呈现特异性增长。这些变化的原因在于植物各种抗病防卫反应的基因、与抗病同步调节的其他过程、受病原物侵染影响的生长发育过程的有关基因被诱导表达。

在病毒病害方面，烟草花叶病毒（TMV）侵染寄主后，由于病毒基因组的复制，寄主体内病毒 RNA 含量增高，寄主 RNA 特别是叶绿体 rRNA 的合成受抑制，因而引起严重的黄化症状。

在细菌病害方面，由根癌土壤杆菌（*Agrobacterium tumefaciens*）侵染所引起的植物肿瘤组织中，细胞分裂加速，DNA 显著增多，并且还产生了健康植物组织中所没有的冠瘿碱一类的氨基酸衍生物。

至于蛋白质的变化，在不同的病害中会有不同的变化。植物受病毒侵染后常导致寄主蛋白的变向合成，以满足病毒外壳蛋白大量合成的需要。在病原真菌侵染的早期，病株总氮量和蛋白质含量增高，在侵染后期病组织内蛋白水解酶活性提高，蛋白质降解，总氮量下降，但游离氨基酸的含量明显增高。受到病原菌侵染后，抗病寄主和感病寄主中蛋白质合成能力有明显不同。病毒、细菌和真菌侵染能诱导寄主产生一类特殊的蛋白质，即病程相关蛋白（pathogenesis-related protein，PR 蛋白），这种蛋白质与抗病性表达有关。

四、酚类物质和相关酶

酚类化合物是植物体内重要的次生代谢产物。植物受到病原菌侵染后，酚类物质和一系列酚类氧化酶都发生了明显的变化，这些变化与植物的抗病机制有密切关系。

酚类物质及其氧化产物——醌的积累是植物对病原物侵染和损伤的非专化性反应。醌类物质比酚类对病原菌的毒性高，能钝化病原物的蛋白质和酶的生化活性。病植物体内积累的酚类前体物质经一系列生化反应后可形成植物保卫素和木质素，发挥重要的抗病作用。

各类病原物侵染还引起寄主一些酚类代谢相关酶的活性增强，如超氧化物歧化酶、苯丙氨酸解氨酶、过氧化物酶、过氧化氢酶和多酚氧化酶等，以苯丙氨酸解氨酶和过氧化物酶最重要。寄主体内过氧化物酶、超氧化物歧化酶和过氧化氢酶等是细胞内减轻活性氧伤害的保护酶系，在清除 O_2^-、H_2O_2 和过氧化物，阻止或减少羟基自由基形成方面起重要作用。苯丙氨酸解氨酶可催化 L- 苯丙氨酸还原脱氨生成反式肉桂酸，再进一步形成一系列羟基化肉桂酸衍生物，为植物保卫素和木质素合成提供苯丙烷碳骨架或碳桥，因此病株苯丙氨酸解氨酶活性增高是植物抗病性表达的主要特征。过氧化物酶在植物细胞壁木质素合成中起重要作用。受到病原菌侵染后，表现抗病反应的寄主和表现感病反应的寄主过氧化物酶活性虽然都有提高，但前者的酶活性更高。但是，也有一些研究表明，侵染诱导的过氧化物酶活性提高与抗病性增强无明显的相关性。

五、水分关系

由于病原物侵染或病原物代谢物对植物组织结构和生理机能的干扰破坏作用，往往造成植物对水分吸收、运输和蒸腾作用的异常，从而表现为萎蔫、坏死等症状。植物叶部发病后可提高或降低水分的蒸腾，依病害种类不同而异。麦类作物感染锈病后，叶片蒸腾作用增强，水分大量散失。蒸腾速率的提高是一个渐进的过程，由显症阶段开始，产孢盛期达到高峰。叶面锈菌孢子堆形成时产生的裂口以及气孔机能失控，加快了水分的扩散，导致病叶含水量减少，细胞膨压和水势降低，溶质势增高。

多种病原物侵染引起的根腐病和维管束病害，阻滞导管液流上升，显著降低根系吸收水分和矿物盐的能力。番茄尖镰孢（*Fusarium oxysporum* f. sp. *lycopersici*）侵染番茄后，病株水分和矿物盐在木质部导管中流动的速度只有健株的1/10。番茄黄萎病病株茎内液流上升速度只是健株的1/200。阻碍液流上升的主要原因是导管的机械阻塞，而造成阻塞的因素可能是多方面的。病原菌产生的多糖类高分子量物质、病原细菌菌体及其分泌物、病原真菌的菌丝体和孢子、病原菌侵染诱导产生的胶质和侵填体等都有可能堵塞导管，例如梨火疫病菌分泌的胞外多糖能很快堵塞维管束而引起萎蔫。另外，病原菌产生的毒素也能引起水分代谢失调。有些毒素是高分子量糖蛋白，本身就能堵塞导管。镰孢属真菌产生的镰刀菌酸（fusaric acid）是一种致萎毒素，它能损害质膜，引起细胞膜渗透性改变、电解质渗漏、细胞质离子平衡被破坏等一系列生理变化，造成病株水分失调而萎蔫。

植物萎蔫症状的成因是复杂的。在某些病例中，病株水分从气孔和表皮蒸腾的速度过快，超过了导管系统供水速度而产生萎蔫。另一些病例的萎蔫则是根系吸水减少或导管液流上升受阻造成的。

第三节　植物的抗病机制

植物在与病原物长期的共同演化过程中，针对病原物的多种致病因素，发展了复杂的抗病机制。研究植物的抗病机制，可以揭示抗病性的本质，合理利用抗病性，达到控制病害的目的。

植物的抗病机制是多因素的。既有先天具有的被动抗病性因素，也有病原物侵染引发的主动抗病性因素。按照抗病因素的性质则可划分为物理抗病因素（physical defense）（包括形态的、机能的和组织结构的抗病因素）和化学抗病因素（chemical defense）（包括生理生物化学的因素）。

任何单一的抗病因素都难以完整地解释植物抗病性。事实上，植物抗病性是多种被动和主动抗病性因素共同或相继作用的结果，所涉及的抗病性因素越多，抗病性强度就越高、越稳定而持久。

一、植物被动抗病性因素

（一）被动抗病性的物理因素

植物被动抗病的物理因素是植物固有的形态结构特征，它们主要以其机械坚韧性和对病原物酶作用的稳定性而抵抗病原物的侵入和扩展。

植物表皮以及覆盖在表皮上的蜡质层、角质层等构成了植物体抵抗病原物侵入的最外层防线。蜡质层（wax layer）有减轻和延缓发病的作用，因其可湿性差，不易黏附水滴，不利于病原菌孢子萌发和侵入。对直接侵入的病原菌来说，植物表皮的蜡质层和角质层（cuticle）越厚，抗侵入能力越强。

植物表皮层细胞壁发生钙化作用或硅化作用对病原菌果胶酶水解作用有较强的抵抗能力，能减少侵入。例如，叶片表皮细胞壁硅化程度高的水稻品种对稻瘟病、胡麻叶斑病和白叶枯病等多种病害的抵抗性也较强。

对于从气孔侵入的病原菌，特别是病原细菌，植物叶片表面气孔的结构、数量和开闭习性也是抗侵入因素。柑橘属不同种类植物气孔结构与对溃疡病（*Xanthomonas axonopodis* pv. *citri*）的抗病性有关。如橘的气孔有角质脊，开口狭窄，气孔通道内外难以形成连续水膜，病原细菌难以侵入，而甜橙和柚的气孔开口宽，易被侵入。

皮孔、水孔和蜜腺等自然孔口也是某些病原物侵入植物的通道，其形态和结构特性也与抗侵入有关。例如，疮痂病菌（*Streptomyces scabies*）可通过幼龄马铃薯茎和块茎上未木栓化的皮孔侵入致病，当皮孔木栓化后，病菌就难以侵入。

植物细胞的胞间层、初生壁和次生壁都可能积累木质素（lignin），从而阻止病原菌的扩展。小麦锈菌的侵染菌丝只能在小麦茎秆和叶片的薄壁组织中蔓延，而不能通过木质化的厚壁组织扩展。

导管的组织结构特点可能成为植物对维管束病害的抗病因素。某些抗枯萎病的棉花品种导管数较少，细胞间隙较小，导管壁及木质部薄壁细胞的细胞壁较厚。如抗榆疫病（*Ceratocystis ulmi*）的榆树品种导管孔径小，导管液流黏稠度较高，流速较低，不利于病菌分生孢子随导管液流上行扩展。

（二）被动抗病性的化学因素

表达被动抗病性的植物有多种类型的化学抗病因素，可能含有天然抗菌物质，或能够抑制病原菌某些酶的物质，也可能缺乏病原物寄生和致病所必需的重要化学成分。

在受到病原物侵染之前，健康植物体内原来就含有多种抗菌性物质，诸如酚类物质、皂角苷、不饱和内酯、有机硫化合物等。

紫皮的洋葱品种比无色表皮品种对炭疽病（*Colletotrichum citcinans*）有更强的抗病性。这是因为前者鳞茎最外层鳞片分泌出较多的原儿茶酸和邻苯二酚，能抑制病菌孢子萌发，减少侵入。

燕麦根部产生的一种称为燕麦素（avenacin）的皂角苷类抑菌物质，能抑制全蚀病菌和其他微生物生长；大麦幼苗产生的抗菌性皂角苷——大麦素 A 和 B（图 10-1），能抵抗麦根腐平脐蠕孢的侵染。此外，番茄的番茄碱（γ-tomatine）、马铃薯的茄碱（solanine）和

卡茄碱（chaconine）等也是抗菌活性研究得较多的皂角苷类。

不饱和内酯对植物和微生物都有毒害作用，在植物体内以葡萄糖苷形式存在，受伤或病菌侵染后由β-糖苷酶的作用而释放出来。从郁金香中已分离出抑菌性内酯郁金香苷（tuliposide）。郁金香苷使郁金香的花蕊抗灰霉病。

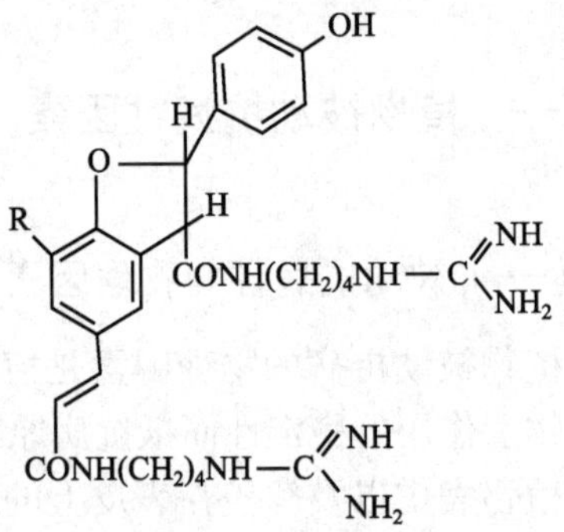

芥子油存在于十字花科植物中，以葡萄糖苷脂存在，被酶水解后生成异硫氢酸类物质，有抗菌活性。葱属植物含大蒜油，其主要成分是蒜氨酸（alliin），酶解后产生的大蒜素（allicin），亦有较强的抗细菌和抗真菌活性。

图 10-1　大麦素 A 和大麦素 B 的化学结构式

大麦素 A：R=H；大麦素 B：R=OCH_3

植物根部和叶部可溢出多种物质，如酚类物质、氰化物、有机酸、氨基酸等，其中有的对微生物有毒性，可抑制病原菌孢子萌发、芽管生长和侵染结构的形成。高粱品种根部泌出的氰氢酸可延迟大斑病菌孢子萌发。亚麻抗镰刀菌枯萎病的品种根部亦释放较多氰氢酸。棉花抗黄萎病品种根部泌液中含有较多的胆碱（choline）。小扁豆根溢泌液中的甘氨酸、苯丙氨酸和甲硫氨酸能抑制尖镰孢小扁豆专化型分生孢子的萌发。此外，有的泌出物质可刺激拮抗性微生物的活动或作为其营养源而与病原菌竞争。

大多数病原真菌和细菌能分泌一系列水解酶渗入寄主组织以分解植物大分子物质，若这类水解酶受到抑制，就可能延缓或阻止病程发展。植物体内的某些酸类、单宁和蛋白质是水解酶的抑制剂，可能与抗病性有关。葡萄幼果果皮中的一种单宁含量较高，可抑制灰葡萄孢的多聚半乳糖醛酸酶，使侵染中断。在甘薯组织中还发现了一种水溶性蛋白质也可抑制多聚半乳糖醛酸酶。

植物组织中某些为病原物营养所必需的物质含量较少，可能成为抗扩展的因素。有人提出所谓"高糖病害"和"低糖病害"的概念来解释植物体内糖分含量与发病的关系。番茄早疫病是低糖病害，当寄主体内含糖量较低时，抗病性降低，发病重。如果采取疏花、疏果或其他栽培措施使番茄体内保持较高含糖量，抗病性就会增强，发病显著减轻。水稻胡麻斑病和小麦锈病是高糖病害，即缺肥田的稻株发黄，体内糖类积聚较多，病害就重；当植株叶色浓绿时，体内含氮量高、含糖量较低时，抗病性就增强。水稻在分蘖期和抽穗期体内淀粉含量低，碳氮比低，最易感染稻瘟病和白叶枯病。稻株叶鞘中积累的淀粉增多，抗瘟性也增强。

二、植物主动抗病性因素

植物主动抗病性是植物在受到病原物侵染以后才发生的形态和结构的改变或植物代谢发生变化，产生一系列的生理生化反应来抵抗病原物侵染的抗病性。植物主动抗病性也是由遗传基因控制的抗性。植物受到病原物侵染以后发生代谢变化，导致亚细胞、细胞或组织水平的形态和结构改变，产生了物理的主动抗病性因素，抗病的物理因素可能将病原物的侵染局限在细胞壁、单个细胞或局部组织中。植物主动抗病性的化学因素主要有过敏性坏死反应、活性氧迸发、植物保卫素形成、病程相关蛋白的积累和植物的解毒作用等。

（一）主动抗病性的物理因素

病原物侵染引起的植物代谢变化，导致亚细胞、细胞或组织水平的形态和结构改变，产生了物理的主动抗病性因素。抗病物理因素可能将病原物的侵染局限在细胞壁、单个细胞或局部组织中。

病原菌侵染和伤害导致植物细胞壁木质化、木栓化、发生酚类物质和钙离子沉积等多种防卫反应。木质化作用（lignification）是在细胞壁、胞间层和细胞质等不同部位产生和积累木质素的过程。木质素沉积使植物细胞壁能够产生抵抗病原物侵入的机械压力（图10-2）。大多数病原微生物不能分解木质素，木质化能抵抗真菌酶类对细胞壁的降解作用而阻断病原菌的侵入。木质素的透性较低，还可以阻断病原真菌与寄主植物之间的物质交流，防止水分和养分由植物组织输送给病原菌，也阻止了真菌的毒素和酶渗入植物组织。在木质素形成过程中还产生一些低分子量酚类物质和对真菌有毒的代谢产物。木质化作用和细胞壁其他变化阻滞了病原菌侵染，使植物产生的植物保卫素有可能积累到有效数量。番茄幼果受到灰葡萄孢侵染后细胞壁沉积木质素类似物，侵入的菌丝只局限在少数的表皮细胞内。具有抗病基因 *Sr5* 和 *Sr6* 的小麦叶片受到秆锈菌不亲和小种侵染后，叶肉细胞壁内木质素积累，限制锈菌吸器形成，引起细胞坏死。植物遭受病毒侵染后产生的局部病斑限制了病毒扩展，这可能也与木质化作用有关系。

木栓化（suberization）是另一类常见的细胞壁保卫反应。病原菌侵染和伤害都能诱导木栓质（suberin）在细胞壁微原纤维间积累，木栓化常伴随植物细胞重新分裂和保护组织形成，以替代已受到损害的角质层和木栓化周皮等原有的透性屏障。木栓化组织的细胞壁和细胞间隙充满木栓质，木栓细胞构成了抵抗病原物侵入的物理和化学屏障，木栓质是多种大分子酸类构成的复杂混合物。植物受到机械伤害后，可在伤口周围形成木栓化的愈伤周皮（wound periderm），能有效地抵抗从伤口侵入的病原细菌和真菌（图10-3）。

多种植物细胞壁在受到病原菌侵染或伤害后沉积酚类化合物。抗病马铃薯的块茎接种

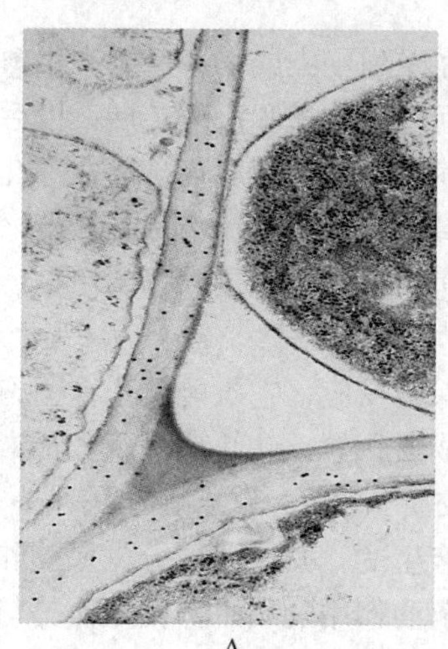

A

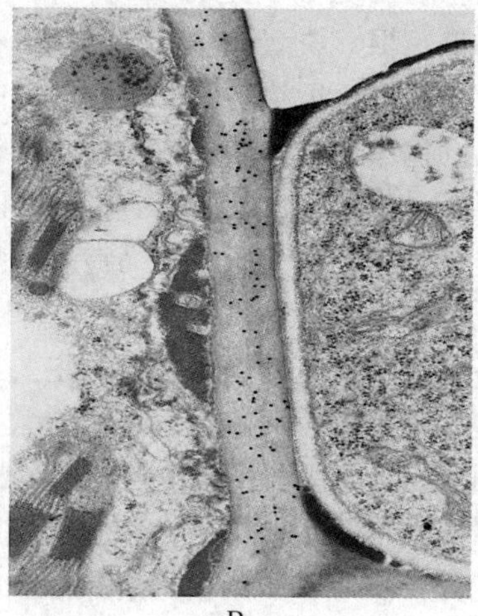

B

图10-2　禾谷镰刀菌侵染的小麦穗部组织中木质素的定位标记
（康振生原图）
受侵感病品种（A）细胞壁中木质素密度明显低于受侵抗病品种（B）

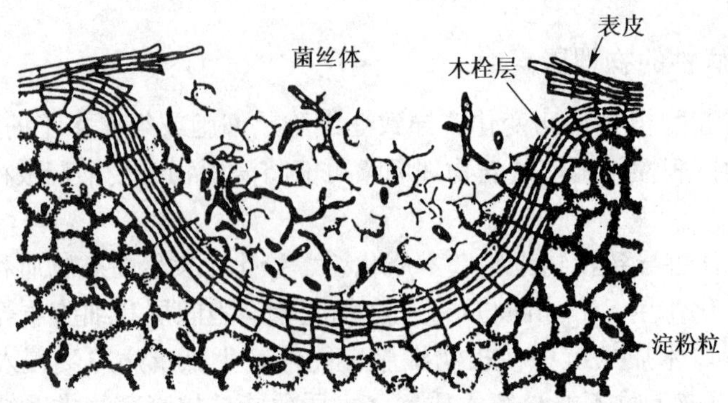

图 10-3　马铃薯块茎组织木栓化后能阻止病原真菌的侵染
（引自 Agrios）

致病疫霉不亲和小种后就产生类似木质素的物质，主要是β- 香豆酸和阿魏酸酯。酚类化合物进一步氧化为醌类化合物，并聚合为黑色素（melanin），可以抑制病原菌分泌的细胞壁降解酶。

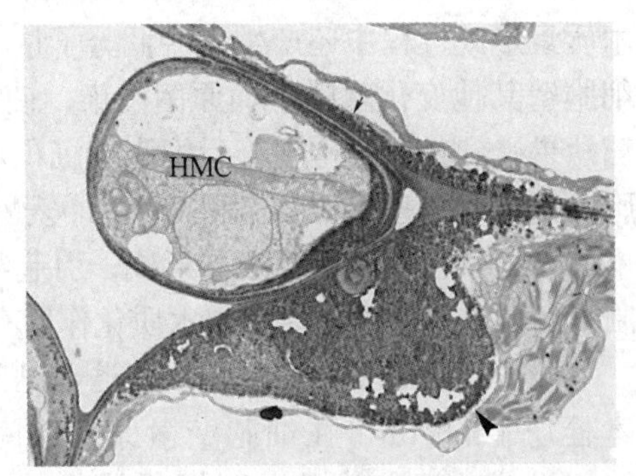

图 10-4　小麦对条锈菌侵染的结构防卫反应
（引自康振生）
小麦细胞在吸器母细胞（HMC）的入侵部位形成的大型乳突结构（大箭头处），以抵御病菌的侵入。寄主细胞在细胞壁与质膜间新沉积出大量的胞壁沉积物（小箭头处）

在寄主植物细胞壁内侧与质膜之间新沉积产生胼胝质沉积（callose deposit），是植物对病原菌侵染的常见反应类型之一。病原真菌侵入时，侵入位点下方植物细胞质迅速局部聚集，导致细胞壁增厚。禾本科植物表皮细胞壁内侧，在细胞壁与质膜之间，与真菌附着胞和侵入钉相对应的位置上常形成半球形沉积物，即乳头状突起，简称乳突（papillae）（图 10-4），对化学物质和酶有高度的抵抗性。乳突的形成是大麦和小麦叶片抵抗白粉病菌侵入的重要因素。

多种植物的储藏根、块茎和叶片等器官，在受到侵染或伤害后能产生愈伤组织形成离层，将受侵染部位与健康组织隔开，阻断了其间物质输送和病菌扩展，以后病斑部分干枯脱落。桃叶受穿孔病菌侵染后即形成离层，而使病斑与病菌脱落，形成穿孔症状。丝核菌由皮孔侵入马铃薯块茎后，病斑组织与健康组织之间形成由 2～3 层木栓化细胞构成的离层，病斑组织连同其中的病菌脱落。马铃薯抗病品种块茎被癌肿病菌侵染后也形成木栓化的离层，病部脱落，形成疤痕。

维管束阻塞是植物抵抗维管束病害的主要保卫反应，它既能防止真菌孢子和细菌等病原物随蒸腾液流上行扩展，又能导致寄主抗菌物质积累，防止病菌酶和毒素扩散。维管束阻塞的主要原因之一是病原物侵染诱导产生了胶质（gum）和侵填体（tylose）。胶质是由导管端壁、纹孔膜以及穿孔板的细胞壁和胞间层产生的，其主要成分是果胶和半纤维素。胶质产生是寄主的一种反应，而不单是病原菌水解酶作用的结果。侵填体是与导管相邻的薄壁细胞通过纹孔膜在导管腔内形成的膨大球状体（图 10-5）。对棉花枯萎病、黄萎病、番茄尖镰孢枯萎病等许多病例的研究都表明，胶质和侵填体的迅速形成是植物的一种抗病反应，在感病品种中两者形成少而晚，不能阻止病原菌的系统扩展。

（二）主动抗病性的化学因素

植物主动抗病性的化学因素主要有过敏性坏死反应、活性氧迸发、植物保卫素形成、防卫相关蛋白的积累和植物对毒素的降解作用等。研究这些因素不论在植物病理学理论上或抗病育种的实践中都有重要意义。

1. 过敏性坏死反应

过敏性坏死反应（hypersensitive response，HR）是植物对不亲和性病原物侵染表现高度敏感的现象，此时受侵细胞及其邻近细胞迅速坏死，病原物受到遏制、死亡，或被封锁在枯死组织中。过敏性坏死反应是一种程序性细胞死亡（programmed cell death，PCD），是植物遗传学上主动控制的过程。过敏性坏死反应是植物发生最普遍的保卫反应类型，长期以来被认为是非寄主抗性和小种－品种专化抗病性的重要机制，对真菌、细菌、病毒和线虫等多种病原物普遍有效。植物对锈菌、白粉菌、霜霉菌等专性寄生菌不亲和小种的过敏性反应，以被侵染点细胞和组织坏死，发病叶片不表现肉眼可见的明显病变，或仅出现小型坏死斑，病菌不能生存或不能正常繁殖为特征，据此可划归为较低级别的反应型（侵染型）。因此，这类抗病性也被称为“低反应型抗病性”。

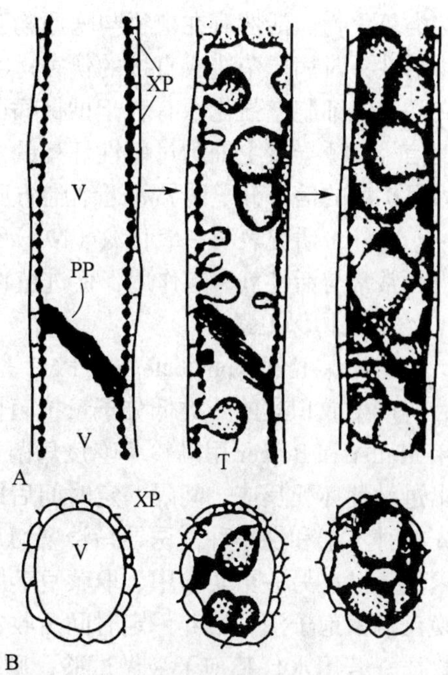

图 10-5　植物受萎蔫病菌侵染后在导管中形成侵填体的过程

（仿 Agrios）

A. 纵切面；B. 横切面；V. 导管；PP. 筛板；XP. 导管薄壁细胞；T. 侵填体

多种兼性寄生真菌引起的病害，如马铃薯晚疫病、稻瘟病、玉米小斑病、玉米大斑病、烟草黑胫病、番茄叶霉病、苹果黑星病等寄主也具有坏死特性。对有些病害，抗病品种和感病品种都出现组织坏死，但抗病品种植株的坏死出现较早，坏死斑小，病菌的发展明显受抑制。

植物对病原细菌的过敏性坏死反应特点与对兼性寄生真菌的反应相似。例如，水稻抗病品种在白叶枯病病原细菌侵染早期迅速产生小型褐色坏死斑，感病品种则产生大型灰白色病斑，且出现时间也较晚。在发生过敏性反应的抗病植株叶片内，细菌繁殖速率显著降低，细菌数量减少到几十分之一至几百分之一。

对病毒侵染的过敏性坏死反应多数也产生局部坏死病斑（枯斑反应），病毒的复制受到抑制，病毒粒子由坏死病斑向邻近组织的转移受阻。在这种情况下，仅侵染点少数细胞坏死，整个植株不发生系统侵染。

2. 活性氧迸发

活性氧迸发（reactive oxygen burst）指植物在受病原物侵染早期，植物细胞内外迅速积累并大量释放活性氧（reactive oxygen species，ROS）的现象。自 1983 年 Doke 等首次报道马铃薯块茎被致病疫霉（*Phytophthora infestans*）无毒菌系侵染可引起活性氧快速产生的现象以来，大量的研究已经证实活性氧迸发是植物与病原物互作过程中普遍产生的现象之一。活性氧是由 O_2 连续的单电子还原而产生的一系列中间物，主要包括超氧阴离子（$O_2^{\cdot-}$）、羟自由基（·OH）、单线氧（$^1O_2$）和过氧化氢（H_2O_2）、脂氧和脂过氧自由基，以及脂类或烷类氧化物。活性氧在植物与病原物互作的防卫反应中具有以下重要作用：①具有抗微生物活性，对病原菌造成直接的伤害；②可参与植物细胞壁木质化及富含羟脯氨酸糖蛋白的交联，使细胞壁强化，有利于抵御病菌的侵染；③可作为被侵染细胞过敏性坏死的局部触发信号，诱导寄主细胞过敏性坏死的发生，可能参与了植物程序性细胞死亡过程；④可作为可扩散的信号分子诱导邻近细胞防卫基因的表达，并启动植物植保素合成基因的转录。

此外，研究表明一氧化氮（NO）作为氧化还原活化信号物质，参与了植物抗病反应过程，常常与活性氧一起作用，促进植物细胞过敏性坏死的发生。

3. 植物保卫素

植物保卫素（phytoalexin，PA）是植物受到病原物侵染后或受到多种非生物因子激发后所产生或积累的一类低分子量抗菌性次生代谢物。植物保卫素对真菌的毒性较强。1940 年 Muller 和 Borger 用马铃薯晚疫病菌不亲和性小种接种马铃薯抗病品种块茎的切片，诱导出过敏性坏死反应，间隔一定时间后即使再接种亲和性小种也不能引起侵染。据此推测预先接种不亲和性小种，诱导马铃薯切片产生并扩散出一种抗菌物质，从而提出了植物保卫素假说。在另一个实验中，取菜豆荚顺缝剖开，除去豆粒，在豆荚内侧凹沟内滴上马铃薯晚疫病菌孢子液，培养一定时间后收集液滴测定，发现其中含有对多种微生物有效的抑菌物质。若用水代替孢子液做试验，则不显示抗菌活性，这样就证实了植物保卫素的存在。1968 年，从马铃薯晚疫病菌不亲和性小种侵染的农林 10 号马铃薯中分离出了植物保卫素，并确定了它的结构，命名为日齐素（rishitin）。

目前已知 30 多科 150 种以上的植物产生植物保卫素。豆科、茄科、锦葵科、菊科和旋花科植物产生的植物保卫素最多。大多数植物保卫素的化学结构已被确定，多为类异黄酮和类萜化合物。类异黄酮植物保卫素主要由豆科植物产生，例如豌豆的豌豆素（pisatin）、菜豆的菜豆素（phaseolin）、基维酮（kievitone），大豆、苜蓿和三叶草等产生的大豆素（glyceollin）等。类萜植物保卫素主要由茄科植物产生，例如马铃薯块茎产生的日齐素（rishitin）、块茎防疫素（phytuberin），甜椒产生的甜椒醇（capsidiol）等（图 10–6）。

植物保卫素是诱导产物，除真菌外，细菌、病毒、线虫等生物因素以及金属粒子、叠氮化钠和放线菌酮等化学物质、机械刺激等非生物因子都能激发植物保卫素产生。后来还发现真菌高分子量细胞壁成分，如葡聚糖、脱乙酰几丁质、糖蛋白，甚至菌丝细胞壁片断等也有激发作用。病原菌能够激发植物保卫素的产生的物质称为激发子（elicitor）。随着研究工作的深入，激发子的内涵被不断延伸，目前将凡能激发植物防卫反应的物质称为激发子。在已知激发子中，少数具有寄主专化性，为小种专化激发子，多数为非专化激发子。专化激发子为病原物无毒基因的蛋白质产物，而非专化激发子则可能是蛋白质、糖蛋白、寡糖、不饱和脂肪酸或其他物质。

植物保卫素在病菌侵染点周围代谢活跃细胞中合成，并向毗邻已被病菌定植的细胞扩散，在死亡和行将死亡细胞中有大量积累，植物保卫素与植物细胞死亡有密切关系。抗病植株中植物保卫素迅速积累，病菌停止发展。在大豆与大豆疫霉、马铃薯与致病疫霉、亚麻与栅锈菌等许多实例中，已经证实只有寄主与病原菌表现不亲和性时才有较多的植物保卫素积累。

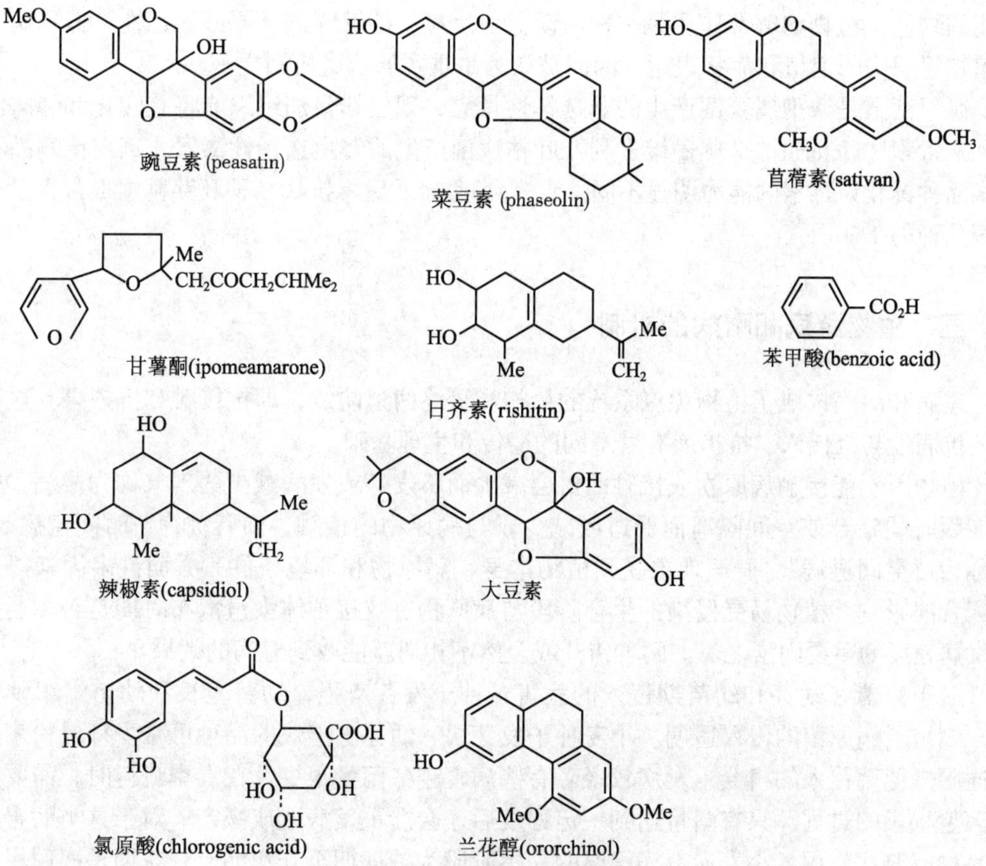

豌豆素 (peasatin)　　菜豆素 (phaseolin)　　苜蓿素(sativan)

甘薯酮(ipomeamarone)　　日齐素(rishitin)　　苯甲酸(benzoic acid)

辣椒素(capsidiol)　　大豆素

氯原酸(chlorogenic acid)　　兰花醇(ororchinol)

图 10-6　主要的植物保卫素类型

4. 病程相关蛋白的积累

病程相关蛋白（PR 蛋白）是植物受病原物侵染或不同因子的刺激后产生的一类水溶性蛋白。在遗传控制上，PR 蛋白都是由多基因编码，通常成为基因家族（gene family）。在化学性质上，PR 蛋白有酸性、碱性之分，酸性、碱性两类 PR 蛋白的前体构成、定位、作用等各不相同。如在烟草中，酸性和碱性 PR 蛋白分别严格地定位在胞间和液泡内。目前已有 20 多种植物被证明可以产生 PR 蛋白。根据 PR 蛋白的来源植物、电泳迁移率、pI、血清学关系和氨基酸序列的同源性等特性，可将其分成 17 个家族（PR-1 ~ PR-17）。其中，PR-2 具有 β-1-3- 葡聚糖酶活性，PR-3、PR-4、PR-8、PR-11 均具有几丁质酶活性，PR-12、PR-13、PR-14 分别有抗菌肽防御素（defensin）、含硫蛋白（thionin）和脂质转移蛋白活性，其他 PR 蛋白分别有类甜蛋白、蛋白酶、蛋白酶抑制剂、过氧化物酶、核糖核酸酶、草酸氧化酶等活性。

病程相关蛋白在植物抗病性中的作用已得到证实，PR 蛋白可攻击病原物、分解病原菌细胞壁大分子、降解病原物的毒素、抑制病毒外壳蛋白与植物受体的结合。如 PR-2 能降解病原真菌细胞壁中的 β-1-3- 葡聚糖成分；PR-3、PR-4、PR-8、PR-11 均降解病原真菌细胞壁中几丁质成分；PR-12、PR-13 具有直接杀菌活性。

5. 植物的解毒作用

植物的解毒作用指植物组织能够代谢或分解病原菌产生的毒素，将毒素转化为无毒害作用的物质。植物的解毒作用是一种主动保卫反应，能够降低病原菌的毒性，抑制病原菌在植物组织中的定植和症状表达，因而被认为是重要的抗病机制之一。

镰刀菌酸是镰孢属真菌产生的非选择性毒素，现已知番茄组织能将它转化和降解。维多利亚毒素（victorin）是燕麦维多利亚叶枯病菌产生的寄主选择性毒素。燕麦抗病品种和感病品种钝化该毒素的能力明显不同。毒素处理 24 h 后，抗病品种胚芽鞘中毒素含量仅为感病品种的 1/30。

三、植物避病和耐病的机制

避病和耐病构成了植物免疫系统的最初和最终两道防线，即抗接触和抗损害。这种广义的抗病性与抗侵入、抗扩展有着不同的遗传和生理基础。

植物因不能接触病原物或接触的机会减少而不发病或发病减少的现象称为避病。植物可能因时间错开或空间隔离而躲避或减少了与病原物的接触，前者称为“时间避病”，后者称为“空间避病”。避病现象受到植物本身、病原物和环境条件三方面许多因素以及相互配合的影响。植物易受侵染的生育阶段与病原物有效接种体大量散布时期是否相遇是决定发病程度的重要因素之一。两者错开或全然不相遇就能收到避病的效果。

对于只能在幼芽和幼苗期侵入的病害，种子发芽势强，幼芽生长和幼苗组织硬化较快，缩短了病原菌的侵入适期。小麦种子发芽快、幼芽出土快的品种可减少秆黑粉病菌和普通腥黑穗菌侵入的机会，发病较轻。有些病害越冬菌量很少，在春季流行时，需要有一个菌量积累的过程，只有菌量达到一定程度后才会严重发病造成减产。对于这类病害，早熟品种有避病作用。小麦赤霉病穗腐的易感阶段为抽穗期至开花期，开花期是病菌侵染盛期，有些品种开花较早而集中，花期较短，发病就轻。

植物的形态和功能特点可能成为重要的空间避病因素。水稻和小麦叶片上举而不披垂，叶片与茎秆间夹角小的品种比叶片近于平伸的品种叶面着落病原物的机会少，又不易结露，水稻稻瘟病和白叶枯病较轻，小麦的条锈病和叶锈病也较轻。矮秆的水稻和小麦品种，纹枯病菌较易由基部茎叶上行蔓延到顶部，往往严重发病。马铃薯株形直立的品种比匍匐型品种晚疫病较重。大、小麦散黑穗病菌由花器侵入，因而闭颖授粉的品种发病较少。某些雄性不育的小麦和水稻品种，开花时间长，从花器侵染的麦角病或稻粒黑粉病发生就重，这从反面证实了避病的作用。

当然，人们根据植物和病原菌各自生长发育的规律适当调整播种期，可以使植物避开病原菌的侵染而控制病害，就不属于植物主动抗病性的范畴。

耐病品种具有抗损害的特性，在病害严重程度与感病品种相仿时，其产量和品质损失较轻。关于植物耐病的生理机制现在还所知不多。禾谷类作物耐锈病的原因主要可能是生理调节能力和补偿能力较强。小麦耐叶锈品种病叶上侵染点之间的绿色组织光合速率增高，能够部分补偿病原物的消耗，而且其营养器官中储藏物质的利用增强，输入籽粒中的氮、磷和碳水化合物减少不明显。另外，还发现植物对根病的耐病性可能是由于发根能力强，被病菌侵染后能迅速生出新根。麦类耐锈病的能力也可能是因为发病后根系的吸水能力增强，能够补充叶部病斑水分蒸腾的消耗。

四、植物的诱导抗病性及其机制

诱导抗病性（induced resistance）是植物经各种生物预先接种后或受到化学因子、物理因子、生物因子处理后所产生的抗病性，也称为获得抗病性（acquired resistance）。显然，诱导抗病性是一种针对病原物再侵染的抗病性。

在植物病毒学的研究中，人们早已发现病毒近缘株系间有“交叉保护作用”。当寄主植物接种弱毒株系后，第二次接种同一种病毒的强毒株系，则寄主可以抵抗强毒株系，症状减轻，病毒复制受到抑制。在类似的实验中，人们把第一次接种称为“诱导接种”（inducing inoculation），把第二次接种称为“挑战接种”（challenge inoculation）。后来证实这种诱导抗病性现象是普遍存在的。不仅同一病原物的不同株系和小种交互接种能诱发植物产生抗病性，而且接种不同种类的微生物也能诱发植物产生诱导抗病性。此外，热力、超声波或药物处理致死的微生物、从微生物和植物中提取的物质（葡聚糖、糖蛋白、脂多糖、脱乙酰几丁质等），甚至机械损伤等在一定条件下均能诱导植物产生抗病性。

诱导抗病性虽然也属于植物主动抗病性的范畴，但是这类抗性一般不会遗传，只在处理过的个体上有短期表现，所以是“后天”获得的一种抗性。诱导抗病性有两种类型，即局部诱导抗病性和系统诱导抗病性。局部诱导抗病性（local induced resistance）只表现在诱发接种部位。系统诱导抗病性（systemic induced resistance）或系统获得抗病性是在接种植株的未做诱发接种的部位和器官中表现。

关于诱导抗病性的形成机制，已经取得了大量重要进展。早期人们多用诱发接种物的“占位效应”来解释诱发抗病性。例如，燕麦叶片接种小麦锈菌后，其附着胞占据了叶片上的气孔，使挑战接种的燕麦冠锈菌不能侵入致病。后来又发现诱导接种诱导了植物保卫素的合成和在接种部位的积累，这可能是局部诱导抗病性的主要机制。但是，也有少数例证说明不能完全排除系统产生抗菌物质的可能性。有人用经热处理的细菌、真菌或卵菌培养滤液，或用脂多糖处理烟草植株后，在被保护部位的细胞汁液和叶片提取物中发现了10种类萜化合物具有抑制细菌的活性。最近大量的研究表明，诱导抗病性的产生涉及植物防卫反应的激活，其中包括免疫信息物质、病程相关蛋白、植物激素、木质素及酚类物质的合成等。

利用植物诱发抗病性来控制病害是一个研究方向。人们早就试图利用病毒的弱毒株系或病原菌弱毒菌系来诱发植物抗病性，用以防治病害。近年来，人们发现和合成了许多能够诱发系统获得抗性的化学分子。这类化合物不具有体外抗菌活性，在植物体内也不能转化为抗菌物质，但能激活植物的防卫反应，获得免疫效果。其中著名的有水杨酸、2,6－二氯异烟酸（INA）和苯并噻二唑（BTH）等。INA和BTH是广谱植物免疫激活剂，能激发多种植物的抗病性，部分免疫激活剂已用于防治由真菌、细菌甚至病毒引起的病害。

第四节　寄主植物与病原物的互作机制

寄主植物与病原物的相互作用（简称互作）是指病原物从接触植物到植物表现出感病

或抗病的整个过程中双方相互影响、相互制约的现象。互作是决定植物病程与结果的重要因素，影响病原物能否成功侵染植物并引起病害或寄主植物表现抗病的表型。根据互作的性质，一般将寄主植物与病原物的相互作用分为亲和性互作（compatible interaction）与非亲和性互作（incompatible interaction）两种类型。亲和性互作是指病原物能成功侵染植物引起植物发病；非亲和性互作是指植物表现出较强抗病性，因此病原物不能侵染植物。植物与病原物的互作可发生在群体、组织、细胞和分子等不同层面上，涉及植物与病原物之间的识别、防卫反应的激活和信号转导过程，植物与病原物互作的特征受植物和病原物基因型的调控。

一、植物与病原物互作的遗传学

寄主植物与其病原物之间具有复杂的相互作用。20 世纪中叶，在对亚麻抗病性和亚麻锈菌致病性的遗传学研究的基础上，弗洛尔提出了“基因对基因学说”，用以阐明寄主植物与病原物之间互作的遗传关系。对应于寄主方面的每一个抗病基因（*R*），病原物方面也存在一个与之匹配的无毒基因（*avr*）；反之，对应于病原物方面的每一个无毒基因，寄主方面也存在一个与之匹配的抗病基因。双方的相互作用产生特定的表型，任何一方的基因都只有在相对应另一方的基因发挥作用的条件下才能被鉴别出来（图 10–7）。

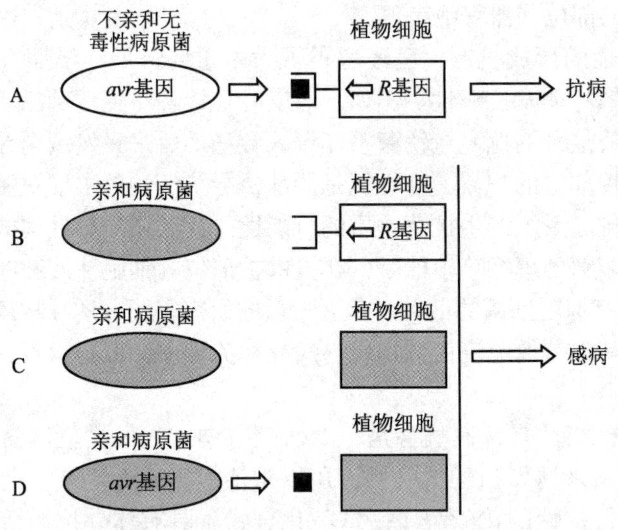

图 10–7 “基因对基因”互作的分子模式

（仿 Keller 等，2000）

A. 不亲和无毒性病原菌的无毒基因（*avr*）编码的效应子（■）与抗病植物中对应的抗病基因（*R*）编码的产物（]—）互作激发植物的抗病性，导致植物抗病；B. 亲和病原菌中没有相应的无毒基因编码效应子与抗病植物中的抗病基因编码的产物互作，植物感病；C. 亲和病原菌和植物中缺乏相对应的无毒基因和抗病基因编码可以相互识别的分子，植物感病；D. 植物中缺少相应的抗病基因编码与病原菌中的无毒基因编码的效应子互作，植物感病

目前已证实在水稻稻瘟病、水稻白叶枯病、小麦锈病、小麦白粉病、大豆疫霉病、马铃薯晚疫病、苹果黑星病、番茄病毒病、番茄细菌斑点病、马铃薯金线虫病、向日葵列当等寄主–病原物系统中存在基因对基因关系。

（一）植物抗病基因

目前已从不同植物克隆得到 300 多个针对不同类型病原物的抗病基因，如水稻抗白叶枯基因 *Xa1*、*Xa3*（*Xa26*）、*xa5*、*xa13*、*Xa21* 与 *Xa27*，水稻抗稻瘟病基因 *Pi9*，小麦抗叶锈病基因 *Lr10*，番茄抗叶霉病基因 *Cf2*、*Cf4*、*Cf5*、*Cf9*，苹果抗黑星病基因 *HcrVf 2*，亚麻抗锈病基因 *L6*、*L11*，马铃薯抗晚疫病基因 *R2*、*Rpi-blb2*、*Rpi-vnt1*、*RB* 等。大多数 *R* 基因编码产物具有保守的结构域，根据该特征可将它们分为下列类型。

富含亮氨酸重复序列（Leucine rich repeat，LRR）每一 LRR 约含 24 个氨基酸，富含亮氨酸，并具有相对固定的位置。根据细胞定位，LRR 可分为胞外 LRR（extracellular LRR，eLRR）和胞内 LRR，其主要作用是参与蛋白质与蛋白质互作，包括特异性识别病原物效应子或与 R 蛋白中其他结构域之间的互作。

核苷酸结合位点（nucleotide-binding site，NBS）具有核苷酸结合活性，主要作用是参与抗病信号转导。果蝇 Toll 蛋白和哺乳动物白细胞介素Ⅰ受体同源域（Toll/interleukin-Ⅰ receptor homology region，TIR）的主要作用是参与抗病信号转导，近年来有证据显示 TIR 结构域具有切割 NAD^+ 的酶活性，而蛋白激酶域（protein kinase，PK）和卷曲螺旋域（coiled coil，CC）参与胞内信号转导。

绝大多数 R 蛋白为胞内 NBS–LRR（NLR）类型，氨基端带有 CC 或 TIR 结构域，如水稻抗稻瘟病基因 *Pi 9* 和小麦抗叶锈病基因 *Lr10* 以及马铃薯抗晚疫病基因 *Rpi-blb2* 都为 CC–NLR 类。典型的 R 蛋白还有主体在胞外的 eLRR–TM–PK 类、胞内 PK 类等。抗病基因在识别和信号转导过程中起重要作用。

表 10–1　植物抗病基因的主要类别及其相应的无毒基因

类别	*R* 基因	植物	病原物	无毒基因	R 蛋白特点
1	*Hm1*	玉米	*Helminthosporium* sp.	无	HC 毒素还原酶
2	*Asc-1*	番茄	*Alternaria alternata* f. sp. *lycopersici*	未知	TM helix–LAG1
3A	*Pto*	番茄	*P. syringae* pv. *tomato*	*avrPto*	Ser/Thr 蛋白激酶
3B	*PSB1*	拟南芥	*P. sy.* pv. *phaseolicola*	*avrPphB*	
4A	*RPS2*	拟南芥	*P. sy.* pv. *maculicola*	*avrRpt2*	CC–NBS–LRR 细胞内蛋白
	Rpi-blb2	马铃薯	*P. infestans*	*Avrblb2*	CC–NLR 细胞内蛋白
	RPP8	拟南芥	*Peronospora parasitica*	*avrRPP8*	
	Mla1 Mla6	大麦	*Blumeria graminis* f. sp. *hordei*	*AvrMla6*	
4B	*L*	亚麻	*Melampsora lini*	*AvrL567A/B*	TIR–NLR 细胞内蛋白
	RPP4	拟南芥	*Peronospora parasitica*	*AvrRPP4*	
4C	*Bs2*	胡椒	*X. campestris*	*avrBs2*	NLR 细胞内蛋白
	Dm3	莴苣	*Bremia lactucae*		
	Lr21	小麦	*Puccinia triticina*		
4D	*RRS-1*	拟南芥	*R. solanacearum*	*popP2*	TIR–NLR–NLS–WRKY

续表

类别	R 基因	植物	病原物	无毒基因	R 蛋白特点
4E	*Pi-ta*	水稻	*Magnaporthe oryzae*	*AvrPita*	NBS-LRD（缺乏典型的 LRR）
5A	*Cf-9*	番茄	*Cladosporium fulvum*	*Avr9*	eLRR-TM
5B	*Ve1*	番茄	*Verticillium dahliae*	*Ave1*	CC-eLRR-TM-ECS
6	*Xa-21*	水稻	*X. oryzae* pv. *oryzae*	未知	eLRR-TM-kinase
7	*RPW8*	拟南芥	*Erysiphe* sp.	未知	具有 CC 的膜蛋白
8	*Rpg1*	大麦	*P. graminis* f. sp. *tritici*	未知	有两个串联的激酶
9	*mlo*	大麦	*B. graminis* f. sp. *hordei*	未知	G 蛋白偶联受体

注：表中所列 *R* 基因是植物抗细菌、真菌和卵菌病害的基因类型。LAG1：寿命基因；ECS：内吞作用信号；eLRR：胞外 LRR；LRD：富亮氨酸结构域；TM：跨膜。

（二）病原物无毒基因

目前已从真菌、细菌、病毒和卵菌中克隆到无毒基因。由于细菌和病毒的 *avr* 基因容易克隆和鉴定，这些病原物上克隆的 *avr* 基因数量较多，如在细菌中，已有 60 多个 *avr* 基因被克隆到。其中油菜黄单胞菌 *avr Bs3* 基因家族编码产物具有明显的结构特征，即中间区域有含 34 个氨基酸重复的重复区，重复区决定了该产物识别寄主 DNA 的特异性，能激活例如糖转运蛋白基因和植物抗病基因，从而决定了病原菌小种的特异性。同时，在病原细菌中可能还存在非典型的 *avr Bs3* 的无毒基因。

在病毒中，已在 TMV、PVX、PVY、TvMV、TSWV 和 ToMV 等病毒中鉴定了 *avr* 基因。病毒 *avr* 基因功能执行蛋白大多为病毒的外壳蛋白、复制酶蛋白和移动蛋白等，Avr 效应蛋白可能只是这些蛋白的部分片段。如 TMV 中被烟草 *N* 基因识别的 Avr 效应蛋白为复制酶蛋白中解旋酶区域分子量为 5×10^3 的蛋白。

在真菌中，已从番茄叶霉菌（*Cladosporium fulvum*）、水稻稻瘟病菌（*Piricularia oryzae*）、亚麻锈菌（*Melampsora lini*）、*Rhynchosporium secalis*、*Fusarium oxysporium* f. sp *lycopersici* 等病菌上克隆到 *avr* 基因，其中亚麻锈菌 *avr*L567 是从形成吸器的专性寄生真菌中克隆的第一个无毒基因，而番茄叶霉菌 *avr2* 编码一个胞外蛋白酶抑制剂，是为数不多的编码产物生化功能清楚的 *avr* 基因。

卵菌中 *avr* 基因的克隆工作起步较晚，但是随着多种卵菌全基因组测序的完成，人们发现卵菌基因含有 RxLR 基序等特征，大大加快了卵菌中无毒基因的克隆。目前已经克隆 20 多个无毒基因，包括大豆疫霉菌（*Phytophthora sojae*）的 *PsAvr1a*、*PsAvr1b*、*PsAvr1c*、*PsAvr1d*、*PsAvr1k*、*PsAvr3a/5*、*PsAvr3b*、*PsAvr3c* 和 *PsAvr4/6*，致病疫霉（*P. infestans*）的 *PiAVR1*、*PiAVR2*、*PiAVR3a* 等，拟南芥霜霉菌（*Hyaloperonospora parasitica*）的 *HaATR1*、*HaATR4*、*HaATR5*、*HaATR13* 和 *HaATR39* 等。

目前所知，绝大多数病原物 *avr* 基因相互之间的序列均无明显相似性，表明病原物中被植物识别位点的多样性及植物识别病原物的特异性。现已发现大多数病原物 *avr* 基因具有双重功能，一方面这些 *avr* 基因具有无毒功能，即在含有抗病基因的寄主植物中，与植物 *R* 基因互作导致小种－品种专化抗性产生；另一方面在不含 *R* 基因的感病寄主植物中，起促进病原物侵染或有利于病原物生长发育等毒性作用。现有研究结果证实，*avr* 基因的产物具有致病性效应子的作用，通常是植物免疫反应的抑制因子。

二、寄主植物与病原物的识别

寄主与病原物的识别是病原物与寄主接触时双方通过特定信号和分子交流与作用以确定能否建立营养关系的过程，包括病原物接近、接触和侵染 3 个阶段，能启动或引发寄主植物一系列的病理变化，并决定植物最终的抗病或感病反应类型。只有当病原物接受到有利于生长和发育的最初识别信号，病原菌方可突破或逃避寄主的防御体系，成功地侵染并从寄主中获取营养，与寄主建立亲和性互作关系。如果最初识别信号导致植物产生强烈的防卫反应，如过敏性坏死反应、植物保卫素的积累等，病原物的生长和发育即受到抑制，双方表现出非亲和性互作关系。寄主与病原物之间的亲和性识别导致病害的发生，而非亲和性识别则引起抗病性的产生。寄主与病原物的识别作用可根据发生时间分为接触识别和接触后识别两种类型。

（一）接触识别

接触识别是寄主与病原物发生机械接触时引发的特异性反应。这种特异性反应依赖于两者表面结构的理化感应及表面组分化学分子的互补性。对于大多数真菌，孢子黏附于寄主植物表面是其建立侵染的第一步。这种黏附首先是将孢子锚定于寄主植物表面，孢子黏附需要特定的环境信号并分泌一些黏着物质，不同种类真菌的孢子黏附所需的特定信号及分泌的黏着物质有显著区别。许多真菌的孢子黏附所需的特定环境信号为表面硬度和疏水性等物理信号。比较典型的黏着物质为水不溶性糖蛋白，如稻瘟病菌及玉米炭疽病菌都会分泌此类物质。有的真菌孢子产生脂质和多糖。至于环境信号，稻瘟病菌需要潮湿的空气或露滴，以便使孢子顶端黏质水化，从而通过顶端菌黏附于植物疏水表面。禾谷类白粉菌孢子释放的角质酶，不仅可将孢子黏附于寄主表面，而且使孢子与寄主表面接触区域更加亲水化，有利于孢子萌发形成的芽管在寄主表面的附着和发育。多数真菌孢子在合适条件下萌发形成芽管后，进而分化形成附着胞和侵染钉，这些结构对寄主表面接触刺激具有强烈的反应，如引起芽管生长方向改变，或诱导附着胞的形成。真菌芽管的生长受寄主植物表面的结构特征所导向的现象称为向触性。表面硬度和疏水性是稻瘟病菌和炭疽菌属的多种真菌形成附着胞的重要刺激信号。对菜豆锈菌的研究结果表明，芽管顶端 10 μm 是最主要信号接收区，只有与寄主表面的接触部对信号具有感应能力。

寄主和病原物之间的接触识别属一般性识别，通常不涉及寄主品种与病原物小种之间的特异性分子直接互作。

（二）接触后识别

寄主和病原物之间发生机械接触后，病原物的侵入过程中也会引发一系列特异性反应。这种特异性反应的产生依赖于两者互补性相关基因产物的存在。植物对病原物的识别主要有以下两种机制。

1. 病原体相关分子模式识别

病原体相关分子模式（pathogen associated molecular pattern，PAMP）最早指诱发哺乳动

物先天免疫反应的病原物表面衍生分子的结构元件。拥有病原体相关分子模式的该类分子在结构上保守，在病原物中拥有重要功能，广泛存在于各类病原物中却不存在于潜在的寄主中。目前在各类与植物有关联的微生物中也普遍发现了这类分子模式，现称为微生物相关分子模式（microbe associated molecular pattern，MAMP）。同时，寄主植物细胞膜上拥有模式识别受体（pattern recognition receptor，PRR），可与 MAMP 直接结合，从而识别拥有这些分子模式的“非自我”生物，通过促丝裂原活化蛋白激酶（MAPK）信号途径，诱发植物产生基础抗性（basal defense），阻止病原物的侵染（图 10–8）。现已明确的 MAMP 包括革兰氏阴性细菌的脂多糖（lipopolysaccharide，LPS）、革兰氏阳性细菌的肽聚糖、真细菌的鞭毛蛋白、非甲基化细菌的 DNA 片段，以及真菌细胞壁的几丁质寡糖、分泌蛋白等。植物病原物有功能类似的病原体相关分子模式，被植物识别后激活植物的防卫反应，目前有多个植物病原物的病原体相关分子模式识别体系已被证实（表 10–2）。

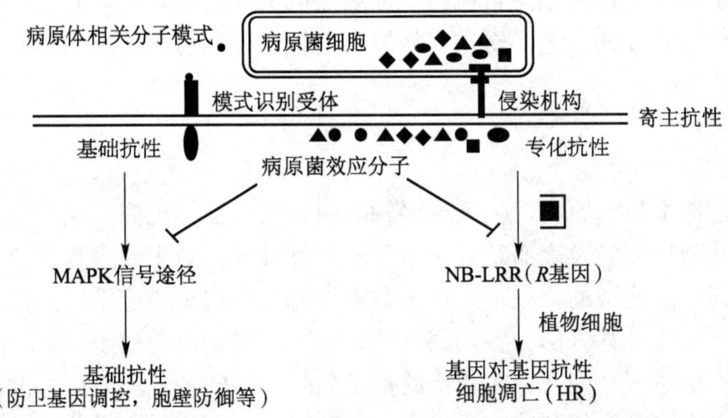

图 10–8　植物 – 病原物相互识别过程中引发的基础抗性和专化抗性过程示意图

表 10–2　病原物的病原体相关分子模式及相应植物识别受体

病原物	分子模式	识别受体	植物	识别受体的特点
细菌	flg22	FLS2	拟南芥	细胞膜受体蛋白激酶 eLRR–TM–kinase
细菌	elf18	EFR	拟南芥	细胞膜受体蛋白激酶 eLRR–TM–kinase
细菌	mc–3–OH–FA	LORE	拟南芥	细胞膜受体蛋白激酶 lectin S–domain–RLK
细菌	eMax	ReMax	拟南芥	细胞膜受体蛋白 LRR–TM–sCT
细菌	csp22	NbCSPR	烟草	细胞膜受体蛋白 LRR–TM–sCT
细菌	csp22	CORE	番茄	细胞膜受体蛋白激酶 eLRR–TM–kinase
细菌	xup25	XPS1	拟南芥	细胞膜受体蛋白激酶 eLRR–TM–kinase
革兰氏阴性菌	RaxX	Xa21	水稻	eLRR–TM–kinase
细菌、真菌、卵菌	nlp20	RLP23	拟南芥	细胞膜受体蛋白 LRR–TM –sCT
真菌、卵菌	XEG1	RXEG1	烟草	细胞膜受体蛋白 LRR–TM –sCT
马铃薯晚疫菌	INF1	ELR	马铃薯	细胞膜受体蛋白 LRR–TM –sCT
立枯丝核菌	SCFE1	RLP30	拟南芥	细胞膜受体蛋白 LRR–TM –sCT
Botrytis cinerea	Endopolyga-lacturonases	RBPG1	拟南芥	细胞膜受体蛋白 LRR–TM –sCT

注：LRR：富亮氨酸结构域；sCT：单细胞质尾巴；TM：跨膜域。

同一种病原体相关分子模式的识别体系广泛存在于多种植物之中，一种植物则存在有多种病原体相关分子模式的识别体系。植物针对每种病原体相关分子模式具有各自的识别体系，但是针对某种病原体相关分子模式产生的反应并非以该病原体相关分子模式特异性的方式进行，一种病原物相关分子模式被特异的植物识别蛋白识别后，不仅激活该识别互作下游防卫信号转导途径，而且同时增加了其他病原体相关分子模式识别蛋白的积累，激活这些互作下游防卫信号转导途径。这表明植物在识别任何一种病原体相关分子模式后启动的是非特异的防卫反应，也称基础抗性。这种非特异性的基础抗性与小种专化抗性共同组成了植物的先天免疫系统（plant innate immunity system）。

2. 病原物效应分子识别

植物病原真菌、细菌和线虫在侵染植物过程中产生大量的致病性效应子。革兰氏阴性植物病原细菌通过Ⅲ型分泌系统（type Ⅲ secretion system，T3SS）向植物细胞内输入效应子，每种病原细菌的效应子有 30 ~ 50 个不等。许多效应子为病原细菌的毒性因子，在感病寄主中帮助病原物的侵染。此外许多效应分子能抑制植物通过 MAMP–PPR 途径激发的基础抗性，从而使植物表现为感病（图 10–8）。目前已鉴定出许多种这类效应子，它们分别作用于植物免疫途径的不同分子靶标，抑制植物的抗病性。

针对病原物通过分泌效应子抑制 PTI 介导的基础抗病性的策略，植物进一步进化形成抗病基因（resistance gene，R）编码的抗病蛋白来识别病原物的效应子，通过产生基因对基因抗性（gene-for-gene resistance），限制病原物的侵染。被植物抗病蛋白识别的病原物效应子称为无毒效应子（avirulence effector）。

抗病蛋白对无毒效应子的识别方式多数情况下为间接识别，这包括“保卫假说”（guard hypothesis）和“诱饵假说”（decoy hypothesis）。“保卫假说”认为，病原物效应子作为毒性因子在寄主植物中有一个或多个作用靶标，通过操纵或修饰此作用靶标，该效应子有助于病原物在感病寄主中的侵染和致病；*avr* 基因的基本功能是作为病原物的毒性因子，在病原物的侵染、抑制寄主防卫反应、获取营养或水分等过程中起重要作用；在抗病植物中，病原物效应了对植物作用靶标的操纵或修饰，导致“由病原物诱导的自我修饰”（pathogen–induced modified-self）分子模式，从而激活了相对应的 R 蛋白，激活下游信号转导途径，导致抗性的产生。而 *R* 基因的基本功能是作为监控蛋白 / 保卫者，监控植物的重要组分（被保卫者）是否被病原物操纵或修饰。“保卫假说”已在多个 *R*/*avr* 识别互作体系中得到证实。“诱饵假说”认为病原物效应子为了侵染寄主植物，会攻击寄主中的蛋白，而寄主植物则进化出一种诱饵蛋白来模拟病原物效应子攻击的对象，从而特异性地识别病原物的效应子，因此植物抗病蛋白通过对诱饵蛋白的监测来激活植物免疫反应。近年来还提出了“整合型诱饵假说”（integrated decoy hypothesis），该假说认为寄主植物在抗病蛋白上直接整合一个结构域作为诱饵来识别病原物的效应子。①

抗病蛋白对无毒效应子的识别方式也有直接识别，即受体 – 配体模式，符合基因对基因假说。在该模式下，植物抗病蛋白为受体，病原物无毒效应子为配体，两者直接结合，导致抗病信号的产生和传递；该模型在识别研究早期提出，并一度被普遍接受。到目前为止，只有多对 *R*/*avr* 互作符合该模式：具有代表性的例子是水稻 *Pi–ta* 与稻瘟菌 *avr–Pita*、

① 诱饵受体（decoy receptor）是指胞膜外区与功能性受体胞外区结构相似，因而能结合配体，但胞质区缺乏信号转导能力的一类受体。可与功能性受体竞争性结合相同的配体，从而在受体水平对免疫功能进行负调控。

水稻抗病基因对 *Pik-1/Pik-2* 与稻瘟菌 *AVR-Pik*、水稻抗病基因对 *RGA4/RGA5* 与稻瘟菌 *AVR-Pia* 和 *AVR1-CO39*、拟南芥和青枯病菌 *PopP2*、亚麻 *L* 和亚麻锈菌 *avrL*、拟南芥的 *RPP1* 和寄生霜霉菌 *ATR1*，以上这几对 *R/avr*，均能直接相互结合。

从抗病蛋白被发现到其在抗病育种中应用已有 20 多年，但对其发挥作用的分子机制目前仍不清楚，比如参与植物免疫的抗病蛋白如何特异性识别病原物的无毒效应子。我国科学家以拟南芥 ZAR1 抗病蛋白复合体为研究对象，首次解析并发现了由抗病蛋白组成的植物抗病小体，并解析了其处于抑制状态、中间状态及五聚体活化状态的冷冻电镜结构，从而揭示了抗病蛋白调控和激活的核心分子机制，为将来更好利用抗病蛋白培育抗病植物提供了新的机遇。

因此，不同识别类型以及由此活化的不同抗性类型体现出了一定进化关系。病原体相关分子模式的识别为“非自我”识别，导致非寄主抗性和基础抗性的产生，病原物通过进化可以形成非激发性病原体相关分子模式来逃避基础抗性，或进化形成该抗性的抑制因子来抑制和克服基础抗性，而随后植物又进化形成能识别这些病原物效应子的受体，即抗病蛋白，通过识别被修饰的自我，诱发抗病性的产生，这种抗性即病原物小种 – 植物品种的专化抗性。

三、植物抗病防卫反应的信号转导

植物抗病防卫信号转导可以由病原物侵染、物理因子、生物或非生物激发子等外源信号的刺激引发，导致对不同类别病原物的抗性。信号转导通常开始于细胞对外源信号的识别，信号识别是实现信号转换的开始，在这一过程中，细胞膜接受的外源信号通过内源信号的介导，转换为细胞内的可传递信息。细胞内信息传递由多种信号转导因子接力完成，信息最终传递给信号转导调控因子，信号转导调控因子通常是转录调控因子，它们调控效应基因的表达，引导抗病性表型。

一个信号转导过程组成一个信号通路或信号转导途径（signal transduction pathway），不同信号通路的交叉识别是生物细胞协调、平衡生长发育的重要手段，也是植物协调防卫反应与生长发育的重要手段。

1. 信号转导的主要环节

植物抗病基因的保守序列在专化抗病性信号转导中起重要作用，信号转导可分为 3 个主要环节。第一，植物通过细胞外 LRR、TIR 或整合功能域识别外源信号、决定抗病特异性。LRR 结构域在蛋白质 – 蛋白质互作、肽 – 配体结合以及蛋白质 – 碳水化合物互作中起作用。因此，位于细胞外的 eLRR 在识别外源信号时起作用，如水稻 *Xa*21 和亚麻 *L2* 的产物，都由 LRR 决定抗病性的特异性。第二，通过 NBS 功能域内的蛋白质结合核苷酸（ADP 或 ATP）发生结构的变化转导外源信号。NBS 结构域的主要功能是结合核苷酸（ADP 或 ATP）发生蛋白质构象的变化；ATP 或 GTP 的结合可以活化蛋白质激酶或 G 蛋白，它们活化后经 cAMP 等因子介导，参与生物中许多不同的过程。在植物抗病性中，NBS 结构域在防卫反应、过敏性反应等信号通路的启动中发挥重要作用。番茄抗病基因 *Pto* 编码的蛋白是一个激酶，介导对丁香假单胞菌的抗性。第三，通过细胞内 LRR 等功能结构域传递磷酸化信号。蛋白质激酶磷酸化的发生及磷酸化信号向下游传递，可能需要其他因子的协助。磷酸化信号转导过程最终与防卫反应相偶联，导致植物抗病性。

2. 基本信号通路

植物激素水杨酸（salicylic acid，SA）、乙烯（ethylene）、茉莉酸（jasmonic acid，JA）介导的抗病性，在不同植物中可以被不同外源信号诱发、抵抗不同类别的病原物，被称为植物抗病防卫基本信号通路。由激素介导的主动防卫机制潜伏于不同植物中，在一定条件下，都可以被诱导激活，3 种激素信号转导过程各具特点。①水杨酸通过抑制过氧化酶或抗坏血酸氧化酶的活性，使 H_2O_2 或其他活性氧积累，导致活性氧迸发；但对水杨酸如何引导抗病性信号转导，还不清楚。水杨酸信号转导在下游分支中，某些含锚蛋白质重复序列的蛋白质或蛋白激酶都可以激活防卫反应基因的表达，导致抗病性。植物受某些外源信号、包括乙烯或其前体刺激后，合成、积累乙烯，乙烯与其受体的结合引发信号转导。②乙烯信号转导影响植物生长发育、抗病、抗逆等过程。③茉莉酸被受体 COI1 识别，调节转录抑制因子 JAZ 的功能，COI1 激活泛素连接酶 SCFC0I1 介导的 26S 蛋白酶体对转录抑制因子 JAZ 的降解，调控抗病基因的表达。同时，3 种激素介导的抗病防卫基本机制各有独特之处，如水杨酸信号转导的诱导因子包括非亲和性互作、许多专性寄生病原物的侵染、各种生物与非生物效应子刺激，而诱发茉莉酸 / 乙烯信号转导的因素主要有创伤、某些环境胁迫（如臭氧毒害）、昆虫取食、从根系入侵的病原物等；3 种激素各有特殊的信号转导调控因子，激活的效应基因不同，如乙烯、茉莉酸与水杨酸诱导的 *PR* 基因表达谱不同，如在拟南芥中，乙烯和茉莉酸可以诱导抗菌蛋白质基因 *Thi2.1* 和 *PDFl.2* 以及 *PR-3*、*PR-4* 的表达，而水杨酸不能诱导 *Thi2.1* 和 *PDF1.2* 的表达，但可以诱发 *PR-1*、*PR-2* 和 *PR-5* 的表达。

总之，植物抗病防卫反应的信号转导是十分复杂的过程。植物抗病性的发生、发展，依赖不同信号通路，过敏性通路、抗病防卫基本信号通路可能彼此独立，或同时被启动，或在上游的某环节交叉。植物抗病防卫不同信号通路从上游到下游都有交叉，形成复杂的信号网络，在不同通路之间相互借用，使植物能够快速有效地调动防卫反应。

小结

植物抗病性是指植物避免、抵抗或阻滞病原物侵入、扩展或危害，减轻发病和损失程度的一类特性。抗病性是植物普遍存在的、相对的性状，可以根据不同的标准区分为不同的类型。按照寄主抗病的机制不同，可将抗病性区分为主动抗病性和被动抗病性；根据寄主品种与病原物小种之间有无特异性相互作用，可区分为小种专化抗病性和小种非专化抗病性；根据抗病性的遗传方式，可区分为主效基因抗病性和微效基因抗病性；根据抗病性表达的病程阶段不同，又可区分为抗接触（避病）、抗侵入、抗扩展、抗损害（耐病）和抗再侵染等多种抗病性。

植物被病原物侵染后，发生一系列生理生化变化，如细胞膜透性改变、电解质渗漏、关键酶活性改变、呼吸作用、光合作用、核酸、蛋白质、酚类物质以及水分关系诸方面的变化等。抗病植物与感病植物在以上诸方面的变化模式明显不同，植物抗病性有着复杂的物理与生物化学机制。

植物抗病机制是多因素的，既有先天具有的被动抗病性因素，又有病原物侵染后表达的主动抗病性因素；既有形态的、功能的或组织结构的因素，即物理抗病因素，又有生理的和生物化学的因素，即化学抗病因素。

植物被动抗病性的物理因素是指植物固有的形态结构特征，它们主要以其机械坚韧性和对病原物酶作用的稳定性而抵抗病原物的侵入与扩展。植物被动抗病性的化学因素包括植物含有的天然杀菌、抑菌物质，以及缺乏病原物寄生和致病所必需的重要成分等。

植物主动抗病性的物理因素主要是指病原物侵染所引起的亚细胞、细胞和组织水平的形态结构改变，这些改变限制了病原物侵染。其中研究较多的有植物细胞壁的木质化作用、木栓化作用，因酚类物质和钙离子沉积而产生细胞壁类似物质，离层形成和导管阻塞等。主动抗病性的过敏性坏死反应、活性氧迸发，植物保卫素形成，病程相关蛋白的积累和对病原菌毒素的降解作用等。

植物避病的机制主要是由于时间错开或空间隔离而躲避或减少了与病原物的接触；植物耐病则可能是由于其生理调节能力和补偿能力较强所致。植物的诱发抗病性是植物经微生物预先接种后或用化学因子、物理因子处理后所产生的抗病性，是一类针对病原物再侵染的抗病性。现已提出了多种假说阐明诱发抗病性的作用机制，并已研制出高效植物免疫剂。

寄主与病原物的识别是指病原物与寄主接触时双方特定信号和分子交流与作用的过程，包括病原物接近、接触和侵染3个阶段。病原物 *avr* 基因具有双重功能，在抗病寄主植物中，与植物 *R* 基因互作导致小种－品种专化抗性产生，而在不含 *R* 基因的感病寄主植物中，起促进病原物侵染或有利于病原物生长发育等毒性作用。

研究和学习植物病原物的致病机制和寄主植物抗病性的机制，有助于揭示抗病性的本质，合理利用植物抗病性，达到控制病害的目的。

思考题

1. 植物抗病性有不同的分类办法，你认为哪种办法最能反映抗病性的本质？
2. 举例说明植物被病原物侵染后所发生的主要生理变化。
3. 试比较植物被动抗病性因素与主动抗病性因素的异同。
4. 为什么说植物保卫素、活性氧和病程相关蛋白是重要的主动抗病性因素？
5. 以小麦锈病或稻瘟病为例，列举在病程各阶段发挥作用的被动和主动抗病性因素。
6. 何谓寄主植物与病原物的“互作”？研究它的意义是什么？
7. 寄主植物与病原物的识别涉及哪些因素？
8. 什么是病原菌的效应子？研究它的意义是什么？

数字课程学习

自测题

第十一章 植物病害的流行与预测

植物病害流行是指植物群体发病的现象与过程，即病害在较短时间内、大面积普遍发生，从而造成重大损失的过程称为病害的流行。依据植物病害流行学原理和方法估计病害发生的时期、数量以及病害所造成的损失是植物病害预测的研究范畴，是指导病害防治和病害管理的依据。在群体水平研究植物病害发生规律、预测病害和病害管理的综合性学科则称为植物病害流行学，它是植物病理学的分支学科。

第一节　植物病害的流行

在自然界，生态系统是指在某一特定宏观的地域或水域的范围内，所有生物与非生物的环境要素通过物质循环和能量流动，相互作用、相互依存的一个动态系统。生态系统是一个有机整体，这是生态系统最重要的特征。农业生态系统是半自然、半人工的生态系统。一个植物的病害系统可以看作是有许多因子参与组成的病害系统。病原物和寄主在特定的环境中互相作用而构成的系统，称为植物病害系统（plant pathosystem）。植物病害系统属于农业、农业生态大系统里的一个子系统。如果在植物病害系统中只有植物和环境两个因子组成，就是植物非侵染性病害系统；如果还有病原物参与，就是植物侵染性病害系统。

一、自然界的植物病害系统

植物发生病害是不同生物共同进化的结果，是生物进化的自然现象，而病害流行可看作是在一定的环境影响下寄主植物与病原物相互作用的动态平衡遭到破坏的结果。鲁滨孙（Robinson，1976）把自然植被中的病害系统，称为自然病害系统，如森林病虫害系统、草原病虫害系统等；在人为的作物群体中的病害系统，称为作物病害系统，把在人工设施条件下作物发生病害的系统称为设施作物病害系统。从遗传学角度来认识病害流行系统，病原物、寄主作物和两者的结合体——病害，是植物病害流行系统内部的主要组分，它们之间的相互作用决定了病害系统的主要特征。由于多年协同进化，已经形成稳定的生物群落，在一定的地域内会有某些常发病（endemic disease），它们基本上处于低水平、常发生的稳态流行状态，又称地方流行病。如果一种病害在多个国家同时或先后发生流行，就称为洲际流行病（pandemic disease）。

二、农业系统中的病害系统

自然病害系统十分复杂，有许许多多因素参与组成，在作物病害系统中，也是寄主、病原物和环境3个因素，其中环境因素包括生物环境和非生物环境两个部分。生物环境是指在同区域内还存在不同的动植物和微生物种类，它们都可能影响到这个作物病害系统；在非生物环境中，除了植物所处的物理环境外，还受到多种多样管理措施的影响，例如人工加湿、补光、加温、喷药和通风等。所以，对于在人类干预下的作物病害系统，除寄主、病原物和环境3个因数外，还须加上“人类干预”这个重要因素形成病害系统的多面体，常见的如更换品种、连作、套作、休闲、撂荒、水改旱或旱改水、耕作制度改变、田间管理、喷药防治等，这4个因素之间都有着千丝万缕的关系，它们相互影响又相互制约（图11–1）。

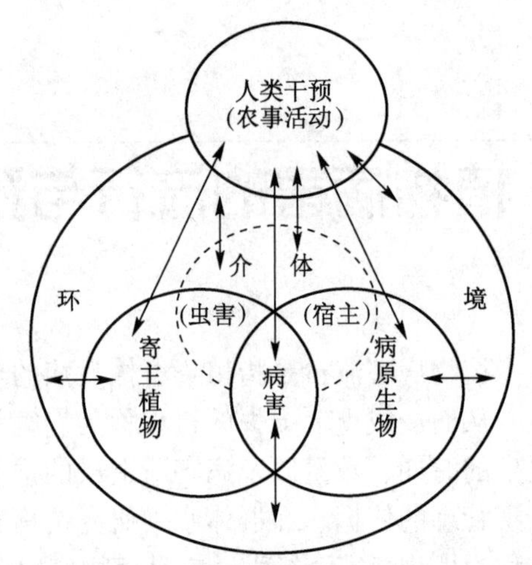

图11–1 人类干预下的作物病害系统的多面体
（许志刚绘，1986）

农业病害系统在很大程度上是按人的主观意愿变化的。最明显的就是在作物布局结构调整后，植物病害就会发生明显的变化。由于农业生态系统日趋简化，如大面积种植品种的单一化、遗传背景单一化，使得植物自身调节功能减弱，某些作物病害往往处于突然发生且水平很高的流行状态。

植物病害的发生与流行，有许多情况是直接与病原物是否存在有关，如禾谷类黑粉病；有些与寄主的种类有关，如白菜根肿病；有些则直接与气候条件有关，如麦类赤霉病等。一些在当地常年发生的稳态流行病，由于寄主品种和病原菌都是稳定的，病害是否发生或发生轻重主要取决于气候等环境因素，如果人为改变了品种布局，或更换了作物品种，病害的生态体系发生改变，病害的流行程度也随着发生变化。水稻条纹叶枯病是一种由飞虱传播的病毒病，寄主有水稻、小麦和玉米等，从东北松辽平原到长江中下游稻区都有发生，但是发生的程度主要受到水稻育秧期、小麦收获期和飞虱越冬成活率的影响，而水稻育秧期和小麦收获期则主要由农民或农业技术员来决定。另一个影响因素是农民在何时使用农药来防治飞虱，防治得愈早，效果愈好，到大田发病时来防治，病害已经扩散，损失已经造成，飞虱已经传毒和危害，效果就很差。

现代农业的重要措施之一是大面积采用遗传背景相似的作物品种，替代了多样性的自然植物群落。以粮食作物为例，人类历史上赖以为生的食物不少于3 000种，进入世界贸易的曾有150种。据1977年统计，人类赖以生存的植物主要是水稻、小麦、玉米、高粱、大麦、马铃薯、甘薯、木薯、菜豆、大豆、花生、甘蔗、糖用甜菜、香蕉和椰子等15种。它们的种植面积占耕地面积的80%。此外栽培植物的遗传基因也相当简单和集中。连续大面积地种植遗传背景相似的植物，如杂交水稻或转基因大豆，就会有效地选择了适于该种植物基因型的病原生物，并在时间和空间上为它们提供了连续的营养基地。一种对于生长在复杂生态系统中的植物（如每公顷只有几棵橡胶树）并不会有很大破坏性的病虫害发

生，在密集单作的条件下就可能发生毁灭性的病虫害。我国南方稻区在 20 世纪 80 年代大面积种植以“汕优 63”为主栽品种的杂交稻，导致了稻瘟病和白叶枯病的大流行；近年来稻曲病的普遍发生则与粳型杂交稻的推广有关。

农业的集约化种植，如连作、复种、套种、保护地栽培以及密植，往往给病原物提供了大量增殖或连续发生的条件，导致各种纹枯病、枯萎病的流行，以及设施栽培中病毒病、霜霉病、白粉病和疫霉病的流行。甘薯黑斑病最早发现于美国（1890），1921 年后从美国传入日本，1937 年又从日本传入我国辽宁，随着种薯调运逐步蔓延至全国甘薯产区，全国每年因此病害损失达到 10%。没有种薯的人为调运，该病就不会如此广泛地流行。

植物病害流行系统是病原物和寄主植物两个种群通过寄生作用构成的动态的生物系统。病原物和寄主的遗传关系和协同进化规律是分析植物病害流行机制的重要内容。变更耕作制度在控制某些病害中可起到提高当年产量的作用，但同时也会诱发新的病害。提高复种指数，提高种植密度和施肥水平、增加保护地种植往往都会增加病原物存活和增殖的有利条件，一方面可能抑制了某些病害的发生与危害，但同时又可能加重某种或某些类型病虫的危害。农作物病害流行成灾，绝大多数都是人为的或与人类活动有密切关系。正如曾士迈（1986）指出：农作物病害流行大多是人为造成的。这一认识在研究和防治实践中具有十分重要的意义，将导致植物病害防治理论的新发展。例如江苏在 20 世纪 90 年代推行籼改粳以后，白叶枯病和条斑病几乎绝迹，但稻瘟病和病毒病又重新流行起来，就是农业生态改变造成的。在有害生物的防治中，无论是我国实行的综合防治或是 FAO 的 IPM，都应该围绕作物病虫害系统的多面体模型作综合考虑，分析植物病害的流行也应该如此。

三、植物病害的流行预测

植物病害流行的时间和空间动态及其影响因子是植物病害流行学的研究重点。植物病害流行是涉及病原物、寄主和环境条件三者相互作用的一个复杂的生物学过程，还有人类干预的因素，需要采用定量与定性相结合的方法进行解析，即定性描述病害群体性质，并通过定量观测建立关于群体动态的数学模型。

（一）植物病害的计量

植物群体的发病程度可以用多种指标计量，其中最常用的有发病率、病害严重度和病情指数。

1. 发病率

发病率（incidence）是发病植株或植物器官（叶片、根、茎、果实、种子等）占调查植株总数或器官总数的百分比，用以表示发病的普遍程度。但是，在不同田块、不同品种或不同时段去调查病株发病轻重程度可能有相当大的差异。例如，同为发病叶片，有些叶片可能仅产生单个病斑，另一些则可能产生几个甚至几十个病斑。这样，发病率相同时，发病的严重程度和植物蒙受的损失可能不同。为了更全面地估计病害数量，便需要应用病害严重度指标来体现危害程度的差异。

2. 病害严重度

病害严重度（severity）表示植株或器官的患病面积所占的比例，用分级法表示，亦即根据一定的标准，将发病的严重程度由轻到重划分出几个级别，分别用各级的代表值或发病面积百分比表示。调查统计时，以单个植株或特定器官为调查单位、对照事先制定的严重度分级标准，找出与发病实际情况最接近的级别。

禾本科作物的叶部病害大多是植株下部叶片发病早而重，以后逐渐向上发展。根据成株期发病程度分为10级，植株完全不发病的为0级，发病最重的是第9级，植株基部到顶部一半的地方作为终点。病害从基部发展到中点，不再向上发展作为第1～5级。病害发展到中点以上的，记为6～9级。严重度分级标准除用文字描述外，还可以制成分级标准图。国际水稻研究所（IRRI）对水稻叶部病害采用0～9级的10级记载标准，但在实际调查时大多采用0、1、3、5、7、9六级记载标准（表11–1，图11–2）。由于在田间调查时是由调查人凭肉眼判断的，难免会有误差。

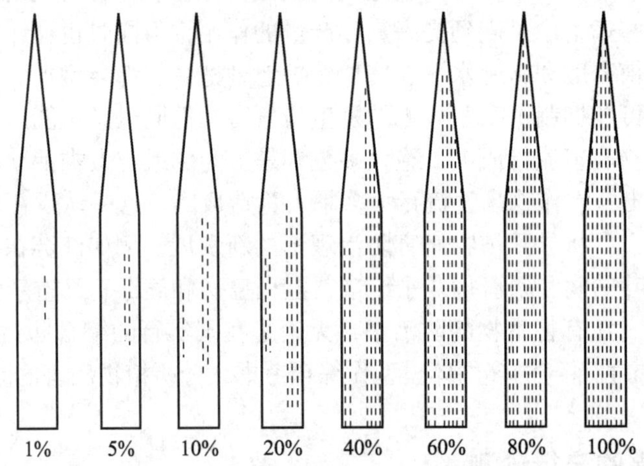

图11–2　小麦条锈病严重度分级标准图

（引自：商鸿生等，1990）

表11–1　水稻叶斑病类严重度分级示意（国际水稻研究所）

严重度分级	分级标准
0级	不发病（免疫）
1级	抗病，只在最下面叶片有少量分散的病斑
2级	抗病，最下面叶片轻度发病，下面第二叶片上有分散的病斑
3级	抗病，下面第三张叶片轻度发病，最下面叶片发病中等或较重
4级	中抗，下面叶片中度到轻度发病，扩展到中点，中点下叶片轻度发病或只有分散的病斑
5级	中感，下面叶片严重发病，中点下叶片轻度或中度发病，中点以上叶片不发病
6级	中感，植株下面1/3部分严重发病，中点叶片中度发病，中点以上叶片有零星发病
7级	感病，中点和中点下叶片严重发病，上面病害扩展到剑叶下面的叶片，或剑叶也有少量感染
8级	感病，中叶和中叶下叶片严重发病，植株上部1/3部分中度或严重发病，剑叶发病显著
9级	高感，所有叶片都严重发病，穗部也有一定程度发病

3. 病情指数

病情指数（disease index）是综合考虑发病率与严重度两者的指标。若以叶片为单位，

当严重度用分级代表值表示时，病情指数计算公式为：

$$\text{病情指数}=\frac{\sum(\text{各级病叶数}\times\text{各级代表值})}{\text{调查总叶数}\times\text{最高一级代表值}}\times 100$$

当严重度用百分率表示时，则用以下公式计算：

$$\text{病情指数}=\text{普遍率}(\%)\times\text{严重度}(\%)$$

除发病率、严重度和病情指数以外，有时还用其他指标定量估计病害数量。例如，调查麦类锈病流行初期发病数量时，还常用病田率（发病田块数占调查田块总数的百分率）、病点率（发病样点数占调查样点总数的百分率）和病田单位面积内发病中心或单片病叶数量等指标。

（二）植物病害的流行类型

根据病害的流行学特点不同，可分为单循环病害和多循环病害两类。

单循环病害（monocyclic disease）是指在病害循环中只有初侵染而无再次侵染或虽有再次侵染，但作用很小的病害，如小麦黑穗病、桃缩叶病。此类病害多为种传或土传的全株性或系统性病害，在田间其自然传播距离较近，传播效率很低。这类病原物常常可产生抗逆性强的休眠体越冬或越夏，越冬率较高而稳定；单循环病害每年的流行程度主要取决于初始菌量。在病原物侵入阶段易受环境条件影响，一旦侵入成功，则当年的病害数量已成定局，受环境条件的影响较小。此类病害在一个生长季中菌量增长幅度虽然不大，但能够逐年积累且稳定增长，若干年后将可能导致较大的流行，因而也称为“积年流行病害”。许多重要的农作物病害，例如小麦散黑穗病、小麦腥黑穗病、小麦线虫病、水稻恶苗病、稻曲病、大麦条纹病、玉米丝黑穗病、麦类全蚀病、棉花枯萎病和黄萎病以及多种果树病毒病害等都属于积年流行病害。小麦散黑穗病病穗率每年增长 4～10 倍，如第一年病穗率仅为 0.1%，如果不换种子连年种植，该田块第四年病穗率将达到 30%左右，造成严重减产。

多循环病害（polycyclic disease）是指在一个生长季中病原物繁殖率高，能够连续繁殖多代，从而发生多次再侵染的病害，如稻瘟病、稻白叶枯病、麦类锈病、玉米大（小）斑病、马铃薯晚疫病等气流传播的病害。这类病害绝大多数是局部侵染的，寄主的感病时期长，病害的潜育期短，病原物的增殖率高；接种体对环境条件敏感，其寿命不长，在不利条件下会迅速死亡。病原物越冬率低而不稳定，越冬后存活的菌量（初始菌量）不高。多循环病害在有利的环境条件下增长速率很高，病害数量增幅大，具有明显的由少到多、由点到面的发展过程，可以在一个生长季内完成菌量积累，造成病害的严重流行，因而又称为“单年流行病”。以马铃薯晚疫病为例，在最适天气条件下潜育期仅 3～4 d，在一个生长季内可繁殖 10 代以上，病斑面积约增长 10 亿倍，田间调查实例表明，马铃薯晚疫病菌初侵染产生的中心病株很少，在所调查的 4 669 m^2 地块内只发现了 1 株中心病株，10 d 后在其四周约 1 000 m^2 面积内出现了 10 000 余个病斑，病害数量增长极为迅速。但是由于各年气象条件或其他条件的变化，不同年份间流行程度波动很大，相邻的两年流行程度并无相关性。

单循环病害与多循环的流行特点不同，防治策略也不相同。防治单循环病害，铲除初始菌源很重要，除选用抗病品种外，田园卫生、土壤消毒、种子清毒、拔除病株等措施都

有良好防效。即使当年发病很少，也应采取措施抑制菌量的逐年积累。防治多循环病害主要应种植抗病品种。采用药剂防治和农业防治措施，减少菌量的积累或降低病害流行速率。

（三）病害流行的时间动态

植物病害的流行包含病害发生、发展和衰退的过程。这个过程是由病原物对寄主的侵染活动和病害在空间和时间中的动态变化表现出来的。

病害流行的时间动态是流行学研究的主要内容之一，在理论和应用上都有重要意义。按照研究的时间规模不同，流行的时间动态可分为季节流行动态和逐年流行动态。

在一个生长季中如果定期系统调查田间发病情况，取得发病数量（发病率或病情指数）随病害流行时间而变化的数据，再以时间为横坐标，以发病数量为纵坐标，可绘制成发病数量随时间而变化的曲线。该曲线被称为病害的季节流行曲线（seasons progress curve）。曲线的起点在横坐标上的位置为病害始发期，曲线斜率反映了病害流行速率，曲线最高点表明流行程度。

不同的多循环病害或同一病害在不同发病条件下，可有不同类型的季节流行曲线，最常见的为“S”型曲线。对于一个生长季中只有一个发病高峰的病害，若最后发病达到或接近饱和（100%），寄主群体亦不再生长，如小麦锈病（春、夏季流行）、马铃薯晚疫病等，其流行曲线呈典型的“S”型曲线（图 11-3A）。如果发病后期因寄主成株抗病性增强，或气象条件不利于病害继续发展，但寄主仍继续生长，以至新生枝叶发病轻，流行曲线呈抛物线型（图 11-3B），例如甜菜褐斑病、大白菜白斑病等。有些病害在一个生长季节中有多个发病高峰，流行曲线为多峰型（图 11-3C、D）。

稻瘟病在南方稻区因稻株生育期和感病性的变化可能出现苗瘟、叶瘟和穗颈瘟等 3 次高峰。在小麦条锈病菌越冬地区，冬小麦苗期发病有冬前和春末两次高峰。华北平原玉米大斑病常在盛夏前后也有两次高峰，其间因盛夏高温抑制了病菌侵染。

多循环病害的流行曲线虽有多种类型，但 S 型曲线是最基本的。流行过程可划分为始

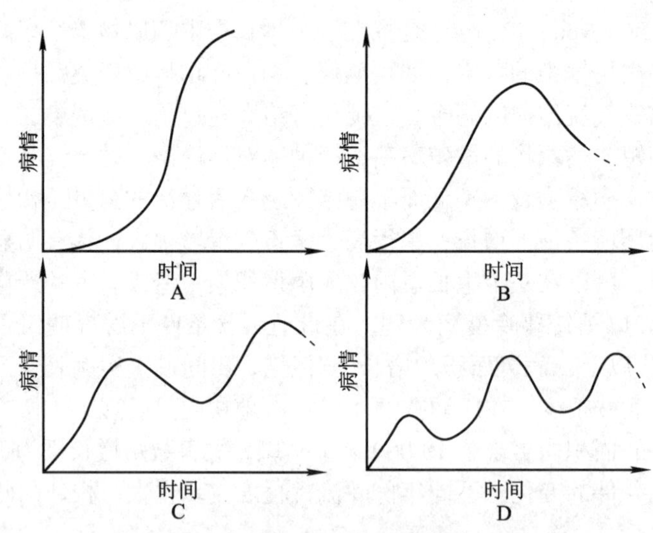

图 11-3　病害季节流行曲线的几种常见形式

（引自曾士迈和杨演）

A. S型；B. 单峰型；C. 双峰型；D. 多峰型

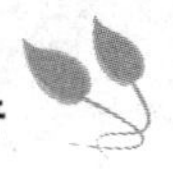

发期、盛发期和衰退期，这分别相当于 S 型曲线的指数增长期（exponential phase）、逻辑斯蒂增长期（logistic phase）和衰退期（或称缓慢增长期）（图 11–4）。

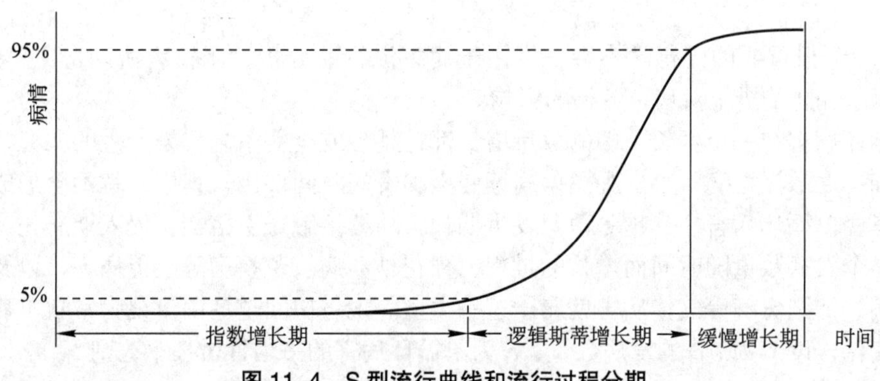

图 11–4　S 型流行曲线和流行过程分期

指数增长期由开始发病到发病数量（发病率或病情指数）达到 5%为止，此期经历的时间较长，病情增长的绝对数量虽不大，但增长速率很高。逻辑斯蒂增长期由发病数量 5%开始到达 95%或转向水平渐近线，从而停止增长的日期为止。在这一阶段，植物发病部位已相当多，病原菌接种体只有着落在未发病的剩余部位才能有效地侵染，因而病情增长受到自我抑制。随着发病部位逐渐增多，这种自我抑制作用也逐渐增大，病情增长渐趋停止。逻辑斯蒂增长期经历的时间不长，病害增长的幅度最大，但增长速率下降。在逻辑斯蒂增长期之后，便进入衰退期（或称缓慢增长期），此时因为寄主感病部分已全部发病，或因为气象条件已不适于发病，病害增长趋于停止，流行曲线趋于水平。有时，由于寄主仍继续生长，发病数量反而下降，更明显地表现出流行的衰退。

在上述 3 个时期中，指数增长期是菌量积累和流行的关键时期，它为整个流行过程奠定了菌量基础。病害预测、药剂防治和流行规律的分析研究都应以指数增长期为重点。

在病害流行过程中，病害数量的增长可以用多种数学模型描述，其中最常用的为指数增长模型和逻辑斯蒂模型。应用指数增长模型时，需假设可供侵染的植物组织不受限制，环境条件是恒定的，病害增长率不随时间而改变，而且不考虑病组织的消亡。在上述前提下，令 X_0 为初始病情，X_t 为 t 日后的病情，r 为病害的日增长率（指数流行速率），则病害数量增长符合指数生长方程：

$$X_t = X_0\, e^{rt}$$

指数增长模型的图形是 J 型曲线，适用于病害流行前期。但是，当病害数量（X）愈来愈多，所余健康而可供侵染的植物组织就愈来愈少（$1–X$）。指数增长模型关于可供侵染的植物组织不受限制的假设不再适用，以后新增病害的数量也必将愈来愈少，病害增长受到自我抑制，从而符合逻辑斯蒂生长曲线。

$$\frac{X_t}{1-X_t} = \left(\frac{X_0}{1-X_0}\right) e^{rt}$$

逻辑斯蒂生长曲线的构图形为 S 型曲线，与多循环病害的季节流行曲线相似。从而可利用该数学模型来分析多循环病害的流行，模型中的 r 为逻辑斯蒂侵染速率，其指数增长期和逻辑斯蒂增长期的流行速率统称为表观侵染速率（apparent infection rate）。若以 x_1、x_2

分别代表 t_1、t_2 日的发病数量，则由逻辑斯蒂模型可得：

$$r=\frac{1}{t_2-t_1}\left(\ln\frac{x_2}{1-x_2}-\ln\frac{x_1}{1-x_1}\right)$$

r 是一个很重要的流行学参数，可用于病害流行的分析、比较和估计寄主、病原物、环境诸因子和防治措施对病害流行的影响。

单循环病害在一个生长季中的数量增长都是越冬或越夏菌源侵染产生的。有些单循环病害，如小麦散黑穗病、小麦腥黑穗病等侵染和发病时间都比较集中，就不会形成流行曲线。但有些单循环病害，其越冬菌源发生期长，陆续接触寄主植物，侵入期有先有后，也呈现出一个发病数量随时间而增长的过程，棉花枯萎病、黄萎病等土传病害，以及苹果和梨的锈病、柿圆斑病等气传病害就属于这一类型。现将田间越冬菌量视为常数，病害潜育期亦不变化，设 x_t 为 t 日的发病数量，r_t 为单循环病害的平均日增长率，则

$$X_t=1-e^{-r_t\cdot t}$$

其图形为 e 型指数曲线。r_t 值高低取决于越冬菌量以及寄主和环境诸因子。

植物病害的逐年流行动态是指病害几年或几十年的发展过程。单循环病害或积年流行病害有一个菌量的逐年积累，发病数量逐年增长的过程。如果在一个地区，品种、栽培和气象条件连续多年基本稳定，可以仿照多循环病害季节流行动态的分析方法，配合逻辑斯蒂模型或其他数学模型，计算出病害的平均年增长率。

（四）病害流行的空间动态

植物病害流行的空间动态，亦即病害的传播过程，反映了病害数量在空间的发展规律。病害的时间动态和空间动态是相互依存、平行推进的，没有病原物的增殖，就不可能实现病害的传播；无有效的传播也难以实现病害数量的继续增长，也就没有病害的流行。

病害的传播特点主要因病原物种类及其传播方式而异。气传病害的自然传播距离相对较远，其变化主要受气流和风的影响。土传病害自然传播距离较近，主要受田间耕作、灌溉等农事活动以及线虫等生物介体活动的影响。虫传病害的传播距离和效能主要取决于传病昆虫介体的种群数量、活动能力以及病原物与介体昆虫之间的相互关系。

病害传播是病原物本身有效传播的结果。以气流传播的病原真菌孢子为例，其气流传播包括孢子由产孢器官向大气中释放、随气流飞散和着落在植物体表等 3 个过程。孢子的气流传播规律几乎与空中非生物微粒的气流传播一样，受其形状、大小、密度、表面特性和气流运动等物理学因素的影响，但孢子经过传播以后能否萌发和侵染，引起植物发病还受到一系列生物学因素的制约，包括孢子的致病性、抗逆性、数量和密度，寄主植物的数量、分布和感病性，以及对孢子萌发、侵入和扩展有显著影响的环境因子等。其中只有具备侵染能力并引起发病的孢子，才最终实现了病害的传播。

不同病害的传播距离有很大差异，可区分为近程、中程和远程传播。流行学中常用一次传播距离和一代传播距离的概念。前者为病原菌孢子从释放到侵入植物体这段时间内的侵染所引起的病害传播，以日为时间单位，表述为一日之内实现的病害传播距离。后者为病害一个潜伏期内多次传播、侵染所实现的传播距离。病害传播距离在 100 m 以下的，称为近程传播；传播距离达 1 ~ 50 km 的，称为中程传播；传播距离超过 50 km 的为远程传播。

近程传播所造成的病害在空间上是连续的或基本连续的，有明显的梯度现象，传播的动力主要是植物冠层中或贴近冠层的地面气流或水平风力。

中程传播所造成的发病情况具有空间不连续的特点，通常菌源附近有一定数量的发病，而距菌源稍远处又有一定数量的发病，两者之间病害中断或无明显的梯度。发生中程传播的孢子量较大，被湍流或上升气流从植物冠层抬到冠层以上数米的高度，再由近地面的风力运送到一定距离后再着落到植物冠层中。

大量孢子被湍流、上升气流等抬升离开地面达到 1 000 m 以上的高空，形成孢子云，继而又被高空气流水平运送到 100 km 或更远，最后靠锋面雨作用降落地面，实现了远程传播。远程传播的病害有小麦锈病、燕麦冠锈病和叶锈病、大豆锈病、橡胶白粉病、小麦白粉病、玉米锈病等少数病害。北美洲小麦秆锈病菌在美国南部的得克萨斯州越冬，而在北方诸州和加拿大越夏，每年春夏季由南向北、秋季由北向南发生两次远距离传播。利用飞机在高空捕捉到秆锈菌夏孢子，证明直至 4 km 的高空都有锈菌孢子分布。我国小麦条锈病和秆锈病在不同流行区域间也都发生菌源交流和远距离传播现象。

多循环气传病害流行的田间格局有中心式传播和弥散式传播两类。

若多循环气传病害的初侵染菌源是本田的越冬菌源，且初始菌量很小，则发病初期在田间常有明显的传病中心，空间流行过程是一个由点片发生到全田普发的传播过程，则称为中心式传播或中心式流行（focul epidemic）。由于初侵染引起的中心病株或病斑数量有限，早期的再侵染主要波及传病中心附近的植株，由传病中心向外扩展，其扩展方向和距离主要取决于风向和风速，下风方向发病迅速而严重，扩散距离也较远。通常传病中心处新生病害密度最大，距离愈远，密度越小，呈现明显的梯度，这称为病害梯度（disease gradient）或侵染梯度（infection gradient）。梯度愈缓，传播距离愈远；梯度愈陡，传播距离愈近。

小麦条锈病、马铃薯晚疫病、玉米大斑病和小斑病等都可以是中心式流行的病害。以小麦条锈病的春季流行为例，在北京地区的系统调查显示了由点片发病到全田普发的过程，早春在有利于侵染的天气条件下，一个由 1 ~ 5 张病叶组成的传病中心，第一代（4 月上、中旬）传播距离达 20 ~ 150 cm，第二代（4 月下旬至 5 月初）传播距离达 1 ~ 5 m，此时，田间处于点片发生期，第三代（5 月上、中旬）传播距离达 5 ~ 40 m，已进入全田普发，第四代传播距离达 100 m 以上，乃至发生中、远程传播。

气传病害的初侵染菌源若来自外地，田间不出现明显的传病中心，病株随机分布或接近均匀分布，若外来菌源量虽较大且充分分散，发病初期就可能全田普发。这称为病害的弥散式传播或弥散式流行（general epidemic），麦类锈病在非越冬地区的春季流行往往就属于这种类型。有的病害虽由本田菌源引起流行，但初始菌量大，再侵染不重要，如小麦赤霉病、玉米黑粉病等，一般也没有明显的传病中心而呈弥散式流行。

由昆虫传播的多循环病害，田间分布型决定于媒介昆虫的活动习性，一般也是距离初次侵染菌源愈远，发生数量愈少。田间发病数量随再侵染而逐渐增多。病原物存在于土壤中而具有再次侵染的病害，常围绕初侵染菌源形成集中的传病中心或发病带，然后向外蔓延，但是在一个生长季节中的传播距离有限。

（五）影响病害流行的因素

植物病害的流行受到寄主植物群体、病原物群体、环境条件和人类活动诸方面多种因素的影响，这些因素的相互作用决定了流行的强度和广度。

在诸多流行因素中最重要的有4个：

1. 大面积感病的寄主植物是病害流行的基础

首先，存在感病寄主植物是病害流行的基本前提。感病的野生植物和栽培植物都是广泛存在的。虽然人类已能通过抗病育种选育高度抗病的品种，但是现在所利用的主要是小种专化抗病性，在长期的育种实践中因重视单一目标的选择而逐渐失去了植物原有的非小种专化抗病性，致使抗病品种的遗传基础狭窄，易因病原物群体致病性变化沦为感病品种；其次，感病的寄主植物大面积集中栽培，农业规模经营和保护地栽培的发展，往往在特定的地区大面积种植单一农作物甚至单一品种，从而特别有利于病害的传播和病原物增殖，常导致病害大流行。

2. 有大量毒力强的病原物是流行的关键

首先，要有毒力强的病原物，许多病原物群体内部有明显的毒力分化现象，具有强毒力的小种或菌株占据优势就有利于病害流行。在种植寄主植物抗病品种时，病原物群体中具有匹配毒性的类型将逐渐占据优势，使品种抗病性逐渐“丧失”，从而导致病害重新流行；其次，有大量的病原物接种体，有些病原物能够大量繁殖和有效传播，短期内能积累巨大菌量，有些则抗逆性强，越冬或越夏存活率高，初侵染菌源数量较多，这些都是重要的流行因素。对于依靠生物介体传播的病害，有亲和性的传毒介体数量也是重要的流行因素。

3. 有利的环境条件是流行的主要因素

环境条件主要包括气象因子、土壤因子、栽培措施等。有利于流行的环境条件应能持续足够长的时间，且出现在病原物繁殖和侵染的关键时期。

气象因子能够影响病害的流行，其中以温度、水分（包括湿度、雨量、雾和露等）和日照最为重要。气象条件既影响病原物的繁殖、传播和侵入，又影响寄主植物的抗病性。不同类群的病原物对气象条件的要求不同。例如，霜霉菌的孢子囊在水滴中才能萌发，而水滴对白粉菌分生孢子的萌发不利。多雨的天气容易引起霜霉病的流行，而对白粉病却有抑制作用。

寄主植物在不适宜的条件下生长不良，抗病能力降低，可以加重病害流行。水稻抽穗前后遇低温阴雨天气，植株组织柔嫩衰弱，易感染穗颈稻瘟病。同一环境因素常常既影响寄主，又影响病原物。例如，阴雨天气对马铃薯晚疫病的流行有利，这是因为一方面对病菌孢子的萌发和侵入有利，另一方面又因增大马铃薯叶片细胞的膨压而使之趋于感病。

4. 人为因素

人类在农业生产中所采用的各种栽培管理措施，在不同情况下对病害发生有不同的作用，需要具体分析。一个病害在某地常年流行，肯定与当地栽培的品种、管理的措施、菌源数量和环境条件一直稳定有关，例如，20世纪50年代国内东部地区小麦秆锈病流行，与当时大面积种植的小麦品种‘碧蚂’系列有关；20世纪70年代以后，北方的小麦品种以洛夫林系统为主，秆锈病就不再流行了。原来南方稻区普遍发生稻白叶枯病流行，就与普遍推广种植‘汕优’系列的杂交稻有关，但在实行籼改粳以后，白叶枯病就不再流行。栽培管理措施还可以通过改变上述各项流行因子而影响病害流行。

在诸多流行因素中，往往有一种或少数几种起主要作用，被称为流行的主导因素。正确地确定主导因素，对于分析病害流行、预测和设计防治方案都有重要意义。

地区之间和年份之间主要流行因素和各因子间相互作用的变动造成了病害流行的地区差异和年际波动。对于前者，按照病害流行程度和流行频率的差异可划分为病害常发区、易发区和偶发区。常发区是流行的最适宜区，易发区是病害流行的次适宜区，而偶发区为不适宜区，仅个别年份有一定程度的流行。病害流行的年际波动以气传和生物介体传播的病害最大，根据各年的流行程度和损失情况可划分为大流行、中度流行、轻度流行和不流行等类型。

病害的大流行往往与某些流行因素的剧烈变动有关。我国在20世纪50年代大面积种植对小麦条锈病有抗性的品种‘碧蚂一号’，从而控制了条锈病，而后，由于对该品种有强毒性的‘条中1号’小种大量增殖，克服了‘碧蚂一号’的抗病性，导致条锈病大流行。这是病原菌毒性改变而引起病害流行的一个实例。类似的情况在其他作物的病害中也多有发生。美国由于大面积推广具有T型雄性不育系细胞质的杂交玉米，致使玉米小斑病菌（*Bipolaris maydis*）专化T小种成为优势小种。1970年天气温暖湿润，南方各州玉米小斑病大流行，平均减产50%～90%，损失10亿美元。在“绿色革命”中推广的墨西哥矮秆小麦品种，对多种叶枯病高度感病，引起壳针孢叶枯病（*Septoria tritici*）、雪霉叶枯病（*Monographella nivalis*）、链格孢叶疫病（*Alternaria tritici*）等在各自适生区域持续流行。在寄主植物与病原菌双方均具备发病条件时，适宜的气象条件往往是病害流行的主导因素。稻瘟病、麦类锈病、赤霉病、马铃薯晚疫病、葡萄霜霉病等多种病害都提供了许多异常气候引起超常流行的典型事例。1845年和1846年爱尔兰马铃薯晚疫病大流行属于这类事例。1845年持续低温多雨，晚疫病首先在比利时和西欧大陆异常发生，并跨海传播到英国和爱尔兰。爱尔兰发病虽晚，马铃薯减产仍高达25%。由于大量染病块茎和病残体遗留田间，致使1846年的初侵染菌源剧增，加之气候适宜，该年晚疫病早期发生，以每周80 km的速度传播，当年马铃薯减产80%，全国饿殍遍野，在800万人口中死亡200万人，逃往欧洲和北美达150万人，这就是著名的“爱尔兰饥馑”所造成的影响。

第二节 植物病害的预测

依据病害的流行规律，利用经验的或系统模拟的方法估计一定时限之后病害的流行状况，称为预测（prediction，prognosis），由农业主管部门发布预测情报，称为预报（forecast）。在生产过程中，有时对两者并不作严格的区分，通称病害预测预报，简称病害测报。

预报未来一段时期病害流行状况的指标，如病害发生期、发病数量和流行程度的级别等称为预报（测）量，而据以估计预报量的流行因素称为预报（测）因子。当前，病害预测的主要目的是供防治决策参考和确定药剂防治的时机、次数和范围。

一、预测的种类

按预测内容和预报量的不同可分为流行程度预测、发生期预测和作物损失预测等。

流行程度预测是最常见的预测类型，预测结果可用具体的发病数量（发病率、严重度、病情指数等）作定量的表达，目前大多用流行级别作定性的表达，流行级别多分为大流行、中度流行（中度偏低、中等、中度偏重）、轻度流行和不流行，具体分级标准根据发病数量或损失率确定，因病害而异。

病害发生期预测是估计病害可能发生的时期。果树与蔬菜病害多根据小气候因子预测病原菌集中侵染的时期，即临界期（critical period），以确定喷药防治的适宜时机，这种预测亦称为侵染预测。德国有一种马铃薯晚疫病预测办法，是在流行始期到达之前，预测无侵染发生，发出安全预报，这称为负预测（negative prognosis）。

损失预测也称为损失估计，主要根据病害流行程度预测减产量，有时还考虑品种、栽培条件、气象因子诸方面的影响。在病害综合防治中，常应用经济损害允许水平（economic injury level，EIL）和经济阈值（economic threshold，ET）等概念。前者是指可接受的经济损失的最低发病数量，后者是指应该采取防治措施时的发病数量，此时防治可防止发病数量超过经济损害允许水平，防治费用不高于因病害减轻所获得的收益。损失预测结果可用以确定发病数量是否已经接近或达到经济阈值。

按照预测的时限可分为短期预测、中期预测、长期预测和超长期预测。目前，不同类型预测的时限划分尚无严格的规定。

短期预报的时限多在 7 d 之内，主要根据天气要素和菌源情况作出，预测结果用以确定病害的防治适期。侵染预测就是一种短期预测。

中期预测的时限一般为 20 d 至一个季度，多根据当时的发病数量或菌量数据、作物生育期的变化以及实测的或预测的天气要素做出预测，准确性比长期预测高，预测结果主要用于作出防治决策和作好防治准备。

长期预测亦称为病害趋势预测，一般指一个季度以上甚至一个年度的预测，多根据病害流行的周期性和长期天气预报等资料作出预测。预测结果指出病害发生的大致趋势，需要以后用中、短期预测加以订正。

超长期预测的时限一般指一年以上或更长的时间。目前多根据病害流行以及气候变化的周期性进行预测，超长期预测结果可供农业主管部门制订作物病虫害管理规划参考。

二、预测的依据

病害流行预测的预测因子应根据病害的流行规律，由寄主、病原物和环境诸因素中选取。一般说来，菌量、气象条件、栽培条件和寄主植物生育状况等是最重要的预测依据。

（一）菌量

单循环病害的发生概率较为稳定，受环境条件影响较小，可以根据越冬菌量预测发病数量。对于小麦腥黑穗病、谷子黑粉病等种传病害，可以依据种子表面带有的厚垣孢子数量和百分比，预测次年田间发病程度。美国利用 5 月份棉田土壤中黄萎病菌微菌核数量预测 9 月份棉花黄萎病的病株率。多循环病害有时也利用菌量作预测因子。例如，水稻白叶枯病病原细菌大量繁殖后，其噬菌体数量激增，可以通过测定水田中噬菌体数量，用以代表病原细菌数量的消长情况。

（二）气象条件

多循环病害的流行受气象条件影响很大，而初侵染菌源往往不是限制因素，通常根据

气象条件预测。有些单循环病害的流行程度也取决于初侵染期间的气象条件，可以利用气象因素预测。英国和荷兰利用“标蒙法”预测马铃薯晚疫病侵染时期，该法指出若相对湿度连续 48 h 高于 75%，气温不低于 16℃，则 14 ~ 21 d 后田间将出现晚疫病的中心病株。又如葡萄霜霉病菌，以气温为 11 ~ 20℃，并有 6 h 以上叶面结露时间为预测即将发生侵染的条件。苹果和梨的锈病是单循环病害，每年只有一次侵染，菌源为果园附近桧柏上的冬孢子角，在北京地区，每年 4 月下旬至 5 月中旬若出现多于 15 mm 的降雨，且雨后连续 2 d 相对湿度高于 40%，则 6 月份将大量发病。

（三）菌量、气象条件结合寄主植物生育状况

综合菌量和气象因素的流行学效应，作为预测的依据，已用于许多病害。有时还把寄主植物在流行前期的发病数量作为菌量因子，预测后期的流行程度。我国北方冬麦区小麦条锈病的春季流行通常依据秋苗发病程度、病菌越冬率和春季降水情况预测，我国南方小麦赤霉病流行程度主要根据越冬菌量和小麦扬花灌浆期气温、雨量和雨日数预测，在某些地区菌量的作用不重要，只根据气象条件预测。

有些病害的预测除应考虑菌量和气象因素外，还要考虑栽培条件、寄主植物的生育期和生育状况。例如，预测稻瘟病的流行，需注意氮肥施用期、施用量及其与有利气象条件的配合情况。在短期预测中，水稻叶片肥厚披垂，叶色浓绿，则预示着稻瘟病可能流行。水稻纹枯病流行程度主要取决于栽植密度、氮肥用量和气象条件，因此，可以依据田间种植密度和施肥量对流行程度作出预测。油菜开花期是菌核病的易感阶段，预测菌核病流行多以花期降雨量、油菜生长势、油菜始花期迟早以及菌源数量（花朵带病率）作为预测因子。

此外，对于昆虫介体传播的病害，介体昆虫数量和带毒率等也是重要的预测依据。在英国，对由蚜虫传毒的小麦病毒病的发生量，主要依据冬前麦田蚜虫的数量和带毒率高低来预测。

三、预测的方法

病害的预测可以利用经验预测模型或系统模拟模型。当前广泛利用的是经验式预测。这需要搜集有关病情和流行因子的多年多点的历史资料，经过综合分析或统计计算建立经验预测模型用于预测。

综合分析预测法是一种经验推理方法，多用于中、长期预测。预测人员调查和收集有关品种、菌量、气象因素和栽培管理诸方面的资料，与历史资料进行比较，经过全面权衡和综合分析后，依据主要预测因子的状态和变化趋势，估计病害发生期或流行程度。例如，北方冬麦区小麦条锈病冬前预测（长期预测）可概括为：若感病品种种植面积大，秋苗发病多，冬季气温偏高，土壤墒情好，或虽冬季气温不高，但积雪时间长，雪层厚，而气象预报次年 3—4 月份多雨，即可能大流行或中度流行。早春预测（中期预测）的经验推理为：若病菌越冬率高，早春菌源量大，气温回升早，第一场透雨来得较往年早和春季关键时期的雨水多，将发生大流行甚至特大流行。若早春菌源量中等，春季关键时期雨水多，将发生中度流行或大流行。如早春菌源量很小，除非气候环境条件特别有利，一般不会造成流行。但如外来菌源量大，也可造成后期流行。菌源量的大小可由历年病田率以及

平均每公顷传病中心和单片病叶数目比较确定。

上述定性陈述不易掌握，可进一步根据历史资料制定预测因子的定量指标。例如季良和阮寿康制定了小麦条锈病春季流行程度预测表（表 11-2），对菌量和雨露条件作了定量分级。

表 11-2　小麦条锈病春季流行程度预测表

菌量（3 月下旬至 4 月下旬平均每 667 m^2 病点数）	雨露日 15 d 以上 雨量 50 mm 以上	雨露日 10 ~ 15 d 以上 雨量 15 ~ 20 mm 以上	雨露日 5 d 以下 雨量 10 mm 以下
10 个	大流行	中度流行或大流行	中度流行
1 ~ 10 个	大流行或中度流行	中度流行	轻度流行
1 个以下	中度流行	轻度流行	不流行

数理统计预测法是运用统计学方法利用多年多点历史资料建立数学模型，用于预测病害的方法。当前主要用回归分析、判别分析以及其他多变量统计方法选取预测因子，建立预测式。此外，一些简易概率统计方法，如多因子综合相关法、列联表法、相关点距图法、分档统计法等也被用于加工分析历史资料和观测数据，用于预测。

在诸多统计学方法中，多元回归分析用途最广。现以 Burleigh 等提出的小麦叶锈病预测方法为例说明多元回归分析法的应用。他们依据美国大平原地带 6 个州 11 个点多个冬、春麦品种按统一方案调查的病情和一系列生物 - 气象因子的系统资料，用逐步回归方法导出一组预测方程，分别用以预测自预测日起 14 d、21 d 和 30 d 以后的叶锈病严重度。所用预测因子有：

x_1：预测日前 7 d 平均叶面存在自由水（雨或露）的小时数；

x_2：预测日前 7 d 降雨≥ 0.25 mm 的天数；

x_3：预测日叶锈病严重度的普通对数转换值；

x_4：预测日小麦生育期；

x_5：叶锈菌侵染函数，用逐日累积值表示。当日条件有利于侵染（最低气温 ＞ 4.4℃，保持自由水 4 h 以上，孢子捕捉数 1 个以上）时数值为 1，否则为 0；

x_6：叶锈菌生长函数（病菌生长速度的 $\sin^2$ 转换值）；

x_7：预测日前 7 d 的平均最低温度；

x_8：预测日前 7 d 的平均最高温度；

x_9：预测日前 7 d 累积孢子捕捉数量的普通对数转换值；

x_{10}：叶锈病初现日到预测日的严重度增长速率（自然对数值）；

x_{11}：捕捉孢子初始日到预测日的累积孢子数量增长速率（自然对数值）；

x_{12}：捕捉到孢子初始日到预测日的累积孢子数量的普通对数转换值。

通过逐步回归分析方法得出包含对预测量相关性较高的各预测因子的多个回归方程，其一般形式为：

$$y = K + b_1 x_1 + b_2 x_2 + \cdots\cdots + b_n x_n$$

式中：y 为预测量（严重度的对数转换值），x_1、x_2、……x_n 为预测因子，b_1、b_2、……b_n 为偏回归系数，K 为常数项。最后根据各个回归方程的相关指数和平均变异量，选出了 6 个用于冬小麦、4 个用于春小麦的最优方程。例如，预报 14 d 后叶锈病严重度的预测式为：

$$y = -3.399\,8 + 0.060\,6\,x_1 + 0.767\,5\,x_3 + 0.400\,3\,x_4 + 0.007\,7\,x_6$$

这里要强调的是，目前利用回归方法组建的预测模型，不要用其回归系数去解释各因素对预测对象的贡献，因为回归方程是经验和观测的产物，它并不表示预测因子与预测量之间真正的因果关系，所得出的预测式只能用于特定的地区。另外，回归模型不是机理模型，该模型不讲原理，只看结果。

侵染预测的原理已在前面有所介绍，现已研制出装有电脑的田间预测器，可将有关的数学预测模型转换为计算机语言输入预测器，同时预测器还装有传感器，可以自动记录并输入有关温度、湿度、露时等小气候观测数据，并自动完成计算和预测过程、显示出药剂防治建议。

四、病害的损失预测

人们重视植物病害，其最主要原因就是它能够引起作物的减产，带来经济损失。但是人们对植物病害所造成损失的研究往往重视不够，尤其是从病害综合治理的角度出发，希望以最小的投入取得最大的经济效益，损失估计工作是不可缺少的。

损失估计（estimate of yield loss）是通过调查或试验，寻找病害发生程度与作物损失之间的相关性，然后组成种种数学模型，由病害发生程度预测出所致的损失。按照组建模型的原理可将病害损失模型分为两大类，即经验模型（empirical model）和系统分析模型（system analysis model）。

病害损失预测的经验模型按试验方法可分为单株法和群体法两类。比较简单的方法是在病害发生严重而且具有代表性的田块进行调查，选择生长势基本一致且发病程度不同的植株，收获前记载各株的发病程度（最好在不同时间调查数次），收获后分别测定各株的产量；或将发病严重的田块按照发病严重程度的不同划分为不同的小区，然后分别调查各小区的病情和统计产量，最后依发病程度为自变量，对应的产量损失为依变量做回归分析，得出两者之间的相应关系。前者属于单株法，后者属于群体法的范畴。

通过田间试验方法（群体法），并事先进行严格的试验设计，进行病害损失研究时，通常采用定期喷洒杀菌剂或人工接种病原菌的方法，或将两者结合进行。首先是选择适合的田块，种植感病品种，划分试验小区，在不同小区喷施不同次数的杀菌剂，或给不同小区接种不同菌量，目的是造成不同小区间发病程度的差异。一个生长季节中可以调查数次，以便了解不同生育阶段的发病情况与产量损失的关系，组建关键期病情损失模型或多期病情损失模型。

在损失试验中最为关键的问题是，一定要有未发病的小区作为对照；同时，不同试验小区之间要有发病程度的差别。也就是将小区间发病的等级控制在 0 ~ 100，并且分散均匀，这样对组建损失方程是很必要的。轻病小区的数据可以用来帮助分析病害的损失阈值，重病区的数据可以帮助发现病害造成的最大损失。

常见的植物病害损失的经验模型有关键期病情模型、多期病情模型、流行曲线下面积模型和多因子病情模型 4 种。

1. 关键期病情模型（critical point model，CMP）

当寄主生育期的某阶段发表情况与作物的损失关系最密切时，此阶段的病害程度就称为损失的关键病情。用此期病情与产量损失组建的损失模型称为关键期病情模型，因为是

一次病情，亦称单点损失模型。例如，以灌浆期病穗率与小麦赤霉病损失组建的损失模型。关键期病情模型的形式为：

$$y = b_0 + b_1 X$$

2. 多期病情模型（multiple point model，MPM）

利用作物生长季节中两个时期或更多期的病情与病害损失组建的模型。其模型式为多元回归式：

$$y = b_0 + b_1 X_1 + b_2 X_2 + \cdots\cdots b_n X_n$$

式中，y 为产量或产量损失，X_i（$i = 1$，2，…，n）为不同时期调查的病情。

3. 流行曲线下面积模型（area under disease progress curve model，AUDPC）

AUDPC 是多期病情模型的进一步扩展，它以流行曲线下面积为自变量（X）导出如下模型：

$$y = b_0 + b_1 X_1$$

式中，y 为产量或损失率，X_i（$i = 1$，2，…，n）为流行曲线下面积。

表面看来，流行曲线下面积模型似乎最为细致全面，预测效果应该最好，但它也有另一缺点：即它把同一病情在生育期间的减产作用错误地同等对待了。

与关键期模型相比，多期病情模型适用于不同生育期病情对为害减产机制有所不同的病害。苏海等人（1990）在小麦叶锈病所致产量损失的研究中，分别组建了 CPM、MPM 和 AUDPC 3 个损失模型，经过比较，他们认为用灌浆初期的病指 X_5 和灌浆盛期的病指 X_7 组建的损失模型较好。

$$Y = -0.6357 + 2.1385 X_5 + 0.3108 X_7$$

4. 多因子病情模型（multiple factor model，MFM）

多因子病情模型中自变量除病情外，还有品种特性（包括耐病性、相对抗性等）、栽培条件、气候条件、播种密度等。杨之为等人在棉花黄萎病的产量损失研究中利用开花期黄萎病的病指 X_2 和种植密度 X_4 组建的损失模型。

$$L = 1-\exp\left[-\exp\left(1.0286 \ln X_2 - 0.000157 X_4 + 0.9967\right)\right]$$

以上所述 4 种回归模型，只是一般的概括比较。这四种模型各有千秋，但都不能适用于所有病害。具体对某一病害用那一种模型为好，则需根据病理和生理学的研究，查明病害对产量形成因素的作用（方式、时期和程度）而决定。

另外，还有一种组建作物损失模型的方法，即“系统分析模型”或称“机理模型”。

由于回归模型往往由于过分简化而失真，而病害损失形成的过程又相当复杂。为此，可以将病害影响产量的过程作为一个子系统，进行系统分析，组建模型。

在田间往往是数种病害或病虫害同时发生，所以在作物产量损失的研究中要将非研究对象（其他病虫害）控制在不至于造成损失的程度，但这样做是非常困难的。在研究多种病害或多种病虫害混合为害的损失估计工作时，最好先了解单一病虫害对作物损失的影响情况，然后再了解不同病虫害对作物产量的影响机制，这样对研究的结果才能进行较准确的分析。

小结

植物病害流行系统是农业生态系统中的一个子系统，主要由病原生物、寄主植物、环

境条件和人类干预4个部分组成，相互影响。

植物病害流行是植物群体发病的现象，需要用定性和定量相结合的方法进行研究。植物病害有两种流行学类型，即单循环病害和多循环病害。前者需逐年积累菌量，才能酿成病害大流行，亦称为“积年流行病害”；后者在一个生长季中有多次再侵染，菌量迅速积累，造成病害的严重流行，也称为“单年流行病害”。病害的流行学类型不同，防治策略也不相同。

植物病害的流行是一个在时间和空间中的发生、发展过程。流行的时间动态包括季节流行动态和逐年流行动态，而以前者为研究的重点。描绘在一个生长季中病害数量随时间而变化的曲线，称为季节流行曲线。多循环病害最基本的季节流行曲线是S型曲线，可以拟合逻辑斯蒂生长模型。S型曲线可划分为指数增长期、逻辑斯蒂增长期和缓慢增长期3个时期，指数增长期是菌量积累和病害流行的关键时期。

植物病害流行的空间动态，亦即病害传播过程，反映了病害数量在空间中的发展规律。病害传播是病原物本身有效传播的结果。不同病害的传播距离有很大差异，可区分为近程、中程和远程传播。病害在田间的分布有中心式传播和弥散式传播两类。中心式传播的病害，发病初期因有传病中心，其空间流行过程是一个由点片发生到全田普发的传播过程。弥散式传播的病害，在发病初期田间病株就呈随机分布或接近均匀分布。

植物病害的流行受到寄主植物群体、病原物群体、环境条件和人类活动诸方面多种因子的影响，这些因子的相互作用决定了流行的强度和广度。在诸多流行因素中，往往有一种或少数几种起主要作用，被称为流行的主导因素。病害的大流行往往与主导因素的剧烈变动有关。正确地确定病害流行的主导因子，对于流行学分析、病害预测和防治都有重要意义。

依据病害的流行规律利用经验的或系统模拟的方法估计一定时限之后的病害流行状况，称为病害的预测，由权威机构发布预测的结果称为预报。按照预测的内容和预报量的不同可分为病害发生期预测、流行程度预测和作物损失预测等，按照预测的时限可分为超长期预测、长期预测、中期预测和短期预测。预测因子由寄主、病原物和环境诸因素中选取。菌量、气象条件、栽培条件、寄主植物抗病性与生育状况等是最重要的预测依据。病害的预测可以利用经验预测模型或系统模拟模型。当前广泛利用的是经验式预测，包括综合分析预测法和数理统计预测法，两者均以有关病情与流行因子的多年多点的历史资料为主要依据，建立经验预测模型。

作物病害的损失预测是通过调查或试验，以病害发生程度和其他有关因子预测作物可能造成的损失。当前常用的损失模型多数是利用单株法或群体法组建的回归模型。损失试验中最关键的问题是，制造不同试验小区之间发病程度的差别，同时要有未发病的小区作为对照。

思考题

1. 举例比较多循环病害和单循环病害的流行学特点。
2. 以稻瘟病或小麦条锈病为例，说明多循环病害流行的时间动态。
3. 什么是传病中心？传病中心在病害流行中有哪些作用？
4. 病害预测有哪几种类型？

数字课程学习

自测题

第十二章

植物病害的诊断与防治

植物病害诊断是植病工作者把有关植物病理学的基础知识和基本理论具体应用到为农业生产服务的实践中，对有病植物进行诊治处理的前提。植物医生在诊断时首先要判断其病因是侵染性的还是非侵染性的，再进一步判定具体是什么病原引起的，然后才能对症下药地开出治疗的处方，提出有针对性的防治建议或措施等。防治的效果常常取决于诊断是否准确。要尽量减少误诊和误治！

第一节 植物病害的诊断

一、诊断的意义

植物病害诊断（diagnosis of plant disease）是对植物发生病害的“诊察”与“判断”，根据病害的症状特点、所处场所和环境条件，经过详细调查、检验和综合分析，最后对植物的发病原因作出准确判断和鉴定的过程。植物医学与人体医学不同，服务的对象是植物，植物的病历、病因和受害程度，全凭植保工作者依据经验和知识去调查与判断。因此，面对复杂的周围环境，要对植物病害做出及时而正确的诊断，就要求诊断人员必须具有坚实的专业基础知识和丰富的实际工作经验，熟练掌握植物病害诊断和病原鉴定的技能和方法，具有良好的综合分析能力和较广泛的信息来源。诊断也有假设与验证的意义，诊断是从观察病植物的症状来作出判断，亦即从观察结果提出假设，该假设是否正确，还要通过诊、测来验证，甚至要通过治疗来验证。在诊断的过程中，常常由于专业知识的不足或者病害发生的特殊性，一时难以判断作出结论，需要借助实验室专业仪器的检测才能准确地鉴定出来，甚至还需要请其他的植病专家协助诊断。只有真正明确病因以后，得出准确的结论，进而提出科学合理、有针对性的治理方案。假设的提出是科学思考的产物，一个诊断是否正确，显然有待实践的检验。倘若诊断失当，作出误诊，不仅不能对症下药，达不到预期的防治效果，贻误防治时机，还会导致乱用药、用错药，造成严重后果。

二、诊断的程序和要求

植物病害诊断的程序一般包括：①对病植物全株的症状观察与检查；②对病植物的生

长环境和已有的管理措施的询问调查；③必要的实验室检测与鉴定。

（一）全面的症状观察与标本照相（临床诊断）

认真细致地（尽可能在现场）观察病植物的所有症状和特点，包括地上部（根、茎叶、花、果实）和地下部（根系和根茎基部）的所有异常状态，特别是有无诊断特征的症状，有无明显的病征，内部病变和外部病变。如要抽样，尽量采集典型的标本，以备实验室进一步诊断和鉴定。记录时要尽可能使用规范的专业术语来描述这些症状。农户采集病害标本要及时处理、包扎和快递寄送。植物标本应该用吸水纸包裹后通过快递寄送给植物医院，不要用塑料袋包扎以防霉变。

随着互联网时代的发展和手机的普及，让农技员帮助用户拍摄典型症状通过 APP 软件问诊或微信发送给植物医院的专家问诊是当前较普遍的做法，既快捷，还可互动，值得提倡。

（二）调查询问病史并了解病害发生的环境

调查了解病植物的生长环境和已有的田间管理措施，调查了解病害在田间的分布情况和发生时期，明确病害在田间是点片发生，还是随机分布；有无明显的发病中心，是作物苗期、生长前期发生还是中后期、成株期发生，周围有无污染源等。详细调查病害发生的过程，是由点到面？抑或发病过程不明显，病害突然同时大面积出现？病植物是否有明显的固定的部位等。

了解病害发生与气候、农事操作和周围环境的关系，近期的天气是否有过冷、过热的突变，有无酸雨和雷电过程？周围有无污染源？发病前是否使用过农药、化肥或激素等。

对发病情况和发病环境调查了解得越充分、越清楚，则越有助于对病害作出快速而准确的诊断，从而避免仅凭几株送检样品进行诊断带来的片面性。

（三）实验室检测与鉴定

对于一时难以判断病因的要在现场采样，送实验室进一步检测鉴定。实验室检测、鉴定的项目很多，从最简单的在解剖镜和显微镜下观察到分子生物学的检测多项，但是并非每项都要检测。检测的项目取决于病因的种类和诊断的难度和要求的精度。例如，对麦类黑粉菌和瓜类白粉菌、霜霉菌的诊断都比较容易，对病毒病的鉴定就比较费事，对发生的新病害的鉴定就更加复杂。

实验室的常规检测项目包括：光学显微镜检查、病原物的分离培养和接种、生物学和生理生化学检验、免疫学检测、分子生物学检测等。

要记住：自然界的情况变化很大，任何典型症状都可能有例外，下结论要留有余地，尽量做到全面而客观。

三、诊断的依据

植物在田间发生的任何异常表现，生产者都可能找植保工作者进行会诊，当农户送来有病的植物，或邀请植保工作者到发病现场会诊时，一定要根据病害的传染特性和发生特点，首先将侵染性病害和非侵染性病害分开，再根据病害的症状特点，即病状和病征的特点进行病害的诊断鉴定。在诊断鉴定过程中，尤其是对侵染性病害病原学特点进行诊断时，应尽量按照柯赫氏法则来进行验证！

（一）根据病害的传染特性首先排除非侵染性病害

侵染性病害由病原生物引起，具有相互传染的特性，在田间常有一个由点到面的发展过程，且不少病害在病部可发现其病原物的病征；或通过分离也能获得病原生物，有无传染特性是侵染性病害和非侵染性病害的主要区别。

非侵染性病害主要由不良的环境因子引起，在田间一般都是大面积同时出现，没有由点到面的传染过程，在病部也看不到任何病征，通过分离也不能获得任何典型的病原生物。非侵染性病害与环境条件的关系更密切。不良的环境因子种类繁多，所以非侵染性病害在田间会经常遇到，它们在田间发生常具有如下特点：

（1）突然大面积同时发生，没有明显的发病中心。大多是由于大气污染、恶劣气候、“三废”污染所致，例如二氧化硫毒害、化工厂的废气、冻害、冷害、干热风等。

（2）病害发生常有一定的发病部位，如多集中在嫩叶或芽上，或植株比较稀疏的果实上，无既往病史。大多是由于农药或化肥使用不当所致，如肥害、农药药害等；剧变的气象因素也可导致这类症状出现，如冻害、雹灾和日灼等。

（3）病害只限于某一品种发生，多表现生长不良或系统性的症状，如畸形、白化、不实等；而处于同一环境的其他品种（品系）则没有这种症状，此病多为遗传性障碍所致。

（4）植株生长发育不良，具有明显的缺素症状，尤以老叶或顶部新叶多见，多为缺乏某种必要的营养元素。尤以缺钾、锌、镁、锰、硼、碘为常见。

在调查和观察其症状的基础上，通过上述4点，可将非侵染性病害与大部分侵染性病害分开。诊断这类病害，除认真观察病害的症状、详细调查田间病害的发生情况外，必要时可采取以下措施：①化学诊断法。分析病田土壤，测定其成分与正常值比较，从而查明过多过少的成分，确定病因（对缺素症，盐碱害的诊断较准确）。②人工诱发及排除病因检验法。根据初步分析的可疑病因，人为提供类似发病的条件，如低温、缺某种元素、药害，看植株是否发病；或根据可疑病因，采取对症治疗的措施，如叶面喷洒、注射、浇灌某种怀疑缺乏的元素，看病害是否可减轻或康复。

（二）根据病害的症状特点进行诊断

不同的病原物在侵染后引起病害的症状特点虽然各不相同，但也有规律可循。如菌物、细菌、病毒、菌原体、线虫和寄生植物的病害，各有特点，为了诊断的方便，根据病害病状和病征的表现及其特点，简述如下：

1. 具有典型病状的病害诊断

根据病状就能很快得出比较准确的诊断。不少植物病害的病状，在一定条件下，不仅有其较强的稳定性，而且还有较强的特征性，即具有典型的病状。如细菌病害大多数有菌脓溢出，黑粉病、煤炱病、稻曲病、白粉病和霜霉病都有明显病征。

但若送检病样感病时间较长，或用塑料袋密封较长时间后，其上很可能有腐生菌污染，最常见的如黑霉、青霉、灰霉、镰孢霉和链格孢等，若病害又属非严格寄生菌感染，这时就要区分真正的致病菌和腐生菌或次生菌。如在番茄早疫病（*Alternaria solani*）的老病斑上，常有次生菌 *Alternaria tenuis*，不要把腐生菌或次生菌误诊为真正的致病菌。

2. 综合征（一病多症病害）的诊断

前述具有典型病状和明显病征的病害诊断起来比较容易。有些病害因发病时期、生态条件和作物品种不同，其症状常可发生变化；即使在一种作物上，一种病害也常表现两种或多种症状，这种现象称为综合征（syndrome）。如稻瘟病随感染时期和部位不同，不同抗性品种叶面的病斑也有很大差异，如有白点型、褐点型、急性型和慢性型等，这些也都是典型症状；又如粟白发病，在拔节期危害叶片时，引起灰背症状，在出穗后就表现刺猬头状，最后是白发状（彩图 79、111、112）。棉花枯萎病因发病时期和生态条件不同，可出现黄色网纹症、黄化症、紫红症、矮缩症和枯死症；苹果褐斑病在叶片上可产生同心轮纹型、针芒型和混合型 3 种不同的症状；有些病害还会因作物品种或生理小种不同而导致症状发生变化。诊断时不要把一病多症的病害误认为由不同病原引起。

另一种综合征源自病原生物本身在生活史不同阶段产生不同的病原体。在梨锈菌和麦类锈菌的生活史中，都涉及有两种不同的寄主植物、产生完全不同的病害症状、产生完全不同的病原体孢子，曾经造成许多误诊。例如，苹果、梨等仁果类锈菌危害仁果树叶片和幼果时，在叶片正面产生黄色病斑并在后期出现凸起的点状物（性孢子器），在叶背则产生管状的锈孢子器，但是，当锈菌侵染桧柏时，又在叶柄上形成黄色的冬孢子角，春天吸水膨胀后像一朵小花（彩图 77、128）。同样，麦类锈菌也侵染麦类和小檗两种植物，产生几种不同形态的病斑、产生不同功能的孢子体，这对初学者来说确实不易诊断，随着实践知识的积累就能做出正确的诊断（彩图 75、76）。

3. 病原不同但症状相似病害的诊断

不少植物病害的症状相似，如病毒病的花叶斑驳、细菌性病害常见的症状是水渍状斑点、萎蔫和肿瘤，但真菌病害也能引起这些症状。对那些病状相似、没有病征或即使容易产生病征，但因环境不适，病征并未出现，生产单位又急于求证的病害，给病害诊断带来一定难度。真菌和细菌同时侵染同种植物并出现相似症状的病例也经常遇到。如番茄枯萎病和青枯病都可引起植株萎蔫和维管束变色；多种病毒病的症状都是花叶、皱缩，少数细菌病的症状也是花叶，有些植物缺肥时也出现花叶症状等。喷菌现象为细菌病害所特有，它是区分细菌病害和真菌病害、病毒病害最简便的手段之一，由此可大大缩小诊断范围。

4. 复合侵染病害和继发性病害的诊断

当一株植物发生一种病害的同时，又有另一种或几种病害同时在这一植株上发生，并出现多种不同类型的症状，这种现象称为并发症（complex disease），其中伴随发生的其他病害称为并发性病害（succeeding disease），如大白菜感染病毒病后，极易发生霜霉病。当两种病害在同一株植物上发生时，可能出现两种病害各自独立的症状；也可能互相干扰发生拮抗现象，甚至出现完全不同于两种症状的第三种症状。如番茄花叶病毒和黄瓜花叶病毒混合侵染番茄后，会在番茄茎秆上产生明显的坏死条斑和顶枯，甚至大量枯死的现象。对复合侵染病害的诊断，通常要比单一病原侵染的病害复杂、困难，首先要设法将两种病原分离开，然后对两种病原分别进行鉴定，明确它们在症状表现中各自的特征。对这类病害的诊断需要有丰富的实践经验，除常见病外，一般要通过实验室的病原鉴定才能得出较确切的结论。

（三）根据病原学特点对病害进行诊断

植物病害诊断的目的就是查明发病的原因，即查明病因，所以根据病原学的特点对病害进行诊断是最准确的。对常见的侵染性病害，一般根据症状特点，结合室内镜检即可确诊。但自然界中，植物病害的症状也存在一定的变异，不同病害的症状又存在相似性，还有综合征、并发症、继发症、潜伏侵染和隐症现象等，常给病害的诊断带来难度。对那些比较复杂、难于诊断、短时间不能得到确诊，必须深入研究它的病原才能确诊的病害称为疑难病害。通常的方法是从病植物上分离病原物，然而对于从病植物上分离到的微生物是否病原物还要经过进一步的鉴定，检验它的致病性。检验微生物是否病原物的检验方法是全世界统一的，必须严格按照柯赫法则进行。

柯赫法则（Koch's postulate）又称柯赫证病律，是人体医学、动物医学与植物医学都用来确定侵染性病害病原物的验证程序。其具体步骤是：

① 在一种病植物上常有一种特定的微生物存在；

② 该微生物可在离体的或人工培养基上分离纯化并得到纯培养；

③ 将该纯培养物接种到相同品种的健康寄主上，能出现症状相同的病害；

④ 从接种发病的寄主上能再次分离到这种纯培养物，其性状与原来的分离物相同。

严格按照上述四步对所分离的微生物进行了验证，就可以确认该种微生物是否为这种病害的病原物。非专性寄生物如绝大多数植物病原菌物和细菌所引起的病害，可以很方便地应用柯赫法则来验证排除；但有些专性寄生物如病毒、植原体和一些线虫等，目前还不能在人工培养基上培养，常被认为不适合应用柯赫法则，但也已证明，这些专性寄生物同样也可以采用柯赫法则来验证，只是在进行人工接种时，直接从病组织上采集病原物，或采用带病毒或菌原体的汁液、枝条、昆虫等进行接种，因此，从理论上说，所有侵染性病害的病原物的诊断鉴定都可按照柯赫法则进行。

根据柯赫法则确定病原生物以后，再根据该病原生物的形态和结构等，与已知种类进行比较，将其鉴定到属和种。柯赫法则的原理同样也适用于对非侵染性病害的诊断，只是以某种怀疑因子来代替病原物的作用，例如当判断是否缺乏某种元素而引起病害时，可以补施某种元素，补施后若症状得到缓解或消除，即可确认此病是缺乏某种元素所致。

近年来随着分子生物学的发展，“基因水平的柯赫法则”（Koch's postulates for genes）应运而生，在生物实验室应用。已经取得共识的有以下几点：

第一，应在致病菌株中检出某些基因或其产物，而无毒力菌株中无此基因或其产物。

第二，如有毒力菌株的某个基因被损坏，则该菌株的毒力应减弱或消除。或将此基因克隆到无毒菌株内，后者即可成为有毒力菌株。

第三，将病原菌接种寄主时，这个基因应在感染的过程中表达。

第四，在接种寄主体内能检测到这个基因产物的抗体，或产生免疫保护。该法则也适用于细菌以外的微生物，如病毒。

（四）利用分子生物学技术进行快速诊断

新病害的诊断与鉴定是件复杂的工作，近年来分子生物学的检测分析方法愈来愈受到重视，不断有一些新的介绍报道。

1. 分子探针即核酸分子杂交技术

由于核酸分子杂交技术（nucleotide hybridization）具有高度特异性及灵敏性，故在病害诊断中被广泛应用。该技术是具有一定同源性的两条核酸单链在一定的条件下按碱基互补原则退火形成双链称为杂交。杂交的双方是待测核酸序列及用于检测的已知核酸片段称

之为探针（probe）。为了便于示踪，探针常用放射性同位素或一些非放射性标记物如生物素等进行标记。杂交技术主要包括膜上印迹杂交和核酸原位杂交两种。膜上印迹杂交是指将核酸从细胞中分离纯化后结合到一定的固相支持物上，在体外与存在于液相中标记的核酸探针进行杂交的过程。核酸原位杂交是指标记的探针与细胞或组织切片中的核酸进行杂交并对其进行检测的方法，是在细胞和组织内进行 DNA 或 RNA 精确定位的特异性方法之一，在病原物检测方面有着广泛的应用前景。

2. 聚合酶链式反应

聚合酶链式反应（polymerase chain reaction，PCR）技术是 1985 年由 Mullis 等创建的一种体外扩增特异 DNA 片段的技术，包括 3 个基本步骤：高温变性（denature），即目的双链 DNA 在 94℃下解链；低温退火（anneal），两种寡核苷酸引物在适当温度（50℃左右）下与模板上的目的序列通过氢键配对；适温延伸（extension），在 Taq DNA 聚合酶合成 DNA 的最适温度下，以两条目的 DNA 为模板合成新 DNA。由这 3 个基本步骤组成一轮循环，理论上每一轮循环将使目的 DNA 扩增一倍，这些经合成产生的 DNA 又可作为下一轮循环的模板，所以经 25～35 轮循环就可使 DNA 的量扩增达 10^6 倍。由于此法灵敏、准确、方便，可在短时间内扩增出数百万个目的 DNA 序列的拷贝，例如用特异引物 PCR 测定方法将病毒检测灵敏度由血清学的 μg、ng 水平提高到了 pg 级。因此被广泛应用于植物病原物的快速检测，根据病原菌在 rDNA 的 ITS 区段既具保守性又在科、属、种水平上均有特异性序列的特性，对 ITS 区进行 PCR 扩增、测序及序列分析后再设计特异性引物来诊断和检测植物病原菌，尤其在植物病原菌物的分子检测上应用越来越广泛。对于用常规方法难以分离、培养的植物病原物，如病毒、类病毒、MLO 等，应用该技术就更加显示出它的优越性。近几年随着分子生物学技术的迅猛发展，在常规 PCR 技术的基础上又衍生出多种方法，如逆转录－聚合酶链式反应（reverse transcription polymerase chain reaction，RT-PCR）和多重 PCR（multiplex PCR），以及实时荧光定量 PCR 等。实时荧光定量 PCR 是在 PCR 反应中加入荧光基团，利用荧光信号积累实时监测 PCR 进程，通过标准曲线对未知模板进行定量分析。实时荧光定量 PCR 所用荧光探针主要有三种：分子信标探针、杂交探针和 TaqMan 荧光探针，其中 TaqMan 荧光探针使用最为广泛。该技术 PCR 扩增时在加入一对引物的同时加入一个特异性的荧光探针，该探针为一寡核苷酸，两端分别标记一个报告荧光基团和一个淬灭荧光基团。探针完整时，报告基团发射的荧光信号被淬灭基团吸收，PCR 扩增时，Taq DNA 聚合酶的 5′→3′ 外切核酸酶活性将探针酶切降解，使报告荧光基团和淬灭荧光基团分离，从而荧光监测系统可接收到荧光信号，即每扩增一条 DNA 链，就有一个荧光分子形成，实现了荧光信号的累积与 PCR 产物形成完全同步。目前，该技术广泛用于植物病原菌物、细菌、线虫、病毒的诊断鉴定，特别是对难培养细菌以及近似种或种下的分类鉴定。

第二节　植物病害的防治原理

植物病害发生和流行是植物与其病原物在环境因子的作用下所导致的结果，直接威胁农作物产量与农产品品质。植物病害防治就是通过人为干预，改变植物、病原物与环境的相互关系，尽量减少病原物数量，削弱其致病性，优化植物的生态环境，保持与提高植物的抗病性，以达到控制病害、减少或挽回农作物产量损失的目的。

防治植物病害的措施很多，按照其作用原理，通常区分为回避（avoidance）、杜绝（exclusion）、铲除（eradication）、保护（protection）、抵抗（resistance）和治疗（therapy）6个方面。每种防治原理下又发展出许多防治方法和防治技术，分属于植物检疫、农业生态防治、抗病性利用、生物防治、物理防治和化学防治等不同领域。从流行学角度看，各种病害防治途径和方法不外乎通过减少初侵染源数量、降低流行速度，或同时控制两个环节来防止病害的发生与流行，尽量减少作物产量（产值）的损失（表 12–1）。

表 12–1　植物病害防治途径及其流行学效应

植物病害防治原理	防治措施	主要流行学效应
回避（植物不与病原物接触）	1. 选择不接触或少接触病原体的地区、田块和时期	减少菌量，降低流行速度 减少初始菌量
	2. 选用无病植物繁殖材料	减少菌量，降低流行速度
	3. 采用防病栽培技术	
杜绝（防止病原物传入未发生地区）	1. 植物检疫	减少初始菌量
	2. 培育无病种苗，实行种子健康检验证书制度	减少初始菌量 减少初始菌量
	3. 种子和苗木的除害处理	减少菌量，降低流行速度
	4. 排除传病昆虫介体	
铲除（消灭已发生的病原体）	1. 土壤消毒	减少初始菌量
	2. 轮作，降低土壤内病原体数量	减少初始菌量
	3. 拔除病株，铲除转主寄主和野生寄主	减少初始菌量，降低流行速度
	4. 田园卫生措施	减少初始菌量，降低流行速度
	5. 植物繁殖材料的热处理和药剂处理	减少初始菌量，降低流行速度
保护（保护植物免受病原物侵染）	1. 保护性药剂防治	减少菌量，降低流行速度
	2. 防治传病介体	减少菌量，降低流行速度
	3. 采用农业生态防治，改良环境条件	降低流行速度
	4. 利用交互保护作用和诱发抗病性	降低流行速度
	5. 生物防治	降低流行速度
抵抗（利用植物抗病性）	1. 选育和利用具有小种专化抗病性的品种	减少初始菌量
	2. 选育和利用具有小种非专化抗性的品种	降低流行速度
	3. 利用化学免疫和栽培（生理）免疫	降低流行速度
治疗（治疗患病植物）	1. 化学治疗	降低流行速度
	2. 热力治疗	减少初始菌量
	3. 外科手术（切除罹病部分）	减少初始菌量，降低流行速度

植物病害的种类很多，发生和发展的规律不同，防治方法也因病害性质不同而异。有些病害只要用一种防治方法就可得到控制，如用无病种子或种子消毒来控制种子传播病害。但大多数病害都要有几种措施相配合，才能得到较好的效果。过分依赖单一防治措施可能无明显效果或导致灾难性的后果，如长期使用单一的内吸性杀菌剂，病原物也容易产

生抗药性，进而导致防治失败。大面积栽培抗病基因单一抗病品种，可能因毒性小种在病菌群体中积累成为优势小种，会造成品种抗病性“丧失”，病害将再次流行。

我国在20世纪50年代就提出“预防为主，综合防治”的植物保护工作方针。强调植物有害生物防治要以预防为主，并有机地运用或协调各种防治措施进行综合防治。其中，要以农业生态防治为基础，因时、因地制宜，合理运用化学防治、生物防治、物理防治等措施，兼治多种有害生物。后来又多次对综合防治的概念作了修改与补充，中国植保学会于1986年将有害生物综合防治（IPM）解释为：“综合防治是对有害生物进行科学管理的体系，是农田最优化生产管理体系中的一个子系统。它从农业生态系总体出发，根据有害生物和环境之间的相互关系，充分发挥自然控制因子的作用，因地制宜地协调应用必要的措施，将有害生物的危害控制在经济损害允许水平之下，以获得最佳的经济、生态和社会效益。”这一综合防治的定义与国际上常用的“有害生物综合治理”（integrated pest management，IPM）的内涵一致。随着现代农业发展，我国植物保护理念也不断完善。2006年在全国植保工作会议提出“绿色植保”新理念，要求坚持以人为本，避免片面追求高产而过度依赖化学农药。要从农业高产、优质、高效、生态、安全的整体目标出发，采用节约资源、保护环境的综合措施，当病害危害程度达到防治指标或防治阈值（action threshold，AT）时，才采取防治行动。如果植物有害生物种群密度和危害程度还在经济损害允许水平（economic injury level，EIL）之下，尽量不采取防治措施。所谓防治指标就是采取防治措施时所对应病虫害发生与危害程度要接近或超过经济危害允许的水平。两者均为防控决策的经济学指标。此外，注重农产品质量安全，注重生物多样性保护，减少环境污染，使过度依赖单一化学农药防治转向绿色防控和综合防治。充分体现了现代生态学观点、经济学观点和生态安全观点，制定的防治策略要促进农业可持续发展。

开展病害综合治理首先应规定治理的范围，在研究病害流行规律和危害损失基础上提出主治和兼治的病害对象，确定治理策略和经济阈值，发展病害监测技术、预测办法和防治决策模型，研究并应用关键防治技术。为了不断改进和完善综合防治方案，不断提高治理水平，还要有适用的经济效益、生态效益和社会效益的评估指标体系和评价办法。

第三节 植物检疫

一、植物检疫的重要性

植物检疫（plant quarantine，phytosanitary）的原则是杜绝对植物有很大危险的有害生物的人为传播，其措施是通过立法和使用行政措施防止检疫性有害生物的侵入和扩散，植物检疫的基本属性是其依法强制性和对灾害的预防性。

植物有害生物除自然传播途径外，还可随人类的社会交流和贸易活动而作远距离传播，称为人为传播。同时，植物检疫性有害生物属于局部发生且危险性很大的有害生物。其人为传播的主要载体是被有害生物侵染或污染的种子、苗木、农产品、包装材料和运输工具等。其中种子、苗木和其他繁殖材料尤为重要，这不仅因为种苗是重要的生产资料，人类引种和调种的范围广、种类多、数量大，传带有害生物的概率高，而且还因为种苗传带病原物和其他有害生物的效率高。种苗本来就是病原物的自然传播载体，有完善的传播机制，人为传播又大大延长了传播距离，缩短了传播时间，扩大了传播范围，提高了传播效率，带病种子苗木传入新区后可直接进入田间，有利于病原物的传染、扩大蔓延。种子、苗木传播与其他传播方式，例如气流传播、昆虫介体传播和土壤传播等互相配合和衔接，危险性更大。有些种传细菌、霜霉菌和黑粉菌的种子带菌率虽然低，但它们的繁殖率高，可以在 1～2 个生长季节内造成病害流行。因此，对调运的种子苗木进行检验检疫具有特殊重要性。

在植物有害生物中，被人为传播的有害生物很多，但也不是所有的有害生物都要实行检疫，只有通过有害生物风险分析（pest risk analysis）确定危险性很高的种类才需要实施限制。那些在国内尚未发生或仅局部地区发生，传入概率较高，适生性较强，对农业生产和环境有严重威胁，一旦传入可能造成重大危害的有害生物，在检疫法规中规定为检疫性有害生物（quarantine pest），是检疫的主要目标。世界各国检疫政策不同，设立检疫性有害生物的种类和形式也有所不同。我国政府定期公布禁止进境检疫性有害生物的名单和国内禁止调运传播的有害生物名单，出入境检验检疫部门和国内各省农林业植物检疫部门将依法对调运中的植物和植物产品实行严格的检疫管理。

植物检疫是由政府主管部门或其授权的检疫机构依法强制执行的政府行为，检疫法规是国家制定的有关动植物检疫的各种规范性文件的总称，包括法律、行政法规、规章和条例等。我国颁布的植物检疫法有两部，一是由全国人大颁布的《中华人民共和国进出境动植物检疫法》；二是由国务院颁布的在国内实施的《植物检疫条例》。在国际贸易和物资交流中要遵守联合国粮食及农业组织颁布的《国际植物保护公约》（IPPC）和国际植物检疫措施标准（ISPM），以及世界贸易组织颁布的《实施卫生与植物卫生措施协议》（SPS）。实施植物检疫的基本原则是在检疫法规规定的范围内，通过禁止和限制携带有检疫性有害生物的植物、植物产品或其他传播载体的进境（或出境），以达到确保在国际国内贸易的同时不让检疫性有害生物在国内不同地区间扩散与传播，确保农林业生产和环境安全的目的。

二、植物检疫程序

植物检疫程序（phytosanitary procedure）是官方规定的执行植物检疫的各项措施，包括与检疫性有害生物有关的检验、检测、监管或处理的方法。一般包括检疫许可、现场检验和实验室检测、产地检疫和预检、检疫出证与处理等措施。根据上述原则，植物检疫主要采取下述措施：

（一）检疫许可

检疫许可（quarantine permit）是指用户在要求输入某些植物进境时，应事先向植物检疫机关提出申请，国家主管检疫的机关经过专门的风险评估与审查后做出是否批准输入或引进的法定程序。检疫许可分为特许审批和一般审批两种类型。特许审批：指对禁止进境物，如植物病原体（包括菌种、毒种、血清等）、活的昆虫及其他有害生物的引进审批，特许审批的主管机关是国家海关。一般审批：指从国外（境外）引进植物种子、苗木和繁殖材料，水果、粮食等的入境审批，主管机关是省、部级农林业行政部门的植物检疫处。通过检疫许可能有效阻止高风险有害生物的传入，避免盲目无序的进口，并且有助于维护进口企业或用户的利益，对于允许进境的物品可以向输出国家或地区提出相关的检疫要求，要求开具检疫证书，预防检疫性有害生物的传入。

（二）现场检验和实验室检测

现场检验是由检疫员在货运现场对植物、植物产品或其他限定的商品进行的直观检查，以确认有无输出单位的植物检疫证书、是否存在有害生物，确认是否符合我国植物检疫法规要求的法定程序。现场检查是针对运输及装载工具、货物及存放场所、旅客携带物及邮寄物等应检物进行直观检验；在检查旅客携带物和邮寄的植物及其产品时，需检查植物及其产品的外包装及内部，一般以检查害虫为主，对病原物和杂草做针对性检查。在现场检查时，如发现害虫等有害生物，应装入样品袋，带回实验室进行检测。现场检查的主要方法包括：①肉眼检查；②过筛检查；③ X 光机检查；④检疫犬检查等。

实验室检测是在实验室中借助一定的仪器设备对样品进行检测的法定程序，以确认有害生物是否存在或鉴别有害生物的种类。现场检验一时难以确认病虫种类的，将查验出的有害生物带回实验室作进一步检测，以确定其种类。这一环节需要专业人员利用现代化的仪器、设备和方法对病原物、害虫、杂草等进行快速而准确的种类鉴定。实验室检测的常用方法有洗涤检测、保湿萌芽检测、分离培养与接种检测、血清学检测，以及采用分子生物学鉴定等新技术实现检测的目的。

（三）产地检疫

根据检疫需要，检疫人员可到输入、输出动植物产品的生产地实施检疫。产地检疫是在应检疫物品调运前，植物检疫人员在其生长期间或加工包装时到原产地进行检验、检测的过程。

产地检疫和预检的意义：①可以提高检疫结果的准确性、可靠性。在植物生长期间进行的检验、检测过程，植物病、虫、草等有害生物的为害状以及其自身的形态特征处于明显的表征时期，易于发现，更有利于诊断和鉴定，结果的准确度很高。②简化入境后现场检验的手续，加快商品流通。经过产地检疫、预检合格的植物和植物产品，在进境时可不再检疫，简化了现场检验的手续。③避免货主的经济损失。货主事先申请产地检疫和预检，能够在检疫部门的指导和监督下，采取预防措施，在植物生长或植物产品生产过程中防止和消除有关的有害生物的危害，获得合格的植物和植物产品。调运时，可避免因检疫不合格再进行检疫处理而造成的经济损失。

（四）检疫出证与处理

经现场检验或实验室检测，由官方根据检疫结果确认是否无疫，如果确认无疫就出具检疫合格证放行；如果有疫情，需要对检疫物实施除害处理、禁止出境或入境、退回或销毁等法定程序，严防检疫性有害生物的传入和传出。除害处理是指采用物理或化学的方法杀灭在植物及其他检疫物中有害生物的过程，主要方法包括熏蒸处理、辐照处理、热处理等。邮寄及旅客携带的植物和植物产品由于物主无法处理需由检疫机关代为处理。

我国目前的检疫体制分设国内植物检疫和进出境植物检疫两部分。

国内植物检疫的目的是防止国内局部发生的或新传入的危险性病、虫、杂草在地区间传播蔓延，保护农业、林业生产安全。国内植物检疫现行主要法规是《植物检疫条例》，该条例的实施细则以及各省（区、市）拟定的植物检疫实施办法等。植物检疫机构依据上述法规开展国内植物检疫工作。全国性植物检疫名单和应施检疫的植物、植物产品名单由农业部、国家林业和草原局分别制定。各省（区、市）可根据本地区需求，制定补充名单。

我国进出境检疫目前由国家海关的动植物监管司及下属的各地口岸动植物检疫局负责实施，进出境动植物检疫的宗旨是防止动物传染病、寄生虫病和植物检疫性病、虫、杂草传入、传出国境，保护我国农、林、牧、渔业生产安全，促进对外经济贸易的发展，其主要法律依据是《中华人民共和国出入境动植物检疫法》。对外进出境植物检疫名单和应施检疫的植物、植物产品名单由农业部和国家海关联合制定。

第四节　农业生态防治

农业生态防治（ecological control）又称栽培防治（cultural control）。在农田生态系统中，通过改进栽培耕作技术来调节寄主、病虫及环境之间的关系，创造有利于作物生长、不利于病虫害发生的环境条件，从而控制病虫害发生与发展的方法。要在全面分析寄主植物、有害生物和环境因子三者相互关系的基础上，综合运用各种农业调控措施，压低有害生物数量，提高植物抗病性，创造有利于植物生长发育而不利于病虫害发生的生态环境条件，确保动植物和人类的健康安全，这就是生态防治或生态控制。

一、选用健康、抗病虫的繁殖材料

生产和使用无病虫种子、苗木、种薯以及其他繁殖材料，可以有效地防止病虫害传播和压低初侵染源的数量。为确保无病种苗生产，必须建立无病种子繁育制度和无病母本树制度。种子生产基地需设在无病地区，并采取严格的防病和检验检疫措施。以马铃薯无病毒种薯生产为例，原种场应设置在传毒蚜虫少的高海拔或高纬度地区，生长期需经常喷药治虫防病，及时销毁病株、杂株和劣株。原种薯供种子田繁殖用。种子田应与生产田隔离，以减少传毒蚜虫。种子田生产的种薯才供大田生产用。

商品种子应实行种子健康检验，确保种子健康。带病虫的种子种苗需作防疫处理。通常用机械筛选、风选或盐水漂选等方法淘汰种子间混杂的菌核、菌瘿、虫瘿、病植物残体以及病秕籽粒。对于表面和内部带菌的种子则需实行热力消毒或杀菌剂处理。

根据当地病虫害发生特点，选用健康、抗病虫的品种材料是种植业者的首选，不仅节省了防治病虫害的费用，更是保护生态环境、防止污染的有效措施。

热力治疗和茎尖培养已用于无病毒种薯和果树无病毒苗木的生产过程。马铃薯茎尖生长点部位一般不带有病毒，可在无菌条件下切取茎尖 0.2 ~ 0.4 mm 的生长点进行组织培养，得到无病毒试管苗，再扦插扩繁，收获无病毒微型薯用于大田生产等。

二、建立合理的种植制度

合理的种植制度有多方面的防病作用，它既可能调节农田生态环境，改善土壤肥力，

从而有利于作物生长发育和有益微生物繁衍，又可能减少病原物，阻断病害循环。

休闲轮作是一项古老的防病措施。实行合理的休闲轮作制度，不仅可以养地增肥，还可使病原物因缺乏寄主而迅速消亡，适于防治土壤传播的病害。防治小麦全蚀病，可与非寄主植物轮作 2 ~ 3 年。用葫芦科以外的作物轮作 3 年能有效地防治瓜类镰刀菌枯萎病和炭疽病。若病原菌腐生性较强，或能生成抗逆性强的休眠体，则可能在缺乏寄主时长期存活，实行长期轮作才能表现防治效果，因而难以付诸实施。实行水旱轮作，旱田改水田后病原菌在淹水条件下很快死亡，可以缩短轮作周期。例如，防治茄子黄萎病和十字花科蔬菜菌核病需行 5 ~ 6 年轮作，但改种水稻后只需 1 年即可收到明显效果。

各地作物种类和自然条件不同，种植形式和耕作方式也很复杂，诸如轮作、间作、套种、土地休闲和少耕免耕等具体措施对病害的影响也不一致。例如，在北方冬麦区实行小麦行间套种玉米、棉花后，土地不翻耕，杂草丛生，有利于传毒昆虫灰飞虱繁殖滋生，小麦丛矮病逐年加重。同样，麦田套种的玉米粗缩病重，麦垄点播的玉米和冬小麦收割后带茬播种的玉米病轻，在陕西关中，辣椒单纯种植时病毒病害严重发生，但若四行辣椒间作一行玉米，在高温季节玉米为辣椒遮光降温，减少了病害发生。在陇南和陇东小麦条锈病菌越夏地区，提倡冬小麦收获后复种粟、糜，休闲地必须深翻，这是因为在原茬休闲地，由遗落的麦粒长出大量自生麦苗，成为条锈菌的越夏寄主。各地必须根据当地具体条件，兼顾丰产和防病的需要，建立合理的种植制度。

三、实施田园卫生措施

田园卫生措施包括清除收获后遗留田间的病株残体，生长期拔除病株与铲除发病中心，施用腐熟的净肥以及定期清洗消毒农机具、工具、仓库等。这些措施都可以显著减少病原物接种体数量。

作物收获后彻底清除田间病株残体，集中深埋或烧毁，能有效地减少越冬或越夏菌源数量。这一措施对于保护地栽培和多年生作物尤为重要。果蔬收获后，应及时清园。在冬季修剪时，要将剪除的病枝及时带出果园，摘除病僵果，刮除病灶。露地和保护地栽培的蔬菜，多茬种植，菌源持续不断，病害连绵不绝。病虫严重发生的多年生牧草草场，在冬季往往采用焚烧的办法消灭地面病残株。植物病残体沤肥、堆肥等有机肥应在充分腐熟后才能使用。

多种植物病毒及其传毒昆虫介体在野生寄主上越冬或越夏，铲除田间杂草可减少桥梁寄主来减少毒源。有些锈菌（如梨锈菌）的转主寄主在病害循环中起重要作用，也应当清除。

深耕深翻可将土壤表层的病原物休眠体和带菌植物残屑掩埋到土层深处，是重要的田园卫生措施。拔除田间病株，摘除病叶和消灭发病中心，能阻止或延缓病害流行。早期彻底拔除病株是防治玉米和高粱丝黑穗病、谷子白发病等许多病害的有效措施。

四、改进栽培技术

改进栽培技术、合理调节环境因子、改善环境条件、调整播种期、优化水肥管理等都是重要的农业防治措施。

合理调节温度、湿度、光照等要素，创造不适于病原菌侵染和发病的生态条件，对于温室、塑料棚、日光温室、苗床等保护地病害防治和储藏期病害防治有重要意义，需根据不同病害的发病规律，妥善安排。例如，黄瓜黑星病发生需要高湿高温，塑料大棚冬春茬黄瓜栽培前期以低温管理为主，通过控温抑病，后期以加强通风排湿为主，通过降低棚内湿度和减少叶面结露时间来控制病情发展。在秋冬季栽培中则采取相反措施，先控湿后控温。采用高温闷棚是防治多种蔬菜叶部病害的有效生态防治措施。大棚黄瓜在晴天中午密闭升温至 44 ~ 46℃，保持 2 h，隔 3 ~ 5 d 后再重复一次，能减轻黄瓜霜霉病和番茄叶霉病等病害发生。

播种期、播种深度或种植密度不适宜都可能诱发病害。水稻过早播种，容易引起烂秧；棉花过早播种，出苗缓慢，不仅根病严重，而且出苗后可能遭遇寒流降温，诱导黑斑病发生，造成大量死苗；大、小麦过早播种，常导致土传花叶病严重发生。在小麦秆黑粉病和腥黑穗病流行地区，冬小麦播种过晚或过深，出苗时间长，病菌侵染机会增多。田间过度密植，通风透光差，湿度高，有利于叶病和茎基部病害发生，而且密植田块易发生脱肥和倒伏而加重病情。为了减轻病害发生，提倡合理调节播种期和播种深度，合理密植。

水肥管理与病害消长关系密切，必须提倡合理施肥和灌水。合理施肥就要因地制宜地科学确定肥料的种类、数量、施肥方法和时期。在肥料种类方面，应注意氮、磷、钾配合使用，平衡施肥。氮肥过多，往往加重稻瘟病、稻白叶枯病发生；氮肥过少，则有利于稻胡麻斑病发生。对于小麦全蚀病，增施铵态氮可减轻病害，增施硝态氮则加重发病。增施有机肥和磷、钾肥一般都有减轻病害的作用。微肥对防治某些特定病害有明显的效果，例如，喷施硫酸锌可减轻辣椒花叶病，喷施硼酸和硫酸锰水溶液可抑制茄科蔬菜青枯病。施肥时期与病害发生也有密切关系。施足基肥、种肥，前期重施追肥效果较好，追施氮肥过晚过多会加重稻瘟病、稻白叶枯病、纹枯病和小麦雪霉叶枯病等多种病害的发生。水肥管理需要结合进行，在整个作物生育期全面发挥水肥的调控作用。水稻栽培管理过程中通过合理灌水与施肥，使稻株“清、秀、老、健”，达到控制病害、提高产量的目的。

五、进行综合的生态防治

新时代的农民大多接受了较好的文化教育和科技知识的教育，有的还具备较高的文化水平或大专学历，为新型农业工作者，他们懂得如何综合利用新技术来防治病虫害，能够充分利用网络信息来管理农田作物，生产出更高产量、更安全的农林产品供应市场。由于过去农业科技水平较低，很多农业措施的推广与应用都有些偏颇，例如：推广“农业八字宪法”时的过分密植和大肥大水；盲目大量使用有机汞制剂、六氯苯农药，造成广大农村农田的农药污染和农药残留。更有甚者，在大力宣传和推广某些新品种时，片面强调了转基因品种或杂交品种的优点，在大面积上种植抗性基因单一的作物，这些都不是可持续的农业生产策略。

从农林业生态安全的角度出发，从农林业生产持久发展的要求考虑，应该提倡综合各项先进的农林业科学技术来开发新时代的生态农业，这也是我国农林业生产未来发展的方向。例如：农田要有 3 ~ 5 年的休闲与轮作计划，要有不同种类的植物轮作；选用优质品种、无病虫害的健康种子证书制度，发掘农民多年自留自用的农家品种，做好种子处理；合理制订种植计划和病虫防治计划，以符合综合防治的要求及时调整病虫害的防治指标；

保持田园清洁卫生，消除病虫；要施足基肥、多用腐熟的有机肥料，合理管好水肥，提高植物自身抗性；做好农林产品采后储藏和保鲜管理，确保农林产品的市场价值等。

第五节　植物抗病品种的利用

选育和利用抗病品种是防治植物病害最经济、最有效的措施。人类利用抗病品种控制了大范围流行的许多重大病害。我国小麦的主要病害秆锈病、条锈病、腥黑穗病和秆黑粉病，水稻白叶枯病，玉米的主要病害大斑病、小斑病和丝黑穗病以及马铃薯晚疫病等，都是依靠大面积栽种抗病品种而得到控制的。稻瘟病、小麦白粉病、锈病、赤霉病和大豆疫病等多种经济作物的重要病害也通过品种防治而有效地遏制了流行（图 12–1，彩图 249）。

图 12–1　不同小麦品种对锈病的抗病性差异
左列为感病；右列为抗病

对许多难以运用农业措施和农药防治的病害，特别是土壤病害、病毒病害以及林木病害，利用抗病品种几乎是唯一可行的防治途径。

抗病育种可以与常规育种结合进行，一般不需要额外的投入。抗病品种的防病效率很高，其使用可以停止或减少杀菌剂的使用，大量节省田间防治费用。因此，使用抗病品种不仅有较高的经济效益，而且可以避免或减轻因使用农药而造成的残毒和环境污染问题。

一、植物抗病育种

农作物品种的抗病性是由其抗病基因所决定的，但抗病基因的作用只有当寄主植物与病原物在一定环境条件下相互作用，人们通过调查发病程度才能认识。因而抗病性鉴定实际上是用一定的病原物，在适宜的发病条件下，通过比较供试品种与已知抗性品种的发病程度来评定供试品种的抗病性。鉴定结果应能代表该品种在病害自然流行条件下的病害水平和损失程度。

植物抗病性鉴定的方法很多。这些方法按鉴定的场所区分有田间鉴定法和室内鉴定法；按植物材料的生育阶段或状态区分有成株期鉴定法、苗期鉴定法和离体鉴定法。

田间鉴定是在自然条件下进行，是最基本的抗病性鉴定方法，通常在特设的抗病性鉴定圃即病圃中实施。依初侵染菌源不同，病圃有天然病圃与人工病圃两种类型。天然病圃依靠自然菌源造成病害流行，应设在病害常发区和老病区，要采用调节播期或增施水肥等措施来促进发病。人工病圃需接种病原物，造成人为的病害流行，因此多设在不受自然菌源干扰的地块。田间鉴定能在植物群体和个体两个层次认识抗病性，可以通过病害发生的系统调查，揭示植株各发育阶段的抗病性变化，有助于全面揭示抗病性的类型和水平。但是，田间鉴定周期长，受生长季节限制。在田间不能接种危险性新病原或新小种，通常也难以分别鉴定对多种病害或多个小种的抗病性。

室内鉴定是在温室、植物生长箱等人工设施内鉴定植物抗病性。室内鉴定不受生长季节和自然条件的限制，且主要在苗期鉴定，省工省时，可以在较短时间内进行大量植物材料的初步比较和筛选。在人工控制条件下更便于使用多种病原物或多个小种进行鉴定，还可以精细地测定单个环境因子对抗病性的影响和分析抗病性因子。室内鉴定也有明显的缺点，由于受空间条件的限制，难以测出在群体水平表达的抗病性、避病性和耐病性，也难以测定植株不同发育阶段的抗病性变化，因此，室内鉴定结果不能完全代表品种在生产中的实际表现。在室内鉴定中，对植物材料的培育、病原物接种方法、接种后环境条件的控制等都要有严格的要求。

田间鉴定是最重要的鉴定方法，是评价其他方法鉴定结果的主要依据。为迅速、准确、全面地评价抗病性，应提倡田间鉴定与室内鉴定相结合，自然发病鉴定与人工接种鉴定相结合，根据需要灵活运用多种方法，发挥各种鉴定方法的优点。

植物抗病育种的原理和方法与一般植物育种相同，但侧重抗病性鉴定和抗病基因的利用。在育种目标中除高产、优质和适应性等一般要求外，还必须有关于抗病性的具体要求，诸如抵抗的主要病害对象和兼抗对象、所选用的抗病性类型以及抗病程度等。植物育种有多种途径，包括引种、选种、杂交育种、诱变育种以及细胞工程育种、基因工程育种甚至太空辐射育种等，这些都已用于选育抗病品种。

引种：由国外或国内不同省区引入抗病品种直接用于生产，是一项收效快而又简便易行的防病措施。引种应有预见地进行，要有明确的引种目的，事先需了解有关品种的谱系、性状、生态特点和原产地生产水平等基本情况，并与本地生态条件和生产水平比较分析，评价引种的可行性。由于原产地与引进地区病害种类和病原菌小种区系不同，原产地的抗病品种引入后可能表现感病，而在原产地感病的品种引入后也可能表现抗病。因此应当先引入少量种在当地病害流行条件下鉴定抗病性，在取得试验数据并确认其使用价值后，再扩大引进和试种示范。

选种：系统选种法又称单株选择法，是改进品种抗病性的简便方法。作物品种的群体内常有遗传异质性存在。在感病品种群体中，因遗传分离、异交、突变以及其他原因会出现极少数的抗病单株、单穗、单个块茎、块根以及由芽变产生的枝条、茎蔓等。系统选种法特别适宜从推广的感病丰产品种群体中，在充分发病条件下选择抗病单株，进而培育成兼具丰产性和抗病性的新品种。我国第一个抗枯萎病的棉花品种 52–128 就是从引进的德字 531 棉花中选择抗病单株而育成的。著名的水稻抗稻瘟品种矮脚南特是从感病品种南特 16 号中选出的，后来又从矮脚南特中选出了抗穗颈瘟的矮南早。在小麦抗锈育种方面，各地先后从历史上曾大面积推广的‘南大 2419’‘阿勃’‘阿夫’‘丰产 3 号’‘洛夫林’系统品种、‘绵阳’系统品种中用单株、单穗选择法选出了许多新品种，对保持和提高这些品种的抗条锈性起了重要作用。

杂交育种：品种间有性杂交是最基本、最重要的育种途径。迄今所选育和推广的抗病品种绝大部分是由品种间杂交育成的。搞好常规杂交育种首先要大量搜集抗病种质资源和合理选配亲本。亲本间的主要性状要互补，通常亲本之一应为综合性状好的当地适应品种，称为农艺亲本；另一亲本具有高度抗病性，称为抗病害亲本。双亲抗病性越强，越易获得抗病性强而稳定的后代，因而农艺亲本也应尽量选用抗病或耐病品种，至少要避免使用高度感病品种。多个亲本复交有利于综合各亲本的优良性状，扩大杂交后代的遗传

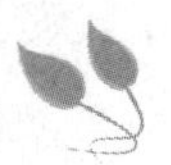

基础，可能育成抗几种病害或抗多个小种的品种。著名的小麦抗性品种‘繁 6’和‘繁 7’就是先后用了 7 个亲本，陆续与单交的 F_1 和 F_2 代互交而育成的。

此外，利用 ^{60}钴 $-\gamma$ 射线辐照或其他人工诱变手段诱变育种，诱发抗病性突变体，经严格的鉴定、筛选后用作抗源，再进行杂交育种。

随着生物工程技术的发展，出现了一些抗病育种的新技术，其中包括单倍体育种、体细胞抗病变异体筛选与利用、体细胞杂交以及通过基因操作建立转基因抗病植株等。

利用病毒外壳蛋白基因（CP 基因）建立抗病转基因植物是比较成熟的基因工程策略。自 1986 年获得抗烟草花叶病毒的转基因烟草以来，至少已针对 15 个植物病毒组的 30 余种病毒实施了这一策略，已转化了烟草、番茄、瓜类、甜菜、马铃薯、番木瓜和水稻等栽培植物，有的转基因品系已进入田间试验。但是有关转基因品系是否安全、转基因食品是否安全目前仍存在争论。

二、抗病品种的合理利用

合理使用抗病品种的主要目的是充分发挥其抗病性的遗传潜能，防止品种退化，延长抗病品种的使用年限。

研究与推广适宜的栽培方法，使“良种”与“良法”配套，是保证作物正常生长发育，充分表达其抗病性的基本途径。

抗病品种在推广使用过程中因机械混杂、天然杂交、突变以及遗传分离等诸多原因会出现感病植株，多年积累后可能导致品种退化变劣，纯度降低。因而必须加强良种繁育制度，保持种子纯度。在抗病品种群体中及时拔除杂株、劣株和病株，选留优良抗病单株，使品种提纯复壮。

当前所应用的抗病品种多数是具有小种专化抗病性，推广应用后，有可能使病原菌群体中能够侵染该抗病品种的毒性菌株得以保存和发展起来，成为稀有小种。随着抗病品种种植面积扩大和连年种植，这类稀有小种可迅速增殖，逐渐在病原菌群体中占据了数量优势，成为优势小种。在这一过程中，抗病品种就似乎渐渐“丧失”了抗病性，最终成为“感病”品种。这种抗病性“丧失”的现象是假象，该品种原有的抗性并未丧失，仅仅是由于新小种的流行而掩盖了该品种原有的抗性，或是超出了该品种的抗性范围，这是影响抗病品种应用的最重要的问题。小麦的抗锈品种、抗白粉病品种，水稻的抗瘟品种，马铃薯的抗晚疫病品种等抗病性“丧失”现象比较常见。少数抗病品种在应用多年后其抗病性就可能“丧失”而被淘汰。

为了克服或延缓品种抗病性的“丧失”现象，延长品种使用年限，除了在育种时尽量应用多种类型的抗病性和使用具有不同抗病基因的优良抗源，改变抗病性遗传基础贫乏的局面，最重要的是做好抗病品种的合理布局与合理轮换，防止长期、大面积种植单一品种。例如，2009—2014 年，我国东北玉米产区‘先玉 335’种植面积越来越大，结果玉米大斑病在东北连续多年大流行，对玉米产量与品质影响很大。另外，有计划地轮换使用具有不同抗病基因的抗病品种，选育和应用具有多个不同主效基因的聚合品种（convergent variety），或采用多系品种等，也是可行的措施。

第六节　生物防治

生物防治（biocontrol，biological control）是指在农业生态系中利用有益生物或有益生物的代谢产物来调节植物的微生态环境，使其利于寄主而不利于病虫，或使其对寄主与病原物的相互作用发生有利于寄主而不利于病原物的影响，从而达到防治植物病害的各种措施。利用有益微生物（拮抗微生物或生防菌）或其活性代谢产物研制成的多种类型的生防制剂，通过调节植物周围的微生态环境来减少病原物接种体数量，或降低病原物毒性和抑制病害的发生。有人称有益（微）生物为生物制剂，FAO 建议不使用"生物农药"这个术语。由于近 30 年来化学农药不合理用药或过量使用，造成许多病原物都产生抗药性，农林产品中农药残留超标、环境污染严重和生态平衡受到破坏，因此，植物病虫害的生物防治日益受到广泛关注。但是，大多数生防菌的环境适应能力较差，生防制剂的生产、运输、储存又要求较严格的条件，生物防治效果偏低、不稳定，适用范围较狭窄，其防治效益明显低于化学防治，这些问题在目前生产实践应用中亟待解决。

一、生防微生物防病机制

生物防治主要是利用有益微生物对病原物的各种不利作用，减少病原物的数量和削弱其致病力。有益微生物还能诱导或增强植物抗病性，通过改变植物与病原物的相互关系，延缓病害发生或降低其严重度。

有益微生物对病原物的不利作用主要有抗菌（antibiosis）、溶菌（lysis）、竞争（competition）、重寄生（hyperparasitism）、捕食（predation）、交互保护（cross protection）和促生增产作用等。

（一）抗菌作用

有益微生物产生抗菌物质，可抑制病原菌生长或杀死病原菌，称为抗菌作用。例如，绿色木霉（*Trichoderma viride*）产生胶霉毒素（gliotoxin）和绿色木霉素（viridin）两种抗生素，能拮抗立枯丝核菌等多种病原菌。有些抗菌物质已可以人工提取，并作为农用抗生素定型生产。我国研制生产的井冈霉素是吸水放线菌井冈变种（*Streptomyces hygroscopicus* var. *jinggangensis*）产生的葡糖苷类化合物，已有效用于防治稻、麦、玉米纹枯病。

（二）溶菌作用

植物病原真菌和细菌的溶菌现象是比较普遍的，它导致芽管细胞或菌体细胞消解。溶菌现象有自溶性的和非自溶性的，后者可能是拮抗微生物的酶或抗菌物质所造成的，也可能是细菌被噬菌体侵染所致，有潜在的利用价值。

（三）竞争作用

有益微生物的竞争作用亦称占位作用或营养竞争作用，主要是对植物体表面侵染位点的竞争和对营养物质、氧气与水分的竞争。植物种子用有益细菌处理后能够防治腐霉根腐病，就是有益细菌大量消耗土壤中氮素和碳素营养而抑制了病原菌生长的缘故。根围有益微生物对铁离子的竞争利用也是抑制根部病原菌的重要原因。

（四）重寄生作用

重寄生是指植物病原物被其他微生物寄生的现象。哈茨木霉（*Trichoderma harzianum*）和钩木霉（*T. humatun*）可以寄生立枯丝核菌和齐整小核菌菌丝。豌豆和萝卜种子用木霉菌拌种可防治苗期立枯病与猝倒病。栗疫病病原菌（*Cryphonectria parasitica*）弱致病性菌株体内带有可传染的真菌病毒，已用于防治栗疫病。

（五）捕食作用

捕食作用在病害生防中已有应用。迄今在耕作土壤中已发现了百余种菌物能捕食线虫，其菌丝特化为不同形式的捕虫环结构。*Arthrobotrys* 属捕食性真菌已投入商业化生产，其制剂用于防治蘑菇的食菌线虫和番茄根结线虫。

（六）交叉保护

交互保护作用是指无致病性的微生物或低毒性的病原物事先接种于植物后，可诱发植物产生抗病性，从而抵抗同种病原物内强毒菌株侵染的现象，现已列入生物防治的范畴。交叉保护作用普遍存在，不仅同一种病原物的不同小种或不同株系间可交互接种诱发抗病性，而且不同种类、不同类群的微生物也能诱发抗病性。第一次接种称为诱导接种（inducine inoculation），第二次接种称为挑战接种（challenge inoculation）。交叉保护作用常表现为系统获得抗性（systemic acquired resistance，SAR）和局部诱导抗性（local induced resistance，LIR），后者只发生在诱导接种部位。这两类抗病性在针对各种病原物的交叉保护中都起重要作用，而植物抗病毒的交叉保护作用还有一个重要机制，即对病毒基因的沉默作用。我国通过诱变得到了烟草花叶病毒弱毒突变株系 N11 和 N14、黄瓜花叶病毒弱毒株系 S–52，将弱毒株系用加压喷雾法接种辣椒和番茄幼苗，可诱导交叉保护作用，用于病毒病害的田间防治，有一定的效果。

（七）促生增产作用

促生增产现象常在植物根围中存在。植物根际（rhizosphere）是指生物和物理特性受到根系影响的紧密环绕根系的区域。植物根际的微生物多且活跃，构成了根际特有的微生物区系。根际微生物区系又以细菌为主，根据其对植物的作用，根围细菌（rhizobacteria）分为有益细菌（2%～5%）、有害细菌（8%～15%）和中性细菌（80%～90%）3 类。根际有益细菌能够促进植物对矿质营养的吸收和利用，或产生促进植物生长的代谢物，或使植物产生诱导系统抗性（induced systemic resistance，ISR），甚至抑制有害微生物。因此，这类能直接或间接地促进植物生长的细菌又被称为根际促生菌（plant growth-promoting rhizobacteria，PGPR）。在根际细菌中比较受关注的是荧光假单胞菌（*Pseudomonas fluorescence*），其次还有 *Arthrobacter*、*Alcaligenes*、*Serratia*、*Rhizobium*、*Agrobacterium* 和 *Bacillus* 等。

有益微生物可能同时具有多种生防机制，必须全面分析和利用。

二、生物防治措施及其应用

植物病害的生物防治有两类基本措施，其一是大量引进外源拮抗菌，其二是调节环境条件，使已有的有益微生物群体增长并表现拮抗活性。

植物病害的生物防治，目前直接利用有益生物活体或生物代谢过程中产生的具有生物活性的物质或从生物体提取的物质作为防治病虫草害的制剂，用于植物病害防治。放射土壤杆菌（*Agrobacterium radiobacter*）K84 菌系产生抗菌物质土壤杆菌素 A84，其商品化制剂已用于防治多种园艺作物的根癌病。利用拮抗性木霉制剂处理农作物种子或苗床，能有效地控制由腐霉菌、疫霉菌、核盘菌、立枯丝核菌和小菌核菌侵染引起的根腐病和茎腐病。利用菟丝子炭疽病菌防治大豆菟丝子也取得了较好的效果。

使用生防菌也是防治果实储藏期病害的有效方法。用含酵母的 20 g/L 氯化钙水溶液浸渍果实，酵母通过竞争果面的营养物质和侵染位点可抑制苹果果实灰霉病、柑橘果实绿霉病、青霉病和桃果实褐腐病。枯草芽孢杆菌（*Bacillus subtilis*）渗入包被果实的蜡膜中能防治柑橘果实绿霉病和核果类褐腐病。

综合运用生防制剂和化学杀菌剂可以提高防治效果，减少杀菌剂用量。哈茨木霉与五氯硝基苯共同施用防治萝卜苗期立枯病和菜豆白绢病，与瑞毒霉共同施用防治辣椒苗期疫病和豌豆根腐病都是成功的实例。调节土壤环境，增强有益微生物的竞争力是控制植物根病的又一成功措施。向土壤中添加有机质，诸如作物秸秆、腐熟的厩肥、绿肥、纤维素、木质素、几丁质等可以提高土壤碳氮比，有利于拮抗菌发育，能显著减轻多种根病。利用耕作和栽培措施，调节土壤酸碱度和物理性状，也可以提高有益微生物的抑病能力。例如，酸性土壤有利于木霉孢子萌发，增强对立枯丝核菌的抑制作用，而碱性土壤有利于诱导荧光假单胞菌的抑病性。连作多年的小麦全蚀病病田在增施有机肥后，全蚀病会逐年减轻，甚至消失，这是由于在病田土壤内积累了大量荧光假单胞菌等有益微生物而成为抑菌土（disease suppressive soil）的缘故。对许多病害的研究表明，抑菌土在自然界是普遍存在的，开发利用抑菌土是病害生物防治的又一重要领域。

随着生物技术的发展，生防制剂正通过基因（重组）工程技术朝着定向表达生产和应用方向发展，展现出较好的应用前景。但是通过转基因技术获得的生物体必须通过严格的风险分析和安全评估后才能使用。

第七节　物 理 防 治

物理防治主要利用热力、冷冻、浸泡、干燥、电磁波、超声波、核辐射等手段抑制、钝化或杀死病原物，达到杀死病原物或使之灭活来防治病害或霉变的目的。各种物理防治方法主要用于处理种子、苗木、其他植物繁殖材料和土壤。核辐射则用于处理食品、中成药和储藏期农产品，处理食品时需符合法定的安全卫生标准。

干热处理法主要用于蔬菜种子，对多种种传病毒、细菌和真菌都有防治效果。黄瓜种子经 70℃干热处理 72 h，可使黄瓜绿斑驳花叶病毒（CGMMV）失活。番茄种子经 75℃处理 6 d 或 80℃处理 5 d 可杀死种传黄萎病菌（*Verticillium tricorpus*）。不同植物的种子耐热

性有差异，处理不当会降低萌发率。豆科作物种子耐热性弱，不宜干热处理。含水量高的种子也受害较重，应先行预热干燥。干热法还用以处理原粮、面粉、干花、草制品和土壤等。

用热水处理种子和无性繁殖材料，俗称“温汤浸种”，可杀死在种子表面和种子内部潜伏的病原物。热水处理是利用植物材料与病原物耐热性的差异，选择适宜的水温和处理时间以杀死病原物而不损害植物。稻种用55℃的热水浸种15～20 min可杀死干尖线虫；棉籽经硫酸脱绒后，用55～60℃的热水浸种半小时，可杀死棉花枯萎病菌和多种引致苗病的病原菌。大豆和其他大粒豆类种子水浸后会迅速吸水膨胀，不宜热水处理，可用矿物油代替水作为导热介质处理。

热蒸汽也用于处理种子、苗木。其杀菌有效温度与种子受害温度的差距较干热灭菌和热水浸种大，对种子发芽的不良影响较小。热蒸汽还用于温室和苗床的土壤处理。通常用80～95℃蒸汽处理土壤30～60 min，可杀死绝大部分病原菌，少数细菌芽孢仍可继续存活。

夏季高温期用黑色地膜覆盖土壤，可高效吸收日光能，使土壤升温达80℃以上，如果连续覆盖地膜7 d，就能杀死耕作层土壤中几乎所有害虫和微生物，对于许多种地下害虫和土传病害都有很好的防治效果。

利用热力治疗感染病毒的植株或无性繁殖材料是生产无病毒种苗的重要途径。热力治疗可采用热水处理法或热空气处理法。虽热水处理法应用较早，但热空气处理效果较优，对植物的伤害较小。甘蔗、苹果、梨、草莓、马铃薯、甘薯等作物的热力治疗，已成为防治这些作物病毒病的常规措施。多种类型的繁殖材料，如种子、接穗、苗木、块茎、块根等都可用热力治疗方法。不论处于休眠期的植物繁殖材料或生长期苗木都可应用热力治疗方法，但休眠的植物材料较耐热，可应用较高的温度（35～54℃）处理。处理休眠的马铃薯块茎治疗卷叶病的最适温度为35～40℃。柑橘苗木和接穗用49℃湿热空气处理50 min，治疗黄龙病效果较好（表12–2）。

表12–2 高温处理的效果

处理温度/℃	处理方式	处理效果
90～100	干热	杀灭所有的有害生物（耐热的病毒和杂草种子）
70～90	干热，湿热	杀灭大多数有害生物
60～70	干热，湿热	杀灭大多数菌物，细菌，所有线虫
45～60	干热，湿热	杀灭大多数真菌的游动孢子和大多数线虫

谷类、豆类和坚果类果实充分干燥后，可避免真菌和细菌的侵染。冷冻处理也是控制植物产品（特别是果实和蔬菜）收获后病害的常用方法。冷冻本身虽不能杀死病原物，但可抑制病原物的生长和侵染。

核辐射在一定剂量范围内有灭菌和食品保鲜作用。^{60}钴–γ射线辐照装置较简单，成本较低，γ射线穿透力强，多用于处理储藏期农产品和食品。

微波是波长很短的电磁波，微波加热适于对少量种子、粮食、食品等进行快速杀菌处理。用微波炉，在70℃下处理10 min就能杀死玉米种子传带的玉米枯萎病病原细菌，但种子发芽率略有降低。微波加热是处理材料自身吸收能量而升温，并非传导或热辐射的作用。微波炉已用于处理旅客携带或邮寄的少量种子与农产品等植物检疫处理。

此外，一些特殊颜色和物理性质的塑料薄膜已用于蔬菜病虫害防治。例如，蚜虫忌避银灰色和白色膜，用银灰反光膜或白色尼龙纱覆盖苗床，可减少传毒介体蚜虫数量，减轻病毒病害，而黄色黏胶板则常常用来诱捕蚜虫。

第八节　化学防治

化学防治（chemical control）是指使用化学药剂即化学农药（pesticide）防治植物病、虫、草、鼠等各种有害生物危害的方法。植物病害的化学防治是指用于预防、消灭或控制危害农林的有害生物，以及有目的调节、控制、影响植物和有害生物生长发育、代谢、繁殖过程的化学合成或来源于生物、天然产物及应用生物技术生产的一种或几种物质的混合物及其制剂，通过保护、治疗、免疫、铲除等机制达到防治病害的目的。与其他防治方法相比，化学防治具有高效、快速、经济等优点。特别是在面临病害大流行的紧急时刻，化学防治是最有效的应急防治措施之一。但是，化学农药不合理使用会对植物产生药害，引起人畜中毒、杀伤有益微生物等副作用。导致病原物容易产生抗药性以及引发污染环境、破坏生态等重要问题。

一、防治病害的农药种类和剂型

用于防治植物病害的化学农药通称“杀菌剂”。按防治对象不同又可分为杀菌剂、抗病毒剂、杀线虫剂和除草剂等。杀菌剂主要对植物病原菌物、病原细菌有抑菌、杀菌或诱导植物抗病性等作用；抗病毒剂比较特殊，大多提高寄主的抗病性，少数是病毒的钝化剂和抑制剂，并加有植物生长激素等。抗病毒剂对病毒的作用机制不同，有些能钝化病毒粒体，或干扰病毒衣壳蛋白体外聚合；有些则抑制病毒核酸复制或粒体装配。有些可限制病毒的侵入，减缓症状表达或诱导植物的抗病性。杀线虫剂就是用于防治植物病原线虫的一类农药。

化学杀菌剂按合成原料的来源可分为：无机杀菌剂、有机合成杀菌剂、农用抗生素和植物源杀菌剂。无机杀菌剂是利用天然无机矿物质制成的杀菌剂。1885 年米拉德（Millardet）发明了第一个无机保护性杀菌剂——波尔多液，至今仍在果园中普遍使用。此后，人们主要使用含重金属（铜、汞等）和硫的无机杀菌剂。有机合成杀菌剂是人工合成的有机化合物作为杀菌剂。20 世纪 30 年代出现了有机合成杀菌剂，60 年代后又开始使用高效内吸杀菌剂。现有的有机合成杀菌剂化学成分很复杂，主要有有机硫类、有机磷类、有机砷类、有机氮类、取代苯类、有机杂环类以及多种复配成混合杀菌剂。农用抗生素是通过微生物发酵产生的有防病作用的代谢物，如我国大量使用的井冈霉素、春雷霉素等。植物源杀菌剂是从植物中提取出来的具有杀菌作用的活性物质，如大蒜素。

杀菌剂按作用方式可分为保护性、治疗性和铲除性杀菌剂以及铲孢剂。保护性杀菌剂能在病原菌接触或侵入前施用，可保护植物，阻止病原菌侵入。治疗性杀菌剂能进入植物组织内部，在症状出现前抑制或杀死已经侵入的病原菌，解除寄生关系使植物病情减轻或

恢复健康。铲除性杀菌剂对病原菌有强烈的杀伤作用，可通过直接触杀、熏蒸或渗透植物表皮而发挥作用。铲孢剂可在发病后施药，阻止在病部产生新的繁殖体。杀线虫剂作用特性可分为触杀或熏蒸。触杀是指药剂经体壁进入线虫体内产生毒害作用；熏蒸是指药剂以气体状态经呼吸系统进入线虫体内而发挥药效。有些杀线虫剂还兼具杀菌、杀虫（昆虫）作用。

杀菌剂按照在植物体内输导特性，可分为内吸性杀菌剂和非内吸性杀菌剂。内吸性杀菌剂能被植物吸收，在植物体内运输传导，有的可上行（由根部向茎叶）和下行（由茎叶向根部）输导，多数仅能上行输导。通常内吸性杀菌剂兼具保护作用和治疗作用。非内吸性杀菌剂是指药剂不能被植物内吸和输导。大多数非内吸性杀菌剂只具有局部范围的保护作用。

杀菌剂按防病谱可分为专化性杀菌剂和广谱性杀菌剂。杀菌剂品种不同，能有效防治的病害范围也不相同。有的品种有很强的专化性，只对特定类群的病原菌物或细菌有效，称为专化性杀菌剂；有些则杀菌范围很广，对分类地位不同的多种病原菌物或细菌都有效，称为广谱杀菌剂。

农药对有害生物的防治效果称为药效，对非靶标生物（如人畜）的毒害作用称为毒性（toxicity）。在施用农药后相当长的时间内，农副产品和环境中残留毒物对人畜的毒害作用称为残留毒性。为达到病害化学防治的目的，要求研制和使用高效、低毒、低残留、对环境友好的杀菌剂和杀线虫剂。农药使用不当，使正常的植物受到的伤害称为药害。

农药都必须加工成特定的制剂形态，才能投入实际使用。未经加工的农药称为原药，原药中所含有的杀（抑）菌、杀虫等作用的活性成分，称为有效成分。农药的原药加工后称为制剂，制剂的形态类型称为剂型。农药制剂的名称通常是由有效成分含量、农药名称和制剂名称 3 部分组成。例如，70%代森锰锌可湿性粉剂，即指明农药名称为代森锰锌，制剂为可湿性粉剂，有效成分含量为 70%。目前，高效、绿色、环保是农药加工剂型的主要发展趋势。农资市场用于防治病害的常用剂型有种衣剂、乳油、可湿性粉剂、可溶性粉剂、颗粒剂、粉剂、悬浮剂或胶悬剂、水剂、烟雾剂、缓释剂、熏蒸剂和超低容量剂等。为提高防治效果和农药有效成分利用率，有时还需要加入适量的助剂。

常用杀菌剂和杀线虫剂的主要特性如应用范围见表 12-3。

表 12-3 常用杀菌剂和杀线虫剂的主要特性和应用范围

通用药剂名称	主要特性	应用范围
波尔多液（Bordeaux mixture）	无机铜制剂，为保护性杀菌剂，由硫酸铜、生石灰和水配制，有效成分为碱式硫酸铜，呈碱性，不能储存，核果类易生药害	广谱，对多数气传病害有效，如霜霉菌、腐霉菌、疫霉菌、半知菌引起的病害防效好，对白粉菌、丝核菌病害防效差
硫黄（sulphur）	无机硫保护性杀菌剂，兼具杀螨作用，对人畜低毒	防治小麦、瓜类、草莓、苹果、花卉的白粉病
石硫合剂（calium polysulphil）	无机硫保护性杀菌剂，用硫黄粉、生石灰和水熬制而成，有效成分为多硫化钙，呈强碱性，对介壳虫具有杀伤力。有些作物对其敏感，易产生药害	广谱，用于防治林木和果树白粉病与柑橘介壳虫等，多在休眠期使用
代森锰锌（mancozeb）	有机硫保护性杀菌剂，对人畜低毒，对皮肤和黏膜有刺激作用	广谱，用于预防霜霉病、疫病和无性态真菌等病害。在病害始见期叶面喷雾，持效期 7 ~ 10 d

续表

通用药剂名称	主要特性	应用范围
百菌清（chlorothalonil）	芳烃类保护性有机氯杀菌剂，对人畜低毒，对皮肤和黏膜有刺激作用，对鱼类有毒，化学性质稳定	广谱性杀菌剂，对多种霜霉病、疫病等卵菌病害，以及一些真菌所引起病害有预防作用，持效期 7～10 d
五氯硝基苯（PCNB）	取代苯类保护性有机氮杀菌剂，对人畜低毒，对植物安全。化学性质稳定	广谱，主要处理土壤，防治苗期立枯病、猝倒病、黑粉病、白绢病等，持效期较长
叶青双（噻枯唑）（bismerthiazol）	氮杂环类内吸性杀菌剂。低毒	防治水稻白叶枯病、细条病，叶面喷雾施药
多菌灵（carbendazim）	苯并咪唑类内吸杀菌剂，具保护和治疗作用，对人畜低毒，对酸碱不稳定。该药剂和 β－微管蛋白相结合，干扰病原菌的有丝分裂中纺锤体的形成，影响细胞分裂	广谱杀菌剂，对多种子囊菌、担子菌和半知菌有防效，对细菌、卵菌等无效。主要用于叶面喷雾和拌种、浸种等种子处理
烯唑醇（diniconazole）	属于甾醇生物合成抑制剂中三唑类内吸性杀菌剂，在植物体内向顶传导，高效、低毒、低残留，具保护、治疗作用	对锈病、白锈病、黑粉病有特效，对全蚀病、丝核菌病害和某些半知菌病害防效良好，对镰刀菌病害无效。用于喷雾，持效期长
甲霜灵（metalaxyl）	苯基酰胺类内吸性杀菌剂，在植物体内可双向传导，兼具保护和治疗作用，对人畜低毒	对霜霉菌、疫霉菌和腐霉菌所致病害有特效。主要用于喷雾、种子处理和土壤处理
腐霉利（procymidone）	二甲酰亚胺类选择性内吸性杀菌剂，具保护和治疗作用。低毒，在碱性条件下不稳定	对灰霉病、菌核病防治有特效，也可防治丛梗孢属真菌所致病害。一般进行叶面喷雾
萎锈灵、拌种灵（carboxin）	羧酰替苯类内吸性杀菌剂，只有保护作用	主要防治担子菌病害，如各种作物锈病、黑粉病等病害。对立枯病也有防治效果
三环唑（tricyclazole）	噻唑类内吸性传导杀菌剂，选择性强，内吸传导效果好，有保护和治疗作用，对植物安全	抑制黑色素生物合成，对稻瘟病防治有特效
嘧菌酯（azoxystrobin）醚菌酯（kresoximmethyl）	β-甲氧基炳烯酸酯类杀菌剂，主要抑制真菌线粒体呼吸链电子传递作用来破坏病菌的能量合成而丧失活性。具有保护、治疗和铲除作用。白粉菌、霜霉菌等病菌对该药剂容易产生抗药性	广谱，对子囊菌、担子菌、半知菌和卵菌中的绝大部分病原菌所引起病害均有较好的防治效果
肟菌酯（trifloxystobin）	新型、高效、低毒、内吸性苯吡咯类杀菌剂	广谱，对子囊菌、担子菌引起病害有效。可喷雾和种子处理
霜脲腈（cymoxanil）	氰基乙酰胺肟类杀菌剂，抑制卵菌产孢和游动孢子萌发。具有局部内吸活性，保护和治疗作用。常与保护性药剂混用	防治经济作物的霜霉病、晚疫病等

续表

通用药剂名称	主要特性	应用范围
井冈霉素	农用抗生素，内吸性强，水溶性，低毒	防治水稻纹枯病（喷雾）和麦纹枯病（拌种）
棉隆（dazomet）	广谱熏蒸性硫代异氰酸甲酯类杀线虫剂，易于在土壤中扩散，易污染地下水，低毒	在土壤中分解为有毒的异氰酸甲酯、硫化氢、甲醛等，用于播种前土壤处理，防治花生、蔬菜、烟草、茶、果树的多种线虫，兼治土壤真菌、昆虫
克线丹（sebufos）	有机磷触杀性杀线虫剂，无熏蒸作用，在土壤中移动性差，降解慢，植物体内残留少，对人畜高毒	播种时或生长期处理土壤，适用于防治香蕉、花生、蔬菜、马铃薯、柑橘等多种作物的各类线虫，亦有杀虫作用
淡紫拟青霉	寄生性真菌，属于生物源杀线虫剂	该生防菌孢子萌发产生菌丝体，进而寄生线虫卵而发挥防治作用

二、施药方法

一般而言，农药剂型、药剂作用特点、病菌侵入途径与传播方式等决定选择农药的施用器械与施药方法。杀菌剂与杀线虫剂的主要施药器械很多，常规主要的有喷粉器械、喷雾器械和熏蒸器械三大类（图 12–2，彩图 250A、B）。目前，农用直升机、植保无人机已广泛用于植物有害生物防治之中，如罗宾逊 R–44、贝尔 206、T16 八旋翼无人机、DW01 八旋翼无人机等。农用直升机和植保无人机具有应急、高效、精准等作业特点，实现了植物保护防控手段的一次革命，如图 12–3 所示。此外，还有施放烟雾的器械和涂抹、浸果、蘸根、树体注射等。

杀菌剂与杀线虫剂的主要施药方法有以下几种。

1. 喷雾法（spraying）

喷雾法是利用喷雾器械将药液雾化后均匀喷在植物和有害生物表面，按用液量不同又分为常量喷雾（雾点直径 100 ~ 200 μm）、低容量喷雾（雾滴直径 50 ~ 100 μm）和超低容量喷雾（雾滴直径 15 ~ 75 μm）。农田多用常量和低容量喷雾，两者所用农药剂型均为乳油、可湿性粉剂、可溶性粉剂、水剂和悬浮剂（胶悬剂）等。常量喷雾所用药液浓度较低，用液量较多；低容量喷雾所用药液浓度较高，用量较少（为常量喷雾的 1/20 ~ 1/10），工作效率较高。常量喷雾所用药液浓度较低，但雾滴较易受风力吹送而飘移。喷雾的器械很多，见图 12–2A。

2. 喷粉法（dusting）

利用喷粉器械喷撒粉剂的方法称为喷粉法。通常粉剂应具备 3 个基本条件：①粉粒细度应小于 50 μm。②具有良好的流散性。喷出的粉剂在空中分散良好，能在作物表面上形成比较均匀的粉粒覆盖。③粉粒在作物表面上有良好的黏附性，不易从叶面上滑落。该法工作效率高，不受水源限制，适用于大面积防治。缺点是耗药量大，易受风的影响，粉粒飘移散失现象较严重。喷粉的器械很多，见图 12–2B。

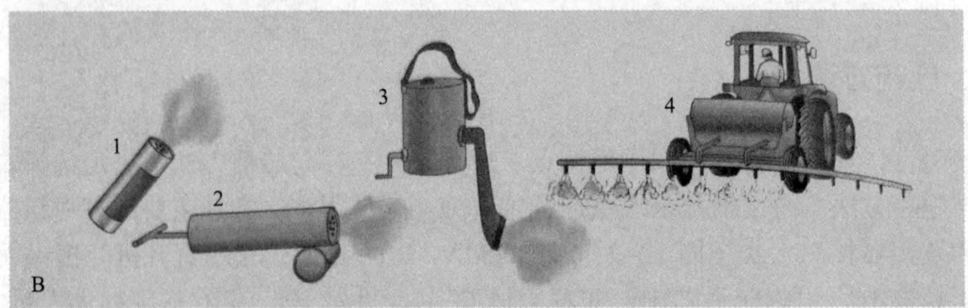

图 12-2　农业和林业上常用的施药器械

（引自 Agrios，2005）

A. 喷雾、滴液器械；B. 喷粉器械；C. 熏蒸器械

3. 种子处理（seed treatment）

常用的种子处理法有拌种法、浸种法、闷种法和应用种衣剂。种子处理可以防治种传病害，并保护种苗免受土壤中病原物侵染和害虫的危害。用内吸剂处理种子还可防治地上部病害。拌种剂（粉剂和可湿性粉剂）用干拌法拌种，乳剂和水剂等液体药剂可用湿拌法，即加水稀释后，喷布在干种子表面，拌和均匀。浸种法是用药液浸泡种子。闷种法是用少量药液喷拌种子后堆闷一段时间再播种。种衣剂是利用黏着剂、缓释剂等辅料与药剂

混合后均匀涂布在种子表面，干燥后形成包覆种子的药膜，称为种子包衣，此类药剂中常添加一种着色剂，以便于识别，防止与粮食混淆。种子包衣可使杀菌剂缓慢释放，持效期延长。

4. 土壤处理（soil treatment）

土壤处理是在播种前将药剂施于土壤中，主要防治植物根部病害和线虫病害。土表处理是用喷雾、喷粉、撒毒土等方法将药剂全面施于土壤表面，再翻耙到土壤中。深层施药是施药后再深翻或用器械直接将药剂施于较深土层。丙线磷、克线丹、苯线磷、棉隆、二氯异丙醚等杀线虫剂均用穴施或沟施法进行土壤处理。

作物生长期也可用撒施法或泼浇法施药。撒施法是将杀菌剂的颗粒剂或毒土直接撒布在植株根部周围。毒土是将杀菌剂与具有一定湿度的细土按一定比例混匀制成的。撒施法施药后应灌水，以便药剂渗透到土壤中。泼浇法是将杀菌剂加水稀释后泼浇于植株基部。

5. 熏蒸法（fumigation）

熏蒸法是在密闭或半密闭设施中使用有毒气体来杀灭病原物的方法。有的熏蒸剂还可用于土壤熏蒸，即用土壤注射器或土壤消毒机将液态熏蒸剂注入土壤内，在土壤中成气体扩散，有时还要用薄膜覆盖以提高药效。土壤熏蒸后需按规定等待较长一段时间，待药剂充分散发后才能播种，否则易产生药害（图 12-2C）。

6. 烟雾法（smoking）

烟雾法指利用烟剂或雾剂防治病害的方法。烟剂系农药以固体微粒（直径 0.001 ~ 0.1 μm）分散在空气中起作用，雾剂系农药以小液滴分散在空气中起作用。施药时用物理加热法或化学加热法引燃烟雾剂。烟雾法施药扩散能力强，只在密闭的温室、塑料大棚、果园和郁闭的森林中应用。

7. 航空施药技术（aerial application）

航空施药技术是利用农用直升机和植保无人机将农药从空中均匀喷施在目标区域内的高效施药方法。随着现代农业发展，大田作物规模化种植，航空施药技术具有广阔应用前景与社会需求。航空施药技术主要采用超低容量喷雾或低容量喷雾技术，具有药液用量少、作业效率高、不受作物生育期限制、适应性广等优点，但也存在航化作业质量常受风速、降雨、飞行高度、航空管制等影响，导致作业质量不稳定，易出现药害等缺点。因此，要加强农用直升机和植保无人机导航系统、操控系统、施药系统等的管理，以及航化作业质量监测，确保大面积航化作业效果，达到增产、增收、增效的目的（图 12-3）。

8. 精准施药技术（precision pesticide application）

目前，与传统农药使用技术相比，国内外有关农药喷施技术、喷雾器械、农药剂型等，都朝着精准、低量、高效、定点和自动化方向发展，以提高农药利用率。据报道，我国农药利用率仅为 35% ~ 40%，低于发达国家的 50% 水平。精准施药技术就是利用农药现代生产加工工艺，设计在自然环境中基于实时视觉传感或 GPS（global positioning system）定位的农药精准施用技术，即定时、定量、定点施药。其中，包括施药过程中的目标信息采集、目标识别、施药决策、可变量喷雾等关键技术环节，达到节约用药量、提高农药利用率、减少环境污染等目的。

此外，化学杀菌剂还用于涂抹、浸果、蘸根、树体注射、仓库及器具消毒等。

图 12-3　喷雾车和遥控无人机在喷施农药

三、合理使用农药

为了充分发挥药剂的效能，做到安全、经济、高效，必须合理使用农药。任何农药都有一定的应用范围，因而，要根据药剂的有效防治范围、作用机制以及防治对象的种类、发生规律和危害部位的差异，合理选用药剂与剂型，做到对“症”下药、精准用药。

除选用合适的药剂外，要科学地确定用药量、施药时期、施药次数和间隔天数。用药量主要取决于药剂和病害种类，但也因作物种类、生育期，以及土壤条件和气象条件不同而有所改变，通常情况下，应根据农药标签建议的药量使用。施药时期因施药方式和病害对象而异。土壤熏蒸都在播种前进行，土壤处理也大多在播种前或播种时进行。种子处理一般在播种前 1 ~ 2 d 进行。田间喷洒药剂应根据预测预报在病害发生前或流行始期进行。对病原菌的初侵染来说，应在侵染即将发生时或侵染初期用药。即使喷洒内吸性杀菌剂，也应贯彻早期用药的原则。对再侵染频繁的病害，一个生长季节内需多次用药，两次用药之间的间隔日数，主要根据药剂持效期确定。药剂的持效期是指施用后对防治对象保持有效的时间。施药作业安排通常有两种方式，一种是根据田间调查和预测预报灵活安排，另一种是设置相对固定的周年防治历。

提倡合理混用农药，作到一次施药，兼治多种病虫对象，以减少用药次数，降低防治费用。要保证用药质量，化防作业人员应先行培训，使其熟练掌握配药、施药和药械使用技术。喷雾法施药力求均匀周到，液滴直径和单位面积着落药滴数目要符合规定。施药效果与天气也有密切关系，宜选择无风或微风天气喷药，一般应在午后和傍晚喷药。若气温低，影响效果，也可在中午前后施药，应避免在有露水的早晨喷药。

药剂使用不当，可使植物受到损害，这称为药害。在施药后几小时至几天内出现急性药害，在较长时间后才出现的称为慢性药害。常见的药害如叶面果面有药害枯斑、叶脉白化、落叶、落果或叶片卷曲、果实畸形等症状。药害主要是药剂选用不当，植物敏感，农药变质，杂质过多，添加剂、助剂用量不准或质量欠佳等因素造成的，使用新药剂前应进行药害试验或先少量试用。另外，农药的不合理使用，如混用不当、剂量过大、喷药不均匀、再次施药相隔时间太短、在植物敏感期施药，以及环境温度过高、光照过强、湿度过大等也可能造成药害，都应力求避免。

长期连续使用单一杀菌剂会导致病原菌产生抗药性，降低防治效果。有时对某种杀菌剂产生抗药性的病原菌，对未曾接触过的其他杀菌剂也有抗药性，这称为交互抗药性。化学结构与作用机制相似的化合物间往往会有交互抗药性。为延缓抗药性的产生，应轮换使用或混合使用病原菌不易产生交互抗药性的农药，还要尽量减少施药次数，降低用药量。

农药可通过皮肤、呼吸道或口腔进入人体，引起急性中毒或慢性中毒，因而用药前应先了解所用农药的毒性、中毒症状和解毒方法，在农药存放、搬运、分装、配药、施药等各环节都要做好防护工作，遵守农药安全使用的规定。为防止农产品中农药残留的危害，应坚决不使用国家明令禁止使用的剧毒和高残留农药，严格遵守农药的允许残留标准和安全使用间隔期，一般都是在收获前 14 d 以上不再用药，少数要 30 d 才安全。

小结

植物病害的诊断是一个由表及里、透过现象看本质的认识过程，诊断的目的是查明病因，采取合理的防治措施，及时有效的防治病害。在进行诊断时首先应根据病害的传染特性和发生特点将侵染性病害与非侵染性病害分开，然后再根据各类侵染性病害病原的致病特点进行区分，逐渐缩小诊断的范围。对于一些常见的具有典型病状和病征的植物病害，一般根据病害的症状就可比较准确地诊断，对一些疑难病害或新的病害则尽量按照柯赫法则，通过一系列的分离、培养、接种和鉴定获得确诊。熟练地掌握各类病原物的致病特点和尽量多的病例对病害诊断都有很大的助益。准确的诊断是病害防治是否有效的关键与前提。

防治植物病害的途径很多，按其作用机制，通常分为回避、杜绝、铲除、保护、抵抗和治疗 6 大类，每个防治途径又发展出许多防治方法和防治技术，分属于植物检疫、农业防治、植物抗病性利用、生物防治、物理防治和化学防治等不同范畴。

植物检疫是由政府授权的检疫机构依法强制执行的官方行为。其目的是利用立法和行政措施防止检疫性有害生物的人为传播。植物检疫主要业务范围包括禁止、限制进境，调运检疫，产地检疫，引种检疫，旅客携带物、邮寄和托运物检疫以及紧急防治等。

农业防治的目的是在全面分析寄主植物、病原物和环境因子三者相互关系的基础上，运用各种农业调控措施压低病原物数量，提高植物抗病性，创造有利于植物生长发育而不利于病害发生的环境条件。主要农业防治措施包括使用无病种苗或繁殖材料，建立合理的种植制度，保持田园卫生，加强栽培管理等，这些措施大多可与常规农田管理结合进行。

选育和利用抗病品种是防治植物病害最经济、最有效的途径，人类已利用植物抗病品种控制了多种大范围流行的毁灭性病害。利用抗病品种还可以避免或减轻因过分依赖农药而出现的残毒和环境污染问题。为了有效地利用植物抗病性，必须作好抗病性鉴定、抗病育种和抗病品种的合理使用 3 个方面的工作。

生物防治是指利用有益生物防治植物病害的各种措施，现在主要利用有益微生物对病原物的各种不利作用来减少病原物数量和削弱其致病性。有益微生物还能诱导或增强植物的抗病性，通过改变植物与病原物的相互关系，抑制病害发生。

物理防治主要利用热力、冷冻、干燥、电磁波、核辐射等手段抑制、钝化或杀死病原物，达到控制病害的目的。

化学防治法是使用化学农药防治植物病害的方法。当前应用的农药主要有杀菌剂、杀线虫剂和病毒钝化剂。化学农药具有高效、速效、使用方便、经济效益高等优点。但使用不当，则有引起植物药害、发生人畜中毒、杀伤有益微生物和导致病原物产生抗药性等不良作用。农药的高残留还可造成环境污染。为了充分发挥化学防治的优点，减轻其不良作用，应恰当地选择农药种类和剂型，采用正确的施药方法，合理使用农药。

防治植物病害应从农业生态系的总体出发，针对多种病害和其他有害生物，协调使用多种必要的措施，实行综合防治，以获得最佳的经济、生态和社会效益。

思考题

1. 植物病害诊断的依据是什么？防治与诊断有何因果关系？
2. 简述柯赫法则的主要内容，它在病害诊断和鉴定中有何作用？
3. 试以稻瘟病或麦白粉病为例，制订病害的综合防治方案。
4. 举例说明植物检疫的特点和基本措施。
5. 调查当地主要作物病害化学防治现状，提出改进化学防治的建议。
6. 你认为绿色植保和食品安全与植物保护是什么关系？

数字课程学习

病害症状彩图　　自测题